Wolfgang Weinbach

GOTTWALD

100 Jahre Bagger–Krane–Rammen…

Band 1

Der aufgesattelte Gittermastkran vom Typ MK 1000 für den britischen Kranverleiher Sparrows blieb leider nur ein Einzelstück (Horrocks)

© 2006

Verlag Podszun-Motorbücher GmbH
Elisabethstraße 23-25, D-59929 Brilon
Herstellung Druckhaus Cramer, Greven
Internet: www.podszun-verlag.de
Email: info@podszun-verlag.de

ISBN 3-86133-421-6

Wolfgang Weinbach

GOTTWALD

100 Jahre Bagger – Krane – Rammen ...

Band 1

Autor

Dipl.-Ing. Wolfgang Weinbach, geboren 1962 in Köln, beschäftigt sich seit einem Vierteljahrhundert in seiner Freizeit mit der Thematik Schwertransport und Autokrane. Seit 1990 als Sachverständiger für Krananlagen beim TÜV Rheinland in Köln tätig, hat er seit Mitte der neunziger Jahre ein umfangreiches Privatarchiv zum Thema Gottwald aufgebaut.

Dank

Danken möchte ich den folgenden Firmen und Personen für die Unterstützung und Überlassung von Bildmaterial, ohne die eine derart umfangreiche Aufarbeitung nicht möglich gewesen wäre.

■ Aktive und ehemalige Gottwald-Mitarbeiter

Ingrid Hebgen, Dr. Hans Dieter Gottwald, Achim Baeuckert, Paul Fornol, Jakob Hey, Michael Hoberg, Granville Horrocks, Franz Hilgers, Michael Julis, Peter Klein, Peter Köhn, Peter Richter, Klaus Sprave, Günther Verspohl, Robert Vennemann, sowie im Besonderen Karl Lindenlauf.

■ Firmen

Gottwald Port Technology, Baldwins, BMS, Bracht, Colonia, Decalift, Deutsche Grove, Grayston White & Sparrow, Hewden Stuart, Krüger Messtechnik, Mammoet, Minitech Constructions, Nisamidis, Rheinbraun, Riga Mainz, Schacke, Truckin' Life (Trucker Zeitschrift Australien). Besonderer Dank gilt Heinz Schmidbauer von der Firma Schmidbauer aus München, der mir Einblick in sein Privatarchiv gewährte.

■ Institutionen

Berufsfeuerwehren in Berlin, Duisburg, Düsseldorf, Hamburg, Köln, Mannheim, München, Offenbach und Regensburg, Heimatmuseum Gößnitz, Stadtarchiv Düsseldorf.

■ Privat

Dr. Paolo Bartoli, Dr. Bernd-D. Grimm, Konstantin Hellstern, Wolfgang Hauch, Wolfgang Gebhardt, Stefan Bergerhoff, Dietmar Bastian, Bernd Franta, Richard Erben, Rainer Oberdrevermann, Hans-Jörg Schierz, J. Stuive, Theodor Schindel, Richard Blokker, Luis Pereira, Manfred Gihl, Michael Schauer, Michael Zitka, Stefan Heintzsch, Daniel Fischer, Ralf Neumann, Theo van der Zon, A. v. d. Brand, Paul Collette, Rainer Leder, Charles Glimm, Marco Wilhelm, Patrick van Uitert, Stefan Oerter, Harald Franke, Bob Barnes, Günter Hoffmann, Marc Hoekert, Ray Poulton, Bernd Uwe Zimmer, H. Thümler, Olaf Weltz, sowie den Herren Laskowski, Lehmann, Zenzen, Luttje, Boers, Bilski, van Wees und Bergjürgen.

Inhalt

Einleitung

Im Hause Gottwald hat man zwar den Kran als solchen nicht erfunden, dies lag wohl schon einige Jahrhunderte zurück, jedoch gelang es in der relativ kurzen Zeit des eigenen Bestehens, gemeint ist hier erst einmal die Zeit als Gottwald KG beziehungsweise GmbH, die Geschichte beziehungsweise Entwicklung dieser Hebezeuge im 20. Jahrhundert zumindest nachhaltig mitzuprägen. Zahlreiche technische Entwicklungen wie auch herausragende Geräteleistungen ließen über Jahre, ja Jahrzehnte zumindest die Fachwelt auf dem Gebiet der Fördertechnik aufhorchen. So soll an dieser Stelle zunächst die Historie dieses kleinen aber zumindest für die europäische, später auch weltweite Kranwelt äußerst bedeutenden Unternehmens dem Interessierten ein wenig näher gebracht werden. Neben den Kranen wurden allerdings auch andere Baumaschinen über viele Jahrzehnte von diesem Unternehmen gefertigt.

Im eigentlichen Hauptteil soll dann auf die verschiedenen Produktbereiche mit ihren mannigfaltigen Entwicklungen, Bauarten und einzelnen Gerätetypen näher eingegangen werden. Bei der Beschreibung derartiger Maschinen kommt man nun nicht ohne die Nennung einer Vielzahl von technischen Daten und somit Zahlenwerten aus, will man denn deren technische Leistungsfähigkeit nur annähernd vermitteln. Doch gerade diese Leistungsdaten zeichnen ja insbesondere einen Kran als solchen aus. Und so wurden diese Details nachfolgend in hoffentlich interessanter und lesenswerter Form in die übrige Gerätebeschreibung eingefügt. Selbstverständlich können nicht sämtliche Werte vermittelt werden, dazu sind beispielsweise die Traglasttabellen eines Fahrzeugkranes mit ihren zahlreichen Parametern viel zu umfangreich. Stellvertretend für das Hubvermögen werden jedoch zumindest einige wichtige Eckdaten im Text aufgeführt. Aber es wurden ja auch nicht nur Krane bei Gottwald gebaut.

Zudem soll die eine oder andere Hintergrundinformation zum jeweiligen Gerätetyp oder gar Einzelschicksal einiger Großkrane zur Auflockerung dieser Texte beitragen. Nahezu komplette Lieferlisten über die nach dem angesprochenen Krieg gebauten mobilen Krane lassen außerdem genaue Aussagen über die Fertigungszahlen und die Entwicklungsfolge der verschiedenen Typen zu. Über die Zeit vor 1945 sind ähnlich umfangreiche Lieferlisten leider nicht mehr verfügbar gewesen, jedoch gibt es auch hier über ein breitgefächertes Produktprogramm zu berichten. Auch hat seinerzeit eine Serienfertigung dieser „Baumaschinen" noch nicht stattgefunden. Die Fotos und Gerätebeschreibungen der in diesem Zeitraum gebauten Maschinen stehen jedoch für sich und ermöglichen einen entsprechenden Einblick in die technische Entwicklung derartiger Geräte in den ersten Jahrzehnten des 20. Jahrhunderts.

Der Name Gottwald stand und steht nach wie vor im Bereich der Fördertechnik über viele Jahrzehnte für innovative wie auch qualitativ hochwertige Geräte. Wenn auch der Kreis derer, die mit solchen Produkten direkt zu tun haben oder aber sich anderweitig dafür interessieren eher klein sein mag, so waren und sind die

Geräte aus Düsseldorf heute noch weltweit bekannt und das auch noch 20 Jahre nach Auflösung beziehungsweise Verkauf des ursprünglichen Unternehmens.

Insbesondere die Fahrzeugkranentwicklung in der zweiten Hälfte des 20. Jahrhunderst war dabei stets zukunftsweisend und hatte oftmals entscheidenden Einfluss auf diese Technologie. Man darf wohl behaupten, dass besonders die großen Fahrzeugkrane aus dem Hause Gottwald Geschichte geschrieben haben.

Die Leo Gottwald Kommanditgesellschaft, spätere Gottwald GmbH, existiert nicht mehr in der ursprünglichen Form und mit dem seinerzeit bekannten Produktprogramm. Wirtschaftlich schwere Zeiten zwangen 1987 zunächst zum Verkauf des Technologiewissens und der diesbezüglichen Patente auf dem Teleskopautokransektor an den damaligen Krupp-Konzern in Wilhelmshaven.

Bereits ein Jahr später verlor die Gottwald GmbH vollends ihre Selbstständigkeit. Die verbliebenen Geschäftsbereiche wurden damals an den Mannesmann Demag-Konzern in Duisburg verkauft, der inzwischen auch schon Geschichte ist. Der anfangs beschriebene weltweite Ruf der Gottwald-Geräte sollte dann auch zur Weiterverwendung des Namens in der späteren Mannesmann Demag Gottwald GmbH führen. Umstrukturierungen, auch in dem neuen Konzern, ließen den Namen Gottwald jedoch weiterhin überleben und dies auch über die Zeiten „feindlicher Übernahmen" und Weiterveräußerungen an andere Unternehmenskäufer. Nach wie vor sind noch zahlreiche ehemalige „Gottwälder" bei der jetzigen Gottwald Port Technology tätig und bauen auch heute, gut 20 Jahre nach dem „Ende", insbesondere mit großem Erfolg d i e Gottwald-Erfindung, den Hafenmobilkran.

Der Gedanke, die Geschichte des Maschinenbauunternehmens Gottwald niederzuschreiben und in der vorliegenden Buchform einem größeren Kreis von Interessierten zugänglich zu machen, kam mir bereits im Jahre 1994. Bis dahin hatte ich mit den voran aufgeführten Unternehmen lediglich einige Berührungspunkte durch mein Hobby. Hierzu zählte bis zum Arbeitsbeginn an diesem Buch das Fotografieren von „Schwertransporten" und den oftmals damit verbundenen „Kranarbeiten" mittels Autokranen. An dieser Stelle kamen dann häufig die Krane aus dem Hause Gottwald ins Spiel, die zumindest in den neunziger Jahren auch in Deutschland noch relativ häufig anzutreffen waren.

Das Hantieren dieser Hebezeuge mit bis zu mehreren hundert Tonnen schweren Lasten hatte schon etwas Faszinierendes an sich. Über derartige Aktionen durfte ich dann in einigen deutschen und niederländischen Schwerlastmagazinen gelegentlich berichten. Etwas ganz anderes, das sollte ich in der Folgezeit feststellen, war jedoch die Erstellung des vorliegenden Firmenportraits. Hier war die Erstellung eines eigenen umfangreichen Archivs mit enormem Aufwand an Zeit und auch Kosten verbunden.

Auch beruflich befasse ich mich seit 1990 als Sachverständiger mit Krananlagen, wenn auch eher selten mit Fahrzeugkranen. Bei einem Besuch der Mannesmann Demag Gottwald in Düsseldorf wurden dann 1994 erste Kontakte zu noch aktiven Mitarbeitern

geknüpft. Dort war man meinem Buchvorhaben gegenüber auch sehr positiv eingestellt.

Während zahlreicher weiterer Besuche bei ehemaligen „Gottwäldern" wurde ich tatkräftig bei meinen Recherchen mit Wissenswertem und Handfestem (Fotos, Zeichnungen …) unterstützt. Erschwerend war dabei jedoch, dass es kein Firmenarchiv mit entsprechendem Material mehr gab. Dieses wurde leider während der Auflösungserscheinungen Ende der achtziger Jahre teilweise vernichtet beziehungsweise in alle Winde oder besser Hände zerstreut. So war ich größtenteils auf die privaten Sammlungen zahlreicher Mitarbeiter aus dem Hause Gottwald angewiesen.

Mein Dank für Ihre Unterstützung gilt somit den noch aktiven beziehungsweise ehemaligen Gottwald-Mitarbeitern, den Herren Baeuckert, Fornol, Hilgers, Hoberg, Horrocks, Julis, Köhn, Leder, Lindenlauf, Richter, Sprave und Verspohl. Herrn Karl Lindenlauf gebührt dabei mein besonderer Dank, hat er mir doch in zahlreichen Briefen und während persönlicher Treffen sehr viel Wissenswertes aus seiner mehr als 40-jährigen Firmenzugehörigkeit mitgeteilt. Herr Lindenlauf, lange Jahre als Verkaufsleiter im Hause Gottwald tätig, befasste sich selbst mit der Historie seines Arbeitgebers und stellte sein Wissen kurz vor seinem Ausscheiden aus dem Berufsleben in einer interessanten Firmenchronik zusammen, die ich an dieser Stelle freundlicherweise einfließen lassen durfte.

Diese Aufzeichnungen beinhalteten auch zahlreiche Anekdoten und Begebenheiten aus dem Hause Gottwald, die es sich lohnt wiederzugeben. Herr Lindenlauf soll demzufolge im weiteren Verlauf noch einige Male zitiert werden. Besagte Chronik sowie eine Festschrift anlässlich des 25-jährigen Jubiläums des Werks-Chores im Jahre 1979 ermöglichten zudem interessante Einblicke in die Firmengeschichte.

Ebenfalls danken möchte ich Herrn Dr. Hans Dieter Gottwald, der mir viele persönliche Details über sich und seinen Vater, den Namensgeber Herrn Generalkonsul Leo Gottwald, nicht vorenthielt.

Viele Kranbetreiber, wie auch zahlreiche andere Enthusiasten, die sich teilweise in ihrer Freizeit mit der Thematik befassen und vom Kranvirus befallen sind, haben ebenso zum Gelingen dieses Buches beigetragen.

Nicht vergessen möchte ich auch das Verständnis für die umfangreichen und nicht minder kostspieligen Arbeiten an meinem Gottwald-Archiv durch meine Frau Sabine und meine inzwischen drei Söhne, Sebastian, Tobias Benedict und Jonathan Vincent, wobei letztere so manche Spielstunde an dieses Projekt verloren. Besonders meine Frau hat mich bei diversen Problemen mit unserer Computeranlage tatkräftig unterstützt und stand mir auch sonst hilfreich und verständnisvoll zur Seite. Gleichfalls hat sie aus neutraler Sicht die Texte korrigiert und kann heute so einiges über Krane und Gottwald-Krane im Speziellen erzählen.

Gottwald-Historie

Der Firmenname Gottwald als solcher sollte in Verbindung mit dem hier behandelten Maschinenbauunternehmen erstmalig 1936 im Handelsregister in Erscheinung treten. Am letzten Tage des besagten Jahres fand die Leo Gottwald Kommanditgesellschaft (LGKG) zumindest in dem Firmenregister des Düsseldorfer Amtsgerichtes ihren Eintrag.

Die Geschichte der LGKG erst mit dem Silvestertag 1936 beginnen zu lassen würde jedoch die Unterschlagung von nahezu dreißig Jahren „Entwicklungsgeschichte" dieses Unternehmens bedeuten. Und so wurde auch in den diversen Firmenschriften sowie Berichten in Fachzeitschriften das Jahr 1906 als eigentliche Geburtsstunde genannt. Dem soll entsprechend Rechnung getragen werden, denn auch über diese ersten Jahre gibt es Interessantes zu berichten.

Eine ostfriesische Niederlassung in Düsseldorf

In eben diesem Jahr des noch jungen Jahrhunderts wurde eine Zweigniederlassung der ursprünglich im ostfriesischen Leer beheimateten Firma Ernst Halbach in Düsseldorf gegründet. Der entsprechende Eintrag im Handelsregister datiert vom 21. Mai 1906 und lautet auf Maschinenindustrie Ernst Halbach Aktiengesellschaft.

In Leer gehörten bereits Dampfwinden, Dampflokomobile, welche auch als Locomobile oder Dampf-Straßenzug-Lokomotiven bezeichnet wurden, sowie dampfgetriebene Krane zum Fertigungsprogramm des Unternehmens. Besonders die Krane wurden dabei vielfach für die dort ansässige Schiffbauindustrie hergestellt. Wie dieser kleine Querschnitt aus der Fertigung bereits zeigt, war seinerzeit noch der Dampfantrieb Mittelpunkt allen wirtschaftlichen Wachstums. Um diesem Wachstum auch firmenintern Rechnung zu tragen und zudem weiter expandieren zu können, wurde bereits vorausschauend die Nähe des Ruhrgebietes gesucht. In dieser industriell immer weiter aufstrebenden Region des damaligen Kaiserreiches erwartete man – dies natürlich nicht zu Unrecht – einen stetig wachsenden Kundenkreis für die eigenen Produkte.

Im Düsseldorfer Stadtteil Reisholz erwarb also 1906 die Ernst Halbach AG ein knapp 17 000 m² großes Areal. Das Gelände lag dabei nur etwas mehr als einen Steinwurf vom Rhein entfernt. Diese wichtige Verkehrsader sowie ein ebenfalls vorhandener Eisenbahnanschluss ließen die getroffene Wahl als überaus ideal erscheinen. Im Laufe der weiteren Jahrzehnte sollte dieses Stammwerk des späteren Unternehmens Gottwald durch ständigen Zukauf von Gelände auf über 40 000 m² vergrößert werden. Einen weitvorauseilenden Blick in die 1980er Jahre wagend sei festgestellt, dass eine für das Unternehmen überlebenswichtige flächen-

Auch solche Dampflocomobile wurden insbesondere während des Ersten Weltkrieges am Standort Düsseldorf in beträchtlicher Stückzahl von der Ernst Halbach AG sowie der Mukag gebaut. In Kriegszeiten wurden diese vorwiegend für das kaiserliche Heer als Artillerie-Zugmaschinen zur Auslieferung gebracht

(Sammlung Weinbach)

Mukag-Dampfkrane für Verlade- und Baggerbetrieb

Dampfkran für Stückgut- und Einseilgreiferbetrieb, besonders geeignet für Bauzwecke.

Dampfkran für Stückgut- und Einseilgreiferbetrieb, besonders geeignet für Bauzwecke.

Leo Gottwald Kommanditgesellschaft
WERK DÜSSELDORF
— vorm. Maschinen- und Kranbau A.G. —
— MUKAG —

Montage- und Bedienungsanweisung
für den Vierseilgreifbagger „VEz" mit 2-Hebelsteuerung.

Wird oft als der erste in Düsseldorf gebaute Krantyp angeführt, der Typ DA mit 1500 kg Tragkraft für 1435 mm Spurweite! Das Werbeblatt vergaß abschließend nicht zu erwähnen, dass die Dampfkrane mit verschließbarem Schutzhaus geliefert werden. Diese offene Version diente augenscheinlich nur der besseren Präsentation   (Sammlung Weinbach)

Die Baureihen DC (2500 kg), DE (3500 kg) und DG (5000 kg) waren schon etwas für die schwereren Arbeiten. Auch variierte die Spurweite dann zwischen 1730 mm und gar 3000 mm. Die Dampfkrane konnten natürlich auch im Greiferbetrieb eingesetzt werden. Auch bei diesem Gerät ist das Schutzhaus noch nicht komplettiert   (Sammlung Weinbach)

Der Typ VE wurde seit 1910 äußerlich nahezu unverändert bis in die späten vierziger Jahre gebaut. Hier preist allerdings die Montage- und Bedienungsanweisung aus dem Jahre 1940 die Vorzüge der gerade eingeführten Zweihebelsteuerung, daher dann die neue Bezeichnung VEz   (Sammlung Weinbach)

mäßige Erweiterung zuletzt jedoch nicht mehr möglich war. Die benachbarte Industrie und besonders die einstmals von Vorteil erscheinenden Gleisanschlüsse stellten ein unüberwindbares Hemmnis am dortigen Standort dar.

Doch zurück ins Jahr 1906. Beginnend mit einem für die damalige Zeit enormen Stammkapital von einer Million Mark, beschäftigte man sich in der noch jungen Aktiengesellschaft laut Geschäftsbericht mit dem „An- und Verkauf sowie anderweitige(r) Verwertung von Maschinen aller Art".

Im Oktober 1907 wurde schließlich die erste Werkstätte in Reisholz fertig gestellt, so dass nunmehr neben Handel und Vermietung von Maschinen auch mit deren Reparatur und nicht zuletzt mit deren Fertigung begonnen werden konnte. Aus der damaligen Telegrammadresse „Locomobilkraft" war bereits auf einen Produktionszweig zu schließen. Dampfbetriebene Zugmaschinen, sogenannte Locomobile, wurden in Düsseldorf gefertigt.

Daneben wurde jedoch auch hier mit dem Bau von dampfbetriebenen Winden und Kranen, von Rammen und Baggern, aber auch normalen Dampfkesseln begonnen.

Auch sollten bis 1909 weitere Verkaufsfilialen im gesamten Kaiserreich eröffnet werden, so in Berlin, Frankfurt am Main, Chemnitz, Bremen, Hamburg und Kattowitz.

Ebenfalls im Jahre 1907 nahm man eine Kapitalerhöhung von einer viertel Million Mark vor. Entsprechend der Nachfrage der Kundschaft wurden in Düsseldorf insbesondere die Fertigungsstätten stetig, wenn auch unzusammenhängend, erweitert. Eine rationelle Produktion war jedoch laut damaliger Beschreibung kaum möglich. Abhilfe sollten erst viele Jahre später die Zerstörungen im Zweiten Weltkrieg bringen, die einen gezielten und durchdachten Wiederaufbau von Werkshallen und Lagern ermöglichen sollten.

Nach Aufnahme der Produktion in Düsseldorf-Reisholz ist besonders der schienengebundene Dampfbagger vom Typ VE im Jahre 1910 als erster Meilenstein in der immer größer werdenden Produktpalette zu erwähnen. Ein wenig vorgreifend sei gesagt, dass dieses Gerät später als „Mukag-Bagger" in die Firmengeschichte eingegangen ist. Von diesem Bagger sollten bis Ende der vierziger Jahre (!), natürlich in ständig überarbeiteten Ausführungen, mehrere hundert Stück gebaut werden.

Das junge Unternehmen wächst

Als problematisch erwies sich in den ersten Jahren am neuen Standort auch die räumliche Trennung von Fertigung und Verwaltung. Letztere war in der Düsseldorfer Stadtmitte am Fürstenplatz in einem Wohnhaus einquartiert. Die dort untergebrachten Mitarbeiter des Technischen Büros mussten ihre Arbeit überdies in viel zu engen Räumlichkeiten verrichten. Im Herbst des Jahres 1911 vereinigte man schließlich Fertigungsbetrieb und Verwaltung in Reisholz. Genau zwei Jahre später verlegte man jedoch aus nicht nachvollziehbaren Gründen die kaufmännischen Büros wiederum in das Düsseldorfer Stadtzentrum.

Trotz alledem war das junge Unternehmen äußerst erfolgreich gestartet und so verwundert es nicht, dass schon 1912 die Kranfabrik Körting im nördlich von Düsseldorf gelegenen Ort Lintorf aufgekauft wurde. In diesem Zusammenhang wurde das Aktienkapital auf beachtliche 1,75 Millionen Mark aufgestockt. Um der ständig wachsenden Nachfrage der Kundschaft nachkommen zu können, musste man die Fertigungskapazitäten jedoch stetig ausweiten.

Im September 1912 richtete man deshalb an den Kreisausschuss des Landkreises Düsseldorf ein Gesuch zwecks Erweiterung der Fabrikationshallen in Reisholz. Darin war unter anderem folgendes aufgeführt:

„Die unterzeichnete Maschinenindustrie Ernst Halbach Actiengesellschaft, Düsseldorf beantragt hiermit, ihr

1) die Genehmigung zur Ausführung von Niet- und sonstigen Arbeiten an Eisenkonstruktionen, Kesseln, Blechrohren in den bestehenden Gebäuden je nach deren Betriebszweck zu erteilen. Diese Erlaubnis wäre für gelegentliche Arbeiten auch auf die Höfe und unbebauten Plätze des Fabrikgrundstückes auszudehnen.

2) den Betrieb eines Friktions-Schmiedehammers zu genehmigen.

3) die Bauerlaubnis für eine neue Fabrikationshalle zu genehmigen, in welcher die unter 1) benannten Arbeiten ebenfalls ausgeführt werden dürfen."

Die Lage des Fabrikgrundstückes wurde seinerzeit in dem Schreiben wie folgt beschrieben:

„Das Fabrikgrundstück der Maschinenindustrie Ernst Halbach, Aktiengesellschaft, gelegen in Flur 8 der Gemarkung Itter-Holthausen, wird auf der Westseite von der Werftstraße, auf der Nordseite von dem Hausgrundstück des Architekten H. Peuther jr., Langerfeld bei Barmen, auf der Ostseite von der Industriebahn der Industrie-Terrain-Gesellschaft Reisholz und auf der Südseite von einem Ackergrundstück der letztgenannten Gesellschaft begrenzt."

Im weiteren Verlauf wurden als bestehende Gebäude aufgeführt: eine Fabrikationshalle mit 1250 m² Grundfläche, Magazin mit 336 m², Shedbau mit 730 m², Lagerschuppen mit 786 m², eine Versuchsstation mit 253 m² und eine Aufenthalts- und Waschhalle mit 65 m².

In unmittelbarer Nachbarschaft des Fabrikgeländes stand, wie oben aufgeführt, ein dreigeschossiges Wohnhaus des Architekten H. Peuther jr. sowie, durch das Gelände der Industrie-Terrain-Gesellschaft getrennt, die Preiselbeersiederei von Emil Kirbergen zu Hilden. Alle weiteren Gebäude hatten einen Abstand von mehr als 60 m zur Grundstücksgrenze.

Von der 1912 von der Ernst Halbach AG übernommenen Kranfabrik Joh. Körting & Co. aus Lintorf (Rheinland) wurde dieser elektrisch betriebene 50-t-Halbportalkran für die Panzerplattenverladung gefertigt. Mit dem für Friedrich Krupp, Germaniawerft in Gaarden bei Kiel gebauten Kran (16 m Spannweite) dürften entsprechende Stahlplatten für den Kriegsschiffbau der Kaiserlichen Kriegsmarine bewegt worden sein. Das junge Unternehmen sicherte sich durch den Zukauf entsprechende Kenntnisse auf dem Gebiet des Brückenkranbaus
(Sammlung Weinbach)

Die bestehenden Fabrikgebäude waren im Einzelnen sowohl in ihrer Bauausführung als auch mit dem vorhandenen Maschinenpark genauestens beschrieben. Die zu erwartenden Emissionen schloss man für die Nachbarschaft, aufgrund in ausreichender Anzahl und Höhe vorhandener Kamine, aus. Ebenfalls ausgeschlossen wurden saure, heiße oder schmutzhaltige Abwässer. Der Umweltschutz, zur damaligen Zeit wohl eher klein geschrieben, nahm also schon einen recht zaghaften Anfang, er fand zumindest Erwähnung.

Als wesentliche Bearbeitungs- und Hilfsmaschinen waren ein elektrischer Laufkran mit immerhin 30 t Tragkraft und etwa 30 Werkzeugmaschinen zur Metallbearbeitung für die Fabrikationshalle ausgewiesen. Der Shedbau oder auch Schedbau mit seiner sägezahnförmigen Hallendachkonstruktion mit großen Fenstern beherbergte die Schmiede mit mehreren Schmiedefeuern sowie einen mechanisch betriebenen Friktionsfallhammer.

Die neu zu errichtende Fabrikationshalle verfügte über eine Grundfläche von 800 m². Darin untergebracht werden sollten ein 10-t-Laufkran, ein Schmiedefeuer sowie ungefähr 15 Werkzeugmaschinen.

Wenige Wochen später wurde dem Gesuch durch die Behörde stattgegeben. Der Erweiterung der Betriebsstätten stand nichts mehr im Wege. Beschäftigung fanden nunmehr auf dem beschriebenen Gelände ungefähr 110 Arbeitskräfte.

Mukag, ein neuer Name mit Weltruf

Im Jahre 1916 bereits ergaben sich für das noch junge Unternehmen einschneidende Änderungen in der Firmenführung. So schied der Firmengründer und Namensgeber, Ernst Halbach, aus dem Vorstand der Aktiengesellschaft aus. Mehrere Direktoren führten daraufhin vorübergehend das Unternehmen, bis, neben einigen anderen Personen, die Herren Eugen Levy und Franz Berndt in den Vorstand eintraten. Diese beiden Herren führten daraufhin das Unternehmen bis in die Jahre 1935/36.

Die neuen Firmenverhältnisse berücksichtigend, erfolgte mit Wirkung vom 31. Mai 1917, also mitten in den Wirren des Ersten Weltkrieges, die Umbenennung in Maschinen- und Kranbau Aktiengesellschaft, kurz Mukag.

Unter diesem neuen Namen wurde das Unternehmen sodann auch bis weit über die Grenzen des damaligen Reiches bekannt. Kundenwünsche konnten von nun an unter der Telegrammadresse „Mukag Düsseldorf" schnell an den Hersteller übermittelt werden.

Im Angebot der Mukag befanden sich nach wie vor dampfbetriebene Krane und Winden, Dampframmen, Freifallrammen, Lokomobile sowie reine Dampfkessel. Auf all diesen Gebieten konnte man immer wieder noch leistungsfähigere Typen entwickeln. Der technische Fortschritt brachte es allerdings auch mit sich, dass insbesondere kleinere Bagger und Krane zunehmend mit Verbrennungsmotoren (Benzol/Diesel) ausgestattet wurden. Zudem befasste man sich immer intensiver mit dem Bau von Krananlagen, die mehr oder weniger stationär aufgebaut wurden. Hierzu zählten elektrisch betriebene Laufkrane, Hafenkrane, Portal- und Halbportalkrane, Konsolkrane und Drehkrane. Auch die Vermietung von anderweitigen Maschinen sorgte zudem für stetig steigende Umsätze.

Die relativ kleine Hauptfertigungsstätte an der Reisholzer Werftstraße hatte gegen Ende des Ersten Weltkrieges immer noch einen Beschäftigungstand von knapp über 100 Personen. Auf ungefähr die gleiche Mitarbeiterzahl kam man in dem schon erwähnten Zweigwerk in Lintorf, ehemals Kranfabrik Körting und einer ebenfalls dort ansässigen Gießerei, die allerdings in einem Pachtverhältnis betrieben wurde. In dem Werk in Lintorf wurde während des Krieges unter anderem auch Munition für die Heeresverwaltung produziert.

Kleine Mutter mit großer Tochter

In Anbetracht dieser bescheidenen Mitarbeiterzahlen stellte Anfang 1918 die Übernahme der Gustav Pöhl GmbH, einem Unternehmen mit immerhin knapp 1200 Beschäftigten, ein risikoreiches Unterfangen dar. Gegenüber dem Herstellungsprogramm des Stammwerkes in Reisholz war das hinzugekaufte Betätigungsfeld gänzlich artfremd. Der Geschäftsbericht der Mukag für das abgelaufene Geschäftsjahr hielt hierzu am 8. Juni 1918 folgendes fest:

„Zum weiteren Ausbau unserer Gesellschaft haben wir im Februar dieses Jahres die Firma Gustav Pöhl G.m.b.H., Maschinen- und Motorpflugfabrik in Gössnitz S.A. (Anmerkung: S.A. stand für das Herzogtum Sachsen-Altenburg, das spätere Land Thüringen) angekauft und zu diesem Zwecke unser Aktienkapital auf 4 Millionen Mark erhöht. Die Fabrik befasst sich im Frieden in der Hauptsache mit dem Bau von Motorpflügen. Augenblicklich ist sie in großem Umfange mit der Herstellung von Zugmaschinen für Heereszwecke beschäftigt. Der zu Beginn des Geschäftsjahres noch lebhafte Verkauf von Lokomobilen und Dampfkesseln, durch den ein weiterer Teil unseres Bestandes verwertet wurde, erlitt durch die Beschlagnahme derartiger Maschinen eine wesentliche Veränderung.

Dieses Geschäft wurde fast brach gelegt und auch das Mietgeschäft verringerte sich wesentlich wegen des geringer werdenden Bestandes an verfügbaren Maschinen. Auf der anderen Seite haben wir einen erfreulichen Fortschritt in der Fabrikation zu verzeichnen. Wir gehen in das neue Jahr sowohl in unseren beiden älteren Fabriken als auch bei der Firma Pöhl mit einem großen Auftragsbestand

hinein und haben auch vor allem den Bau weiterer Zugmaschinen für die Heeresverwaltung in unseren sämtlichen Werken übernommen."

Der Geschäftsbericht 1918 sollte im weiteren Verlauf einen Reingewinn von beachtlichen 481 597,87 Mark für das vorausgegangene Jahr ausweisen.

Die Firma Pöhl beschäftigte sich seit ihrer Gründung durch den Motorpflugkonstrukteur Gustav Pöhl im Jahre 1910 in Glauchau mit der Herstellung von Ackerschleppern und Zugmaschinen. Nach der Errichtung eines neuen Werkes im thüringischen Gössnitz im Jahre 1913 wuchs das Unternehmen schnell heran. Zudem wurden verschiedene selbstkonstruierte Motortypen in einem eigenen Werk in Gössnitz angefertigt. Auf dem Gebiet des Schlepperbaus hatte man sich binnen kurzer Zeit einen guten Ruf zulegen können. Überdies wurde im Laufe der weiteren Jahre das Angebot an Schleppern beständig ausgebaut. Es wurden reine Lastenschlepper für die Straße, Ackerbaumaschinen, Landwirtschafts-Motorpflüge, sogenannte Radraupen und Zugmotoren hergestellt. Die Motorisierung bestand dabei sowohl aus Benzol- als auch aus Dieselmotoren mit Leistungen zwischen 25 und 80 PS. In der Zeit zwischen 1915 und 1918 wurden allerdings auch weiterhin die altbewährten Dampflokomobile für das kaiserliche Heer gefertigt und das in nicht geringer Stückzahl.

Ebenfalls zum Kriegseinsatz kam der große Pöhl-Schlepper mit seinen beachtlichen 80 Pferdestärken. Ursprünglich war dieses dreirädrige Gefährt als Universal-Landwirtschafts-Motorpflug entwickelt worden und hatte zu diesem Zweck einen heckseitig angebrachten Ausleger, mit dem der Pflugrahmen gehoben und gesenkt werden konnte. Nunmehr als Artilleriezugmaschine zweckentfremdet und mit einer Seilwinde ausgestattet, wurde dieses Gerät annähernd einhundert mal an das Heer ausgeliefert.

Um so erstaunlicher war nunmehr die Übernahme der überaus erfolgreich arbeitenden Pöhl-Werke durch die vergleichsweise kleine Mukag.

Der Geschäftsbericht der Mukag vom 28. Mai 1919 ging dann auch eingangs noch einmal auf die Übernahme des thüringischen Schlepperherstellers ein:

„Im abgelaufenen Geschäftsjahr wurde die Vereinigung der Gustav Pöhl G.m.b.H. in Gössnitz, deren Erwerb wir in unserem letz-

Ansicht der Pöhl-Werke in Gössnitz. Links im Bild ist die Lagerhalle für die zur Auslieferung bereitgestellten Maschinen zu sehen. In der Bildmitte ist die Fabrikationshalle mit dem danebenliegenden Kesselhaus für die Energieerzeugung erkennbar, davor befindet sich das Verwaltungsgebäude. Ein Versuchsfeld für die Geräteerprobung war natürlich ebenfalls direkt am Werk vorhanden

(Gebhardt)

Links: Auch Benzol- beziehungsweise Dieselgetriebene Krane und Bagger wurden schon bald in das Fertigungsprogramm aufgenommen

(Sammlung Weinbach)

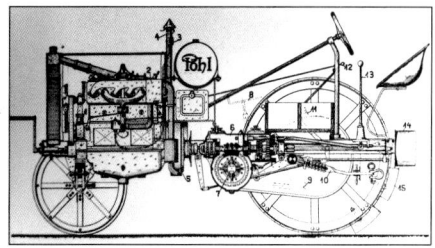

Links: Blick in die Fertigungshalle für die in Massenproduktion hergestellten Traktoren der Marke Pöhl – Mitte: Zunächst mit einem 60-PS-Kämper-Motor ausgerüstet, war dieser mächtige „Universal-Landwirtschafts-Motorpflug" mit nur einem lenkbaren Vorderrad ab etwa 1913 im Einsatz vorzufinden. Stahlräder gehörten zeittypisch zur Ausstattung solcher Ackergeräte. Im Ersten Weltkrieg wurde das Gerät, zwischenzeitlich mit einem 80-PS-Motor aufgerüstet, in beträchtlicher Stückzahl als Artilleriezugmaschine mit Seilwinde an das kaiserliche Herr ausgeliefert – Rechts: Das interessante Schnittbild des „Pöhl-Trakteur" vom Typ A6 mit 32/34-PS-Vergaser-Motor für 2 t Eigengewicht. Das A stand bei Pöhl für Ackerschlepper (Gebhardt)

Links: Den Pöhl-Traktor vom Typ A6 (4 Zylinder, 32/34 PS), hier mit angehängtem dreischarigen Saatpflug, gab es in allerlei Ausführungen. Dieses Modell verfügt über recht schmale hintere Antriebsräder, allerdings mit zugegeben „tiefem Stahl-Profil" – Mitte: Den A6 mit seinem sehr weit hinten angeordneten Fahrersitz gab es auch mit einem wahrlich schnittigen Verdeckaufbau – Rechts: Für extrem schwierigen Boden gab es für die Pöhl-Ackerschlepper natürlich auch verbreiterte Antriebsräder mit aufgenietetem „Profil" (Gebhardt)

Links: Die diversen Pöhl-Lastenschlepper aus den frühen dreißiger Jahren, hier wohl vom Typ L6 mit 36-PS-Vergasermotor, zeichneten sich durch Elastikreifen für den Straßenverkehr aus. Es gab solche Lastenschlepper auch vom Typ L3 (4 Zylinder, 22-PS-Pöhl-Motor), L5 (4 Zylinder, 28-PS-Pöhl-Motor) und als Typ LR mit 30-PS-Rohöl-Dieselmotor – Mitte: Für den Pöhl-Lastenschlepper, hier mit moderneren Stahlrädern und Elastikbereifung, gab es auch eine unmittelbar vor der Antriebsachse aufgebaute feste Fahrerkabine mit zwei Sitzplätzen und Türen. Für die Überlandfahrt empfahl sich dann eine entsprechende Beleuchtungsanlage, die hier erkennbar ist – Rechts: Auch solche, nur 1000 mm breiten Kleinkraftschlepper vom Typ R3 (4 Zylinder, 22 PS), wurden erstmalig 1930 von Pöhl als Raupenschlepper angeboten. Das immerhin bis zu 9 km/h schnelle Raupengerät (1,9 t schwer) war laut Prospekt aufgrund seiner schmalen Ausführung insbesondere für Wald- und Plantagearbeiten geeignet (Gebhardt)

Links: Elektrisch betriebene Kranbrücken und Portalkrane stellten über viele Jahre einen großen Fertigungsanteil der Mukag dar – Mitte: Auch auf Reichsbahnschienen waren die Krane der Mukag aktiv. Der Dampfrangierkran vom Typ DL 12 für 12 t Traglast konnte dabei in Eisenbahnzüge eingestellt werden – Rechts: Immerhin acht dieser 25-t-Dampf-Rangierkrane wurden 1927 für französische Kolonien in Afrika gebaut

(Sammlung Weinbach)

ten Geschäftsbericht bekanntgaben, mit unserer Gesellschaft unter dem Namen Pöhl-Werke, Zweigniederlassung der Maschinen- und Kranbau Aktiengesellschaft in Gössnitz, vollzogen."

Mit dem Ende des Weltkrieges im November 1918 gingen selbstverständlich auch die umfangreichen Heereslieferungen sämtlicher Mukag-Fertigungsstätten schlagartig zurück. Man musste sich allerorts wieder auf die Friedensproduktion konzentrieren. Der oben zitierte Geschäftsbericht soll die damalige Unternehmenslage noch einmal verdeutlichen:

„War bei Beginn des Geschäftsjahres der Auftragsbestand ein sehr guter, so gestaltete sich die Erledigung dieser Aufträge wegen des häufigen Fehlens von Material und Arbeitskräften immer schwieriger. Trotzdem gelang es, der eingegangenen Verpflichtungen Herr zu werden, insbesondere konnten die Pöhl-Werke ihre belangreichen Aufträge auf Heereszugmaschinen in der vorgeschriebenen Zeit zur Ausführung bringen. Mit Beginn des Waffenstillstandes wuchsen die Schwierigkeiten in der Erzeugung noch in besonders starkem Maße. Die Munitionsanfertigung, die wir in unserem Lintorfer Werke betrieben, hörte auf, namhafte Aufträge der Heeresverwaltung wurden zurückgezogen, andere wesentlich beschränkt. Die Einbeziehung unseres Reisholzer Werkes in den Brückenkopf Köln, die Arbeiterunruhen und der Kohlemangel gingen an unseren Werken nicht spurlos vorüber. Als einziger Vorteil verblieb uns, dass wir die Friedenstätigkeit unserer Werke während des Krieges nicht ganz aufgegeben hatten und daher die Umleitung in die Friedensarbeit keine völlige Umstellung des Betriebes nötig machte, wenngleich die starke Abnutzung der Maschinen während des Krieges erhebliche Wiederinstandsetzungskosten erforderten und Zeitverluste mit sich brachten. So ist namentlich auch in den Betrieben der Pöhl-Werke der Bau von Motorpflügen, deren eigentlicher Friedensartikel erheblich gefördert, auch werden dort zur Zeit eine größere Anzahl Dampf-Straßenzug-Lokomotiven gebaut, so dass dieselben bis Ende des Jahres voll beschäftigt sind.

Die augenblicklichen hohen Löhne, die hohen Materialkosten und der noch immer vorhandene Materialmangel lasten schwer auf

den Betrieben und wenn auch genügend Arbeit auf unseren Werken vorhanden ist, so fehlt es doch an einem klaren Überblick, wohin die andauernden Forderungen der Angestellten und Arbeiter bei stark verminderter Arbeitsleistung uns treiben werden."

Nun, es wurde immerhin noch ein Reingewinn von 334 070,98 Mark in besagtem Geschäftsbericht aufgeführt und eine Dividende von sechs Prozent ausgeschüttet.

Auch nach dem Ersten Weltkrieg hatte die Mukag mit ihrem breitgefächerten Maschinenangebot noch einige Jahre ein gutes Auskommen. Der Dampfkesselbau und die damit verbundene Fertigung von Kranen, Baggern, Rammen und anderer derart angetriebener Maschinen, besonders in der unverändert kleingebliebenen Reisholzer Fertigungsstätte, waren auch weiterhin gewinnbringend. Die erwähnten Bagger und Krane waren, wie zu dieser Zeit üblich, ausschließlich schienengebunden und verliehen den Geräten wenigstens ein Minimum an Mobilität auf Baustelle und Werksanlagen.

Überaus erfolgreich war man auch mit der sowohl in Reisholz als auch in Lintorf ansässigen Produktsparte der elektrisch betriebenen Krananlagen. So wurden elektrische Laufkrane in großer Zahl als Reparationslieferung nach Frankreich geliefert. Aber auch im gesamten deutschen Reich der damaligen Weimarer Republik konnte man in vielen Industriebetrieben Krane und Bagger der Mukag vorfinden.

Auf dem Gebiet der Schienenkrane konnte man seinerzeit bereits beachtliche Geräte konstruieren. So wurden in französische Kolonien nach Afrika schon 1927 insgesamt acht Schwerlast- beziehungsweise Eisenbahnhilfskrane mit bis zu 25 t Tragfähigkeit geliefert. Solche Krane waren auch weiterhin größtenteils dampfbetrieben. Die Verwendung von Benzol- beziehungsweise Dieselmotoren für die Maschinen der Bauindustrie war noch nicht selbstverständlich, fand jedoch zusehends Verbreitung. Nach wie vor eine feste Verkaufsgröße war der schon angesprochene Dampfbagger vom Typ „VE".

Das Lintorfer Zweigwerk war insbesondere mit der Kranfertigung jahrelang gut ausgelastet. Die Zweigniederlassung in Gössnitz, so seltsam diese Bezeichnung bei den gegebenen Größenverhältnissen auch klingen mag, hatte radikal auf Massenfertigung der landwirtschaftlichen Geräte gesetzt. Hier konnten noch über einige Jahre hinweg ebenfalls gute Geschäfte verzeichnet werden.

Die Gottwald-Ära beginnt

Mitte der zwanziger Jahre wurden die Aktien der Mukag auch an der Düsseldorfer Wertpapierbörse gehandelt. Von dem in Düsseldorf ansässigen Bankhaus Schliep & Co. wurden in dieser Zeit erhebliche Aktienanteile erworben. Der Hauptgesellschafter und spätere Alleinanteilseigner dieser Bank, Herr Leo Gottwald, kam so zunächst im Jahre 1926 in den Mehrheits- und 1928 schließlich in den Alleinbesitz der Mukag-Aktien. Herr Gottwald übernahm ebenfalls bereits 1928 den Aufsichtsratsvorsitz dieses aufstrebenden Maschinenbauunternehmens. In der Folgezeit gingen von dem neuen Firmeninhaber entscheidende finanzielle und unternehmerische Einflüsse aus. Zu dieser Zeit (1928), etwa 300 Mitarbeiter waren am Standort Düsseldorf tätig, erzielte das dortige Werk einen Umsatz von knapp 3,2 Millionen Reichsmark. Mit etwa 60 Prozent stellte der Exportanteil dabei einen wesentlichen Teil dar.

In den nachfolgenden Jahren, es begann die Zeit der Weltwirtschaftskrise (1929), geriet jedoch auch die Mukag in immer unruhigeres Fahrwasser. Nachdem gerade in der Zeit zwischen 1929 und 1931 zahlreiche Neuentwicklungen aus dem Hause Pöhl der Landwirtschaft die Arbeit erleichtern sollten, hatte dieses Werk nunmehr im Sog der Wirtschaftskrise besondere Absatzprobleme. Der Gössnitzer Unternehmensteil mit seiner Belegschaft von nahezu 1200 Personen begann stark zu wanken und wurde schließlich zahlungsunfähig. Die dortige Produktion kam fast völlig zum Erliegen und es wurde kurzerhand auf eine „Auslauffertigung" umgestellt.

Um jedoch den Firmenverbund als solchen zumindest in seinem Fundament zu erhalten, wurde von Herrn Gottwald folgerichtig ein rigoroses Gesundschrumpfen verordnet. Dies betraf in der Hauptsache den am härtesten betroffenen Geschäftszweig im thüringischen Gössnitz. Dort komplettierten ab 1932 lediglich 40 bis 50 verbliebene Mitarbeiter Traktoren der einstmals weitverbreiteten Marke Pöhl.

Die noch vorhandenen Materialbestände stellten dabei in erster Linie die Ersatzteilversorgung zumindest für einige Zeit sicher und ermöglichten gleichzeitig den Fortbestand eines Reparaturdienstes. Das dortige Werk konnte somit zumindest erhalten werden. Durch eine angeordnete Produktionsumstellung auf Getriebe und Werkzeugmaschinen aller Art konnte sich der Betrieb in der Folgezeit auch weiterhin behaupten. Ende der dreißiger Jahre wurde dann in Gössnitz auch noch einmal kurzzeitig eine Schlepperproduktion aufgenommen; diese erlangte jedoch bei weitem nicht die einstige Bedeutung.

Der Geschichte etwas vorgreifend sei gesagt, dass nach Beendigung des Zweiten Weltkrieges die Gössnitzer Niederlassung noch bis Ende 1952 als Leo-Gottwald-Werk Bestand hatte. Jeglicher Einfluss durch die Düsseldorfer Unternehmensführung war jedoch in dieser russischen Besatzungszone und späteren DDR verloren gegangen. Zwischen den Jahren 1953 und 1956 wurde der dortige Besitz als sogenannter „Verwaltungsbetrieb Gottwald" geführt. Im Juli 1956 schließlich wurde das Werk mit dem benachbarten Apollo-Plantector-Werk zur Gössnitzer Pumpen- und Pumpanlagenfabrik vereinigt.

Neben diesen drastischen Einschränkungen in Gössnitz zu Beginn der dreißiger Jahre wurde zur gleichen Zeit auch das Zweigwerk in Lintorf stillgelegt und verkauft. Die ehemals dort untergebrachte Kranfertigung wurde in das Hauptwerk nach Reisholz verlegt. Die angepachtete Gießerei in Lintorf wurde gleichfalls abgestoßen.

Nun war die Mukag wieder bei ihren Ursprüngen angelangt. In der Hauptsache bestand sie aus dem Stammwerk in Düsseldorf-Reisholz mit seinen nach wie vor knapp über einhundert Beschäftigten. Das Werk in Gössnitz spielte, wie schon erwähnt, eine eher untergeordnete Rolle.

Es geht wieder aufwärts

In den Düsseldorfer Konstruktionsbüros wurden zu dieser Zeit viele Fachleute des Unternehmens zusammengezogen, so dass man über enorme Ingenieurleistungen verfügen konnte. Der hohe Stand der Technik und die Zuverlässigkeit der Mukag-Produkte hatte sich auch weit über die Grenzen hinaus herumgesprochen. So wurden nahezu in das gesamte benachbarte Ausland elektrische Laufkrane und Bockkrane, im heutigen Sprachgebrauch Portalkrane, geliefert.

Sowohl von Land als auch von Pontons aus arbeitende Hafenkrane wurden an holländische und französische Seehäfen verkauft. Besonders erwähnenswert sind auch zahlreiche Lieferungen von Laufkranen für finnische Wasserkraftwerke. Solche speziellen Krananlagen, oftmals als Maschinenhauskrane ausgelegt, erlangten beachtliche Tragfähigkeiten von bis zu 170 t.

Aber auch wesentlich kleinere Krananlagen, wie Konsolkrane und Schienenkatzen, fanden sich schon seit Jahren im umfangreichen Fertigungsprogramm. Es gab praktisch keine noch so ausgefallene Art von Hebezeug, die nicht auf Kundenwunsch oder aber auf dem Entwicklungsdrang der eigenen Konstrukteure beruhend, hergestellt wurde.

Daneben führte man jedoch auch zahlreiches Zubehör, wie diverse Greiferausführungen für Baggerarbeiten, in seinem Programm.

Der bemerkenswerteste und größte Auftrag der damaligen Zeit, so wurde es auch in einer Firmenschrift überliefert, wurde 1932 von Russland erteilt: schwere Eisenbahnkrane, gewaltige Raupenbagger und schienengebundene Bagger mit Dampfantrieb wurden in die Weiten Russlands geliefert.

Aber auch nach Übersee konnte man bereits erfolgreich Geschäftsverbindungen knüpfen. So wurden schon 1930 zwei Exemplare eines kompletten Hilfszuges an die staatliche Eisenbahngesellschaft ins ferne Argentinien versandt.

Herzstück dieser beiden Hilfszüge waren zwei jeweils 50 t hebende Eisenbahn-Hilfskrane. Diese wurden angetrieben durch Dampfkraft, wobei der Kessel alternativ mit Kohle, Holz oder auch Öl geheizt werden konnte; in gewisser Hinsicht also eine Art „Vielstoffmotor".

Festzuhalten bleibt, dass bis in die Mitte der dreißiger Jahre in Reisholz die bekannte Fabrikationspalette mit einer doch recht kleinen Belegschaft von zuletzt nur noch rund 80 Mitarbeitern hergestellt wurde. Die Auslastung dieser Fertigungsstätte war zwar über Jahre hinweg nicht gerade als zufriedenstellend zu bezeichnen, jedoch konnte schließlich auch diese kritische Phase erfolgreich überwunden werden. Auch aufgrund der bekanntermaßen veränderten politischen Lage im Deutschen Reich der späten dreißiger

Links: Elektrisch betriebener Schwerlast-Laufkran für 170 t Traglast, zu Beginn der dreißiger Jahre von der Mukag für ein Wasserkraftwerk in Finnland geliefert. Das Hubwerk dieses Maschinenhauskrans war für zwei Geschwindigkeiten, 1 m/min (170 t) und 5 m/min (20 t), umschaltbar – Mitte: Mitte der dreißiger Jahre wurden solche Raupen-Stampfbagger aus Fertigung der Mukag auch beim Bau der Reichsautobahn eingesetzt, wie dieser Prospekt vermittelt – Rechts: Firmengründer Leo Gottwald (rechts) und sein Sohn Dr. Hans Dieter Gottwald   (Sammlung Weinbach)

Jahre kam es bei der Mukag allmählich wieder zu einem zumindest wirtschaftlichen Aufschwung.

Basierend auf der alleinigen finanziellen Verantwortung für die Mukag durch Herrn Gottwald und einer langsam überschaubaren Wirtschaftsentwicklung, konnte man ab 1935 wieder „sicherer" für die Zukunft planen. Es erfolgten umfangreiche Investitionen am Standort Reisholz. So wurden zwei schon bestehende Schiffe der Stahlbauhalle auf rund 100 m Länge erweitert. Die bislang nicht gerade sinnvolle Aneinanderreihung von Werkhallen in Reisholz war, wie schon zu Beginn geschildert, als wenig produktiv anzusehen gewesen, somit stellte die neue Stahlbauhalle den ganzen Stolz des aufstrebenden Unternehmens dar.

Leo Gottwald Kommanditgesellschaft

Im Jahre 1936 erwarb die weiterhin expandierende Mukag die „Vereinigte Flanschen- und Stanzwerke AG" und war dadurch auch auf dem Gebiet der Flanschen-, Press- und Stanzteilefertigung aktiv. Zu diesem neuen Geschäftszweig gehörte das Hauptwerk in Hattingen an der Ruhr sowie dessen Zweigwerk im sächsischen Regis-Breitingen.

Die Reisholzer Firmenzentrale stand somit wiederum im Schatten hinzugewonnener Werke. Dies bezog sich sowohl auf die Mitarbeiterzahl, die nur knapp ein Viertel von der in Hattingen betrug, als auch auf die Umsatzzahlen. Umso erstaunlicher erscheint jedoch wieder der Behauptungswille dieses kleinen und im Grunde genommen veralteten Werkes am Rande Düsseldorfs. Die Technik und Qualität der nach wie vor unter dem Firmennamen Mukag angefertigten Maschinen sprach jedoch für sich und sicherte diesen Standort auch weiterhin.

Herr Gottwald hatte inzwischen die einst kleine Mukag durch unternehmerisches Geschick und nicht unerhebliches finanzielles Engagement zu einem bedeutenden Industrieunternehmen ausgebaut. Man war auf diversen Gebieten des Maschinenbaus aktiv.

Um dieser Leistung Ausdruck zu verleihen, erfolgte dann auch folgerichtig mit Wirkung vom 31. Dezember 1936 die Umfirmierung der zusammengeschlossenen Unternehmen in Leo Gottwald KG.

Diese neue Gesellschaft bestand derzeit aus folgenden Teilwerken beziehungsweise Standorten:

Leo Gottwald KG, Werk Reisholz
Leo Gottwald KG, Werk Gössnitz
Leo Gottwald KG, Werk Hattingen
Leo Gottwald KG, Werk Regis-Breitingen.

Die Gesamtleitung und persönliche Verantwortung für dieses Unternehmen lag dabei bei Herrn Leo Gottwald. Dessen Sitz blieb das ihm gehörende Bankhaus Schliep & Co., am Schadowplatz 14 in Düsseldorf. In diesem prachtvollen Gebäude residierte auch die Verwaltung des Unternehmens. Ein weiteres Verkaufsbüro, welches an dieser Stelle nicht vergessen werden soll, unterhielt man zudem in der Samoastraße in Berlin.

Die Kundschaft der bisherigen Mukag wurde fortan in einer langen Übergangsphase mit dem neuen Firmennamen vertraut gemacht. Als Beispiel hierfür soll das Werk in Reisholz mit seiner schon beschriebenen Produktvielfalt dienen.

Da der Name Mukag, man kann es nur wiederholen, einen ausgesprochen guten Ruf hatte, wollte man diesen eingeführten Firmennamen verständlicherweise nicht so auf die Schnelle aussterben lassen. Die Werbeprospekte und Geschäftsbriefe enthielten somit auch weiterhin den geschwungenen Schriftzug der Mukag und die entsprechend ausgeschriebene Bezeichnung der „Maschinen- und Kranbau Aktiengesellschaft".

Daneben zierte jedoch auch eine nachträglich aufgebrachte zaghafte Stempelung mit der Aufschrift „Leo Gottwald Kommanditgesellschaft" die Schriftstücke aus dieser Zeit. Bis zum Ende der dreißiger Jahre konnte man gar den Korrespondenzen und Prospekten folgende aufklärende Bezeichnung entnehmen: „Leo Gottwald Kommanditgesellschaft Werk Düsseldorf vormals Maschinen- und Kranbau A.G.".

Zu schicksalhaften Zeiten des Zweiten Weltkrieges folgte schließlich die Kennzeichnung entsprechender Firmenbroschüren mit: „Maschinen- und Kranbau Leo Gottwald Kommanditgesellschaft".

Allerdings wurde der elegante Schriftzug der Mukag auch hier noch für einige Zeit aufgebracht. Letzterer verschwand dann vollkommen, nachdem man sich ein eigenes Emblem in Wappenform zugelegt hatte. Erst gegen Ende des Krieges hatte man sich auch auf den Werbeschriften gänzlich von der Mukag verabschiedet.

Die „Leo Gottwald Kommanditgesellschaft" hatte sich nunmehr einen ebenso großen Bekanntheitsgrad zugelegt, wie dies einst die Mukag von sich behaupten konnte.

Zwecks fortschreitender Expansion wurde den bestehenden Werken im Jahre 1938 ein weiteres großes Flanschenwerk, dessen Aktienmehrheit man seinerzeit erwarb, hinzugefügt. Der Standort dieses Betriebes lag bei Bernburg / Saale.

An dieser Stelle sei es nun erlaubt, die Person des Leo Gottwald etwas näher vorzustellen. Gleichzeitig soll, die Firmengeschichte etwas unterbrechend beziehungsweise dieser vorgreifend, über seine zukünftige Rolle und die seines Sohnes und Nachfolgers in der Firmenführung berichtet werden.

Leo Gottwald und Nachfolger

Leo Gottwald stammte, so beschrieb es sein Sohn Hans Dieter, aus einfachen ländlichen Verhältnissen im schlesischen Bergland. Geboren wurde er am 30. Oktober 1886 in Mittenwalde, welches der Grafschaft Glatz zugehörte. Dort wuchs er in seinem Elternhaus gemeinsam mit seiner Schwester und zwei Brüdern auf.

Nach Abschluss einer Banklehre sollte er Zeit seines Lebens diesem Berufsstand treu bleiben und schließlich selbst sein eigenes Bankhaus führen. Zunächst jedoch leitete er einige kleinere Filialen großer Banken in Schlesien, so auch in Breslau.

Kurz vor Beginn des Ersten Weltkrieges heiratete er die aus Bocholt stammende Helene Elsinghorst, deren Vater eine gutgehende Eisenwarenhandlung in Wesel besaß. Während seines Kriegseinsatzes an der Westfront wurde Leo Gottwald an der Somme verwundet und durfte schließlich nach seiner Genesung die Heimkehr nach Schlesien antreten. Dort wurde er nachfolgend Vater zweier Töchter. Beruflich war er auch wieder im dortigen Bankgeschäft

50-t-Eisenbahnhilfskran auf Meterspur bei der eindrucksvollen Vorführung in Argentinien (Sammlung Weinbach)

tätig. Die junge Familie zog letztendlich nach Düsseldorf, wo Leo Gottwald sogleich in die örtliche Vertretung der Dresdner Bank eintrat.

Nach einigen Jahren in diesem Hause gründete er 1921 zusammen mit einigen anderen Gesellschaftern, so auch dem Namensgeber August Schliep, das Bankhaus Schliep & Co. in Düsseldorf. In Düsseldorf wurde auch am 15. September 1927 sein Sohn Hans Dieter geboren, der später einmal die Firmengeschicke weiterleiten sollte.

Leo Gottwald, der zwischenzeitlich die Majorität im Bankhaus Schliep & Co. hatte, kaufte schließlich die letzten Anteile von den beiden Restgesellschaftern auf und wurde Alleinanteilseigner. Auf den Aufkauf beziehungsweise die Übernahme der Mukag durch das besagte Bankhaus im Jahre 1928 ist dabei vorab schon umfassend eingegangen worden.

In den dreißiger Jahren wurde Leo Gottwald ehrenhalber, also nicht berufsmäßig, Königlich Bulgarischer Generalkonsul. Mit Altbundeskanzler Konrad Adenauer eng befreundet, trug er auch die Titel „Schatzkanzler des Kölner Doms" und „Ritter des Heiligen Grabes".

Die Fäden des Unternehmens bis zuletzt in seinen Händen haltend, war Leo Gottwald besonders im Bankhaus Schliep & Co. engagiert. Am 23. April 1974 verstarb Leo Gottwald in seinem 88. Lebensjahr in Düsseldorf.

Der 1927 geborene Sohn Hans Dieter wurde nach erfolgtem Gymnasialabschluss in den letzten Tagen des Zweiten Weltkrieges noch eingezogen. Nach einem Kurzeinsatz als Fallschirmjäger an der holländischen Grenze geriet er nachfolgend für ein halbes Jahr in englische Gefangenschaft. Nach der Rückkehr und aufgenommenem Studium legte er in Heidelberg das 1. juristische Staatsexamen und später das 2. Staatsexamen in Düsseldorf ab. In Heidelberg wiederum promovierte Hans Dieter Gottwald zum Dr. jur.

Anschließend war er für ein Jahr an der gerade gegründeten Hohen Behörde für Kohle und Stahl (Montanunion) in Luxemburg tätig. Derart „gestählt", trat er 1954 in das Unternehmen seines Vaters ein. Dabei lernte er auch das harte Leben der Belegschaft hautnah kennen, ließ es sich doch nicht nehmen unter anderem für ein halbes Jahr in Schichtarbeit an den schweren Hämmern des Werkes in Hattingen zu arbeiten. In der Folgezeit sollte er auch in das Stammwerk in Düsseldorf-Reisholz eingearbeitet werden.

Aufgrund seiner umfangreichen Sprachkenntnisse (englisch, französisch, spanisch sowie russisch und chinesisch) war Hans Dieter Gottwald insbesondere in die Exportabteilungen der beiden Werke in Reisholz und Hattingen eingebunden.

Nach dem Tode seines Vaters im Jahre 1974 wurde Hans Dieter Gottwald Alleinerbe des Unternehmens. Seine Mutter und seine beiden Schwestern hatten keine Geschäftsanteile und wurden entsprechend ausgezahlt. Herr Gottwald wurde gleichsam hundertprozentiger Anteilseigner des Bankhauses Schliep & Co. Das Bankhaus hatte seinerzeit die Stimmenmehrheit an der Kommanditgesellschaft, den Rest hielt schon seit geraumer Zeit Hans Dieter Gottwald persönlich in seinen Händen. Dieser übernahm nunmehr auch persönlich den Anteil von Schliep an der KG. Somit waren beide Geschäfte, das Bankhaus und die zur Leo Gottwald KG gehörenden Werke in Reisholz und Hattingen, wirtschaftlich voneinander getrennt.

In der Folgezeit schien es für das Bankhaus Schliep & Co. ratsam, sich einer Großbank anzuschließen. Demzufolge wurden alle Anteile 1980 an die Slavenburg Bank in Rotterdam verkauft. Diese wurde später von Credit Lyonnais übernommen, der Schliep & Co. an die Vereins- und Westbank, Hamburg, weiterveräußerte. Letztere wurde wiederum von der Bayerischen Vereinsbank in München übernommen, zu der Schliep seitdem gehört. Soviel zu den recht verwirrenden Wegen eines alten Bankhauses.

Über die weiteren Vorgänge und natürlich über die noch ausstehende Geschichte der Leo Gottwald KG soll im Folgenden berichtet werden.

Die Leo Gottwald KG im Krieg

Wie schon geschildert, bekam das alteingesessene und immer wieder expandierende Unternehmen zum Jahresende 1936 den neuen Firmennamen Leo Gottwald KG. In den kurz vor Beginn des Zweiten Weltkrieges bestehenden fünf Werken des damaligen Deutschen Reiches wurden nunmehr weit über 2000 Personen beschäftigt. Der 1939 beginnende Krieg sollte dies jedoch rasch ändern. Als Folge wurden die wehrpflichtigen Mitarbeiter überwiegend zum Kriegsdienst eingezogen. Somit brachen wiederum schwere Zeiten für das Unternehmen an.

Es sei an dieser Stelle noch einmal ausdrücklich erwähnt, dass die eigentliche Geschichte der Gottwald KG im Stammwerk in Reisholz geschrieben wurde. Auch stehen natürlich die Produkte aus Düsseldorf im Mittelpunkt dieses Buches. Im weiteren Verlauf wird somit besonders auf das Schicksal dieses Werkes eingegangen und die anderen Fabriken nur insoweit erwähnt, als es zur Vollständigkeit notwendig ist.

Bei Kriegsbeginn jedenfalls arbeiteten ungefähr 280 Personen im „Kranwerk" an der Reisholzer-Werftstraße 19/21. Es mussten jedoch auch hier die wehrpflichtigen Mitarbeiter den Werkshallen den Rücken kehren und einer weit gefährlicheren Tätigkeit nachgehen. Das Werk selbst wurde von den entsprechenden Stellen als „kriegswichtig" eingestuft. Rüstungsgüter oder gar Waffen, dies sei besonders vermerkt, wurden an diesem Standort während der folgenden Kriegsjahre jedoch nicht hergestellt. Die Wichtigkeit dürfte sich das Werk überwiegend durch die Bedeutung der umfangreichen Bau-Produktpalette für die Wirtschaft und den zweifelhaften Bau sonstiger Objekte erlangt haben.

Wie dem auch gewesen sei, die Umstellungen durch die enormen Personalverluste und die Änderung des Fertigungsprogramms waren jedenfalls tiefgreifend. Seit einigen Jahren schon hatte sich als Antrieb für die diversen Bagger und Krane, ausgenommen natürlich die ohnehin elektrisch betriebenen Geräte, der Dieselmotor durchgesetzt. Während des Krieges nun wurde Öl zusehends zur Mangelware oder war den verschiedenen Kriegswerkzeugen vorbehalten.

Hatte man zuletzt nur noch vereinzelt Dampfkessel als Antriebsmaschine in die Gottwald-Bagger eingebaut, fanden diese an sich antiquierten Anlagen wieder zunehmend Verbreitung. Ja, es wurde sogar verstärkt von bestehenden Dieselantrieben auf die gute alte Dampfkraft umgerüstet. Die Produktion lief, so gut dies mit der reduzierten Belegschaft eben möglich war, auf Hochtouren. Die Produktionsstätten selbst hatten in den ersten Kriegsjahren auch noch keine unmittelbaren Beschädigungen erleiden müssen. Dies sollte sich jedoch im fünften Kriegsjahr gravierend ändern.

Am 12. Juni 1943 erfolgte ein alliierter Luftangriff auf das Düsseldorfer Stadtzentrum. Das dort gelegene Verwaltungsgebäude der Gottwald KG am Fürstenplatz wurde dabei vollkommen zerstört. Im Frühjahr 1944 sollte es schließlich auch die Werksanlagen selbst verheerend treffen. Ein Bombenteppich zerstörte die Produktionshallen in wesentlichen Teilen. Die Fertigung musste somit zwangsläufig auf ein Minimum reduziert werden.

Anfang März 1945 kam das Ende des „tausendjährigen Reichs" schließlich immer näher und auch das linksrheinische Stadtgebiet Düsseldorfs wurde von den Soldaten der 83. US-Infanterie-Division besetzt. Die Belagerung der schon stark in Mitleidenschaft gezogenen Stadt hatte begonnen.

Daraufhin rief der Gauleiter Friedrich Karl Florian zum Kampf auf: „Am Rhein pflanzen wir die Fahne des Widerstands auf!" Kreisleiter Walter forderte insbesondere Frauen und Kinder zum Verlassen Düsseldorfs auf. Die Stadt und deren Bevölkerung sollte also nach dem Willen einiger Unbelehrbarer auch weiterhin leiden.

Am 11. April 1945 beschossen letztendlich die vorrückenden amerikanischen Bodentruppen mit schwerer Artillerie vom linken Rheinufer aus die rechtsrheinisch gelegenen Stadtteile Düsseldorfs. Das nur unweit des Flusses gelegene Firmengelände wurde dabei erneut schwer getroffen. Vor allem die bis dahin noch intakten Lagerhallen und das Hauptmagazin wurden hierbei kurz vor Kriegsende durch Brandgranaten in Schutt und Asche gelegt. Die gesamten Werksanlagen an der Reisholzer-Werftstraße waren somit zerstört; an eine Fertigung war vorerst nicht zu denken.

Die Stunde Null

In dieser Trümmerlandschaft sollten sich jedoch bereits kurz nach der Kapitulation rund 40 Werksangehörige zusammenfinden, die dann sogleich mit dem „Wiederaufbau" des alten Arbeitsplatzes begannen. Allmählich fanden sich immer mehr „Ehemalige", teilweise nach langer Kriegsgefangenschaft, an der alten Stätte des Maschinenbauunternehmens ein. Viele andere ehemalige Arbeitskollegen jedoch hatten diese Kriegsjahre mit dem Leben bezahlen müssen.

Der Neuanfang war äußerst schwierig und mit vielen Strapazen für die daran Beteiligten verbunden. Doch langsam aber sicher erwuchs wieder etwas aus den Ruinen. Hatte man bekannterweise seit Jahrzehnten mit den Unzulänglichkeiten der achtlos aneinander gefügten Gebäude zu kämpfen gehabt, so bot sich nunmehr die Chance, mit einer durchdachten Planung dieses Manko zu beseitigen.

Nur wenige Gebäudestrukturen waren nach Kriegsende erhalten geblieben und so musste man sich nach provisorischen Reparaturen vorerst mit einigen zumindest überdachten Werkstätten begnügen. Die ersten Werkzeugmaschinen hingegen begannen sich schon kurz nach Beginn der Aufräumungsarbeiten wieder zu drehen. Somit konnte man wenigstens dringend benötigte Ersatzteile anfertigen, denn der wieder ins Leben gerufene Reparaturdienst hatte alle Hände voll zu tun. Diese Serviceleistungen stellten dabei noch über viele Monate die einzigen Umsätze des am Boden liegenden Unternehmens dar.

Erst gegen Ende des Jahres 1946, Düsseldorf war inzwischen zur Hauptstadt des Bundeslandes Nordrhein-Westfalen geworden, begann man langsam wieder mit dem Bau der ersten Krananlagen sowie Raupenbaggern noch aus Vorkriegsentwicklungen.

Noch aus den provisorischen Werkhallen in Reisholz stammten auch die Kranaufbauten, sprich Windwerke und Ausleger, für zwei 1946 gebaute Schiffskrane, die auf jeweils zwei Pontons aufgesetzt

Der 200-t-Schiffskran ist hier im April 1947 bei Vorbereitungen zum Einheben eines 140 t schweren Brückensegmentes für den Wiederaufbau einer zerstörten Rheinbrücke in Düsseldorf Oberkassel zu sehen. Das Hubwerk beziehungsweise Auslegerverstellwerk bestand aus insgesamt fünf dampfbetriebenen Seiltrommeln. Ein zusätzlicher 10-t-Hilfshub befand sich zudem an dem 27 m langen Ausleger. Für den Bau des Unterschiffes, bestehend aus zwei gekoppelten Dampfkiesschiffen, zeichnete sich die Meidericher Schiffswerft in Duisburg verantwortlich (Sammlung Weinbach)

wurden. Ein jeder dieser seinerzeit größten Schwimmkrane auf dem Rhein hatte eine Hubkapazität von beachtlichen 200 t. Sie wurden überwiegend zur Bergung gesunkener Schiffe und zur Beseitigung von Brückenschrott eingesetzt, denn zahlreiche zerbombte Flussüberquerungen machten den Rhein an vielen Stellen für Schiffe unpassierbar. Ebenfalls zum Einsatz kamen die beiden Großhebezeuge auch beim Zusammensetzen von Großkomponenten für neue Brückenbauprojekte.

An dieser Stelle sei noch einmal gesagt, dass die Firmenzentrale in Düsseldorf keinen Einfluss mehr auf die in der sowjetischen Besatzungszone gelegenen Werke in Gössnitz, Regis-Breitingen und Bernburg hatte und diese Betriebsstätten für alle Zeiten verloren waren. Zumindest das Werk in Gössnitz wurde 1946 komplett von den Russen demontiert und gen Osten verbracht. Lediglich das unbeschädigte Hattinger Werk und das Bankhaus selbst waren, neben dem zerstörten Stammwerk, der Leo Gottwald KG geblieben.

Die drohende Demontage

Das in der britischen Besatzungszone gelegene Werk in Düsseldorf-Reisholz wurde mitten in der Aufbauphase von dem nächsten Schock getroffen. So erschien der Stammsitz des Unternehmens am 16. Oktober 1947 unter der laufenden Nummer BS 187 in der Demontage-Liste für Düsseldorf. Als Reparationslieferung zur Volldemontage vorgesehen, sollte nach dem Willen der Alliierten das Werk oder das, was noch von ihm übrig war, abgetragen und verschifft werden.

Diese Verfügung war für die Gottwälder unfassbar, da weder aus der Vergangenheit noch aus der Struktur Gründe hierfür abgeleitet werden konnten. Zum einen wurden während des Krieges in Reisholz keine Rüstungsgüter gefertigt, zum anderen hatte man eigentlich nur Produkte in seinem Angebot, die zum Wiederaufbau Deutschlands und anderer Länder dringend benötigt wurden.

Bei der Leo Gottwald KG gab man sich allerdings nicht so ohne weiteres geschlagen. Direkte Verhandlungen wurden von den Besatzungsmächten jedoch rigoros abgelehnt. Da die deutschen Behörden tatenlos zusahen, setzte man in Reisholz auf den Faktor Zeit und nahm schließlich noch vor Demontagebeginn das Heft selbst in die Hand.

So konnte man die Auftragsbücher für Hebezeuge und Baumaschinen für den Wiederaufbau, den Bergbau und Verkehr in kurzer Zeit füllen. Die Demontage konnte so durch den Nachweis der Wichtigkeit des Werkes für den Wiederaufbau immer wieder aufgeschoben werden. In dieser Situation einer ungewissen Zukunft hatte es selbstverständlich keinen Sinn, in großem Rahmen in die Reparatur des Werkes oder gar in neue Anlagen zu investieren. Man musste sich während der folgenden drei Jahre mit dem begnügen, was nach der Kapitulation notdürftig beziehbar gemacht worden war.

Mit einer Belegschaft von rund 180 Personen baute man im Jahre 1948, so gut es eben ging, bereits wieder Bagger und Krane. Der damalige Umsatz des Reisholzer Werkes betrug auch bereits wieder beachtliche 4,5 Millionen Deutsche Mark. Entsprechend den Auflagen der Besatzungsmilitärs durfte jedoch weder neues Personal und Lehrlinge eingestellt werden, noch Auslandsbeziehungen offiziell aufgenommen oder gar Exporte durchgeführt werden. Diese Einschränkungen erschwerten die Lage natürlich zusätzlich.

Als Folge dessen hatte man in einer mehrseitigen Broschüre seitens der Firmenleitung deren Unverständnis für die Demontagepläne der Besatzungsmächte zum Ausdruck gebracht. Es wurde darin unter anderem die Geschichte und das umfangreiche Fertigungsprogramm des Unternehmens vorgestellt. Auch vergaß man nicht zu erwähnen, dass bislang ein Großteil der Produktion für den Export bestimmt war und die Demontage für zahlreiche Arbeiter die Arbeitslosigkeit bedeuten würde. In einer Kostenaufstellung wurden zudem die zu demontierenden Maschinen- und Anlagenwerte den hierfür anfallenden Demontage-, Transport- und Montagekosten am Zielort gegenübergestellt.

Gleichwohl wurde zeitgleich auch die einstmals große Produktpalette dem interessierten Bauingenieur in einer ersten, wenn auch nur schreibmaschinengeschriebenen 30-seitigen Schrift technisch näher gebracht. Unter dem Titel „Hilfsgeräte des Baufaches" wurde auf die technischen Vorzüge der aus dem Hause Gottwald stammenden Dampfmaschinen, Bagger, Krane und Rammen hingewiesen. Im Schlusswort wurde dies wie folgt zusammengefasst:

„... Es versteht sich von selbst, dass nur ein Teil unserer Fabrikate beschrieben und gezeigt werden konnte. Es besagt, wie vielseitig unsere Fabrikate sind, die zu unserem Fabrikationsprogramm gehören. Unser Betrieb hat, auch wenn er gar nicht einmal der umfangreichste ist, die mannigfachsten Werkstätten und Spezialisten. Das Bestreben unseres Unternehmens hat immer darin bestanden, nur Gutes zu fabrizieren und wir haben stets alle möglichen Maßnahmen auf Erlangung dieses Zieles ausgerichtet."

Der lange Kampf um das Überleben des Werkes sollte sich, nicht zuletzt auch wegen der wohl überzeugenden Argumente der Firmenführung, für die Gottwald KG und deren Mitarbeiter auszahlen. Nach Jahren der Ungewissheit über die Zukunft des Werkes wurde schließlich 1949 der Demontagebefehl endgültig aufgehoben. Die Befreiung von dieser unendlich erscheinenden Last löste sogleich ungeahnte Kräfte in der Belegschaft aus. Seitens Leo Gottwalds wurden umgehend große Investitionen vorgenommen. Diese Gel-

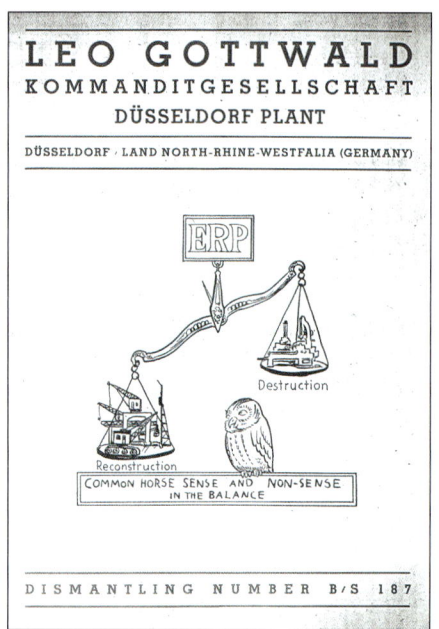

Links: Zwar teilweise mit einfachen Mitteln erstellt, jedoch vom Inhalt her äußerst überzeugend dargelegt, wurde der „Sinn und Unsinn" des Gottwald-Werkes und seiner drohenden Demontage in englischer Sprache den Entscheidungsträgern der Demontage-Kommission vermittelt. Nicht zuletzt die mehrseitige Broschüre und der Überzeugungswille der Verantwortlichen und Beschäftigten hat zum Erhalt und Verbleib der Fertigungsstätte beigetragen – Mitte: Den englischsprachigen Gottwald-Gesamtprospekt aus dem Jahre 1950 zierte ein moderner Raupenbagger vom Typ RB 06 in Hochlöffelversion. Der Prospekt stellte das komplette Fertigungsprogramm der Gottwald KG mit zahlreichen Beispielen vor – Rechts: Auch die Vorkriegsentwicklung des Raupenbaggers vom Typ RBC wurde 1949 wieder für einige Zeit ins Fertigungsprogramm aufgenommen

(Sammlung Weinbach)

der konnten dabei in ausreichender Menge fließen, da sowohl das Bankhaus als auch das Hattinger Werk seit dem Kriegsende überaus ertragreich waren.

Der Neuanfang

Das Reisholzer Werk hatte nunmehr den aufgezwungenen mehrjährigen Stillstand gegenüber der Konkurrenz aufzuholen. Die alte Fabrikation wurde binnen kürzester Zeit zwar nicht in gewohnter Art und Weise, jedoch in verstärktem Umfang wieder aufgenommen. Trotz all dieser Widrigkeiten war man während der letzten Jahre auch in den Konstruktionsbüros nicht untätig gewesen. So lagen bereits fertige Pläne für neue Gerätetypen in den Schubladen der Entwicklungsabteilungen. Hierzu zählte auch ein umfangreiches Programm an modernen Diesel-Raupenbaggern. Damit sollte zu allererst der Anschluss an den schon bestehenden Boom in der Baumaschinenbranche gefunden werden. Das erste derartige Gerät, das bereits 1949 zur Auslieferung kam, war der Raupenbagger vom Typ RB 06, mit dem namengebenden Baggergreiferinhalt von 600 l. Es wurden hiervon annähernd 30 Exemplare mit unterschiedlichen Grabwerkzeugen hergestellt. Solch kleine Verkaufszahlen werden heutzutage wohl eher belächelt, doch bedeuteten sie für die gerade dem völligen Untergang entkommenen Maschinenbauer ein erstes Licht am Ende des Tunnels. Man hatte jedenfalls wieder auf sich aufmerksam machen können; und Aufträge kamen in den folgenden Aufbaujahren wie von alleine.

Nach der Zerstörung der Reisholzer Werksanlagen waren die Verwaltung sowie die technischen Büros vorerst in das Bankhaus Schliep & Co. am Schadowplatz verlegt worden. Zwar war das Gebäude selbst auch bombengeschädigt, jedoch fand man zunächst in den hinteren Räumen eine provisorische Unterkunft. Vor-

rang hatten nun erst einmal die Produktionsstätten. Und diese neu zu erstellenden Hallenkomplexe wollte man so errichten, dass der Fertigungsfluss reibungsloser vonstatten gehen sollte, als dies bisher über Jahrzehnte der Fall war.

Das Werksgelände umfasste jedoch nach wie vor ein Areal von lediglich 17 000 m². Für die umfangreichen Zukunftsplanungen der Firmenleitung war dies einfach zu wenig. So musste das Gelände vorerst aufs Beste genutzt werden.

Einige neugestaltete Hallenschiffe wurden zunächst bis an die Grundstücksgrenze erweitert. Eine neue Kantine wurde gebaut und Unter-Flur-Waschräume eingerichtet. Auf dem ältesten Teil des Werksgeländes entstanden so, einschließlich einer gewaltigen Klinkerfassade, große, funktionsgerechte Arbeitsstätten.

Im Jahre 1950 schließlich standen in unmittelbarer Nähe des bestehenden Werkes einige andere Grundstücke zum Verkauf. Auf diese Gelegenheit zur Vergrößerung hatte man nur gewartet. Zunächst kaufte man ein Gelände gegenüber dem eigentlichen Werkseingang hinzu. Hier sollten dann zukünftig unter anderem zahllose Drahtseilrollen für die Hubwerksbelegung gelagert werden. Kurze Zeit später wurde die Chemische Fabrik Schmitz-Bonn im Süden, nachfolgend im Norden die Ekonomiser-Werke und schließlich die Marmeladenfabrik Kirbergen & Schröer aufgekauft. Das Werksgelände konnte so binnen Kürze auf immerhin 40 000 m² an Fläche ausgedehnt werden. Ein Teil hiervon wurde sogleich mit neuen Gebäuden für das Ersatzteillager und den Versand bebaut.

Der Mobilkran kommt

Mit diesen neuen Kapazitäten konnte das Fertigungsprogramm an schienengebundenen Kranen und Baggern sowie solchen Geräten auf Raupenfahrgestellen zusehends ausgebaut werden. Gleichzei-

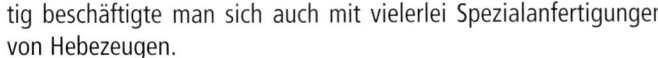

Links oben: Die Werksansicht an der Reisholzer Werftstraße von 1950 zeigt die beiden großen Stahlbauhallen mit einigen danebenliegenden Gebäuden, die seinerzeit noch nicht zum Unternehmen gehörten – Rechts oben: Nach dem Zukauf zahlreicher benachbarter Grundstücke und der umgehenden Neubebauung, stellte sich im Jahre 1955 die Werksansicht von der Reisholzer Werftstraße aus gesehen doch schon recht eindrucksvoll dar – Links unten: Zeitsprung: Werksansicht gegen Ende der sechziger Jahre mit dem hinzugekauften Areal jenseits der Reisholzer-Werftstraße, unmittelbar gegenüber der Hauptverwaltung, welches der Lagerung von Seilrollen diente   (Lindenlauf)

tig beschäftigte man sich auch mit vielerlei Spezialanfertigungen von Hebezeugen.

Bereits im Jahre 1949 hatte Herr Generalkonsul Gottwald ein Einstellungsgespräch mit Herrn Oberingenieur Richard Huy geführt. Letzterer erzählte im Verlauf dieser Begegnung von seinen Plänen für einen luftbereiften zweiachsigen Mobilkran und -bagger. Die Idee eines solchen „Volksbaggers", so seine zeittypische Vorabbezeichnung durch Herrn Huy, hatte dieser schon während des überstandenen Krieges.

In den Folgejahren wurden seine Vorstellungen hierzu dann immer konkreter. Begeistert von den Plänen, wurde der Vater des Gedankens sogleich von Herrn Gottwald eingestellt. Weiter an diesem Projekt arbeitend, brachten zunächst lediglich die Achsen für ein solches Gerät konstruktive Probleme mit sich. So waren die bisherigen bekannten Lkw-Achsen nur für zentrische Belastungen vorgesehen. Bei einem freistehend arbeitenden Kran oder Bagger oder gar einem unter Last verfahrbaren Gerät mussten die Achsen jedoch auch exzentrische Belastungen aufnehmen können.

Mangels geeigneter Achsen bei den Zulieferfirmen wurden solche „Radhalterungen" kurzerhand in Eigenregie entwickelt und auch gebaut. Erst Jahre später konnte man diese wichtigen Teile

von externen Achsherstellern beziehen. Der inzwischen zur Serienreife gelangte Mobilkran erhielt bei Gottwald die Bezeichnung MK 1 und hatte zunächst eine maximale Tragfähigkeit von bescheidenen 3,5 t. Zudem wurde das Gerät auch mit Greifer, Schleppschaufel sowie Hoch- und Tieflöffel geliefert. Dieses erste mobile, luftbereifte Mehrzweckgerät wurde dann im Jahre 1950 auf der später weltbekannten „Hannover-Messe" vorgestellt und sogleich begeistert von der Kundschaft aufgenommen. In den Folgejahren sollten von diesem Verkaufsschlager einige hundert Exemplare ins In- und Ausland geliefert werden.

Der MK 1 war jedoch erst der Anfang einer Entwicklung von immer leistungsfähigeren Mobilkranen und zuletzt schnellfahrenden Autokranen mit bis zu 1500 t Tragfähigkeit. Gottwald sollte fortan auf dem Gebiet der mobilen Krane zu einem der Pioniere werden.

Mit dem weiteren Ankauf von Nachbargrundstücken, im Süden bis zum Trippelsberg, auf der anderen Seite der Reisholzer-Werftstraße sowie durch den Grundstückstausch mit der Nachbarfirma Hille & Müller konnte das Firmengelände in den frühen fünfziger Jahren auf nahezu das Fünffache der ursprünglichen Größe erweitert werden.

Links: Der MK 1, hier mit gegabeltem Profilkastenausleger wie noch aus Vorkriegszeiten üblich, war eine recht einfach gehaltene Konstruktion. Bei diesem mit Luftreifen ausgestatteten „Mobilkran" soll es sich um das Erstgerät aus dem Hause Gottwald gehandelt haben. Neben dem Greiferbetrieb war natürlich auch der Kranbetrieb bis 3,5 t möglich – Rechts: Den MK 1 gab es allerdings auch mit Tief- und Hochlöffel-Ausrüstung, wie dieses Gerät. Viele weitere Varianten sollten in den kommenden Jahren noch folgen

(Sammlung Weinbach)

Links: Auch als „Lohnarbeiter" war man bei Gottwald zu Beginn der fünfziger Jahre tätig, Hauptsache es brachte Geld in die Kassen. Vier große Drehbrücken wurden seinerzeit für einen deutschen Hersteller als Unterlieferant in Düsseldorf gefertigt. Die Komponenten wurden dann an ihrem eigentlichen Bestimmungsort im fernen Ägypten aufgestellt – Rechts: Die für Ägypten bestimmten Drehbrücken besaßen ein imposantes „Räderwerk" (Sammlung Weinbach)

Schon 1950, also binnen kürzester Zeit nach Abwendung der Volldemontage, hatte sich im Werk wieder ein als normal zu bezeichnender und geordneter Fertigungsbetrieb eingestellt. Der anfängliche Jahresumsatz von 3,2 Millionen Mark war zwar noch recht bescheiden, doch die ständig wachsende Nachfrage ließ auf bessere Zeiten hoffen. Und so konnte man in den folgenden drei Jahren auch tatsächlich eine Umsatzsteigerung von mehr als 50 Prozent – 1951 von beachtlichen 77 Prozent – gegenüber dem Vorjahr erzielen.

Man beschäftigte sich nunmehr auch wieder mit der Errichtung eines neuen Verwaltungsgebäudes. Realisiert wurde dieser Plan mit dem Überbau des bestehenden Werkseingangs. Nachdem die Büros 1952 bezugsfertig waren, erfolgte der Umzug der betroffenen Abteilungen aus den beschriebenen beengten Räumlichkeiten am Schadowplatz. Nun waren die Zeiten, in denen der Fertigungsbetrieb von der Werksleitung, dem technischen Büro und den kaufmännischen Abteilungen getrennt war, vorüber.

Um auch während etwaiger Konjunkturschwankungen der Bauindustrie gelassen weiterarbeiten zu können, wurde das Fertigungsprogramm weiter zielstrebig ausgebaut. So fand man ab 1951 auch wieder Eisenbahnkrane in den Lieferlisten des Reisholzer Betriebes. Kurz darauf nahm man die Produktion von Rammen und Sonderkranen, sprich elektrischen Lauf- und Drehkranen, wieder auf. Die „Reisholzer" standen mittlerweile wieder auf eigenen Füßen und waren unabhängig von Finanzstützen der Unternehmensgruppe. Dies war gleichzeitig die Basis für eine zukunftsorientierte Planung durch die Führungsetagen.

Schlagen wir einen kleinen Haken im Lauf der Geschichte und wenden unseren Blick noch einmal einige Jahre zurück, so ist Folgendes festzuhalten.

Neben den technischen Neuentwicklungen, die der reinen Leistungssteigerung der Geräte zugute kamen, wurden auch schon seit Jahren die Bedingungen, unter denen der Geräteführer seine Arbeit zu verrichten hatte, zusehends verbessert. So mussten beispielsweise bis in die dreißiger Jahre hinein die Bagger- oder Kranführer die rein mechanisch gesteuerten Maschinen im Stehen bedienen. Gegen Ende des Jahrzehntes setzte sich dann bei den dampfbetriebenen Geräten allmählich die „Zweihebelsteuerung" durch. Als Dampfsteuerung ausgeführt, erleichterte sie dem Maschinenführer seine Arbeit ungemein, zumal er diese nunmehr von einem mehr oder weniger bequemen Sitz aus erledigen konnte, von Ergonomie wollen wir dabei noch nicht unbedingt sprechen.

Mit Beginn der neuen Zeitrechnung für die Gottwald KG, also nach den Wirren des überstandenen Weltkrieges, kam dann eine weitere Neuerung zum Einsatz. So entwickelte man zu Anfang der fünfziger Jahre für die bis dahin ebenfalls mechanisch gesteuerten Bagger mit Verbrennungsmotoren die Druckluftsteuerung. Die Ingenieure bei Gottwald sollten dabei in den Folgejahren auf diesem

Gebiet sowie bei einer Reihe anderer technischer Entwicklungen Pionierarbeit leisten.

Diesbezüglich teilte eine Gottwald-Werbeschrift aus dem Jahre 1954 dem Interessierten unter anderem Folgendes mit:

„Unsere Konstrukteure haben auf dem Gebiet des Baggerbaues nicht nur mit der Entwicklung Schritt halten können, sie sind zum Teil auch maßgebend an dieser Entwicklung beteiligt. Der Kugellager-Drehkranz, die mechanische oder druckluftbetätigte Zweihebelsteuerung, das staub- und schmutzdicht gekapselte Fahrwerks-Wendegetriebe, die automatisch arbeitende Schlingbandbremse und viele andere konstruktive Vorteile bieten Gewähr für unbedingte Betriebssicherheit."

Hingegen ein völlig anderes Terrain betrat man in der ersten Hälfte der fünfziger Jahre, wenn auch nur vorübergehend. Seinerzeit wurden für einen deutschen Lieferer auf dem Gottwald-Areal insgesamt vier gewaltige Drehbrücken in Lohnarbeit gefertigt. Diese wurden dann an ihren fernen Einsatzorten in Ägypten endmontiert. Doch wie gesagt, dies wurde nachfolgend kein neues Betätigungsfeld für die Düsseldorfer Maschinenbauer.

Eisenbahnkrane und mobile Hafenkrane

Im Jahre 1956 konnte man in der Verkaufsabteilung einen bedeutenden Großauftrag aus Indien in die Auftragsbücher eintragen. An die dortige staatliche Eisenbahn-Gesellschaft war in den folgenden drei Jahren die stattliche Anzahl von insgesamt 44 dampfbetriebenen Eisenbahnkranen zu liefern. Diese Krane, die für zwei unterschiedliche Spurbreiten ausgelegt waren, hatten Tragfähigkeiten zwischen 5 und 75 t. Es war übrigens der Anfang einer jahrzehntelangen Geschäftsbeziehung zwischen Gottwald und dem Betreiber eines der größten Eisenbahnnetze der Erde. In das gleiche Jahr fiel auch die Erweiterung der technischen Büros auf mehr als die doppelte Größe.

Ebenfalls 1956 wurden die ersten beiden Mobilkrane vom Typ MK 60 mit besonderer Oberwagenausführung an die Lübecker Hafengesellschaft geliefert. Diese Krane mit Wippausleger waren der Beginn einer Entwicklung spezieller Krane für den Hafenbetrieb. Hatten diese Ausführungen für Binnenhäfen lediglich einen um einige Meter höhergelegten Kranführerstand, so baute man fortan für Seehäfen wesentlich größere Geräte mit hochangelenktem Ausleger und ebenso hoch angebrachter Krankabine. In der Folgezeit sollte Gottwald einer der führenden Hafen-Mobilkran-Hersteller der Welt werden und seine Geräte auf alle Kontinente verkaufen.

Die Entwicklung dieser Hafen-Mobilkrane, zunächst noch mit MK-Typbezeichnung versehen, später dann als HMK bezeichnet, gipfelte, zumindest was die äußeren Dimensionen angeht, in dem achtachsigen HMK 450 E aus dem Jahre 1990. Dieser Gigant verfügte zwar nur über eine Nenntragfähigkeit von 45 t, seine wahre Stärke verdeutlicht allerdings die Tatsache, dass er diese Last bis zu seiner maximalen Ausladung von 50 m bewältigte. Der diesel-elektrisch betriebene HMK 450 E, der allerdings nur einmal gebaut wurde, brachte es auf ein Eigengewicht von sage und schreibe 660 t. Für größere Maximallasten – bis zu 120 t waren bei 24 m Ausladung möglich – zeichnete sich später der in großer Stückzahl gefertigte Typ HMK 360 verantwortlich, der seine 440 t Eigengewicht ebenfalls auf acht Achsen fortbewegen konnte. Diese beiden Typen waren allerdings Entwicklungen aus den späten achtziger Jahren. Sie sollten allerdings nach der Jahrtausendwende wieder überholt sein und durch neue HMK-Riesen ersetzt werden. Mit den ersten Hafen-Mobilkranen im Jahre 1956 hat man bei Gottwald, dies darf man heute festhalten, diese Kranspezies erfunden.

Das Hydraulik-Zeitalter beginnt

Blickt man wieder gut ein halbes Jahrhundert zurück, so ist festzustellen, dass man etwa zur Mitte der fünfziger Jahre bei Gottwald die ersten Erfahrungen mit einer noch recht neuen Art der Kraftübertragung sammelte, der Hydraulik. Damals kam diese Technik erstmals in einem kleinen vollhydraulischen Bagger mit der Bezeichnung „Yumbo" zum Einsatz. Dieses von einer französisch-italienischen Gruppe entwickelte Gerät wurde von Gottwald seit etwa 1956 in Lizenz gebaut und in Düsseldorf auf allerlei abenteuerliche Unterwagen gesetzt. So waren Schienenfahrgestelle wie auch Kleinlastwagen, aber auch 1-t-Halbkettenzugmaschinen der Marke Demag, die irgendwie den Kriegseinsatz überlebt hatten, als Geräteträger zu finden. Als Baggermotor sorgte ein 3-Zylinder-Diesel mit 27 kW / 37 PS und der nachgeschalteten Hydraulikpumpe für den erforderlichen „Ölstrom".

Neben einer hydraulischen Greiferausrüstung gab es die Mini-Bagger auch mit Tieflöffel und Hochlöffel sowie als reinen Kran mit

3 t Tragkraft. Der erstmals komplett hydraulische Antrieb wurde in den Prospekten unter anderem als stoßfrei, überlastungssicher und mit unbedingt narrensicherer Bedienung versehen vorgestellt. Da man bei dieser Entwicklung auf Zahnräder, Kupplungen, Bremsen, Seile und Seilrollen verzichtete, waren die neuen Baumaschinen mit wenig Verschleiß und somit auch geringerem Wartungsaufwand gesegnet. Alles in allem eine überzeugende Konstruktion, die allerdings noch verbesserungswürdig war.

Altes geht, Neues kommt

In den Folgejahren wurden auch eine Reihe von zweiachsigen, hydraulischen Universalgeräten im eigenen Hause konstruiert. Diese „Hydro"-Geräte hatten, mit den unterschiedlichsten Ausrüstungen versehen, eine Vielzahl von Einsatzmöglichkeiten. Die ab 1960 ständig weiterentwickelten Hydros wurden dabei in beachtlicher Stückzahl und mit eigens dafür konstruierten Greifern ausgestattet, überwiegend im Holzumschlag in Sägewerken und Zellulosebetrieben eingesetzt.

Der Bau von Rammen – über Jahrzehnte eine Domäne bei Gottwald –, der jedoch zur Mitte der fünfziger Jahre keine zwei Prozent des Umsatzes mehr ausmachte, wurde schließlich Ende der fünfziger Jahre nahezu vollends eingestellt. Lediglich einige Geräte insbesondere für den Export wurden vereinzelt noch gefertigt.

Als besonders wichtige Baumaßnahme im Reisholzer Werk ist die 1957 erfolgte Verdoppelung der Stahlbauhalle auf nahezu 8000 m² zu nennen. Im gleichen Zuge wurde dann auch der bis dahin vorhandene Lehmboden des ersten Hallenkomplexes mit einem zeitgemäßen Stahlbetonboden für schwerste Beanspruchungen versehen. Die bisherige enorme Staubbelästigung hatte für die dort tätigen Mitarbeiter damit endlich ein Ende gefunden.

Basierend auf dem bereits erwähnten Mobilkran MK 1, der alsbald zum verbesserten MK 4 in verschiedenen Ausführungen

Links: Idylle pur möchte man in der heute hektischen Welt beim Rückblick auf diese Szene meinen. So stellte sich der Hafenumschlag mit den ersten von Gottwald für diese Einsatzart angepassten MK 60 im Jahre 1956 dar. Diese Hafen-Mobilkrane stellten den Anfang einer überaus erfolgreichen Kranart dar – Rechts: Einer der in den fünfziger Jahren nach Indien gelieferten 75-t-Eisenbahnkrane bei Belastungsproben auf dem Werkshof. Insgesamt 44 Dampfkrane wurden seinerzeit im Rahmen eines Großauftrages nach Indien verkauft. Viele weitere sollten folgen

(Sammlung Weinbach)

Links oben: Ohne jegliche Abstützung arbeitete dieser Yumbo auf einem nicht gerade Vertrauen erweckenden Unterwagen. Der Aktionsradius und nicht zuletzt die Standsicherheit dürften hier eher zweifelhaft gewesen sein. Dies lässt sich rückblickend betrachtet so gar nicht mit den sonst üblichen Stabilitätsstandards bei Gottwald vereinbaren –
Links Mitte: Yumbo mit 250-l-Hochlöffelausrüstung auf ein Schienenfahrgestell aufgebaut. Die Einsatzmöglichkeiten dieses Gerätes dürften sehr speziell und mit nur kleinem Arbeitsradius versehen gewesen sein. Was die Standsicherheit bei immerhin 7 t Reißkraft betraf, so war wohl auch ein wenig Gottvertrauen angesagt –
Links unten: Yumbo auf Lkw-Fahrgestell, zwar auch mit 360-Grad-Aktionsbereich, doch auf einem solchen Unterwagen aufgrund des kurzen Auslegersystems und des eigentlich nur knapp 180 Grad betragenden Baggerbereiches nicht wirklich stimmig aussehend –
Rechts unten: Yumbo mit Tieflöffelausrüstung (4 t Reißkraft) und einem etwas längeren Löffelstiel für „tiefes" Graben! Die Baskenmütze des Maschinenführers lässt auf die zumindest teilweise französische Herkunft der Yumbos schließen. Ursprünglich wurde die Konstruktion allerdings in Italien entwickelt –
Rechts oben: Diesen Yumbo mit Tieflöffel verschlug es auf ein unzweifelhaft ex-militärisches Fahrgestell. Eine Demag-1-t-Halbkette aus dem Zweiten Weltkrieg verlieh dem Bagger zumindest eine entsprechende Geländegängigkeit
(Sammlung Weinbach)

Dieser Hydro 35 war eines der selteneren Hydro-Geräte mit Teleskopausleger und Seilhubwerk. Die meisten dieser Maschinen besaßen vollhydraulische Knickausleger mit speziellen Holzgreifern oder Baggerlöffeln
(Sammlung Weinbach)

Noch Ende der fünfziger Jahre war der Hallenboden in der alten Stahlbauhalle unbefestigt
(Lindenlauf)

Links: Eine in die Türkei gelieferte große 6000-kg-Bär-Dampframme mit gut 36 m Gesamthöhe. Diese wurde um 1950 gebaut
(Sammlung Weinbach)

weiterentwickelt wurde, konstruierte man bei Gottwald immer stärkere Mobilkrane. Besonders die bereits im Jahre 1953 erfolgte Entwicklung eines vierachsigen Fahrgestells für den MK 8 ermöglichte dabei eine Traglaststeigerung auf beachtliche 15 t. Verbesserte Stahlqualitäten und somit leichtere Bauweise machten schließlich eine solche Traglast im Jahre 1955 beim MK 60 mit nur zwei Achsen möglich.

Den vorläufigen Höhepunkt stellte der 1957 erstmals ausgelieferte vierachsige MK 140 dar. Dieser für damalige Verhältnisse gigantische Mobilkran verfügte über eine maximale Tragfähigkeit von beachtlichen 60 t. Da ja einer der Grundgedanken des Mobilkranes die Verfahrbarkeit auch unter Last war, bedeuteten die hierbei möglichen 35 t Traglast einen zusätzlichen Rekord. Zwar nur in geringen Stückzahlen gefertigt, leistete er unter anderem beim Bau der ersten Atomkraftwerke in Frankreich große Dienste.

Bei der weiteren Konstruktion von Mobilkranen ging man oftmals auf spezielle Wünsche der Kunden ein, frei nach dem Motto: Die Nachfrage regelt das Angebot. Denn schnell hatte sich herumgesprochen, dass man in Düsseldorf nicht nur Krane und Bagger vom Fließband kaufen konnte. So sind in der Folgezeit viele neue Krantypen in enger Zusammenarbeit mit Kranverleihfirmen entwickelt worden. Die weiteren Konstruktionen sollten immer neue Bestleistungen aufstellen, die sonst von keinem anderen Mobilkranhersteller erbracht wurden. Die Konkurrenz versuchte zwar zumindest auf gleicher Höhe zu bleiben, hinkte aber bei ihren Entwicklungen, dies durften die Reisholzer zu Recht behaupten, zumeist hinterher.

Auch auf dem Gebiet der Mobilkrane hatte sich Gottwald inzwischen binnen weniger Jahre einen guten Namen geschaffen. Die Geräte fanden dabei großen Anklang in Industriebetrieben wie der Chemie, Petrochemie, Stahlerzeuger- sowie Stahlbaubetrieben, die

Der MK 8 für maximal 15 t Traglast aus dem Jahre 1953 war der erste Mobilkran von Gottwald auf vier Achsen. Hier ist einer der ersten Krane in der Allradversion MK 8A mit genietetem Ausleger und Baggergreifer vor dem Werk abgebildet. Der Typ wurde nachfolgend weiter verstärkt und auch beim Fahrgestell verbreitert (MK 88)
(Sammlung Weinbach)

sich damals oftmals ihren eigenen Mobilkran zulegten. Kranverleiher wie heute üblich gab es seinerzeit noch nicht in der Vielzahl. Überhaupt war die Anzahl solcher Krane in Deutschland noch sehr gering.

Die wenigen im Einsatz befindlichen Mobilkrane waren dabei speziell in der Lage, die bis dahin für Montagen eingesetzten Derrickkrane zu ersetzen. Letztere mussten umständlich und arbeitsaufwändig, somit lohnintensiv aufgebaut beziehungsweise abgebaut werden. Diese Kosten lagen beträchtlich über denen, die für einen Mobilkraneinsatz benötigt wurden.

Links: Bagger – Krane – Rammen, unter diesem Motto wurde lange Jahre auf das Programm des Düsseldorfer Maschinenbauers hingewiesen. Das auf diesem Prospekt aus dem Jahre 1954 abgebildete Firmenlogo mit den Initialen von Leo Gottwald wurde allerdings nur kurze Zeit genutzt. Da es dem Signet der IG Farben sehr ähnlich war, wurde es schon bald geändert – Mitte: Zum 50-jährigen Bestehen der Firma Gottwald, Vorläuferunternehmen am Standort Düsseldorf eingerechnet, widmete die Illustrierte Zeitschrift für die Wirtschaft dem erfolgreichen Unternehmen eine mehr als 45-seitige Ausgabe zur Leistungsfähigkeit der Werke in Düsseldorf und Hattingen. Die Titelseite vermittelte dabei eindrucksvoll die Vielseitigkeit des Fertigungsprogramms und dies mit nunmehr neuem Firmenlogo, welches bis zur „Auflösung" Bestand haben sollte – Rechts: Der im Jahre 1957 erstmals vorgestellte MK 140 auf vier Achsen war mit seinen 60 t auf 5 m Ausladung seinerzeit als wahrer Meister aller Mobilkrane anzusehen
(Sammlung Weinbach)

Erster echter Automobilkran bei Gottwald, also ein auf ein spezielles schnellfahrendes Fahrgestell aufgebauter Kran, war der AK 70   (Leder)

Viele der (wenigen) Kranverleihfirmen, die diese Montageleistungen gleichfalls im Angebot hatten, machten sich diese Mobilkrane ebenso zunutze. Sie waren auf den Baustellen, da mit einem Eigenantrieb für kleine Fahrgeschwindigkeiten ausgestattet, beweglich und konnten binnen kurzer Zeit an verschiedenen Stellen eingesetzt werden. Ja, sie waren sogar imstande, angeschlagene Lasten zu verfahren und somit auch Transportaufgaben zu übernehmen. Bei dem beschriebenen Fortschritt war jedoch nach wie vor eine nachteilige Eigenschaft nicht außer Acht zu lassen. Hatte der Kran die Arbeiten auf einer Baustelle abgeschlossen, so musste er zum nächsten Arbeitsplatz entweder geschleppt oder auf Tiefladern umständlich transportiert werden.

Folglich war der nächste Schritt der Entwicklung bei Gottwald die Schaffung noch größerer Mobilität der Krane. Was lag da näher, als die bewährten Kranoberwagen auf schnellfahrende Lkw-Chassis beziehungsweise spezielle Autokran-Fahrgestelle zu setzen.

Dies geschah in dem Reisholzer Kranwerk erstmals im Sommer 1959 mit dem Typ AK 70. Da man jedoch in den Konstruktionsbüros mit der Entwicklung eines geeigneten Kranwagenfahrgestells nicht nachgekommen war, musste man zunächst auf entsprechende Fremdfabrikate zurückgreifen. So wurden die ersten AK 70 mit einem Unterwagen von CCC (Crane Carrier Corporation) aus Kanada ausgestattet. Dieser Autokran hatte dann eine maximale Tragfä-

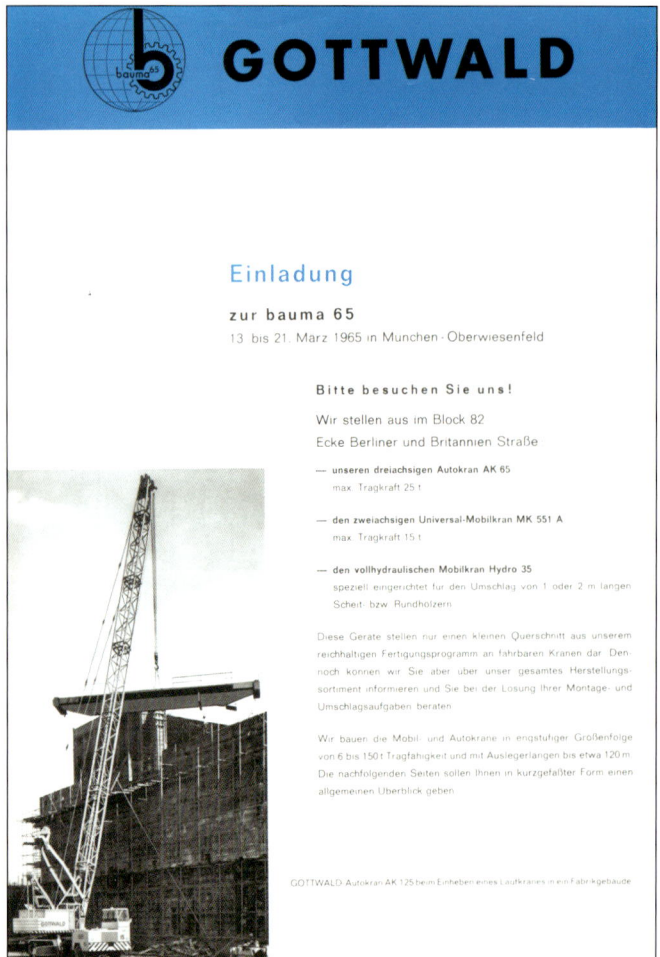

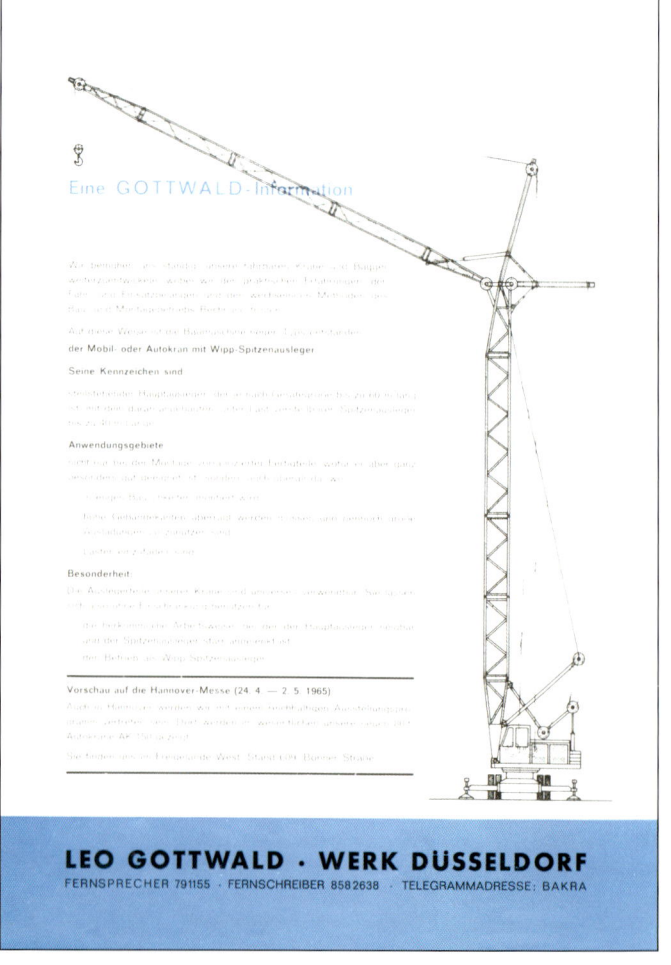

Zur Bauma anno 1965 umfasste das Programm an Mobil- und Autokranen bei Gottwald bereits annähernd 20 Gerätetypen. Die Rückseite des Einladungsprospektes zur Bauma '65 hielt einige Informationen für den Kraninteressierten bereit. Recht stressig wird das Frühjahr 1965 für die Gottwald-Messeverkäufer gewesen sein, die Hannover-Messe folgte bereits einen Monat nach der Münchner Veranstaltung   (Sammlung Weinbach)

Recht wuchtig sah die Fahrkabine des AK 200 für 135 t maximale Tragkraft aus
(Sammlung Weinbach)

higkeit von 30 t und war das Einstiegsmodell in eine überaus erfolgreiche Produktlinie.

Innerhalb weniger Jahre stellte man nachfolgend bei Gottwald ein umfangreiches Autokranangebot auf straßentaugliche Achsen. Bemerkenswert waren dabei auch die Eigenkonstruktionen an entsprechenden Fahrgestellen. Diese waren notwendig, da sich die auf dem Markt befindlichen Chassis für die ständig wachsenden Kranaufbauten in den meisten Fällen nicht eigneten.

Mit dem AK 200, der erstmals 1963 vorgestellt werden sollte, wurde die für die damalige Zeit als magisch anzusehende Grenze von 100 t gleich um 35 t überschritten. Für diesen Kran wurde denn auch das bis dahin größte Chassis, ein Fünfachsiges, entwickelt. Ebenfalls erhielt dieser Krantyp erstmals einen diesel-elektrischen statt des bislang üblichen diesel-mechanischen Antriebes für die Kranarbeiten.

Der Teleskopkran kommt

Mitte 1965 wurde ein weiteres Kapitel der erfolgreichen Firmengeschichte aufgeschlagen. Im Hause Gottwald hatte man von einem Teleskopkran gehört, den die Firma Heydemann in Duisburg seit kurzem zum Einsatz brachte. Der damalige Technische Direktor, Herr Dr. Eiler, sowie Herr Lindenlauf, der später Verkaufsleiter in Reisholz werden sollte, machten sich sogleich auf den Weg nach Duisburg, um die neue Technik näher in Augenschein nehmen zu können. Der Kran, ein amerikanischer Sergeant, wurde genauestens besichtigt und die interessante Auslegertechnik von den Kranexperten für zukunftsweisend befunden.

Das Teleskopieren war dabei zu diesem Zeitpunkt durchaus nichts Neues. Erst der Einsatz hochfester Stähle mit der damit verbundenen Reduzierung des Auslegereigengewichtes machte solche Geräte sinnvoll. Doch europäische Stahlwerke hatten auf diesem Gebiet noch wenig Erfahrung. Gottwald sollte fortan in enger Zusammenarbeit mit bedeutenden deutschen Stahlherstellern und auch den Fachbereichen deutscher Universitäten die Entwicklung geeigneter Feinkornstähle forcieren.

Doch zurück zu den Anfängen dieser Entwicklungen. Den Vorteil eines Teleskopsystems gegenüber dem altbewährten Gitterausleger erkennend, machte man sich in Reisholz sofort an die Konstruktion eines derartigen Gerätes. Gottwald befasste sich hierbei wohl als einer der ersten deutschen Kranhersteller intensiv mit der Entwicklung dieser den Kranbau revolutionierenden Hebezeuge. Das erste Ergebnis dieser Bemühungen, der Auto-Mobil-Kran vom Typ

AMK 45 wurde erstmals 1966 ausgeliefert. Mit diesem 18-Tonner gelang gleich der ganz große Wurf. Über 500 gebaute Einheiten sprechen für sich. Dabei waren in diesen Anfangsjahren des Teleskopkranbaus solche Verkaufszahlen, zumal es sich in der damaligen Zeit bei diesem Gerät um keine kleine Investition handelte, sehr bemerkenswert. Dieser Kran war nicht nur der erste in Serie gebaute deutsche Teleskopkran für maximal 18 t Tragfähigkeit, sondern gleichwohl auch der erste All-Terrain-Kran, der in der Zukunft Pate für eine Vielzahl von Nachfolgetypen stehen sollte.

Die Belegschaft von nunmehr 560 Personen konnte im Jahre 1967, nicht zuletzt dank des Selbstläufers AMK 45, einen Umsatz von beachtlichen 28 Millionen DM erwirtschaften.

Als erster in Serie gebauter Teleskop-Autokran in Deutschland darf wohl der AMK 45-21 von Gottwald gelten. Man beachte bei seiner typischen Klappabstützung die zunächst bündig mit der Unterwagenoberkante abschließenden Stützplatten. Später wurden die Stützen ein wenig länger ausgeführt, was nicht zuletzt eine größere Standsicherheit beziehungsweise eine Traglastaufwertung brachte
(Leder)

Hundert Tonnen und mehr

In rascher Folge wurden nun in Reisholz immer stärkere Teleskopkrane entwickelt. Erstmalig konnte man Ende 1973 mit dem AMK 155 die 100-t-Marke überschreiten. Seine Tragfähigkeit von 125 t stellte eine Rekordleistung dar. Fortan sollten noch häufiger die jeweils leistungsstärksten Teleskopkrane am Markt aus dem Hause Gottwald kommen und dies bis zur Auflösung des Unternehmens gegen Ende der achtziger Jahre. Überhaupt hatte man sich in Düsseldorf in der Entwicklung der bereiften Krane eine Spitzenposition, wenn nicht die führende Position am Weltmarkt erarbeitet.

Diese Spitzenposition beschränkte sich in der Folgezeit leider nur auf die Leistungsfähigkeit der Geräte und nicht auf die für ein Unternehmen so wichtigen verkauften Stückzahlen. Nichtsdestotrotz konnte Gottwald die Konkurrenz immer wieder mit Pionierleistungen überraschen und sich insofern einen gewissen Vorsprung verschaffen. Die anderen Kranhersteller brachten vergleichbare Konstruktionen zumeist mit einiger Verzögerung auf den Markt.

Um der Nachfrage nach den immer beliebter werdenden Teleskopkranen Herr zu werden und die Spitzenposition ausbauen zu können, wurde schon 1969 mit dem Bau einer zusätzlichen Fertigungshalle an der Ecke Trippelsberg / Reisholzer Werftstraße begonnen.

Ebenfalls wurde das Testgelände, auf dem die Krane aufgebaut und ausführlichen Belastungsprüfungen unterzogen wurden, weiter ausgebaut und vor allen Dingen befestigt. Dies war inzwischen unbedingt notwendig geworden, da man bereits Ende 1967 den ersten 300-t-Gittermastmobilkran vom Typ MK 500 in die Niederlande zu liefern hatte.

In den beiden folgenden Jahren wurden diese Leistungen um jeweils weitere 100 t übertroffen. Als maximale Auslegerlängen konnten inzwischen gewaltige 160 m in die technischen Datenblätter eingetragen werden. Nicht ohne Stolz schmückte ein Werbeprospekt für den MK 600 eben dieses vollaufgerüstete Gerät neben dem wohl nicht minder imposanten Kölner Dom.

Solch große Krane benötigten naturgemäß einen gewissen Platz beim Aufbau und bei den in allen Auslegerkombinationen notwendigen Abnahmeprüfungen. Ebenfalls einen enormen Platzbedarf in der Vertikalen hatten die hohen Ausleger beim Abtesten auf dem Firmenhof. Sie stellten einen gewissen „Eingriff in den Luftraum" dar. Und so war es in der Folgezeit nicht verwunderlich, dass man die zum Abtesten aufgebauten Krane, vielmehr deren Ausleger, ab einer Mastlänge von 60 m, bei den verantwortlichen Stellen des in mehreren Kilometern Entfernung gelegenen Düsseldorfer Flughafens anmelden musste.

Tele statt Gitter

In diesen Anfangsjahren der Entwicklung bereifter Großkrane, so um das Jahr 1967, wurde die Herstellung der bis dahin in großer Zahl verkauften Sonderkrane eingestellt. Hierzu waren unter anderem die Laufkrane, Drehkrane, Hafenkrane und ähnliche zu zählen. Dieser Fertigungszweig, über Jahrzehnte eines der Standbeine des Unternehmens, war zuletzt zur Bedeutungslosigkeit geschrumpft.

Mit den inzwischen knapp 600 Mitarbeitern konzentrierte man sich nunmehr schwerpunktmäßig auf die Fertigung von Fahrzeugkranen. So machten in den späten sechziger Jahren die Gittermastkrane fast 60 Prozent und die noch relativ neuen Teleskopkrane etwas über 15 Prozent des Geschäftsumsatzes am Standort Reisholz aus. Dieses Verhältnis sollte sich in den siebziger Jahren mit

nahezu identischen Zahlenwerten zugunsten der Telekrane wandeln. Die weitere Entwicklung und die Bedeutung der jeweiligen Technik dieser beiden Fahrzeugkranarten kann wohl nicht besser wiedergegeben werden.

Zu Beginn des Jahres 1969 wurde mit den verantwortlichen Einkaufsstellen der damaligen DDR ein Vertrag über die Lieferung von 34 Gittermast- und Teleskopkranen sowie entsprechender Ersatzteile abgeschlossen. In den Folgejahren sollten bis 1987 insgesamt 148 Fahrzeugkraneinheiten sowie entsprechende Ersatzteilkontingente in die DDR geliefert werden. Dies bedeutete, dass Jahr für Jahr nahezu eine komplette Monatsproduktion an diesen „Großkunden" ging. Neben diesen und den normalen Inlandsgeschäften fand man auch in sämtlichen anderen europäischen Staaten hochzufriedene Kunden für die Gottwald-Produkte.

Auch die Konstruktionsbüros für Eisenbahnkrane und Hafenmobilkrane stellten weiterhin immer größere und technisch innovative Hubgeräte auf die Räder. Diese waren zu einem Großteil für ausländische Kunden bestimmt.

Überhaupt machte der Exportanteil in den sechziger Jahren schon mehr als ein Drittel des Gesamtumsatzes aus. In den siebziger Jahren eher stagnierend, sollte der Exportanteil in den frühen achtziger Jahren zunächst auf nahezu die Hälfte steigen und kurz vor Ende des Jahrzehntes sogar über 80 Prozent des Umsatzes ausmachen.

Im Jahre 1972 konnte man schließlich den Bau von vier großen Mobilkranen der 400-t- beziehungsweise 500-t-Klasse als bisherigen Höhepunkt des hausinternen Kranbaus verzeichnen.

Generationenwechsel

Im Jahre 1973 schied der langjährige Direktor, Herr Ludwig Walter, nach 37 Jahren Werkszugehörigkeit aus Altersgründen aus dem Unternehmen aus. Er hatte das Werk in Reisholz immerhin 29 Jahre als Direktor geleitet und aus überaus schwierigen Zeiten in eine sehr erfolgreiche Ära geführt.

Der Tod des Seniorchefs und Namensgebers, Herrn Leo Gottwald, am 23. April bedeutete für das Unternehmen den traurigen

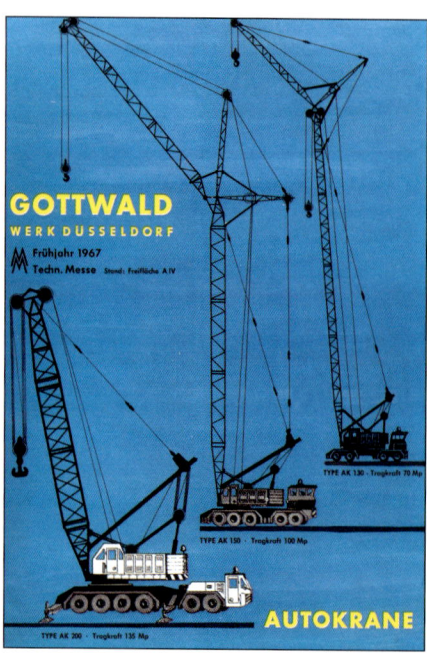

Links: Mit 160 m Rollenhöhe übertraf der neue Riesenkran vom Typ MK 600 das von allen Düsseldorfern bewunderte Wahrzeichen Kölns, den Dom, tatsächlich um drei Meter – Rechts: Auch auf der Leipziger Messe im Frühjahr 1967 war Gottwald mit einigen Geräten aus dem umfangreichen Fertigungsprogramm vertreten. In die damalige DDR geliefert wurde bereits seit dem Jahr 1956, damals ein Mobilkran vom Typ MK 55. Später sollten auch viele Großkrane wie AK 200, AK 210, AK 270, AK 350, MK 500, AMK 155 und AMK 306 in den anderen Teil Deutschlands verkauft werden (Sammlung Weinbach)

Höhepunkt des Jahres 1974. Sein Sohn, Herr Dr. Hans Dieter Gottwald, wurde damit neuer Chef der Leo Gottwald KG. Die technische Leitung übernahm in dieser Zeit Herr Dr. Dipl.-Ing. Peter Eiler und die kaufmännische Leitung ging an Herrn Dipl.-Kfm. Peter Steinbrück, ab 1976 schließlich an Herrn Dr. Helmut Röth.

Leo Gottwald, bis ins hohe Alter von immerhin 87 Jahren in seiner Firma aktiv, hatte ein Unternehmen von Weltruf geschaffen. Obwohl eigentlich „Bänker", legte sein persönliches Engagement und die enge Verbundenheit zum „Kranwerk" und dessen Mitarbeitern den Grundstein für dieses erfolgreiche Unternehmen.

Dass es ihm dabei nicht nur um die rein wirtschaftlichen Ziele eines Unternehmers ging, sondern auch um die soziale Verpflichtung gegenüber seinen Mitarbeitern, davon zeugten zahlreiche soziale Leistungen des Unternehmens. So wurde schon kurz nach der schweren Anfangsphase im Jahre 1952 eine betriebliche Altersversorgung eingerichtet. Auch wurden viele weitere Zuwendungen, lange bevor es eine entsprechende tarifliche Regelung hierfür gab, auf freiwilliger Basis von Herrn Leo Gottwald eingeführt. So wurde im Jahre 1953 zusammen mit dem Werk in Hattingen eine eigene Betriebskrankenkasse gegründet. All dies hat im Laufe der Jahre zu einem sehr guten Betriebsklima beigetragen, welches für ein erfolgreiches Schaffen in einem großen Werk natürlich von großem Nutzen ist.

Doch zurück in die siebziger Jahre. Kurz vor Weihnachten 1973 stellte der schon erwähnte Teleskopkran AMK 155 mit seinen 125 t Traglast einen gewaltigen Fortschritt dar. Es sollten jedoch nur wenige Exemplare hiervon gebaut werden. Nachdem 1975 der neue, zwar etwas leistungsschwächere, dafür kompaktere AMK 125 vorgestellt werden konnte, wurde dieses Gerät und der hieraus weiterentwickelte AMK 126 ein großer Erfolg für die Kranbauer aus Düsseldorf. Über einhundert zur Auslieferung gelangte Geräte stellten für den noch jungen Teleskopkranbau ein sehr beachtliches Ergebnis dar.

Im Verlauf der nächsten Dekade sollte auch weiterhin so manche Autokranentwicklung aus dem Hause Gottwald in der Fachwelt für Furore sorgen.

200-t-Tele und kein Ende

Schon 1978 konnte man dem staunenden Publikum einen weiteren Rekordkran vorstellen. Der AMK 200, gut für 200 t Traglast, wurde in zwei Grundausführungen gebaut. Die mit einem vierachsigen Nachläufer versehene Variante war dabei hauptsächlich für den Export bestimmt. Erst Jahre später wurde dieser Traglastwert von der Konkurrenz überboten. So war 1981 der Krupp 220 GMT mit ebenso vielen Tonnen an Hubkraft für kurze Zeit der kräftigste Telekran aus deutscher Fertigung. Für das gleiche Jahr galt weltweit der Grove TM 2500 mit 300 t als das Nonplusultra im Teleskopkranbau. Beide Rekordwerte hielten dem Tatendrang der Gottwald-Ingenieure jedoch nur für kurze Zeit stand. Doch darüber ist erst für das Jahr 1982 aus Düsseldorf zu berichten.

Im Sommer 1980 wurde ein wahrer Gigant von Autokran an einen englischen Kranverleiher, die Gebrüder Sparrows, ausgeliefert. Der MK 1000, ein auf eine Gottwald-Zugmaschine aufgesattelter Gittermast-Mobilkran, hatte eine maximale Tragfähigkeit von unglaublichen 1000 t. Zwar handelte es sich um den zweiten Mobilkran, der diese Marke erreichte – schon 1971 stellte der deutsche Kranverleiher Rosenkranz den legendären Demag-Vesper K 10001

Der AMK 155 für maximal 125 t Tragfähigkeit war mit seinem Nachläufer und dem recht aufwändigen Teleskopausleger kein echter Erfolgskran. Hier ist der für die DDR bestimmte letzte Kran dieser Baureihe aus dem Jahre 1977 zu sehen   (Sammlung Weinbach)

Wesentlich kompakter stellte sich der zunächst für 100 t, später gleichfalls für 125 t freigegebene AMK 125-63 vor. Ihn gab es nur aufgebaut auf einem Fremdfahrgestell, zumeist der Marke Faun, zu ordern. Dieses Gerät und der unmittelbar daraus entstandene AMK 126-63, nunmehr auf Gottwald-Unterwagen, konnten zu Recht als Verkaufserfolg bezeichnet werden   (Sammlung Weinbach)

in Dienst – doch war das Gottwald-Gerät nunmehr in den meisten Leistungsdaten überlegen.

Zudem hatte der MK 1000 solche Reserven, dass er einige Jahre nach Indienststellung verstärkt beziehungsweise in seinen zulässigen Tragfähigkeiten wesentlich erhöht werden konnte. Weitere große Gittermastkrane auf Autokranfahrgestell wie die Typen AK 850 und AK 912, aber auch Raupenkrane wie RG 912 und AK 1200, sollten in den Jahren bis 1989 noch folgen.

Erster 200-Tonner am Markt war im Jahre 1978 der AMK 200-103 für die Firma Stanley Davies (England). Eine Ausführung mit Achtachs-Fahrgestell ohne Nachläufer sollte als AMK 200-83 folgen

(Sammlung Weinbach)

Der AMK 200-83 wurde für den deutschen Markt ohne den vierachsigen Tang-Nachläufer konstruiert. Der mächtige Kran verfügte über interessante Klappabstützungen mit Teleskopschiebling

(Weinbach)

Ebenfalls 1980 konnte man die höchsten Umsatzzahlen im Teleskopkransektor erreichen. Diese Umsätze sollten jedoch in den Folgejahren stetig zurückgehen. Empfindliche Einbußen erlebte auch der Bereich der Gittermastautokrane im Hause Gottwald. Es wurden zwar weiterhin immer neue Rekordkrane sowohl in Gittermast- als auch in Teleskopausführung konstruiert und gebaut, die Stückzahlen dieser Krane waren jedoch zu gering, als dass man große Gewinne hätte erzielen können.

Neue Rekorde und neue Märkte

Mit Wirkung vom 1. Januar 1982 wurde die Leo Gottwald KG aufgespalten. Die Grundstücke und Gebäude verblieben bei der Kommanditgesellschaft. Für Produktion und Vertrieb zeichnete sich nunmehr die neue Gottwald GmbH verantwortlich, die als hundertprozentige Tochter der Kommanditgesellschaft die Werkanlagen anpachtete. Besagte Gottwald GmbH war aus der Gottwald Lift Technik GmbH entstanden, die bereits am 26. August 1980 in das Handelsregister eingetragen worden war.

Gleichfalls 1982 wurde, wie bereits angedeutet, ein neuer Teleskopkranriese mit der Bezeichnung AMK 400-93 dem staunenden Fachpublikum auf der Hannover-Messe und der Expomat in Paris vorgestellt. Da man an gewisse Leistungsgrenzen altbewährter Technik gestoßen war, fanden einige Neuerungen in den Teleskopkranbau bei Gottwald Einzug. Das Auslegerpaket wurde erstmals getrennt von dem Grundgerät auf der Straße verfahren. Hinzu kam ein völlig neues Auslegerprofil, welches erst die Traglastwerte dieses 400-Tonners zuließ. Die beiden voran beschriebenen neuen Konzeptionen ließen aus dem anfänglichen 400-Tonner bald darauf einen 500-Tonner (AMK 500) werden. Doch leider konnten nur wenige Exemplare von diesem Riesen verkauft werden.

An dieser Stelle soll einmal gesagt werden, dass es in den siebziger und achtziger Jahren auch in einem so fortschrittlichen Industrieland wie Deutschland nur wenige automobile Großkrane mit mehr als 300 t Traglast gab, ganz gleich ob mit Gitter- oder Teleausleger. Auch gab es vielleicht gerade ein Dutzend Kranverleiher in Deutschland, die dann mit solch einem Kranriesen aufwarten konnten. Die Zeiten, in denen in jeder Kleinstadt ein 400-t-Hubgerät oder gar noch größer vorgehalten wurde, kamen erst in den neunziger Jahren allmählich auf. Diesen Kaufboom sollten die Düsseldorfer Kranbauer ja leider nicht mehr erleben.

Doch zurück in die Gottwald-Ära. Bereits im Dezember 1982 wurde ein weiterer Höhepunkt in der Firmenchronik und nicht zuletzt im Kranbau überhaupt erreicht. Ein gewaltiger Raupenkran kam zur Auslieferung an die italienische Firma Grandi Sollevamenti. Dieser AK 1200 sollte dann auch mit einer maximal möglichen Tragfähigkeit von 1200 t der leistungsstärkste Kran sein, der jemals bei Gottwald gebaut wurde.

In Europa hatte der Name Gottwald, wie schon mehrfach beschrieben, einen äußerst guten Klang und auch in Afrika und Asien waren die Hebezeuge aus Düsseldorf, hier insbesondere die Eisenbahnkrane, wohlbekannt.

Der Markt in den Vereinigten Staaten von Amerika war jedoch von den Düsseldorfern so gut wie unberührt. Alle Versuche, dort Fuß zu fassen, waren trotz erheblichen Einsatzes, sowohl an Zeit als auch an Geld, wenig erfolgreich geblieben.

Zu Beginn der 1980er Jahre machte Herr Dr. Gottwald einen weiteren Versuch, in den USA Kundschaft zu gewinnen. Nicht zuletzt wegen des erforderlichen Services und der notwendigen Produkthaftung auf diesem fernen Markt wurde mit einem finanziellen Aufwand von rund 6 Millionen DM die kanadische Firma General Crane Industries (GCI) aufgekauft. Die in Ontario beheimatete Firma stellte schnell aufbaubare Turmdrehkrane mit Teles-

Ein imposantes Gerät war der zunächst als AMK 400-93 bezeichnete 400-t-Teleskopkran. Was ihm hier noch fehlte, war der Ausleger   (Weinbach)

Um die 400-t-Traglastmarke für Teleskopkrane zu knacken, hatte man den technisch aufwändig konstruierten Ausleger mit HPC-Profil getrennt vom eigentlichen Grundgerät zu transportieren

(Sammlung Weinbach)

GCI-Montagekran in der fünfachsigen Sattelversion mit Teleskopausleger und Gitterspitze beim niederländischen Kranverleiher Sassenheim in Transportstellung, gezogen von einem alten Scania-Hauber. Unten: Wie „gewohnt" wurde das Auslegerpaket des AMK 1000-103 getrennt vom Grundgerät transportiert. Die Dimensionen gegenüber dem kleineren 500-Tonner waren allerdings noch einmal gewachsen (Sammlung Weinbach)

Oben: Auf der Expomat in Paris dem Fachpublikum angekündigt, zeigt sich hier der stolze Verkaufsleiter, Herr Lindenlauf, neben dem schon als Modell imposanten Raupenkran vom Typ AK 1200. Nicht nur das Modell, sondern auch die 1:1-Ausgabe sollten leider Einzelstücke bleiben
Unten: Aufbau eines GCI-Kranes, allerdings bereits auf einer Messe (Imonta) im Jahre 1974 im Ruhrgebiet   (Oberdrevermann)

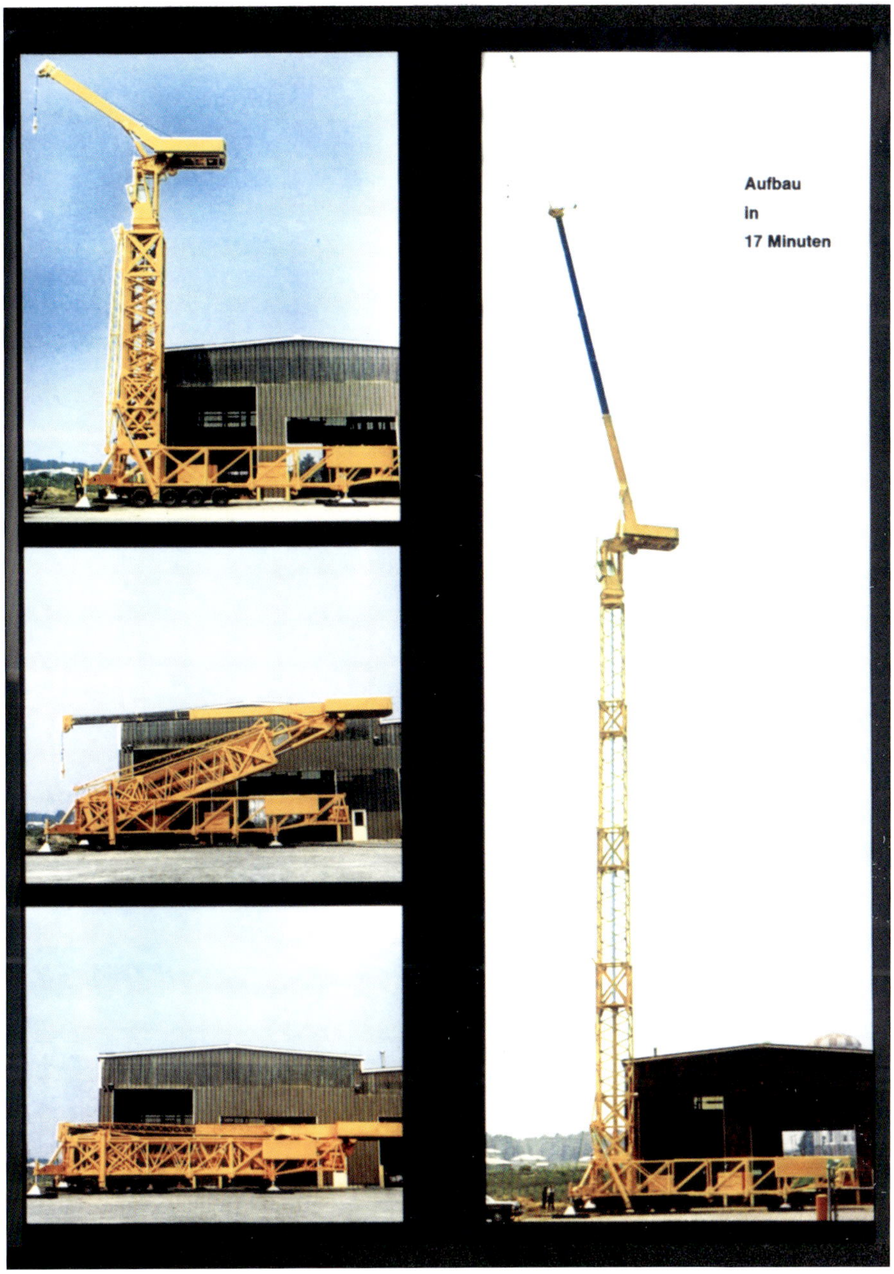

Der Aufbau eines GCI-Kranes ließ sich in 17 Minuten bewerkstelligen   (Sammlung Weinbach)

kopausleger her, die in Transportstellung als eine einzige Sattelzugkombination äußerst mobil waren.

Nach erfolgter Abstützung am Einsatzort waren die Krane bereits nach etwas mehr als einer viertel Stunde einsatzbereit.

Der GCI 5400 verfügte dabei als leistungsstärkstes Gerät in der Angebotspalette über einen vierteiligen, hydraulisch teleskopierbaren Gittermastturm von bis zu 42,7 m Höhe. Je nach gewählter Auslegerlänge (15 bis 38 m) waren an dem wippbaren Gittermast-Nadelausleger Tragfähigkeiten zwischen 27 t x 3 m, beziehungsweise 1,9 t x 36,5 m Ausladung möglich. Ausladungen bis 52 m waren durch den Anbau eines zusätzlichen 16,5-m-Spitzenauslegers möglich.

Bei dem kleineren Typ 4200 war gar der Gittermast-Nadelausleger „teleskopierbar".

Desweiteren waren von diesen GCI-Montagekranen auch Ausführungen mit Gittermastturm und aufgebautem Hydraulik-Teleskopausleger plus optionaler Gitterspitze im Angebot. Derartige

Krane waren auch in geringer Stückzahl bereits in Europa im Einsatz, so beispielsweise auch bei der Firma Toense.

Die Produktpaletten dieser beiden Kranhersteller hätten sich sicher sinnvoll ergänzt, jedoch war dieser Ehe nur ein kurzes Glück beschieden. Die Firma GCI ging schon bald in Konkurs und so war es für Gottwald nur ein teures aber erfolgloses Unterfangen gewesen, den US-Markt zu erobern.

Trotz dieses Rückschlages war das Jahr 1983 aber letztendlich doch noch überaus gewinnbringend für die Reisholzer Kranbauer. Etwas mehr als 700 Beschäftigte hatten zu einem Jahresumsatz von knapp über 180 Millionen DM beigetragen. Von solchen Umsätzen konnte man in den Folgejahren lediglich träumen, gingen diese doch zusehends zurück. Im Jahre 1984 schließlich war die Gottwald GmbH wohl einer der letzten konzernunabhängigen deutschen Mobilkranbauer.

Der AMK 600, ein Telekran für ebenso viele Tonnen an Traglast, wurde kurz vor dem Jahreswechsel 1985/86 fertig gestellt. Es war dies ein leicht modifizierter AMK 400 / 500. Bereits einige Monate zuvor hatte ein wesentlich stärkerer Telekran der Düsseldorfer Kranbauer für viel Furore gesorgt. Anfänglich als 800-Tonner und folgerichtig als AMK 800 geplant und auch zunächst so vorgestellt, hatte das Gerät wohl auch zur Überraschung der Gottwald-Ingenieure so große Reserven, das es kurzerhand umgetauft wurde. Der Kran erhielt die nunmehrige Bezeichnung AMK 1000. Er war bis dahin der erste und bis weit in die neunziger Jahre auch weltweit einzige Teleskopkrantyp mit dem theoretisch möglichen Traglastwert von 1000 t. Der Kran sollte jedoch auch in den Lieferlisten von Gottwald ein Unikat bleiben.

Der Anfang vom Ende

Im gleichen Jahr gab es aufgrund von Umsatzeinbußen einige Änderungen in den Führungsetagen. Herr Karl Lindenlauf, seines Zeichens langjähriger Verkaufsleiter bei Gottwald, schilderte diese Änderungen in der von ihm erstellten kleinen Firmenchronik wie folgt:

„Im September 1985 wird Herr W. H. Philipp als Vorsitzender der Geschäftsleitung bestellt. Herr Dr. Gottwald ist Vorsitzender des Aufsichtsrates. Herr Dipl.-Ing. von Schroeter übernimmt die Geschäftsleitung für Vertrieb und Konstruktion. Herr Dr. Röth hat die Geschäftsleitung für Finanzen und Controlling.

Herr Philipp bezeichnet sich als Sanierer. Weil sich unter dem Druck der Konkurrenz die Preissituation und damit die Finanzlage der Firma stetig verschlechtert hat, haben die Hausbank und ein Beirat Beratungs- und Kontrollfunktionen. Es ist erklärtes Ziel, den Personalstand und den Umfang der Produktion zu reduzieren und auf gewinnbringende Objekte zu konzentrieren."

Was die Kranentwicklungen betraf, so ist für das Jahr 1986 insbesondere ein an die Dänische Staatsbahn gelieferter Eisenbahnbergungskran in Teleskopausführung hervorzuheben. Er war mit einer Tragfähigkeit von 150 t bei 9 m Ausladung der bislang stärkste Schienenkran mit Teleskopausleger, der von Gottwald gebaut wurde.

Der zuvor angesprochene Personalstand von inzwischen gut 800 Mitarbeitern musste zu dieser Zeit aufgrund zurückgehender Geschäfte stetig reduziert werden. Die konzernunabhängige Größe des Unternehmens, seine zu spezielle Produktpalette sowie die räumliche Beengtheit des Fertigungsstandortes brachten dem Kranbauer mittlerweile gegenüber der Konkurrenz nur Nachteile. Als kleines, doch eher mittelständiges Unternehmen hatte man gegen die großen Konzerne oder Unternehmensgruppen mit ihren weitgefächerten Produktlinien, die sich nicht nur auf den Kranbau beschränkten, keine großen Überlebenschancen. Man konnte kon-

Links: Der GS 150.09T wurde leider auch nur ein einziges Mal gebaut, was jedoch bei Eisenbahnkranen aufgrund der ohnehin speziellen Kundenanforderungen die Regel darstellt. Neben dem 150-t-Haupthub verfügte das Gerät auch über einen 32-t-Hilfshub – Rechts: So präsentierte sich Gottwald zur Mitte der achtziger Jahre in der Fachpresse

(Sammlung Weinbach)

Links: Die Firma Gottwald zeigt sich auf dieser Luftaufnahme entlang der Reisholzer-Werftstraße inmitten anderer Industriebetriebe, so dass eine weitere Expandierung am Standort zuletzt nicht mehr möglich war – Mitte: Hier steht im Jahre 1975 eine große Lieferung HMK 130 zur Auslieferung bereit, beziehungsweise wird noch abgetestet. Die grüne Wiese wird zur Lagerung der leichteren Gitterteile benötigt, wurde später jedoch betoniert. Der erste AK 210-73 (Bracht) steht abgeparkt vor dem Kundendienstgebäude (Sammlung Weinbach)
Rechts: Richtig eng ging es oftmals auf dem Testfeld zu. Hier wird zu Beginn des Jahres 1980 der MK 1000 (Sparrows) mit Schwerlastspitze abgetestet. Ein gleichzeitig für Belastungsprüfungen aufgebauter AMK 200-103 (Richard & Wallington) benötigt aufgrund seines Teleskopauslegers beim Aufbau nicht ganz so viel an Fläche. Der AK 680-1 für den gleichfalls britischen Kranverleiher Scotts macht derweil eine kleine Ausfahrt auf dem Gelände. Ein kleiner Gittermastkran AK 85-53 und ein HMK 140-49 vervollständigen die Szenerie (Hey)

junkturbedingte Schwankungen beim Fahrzeugkranbau wie auch beim Bau anderer Krantypen nicht durch andere Geschäftsbereiche auffangen. Was den Platzbedarf anging, war man mit den doch stark beschränkten Fabrikationshallen in Reisholz nicht mehr ausbaufähig. Eine kostensenkende und damit gewinnsteigernde Serienfertigung war damit unmöglich. Außerdem war der Testplatz, auf dem die Kranabnahme stattfand, schon beim Abtesten von nur zwei Großkranen nahezu ausgelastet. Und ein solcher Test konnte sich bei den verschiedenen Auslegervarianten über einige Wochen hinziehen. All dies machte einschneidende Maßnahmen bei Gottwald notwendig. Herr Lindenlauf hielt hierzu für das Jahr 1987 folgendes fest:

„Obwohl es schon lange den Teleskopkranhersteller Coles in Deutschland nicht mehr gibt, die Produktion des amerikanischen Herstellers Grove stark eingeschränkt ist und die japanischen Kranproduzenten so gut wie nicht Fuß fassen konnten, ist insbesondere zwischen Liebherr, Krupp und Gottwald ein starker Preiskampf entbrannt. Gottwald als kleinstes Unternehmen hat natürlich den kürzesten Atem. Der Verkauf vornehmlich der kleineren Teleskopkrane brachte nicht unerhebliche Verluste. Das führte zu einem bedeutenden Einschnitt: Das Know-how, die verfügbaren Materialien und der Kundendienst an dem Teleskopkranprogramm wird an Krupp Industrietechnik, Wilhelmshaven verkauft."

Trotz alledem hatte man im gleichen Jahr bei Gottwald noch einen neuen Teleskopkranriesen vorstellen können. Der AMK 401-83, so die Bezeichnung bei Gottwald, war der erste 400-Tonner, bei dem während des Standortwechsels das Auslegerpaket am Grundgerät verblieb. Der weiteren Geschichte ein wenig voreilend bleibt festzuhalten, dass der Krantyp später in das Kranprogramm von Krupp übernommen und als KMK 8400 in einigen Exemplaren weitergebaut wurde. Auch verschiedene andere Gottwald-Krantypen konnten zumindest laut Prospekt für kurze Zeit, teilweise mit Krupp'scher Typbezeichnung versehen, bei diesem Hersteller geordert werden. In der neuen Geburtsstätte des 400-Tonners in Wilhelmshaven sollte es jedoch neben besagtem Typ lediglich zur Fertigung einer weiteren ehemaligen Gottwald-Entwicklung kommen.

Die Gottwald-typischen Telekrane, man denke nur an die zeitlos aussehende Low-Line-Kabine der Unterwagen oder die sich ähnelnden Silhouetten der All-Terrain-Krane aus der Leo-Baureihe waren somit zum Aussterben verdammt. Einzige rühmliche Ausnahme sollte der ehemalige AMK 31-21, ein Mitte der achtziger Jahre in Düsseldorf entwickelter, zweiachsiger All-Terrain-Kran sein.

Von diesem Typ wurden kurz nach dem Technologietransfer noch knapp 40 Exemplare bei Krupp gebaut. Doch wie heißt es so schön: „Das Gute hat Bestand." Im Jahre 1992 erinnerte man sich in Wilhelmshaven an diesen kleinen, bei Kranverleihern überaus beliebten Gerätetyp. Er wurde im hohen Norden einer gründlichen Modernisierung unterzogen und fand, äußerlich recht unverändert, unter der Bezeichnung KMK 2020 Einzug in das Lieferprogramm von Krupp. Und selbst als dieser bekannte Kranname kurze Zeit später ausstarb, wurde der kleine Helfer unter neuem Namen als Grove GMK 2020 noch eine Zeit lang weitergebaut.

Doch wieder zurück an den Rhein sei festgehalten, dass in Düsseldorf selbst nach Auslauf der Telekranfertigung lediglich ein älterer Auftrag von 1986 aus der Schweiz abgearbeitet wurde. Man hatte für die dortige Armee insgesamt 106 Militärkrane, genau gesagt den Kranpart zu liefern. Dieser AMK 30 M (Militär) besaß eine Tragfähigkeit von 20 t und wurde als Aufbaukran auf ein geländegängiges Dreiachs-Fahrgestell von Saurer aufgesetzt. Doch dies sollte leider das letzte Überbleibsel des Gottwald'schen Teleskopkranbaus sein, zumindest was die reinen Straßenkrane betraf.

Im Hause Gottwald konzentrierte man sich nach diesem „Gesundschrumpfen" mit den verbliebenen rund 300 Mitarbeitern auf die Fertigung von Hafenmobilkranen, Eisenbahnkranen, Gittermast-Auto- und Raupen-Kranen und nicht zu vergessen die Sonderfahrzeuge für den Bergbau. Da die Gittermastkrane in den niedrigen Traglastklassen schon seit Jahren von den Teleskopkranen verdrängt wurden, kamen bis auf wenige Ausnahmen nur noch Gittermastkrane von über 300 t Tragfähigkeit zur Auslieferung. Zumindest eine kleine Serie von insgesamt fünf Geräten wurde vom bereits angesprochenen AK beziehungsweise RG 912 gebaut. Der letzte dieser Großkrane sollte im Herbst 1989 nach Italien geliefert werden.

Links unten: Letzter großer Teleskopkran aus dem Hause Gottwald war der AMK 401-83 für eine Tragkraft von 400 t (Leder)
Mitte oben: Die vom Oberwagen auch bei Straßenfahrt gelenkten Teleskopkrane wurden bereits seit den siebziger Jahren bei Gottwald gebaut. Eine dieser Kranentwicklungen (Leo-Baureihe) bei den Düsseldorfern war der zweiachsige AMK 31-21. Hier ist das Erstgerät (Colonia) aus dem Jahre 1984 zu sehen. Diesem Krantyp war sogar über die Einstellung der Fertigung bei Gottwald hinaus noch ein längeres Leben, ja sogar eine Wiedergeburt beschieden (Sammlung Weinbach)
Mitte unten: Einen guten Eindruck hinterließ die Bewerbung des AMK 30 M beim schweizerischen Militär (Horrocks)

Von der Gittermastbaureihe 912 wurden nicht nur Autokrane sondern auch Raupengeräte gebaut. Hier ist allerdings eine Autokranversion vom Typ AK 912-GT zu sehen. Er arbeitete nach der Fertigstellung 1986 für einige Monate in Deutschland
(Sammlung Weinbach)

Eine neue Partnerschaft

Die wirtschaftliche Lage des Unternehmens stellte sich auch nach dem Telekran-Verkauf nach wie vor als überaus schwierig dar. Um weiter überleben zu können, suchte man deshalb die Anlehnung an einen starken Partner. Ein solcher konnte auch alsbald gefunden werden.

Im Sommer 1988 wurde den verbliebenen Gottwald-Mitarbeitern mitgeteilt, dass man von Mannesmann Demag Baumaschinen übernommen werde. So geschah es dann auch nur wenige Wochen später. Mit Wirkung vom 1. Oktober 1988 gingen schließlich alle Geschäftsanteile der Gottwald GmbH in Düsseldorf an die Mannesmann Demag AG über. Neuer Firmenname für diesen Geschäftszweig war nunmehr Mannesmann Demag Gottwald GmbH. In einer Pressemitteilung dieses Konzerns hieß es:

„Gottwald genießt bei den mobilen Hafenkranen, den Schienenkranen und den großen Gittermast-Autokranen weltweit einen ausgezeichneten Ruf. Die Geschäftsgruppe Fahrzeugkrane von Mannesmann Demag Baumaschinen nimmt insbesondere bei Gittermast-Raupenkranen und bei Teleskop-Autokranen international eine führende Stellung ein. Die Produktpaletten beider Unternehmen ergänzen sich somit in sinnvoller Weise…"

Lassen wir noch einmal Herrn Lindenlauf seine ganz persönlichen Eindrücke aus dieser Zeit zusammenfassen:

„Es ging zwar eine Ära zu Ende, aber eine neue Ära begann. Die frühere Zeit war, abgesehen von dem bitteren Ende, wie ich es sehe, geprägt von gegenseitiger Anerkennung zwischen Leitung und den Mitarbeitern, wie auch zwischen den Abteilungen Konstruktion, Betrieb und Vertrieb. Jeder wusste und akzeptierte, dass es ohne die anderen Bereiche nicht ging. Das war ein wesentlicher Schlüssel zum Erfolg. Wir waren mehr oder weniger eine große Familie. Sicherlich gab es auch Ausreißer, aber das Gros stimmte. Und wir

hatten ein großes Plus: Die eigene Entscheidungsbandbreite war groß und für übergewichtige Entschlüsse war eine Entscheidung schnell herbeigeführt. Das hat auch die Kundschaft erkannt und das Unternehmen Gottwald entsprechend geschätzt. Auf der Bauma 1989 haben mir einige namhafte Kranverleiher gesagt: ,Wir hätten trotz gewisser Preisunterschiede Gottwald-Krane weiter kaufen und damit Gottwald am Leben erhalten sollen.'

Die Geschäftsführer von Mannesmann Demag Baumaschinen haben anlässlich ihrer Vorstellungen Ende 1988 und später niemals den Eindruck erweckt, dass man uns aus Gnade gekauft hat. Das Produkt und die Mannschaft sind immer gewürdigt worden. Das war, wie ich meine, ein guter Start und eine gute Basis für eine weitere erfolgreiche Tätigkeit."

Soweit die Erinnerungen des ehemaligen Verkaufsleiters.

Der letzte seiner Art

Im Herbst 1990, die Ära Gottwald war eigentlich schon längst Geschichte, sollte dennoch ein letzter beachtenswerter Autokrantyp die Reisholzer Werkhallen verlassen. Noch bei Gottwald unter der Typbezeichnung AK 630 entwickelt und auch mit dem Bau begonnen, wurde der recht futuristisch anmutende Gittermastautokran letztendlich als Mannesmann Demag Typ TC 3600 der Fachwelt vorgestellt. Dieser Kran, aufgrund seiner Bauart auch mit der Bezeichnung „Quicklifter" versehen, sollte gleich mehrere konstruktive Neuerungen in sich vereinigen. Ein Renner unter den Autokranen wurde leider auch er nicht mehr. Lediglich dieses eine Exemplar, der Prototyp sozusagen, war nach seiner Auslieferung bei der Firma Franz Bracht im Einsatz.

Nach der Übernahme der Gottwald GmbH sollte der Gittermastkranbau schließlich in der Geschäftsgruppe Fahrzeugkrane der

Mannesmann Demag Baumaschinen in Zweibrücken aufgehen. Doch auch dieser gewaltige deutsche Konzern sollte Jahre später das mitunter raue Wirtschaftsgebaren am eigenen Leib erfahren und dies nur aufgrund ausländischer Telefoninteressen.

Der Name Gottwald lebt dennoch weiter

An dieser Stelle könnte nun die hier behandelte Geschichte der Firma Gottwald enden. Doch so wie zu Beginn historisch bedingt etwas weiter ausgeholt werden musste, so soll nunmehr auch die Nachgeschichte nicht verschwiegen werden.

In Düsseldorf jedenfalls verblieben die Geschäftsbereiche Eisenbahnkrane, Hafenmobilkrane und Sonderfahrzeuge; letztere umfassten insbesondere Geräte für den Tagebaueinsatz. Diese sollten, wie schon erwähnt, unter dem neuen Firmennamen Mannesmann Demag Gottwald GmbH an alter Stelle weiterarbeiten. So wie es gut fünfzig Jahre zuvor mit der Mukag und ihrem in der Fachwelt wohlklingenden Namen geschehen war, so sollten auch weiterhin mit dem weltbekannten Namen Gottwald zukünftige Geschäftserfolge erzielt werden.

Um dem potentiellen Krankunden sogleich anzuzeigen, welche bewährte Qualität er auch weiterhin in Düsseldorf kaufen konnte, wurden die Rechte zur Weiterverwendung des Namens Gottwald vom Mannesmann-Konzern gleichfalls erworben.

Die Grundstücke und Hallenkomplexe in Düsseldorf-Reisholz waren jedoch auch weiterhin im Besitz der Leo Gottwald KG, die diese zunächst an Mannesmann Demag verpachtete. Nach knapp zwei Jahren erfolgte dennoch eine Verlegung der verbliebenen Geschäftsbereiche nach Düsseldorf-Benrath. In dem nur wenige Kilometer entfernten Stadtteil verfügte der neue Eigentümer bereits über ausgedehnte eigene Werksanlagen.

Das alte Reisholzer Firmenareal hingegen wurde schon bald von der Leo Gottwald KG an einen Dritten verkauft. Die nach wie vor bestehende Kommanditgesellschaft blieb fortan auch weiterhin im Besitz von Dr. Hans Dieter Gottwald, wenn auch ohne jegliche aktive Geschäftätigkeit.

Auf dem neuen Betriebsareal im Stadtteil Benrath wurden seither eine große Anzahl von großen Eisenbahnkranen und Hafenmo-

Ebenfalls ein Unikat blieb die letzte bei Gottwald umgesetzte Gittermastkonstruktion vom Typ AK 630. Fertig gestellt und mit neuer Demag-Bezeichnung TC 3600 versehen, wurde der Kran an die Firma Bracht ausgeliefert. Der Gottwald-Schriftzug fand allerdings auch noch einen Platz unter der Fahrertür (Weinbach)

bilkranen, überwiegend für den Export bestimmt, gebaut und abgetestet. Auch sollten zu Beginn der 1990er Jahre noch einige wenige der bewährten Tagebaugeräte, natürlich in überarbeiteter Ausführung, für diverse Braunkohletagebaue in Ost und West im inzwischen wiedervereinten Deutschland gebaut werden.

Ferngesteuert in die Zukunft

Eine neu entwickelte Transporttechnik, dies zumindest unter dem Namen Gottwald, ist in Benrath bereits seit 1993 in der Fertigung. Bei diesem AGV (Automated Guided Vehicle) handelt es sich um ein fahrerloses, automatisiertes Transportsystem. Für den Container-Terminal in Rotterdam wurden binnen weniger Jahre knapp über einhundert Einheiten dieser ferngelenkten Vehikel ausgeliefert. Nach der Jahrtausendwende sollte ein weiteres umfangreiches Los modernisierter AGV auch an den ausgebauten und modernisierten Hamburger Hafen geliefert werden.

Im Jahre 1995 schließlich wurde auch die Mannesmann-Demag-Gruppe neu organisiert. Ergebnis war, dass der hier interessierende Teil des Unternehmens den Namen Mannesmann Demag

Links: Auch nach wie vor wurden Eisenbahnkrane bei Gottwald gefertigt, hier ein GS 80.08 – Mitte: Tagebaugeräte, wie dieser Geländekran G 45 für einen ostdeutschen Tagebaubetrieb, wurden zumindest noch in kleinem Umfang in den Neunzigern gefertigt – Rechts: Hafenmobilkrane stellten seit der Übernahme durch Mannesmann Demag den weitaus größten Part der Fertigung bei Gottwald. Hier ist ein HMK 280 beim Containerumschlag in Neuseeland zu sehen
(Mannesmann Demag Gottwald)

Fördertechnik AG Gottwald erhielt. Wurde der Name Gottwald auf den ersten Anschein auch nur als Anhängsel übernommen, so durfte sich der betroffene Geschäftsbereich der Hafenmobilkrane, Eisenbahnkrane und Sonderfahrzeuge nach wie vor überaus erfolgreich am Markt behaupten. Insbesondere die Sparte der Hafenmobilkrane konnte sich über mangelnde weltweite Aufträge nicht beklagen. Dieser Bereich hatte sich binnen weniger Jahre zum Standbein der Düsseldorfer Fertigung entwickelt.

Als ein weiteres Beispiel für innovativen Kranbau bei Gottwald, man möge die Reduzierung auf diesen Namen verzeihen, ist der 1996 entwickelte zwölfachsige Eisenbahnkran GS 150.14 TR zu nennen. Bei diesem Gleisbaukran modernster Prägung, der zunächst für zwei private deutsche Gleisbauunternehmen gebaut wurde, handelte es sich um ein völlig neues Teleskopkran-Konzept. Besagter Kran verfügte zwar über keinen großen Schwenkbereich zu beiden Seiten des Gleisstrangs, dafür konnte der Teleskopausleger jedoch an beiden Enden des Grundauslegers ausgefahren werden. Frei nach dem Motto „Alles hat ein Ende nur der Kran hat zwei" besitzt dieser reversible Ausleger für das beidendige Arbeiten jeweils einen Haken an seinen zwei Auslegerköpfen. Zudem war dieses Gerät mit einer mehr als beachtlichen Eigengeschwindigkeit von bis zu 100 km/h verfahrbar, so dass er auf keinerlei Schlepp-Lokomotive zur Verbringung zwischen den Einsatzstellen angewiesen war.

Langwierige Namensfindung

In Zeiten ständiger Umwandlung und Neuorganisation erfolgte bereits im Mai 1997 wiederum eine Umbenennung der Mannesmann Demag Fördertechnik AG, zu der auch der Bereich Gottwald gehörte. Neuer weltweit verwendeter Name für den hier beschriebenen Kranbauer wurde seinerzeit Mannesmann-Dematic Gottwald AG. Der Herstellername Gottwald für die nach wie vor in Düsseldorf-Benrath gebaute Produktpalette blieb somit auch weiterhin bestehen.

In den gleichen Zeitraum fiel auch ein weiterer Großauftrag der Indischen Staatsbahnen, die acht Eisenbahnbergungskrane vom Typ GS 140.08 H bestellten. Diese Geräte mit einer Tragfähigkeit von 140 t bei 8 m Ausladung ließen nach ihrer 1998 begonnenen Auslieferung den Fuhrpark dieses Staatsbahnbetriebes auf über 20 noch aktive Gottwald-Eisenbahnkrane anwachsen.

Bemerkenswert an letzteren Zahlen war, dass zur gleichen Zeit auch noch einige dampfbetriebene Eisenbahnkrane aus den Lieferungen zwischen 1956 bis 1959 aktiv am Eisenbahngeschehen in Indien teilnahmen.

Vom mobilen Hafenkran zurück auf die Schiene

Eine Kundenanfrage aus den USA hatte schließlich im Jahre 1998 die Auslieferung eines ersten Hafenschienenkrans der neu geschaffenen Baureihe HSK zur Folge. Derartige auf Gleisanlagen angewiesene Hafenkrane hatte man ja bis in die späten sechziger Jahre bereits vielfach bei Gottwald gebaut. Die neuen Vertreter dieser Spezies waren wahrlich gewaltige und ebenso würdige Nachfolger ihrer ausgestorben geglaubten Urväter, zeitgemäß allerdings mit modernster Technik versehen. In den folgenden Jahren noch zögerlich von der Kundschaft angenommen, wurden bis zum Jahre 2005 doch immerhin über 20 dieser HSK in bereits vier Baugrößen vor-

Zurück zu den Wurzeln, so könnte man zu diesem Hafenschienenkran vom Typ HSK 300E sagen, der hier im belgischen Gent seit 2001 arbeitet. Inzwischen sind diese Geräte weltweit erfolgreich im Einsatz. Je nach Kundenwunsch sind verschiedene Portalausführungen möglich
(Gottwald Port Technology)

wiegend in den USA, Russland, China, Frankreich, England und Belgien in Betrieb genommen. Es gilt seither, verlorenes Terrain auf diesem Markt langsam wieder zurückzuerobern.

Den Mitarbeiterstamm im Geschäftsbereich Gottwald bildeten im Jahre 1998 übrigens wieder rund 425 Personen, die nach Bedarf und Auftragslage, wie in diesen Zeiten üblich, durch Zeitarbeiter verstärkt wurden.

Für das Jahr 1999 sei festgehalten, dass in der wie beschrieben überaus erfolgreichen Sparte „Hafenmobilkranbau" der inzwischen 600ste Kran des HMK-Erfinders zur Auslieferung kam. Das Gerät sorgte seitdem in der Karibik für regen Umschlag.

Ähnlich rege gestaltete sich in den Folgejahren auch die wechselnde Zugehörigkeit der Düsseldorfer Kranbauer zu ihrer „Mutter". Bleibt man bei dieser Umschreibung, so sind nachfolgend in der Firmengeschichte mehrere Adoptionen festzuhalten.

Zunächst einmal fand sich ein äußerst zahlungswilliger Mobilfunkkonzern von der britischen Insel, der sich den kompletten Mannesmann Demag Konzern, wenn auch gegen heftigen Widerstand, nach einer zweifelhaften Übernahmeschlacht „feindlich" einverleibte. Der neue Eigentümer, Vodafone Air Touch, besaß allerdings lediglich Interesse an der Mobilfunk-Sparte des ehemals deutschen Industrieriesen. Folglich wurden die Maschinenbau-Bereiche schon bald abgespalten und firmierten bereits kurze Zeit später als „Atecs Mannesmann" (Advanced technologies = fortschrittliche Technologien).

Teil der „Atecs" war auch der Bereich Dematic, für den sich recht schnell neue Kaufinteressenten fanden. Hierzu zählte wohl auch der deutsche Thyssen Krupp-Konzern, der fleißig mitbot. Wäre es zu einem solchen Verschmelzen gekommen, so hätte die Wirtschaftsgeschichte drei ehemals konkurrierende Autokranbauer(namen), nämlich Demag, Gottwald und Krupp, wieder zusammengeführt.

Hierbei sei natürlich zu Recht angemerkt, dass die Kranbauer bei Krupp in Wilhelmshaven, da Mitte der neunziger Jahre von der amerikanischen Firma Grove übernommen, eigentlich nichts mehr mit der Firma Thyssen Krupp zu tun hatten. Die ehemalige Krupp Industrietechnik wurde so zur Deutsche Grove. Der angestrebte „Zusammenschluss" der ehemaligen Konkurrenten ist letztendlich nicht zustande gekommen.

Was allerdings zustande kam war die Übernahme der „Atecs" durch ein Bosch/Siemens-Konsortium im Frühjahr 2000. Mit Wirkung zum 1. Januar 2001 wurde nachfolgend die bisherige Mannesmann-Dematic Gottwald in die nicht weniger wohlklingende Demag Mobile Cranes GmbH Gottwald umbenannt. Zu deren Produktprogramm zählten weiterhin die Teleskop- und Gittermastkrane (Zweibrücken) sowie die Hafenmobilkrane, Eisenbahnkrane und fahrerlosen Transportsysteme (AGV) in Düsseldorf.

Was die Geschäfte betraf, so konnte man im Jahre 2001 auch die Auslieferung des insgesamt 750sten HMK nach Fertigungsaufnahme im Jahre 1956 vermelden. Der für maximal 100 t Tragfähigkeit ausgelegte HMK 300 E wurde seinerzeit ins italienische Salerno geliefert.

Bereits zum 1. Juli 2001 wurde eine erneute Abspaltung von der Demag Mobile Cranes (DMC) vollzogen. Hiernach wurde der Fertigungsbereich in Düsseldorf in Gottwald Port Technology GmbH umbenannt. Erwähnt sei an dieser Stelle noch, dass der in Zweibrücken verbliebene Teil der DMC mit der Produktpalette Teleskop- und Gittermastkrane auf Auto- und Raupenfahrgestellen am 30. August 2002 von der amerikanischen Terex Corporation über-

nommen wurde. Die bekannten Krane wurden fortan als Terex Demag vermarktet.

Auch für die nach wie vor zum Siemens-Konzern gehörende Gottwald Port Technology wurde allerdings von der noch deutschen Mutter ein passender Investor gesucht. Dieser fand sich im Sommer 2002 in der US-amerikanischen Investmentgesellschaft „Kohlberg Kravis Roberts & Co" (KKR). Die Siemens AG und KKR gründeten nachfolgend eine neue Dachgesellschaft mit dem Namen Demag Holding S.à.r.l. mit Sitz in Luxemburg. Der deutsche Elektroriese behielt jedoch nur noch 19 Prozent an der Holding, die „restlichen" 81 Prozent übernahm KKR. Neben der Gottwald Port Technology zählten überdies sechs weitere Geschäftbereiche zu besagter Holding. Hierunter war auch die Demag Cranes & Components zu finden, die sich als alter Demag-Teil seit Urzeiten mit dem Bau von fördertechnischen Einrichtungen und Kleinkranen für die Industrie beschäftigte.

Bei den stetig wachsenden Auftragszahlen, insbesondere für die HMK-Typen, konnte man bei Gottwald seit dem Jahrtausendwechsel die weltweite Führungsrolle auf diesem Gebiet der landgestützten und doch in gewisser Hinsicht „maritimen" Krane beharrlich ausbauen. Wurden im Jahre 2000 noch 46 dieser Krane von Kunden aus aller Welt geordert, so waren es 2001 bereits 54 derartige Geräte. Für die beiden darauffolgenden Jahre lagen diese Verkaufszahlen jeweils knapp über 60 Geräten.

Der Exportschlager HMK schlug sich dabei natürlich auch positiv auf die Mitarbeiterzahl im Düsseldorfer Unternehmen nieder, die im Jahre 2002 auf knapp 580 stieg und zum Ende des Jahres 2003 mit 650 Beschäftigten nochmals deutlich anwuchs.

Ausbau sowohl neuer als auch alter Märkte

Dabei darf allerdings nicht unterschlagen werden, dass dieser Beschäftigungsanstieg natürlich auch mit dem anhaltenden Ausbau der Angebotspalette einherging. So konnten 2002, nach den ersten umfangreichen Lieferungen der schon angesprochenen AGVs an den Hafen von Rotterdam zu Beginn der neunziger Jahre, insgesamt 35 der inzwischen modernisierten Transporteinheiten an den Hamburger Container-Terminal Altenwerder verkauft werden.

Zu Beginn des Jahres 2003 schließlich konnte man in einem schon in Vergessenheit geglaubten Kranbereich erneut aktiv werden. Wurde die Fertigung sämtlicher stationärer Laufkrane (Brückenkrane, Portalkrane), aber auch fester Hafendrehkrane gegen Ende der 1960er Jahre eingestellt, so beschäftigte man sich nunmehr wieder mit dem Bau von Rohrportalkranen, in erster Linie für den Hafenumschlag. Bei der Entwicklung und schnellen Markteinführung konnte man sich auch auf das Know-how eines von Gottwald inzwischen übernommenen Fachwerkportalkranspezialisten, der Firma Kranservice Rheinberg (KSR), beziehungsweise dessen ebenso bekannten Vorgängers Aumund stützen. In die neue Produktsparte der WSG (Wide Span Gantries) floss überdies die große Erfahrung der Gottwald-Konstruktionsabteilungen hinsichtlich Stahlbau und Elektrotechnik ein. Diese Kranriesen verfügen dabei um Spurbreiten bis jenseits der 60-m-Marke mit ebenso imposanten Kragarmausladungen (mit voller Traglast befahrbarer Auslegerteil) über Wasser von mehr als 30 m. Der erste dieser neuen Portalkrane arbeitet seit Dezember 2003 in der Nähe des schweizerischen Basel am Rheinhafen von Birsfelden. Seither konnten bereits über ein Dutzend dieser großen Umschlagkrane der

Erster Gottwald-Portalkran neuer Zeitrechnung war der WSG (Wide Span Gantries) für den Hafen Birsfelden in der Schweiz. Hier zeigt der rund 500 t schwere Kran, was es heißt, mit einem Container über fünf bereits gestapelten „Blechboxen" zu arbeiten (1 über 5)
(Gottwald Port Technology)

neuen Baureihe WSG für Schüttgut oder Stückgut (Container) beim Kunden aufgebaut werden und dies nicht nur in reinen Hafenanlagen.

Neben den altbekannten Hafenmobilkranen und den beschriebenen neuen Umschlaggerätetypen beschäftigt man sich bei Gottwald Port Technology jedoch auch nach wie vor mit dem Bau von Eisenbahnkranen. Auch in diesem Tätigkeitsfeld wurden in den letzten Jahren immer wieder neue Geräte entwickelt und zur Auslieferung gebracht, wenn auch die Stückzahlen in keinem Vergleich zu den maritim angehauchten Kranen stehen. Auch hier wurden weitere neue technische Gimmicks zum Einbau gebracht. Als Beispiel seien teleskopierbare oder gar schwenkbare Gegengewichtsausleger genannt. Als äußerst zufriedener Kunde hat sich dabei seit 1997 die Korean National Railroad gezeigt. Alleine diese Eisenbahngesellschaft hat seither ein Dutzend Eisenbahnkrane sowohl mit Festausleger als auch mit Teleskopausleger in Düsseldorf geordert. Es handelte sich dabei stets um Großgeräte jenseits der 125-t-Traglastklasse.

Gottwald-Kran auf „kleiner" Fahrt

Waren Gottwald-Krane der Baureihe HMK bislang lediglich zur Kunden-Verschiffung in nahe und ferne Länder aufs Wasser gegangen, so sollte im Jahre 2004 erstmals ein solches Gerät auf Dauer seinen Einsatzort auf See erhalten. Einem amerikanischen Kundenwunsch nach einem seegestützten Umschlagkran aus Düsseldorfer Fertigung konnte man natürlich nachkommen und schuf gleichzeitig die neue Produktlinie der HPK (Hafen Ponton Kran). Der Bezeichnung unschwer zu entnehmen war, dass ein bewährter Kranoberwagen, in diesem Fall vom Typ HMK 330 EG (Diesel-Elektrisch mit Vier-Seil-Greifer) kurzerhand auf einen Ponton aufgebaut wurde und von dort die auf Reede liegenden Schiffe „löschen" konnte. Zum Jahreswechsel 2004/05 konnte der neu geschaffene HPK 330 EG dann seine Arbeit in Louisiana auf dem Mississippi aufnehmen.

Was die bereits erwähnten HSK-Geräte auf Schienenfahrgestellen betrifft, so hat man diesen Kranen bei Gottwald inzwischen gleichfalls mehr Mobilität zugebilligt. Die in Portalausführung gebauten Krane, die zumeist Förderbandanlagen „überfahren", wurden wiederum in enger Zusammenarbeit mit dem Kunden mit einer zusätzlichen Verfahreinrichtung auf Gummireifen ausgestattet. Somit können diese erweiterten Hafenschienenkrane auch von Kai zu Kai bewegt werden. Da die Portale zudem mit Abstützplatten ausgestattet werden können, ist diese „eierlegende Wollmilchsau", welch respektlose jedoch treffende Umschreibung, in der Lage, auch abseits der sonst erforderlichen Kranbahnschienen ohne Einschränkung zu arbeiten.

Links: Der Typ GS 125.07 TS für die Korean National Railroad konnte mit einem schwenkbaren Ballastausleger aufwarten. Somit konnte die seitliche Ausladung in den Nebengleisbereich auch bei geschwenktem Kranausleger reduziert werden – Rechts Im Jahre 2004 wurde ein HMK-„Kranoberwagen" erstmals auf ein Ponton aufgebaut, obwohl man bei Gottwald auch schon vor gut 80 Jahren Schwimmkrane gebaut hat
(Gottwald Port Technology)

Links: Lediglich als eine Versuchsanlage für die raue Alltagserprobung war dieser erste Automated Stacker Crane (ASC) auf einer hochliegenden Kranbahn im Hafen von Antwerpen gedacht. Die unübersehbare Teleskopführung gewährleitstet auch bei relativ hohen Windgeschwindigkeiten eine genaue Positionierung des Containers – Rechts: So sieht der zukünftige Einsatz der ASC aus. Die Stapeleinrichtung fährt auf einem eigenen Portal ebenerdig auf Schienen
(Gottwald Port Technology)

Containerstapeln in stürmischen Zeiten

Als weitere Neuerung für den Containerumschlag und dies nicht nur in Häfen wurde von Gottwald Port Technology kurz nach der Jahrtausendwende der „Automated Container Stacker" (ACS) entwickelt. Die Bezeichnung wurde allerdings schon kurz darauf in „Automated Stacker Crane", kurz ASC, geändert. Hierbei handelt es sich um einen vollautomatisierten Kran für reine Containerlager mit hoher Dichte und kurzen Zugriffszeiten. Diese Brückenkrane können sowohl auf hochgelegenen Kranbahnen als sogenannte Laufkrane wie auch als ebenerdig auf Schienen laufende Portalkrane ausgeführt werden. Sie überspannen dabei neun Containerreihen in einer bis zu „1-über-5-Lösung", soll heißen, es kann ein Container über fünf bereits gestapelte Container hinweggefördert werden. Die Seiltriebe des Krans werden bei den ASC interessanterweise nicht mit herkömmlichen Seilhubwerken umgesetzt, sondern gleichzeitig mit deutlich über den Kran hinausragenden Führungsmasten (Beam) realisiert. Somit können die zu stapelnden Container auch bei relativ stürmischen Wetterverhältnissen von bis zu zehn Beauforts (rund 89 bis 102 km/h) sicher und punktgenau aufeinander gesetzt werden.

Bei frei an den Hubseilen hängenden Spreadern beziehungsweise Containern wäre dies so nicht möglich. Damit wird natürlich die Verfügbarkeit einer solchen Stapelanlage deutlich verbessert. Besagte Stapelkrane arbeiten übrigens ohne jegliche menschliche Bedienung, sondern komplett computergesteuert. In direktem „Zusammenspiel" mit den ja ebenfalls führerlos fahrenden AGVs (Automated Guided Vehicles) sorgt die neue Technik für einen mitunter gespenstisch anmutenden Arbeitsablauf.

Erstmals zum Einsatz kommen sollte ein solcher ASC im wichtigsten belgischen Seehafen Antwerpen für „Hesse-Noord Natie Container Terminal" auf einer hochliegenden Kranbahn. Im Übrigen ist dieser Hafen einer der größten Einsatzorte für Hafenmobilkrane von Gottwald überhaupt. Daneben werden dort auch oftmals neue Gottwald-Produkte im harten Alltagseinsatz wie beispielsweise besagter erster ASC getestet.

Gleichfalls für den Hafen Antwerpen vorgesehen ist die Order der „Peninsular and Oriental Steam Navigation Company", UK (P&O) für deren neuen „P&O Antwerp Gateway Terminal". Die Inbetriebnahme der ersten für diesen Kunden vorgesehenen vier Stapelkrane war für den Sommer 2006 geplant. Der Rahmenvertrag sieht dabei nach erfolgter Inbetriebnahme noch weitere derartige Geräte für den Hafen Antwerpen sowie Nachfolgeaufträge für weltweite Terminalprojekte von P&O vor.

Von der Planung bis zur Inbetriebnahme

Neben diesen „hardware-mäßigen" Konstruktionen der Gottwald Port Technology befasst man sich in Düsseldorf seit geraumer Zeit auch mit der Planung und Optimierung der Logistiksysteme in Hafenanlagen. So können kundenspezifische Lösungen für komplette Hafenanlagen oder einzelne Container-Terminals gesucht und gefunden werden. Wichtiger Baustein bei diesen Planungen sind Computer-Simulationen, mit denen dem Kunden beziehungsweise zukünftigen Kunden eindrucksvoll die Möglichkeiten seiner Hafenanlage vor Augen geführt werden können. Hilfsmittel der Optimierung ist dabei natürlich die umfangreiche Palette an Umschlag- und Transportgeräten aus dem Hause Gottwald Port Technology.

Hat man beim Kunden, dies sollte nicht unerwähnt bleiben, mit derlei Techniken so manchen Arbeitsplatz eingespart, so haben die steigenden Umsatzzahlen bei den Umschlagspezialisten in Düsseldorf für stetig ansteigende Mitarbeiterzahlen gesorgt. Dieser für das Unternehmen mehr als erfreuliche Aspekt hat bei einem erzielten Jahresumsatz 2004/2005 von 237 Millionen Euro (Stand Ende September 2005) für eine optimistisch in die Zukunft blickende Belegschaft von inzwischen 730 Personen gesorgt. Der ungebremste Aufwärtstrend führte bei KKR/Siemens im Jahre 2006 sogar zu Plänen für einen Börsengang des Unternehmens, der noch im Sommer des Jahres umgesetzt werden soll.

Es bleibt festzuhalten, dass in der inzwischen 100-jährigen Geschichte der Kranbauer am Standort Düsseldorf nach wie vor mit „alten" Produkten wie den Eisenbahnkranen, inzwischen wieder in Erinnerung gebrachten Kranarten wie den Portal- und Brückenkranen, aber auch mit revolutionären Neuerungen wie den vollautomatisierten Umschlagsmaschinen sehr erfolgreiche Geräte am Weltmarkt platziert werden konnten.

Nicht zuletzt die Sparte der Hafenmobilkrane, die ja nach der Markteinführung im Jahre 1956 ein rundes Jubiläum im Jahre 2006 feiern kann, hat dabei zum Überleben und erfreulichen Aufleben des ehemals kleinen Ablegers einer aus dem friesischen Leer stammenden Firma gesorgt. Bleibt zu hoffen, dass die Düsseldorfer Fördertechnik-Spezialisten auch in Zukunft so präsent am Weltmarkt bleiben und weiterhin den Konstrukteuren und Fertigungsmitarbeitern, aber auch allen anderen Unternehmensmitarbeitern solch innovative Maschinen gelingen mögen.

Nachdem wir zwischenzeitlich in der Jetztzeit angekommen sind, sei nachfolgend jedoch noch einmal ein Rückblick auf ein über lange Jahre gleichfalls wichtiges Werk der ehemaligen Gottwald KG erlaubt. Hiernach soll dann das umfangreiche Produktfolio über nunmehr 100 Jahre Maschinenbau vorgestellt werden.

Das Hattinger Werk

Bildete das „Kranwerk" in Düsseldorf auch den Mittelpunkt des Unternehmens nach dem Zweiten Weltkrieg, so wurden doch auch in Hattingen diverse Krane und andere interessante Gottwald-Produkte gefertigt.

Das bereits 1936 aufgekaufte Werk in Hattingen an der Ruhr hatte, wie schon erwähnt, den Krieg schadlos überstanden. Es konnte schon kurz nach dessen Ende wieder ertragreich arbeiten und hat so erheblich zum Wiedererstarken der Leo Gottwald KG beigetragen. In dem Werk beschäftigte man sich seit seiner Gründung im Jahre 1876 mit der Fertigung von sogenannten Flanschen. Aufgrund der jahrzehntelangen Erfahrung auf diesem Gebiet hatte man in den 1950er Jahren europaweit einen führenden Platz unter den Flanschherstellern erreichen können.

Der Flansch an sich bestand in seiner ursprünglichen Form aus einer einfachen, zumeist aus Blech gestanzten Scheibe, die mit einem dem Rohrdurchmesser entsprechenden Mittelloch auf die Rohrenden aufgebracht wurde. Dies geschah durch aufschrauben, aufschweißen oder aber indem man den Flansch über das mit einem Bördelrand versehene Rohrende schob. Unter Verwendung verschiedenartigster Dichtungsmaterialien wurden die so verflanschten Rohre mit Schraubenbolzen und Muttern verbunden.

Im Laufe der Jahrzehnte wurde die Qualität der Flansche natürlich ständig verbessert und die Ausführungsformen vervielfacht. So wurden in Hattingen nach dem Zweiten Weltkrieg Flansche aller Art und Größe für nahezu jeden Zweck und bis zu einem Stückgewicht von bis zu 800 kg gefertigt. Diese Flansche stellte man zudem nach deutschen, amerikanischen, englischen und schweizerischen Normen her. Der Gottwald-Flansch war so im In- und Ausland anzutreffen und gleichsam geschätzt. Er fand Verwendung beim Rohrleitungs- und Apparatebau, im Maschinenbau, Fahrzeugbau, Bergbau, Schiffbau, der chemischen Industrie und beim Eisenbahnbedarf.

Ebenfalls in Hattingen gefertigt wurden Gesenkschmiedestücke für den Maschinen- und Apparatebau, den Lok- und Waggonbau, die Kraftfahrzeugindustrie, den Motoren- und Getriebebau sowie den Schlepperbau.

Ein weiterer Produktionszweig ist zudem aus der ursprünglichen Flanschenproduktion entstanden. Wie voran erwähnt, wurden die Flansche einstmals aus Blechen gestanzt. Die dabei gesammelten Erfahrungen brachte man in die Herstellung von anderen Stanz- und Pressteilen ein. Exzenter- und Kurbelziehpressen sowie hydraulische Pressen mit Pressdrücken bis zu 1000 t standen hierfür in den Werkshallen zur Verfügung. Es wurden darin Blechstärken von 2 mm bis immerhin 30 mm sowie einer Länge von bis zu 8 m serienmäßig gepresst. So fertigte man beispielsweise Rahmenteile und Achsbrücken für den Fahrgestellbau der Kraftfahrzeugindustrie.

Diverse andere Werkzeugmaschinen standen gleichfalls zur weiteren Bearbeitung von Stahlteilen in den umfangreichen Werkshallen. In der Schmiedehalle verfügte man über ein modernes Ringwalzwerk, in dem nahtlose Ringe hergestellt wurden.

Mitte der fünfziger Jahre entwickelte man bereits in Hattingen für das Schwesterwerk in Reisholz eine stahlgepresste Seilrolle, die im Kran- und Baggerbau Verwendung fand. Diese patentierte Gottwald-Seilrolle hatte gegenüber den bis dahin üblichen Seilrollen aus Stahlguss beziehungsweise Gusseisen den Vorteil des geringeren Eigengewichtes.

Weller-Vibrations-Walze

Aber auch komplette Maschinen und Arbeitsgeräte wurden im Hattinger Werk hergestellt. So fanden sich Schienenbohrmaschinen und Vibrationswalzen im Angebot. Letztere wurden in Lizenz in verschiedenen Ausführungen als Einrad-Vibrationswalzen für den Mitgängerbetrieb (3-PS-Motor) und als Tandem-Vibrationswalzen mit Sitz (4-PS-Motor) seit etwa 1952 vertrieben und kamen in mehreren tausend Exemplaren zur Auslieferung. Die Tandem-Walze mit ihrer Verdichtungsleistung von rund 8,5 t bei nur einer halben Tonne Eigengewicht wurde auf der großen Rationalisierungs-Ausstellung in Düsseldorf im Jahre 1953 mit der „Goldenen Medaille" ausgezeichnet. Auslandspatente für diese unter der Bezeichnung „Weller-Vibrations-Walzen" bekannten Straßenbaumaschinen gab es auf allen fünf Kontinenten! Vorteil dieses Patents war, dass man bei relativ niedrigem Eigengewicht aufgrund des Zusammenwirkens

Links: Flansche wurden im Hattinger Werk in verschiedenen Größen gefertigt – Mitte: In der Schmiedehalle verfügte man über ein Ringwalzwerk, schwere Abgrat- und Lochpressen und einen schweren Hammer – Rechts: Im Presswerk wurden an den mechanischen Exzenterpressen auch Teile für die Automobilindustrie gefertigt

(Sammlung Weinbach)

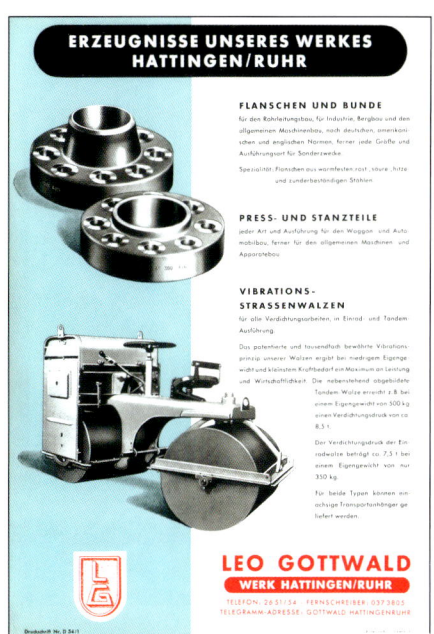

Links: Von Gottwald gebaute Weller-Tandem-Vibrationswalze mit 4-PS-Motor und einem Verdichtungsdruck von 8,5 t bei knapp 500 kg Eigengewicht – Mitte: Einrad-Vibrationswalze, geführt durch verstellbare Griffstange mit Bruststütze. Der tiefliegende Schwerpunkt ermöglichte die Bearbeitung von Flächen bis zu einer Neigung von 45 Grad. 1 = Umsteuerhebel für vor/zurück, 2 = Gangschalthebel für Leerlauf/Langsam- und Schnellgang, 3 = Vibrationskupplungshebel, 4 = Abstellstützen, 5 = Abstreifer – Rechts: Vorstellung des Fertigungsprogramms des Werkes Hattingen aus dem Jahre 1954 (Sammlung Weinbach)

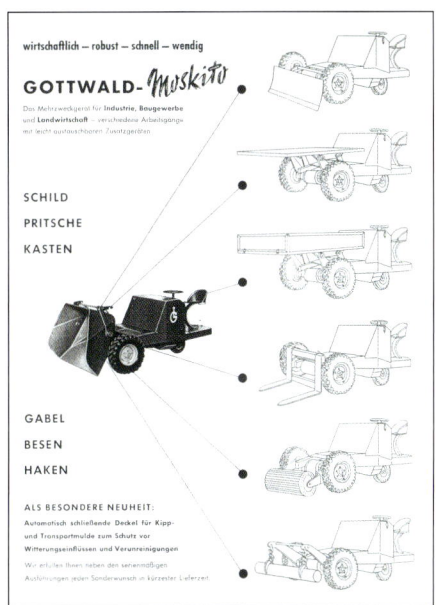

Links: Der Gottwald-Dumper wurde gleichfalls in Hattingen an der Ruhr gefertigt – Mitte: Der Moskito konnte mit allerhand Anbaugeräten ausgestattet werden – Rechts: Wirtschaftlich – robust – schnell – wendig: einfach Moskito, das preiswerte Kleingerät mit großer Leistung! Hier ist der kleine Alleskönner abgebildet in der Ausführung mit Kippmulde (Sammlung Weinbach)

von Vibration und Walze eine wesentlich bessere Verdichtung erlangen konnte, als dies bislang bei reinen Eigengewichtswalzen möglich war. Eine im Walzenkörper befindliche Erregerwelle erzeugte hierbei Kreisschwingungen von hoher Frequenz, die sich jedoch nur auf den Walzenkörper übertrugen. Eine nicht gewollte Übertragung der Schwingungen auf den Aufbau wurde dabei durch „sinnreich konstruierte Speziallager" verhindert.

Die besagten Verdichtungsgeräte wurden von Gottwald auch als sogenannte Anhänger-Vibrationswalzen gefertigt. Diese mit 1,45 t Eigengewicht wesentlich schwerere Maschine besaß einen luftgekühlten 8-PS-Dieselmotor und hatte eine durchschnittliche Verdichtungsleistung von 15 bis 20 t. Angehängt werden konnte diese Walze beispielsweise an Planierraupen. Angemerkt sei noch, dass zumindest die Tandem-Walze auch im Werk in Düsseldorf gefertigt wurde.

Gottwald-Moskito

Ein weiteres dort hergestelltes Produkt war der „Moskito", ein kleines, wendiges Transport- und Ladegerät, das mit unterschiedlichen Anbaugeräten ausgestattet werden konnte. Es handelte sich hierbei

um ein „vollhydraulisches Universal-Selbstlade- und Transportgerät", so der damalige Prospekt. Der dreirädrige, heckgelenkte „Moskito" verfügte über einen luftgekühlten Ilo-Motor DL 660 (1 Zylinder zweitakt) mit immerhin zwölf Pferdestärken. Bei einem Eigengewicht von annähernd 900 kg konnte in der Ausführung mit Lastpritsche eine Nutzlast von beachtlichen 1200 kg bewegt werden. Die Werbeschrift sah aber auch den Anbau von so nützlichen Geräten wie Schild, Gabel, Besen und Haken vor. Wem dies nicht genügte, dem wurde die Erfüllung jedes Sonderwunsches bei kürzester Lieferzeit versprochen.

Gottwald-Dumper

Gleichfalls als Universalgerät bezeichnet, nun aber mit vier Rädern, wurde auch der in Hattingen gefertigte Gottwald-Dumper. Diese Kippmulden-Helfer für Hoch- und Tiefbau, Straßenbau, Industrie und Gartenbau waren gerade in den 1960er und 1970er Jahren vielfach in Deutschland anzutreffen und dies eben auch mit dem Gottwald-Schriftzug. Die ratternden Kleinstkipper wurden auch oftmals eher respektlos als „Motorjapaner" bezeichnet. Der luftgekühlte Hatz-Dieselmotor brachte das Gefährt mit seinen zehn Pfer-

Links: Aufbaukran AMK 35-A, hier einmalig auf ein Faun MKF 20.31/41-Fahrgestell gesetzt. Kunde war die Firma Faun selbst, die das Gerät augenscheinlich 1976 für eine Ausschreibung der Indischen Armee benötigte – Mitte: Ebenfalls im Hattinger Werk komplettiert wurden sogenannte Teleskop-Mobilkrane vom Typ TMK 35 (links) und TMK 45 (rechts) (Sammlung Weinbach)
Rechts: Solche Aufbaukrane vom Typ AMK 46-A, hier auf MAN-Fahrgestell 26.280 für den Fertighaus-Hersteller Streif, wurden ebenfalls im Werk Hattingen komplettiert. Die Firma Streif erhielt von diesen Kranen im Jahre 1978 gleich vier Exemplare (Gottwald)

destärken auf eine Geschwindigkeit von gnadenlosen 11 km/h und dies dank des Zwei-Gang-Wendegetriebes sowohl vorwärts als auch rückwärts. Die Mulde hatte ein Fassungsvermögen von 0,9 m³ (gehäuft) beziehungsweise 0,7 m³ (gestrichen) und kippte selbsttätig. Die Nutzlast im Baustellenverkehr betrug dabei beachtliche 1500 kg bei einem Leergewicht von 830 kg.

In dem Zweigwerk Hattingen gab es auch eine Halle, in der man sich schon seit langer Zeit der Fittingsfertigung widmete. Als diese Anfang der siebziger Jahre nicht mehr rentabel genug war, wurde der Produktionszweig allerdings stillgelegt. Der freigewordene Hallenkomplex fand bei Gottwald allerdings recht bald eine andere Verwendung. Aus dem zu dieser Zeit mal wieder überlasteten Stammwerk in Reisholz wurde die Montage einiger kleinerer Autokrantypen an die Ruhr verlagert. Es handelte sich dabei zunächst um den zweiachsigen AMK 35. Mitte der siebziger Jahre baute man dort jedoch auch Aufbaukrane, also Krane auf Lkw-Fremdfahrgestellen vom Typ AMK 46-A beziehungsweise AMK 47, zusammen.

Ebenfalls in diese Zeit fiel ein allmählicher Preisverfall bei der Flansch- und Stanzteilproduktion aufgrund weltweiter Überproduktion. Nach Jahren des gewinnbringenden Dreischichtbetriebes schien es nun langsam an der Zeit, sich bei der Gottwald KG von diesem Werk vollends zu trennen. Ein Übernahmeangebot der Mönninghoff GmbH aus Bochum kam da im Jahre 1980 sehr gelegen. Man wurde sich hierüber auch schnell handelseinig. Dass der Verkauf als richtig zu bezeichnen war, zeigt die Tatsache, dass die nun marktführende Mönninghoff GmbH schon wenige Jahre später in Konkurs ging und das Werk in Hattingen 1984 geschlossen wurde.

Gottwald-Anekdoten

Wie im Vorwort angesprochen, war Herr Karl Lindenlauf ein Mitarbeiter im Hause Gottwald, der sich neben seiner eigentlichen Tätigkeit in der Verkaufsabteilung, die er über lange Jahre leitete, auch immer für die Geschichte seines Arbeitgebers interessierte. In dieser Zeit hat er auch zahlreiche Begebenheiten aus dem Werkalltag sowie Korrespondenzen festgehalten und in süffisanter Art und Weise niedergeschrieben. Da sie bei mir auch beim wiederholten Lesen im Rahmen der Buchvorbereitung ein Schmunzeln hervorriefen, sollen einige dieser Erinnerungen nachfolgend wiedergegeben werden:

❖ Die Zigarettenkippe ❖

Irgendwann 1955 kam Lehrling Bender die Treppe herauf. Der Finanz- und Personalleiter Droste ging die Treppe herunter. Kurz vor der Begegnung sah Herr Droste einen Zigarettenstummel auf der Treppe liegen. Er fragte den schon gut ausgewachsenen Lehrling wohl mit der Absicht, dass er sie beseitigt: „Wem gehört die Kippe?" Darauf antwortete Lehrling Bender: „Ihnen Herr Droste, Sie haben sie zuerst gesehen."

❖ Gute Geschäfte ❖

In einer Werbeschrift von 1965 der Firma Industrie Service Gütersloh hieß es: „Wir wollen unbedingt mit Ihnen ins Geschäft kommen, koste es (uns), was es wolle!"
Herr Gottwald machte auf das Schreiben die handschriftliche Anmerkung: „Gut! Gratis, Franko Werk liefern, drei Prozent Skonto."

❖ Job für den Fall der Fälle ❖

Herr Dr. Gottwald und einige Mitarbeiter sind irgendwann 1981 in Düsseldorf in einem Restaurant. Zum Essen spielt eine Dame am Klavier. Die Musik entwickelt sich in Richtung Jazz. Herr Dr. Gottwald ist mit der Spielweise nicht zufrieden. Er tauscht seinen Platz mit der Spielerin.

Die Zuschauer haben den Wechsel nicht bemerkt, wohl aber die veränderte Spielweise. Es wird allgemeiner Beifall gespendet, denn Herr Dr. Gottwald spielt sehr gut Klavier, übrigens auch andere Instrumente. Die Klavier spielende Dame bietet dann Herrn Dr. Gottwald an, als Pianist angestellt zu werden, „wenn es mal beruflich sonst nicht klappt".

❖ Rollmopsramme ❖

In den 1960er Jahren durften wegen der Lärmbelästigung Dampframmen nicht mehr eingesetzt werden. Eingedenk der alten Tradition kam man auf die Idee, eine kleine, fahrbare Freifallramme zu bauen, mit der Telegrafenmasten und ähnliches in den Boden gerammt werden konnten. Man dachte an so etwas wie eine Volksramme.

Das zweiachsige luftbereifte Gefährt wurde gebaut. Es konnte von einem Lkw gezogen werden. Der Mäkler wurde für die Transportposition von der senkrechten in die waagerechte Stellung gebracht.

Die Ramme hatte einen großen Nachteil. Niemand wollte sie kaufen. Die Skeptiker hatten das Gerät sowieso schon Rollmopsramme genannt. Man sah sie als geeignet an, die Holzpinne in den gerollten Hering einzurammen.

Aber das Ding bestand nun und musste doch verwertet werden. Der für die Ostgeschäfte zuständige Vertriebsmann hatte den Gedanken, die Ramme als Messeneuheit auf der Leipziger Messe auszustellen. Und tatsächlich, die Ramme wurde verkauft. Später haben wir erfahren, dass es dem Betrieb, der die Ramme erworben hat, nicht um das Gerät selbst ging, sondern um die vier plus einen Reservereifen, mit denen die Ramme bestückt war. Man hatte keine andere Möglichkeit, Reifen zu erhalten.

❖ Komprimierte Luft ❖

Ein siebenachsiger Gittermast-Autokran wird auf dem Prüffeld verwogen. Das Gesamtgewicht liegt mit 84 t im Rahmen dessen, was in Verbindung mit einer Sondererlaubnis noch zulässig ist. Das sind nämlich 12 t Achslast multipliziert mit sieben Achsen. Die am Tor eingebaute Waage lässt wegen ihrer eingeschränkten Länge nur eine Verwiegung in zwei Partien zu. Die Achslasten werden durch die Verwiegung von einer, zwei, drei und dann vier Achsen ermittelt.

Leider sind die Achslasten auf den Vorderachsen über dem Limit von je 12 t. Was tun? Es kann nichts mehr abgebaut werden. Der Abnahme-Ingenieur Emminghaus, der so angespro-

chen sich gern Zunahme-Ingenieur nannte, kommt auf die glorreiche Idee, durch Schrägstellung des Fahrzeuges eine Gewichtsverlagerung durchzuführen. Die Schrägstellung erfolgt dadurch, dass der Reifendruck an den Hinterachsen reduziert wird. Das Ergebnis ist zufriedenstellend. Die Wiegekarte kann ausgedruckt werden.

Der für die Verwiegungen zuständig Pförtner meint dazu: „Da kann man mal sehen, wie schwer komprimierte Luft ist."

❖ Hilf dir selbst, dann hilft dir Gott ❖

Herr Generalkonsul Gottwald war für seine Sparsamkeit bekannt. Dies zeigt sich in folgenden Beispielen aus den Jahren 1955/56:

Wenn in den Fabrikanlagen nachts nicht gearbeitet wurde, musste selbstverständlich jegliches Licht ausgeschaltet sein. Man wusste, dass es erhebliche Vorhaltungen gab, wenn irgendwo ungenutzt eine Lampe brannte.

Herr Gottwald machte in den späten Abendstunden einen Rundgang durch die Hallen. In einer entfernten Halle brannte noch eine Lampe. Der Pförtner wusste nicht, wo der zugehörige Schalter war. Er suchte verzweifelt einen Meister. Aber auch der konnte nicht helfen. Um sich Ärger zu ersparen, griff man zu einer „Notlösung". Irgendwo in der Halle fand man einen Korb mit Nieten. Ein Bewerfen der Lampe begann. Schließlich hatte man die Birne getroffen und damit Verdruss vermieden. Spare in der Not, dann hast du Zeit dazu.

Im Hof des Bankhauses Schliep & Co. am Schadowplatz trat ein Hund auf eine Stromleitung, die an einer Stelle blankgescheuert war. Der Hund bekam einen Schlag und war tot.

Herr Gottwald (Anmerkung: Leo Gottwald) sah darin den Beweis, dass an dieser Stelle auch Strom entweicht. Er wandte das Beispiel eines Wasserschlauches an, aus dem bei Beschädigung ja auch Wasser ausläuft.

Daraufhin wurde täglich der Stromverbrauch kontrolliert und notiert.

❖ Die Zuständigkeiten sind geklärt ❖

Übers Eck versetzt am Schadowplatz lag das Schuhgeschäft Salamander. Die Verkaufsräume ragten tiefer in den Innenhof. Von dort aus hatte man einen Blick auf die Rückfront des Bankhauses Schliep & Co.

Eines Tages – auch in den 1950er Jahren – kam der Geschäftsführer zu Herrn Gottwald sen. und erklärte: „Sie haben ein so schönes und unter Denkmalschutz stehendes altes Patrizierhaus, aber die Rückfront, die meine Kunden stets sehen, müsste auch mal renoviert werden."

Herr Gottwald machte dem Salamander-Geschäftsführer klar, dass nur er und seine Kundschaft auf die Hausrückseite schauen. Deshalb möge man gefälligst die Renovierung selbst in Auftrag geben und bezahlen.

Firmenlogo im Wandel der Zeit

Im Wandel der Zeit, jedoch auch bedingt durch die wechselnden Besitzverhältnisse, präsentierte sich das Unternehmen mit seinen Produkten über die Jahrzehnte mit verschiedenen Firmenemblemen. Dabei gab es ein einprägsames Logo in den knapp elf Jahren des Bestehens als Ernst Halbach A.G. in Düsseldorf noch nicht. Auf eine entsprechende Kennzeichnung der gebauten Geräte, außer auf dem Fabrikschild, verzichtete man zunächst.

Erst mit der Umbenennung in Mukag (Maschinen und Kranbau AG) um etwa 1917 wurde der neue Firmenname in einem geschwungenen Schriftzug den Werbeprospekten und Geschäftsbriefen hinzugefügt. Die Produkte selbst erhielten jedoch nach wie vor lediglich ein Fabrikschild, welches auf den Hersteller hinwies.

Nachdem das Unternehmen 1936 zur Leo Gottwald KG wurde, hielt man vorerst an dem bestens bei der Kundschaft eingeführten Namen der Mukag fest. Die Kennzeichnung der Geschäftpapiere erfolgte entsprechend doppelt bis etwa 1940.

Ein im gleichen Jahr geschaffenes Emblem in Wappenform enthielt dann bereits im oberen Teil die Anfangsbuchstaben der Gesellschaft Leo Gottwald Kommanditgesellschaft. Mittig platzierte man einen geöffneten Baggergreifer, der wie kein anderes Werkzeug für die gefertigten Produkte aus Düsseldorf stehen sollte. Darunter sollte nach wie vor der gewohnte Name der Mukag mitgeführt werden.

Nach dem Zweiten Weltkrieg schließlich zierte die Geschäftsunterlagen zunächst ein neues Wappen mit den untereinander angeordneten Buchstaben L und G, die natürlich für Leo Gottwald standen. Von der ehemaligen Mukag hatte man sich nun im Firmenlogo vollends verabschiedet. Das neue Emblem sollte allerdings nicht für die Ewigkeit bestehen bleiben und so wurde es nur bis etwa 1954 auf den verschiedenen Gottwald-Schriften aufgebracht.

Zu dieser Zeit entschloss man sich, die beiden Buchstaben nicht mehr in einer Wappenform zu präsentieren, sondern sie „zeitgemäß" ineinander gesetzt für sich stehen zu lassen. Doch das neue Signet sollte nicht dauerhaft die Werbeschriften und Geschäftpapiere zieren. Aufgrund eines sehr ähnlichen Logos der I.G. Farben sah man sich gezwungen, das eigene Firmenzeichen abzuändern. Dies geschah in überzeugender und unverwechselbarer Weise, indem man die beiden Buchstaben miteinander verband und an den beiden Enden jeweils eine Pfeilspitze anfügte. Dieses Firmenlogo wurde dann bis zur Übernahme durch den Mannesmann-

Demag-Konzern im Oktober 1988 beibehalten. Es sollte auch im Nachhinein für eine erfolgreiche Schaffenszeit im Kranbau stehen, wenn auch bedauerlicherweise der senkrecht aufstrebende Pfeil zuletzt nicht mehr unbedingt in Einklang mit den Geschäftsergebnissen zu sehen war.

Nach der im Jahre 1988 erfolgten Umwandlung zur Mannesmann Demag Gottwald GmbH wiederholte sich einmal mehr die Geschichte. Es wurde jedoch der Name Gottwald trotz Übernahme am Leben gehalten. Für die inzwischen nach Düsseldorf-Benrath in die ehemalige Mannesmann Demag Fertigungsstätte umgezogenen „Kranbauer" hieß es nun, sich unterzuordnen. Folglich stand der Name Gottwald ein wenig unterhalb der Konzernmutter.

Ungeachtet dessen wurden die nachfolgend gebauten Hafenmobilkrane und Eisenbahnkrane wie gewohnt mit dem einfachen Schriftzug „Gottwald" versehen.

Der Umfirmierung in Mannesmann Demag Fördertechnik AG Gottwald wurde seinerzeit Rechnung getragen, indem man dem obigen Firmenlogo die „Fördertechnik" hinzufügte.

Im Jahre 1997 schließlich folgte mit der Umbenennung in Mannesmann Dematic Gottwald AG die Einführung des nachfolgenden Firmensignets.

Mit der Umbenennung in Gottwald Port Technology hat man sich im Jahre 2002 wieder ein neues Logo zugelegt. Auch steht seither der altbewährte Name Gottwald wieder im Vordergrund. Das stilisiertes G auf einer weitgeschwungenen Welle zeigt die enge Verbundenheit der Kranbauer mit dem Element Wasser beziehungsweise der gleichfalls für sich stehenden „Hafentechnik".

Dampfwinden und Rammen

eben den dampfbetriebenen Kranen, Baggern und Loko-mobilen gehörten auch Dampfwinden sowie dampfbe-triebene Rammen seit Standortgründung in Reisholz bereits zur umfangreichen Angebotspalette der aus dem ostfriesischen Leer an den Rhein gezogenen Ernst Halbach AG. Diese dem Bau-gewerbe zuzuordnenden Maschinen waren später zumindest teilweise auch unter dem Namen Mukag und Gottwald zu be-ziehen.

Dampfwinden

Bei den Dampfwinden wurde in der einfachsten Ausführung eine entsprechende Dampfmaschine, stehend oder aber liegend, auf ein geeignetes Fahrgestell mit stählernen Rädern montiert. Gleichfalls auf das Fahrgestell aufgebaut wurde eine Windvorrichtung mit (zumeist) einem Seilzug. Diese kraftbetätigte Winde konnte dann für verschiedenste Bauzwecke genutzt werden, sei es, dass sie in Verbindung mit Aufstellmasten und Umlenkrollen als Kranwinde im

Hochbau eingesetzt wurde oder aber mit ähnlichem Equipment in Form eines Führungsmastes ein Fallgewicht auf Höhe brachte. Die-ses Fallgewicht, der sogenannte Rammbär, trieb dann nach dem Ausklinken in erforderlicher Höhe die einzutreibenden Spundbohlen oder Pfähle durch sein Eigengewicht in den Untergrund. Die er-wähnten Bauwinden wurden dabei zumeist mit hintereinander lie-genden Trommeln gefertigt, wobei allerdings jede Trommel unab-hängig voneinander bewegt werden konnte.

Nebenbei erwähnt sei, dass es sich bei den Dampfmaschinen ja um höchst gefährliche Anlagen handelte, die bei falscher Bedie-nung oder mangelnder Wartung zu wahren Bomben werden konn-ten. Dieser Tatsache haben es schließlich auch die Dampfkessel Überwachungsvereine (DÜV), die später in Technische Überwa-chungsvereine (TÜV) umbenannt wurden, zu verdanken, dass sie ins Leben gerufen wurden. Und so enthielten seinerzeit auch die Bedienungsvorschriften für Dampfwinden die für den Betrieb unbe-dingt zu beachtende Vorgabe: „Die Winde darf erst nach der poli-zeilichen Anmeldung des mit Wanderkonzession ausgerüsteten Kes-sels in Betrieb genommen werden."

Dampfwinde für Hochbauzwecke (Mukag) in leichter Ausführung für 3500 kg Zugkraft am Seil. Ausgestattet war diese Winde mit zwei getrennt aus- und einrückbaren Trommeln und einem Spillkopf, geeignet zur Verwen-dung beim Arbeiten mit Schwenkmasten
(Sammlung Weinbach)

Dampfwinden mit stehendem Kessel wurden von der Mukag für verschiedene Zugkräfte zwischen 1,5 t und 7,5 t gefertigt
(Sammlung Weinbach)

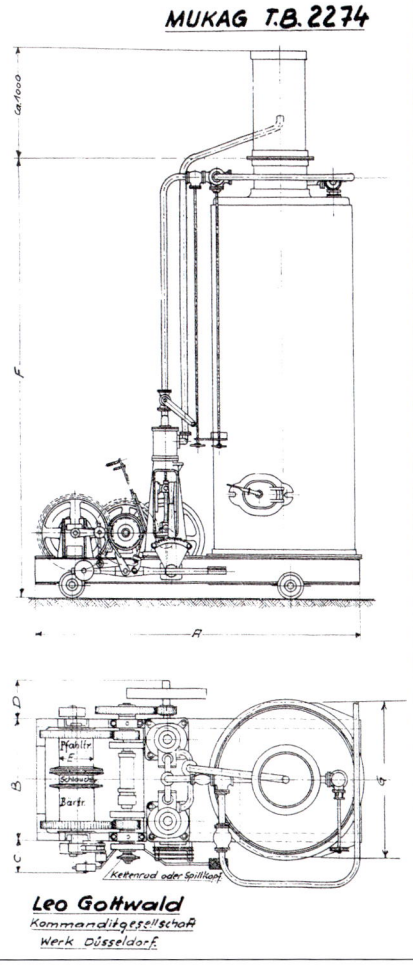

MUKAG T.B. 2274

Leo Gottwald
Kommanditgesellschaft
Werk Düsseldorf.

Gottwald-Dampfwinden für zusammen 200 t Hubkapazität wurden Mitte der vierziger Jahre auf zwei parallel gekoppelte Rhein-schiffe aufgebaut und mit einem abgespann-ten Ausleger zu Bergungszwecken eingesetzt
(Sammlung Weinbach)

Links: Dampfwinde (Mukag) in Sonderausfüh-rung für Rammzwecke (3500 kg Zugkraft), einsetzbar für Dampf- und Freifallrammen. Als Freifallramme arbeitete die Winde als Friktionswinde. Hierbei wurde durch Lösen der Friktion der Freifallbär zum Fallen gebracht
(Sammlung Weinbach)

Die besagten Dampfwinden wurden allerdings auch in besonders ausgeprägter Baugröße als sogenannte Schiffswinden, bestehend aus mehreren Dampfmaschinen in Kombination mit vier oder gar fünf Seiltrommeln, gebaut. Noch in den ersten Jahren nach dem Zweiten Weltkrieg wurden von Gottwald derartige Windenanlagen mit Kranausleger auf Schiffspontons gesetzt und mit einer beachtlichen Hebekapazität von bis zu 200 t zum Einsatz gebracht.

Die bereits erwähnten Dampframmen wiederum waren speziell für Rammarbeiten ausgelegte Arbeitsmaschinen. Sie kamen überall dort zum Einsatz, wo Spundwände oder aber Pfähle tief ins Erdreich einzutreiben waren. In den aufstrebenden Großstädten setzte man sie zu Beginn des 20. Jahrhunderts insbesondere beim Bau umfangreicher Kanalisationssysteme oder beim Verlegen von Versorgungsleitungen für Gas und Wasser ein. Nach dem Sichern der langgestreckten Bauabschnitte dieser Tiefbaumaßnahmen durch entsprechende stählerne Spundwände rückten die Dampframmen ab und räumten das Feld für die nachfolgenden Dampfbagger.

Dampframmen wurden jedoch auch beim Anlegen von Schifffahrtskanälen oder Hafenanlagen benötigt. Gleichfalls wurden mit ihnen Uferbereiche gesichert beziehungsweise sogenannte Buhnen angelegt. Bei all diesen Bauprojekten konnten die Rammen dabei sowohl von Land aus arbeiten oder aber als Schwimmrammen wasserseitig zum Einsatz kommen. Nachdem man zunächst die eingangs beschriebenen Freifallbären mit den relativ geringen Schlagzahlen pro Minute arbeiten ließ, konnte man mit den nachfolgend entwickelten Dampfbären noch wesentlich effektiver rammen.

Diese Art von Dampfbär besaß einen mit einem Kolben versehenen Bärzylinder, in dem der eingesetzte Dampf direkt als Treibmittel wirken konnte. Wesentlicher Bestandteil einer Dampframme war dabei besagter Dampfbär. Der Bärkörper, mehr oder weniger ein dickwandiger Zylinder, umschloss dabei einen an senkrechter Kolbenstange befindlichen Kolben. Zu oberst durch einen geteilten Bärdeckel mit Stopfbüchse geschlossen, hatte dieser unten eine massive Schlagfläche. Die Kolbenstange wurde dabei am Bärrahmen aufgehängt, welcher nach unten geführt wurde und in die waagerecht gerichtete Bärzunge endete. Mit dieser Zunge stützte sich der Bär auf den einzuschlagenden Pfahl. Die Zunge verschwand dabei in einer Aussparung der Schlagfläche, die gerade so viel Spielraum besaß, dass sich der Bär, welch Geschick, nicht auf besagte Zunge schlagen konnte. Die hohle Kolbenstange diente dabei gleichzeitig der Dampfzuführung und zur Aufnahme der Steuerungsteile, welche als entlastete Kolbenschieber ausgeführt waren. Bärkörper und Bärrahmen waren mit entsprechenden Führungen ausgestattet, die um die Läuferruten, den sogenannten Mäkler, herumgreifen und dem Bärkörper bei der Hub- und Fallbewegung, wie auch dem ganzen Bär beim Verstellen nach oben und unten, die erforderliche Führung brachten. Die Größe des Dampfbärs wurde dabei nach seinem Fallgewicht bestimmt. Dieses Fallgewicht lag bei den gebräuchlichsten Dampframmen zwischen 300 kg und immerhin 8000 kg. Somit konnten Pfähle mit einem Gewicht zwischen 300 bis 8000 kg gerammt werden.

Der Maschinenführer, welcher auch als Rammmeister bezeichnet wurde, konnte mit solchen Rammen je nach Erfordernis langhubige oder aber kürzere Schläge ausführen. Die mögliche Schlagzahl solcher Dampfbären lag im Allgemeinen zwischen 35 bis 40 Schlägen in der Minute.

Links: Mukag-Dampframme vom Typ U für schwerste Rammarbeiten. Die hier abgebildete Universal-Beton-Dampframme (6000-kg-Bär, 18 m Nutzhöhe) wurde auf einen gekoppelten Pontonverband aufgebaut. Die Dampfmaschine versorgte gleichzeitig die am anderen Ende montierte Dampfwinde mit dazugehörigem Kranausleger – **Mitte:** Mukag-Dampframme vom Typ NU mit kraftbetriebenem Seilantrieb für Fahr- und Drehwerk. Dieser serienmäßig gebaute Rammentyp hatte als NU 12 eine totale Höhe von 21 m bei 14 m Nutzhöhe (Dienstgewicht 24 t, Bärgewicht 1400 bis 2000 kg, Spurweite 3000 mm, Radstand 3000 mm). Die Neigung nach hinten (1:3) beziehungsweise vorne (1:10) wurde von Hand verstellt – **Rechts:** Mukag-Dampfschwimmramme als Festaufbau ohne Drehwerk auf einem Rammprahm. Die Nutzhöhe für den 6000-kg-Rammbär betrug hierbei 25 m bei einer Gesamthöhe von 32 m

(Sammlung Weinbach)

„Mukag-Pferderamme" aus einer Werbeschrift um 1937 (Leo Gottwald KG-Aufschrift) als leicht transportable Freifallramme in Arbeitsstellung. Der 300-kg-Bär wurde von einer Benzol-, Diesel- oder auch Elektrowinde auf bis zu 6 m Nutzhöhe gezogen und dann ausgelöst. Der Rammentyp scheint allerdings bereits aus den zwanziger Jahren zu stammen
(Sammlung Weinbach)

Mukag-Dampframme mit 1800-kg-Bär zusammen mit einem Mukag-Vier-Seil-Greifbagger vom Typ VE beim Bau des K.d.F.-Seebades Rügen (Kraft durch Freude) in den späten dreißiger Jahren
(Sammlung Weinbach)

„Mukag-Pferderamme" in Transportstellung mit vorgespannten zwei Pferdestärken. Die Ramme selbst wog mit dem 300-kg-Bär rund 2,8 t
(Sammlung Weinbach)

Leicht transportable Mukag-Kleindampframme (500-kg-Bär, 6 m Nutzhöhe) aus den zwanziger/dreißiger Jahren zum Schlagen kleiner Holzpfähle und Spundbohlen. Zum Betreiben wurde eine separate mobile Dampfmaschine eingesetzt (Sammlung Weinbach)

Mukag-Dampframmen beim Buhnenbau an der Ostseeküste. Mit 500-kg- oder 750-kg-Bär versehen, wurden diese Rammen drehbar (links) oder als sogenannte Auslegerramme (rechts) gebaut
(Sammlung Weinbach)

Mukag-Kanal-Dampframme (500-kg- oder 750-kg-Dampfbär möglich) beim Abspunden von Straßenkanälen. Sie war drehbar ausgeführt, um auf beiden Seiten die Spundwände schlagen zu können. Für die Dampfversorgung von Dampfmaschine und Bär war ein neben der Ramme stehender fahrbarer Kessel zuständig
(Sammlung Weinbach)

Mukag-Druckluft-Schwimmramme mit 4500-kg-Schnellschlagbär und einer Nutzhöhe von 18 m, bei einer Gesamthöhe von immerhin 25 m. Als Kraftquelle diente ein 180-PS-Dieselmotor, der den Luftkompressor von 20 m³/min Ansaugleistung, die Spülpumpe mit 1000 l/min Leistung sowie sämtliche Rammbewegungen antrieb. Der Rammbär ermöglichte dann knapp 150 Schläge in der Minute
(Sammlung Weinbach)

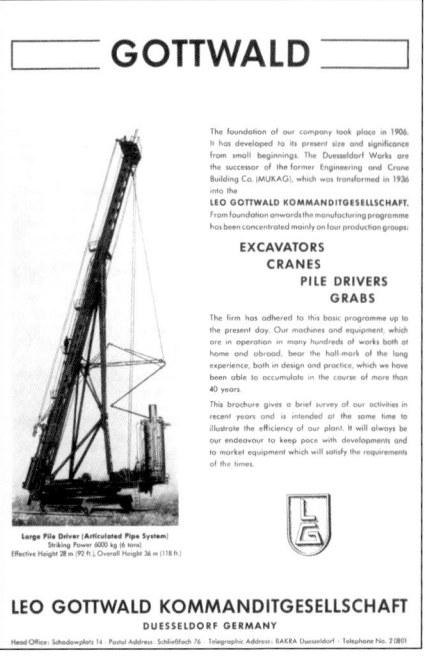

The foundation of our company took place in 1906. It has developed to its present size and significance from small beginnings. The Duesseldorf Works are the successor of the former Engineering and Crane Building Co. (MUKAG), which was transformed in 1936 into the LEO GOTTWALD KOMMANDITGESELLSCHAFT. From foundation onwards the manufacturing programme has been concentrated mainly on four production groups:

EXCAVATORS
CRANES
PILE DRIVERS
GRABS

The firm has adhered to this basic programme up to the present day. Our machines and equipment, which are in operation in many hundreds of works both at home and abroad, bear the hall-mark of the long experience, both in design and practice, which we have been able to accumulate in the course of more than 40 years.

This brochure gives a brief survey of our activities in recent years and is intended at the same time to illustrate the efficiency of our plant. It will always be our endeavour to keep pace with developments and to market equipment which will satisfy the requirements of the times.

Large Pile Driver (Articulated Pipe System)
Striking Power 6000 kg (6 tons)
Effective Height 28 m (92 ft.) Overall Height 36 m (118 ft.)

LEO GOTTWALD KOMMANDITGESELLSCHAFT
DUESSELDORF GERMANY
Head Office: Schadowplatz 14 · Postal Address: Schließfach 76 · Telegraphic Address: BAKRA Duesseldorf · Telephone No. 2 0801

Links: Schwere Gottwald-Dampframme aus den vierziger Jahren für einen 6000-kg-Rammbär mit geneigtem Mäkler. Dieses Gerät hatte eine Nutzhöhe von 28 m bei beachtlichen 36 m Gesamthöhe. Die beiden Bedienpersonen links neben dem Kessel und auf dem Wartungspodest in rund 15 m Höhe erlauben einen Eindruck von den imposanten Dimensionen. Eine solche Großramme brachte rund 94 t auf das Fahrgestell – Mitte: Zu Beginn der fünfziger Jahre bewarb man das Leistungsvermögen der Leo Gottwald KG auch noch mit den imposanten Dampframmen – Rechts: Eine auf einen Rammprahm fest aufgebaute Gottwald-Dampframme in den späten vierziger Jahren auf einem deutschen Fluss. Während der Rammarbeiten dürfte sich die Wasseroberfläche allerdings nicht so ruhig dargestellt haben

(Sammlung Weinbach)

Schnellschlaghämmer

Eine weitere Entwicklungsstufe bei den lärmintensiven Rammarbeiten stellten die bereits Mitte der dreißiger Jahre von Mukag gebauten Schnellschlaghämmer dar. Diese wurden seinerzeit in sechs verschiedenen Baugrößen angeboten (S 00 bis S 50) und hatten ein Gewicht zwischen 320 kg und 4200 kg. Die Schlagzahl in der Minute lag bei den schweren Ausführungen (S 50) bei immerhin 160 und bei der kleinsten Type (S 00) bei 300 Schlägen. Diese Rammbären waren direkt wirkend und konnten alternativ mit Dampf wie auch mit Druckluft betrieben werden.

Hauptvorteil war die enorme Rammleistung durch die schnell aufeinander folgenden Schläge, die den einzutreibenden Pfahl oder die Spundbohle nicht zur Ruhe kommen ließen. Besonders geeignet waren derartige Rammbären allerdings auch bei nach oben beschränkten Einsatzorten, betrugen die Gerüsthöhen herkömmlicher Dampframmen doch bis zu 30 m (!) und mehr.

Bei den beschriebenen Rammhämmern nun konnte ohne Rammgerüst und ohne Mäkler gearbeitet werden, was einen enormen Vorteil mit sich brachte. Damit waren auch schwierigste Einsatzorte wie unter Brücken und an Gebäudevorsprüngen nicht mehr vor den zugegeben lauten Rammschlägen sicher. Überdies konnte der Rammhammer oder Rammbär auch in entgegensetzter Richtung, nämlich zum Ziehen von Spunddielen und Pfählen, zum Einsatz kommen. Die Schlagrichtung nach oben wurde dabei erzielt, indem der Hammer umgekehrt mittels Ziehgehänges an dem Spunddielenkopf angesetzt wurde. Die schnellen Schläge wirkten dabei reibungslösend, während ein starker Zug über das gefederte Gehänge durch einen mehrsträngigen Flaschenzug mittels Rammwinde ausgeübt wurde.

Die beschriebenen Schnellschlaghämmer konnten überdies außer an den Normalrammen auch an den von Mukag / Gottwald gefertigten Dampfkranen und -baggern eingesetzt werden. Als Zusatzausrüstung war hierbei eine am Auslegerkopf angebrachte neigbare Führung erforderlich. Hammer und Pfahl wurden dabei durch die Maschinenwinde angehoben. Mit solchen Auslegerrammen konnten somit auch sonst schwierig zu setzende Pfähle problemlos gerammt werden.

Die nach der 1936 erfolgten Umfirmierung als Gottwald-Schnellschlaghämmer vertriebenen Baugeräte arbeiteten somit entweder frei auf der Spundbohle (Pfahl) reitend, frei am Kranseil hängend oder am Mäkler einer Ramme geführt.

Beim normalen Dampfbär mit seinem wie gesagt hohen Rammgerüst war der Mäkler, der vom Rammgerüst getragen wie auch gestützt wurde, von besonderer Wichtigkeit. Er konnte durch Verstellen des Rammgerüstes nach vorne oder hinten geneigt werden, wie auch in horizontaler Richtung verschoben werden. Somit konnten beispielsweise Pfähle auch schräg ins Erdreich getrieben werden. Das imposante Rammgerüst war dabei gewöhnlich in mehrere „Stockwerke" unterteilt, welche durch Leitern erklommen werden konnten. Klappbare Bühnen machten dabei Bär und Pfahl in den einzelnen Etagen zugänglich. Als gleichfalls vorteilhaft erwiesen hatte sich die Versenkbarkeit des Mäklers.

Als Plattform für Gerüst, Getriebe und Dampfantrieb diente der Rammwagen. Sogenannte Reihenrammen, welche überwiegend zum Schlagen von Pfahl- oder Bohlenreihen eingesetzt wurden, verfügten dabei lediglich über einen einfachen Wagen mit darunter angebrachtem Fahrwerk.

Als Drehrammen bezeichnete man hingegen Ausführungen, die für die Erstellung von beliebigen Pfahlgruppen geeignet waren und somit wesentlich flexibler eingesetzt werden konnten. Diese Rammentypen besaßen einen drehbaren Oberwagen mit den erforderlichen Getrieben. Somit war man in der Lage, Pfähle seitlich aufzunehmen und unter Zuhilfenahme der Drehvorrichtung an ihren „Einschlagort" zu bringen.

Für die Dampfzuleitung vom Dampfkessel zum Bär wurde bei den damals üblichen Rammen entweder ein Metallschlauch oder aber bei den großen Rammen eine Gelenkrohrleitung eingesetzt. Da der Bär sich am Mäkler auf- und abbewegte, musste ein Teil dieser Zuleitung dieser Bewegung folgen. Die vom Bär verursachten Schläge hatten, wie man unschwer erahnen kann, auch unmittelbare Folgen bei den davon betroffenen Bauteilen. Dies betraf in erster Linie die an den Bär angeschlossene Dampfleitung. Um an dieser Leitung die Beanspruchungen möglichst gering zu halten, mussten die Erschütterungen unmittelbar am Entstehungsort eliminiert werden. Aus diesem Grunde wurde der Dampfschlauch oder besagtes Rohrgelenk wenige Meter vom Bär entfernt an einem Seil abgefangen.

Die seit Beginn des 20. Jahrhunderts unter den verschiedenen Herstellernamen in Düsseldorf gefertigten Rammen waren jedoch nicht alle so kompliziert und gewaltig in den Ausmaßen. Es wurden auch kleine und vor allem leichte Pferdezugrammen gebaut. Hier war der Name Programm, wurden doch derartige Schlagvorrichtungen auf einem Pferdefuhrwerk kippbar aufgebaut. Lediglich mit einer Nutzhöhe von 6 m ausgestattet, wurden sie von zwei Pferdestärken mit acht Beinen gezogen. Das Bärgewicht dieser Freifallrammen betrug dann auch gerade einmal 300 kg. Als Windenantrieb konnte dem Käufer ein Diesel-, Benzol- oder Elektromotor angeboten werden. Der Dieselmotor verfügte dabei über nicht ganz fünf Pferdestärken, die dann bei gerade einmal 1 m Fallhöhe eine

Schlagzahl von 20 bis 25 Schlägen pro Minute ermöglichten. Die komplette Ramme wog knapp 2,8 t, allerdings ohne Zugtiere. Das Rammen erfolgte mit einer Spezialwinde, wobei die Winde mittels eines handlich angeordneten Steuerhebels an den durchlaufenden Motor gekuppelt und damit das Fallgewicht (Bär) angehoben wurde. Die Entkupplung erfolgte bei Erreichen der gewünschten Fallhöhe „automatisch", so dass das Gewicht frei abfiel.

Wesentlich imposantere Rammen stellten die in den vierziger Jahren serienmäßig hergestellten Typen U12 (22 m Höhe), U14 (26 m) und U18 (26 m) dar. Der Typ U 18 verfügte dabei für seinen 6000-kg-Bär über eine Nutzhöhe von immerhin 18 m, wobei das größte Pfahlgewicht 6000 kg betragen konnte. Das Dienstgewicht dieses Rammentyps betrug stattliche 56 t.

Noch ein wenig größer fielen Großrammen aus, die zwar ebenfalls einen 6000-kg-Bär zum Einsatz brachten, jedoch über eine Nutzhöhe von beachtlichen 28 m, bei einer Gesamthöhe von 36 m, verfügten. Das Gesamtgewicht dieser Exponate betrug rund 94 t!

Gefertigt wurden bei der Mukag beziehungsweise der Gottwald KG im Laufe eines halben Jahrhunderts an die tausend Dampframmen und mehrere tausend Dampfkessel, wobei letztere ja nicht nur bei den Dampframmen zum Einbau kamen.

Bereits in den späten fünfziger Jahren jedoch galten die bewährten Dampframmen inzwischen als technisch überholt, da mit enormem Wartungsaufwand verbunden. Man denke dabei nur an die Anwärmzeit des Dampfkessels. Auch waren sie als extrem laut zu bezeichnen. Die bewährten Schnellschlaghämmer, die zudem auch mit Druckluft zu betreiben waren, stellten da eine zu überlegene Konkurrenz dar. Und so war es nicht verwunderlich, dass der Geschäftszweig „Rammen" bei Gottwald zu dieser Zeit langsam aber stetig seine einstige Bedeutung (Fertigungsanteil) verlor. Für das ganze Jahrzehnt auf gerade einmal 1,9 Millionen DM Umsatz gesunken, machte das Rammengeschäft lediglich 1,6 Prozent des Gesamtumsatzes aus. Mit den Rammen wurde dann auch kurzerhand die Fertigung von Schnellschlaghämmern im Hause Gottwald eingestellt.

Vollautomatische Schnellschlaghämmer für Dampf- und Druckluftbetrieb

(Sammlung Weinbach)

Die drei größten Mukag-Schnellschlaghämmer aus der Serie S 00 bis S 50 aus den dreißiger Jahren. Der Typ S 50 für bis zu 160 Schläge/min hatte eine Höhe von 2,5 m bei einem Gewicht von 4200 kg. Diese Hämmer konnten sowohl mit Dampf als auch mit Pressluft betrieben werden. Gefertigt wurden diese Typen „vielhundertfach" bis in die fünfziger Jahre. Diese Rammvorrichtungen benötigten nicht unbedingt einen Mäkler, sondern konnten auch in einen Kran eingehängt werden oder aber auf der zu rammenden Spundbohle frei „reiten"

(Sammlung Weinbach)

Der Mukag-Schnellschlaghammer konnte, wie hier in einer leichten Ausführung, auch als Pfahlzieher zum Ziehen von Spundbohlen eingesetzt werden. Die Schnellschlaghämmer waren zudem auch für Schräg- und Unterwasserrammungen geeignet

(Sammlung Weinbach)

Links: Mobile Rammvorrichtung an einem Mobilkran vom Typ MK 1/4 angebaut – Mitte: Spezialrammen für den Export nach Ägypten – Rechts: Mitte der fünfziger Jahre fertigte man bei Gottwald noch eine Zeit lang diesel-betriebene Universal-Rammen mit Freifallbären. Diese Ramme hatte für ihren 1800-kg-Bär eine Nutzhöhe von 15 m bei 18 m Gesamthöhe (Sammlung Weinbach)

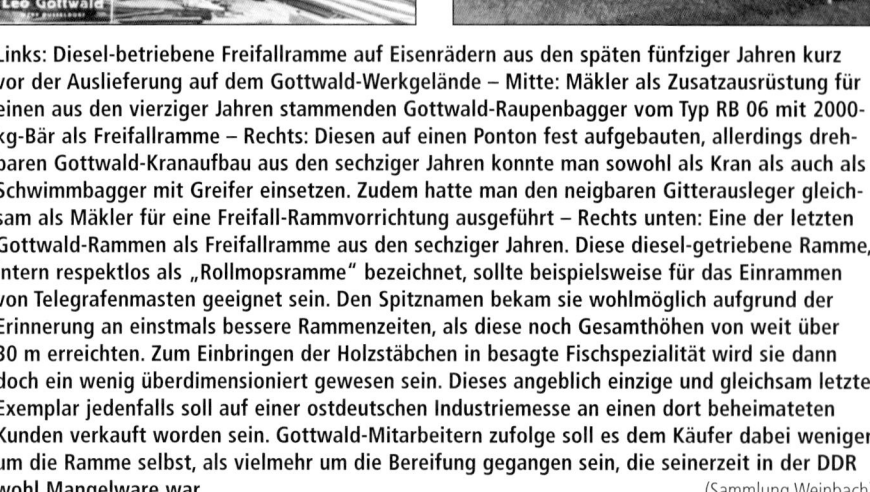

Links: Diesel-betriebene Freifallramme auf Eisenrädern aus den späten fünfziger Jahren kurz vor der Auslieferung auf dem Gottwald-Werkgelände – Mitte: Mäkler als Zusatzausrüstung für einen aus den vierziger Jahren stammenden Gottwald-Raupenbagger vom Typ RB 06 mit 2000-kg-Bär als Freifallramme – Rechts: Diesen auf einen Ponton fest aufgebauten, allerdings dreh-baren Gottwald-Kranaufbau aus den sechziger Jahren konnte man sowohl als Kran als auch als Schwimmbagger mit Greifer einsetzen. Zudem hatte man den neigbaren Gitterausleger gleich-sam als Mäkler für eine Freifall-Rammvorrichtung ausgeführt – Rechts unten: Eine der letzten Gottwald-Rammen als Freifallramme aus den sechziger Jahren. Diese diesel-getriebene Ramme, intern respektlos als „Rollmopsramme" bezeichnet, sollte beispielsweise für das Einrammen von Telegrafenmasten geeignet sein. Den Spitznamen bekam sie wohlmöglich aufgrund der Erinnerung an einstmals bessere Rammenzeiten, als diese noch Gesamthöhen von weit über 30 m erreichten. Zum Einbringen der Holzstäbchen in besagte Fischspezialität wird sie dann doch ein wenig überdimensioniert gewesen sein. Dieses angeblich einzige und gleichsam letzte Exemplar jedenfalls soll auf einer ostdeutschen Industriemesse an einen dort beheimateten Kunden verkauft worden sein. Gottwald-Mitarbeitern zufolge soll es dem Käufer dabei weniger um die Ramme selbst, als vielmehr um die Bereifung gegangen sein, die seinerzeit in der DDR wohl Mangelware war (Sammlung Weinbach)

Nichtstationäre Krane und Bagger mit Dampf- und Dieselantrieb

Derartige Baugeräte sind an der Reisholzer Werftstraße wahrlich in unzähligen Ausführungen hergestellt worden. Auch darf man sich nicht durch die abwechselnden Bezeichnungen als Kran oder Bagger irreführen lassen, die Geräte wurden je nach Erfordernis sowohl für reine Kranarbeiten als auch bei Baggerarbeiten mit diversen Seilgreifern eingesetzt. Für die in diesem Kapitel behandelten Maschinen sind allerdings nachfolgend gleich mehrere Einschränkungen vorzunehmen. Zum einen waren zu Beginn der Fertigung derartiger Baumaschinen eigentlich alle irgendwie schienengebunden. Das heißt, die für reine Bauprojekte im Einsatz befindlichen Kleinbagger wurden auch noch in den ersten beiden Jahrzehnten des letzten Jahrhunderts baustellenmäßig auf provisorisch verlegten Schienensträngen fortbewegt. Neben solchen „Gleisfahrzeugen" sollen hier jedoch auch die auf werkinternen Schienenwegen arbeitenden Hebezeuge und Bagger betrachtet werden.

Da die gleisgebundenen Krane, die sozusagen überregional auf den Gleisen der damaligen Reichsbahn oder aber anderen ausländischen Staatsbahnen unterwegs waren, eine eigene Spezies darstellten, werden diese reinen Eisenbahnkrane in einem eigenen Kapitel behandelt.

Die zunächst auf Gleisen bewegten Krane und Bagger sind jedoch mit Aufkommen der Kettenfahrwerke in den Folgejahren auch zunehmend auf solche gesetzt worden. Dies soll gleichfalls an zahlreichen Beispielen aufgeführt werden. Schließlich sind auch reine Raupengeräte, sei es als Bagger oder aber Krane, von der Mukag und später von der Leo Gottwald KG entwickelt worden. All diese Arbeitsmaschinen wurden dabei sowohl mit Dampfantrieb als auch mit Flüssigkraftstoff-Motoren versehen. Letztere waren jedoch nicht nur wie die Überschrift vermuten lässt diesel-getrieben, nein, es gab auch entsprechende Arbeitsmaschinen mit Benzol-Motoren.

Die nach der Produktionsaufnahme am Standort Düsseldorf zunächst gefertigten Dampfkrane waren eher bescheidene Vertreter ihrer Gattung. Es gab auch bereits vergleichbare Geräte in wesentlich größeren Ausmaßen anderer bekannter Hersteller. All diese für den Verlade- und Baggerbetrieb ausgelegten stählernen Ungetüme waren jedenfalls, wie zu Beginn des letzten Jahrhunderts nicht anders möglich, durch eine Vielzahl von Schrauben und Nieten zusammengehalten. Oftmals sogar ohne Umhausung standen die Maschinenführer bei ihrer Arbeit auf dem entsprechend „offenen" drehbaren Oberwagen. Im Stehen waren die diversen per Hebel direkt gesteuerten Maschinenbewegungen wesentlich kraftvoller und sicherer zu händeln, als dies im Sitzen möglich gewesen wäre.

Der Unterwagen, welcher sich, wie bereits angedeutet, ausschließlich auf einem erforderlichen Schienenstrang fortbewegen konnte, besaß ein überaus einfach gehaltenes Fahrwerk. Auf dem Unterwagen befand sich ein kreisrunder Schienenring, auf dem dann der mit mehreren Laufrollen versehene Oberwagen, wie bei

einer Drehscheibe, aufsaß. Der Zentrierung diente lediglich der mittig angeordnete sogenannte „Königszapfen", der auch gleichzeitig als Kippsicherung fungierte.

Die Dampfkrane waren natürlich sofort an ihren heckseitig angeordneten riesigen, stehenden Dampfkesseln mit dem unübersehbaren Schornstein zu erkennen. Die dem eigentlichen Antrieb dienende Dampfmaschine, oftmals in Zwillingsbauart, war allerdings liegend eingebaut. Bevor ein solcher Dampfkran oder Dampfbagger übrigens seine Arbeit aufnehmen konnte, bedurfte es so mancher Vorarbeit durch den Maschinisten. Einen Zündschlüssel oder Anlasserknopf suchte man bei diesen rauchenden und fauchenden Baugeräten vergebens und so musste der Maschinenführer erst einmal bei Schichtbeginn eine knappe dreiviertel Stunde vorheizen.

Damit war auch schon ein schwerwiegender Nachteil dieser Dampfmaschinen vor Augen geführt. Zudem musste natürlich auch während der Arbeit und nicht zuletzt in den Pausen das Kesselfeuer immer ausreichend mit Brennstoff, sprich Kohle, versorgt werden. Gleichfalls musste eine ausreichende Wasserversorgung für die durstigen Kessel sichergestellt sein. Aufgrund der Gefährlichkeit einer Dampfmaschine hatte der Maschinist im Übrigen auch eine entsprechende Heizerprüfung abzulegen. Der Bedienungsanweisung der damaligen Dampfbagger war dann auch folgender hilfreicher Tipp zu entnehmen:

„Die Zeit des Anheizens kann sehr gekürzt werden, wenn man, nach dem einige Atmosphären-Spannung erreicht sind, den Bagger durch Drehen so einstellt, daß der Wind tunlichst in den Aschefall bläst."

Mukag-Dieselbagger aus den späten dreißiger Jahren mit Hochlöffeleinrichtung
(Sammlung Weinbach)

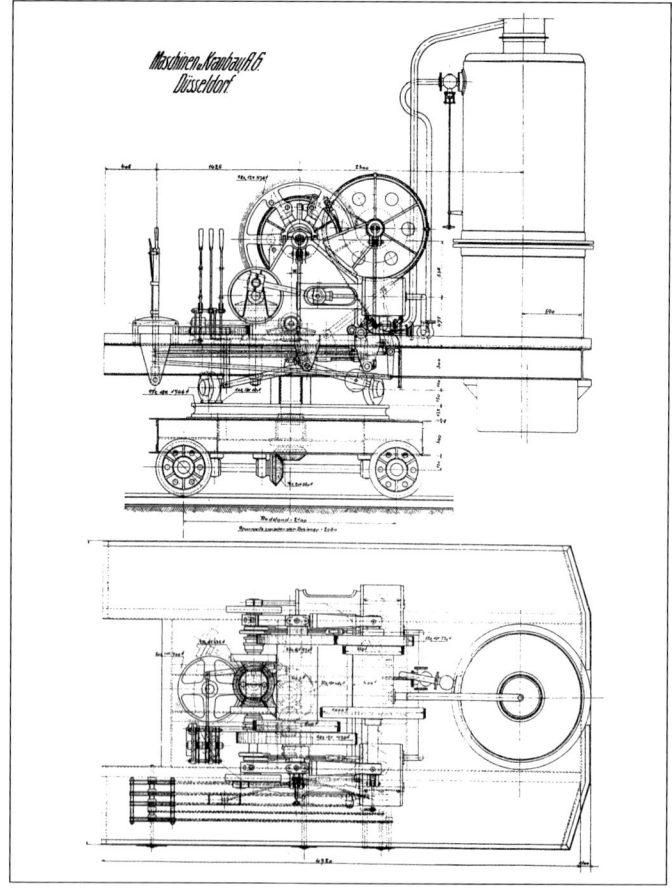

Links: Mukag-Dampfkran der Baureihe D mit fest abgespanntem Profileisen-Ausleger noch ohne Schutzhaus. Die Ausmaße von Kessel, Dampfmaschine und Windwerk sind hier gut erkennbar – Mitte: Mukag-Dampfkran der Baureihe D mit Einseil-Baggergreifer, der zum Öffnen in die Entleerglocke gezogen ist – Unten: Zeichnung eines Dampfkrans mit Bemaßung der Maschinen u. Kranbau AG Düsseldorf. Sehr gut erkennbar sind die Hebelsteuerung, das Windwerk mit dahinter stehendem Kessel, die Laufrollen zwischen Ober- und Unterwagen sowie der mittige „Königszapfen" (Sammlung Weinbach)

Regelmäßige Kesselprüfungen durch den DÜV (Dampfkessel Überwachungsverein) machten eine solche Maschine nicht unbedingt wartungsfreundlicher, wenn auch ein wenig sicherer beziehungsweise Vertrauen erweckender. Trotz all dieser „Nachteile" gelang es diesen dampfbetriebenen Arbeitsgeräten jedoch bis in die Mitte des Jahrhunderts hinein ihre Position noch weitgehend gegenüber den schon bald entwickelten Benzol- und Dieselmaschinen zu behaupten. Gab es in den zwanziger Jahren noch nicht genügend flüssigen Kraftstoff, so sollte die kriegsbedingte Knappheit in den vierziger Jahren das Überleben der Dampfkrane noch ein wenig verlängern.

Typen DA – DB – DC – DE – DG

Bei diesen Dampfkrantypen handelte es sich um die frühesten Ausführungen derartiger Baugeräte im Angebot der Firma Ernst Halbach beziehungsweise Mukag aus den Jahren zwischen 1910 und 1920. Diese Baumaschinen hatten noch recht bescheidene Dampfmaschinen mit der Kraft von etwa 30 Pferdchen, eigneten sich jedoch sowohl für Verlade- als auch für Baggerzwecke. Sie verfügten allerdings lediglich über ein Windwerk für Stückgut- und Einseilgreiferbetrieb und bewegten sich ausschließlich auf Schienen vorwärts. Die wesentlichen Leistungsmerkmale lassen sich am übersichtlichsten aus nachfolgender Tabelle entnehmen, wobei die Hubhöhe für die Gesamthöhe von der Auslegerspitze bis unter Flur steht.

Typ	Traglast	Ausladung	Rollenhöhe	Hubhöhe	Spurweite	Kohlegreifer	Sandgreifer	Baggergreifer
DA	1500 kg	6 m	5 m	18 m	1435 mm	0,5 m^3	0,3 m^3	0,2 m^3
DB	2000 kg	7 m	6 m	18 m	2030 mm	0,75 m^3	0,5 m^3	0,3 m^3
DC	2500 kg	7,5 m	7 m	18 m	1730 mm	1,75 m^3	0,6 m^3	0,4 m^3
DE	3500 kg	9 m	7 m	18 m	2050 mm	1,75 m^3	0,9 m^3	0,65 m^3
DG	5000 kg	12 m	9 m	13 m	3000 mm	2,5 m^3	1,5 m^3	1 m^3

Links: Mukag-Dampfbagger vom Typ VE beim Beladen eines Feldeisenbahnzuges – Rechts: Mukag-Dampfbagger vom Typ VEz für 3,5 t Traglast bereits mit Zwei-Hebel-Dampfsteuerung und erhöhtem Schutzhaus aus Blech (Sammlung Weinbach)

Typen VE – VEz – RVE – RVEz

Der erste echte Verkaufserfolg der Ernst Halbach AG war wohl der Dampfkran vom Typ VE (2,1 m Spurweite), der seit etwa 1910 in „Reihenherstellung" gefertigt und ab Lager geliefert wurde. Hier stand das V, wie bei vielen nachfolgenden Typen übrigens auch, für den möglichen Vier-Seil-Greiferbetrieb, der mit den entsprechenden Greifern versehen, ein überaus effektives Baggern ermöglichte. Der Typ VE jedenfalls verfügte an seinem Profileisenausleger über eine maximale Traglast von 3,5 t bei 9 m Ausladung. Diese knapp 27 t schwere Maschine besaß dabei eine Dampfmaschinenleistung von etwa 40 Pferdestärken. Das Schutzhaus, welches den Maschinenführer vor den Unbilden des Wetters trennte, war übrigens nicht nur bei diesem Gerät aus Holz gefertigt.

Dieser erfolgreiche Baggertyp wurde bemerkenswerterweise in ständig verbesserter Ausführung bis in die frühen fünfziger Jahre in weit über 100 Exemplaren gebaut. Bereits mehrfach modernisiert, wurde er seit etwa 1940, wen wundert die Umschreibung, als Einheits-Dampfbagger vom Typ VEz angeboten. Neben dem nunmehr in Stahlblech gehaltenen Schutzhaus fiel außerdem auf, dass der Baggerführer den Bagger jetzt bequem von einem Führersitz aus steuern konnte. Dies hatte er dem „z" oder vielmehr der damit umschriebenen „Zwei-Hebel-Dampfsteuerung" zu verdanken. Mit dieser fiel das Baggern wesentlich leichter und war gleichzeitig schneller und damit effektiver. Der VEz konnte auch mit elektrischem Einmotorenantrieb bestellt werden, wobei die Stromzufüh-

rung durch Kabel sichergestellt wurde, wohingegen die Steuerung seltsamerweise mittels Druckluft erfolgte.

Ebenfalls wurden die Oberwagen auch als Schwimmbagger auf geeignete Schiffe aufgesetzt. Diese dienten dann sowohl beim Umschlag von Massengütern wie auch bei Baggerungen über und unter Wasser. Für Rammarbeiten wurde der bewährte Dampfkran natürlich auch als Ausleger-Dampframme mit Dampfbär oder Rammhammer eingesetzt.

Auch wurde der Oberwagen bereits Anfang der dreißiger Jahre auf knapp 4,1 m lange Raupenschiffe gesetzt und dieser Dampfbagger folgerichtig als Typ RVE vermarktet. Als RVEz wiederum verfügte die Raupenversion über die bekanntlich im Sitzen zu bedienende Zwei-Hebel-Dampfsteuerung. Gleichfalls angeboten wurde das bewährte Baugerät bereits in den dreißiger Jahren mit einem Verbrennungsmotor.

Typ VC

Eine leichtere Ausführung für nur 2,5 t Kran-Traglast bei 7,5 m Ausladung wurde ebenfalls seit etwa 1910 als Typ VC mit nur 1,7 m Spurweite angeboten. Seine 19 t Betriebsgewicht wurden von der rund 35 PS starken Dampfmaschine (170 mm Zylinderdurchmesser, 225 mm Kolbenhub) mit der recht bescheidenen Fahrgeschwindigkeit von 30 m/min auf der Schiene fortbewegt. Die Rollenhöhe des fest verspannten Auslegers betrug 7 m, bei einer gesamten möglichen Hubhöhe von 18,5 m (inklusive unter Flur).

Links: Mukag-Dampfbagger vom Typ VEz mit Spezialausleger für Verladegreiferarbeiten in einem norddeutschen Seehafen – Rechts: Dampfbetriebener Mukag-Schwimmbagger vom Typ SVE für Flussbaggerungen im Vier-Seil-Greiferbetrieb. Die mögliche Traglast betrug an diesem Spezialausleger 3,5 t x 13,5 m oder 2,4 t x 17,2 m. Derartige Schwimmbagger wurden in den dreißiger Jahren beispielsweise für die Wasserbauämter in Münster, Meppen und Frankfurt am Main gefertigt (Sammlung Weinbach)

Dampfbetriebener Mukag-Raupenbagger vom Typ RVE (3,5 t Traglast, 13 m Ausladung) noch mit hölzernem Schutzhaus. Das Gerät aus den späten dreißiger Jahren ist jedoch bereits mit maschinell verstellbarem Gitterfachwerk-Ausleger und gekröpfter Spitze ausgestattet

(Sammlung Weinbach)

Schwimmbagger SVE für 3,5 t x 13,5 m um 1937, hier allerdings in der Ausführung mit modernem Dieselantrieb und maschinell verstellbarem Ausleger beim Umschlagen von Kies und Sand aus der Baggerschute in das Rheinschiff

(Sammlung Weinbach)

Bis in die fünfziger Jahre hinein wurde der ständig verbesserte Grundtyp des dampfbetriebenen VE gefertigt! Hier ist er als Schwimmbagger vom Typ SVE für 3,5 t x 17,6 m und sogar 15 t x 8 m mit dem Baujahr 1951 für eine Wasserstraßendirektion im damaligen Westdeutschland zu sehen

(Sammlung Weinbach)

Raupenbagger vom Typ RVE für 3,5 t aus den frühen dreißiger Jahren in einer Version mit Benzolmotor und maschinell verstellbarem Ausleger beim Verladen von Sand und Kies

(Sammlung Weinbach)

Mukag-Dampfbagger vom Typ VC für 2,5 t x 7,5 m mit dem zeittypischen hölzernen Schutzhaus und Wellblechdach wurden seit etwa 1910 angeboten, hier beim Straßenkanalbau

(Sammlung Weinbach)

Typen VG – RVG – SVG

Bereits in den zwanziger Jahren wurde der schwere Dampfkran für Vier-Seil-Greiferbetrieb vom Typ VG bei der Mukag konstruiert. Auf Schienenwegen mit beachtlichen 3 m Spurweite verfahrbar, hatte diese Krantype eine maximale Traglast von 5 t bei rund 12 m Ausladung. Die Rollenhöhe wurde zunächst mit 9 m angegeben. Der aus Profileisen gefertigte Ausleger wurde bei diesem Typ durch Zugstangen statt Seilen abgespannt. In den dreißiger Jahren ging man dann jedoch zu einer vorteilhafteren Seilabspannung über, die auch eine größere Steilstellung des Auslegers zuließ. Die Krantragfähigkeit wurde nunmehr bei einer Rollenhöhe von 13 m und einer Ausladung von 6,25 m mit immerhin 10 t angegeben. Der Kranführer musste, wie seinerzeit üblich, sämtliche hebelmechanischen Steuer-

Links: Mukag-Dampfbagger vom Typ VG, hier mit fest abgespanntem Ausleger für immerhin 5 t Traglast bei 12 m Ausladung. Für die nötige Standsicherheit sorgte natürlich auch die enorme Spurweite von 3 m – Rechts: Der Mukag-Dampfbagger vom Typ VG als Schwimmbagger auf ein Baggerschiff aufgebaut. Da kein Maschinenhausschornstein erkennbar ist, darf vermutet werden, dass der Baggerantrieb von der Dampfmaschine des Schiffes versorgt wurde. Derartige Schwimmbagger für 10 t maximale Traglast (6,5 m Ausladung) wurden beispielsweise 1931 und 1936 an die Elbstrombauverwaltung in Magdeburg geliefert (Sammlung Weinbach)

befehle im Stehen durchführen. Diese Arbeit war daher als äußerst ermüdend anzusehen. Für Verlade- oder Baggerarbeiten konnte der VG mit verschiedenen Greifern für 2,5 m³ Kohle, beziehungsweise 1,5 m³ Sand oder mit einem 1-m³-Baggergreifer versehen werden. Für Baggerzwecke konnte das Gerät sowohl über als auch unter Wasser arbeiten, dies natürlich nur mit dem Greifer. Ebenfalls in den späten dreißiger Jahren wurde für diesen Kran ein entsprechender Raupenunterwagen entwickelt. Dieser RVG erhielt dann eine verstärkte Dampfmaschine mit jetzt rund 100 PS (73 kW), die bei einem Zylinderdurchmesser von 225 mm einen Kolbenhub von 280 mm besaß. Infolge dieses neuen Unterwagens erhielt die weiterhin gebaute Schienenversion daraufhin zur besseren Unterscheidung die Bezeichnung SVG.

Typen RVH – SVH

Der Raupenbagger beziehungsweise Raupenkran in der Ausführung RVH war wohl seinerzeit der schwerste Vertreter dieser Arbeitsmaschinen aus Düsseldorfer Fertigung. Bereits Anfang der dreißiger Jahre bei der Mukag entwickelt, war dieser dampfbetriebene Riese ein Raupenfahrzeug von größten Ausmaßen. Bereits das 1,6 m hohe und 7 m lange Raupenfahrwerk ließ auf überaus bemerkenswerte Kranleistungen schließen. Und so stellten die maximal mög-

lichen 15 t Tragkraft bei immerhin 7,5 m Ausladung eine für seine Zeit mehr als gefällige Leistung dar. Bei einer Ausladung von 16 m betrug die Traglast noch respektable 7,5 t. Möglich machte dies nicht zuletzt der bereits in Fachwerkbauweise ausgeführte knapp 18 m lange Ausleger. Der 7,4 m lange, holzumbaute Kranoberwagen mit seinem imposanten Dampfkessel brachte es bis zur Schornsteinkante auf eine Höhe von 7,9 m. Besagte Dampfmaschine verfügte über einen Zylinderdurchmesser von 260 mm und einen Kolbenhub von 320 mm, die dann eine Leistung von 190 PS zur Verfügung stellte. Das Dienstgewicht dieses Raupengerätes dürfte bei rund 70 t gelegen haben. Dieser Kran wurde laut Werbeschrift in erster Linie bei Montagearbeiten eingesetzt und war infolge seiner großen Wendigkeit hierzu sehr gut brauchbar. Der Riese wurde außer mit Dampfantrieb auch mit Verbrennungsmotor wie auch mit Elektromotor angeboten. Eine Schienenversion als SVH fand sich natürlich gleichfalls in der Angebotspalette der Leo Gottwald KG.

Typen BA – BB – TBB

Die Baureihen BA und BB stellten die ersten Baggerkrane aus dem Hause Mukag mit Verbrennungsmotoren (Benzol) dar und wurden bereits seit den frühen zwanziger Jahren gefertigt. Es wurden unter

Links: Dampfbetriebener Mukag-Raupenkran vom Typ RVH für beachtliche 15 t Traglast bei 7,5 m Ausladung. Der Kran besaß bereits einen maschinell verstellbaren Fachwerkausleger – Rechts: Recht anschaulich ist der Größenvergleich Mensch und Maschine. Die Raupen hatten eine Höhe von immerhin 1,6 m. Gut erkennbar ist auch das Prinzip des Oberwagendrehwerks mit dem Unterwagen-Schienenring und den Oberwagen-Drehrollen sowie dem vorne mittig sichtbaren Drehwerkritzel. Für die rund 70 t schwere Maschine wurde eine Dampfmaschinenleistung von 190 PS (139 kW) eingebaut (Sammlung Weinbach)

dieser Bezeichnung allerdings auch Dieselmotoren in die noch aus Holz gefertigten Schutzhäuser eingebaut. Die Motoren selbst hatten eine bescheidene Leistung von knapp 20 PS (1500 U/min). Auch bei diesen Baumaschinen wurden vom Kranführer die Steuerbefehle wie gehabt per Hebel im Stehen gegeben. Als Bagger eigneten sich diese kleinen Racker insbesondere für Kübel- und Einseilgreiferbetrieb beim Brunnenbau sowie beim Anlegen von Straßenkanälen. Die Spurbreiten der Fahrgestelle (Radstand 2 m beim Typ BB) konnten sogar in gewissen Grenzen, ganz abhängig von der Kanalbreite, angepasst werden. Die gängigsten Spurweiten waren die 1,5-m-Normal-Spur und die erweiterte Spur mit 1,96 m. Die Auslegerausladung allerdings konnte nicht verstellt werden, war dieser doch mittels Abspannstangen abgefangen. Die Ausschütthöhe konnte durch Einstellung der Auslöse-Vorrichtung den Erfordernissen angepasst werden (siehe auch „Greiferarten"). Die Hubgeschwindigkeit dieser Kleinbagger lag seinerzeit bei 30 m/min und die Fahrgeschwindigkeit auf gut verlegten Schienen bei rund 36 m/min. Für das sichere Arbeiten benötigte zumindest der insgesamt 7,5 t schwere Typ BB einen Ballastanteil von 1,5 t. Auch bei den Typen BA und BB sollen die wesentlichen Leistungsdaten in einer Tabelle gegenübergestellt werden.

Typ BB / TBB nach 1936

In den späten dreißiger Jahren wurde der einstige Kleinbagger der Baureihe BB mit Benzol- beziehungsweise Dieselmotor einer grundlegenden Überarbeitung unterzogen. Die Fertigung wurde zwar unter gleichem Namen, jedoch technisch vollkommen überholt, fortgeführt. Mit dem bekannten Typ BB hatte dieses neue Gerät jedoch nicht mehr viel gemeinsam. So wurden bei der Neukonstruktion die Dimensionen der ganzen Maschine deutlich größer. Nach wie vor für die Mobilität auf der Baustelle an einen Schienenstrang gebunden, betrug die Spurweite nunmehr 2,5 m bei einem Radstand von 2,7 m. Auch hatte man für den Baustellenwechsel gleich die größeren Vollgummiräder dauerhaft außen an die Schienenradsätze angebracht. Da der auf Schienen aufgesetzte Radsatz die Gummiräder freihob, brauchten diese nicht demontiert werden.

Der Unterwagen des „Doppel-B" wurde jetzt aus einer profileisengeschweißten Konstruktion erstellt. Das Hubwerk bestand jedoch nach wie vor aus einer einzelnen Trommel, so dass es lediglich für Stückgut- und Einseilgreiferbetrieb geeignet war. Der 8 m lange Gitterausleger ließ somit Verladearbeiten von Schüttgut wie

Typ	Traglast	Ausladung	Rollenhöhe	Gesamthub	Greiferinhalt	Kübelinhalt
BA	600 kg	4,5 m	5 m	16 m	0,125 m^3	0,2 m^3
BB	1000 kg	5 m	6 m	18 m	0,2 m^3	0,4 m^3

Links: Mukag-Benzol-Bagger vom Typ BA bei Straßenkanalbau auf U-Profileisen als Schienenführung laufend. Der Einseil-Baggergreifer ist zum Ablassen wieder aus der „Entleerglocke" gelöst. Siehe hierzu auch das Thema Greifertypen – Mitte: Gleich zwei Mukag-Benzol-Bagger vom Typ BB auf breiterem Schienenfahrgestell sind hier beim Kanalbau in Düsseldorf zu sehen. Die Baugruben bei diesem 6 km langen Bauprojekt waren bis zu 7 m tief, der angelegte Rohrstrang 1,2 m breit. Der Einseilgreifertyp BB besaß eine Tragfähigkeit von 1 t und einen Greiferinhalt von 0,2 m^3 – Rechts oben: Transportstellung des Mukag-Kleinbaggers vom Typ BA mit zusätzlich angebrachten stählernen Straßenrädern. Der Ausleger wurde selbstverständlich für den Transport demontiert, da er ja sonst mit Profileisen fest verspannt eine zu große Transporthöhe erreicht hätte. Die Anschlagpunkte für die Abspannung sind oben am Schutzhaus erkennbar – Rechts unten: Blick auf die Maschinenhausinnereien des Benzol-Kleinbaggers vom Typ BB mit Windwerk, dahinter liegendem Antriebsmotor und der vorn erkennbaren Hebelsteuerung. Auch ist die Verbindung zwischen Unterwagen und Oberwagen gut ersichtlich. Der unvollständige Bagger ist hier in einer aufgelasteten Transportstellung mit Vollgummireifen zu sehen

(Sammlung Weinbach)

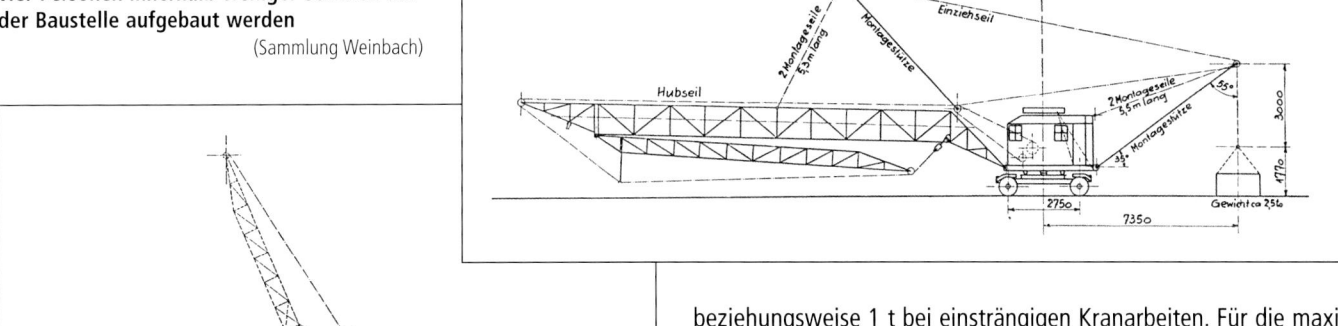

auch einsträngige Kranarbeiten bis 1000 kg bei einer Ausladung von 4,5 m zu. Wurde eine Hakenflasche für zweisträngigen Kranbetrieb eingesetzt, so lag die zulässige Traglast zwischen 2 t x 4,5 m und 0,9 t x 8 m.

Als Antrieb für den in der Baggerausführung 11 t wiegenden neuen Typ BB wurde ein 18 PS leistender Dieselmotor eingebaut. Stattdessen war allerdings auch ein gleichstarker Elektromotor möglich.

Die Leo Gottwald KG hatte entsprechend der Kundennachfragen für den neuen BB auch gleich eine bis dahin neue Ausrüstungsvariante entwickelt. Der Universal-Baukran Typ TBB wurde als selbstaufbauender Turmdrehkran auf Baustellenschienen in das umfangreiche Fertigungsangebot aufgenommen. Auf den beschriebenen Gummirädern von einem Lastwagen zur Baustelle gezogen, konnte der Baukran mit vier Personen innerhalb nur weniger Stunden aufgerichtet werden. Hierzu wurden neben diversen Montagestützen auch ein rund 2,5 t schweres Gegengewicht, übrigens ähnlich dem Jahrzehnte später entwickelten „Maxilift", benötigt. In dieser Turmdrehkran-Version benötigte der Unterwagen zum Aufrichten und für gewichtige Kranarbeiten vier seitlich ausschwenkbare Abstützungen. In der Höhe durch die Anzahl der Mastschüsse flexibel, wurde eine maximale Turmhöhe von 19,5 m erreicht. Der wippbare Nadelausleger mit einer Länge von rund 12 m ermöglichte eine maximale Rollenhöhe von 27,6 m. Bei abgestütztem Unterwagen und zweisträngigem Hakenbetrieb lag der maximale Lastfall dann bei 2 t x 5 m. Ohne Abstützung reduzierte sich dies auf 1,8 t,

beziehungsweise 1 t bei einsträngigen Kranarbeiten. Für die maximale Ausladung von 12 m ergaben sich die vergleichbaren Traglastwerte mit 750 kg im abgestützten und jeweils 600 kg im freistehenden Arbeitszustand (auf Schienen). Das Betriebsgewicht des TBB betrug voll aufgerüstet rund 12,5 t. Der Nadelausleger konnte mittels eigener Einziehtrommel, welche über ein Schneckengetriebe und Klauenkupplung eingeschaltet wurde, auch unter Last verstellt werden. Der Nadelausleger konnte beim TBB in der reduzierten Einsatzvariante als BB auch als Baggerausleger zum Einsatz gebracht werden, eben ein Universal-Baukran. Als Greifergrößen für beide Varianten wurden ein 0,2-m³-Baggergreifer, ein 0,25-m³-Verladegreifer oder für die Handbeschickung ein 0,4-m³-Klappkübel mit Bodenentleerung empfohlen.

Typen BC – RBC – SBC

In den frühen dreißiger Jahren wurde von der Mukag der für maximal 1,5 t Traglast ausgelegte Einheits-Baggerkran vom Typ BC mit hölzernem Schutzhaus entwickelt. Für dieses Gerät konnte entweder ein Dieselmotor, ein Benzolmotor oder aber ein Elektromotor für stationären Betrieb zum Einbau kommen. Seine größte Ausladung betrug dabei 7 m. Der Ausleger in Profileisenkonstruktion konnte beim BC sowohl fest angebaut werden als auch maschinell verstellbar vom Kunden bestellt werden. Zudem war eine Version als reiner Schienenkran lieferbar.

Technisch überholt, wurde der Raupenbagger gegen 1936 als neuer Typ RBC der Kundschaft angeboten. Der RBC für jetzt 2 t Traglast galt seinerzeit als moderne, rein dieselgetriebene Baggerkonstruktion der Leo Gottwald KG. Als Antriebsmaschine wurde ein 25 PS (18 kW) leistender Humboldt-Deutz-Diesel in das inzwischen mittels Stahlblech umschlossene Maschinenhaus eingebaut. Gleichfalls dort untergebracht war das Windwerk nebst Dreh- und Fahrantrieb. Für den reinen Einsatz als Stückgutkran oder aber als „Stampfer" verfügte das Windwerk über eine einfache Einseiltrommel. War der Einsatz als Greifbagger vorgesehen, so kam je eine Hub- und Entleerungstrommel zum Einbau. Im Oberwagenheck befand sich ein Gewichtskasten, der einen Ballast von 3,5 t in Form von Betonwürfeln, Schwerspat, Kies, Sand oder Eisenstücken aufnahm.

Der Raupenunterwagen mit den beiden 0,5 m breiten Raupenbändern wurde laut Werbeschrift in Eisenkonstruktion mit besonders sorgfältiger Nietung hergestellt. Ein Stufengetriebe ermöglichte zwei Fahrgeschwindigkeiten mit 8 m/min beziehungsweise 19 m/min.

Der Oberwagen stützte sich nach wie vor durch vier Stahlgussdrehrollen auf einem auf dem Unterwagen gelagerten Drehkranz ab.

Oben links: Mukag-Einheits-Baggerkran vom Typ BC auf Raupenfahrwerk, hier noch mit Holz-Schutzhaus und fest verspanntem Ausleger für 1,5 t Traglast bei 7 m Ausladung
Oben rechts: Mukag-Raupen-Stampfbagger vom Typ BC beim Bau der „Reichsautobahn" in den späten dreißiger Jahren. Mit dem 2 t schweren Stampfer konnten zwischen 12 und 15 Hübe pro Minute erreicht werden. Diese ersten Ausführungen des BC erhielten einen 25-PS-Humboldt-Deutz-Diesel
Unten links: Mukag-Raupenbagger vom Typ RBC, hier bereits mit stählernem Schutzhaus und verstellbarem Ausleger
Unten rechts: Gottwald-Raupenbagger vom Typ RBC mit Gitterausleger und verstärktem Antrieb mittels 45-PS-Daimler-Benz-Diesel aus der Zeit nach 1945   (Sammlung Weinbach)

Als Stückgutkran kam der RBC auf eine maximale Traglast von 2 t bei einer per Einziehtrommel verstellbaren Ausladung zwischen 4,5 m und 7 m. Mit dem Ausleger aus Profileisen wurde eine größte Rollenhöhe von 8,6 m erreicht. Die höchste Hakenstellung über Flur betrug 7,6 m und die niedrigste Hakenstellung unter Flur knapp 10,4 m. Das Gesamtgewicht des Krans wurde mit 19 t angegeben.

Als Vier-Seil-Greifer mit einem anderen Windwerk ausgestattet, wog diese RBC-Ausführung dann rund 20 t.

In der Version als „Stampfer" wurde ein spezieller Ausleger für lediglich 5 m Ausladung montiert. Mit der 1 x 1 m großen Stampfplatte, die es auf ein Eigengewicht von 2 t brachte, wurde seinerzeit der Untergrund für den Straßenbau vorbereitet. Mit diesem Gerät konnten dann zwischen 12 und 15 Hübe in der Minute erzielt werden. Das Gesamtgewicht dieser Stampfbaggerausführung betrug 20,5 t.

Die beschriebenen Oberwagen wurden allerdings auch auf einem Schienenfahrgestell mit 2 m Spurweite als SBC angeboten. Hierbei waren alle vier Räder angetrieben, so dass auch auf schlecht verlegten Schienen ein sicherer Vortrieb gewährleistet war. Diese Schienenversion war mit einem Gesamtgewicht von 16,5 t als Stückgutkran beziehungsweise 17,5 t als Vier-Seil-Greifbagger auch merklich leichter als der auf Raupen bewegte RBC. Dafür erreichte der SBC dann auch eine maximale Fahrgeschwindigkeit von 30 m/min.

Der Prospekt für den in den vierziger Jahren zeittypisch auch als „Einheits-Diesel-Baggerkran" umschriebenen RBC/SBC bot die Arbeitsmaschine überdies in einer Sonderausführung mit möglichem Elektromotor an.

In der Zeit unmittelbar nach dem Zweiten Weltkrieg wurde der RBC bei Gottwald vollkommen überarbeitet und mit einigen Änderungen wieder ins Rennen geschickt. Nunmehr mit einem 45-PS-Daimler-Benz-Diesel versehen, war eine maximale Fahrgeschwindigkeit von immerhin 28,5 m/min möglich. Auch wurde ein modernerer Fachwerkgitterausleger angebaut, der jedoch nach wie vor eine maximale Rollenhöhe von rund 8,7 m besaß. Als weitere Neuerung kann der mögliche Kran-Einsatz mit einer Unterflasche aufgeführt werden, die mit eingescherten Zugseilen und halber Hubgeschwindigkeit eine gesteigerte Traglast von immerhin 4 t gegenüber 2 t im direkten Seilzug erlaubte.

Entsprechend den Erfordernissen der Nachkriegszeit konstruierten die Gottwald-Ingenieure für ihn auch ein völlig neuartiges Auslegersystem. Dies besaß einen sehr steilgestellten Hauptausleger, in einer Informationsschrift auch als „Turmgerüst" bezeichnet, und einen alternativ in zwei Höhen anlenkbaren Wippausleger. Das Gerät wurde den Bauingenieuren in einer Informationsschrift damals wie folgt vorgestellt:

„Der neue Gottwald-Spezialbauwipp- und Schuttaufräumkran Typ RBC: Der neue Gottwald-Bauwippkran besitzt alle wesentlichen Merkmale und Vorzüge, die für die Enttrümmerung der Baustellen beziehungsweise für den Wiederaufbau ausgebrannter Bauwerke benötigt werden."

Das Gerät, welches annähernd einen Turmdrehkran mit Nadelausleger auf Raupenfahrgestell darstellte, konnte seine Höchstlast von 2 t bei 5 m Ausladung oder aber 0,6 t bei 15 m Ausladung heben. Die maximale Hakenhöhe betrug jeweils 24 m.

Ebenso wurde der altbewährte Grundtyp des RBC als Normalbagger mit Greifer, als Schleppschaufel-Bagger, als Kranramme oder Stampfer angeboten. Gleichfalls konnte die Ausführung als „Specialbagger" oder „Specialtiefenbagger" geordert werden. Bei den zuletzt genannten Baggern wurde der Ausleger oberhalb des Bagger-Führerstandes angelenkt und war mit seinem Auslegerkopf bis unterhalb der Standebene herabzuwippen.

Greiferarten

Neben den zahlreichen Baggerarten, die in Düsseldorf entwickelt wurden, hat man natürlich auch die entsprechenden Lastaufnahmemittel wie beispielsweise Greifer für Verlade- und Baggerarbeiten im eigenen Hause konstruiert und auch gefertigt. Die Ausführung war hierbei natürlich stark von der Windenanlage des jeweiligen Baggertyps abhängig. So benötigten Geräte mit einer einfachen Eintrommelwinde vollkommen andere Greiferausführungen als dies bei Winden mit zwei Seiltrommeln der Fall war. Letztere können nämlich als Mehrseilgreifer mit getrennten Schließ- und Halteseilen ausgestattet werden und ermöglichen eine vollkommen andere Arbeitsweise beim Füllen und Entleeren des Greifers. Einige wesentliche Typen sollen nachfolgend kurz vorgestellt werden.

Dieser Mukag-Förderkübel mit Bodenentlee-rung war geeignet für die kleinen Dampfkra-ne vom Typ DA und DB sowie die Benzolkrane vom Typ BA und BB. Eingesetzt im Straßenka-nal- und Brunnenbau wurden sie per Hand-schaufel beladen (Sammlung Weinbach)

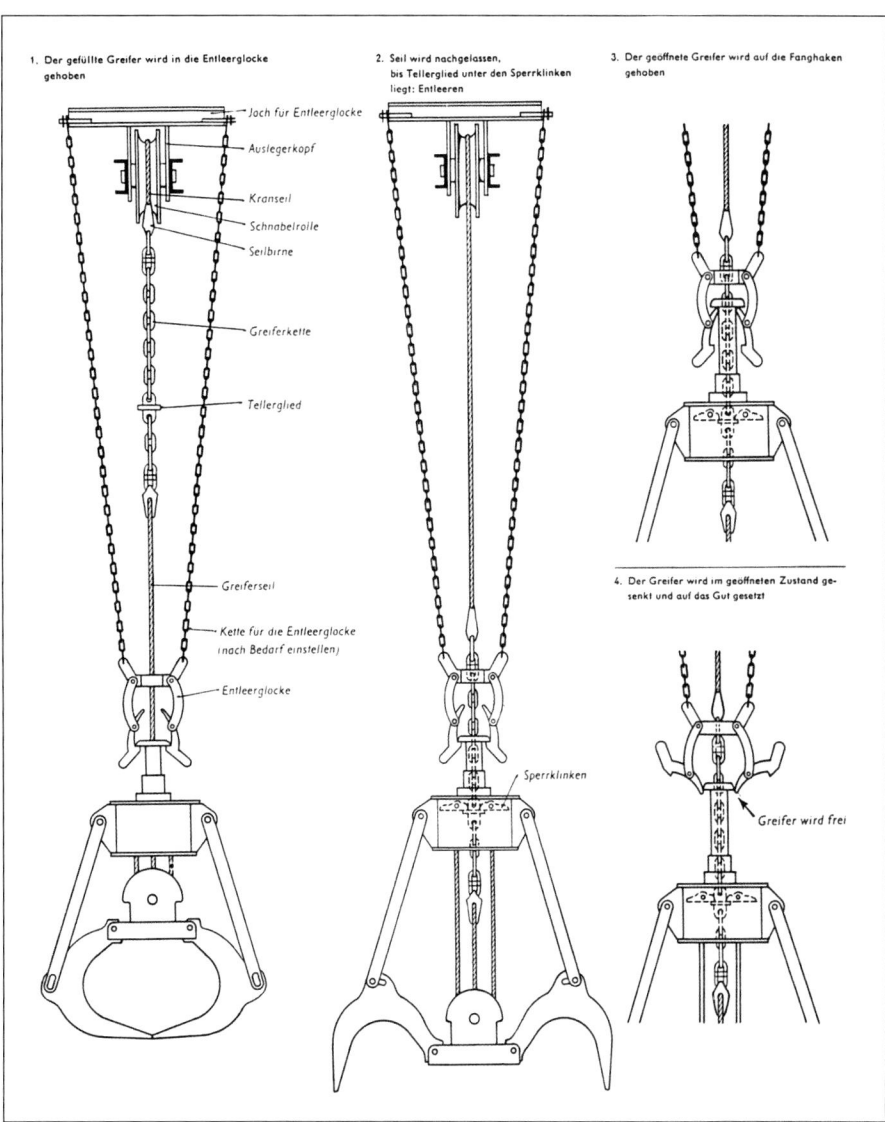

1. Der gefüllte Greifer wird in die Entleerglocke gehoben

Joch für Entleerglocke
Auslegerkopf
Kranseil
Schnabelrolle
Seilbirne

Greiferkette

Tellerglied

Greiferseil

Kette für die Entleerglocke (nach Bedarf einstellen)

Entleerglocke

2. Seil wird nachgelassen, bis Tellerglied unter den Sperrklinken liegt: Entleeren

Sperrklinken

3. Der geöffnete Greifer wird auf die Fanghaken gehoben

4. Der Greifer wird im geöffneten Zustand ge-senkt und auf das Gut gesetzt

Greifer wird frei

Wirkungsweise des Einseilgreifers mit Entleerglocke aus „Stahl", Merkblatt 327, „Greifer", von 1967 (Sammlung Weinbach)

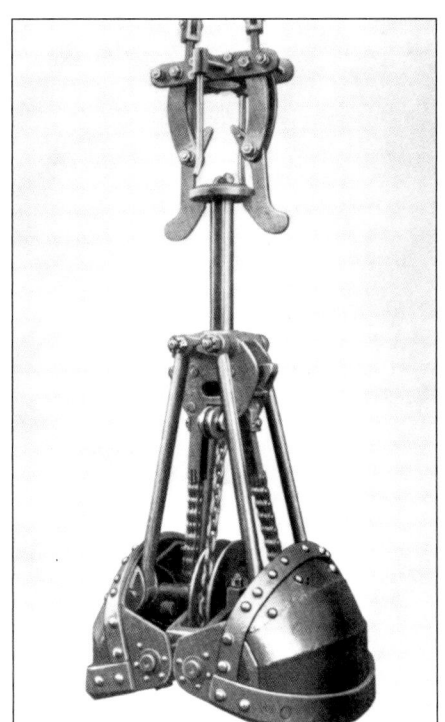

Dieser kleine Mukag-Einkettengreifer für Brunnenbau-Arbeiten war geeignet, um Brun-nen von 800 mm lichtem Durchmesser auszu-baggern. Der Greifer konnte sowohl mit als auch ohne Zähne geliefert werden. Gut zu erkennen ist die oberhalb des Greifers befindliche „Entleerglocke", die bei Einseil-/Einkettengreifern zum Öffnen/Ausschütten des Greifers angefahren wurde (Sammlung Weinbach)

Links: Dieser Mukag-Einkettengreifer mit glatten Schneiden war für Verladearbeiten von Kohle, Sand, Kies und ähnlichem Schüttgut geeignet – Rechts: Der Mukag-Einkettengreifer mit starken Dreikantzähnen war ausgezeichnet für Baggerzwecke geeignet (Sammlung Weinbach)

Einseilgreifer

Bei der einfachsten Ausführung als Einseilgreifer wurde dieser durch ein Eintrommelwindwerk gehoben und auch gesenkt. Die Greiferbewegungen wurden dann durch das Halteseil, teilweise auf dem letzten Stück auch als Haltekette ausgeführt, in Verbindung mit einer geeigneten Verriegelung ausgeführt. Diese Verriegelung wurde zum Entleeren des Greifers durch Aufsetzen, durch Abzug oder aber in Verbindung mit einer sogenannten Entleerglocke gelöst.

Beim Öffnen des geschlossenen Greifers durch Abzug einer Reißleine an der Greiferverriegelung konnte dies in jeder beliebigen Höhe am Hubseil erfolgen. Die gängigste Ausführung war jedoch der Einseilgreifer mit Entleerglocke. Hier war die Entleerung des Greifers mit der Glocke von der Höhe der am Kranausleger mittels Ketten aufgehängten Entleerglocke abhängig. Dieser Einseilgreifertyp mit Entleerglocke wurde deshalb nur eingesetzt, wenn in ständig gleichbleibender Ausschütthöhe entladen wurde. Das Füllen und Heben dieser Einseilgreifer geschah dabei wie gehabt durch Anziehen des Hubseiles. Die Entleerung erfolgte mit Hilfe der Glocke, die dann die Aufgabe des Halteseiles hatte.

Der gefüllte Greifer wurde mittels des Hubseiles bis in die Glocke gehoben, woraufhin diese verriegelte. Durch anschließendes Nachlassen des Hubseiles wurde der von der Verriegelung gehaltene Greifer dann geöffnet. Um den Greifer wieder senken zu können, wurde er aus der Glocke gefahren, nicht ohne ihn vorher gegen Schließen gesperrt zu haben. Ansonsten hätte er sich wieder zugezogen, da er ja am Hubseil hing. War der geöffnete Greifer auf dem Schüttgut aufgesetzt, so musste die Sperrung wieder aufgehoben werden, damit er sich wieder schließen konnte. Die beschriebenen Einseilgreifer kamen bei der Mukag überwiegend bis in die zwanziger Jahre zum Einsatz.

Mehrseilgreifer

Beim Mehrseilgreifer hingegen stehen zumindest zwei Seile zur Bedienung zur Verfügung. Auch braucht der Bagger eine besondere Greiferwinde oder zumindest zwei Eintrommelwinden. Wird der Greifer über ein Seil nur am Greiferkopf gehalten, so öffnen sich die Greiferschalten aufgrund ihres Eigengewichtes und des oben an den Schalen angebrachten Traversengewichtes. Die gelenkig am Greiferkopf befestigten seitlichen Stangen spreizen sich daraufhin. Um den Greifer schließen zu können, muss sich die Traverse dem Greiferkopf nähern. Das Anziehen der Traverse erfolgt dabei durch das „Schließseil", woraufhin sich die Schalen um den unteren Stangen-Gelenkpunkt drehen und den Greifer schließen. Anschließend übernimmt das Schließseil auch das Heben des gefüllten Greifers und dient somit gleichzeitig auch als Hubseil.

Um den Greifer in jeder gewünschten Höhe öffnen zu können, muss das am Greiferkopf befestigte „Halteseil", welches auch als „Entleerseil" bezeichnet wird, den Greifer halten. Zum Öffnen wird dann das „Schließseil" nachgelassen, so dass sich der Greifer wieder wie oben beschrieben öffnen kann.

Während des Hub- und Senkvorgangs müssen beide Seile, das Schließ- und das Halteseil, auf- beziehungsweise abgewickelt werden. Bei dem für reine Baggerarbeiten vorgesehenen Baggergreifer sind die beiden inneren Schalengelenke zu einem Gelenk vereinigt worden.

Nachteil des Zweiseilgreifers ist jedoch die bestehende Gefahr des Drehens des Greifers aufgrund Seildralles. Zur Verhinderung muss er deshalb durch ein zügelartig befestigtes „Beruhigungsseil" geführt werden. Die Ausführung als Vier-Seil-Greifer, also mit jeweils zwei Halte- und zwei Schließseilen, verhindert ebenso das ungewollte Greiferdrehen. Um den Seildrall aufzuheben, wird dann in der Seilmachart je ein sogenanntes linksgängiges und ein rechtsgängiges Seil verwendet. Der Vier-Seil-Greifer wird dabei aufgrund seiner drehungsfreien Aufhängung vorzugsweise bei größeren Hubhöhen eingesetzt, wo die Anbringung eines Beruhigungsseiles nicht möglich ist. Weiterer Vorteil beim Vier-Seil-Greifer ist es, dass es bei einem Seilbruch nicht direkt zu ungewolltem Absturz von Material oder Greifer kommen kann.

Nachkriegsentwicklungen von Baggern

Die Zeiten unmittelbar nach Beendigung des Zweiten Weltkrieges waren, wie schon berichtet, auch für die Leo Gottwald KG von großen Einschnitten geprägt. Neben den Verlusten einiger östlich gelegener Fertigungswerke sind natürlich auch die Zerstörungen in den Düsseldorfer Werkhallen über einige Jahre hinweg als nicht gerade wachstumsfördernd für das Unternehmen zu nennen. Über all diesen Problemen schwebte zudem seit 1947 die drohende Demontage für das Kran- und Baggerwerk in der Reisholzer Werftstraße.

Man ließ sich jedoch davon nicht abschrecken und fertigte bereits gegen Ende der vierziger Jahre wieder einige der bekannten Vorkriegsentwicklungen. Hier sei nur noch einmal auf den dampfbetriebenen Grundtyp VEz in der Raupen- wie auch Schienenversion und den dieselbetriebenen Raupenbagger RBC verwiesen.

Man hatte allerdings auch vollkommen neue Baggertypen zumindest auf dem Zeichenbrett entwickelt, wobei sich die Konstrukteure mit der Umsetzung noch ein wenig gedulden mussten. Erst einmal mussten die fertigungstechnischen Vorraussetzungen, sprich Reparatur alter und Anschaffung neuer Maschinen, geschaffen werden. Erste Neukonstruktionen wurden sogleich in mehreren Baggergrößen, vom RB 04 über den RB 05 bis zum RB 06, aus der Schublade gezogen. Dabei war den Typbezeichnungen zum einen sogleich die bevorzugte Fortbewegungsart, nämlich auf Raupen, zu entnehmen und gleichzeitig konnte über den verschlüsselten Baggergreiferinhalt (400, 500 und 600 l) auf die Gerätegröße und Leistung geschlossen werden.

Um dem vielleicht noch zweifelnden potentiellen Baggerkäufer die Kaufentscheidung ein wenig schmackhafter zu machen, hatten die „Werbefachleute" bei Gottwald überzeugende Argumente wie folgt zusammengefasst:

„Jeder Unternehmer muss demnächst, um wettbewerbsfähig zu sein, von vornherein seine Preise äußerst stellen, was nur möglich ist, wenn er mit Geräten arbeitet, die nach neuesten sich ergebenden Gesichtspunkten der Jetztzeit beziehungsweise der Nachkriegszeit entwickelt sind."

Kurzum, vorbei ist die Zeit der vielleicht noch schienengebundenen Dampfbagger, hoch lebe der moderne Raupenbagger mit Dieselantrieb. So sollen nachfolgend die Nachkriegs-Baggertypen vorgestellt werden. Die Spezies der späteren Mobilkrane (MK), die auf Gummireifen ihre Mobilität erhielten und zunächst ebenfalls mit einer Baggerausrüstung ausgestattet werden konnten, sind allerdings in dem Kapitel über Mobilkrane berücksichtigt.

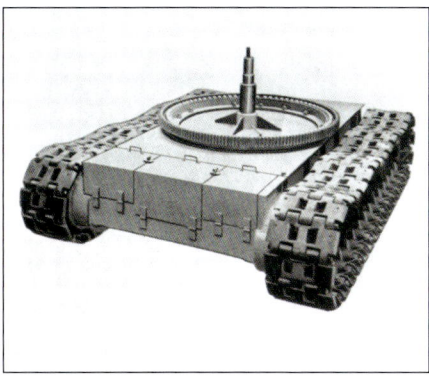

Links: Raupen-Unterwagen des Gottwald RB 06 mit modernem Raupenfahrwerk und Kugeldrehkranz sowie dem mittigen Königszapfen – Rechts: Raupenbagger RB 06 mit einigen gut sichtbaren Details wie Raupenlaufwerk, Hebelsteuerung, Windwerk, Dieselmotor und Ballastkasten

(Sammlung Weinbach)

Oben: Vier-Seil-Greifer von Mukag für die Verladung von Kohle, Sand, Kies, Erz und ähnlichem Material – Unten: Mit dem Mukag-Vier-Seil-Greifer mit innenliegenden Stahlzähnen für Baggerzwecke konnte sowohl über als auch unter Wasser gearbeitet werden

(Sammlung Weinbach)

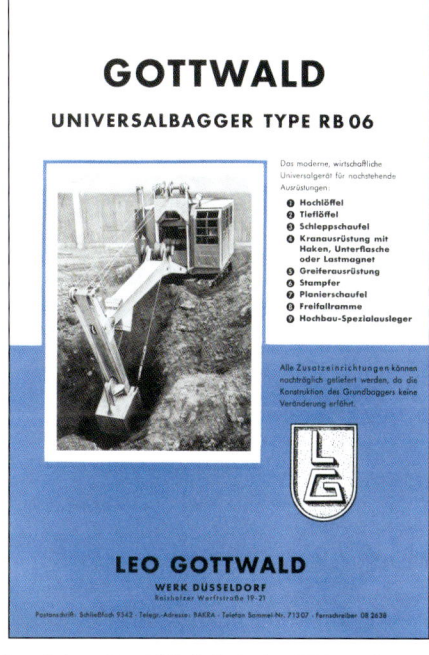

Links: Der RB 06 in der Tieflöffelversion beim Grabenziehen. Der Löffelinhalt des 27,7 t schweren Baggers betrug 0,6 m³. Die maximale Grabtiefe betrug 5 m, die maximale Greifweite rund 9,5 m in der Horizontalen – Rechts: Gottwald Universalbagger Type RB 06   (Sammlung Weinbach)

Links: Raupenbagger RB 06 mit Greifermast und Zwei-Seil-Greifer mit dirigierendem Beruhigungsseil – Rechts: Der RB 06 in der Hochlöffelversion auf dem Gottwald-Werkgelände. Der Löffelinhalt betrug 0,6 m³ beziehungsweise 0,75 m³ für leichten Boden bei einer Reißkraft am Löffel von 12,5 t. Die maximale Reichweite des Löffels betrug 8,5 m bis zu den Zähnen. Der Bagger war nahezu komplett geschweißt   (Sammlung Weinbach)

Erste vorgestellte Bagger-Neuentwicklung nach dem Krieg war der um 1947 erstmals gefertigte Typ RB 06 (Raupen-Bagger), bei dem man gleichzeitig ein neues System der Typkennzeichnung einführte. So konnte aus dem Anhängsel 06 auf die Größe des Baggergreifers, in diesem Fall 0,6 m³, geschlossen werden. Greifer für andere Schüttgüter, wie für Kies und Sand (0,75 m³) oder aber leichtere Kohle (1,25 m³), konnten hingegen wesentlich größere Kapazitäten aufweisen.

Die Werbestrategen wiesen in den damaligen Broschüren insbesondere auf die moderne Ausführung hin:

„Auf die Verwendung erstklassigen Materials wird besonders Wert gelegt. Die Tragkonstruktion des Ober- und Unterwagens wird aus S.M.-Material hoher Festigkeit gebildet. Für die Maschinenteile wird hochwertiger Stahl oder bester Stahlformguß verwendet. Alle Zahn- und Kegelräder haben gefräste Zähne. Von der Verwendung von Gußeisen wurde grundsätzlich Abstand genommen…"

Auch wurde auf die neuerdings vollkommen geschweißte Konstruktion, beispielsweise die des Unterwagens, besonders hingewiesen. Eine weitere technische Innovation wurde für das Drehwerk festgehalten:

„Der Oberwagen dreht in Abweichung von den früher üblichen Konstruktionen auf einem Kugellagerkranz. Diese Ausführung gewährleistet größte Betriebssicherheit ohne Wartungsaufwand und setzt den Drehwiderstand auf ein Minimum herab… Das Hauptlager des besonders kräftig ausgebildeten Königs ist frei gelagert, so dass Kantenpressungen vermieden werden. Eine Zugbeanspruchung kann nicht auftreten, da am Oberwagen Sicherheitskrallen angeordnet sind, die vorne und hinten unter den Rollkranz greifen…"

Besagter RB 06 wurde standardmäßig mit einem Diesel-Motor ausgestattet, der Einbau eines Elektromotors war jedoch alternativ möglich. Für die Diesel-Version standen gleich zwei Aggregate zur Auswahl. Der wassergekühlte Drei-Zylinder-Mercedes-Benz, Typ M 203 A, brachte es auf eine Dauerleistung von 51 kW / 70 PS bei 1000 U/min. Der mit immerhin sechs Zylindern ausgestattete Deutz (KHD), Typ A 6 L 514 luftgekühlt, kam auf eine eingestellte Dauerleistung von 48 kW / 65 PS bei 1350 U/min.

Neben dem Greiferbetrieb konnte mit dem RB 06 natürlich auch als Kran gearbeitet werden. Hier lagen die Traglastwerte zwischen 6 t x 4,5 m und 2,75 t x 10 m. Das Betriebsgewicht des kompletten Baggers einschließlich rund 7-t-Gegengewicht lag zwischen 25,4 t für reinen Stückgutbetrieb und 26,8 t bei Greiferbetrieb. Für die Ausführung als Hochbaukran konnte zur Verlängerung des Gitterauslegers ein Zwischenstück eingefügt werden. Für das Fahrwerk des „Raupenbaggers" standen zwei Fahrgeschwindigkeiten zur Verfügung, die bei 1 km/h und 2 km/h lagen.

Die Ansteuerung der Baggerbewegungen, dies sei noch bemerkt, erfolgte beim RB 06 noch über eine mechanische Zwei-Hebel-Steuerung. Eine leichter handhabbare Drucklultsteuerung sollte erst in späteren Konstruktionen zur Anwendung kommen. Neben den eingangs beschriebenen Greifertypen für den Einsatz am rund 9 m langen Gitterausleger waren auch diverse andere Spezialausführungen im Angebot der wieder aufstrebenden Leo Gottwald KG zu finden. So konnte der Gitterausleger im Zusammenspiel mit einer Schleppschaufeleinrichtung (0,6 m³ Inhalt) eingesetzt werden oder aber mit einer verstellbaren Traverse für den Einsatz als Ramme (bis 2000-kg-Bär) kombiniert werden.

Mit jeweils speziellem Vollprofilausleger versehen, gab es zudem eine Hochlöffel- und eine Tieflöffel-Variante. Der Löffelinhalt des dann 27,5 t schweren Baggers betrug jeweils 0,6 m³ bei einer Reißkraft am Löffel von 12,5 t beziehungsweise 10 t.

Ebenso konnte der RB 06 mit einem nur 5 m langen Spezialausleger als Stampfer (2-t-Stampfgewicht, 15 bis 20 Hübe/min) geordert werden.

Das Multitalent konnte allerdings auch planieren. Hierzu wurde ein knapp 8 m langer einfacher Doppel-T-Ausleger in Horizontalstellung gebracht und das am Ausleger geführte Planierschild dann zur Auslegerspitze gezogen.

Neben dem größeren RB 06 hatte man bei Gottwald natürlich auch schnell wieder kleinere Raupenbagger-Konstruktionen präsent. Hierzu zählte der RB 04 mit seinem 400-l-Baggergreifer. Vorgestellt wurde er als: „Universalmaschine, die für jede Baggerschuttaufräumarbeit sowie Tiefbauarbeit Verwendung finden kann…

Unser Universalgerät Type RB 04 wird für folgende Verwendungszwecke geliefert:
1. Greifbagger
2. Schleppschaufelbagger
3. Hochlöffelbagger
4. Kran
5. Ramme

Für den Hochlöffelbagger ist ein besonderer Ausleger erforderlich, während der Ausleger für den Schleppschaufelbagger und den Greifbagger, Kran und Ramme gleichzeitig brauchbar ist."

Eine Tieflöffelvariante wurde also vom RG 04 nicht angeboten. Von den Abmessungen des Unterwagens und des Oberwagens um einige Zentimeter kleiner, kam man für seine knapp 21 t Dienstgewicht auch mit nur 500 mm breiten Raupenbändern aus. Als Antriebsmotor hatte man einen zweizylindrigen Mercedes-Benz vom Typ M 202 B mit etwa 45 Pferdestärken vorgesehen.

Der 8-m-Normalausleger erlaubte ein Gewicht des gefüllten Greifers von maximal 2 t. Für den reinen Kraneinsatz lagen die zulässigen Werte hingegen zwischen 5 t x 4 m und 2 t x 9 m. Für den Schleppschaufeleinsatz mit seiner größten Grabweite von 13 m wurde der Gitterausleger allerdings auf 10 m verlängert. Der Anbau eines Mäklers an den 8-m-Ausleger ermöglichte dann in der Rammausführung einen größten Bärhub von 6,5 m. Als Hochlöffelbagger, bei wohlgemerkt gleichem Grundgerät, lag die größte Reichweite bei 7,8 m und die größte Ladehöhe bei 2,8 m.

Der RB 05 gehörte gleichfalls zu den ersten Raupenbagger-Entwicklungen der Nachkriegszeit. Das Gerät war als diesel-betriebener Bagger auf 500 mm breiten Raupenbändern und rund 3 m langen Raupenschiffen unterwegs. In der Version mit Greiferausrüstung, verschiedene Greifer waren wieder möglich, brachte er es auf ein Gesamtgewicht von 23 t. Der größte mögliche Gesamthub (mit Unterflur) betrug dabei 21 m, bei einer dann möglichen maximalen Traglast von 2,5 t. Wurde der Gitterausleger für den reinen Kranbetrieb eingeplant, so lag die mögliche Traglast sogar zwischen 5 t x 4,8 m und 2 t x 10 m, wobei über 2,5 t eine Hakenflasche mit zweistängiger Einscherung erforderlich war. Die mögliche Hubhöhe des RB 05 halbierte sich dann entsprechend.

Für den Antrieb zeigte sich ein 45-PS-Dieselmotor (33 kW) mit nur zwei Zylindern verantwortlich! Die Fahrgeschwindigkeiten wurden mit zwei Stufen von 0,925 km/h und 1,75 km/h angegeben.

Gleichfalls möglich war eine Hochlöffelversion, die es auf ein Gesamtgewicht von 25 t brachte. Bei diesem 0,5-m³-Löffel betrug die größte Reichweite 8 m und die größte Ladeweite 7,4 m (35-Grad-Auslegerneigung). Als mögliche Anzahl von Arbeitsspielen pro Minute wurden drei Spiele angegeben. Die gebaute Stückzahl, die leider nicht überliefert ist, dürfte den zweistelligen Bereich nicht erreicht haben.

Raupengerät Typ RG 06

Das Raupen-Gerät vom Typ RG 06 ist unmittelbar aus dem Vorgängertyp RB 06 entstanden, wobei natürlich die gewonnenen Erfahrungswerte in die neue Konstruktion einflossen. So wurde das Maschinenhaus auf dem Drehkranz um knapp 300 mm nach hinten versetzt, so dass die hintere Ausladung von der Drehkranzmitte um diesen Wert auf 2800 mm vergrößert wurde. In diesem Zusammenhang ist festzuhalten, dass der heckseitige Gegengewichtskasten laut Prospekt nur noch mit rund 4,5 t an Ballast gefüllt wurde. Die größte Breite des Baggers blieb allerdings unverändert bei 2900 mm. Augenfälligster Unterschied zum Raupenbagger 06 war die jetzt abgeschrägte Maschinenhausfront auf der dem Baggerführer gegenüberliegenden Seite.

Die zum Einbau vorgesehenen Dieselmotoren hatten sich gegenüber dem Vorgänger nicht geändert, lediglich wurde nunmehr auch der luftgekühlte KHD-Diesel auf eine Dauerleistung von 51 kW / 70 PS (1450 U/min) eingestellt. Später gar wurden beide Motorvarianten auf eine Leistung von 55 kW / 75 PS hochgekitzelt.

Als wesentliche Neuerung ist jedoch die erstmals umgesetzte Drucklüftsteuerung zu nennen, die dem Maschinenführer das Steuern ungemein erleichterte und nicht zuletzt zur Leistungssteigerung beitrug. Die Druckluft wurde dabei von einem vom Motor direkt angetriebenen Kompressor erzeugt, die dann zum Ansteuern sämtlicher Bewegungen des Zwei-Trommel-Hubwerkes, des Einziehwerkes, des Drehwerkes und auch der Fahrbewegungen genutzt wurde. Der Bodendruck, der von den beiden 600 mm breiten Raupenbändern erzeugt wurde, lag im Übrigen bei 0,7 kg/cm².

Neben dem nunmehr teilbaren Standard-Gitterausleger von 10 m Länge hatte man der Neukonstruktion auch einige Zwischenstücke zugestanden, die bei einer maximalen Verlängerung von 8 m eine Rollenhöhe von immerhin 19 m ergaben. Beim Einsatz als Kran wurden von dem RG 06 bis zum 12-m-Ausleger 6 t x 4 m oder 2,75 t x 10 m gestemmt. Für den 18-m-Ausleger lagen die Traglastwerte dann zwischen 3,5 t x 4 m und 1,2 t x 16 m. Hierbei lagen alle Kipplasten 50 Prozent über den genannten Traglasten.

Wurde der Standardausleger mit einem vorgebauten Mäkler kombiniert, so war wiederum der Einsatz als Freifallramme mit möglichen Schlaggewichten von 1200 kg oder 2000 kg möglich. Für den Schleppschaufelbetrieb waren die Auslegerlängen von 12, 14 und 16 m möglich, wobei sich die dann kombinierbaren Schleppschaufelgrößen mit 600, 500 und 400 l Inhalt ergaben.

Die bekannte Planierschaufel mit 600 l Inhalt und einer Reißkraft am Zahn von 5 t wurde wie gehabt an dem herabgelassenen Spezialausleger entlanggezogen.

In einem englischsprachigen Prospekt war einer der wenigen gebauten RB 05 in der Hochlöffelversion abgebildet   (Sammlung Weinbach)

Das Raupen-Gerät 06 konnte natürlich auch mit einem 600-l-Hochlöffel (10,5 t Reißkraft am Zahn) oder einem Tieflöffel-Ausleger für gleichfalls 600 l Inhalt (10 t Reißkraft) ausgestattet werden. Die größte Grabweite betrug bei diesen Ausführungen 9 m beziehungsweise 9,5 m, die tiefste Grabstellung 2,3 m beziehungsweise 5 m. Der Unterschied zwischen altem RB 06 und modernem RG 06 war in der Hochlöffelversion überdies sofort an dem nunmehr eingesetzten Vorschub-Hochlöffel auszumachen.

Dass für all diese Ausrüstungsvarianten selbstverständlich das gleiche Grundgerät verwendet werden konnte, braucht nicht weiter erläutert zu werden.

Raupengerät Typ RG 04

Noch in der ersten Jahreshälfte 1951 wurde der Oberwagen des knapp ein Jahr zuvor erstmals ausgelieferten modernen Mobilkrans vom Typ MK 1 auf ein von Gottwald entwickeltes Raupenfahrgestell gesetzt und fortan als Universal-Raupenbagger vom Typ RG 04 vermarktet. Auch hier war wiederum der Inhalt des möglichen Baggergreifers mit 0,4 m³ namensgebend für den Gerätetyp. Der Bagger war demzufolge auch eine Nummer kleiner als die vorgenannten beiden Typen RB 06 und RG 06. Der Grundbagger kam lediglich auf ein Eigengewicht von 9,5 t, zuzüglich rund 3 t an Ballast im heckseitigen Ballastkasten und der entsprechenden Gewichte für Ausleger und Lastaufnahmemittel. Hier waren für den 7,25-m-Normalausleger 600 kg und den Baggergreifer 1000 kg zu berücksichtigen. Die Tieflöffel- (300 l) oder Hochlöffelausrüstung (400 l) schlug mit insgesamt 1800 kg beziehungsweise 1900 kg zu Buche.

Der Unterwagen des RG 06 als vollkommen geschlossene Kastenbauweise in Schweißkonstruktion. Der Fahrwerksantrieb liegt komplett geschützt in den von außen bequem zugänglichen Räumen. Alle Lagerstellen sind gegen Eindringen von Schmutz und Staub gekapselt (Sammlung Weinbach)

Draufsicht auf das Innere des Maschinenhauses des RG 06 mit dem „komfortablen" Führersitz, dem Zwei-Trommel-Hubwerk und dem heckseitigen Antriebsdiesel. Zu beachten ist, dass seinerzeit natürlich keinerlei Geräuschkapselung üblich war (Sammlung Weinbach)

Gottwald Universal-Raupenbagger vom Typ RG 06 mit Hochlöffelausrüstung und 600-l-Vorschub-Hochlöffel (Sammlung Weinbach)

Raupenbagger RG 06 mit Tieflöffelausrüstung bei Ausschachtungsarbeiten. Die relativ geringe Bodenfreiheit von nur 265 mm unter dem Unterwagen, insbesondere bei losem oder tiefem Boden, führte wie auch hier schnell zum Aufsetzen (Sammlung Weinbach)

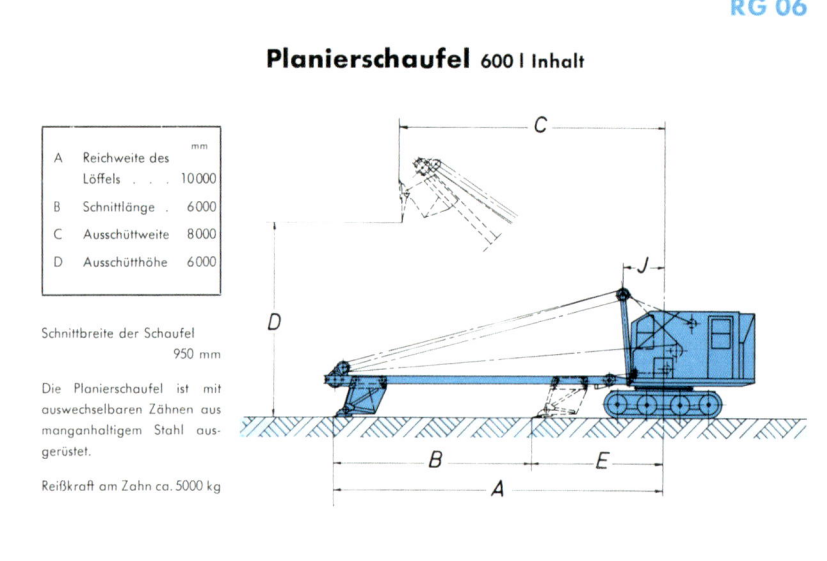

RG 06

Planierschaufel 600 l Inhalt

		mm
A	Reichweite des Löffels	10 000
B	Schnittlänge	6 000
C	Ausschüttweite	8 000
D	Ausschütthöhe	6 000

Schnittbreite der Schaufel 950 mm

Die Planierschaufel ist mit auswechselbaren Zähnen aus manganhaltigem Stahl ausgerüstet.

Reißkraft am Zahn ca. 5000 kg

Freifallramme $\frac{2000 \text{ kg}}{1200 \text{ kg}}$ Schlaggewicht

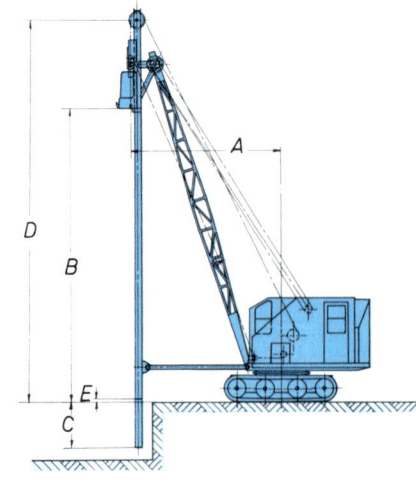

		Bär 2000 kg mm	Bär 1200 kg mm
A	Ausladung	5200	5200
B	Nutzhöhe	9000	15000
C*	Schlagtiefe unter Flur	1400	–
D	Rollenhöhe	11700	18000
E	Abstand über Flur	100	100

* Wie auf nebenstehender Abbildung gezeigt, kann eine Mäklerverlängerung von 1,5 m zum Schlagen unter Flur angebracht werden. Normal beträgt der Abstand zwischen Mäkler und Flur (E) 100 mm.

Der Rollenkopf des Führungsgerüstes ist mit einem besonderen Hakengehänge zum Hochziehen der Pfähle ausgerüstet.

Die Nachlaufkatze des Freifallbärs wird vom Führerstand aus bedient.

Gottwald Universal-Raupenbagger RG 06 mit Anbaugeräten Planierschaufel und Freifallramme (Sammlung Weinbach)

Links: Das Raupen-Gerät RG 04 im Einsatz mit der Tieflöffel-Ausrüstung und 300-l-Grabgefäß. Das Gesamtgewicht dieser Version betrug rund 14,5 t – Rechts: Der RG 04, hier mit einem gekröpften Gitterausleger und Zwei-Seil-Greifer, konnte auch auf einem Spezialwaggon mit dem Baggereigenantrieb verfahren. Über eine Gelenkwelle des Baggers wurde das Fahrwerksgetriebe des Waggons angetrieben. Der RG 04 konnte somit als Schienenbagger wie auch als Raupenbagger arbeiten (Sammlung Weinbach)

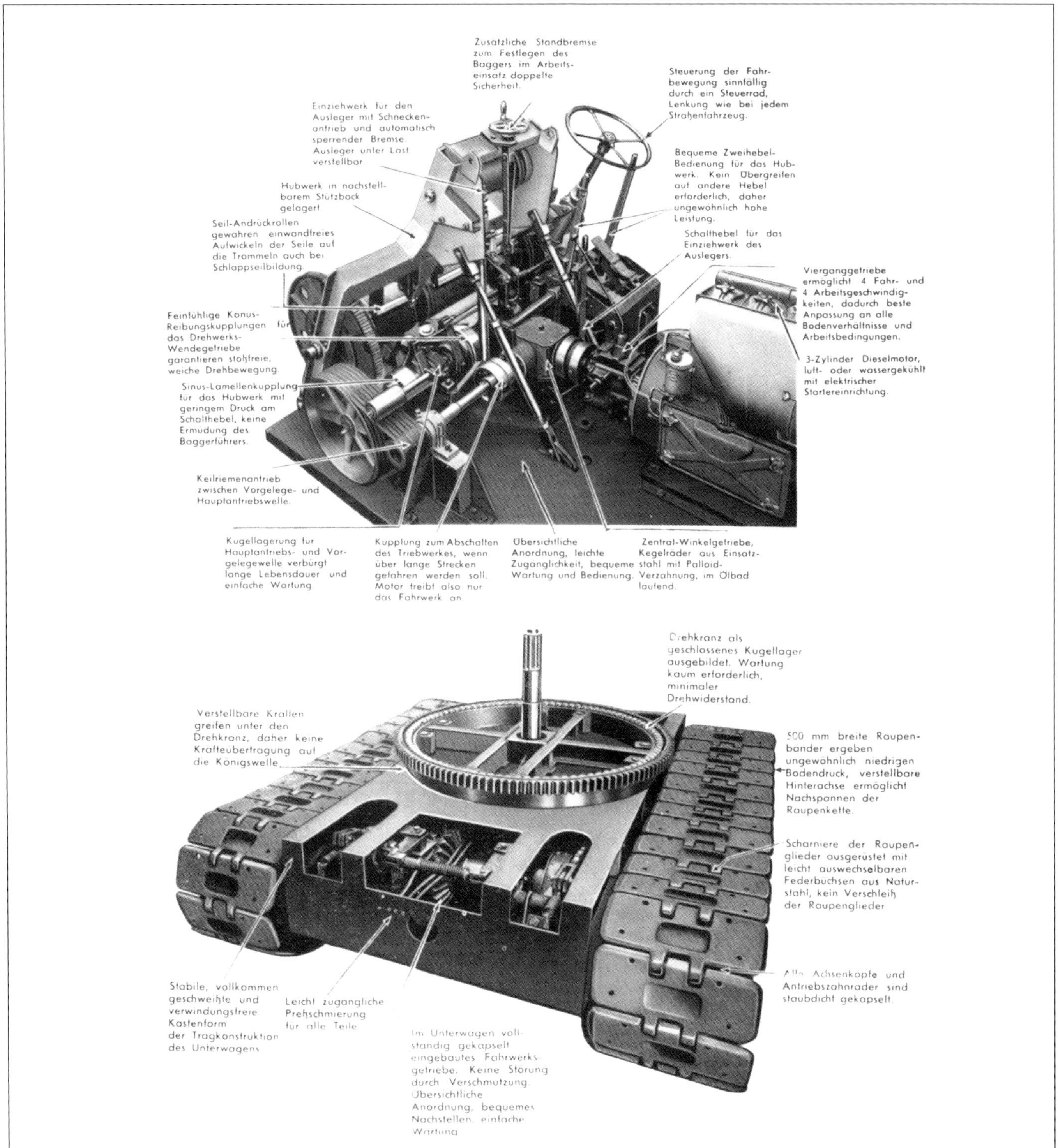

Zusätzliche Standbremse zum Festlegen des Baggers im Arbeitseinsatz doppelte Sicherheit.

Steuerung der Fahrbewegung sinnfällig durch ein Steuerrad, Lenkung wie bei jedem Straßenfahrzeug.

Einziehwerk für den Ausleger mit Schneckenantrieb und automatisch sperrender Bremse. Ausleger unter Last verstellbar.

Bequeme Zweihebel-Bedienung für das Hubwerk. Kein Übergreifen auf andere Hebel erforderlich, daher ungewöhnlich hohe Leistung.

Hubwerk in nachstellbarem Stützbock gelagert.

Seil-Andrückrollen gewähren einwandfreies Aufwickeln der Seile auf die Trommeln auch bei Schlappseilbildung.

Schalthebel für das Einziehwerk des Auslegers.

Vierganggetriebe ermöglicht 4 Fahr- und 4 Arbeitsgeschwindigkeiten, dadurch beste Anpassung an alle Bodenverhältnisse und Arbeitsbedingungen.

Feinfühlige Konus-Reibungskupplungen für das Drehwerks-Wendegetriebe garantieren stoßfreie, weiche Drehbewegung.

3-Zylinder Dieselmotor, luft- oder wassergekühlt mit elektrischer Startereinrichtung.

Sinus-Lamellenkupplung für das Hubwerk mit geringem Druck am Schalthebel, keine Ermüdung des Baggerführers.

Keilriemenantrieb zwischen Vorgelege- und Hauptantriebswelle.

Kugellagerung für Hauptantriebs- und Vorgelegewelle verbürgt lange Lebensdauer und einfache Wartung.

Kupplung zum Abschalten des Triebwerkes, wenn über lange Strecken gefahren werden soll. Motor treibt also nur das Fahrwerk an.

Übersichtliche Anordnung, leichte Zugänglichkeit, bequeme Wartung und Bedienung.

Zentral-Winkelgetriebe, Kegelräder aus Einsatzstahl mit Palloid-Verzahnung, im Ölbad laufend.

Drehkranz als geschlossenes Kugellager ausgebildet. Wartung kaum erforderlich, minimaler Drehwiderstand.

Verstellbare Krallen greifen unter den Drehkranz, daher keine Kraftübertragung auf die Königswelle.

500 mm breite Raupenbänder ergeben ungewöhnlich niedrigen Bodendruck, verstellbare Hinterachse ermöglicht Nachspannen der Raupenkette.

Scharniere der Raupenglieder ausgerüstet mit leicht auswechselbaren Federbuchsen aus Naturstahl, kein Verschleiß der Raupenglieder.

Alle Achsenköpfe und Antriebszahnräder sind staubdicht gekapselt.

Stabile, vollkommen geschweißte und verwindungsfreie Kastenform der Tragkonstruktion des Unterwagens.

Leicht zugängliche Preßschmierung für alle Teile.

Im Unterwagen vollständig gekapselt eingebautes Fahrwerksgetriebe. Keine Störung durch Verschmutzung. Übersichtliche Anordnung, bequemes Nachstellen, einfache Wartung.

Konstruktionsdetails des Gottwald Universal-Raupenbaggers Type RG 04 von Oberwagen und Raupenfahrgestell (Sammlung Weinbach)

Oben links: Raupengerät RG 55 mit Normalausleger und Schleppschaufel sowie Vorschub-Hoch-löffel. Von dem Typ RG 5 / 55 wurden allerdings nur 15 Exemplare gefertigt –
Oben rechts: Gottwald-Raupengeräte von oben nach unten: RG 40, RG 55, RG 60 –
Links: Universal-Raupenbagger vom Typ RG 55 in der 16,6 t schweren Vorschub-Hochlöffel-Version
(Sammlung Weinbach)

Links: Der Universal-Raupenbagger vom Typ RG 40 mit zeitgemäß modernem Maschinen-führerhaus war sowohl mit Normalausleger wie auch mit Hochlöffel und Tieflöffel erhält-lich. Gebaut worden ist der RG 40 allerdings gerade einmal in sechs Exemplaren –
Rechts: Als wahrlich kleinen Vertreter seiner Zunft durfte man den RG 40 bezeichnen. Doch auch mit seinem 400-l-Baggergreifer am Gitterausleger konnte er entsprechende Löcher graben   (Sammlung Weinbach)

Das Raupenfahrgestell verfügte über zwei jeweils 500 mm breite Raupenbänder, welche eine Fahrwerksbreite von 2,25 m ergaben. Die Gesamtlänge eines jeden Raupenschiffes betrug lediglich 2,6 m. Als Fahrgeschwindigkeiten wurden im ersten Gang 0,715 km/h und im vierten Gang 4,6 km/h erreicht. Der Rückwärtsgang ermöglichte ein Fortkommen mit sage und schreibe 0,85 km/h. Für den Antrieb konnte auch bei dem Raupen-Unterwagen auf die bereits im MK1/4 verbauten Drei-Zylinder-Diesel zurückgegriffen werden. Sowohl der luftgekühlte KHD-Diesel vom Typ A 3 L 514 wie auch der wassergekühlte MWM (Benz) vom Typ KDW 415 D waren dabei auf eine Dauerleistung von rund 27 kW / 36 PS eingestellt.

Als Arbeitswerkzeuge konnten die gleichen Kran-, Bagger- und Rammvorrichtungen wie bei der bereiften Ausführung angebaut werden. Für den 7,25 m langen Gitterausleger war bei der Kranarbeit im einsträngigen Betrieb eine Last von bis zu 3,5 t bei 3 m Ausladung zulässig. Durch zwei Zwischenstücke konnte der Ausleger allerdings auf 10,25 m verlängert werden. Hierfür lag die Traglast dann zwischen 3,5 t x 3 m und 0,75 t x 10 m. Mit der Hochlöffelversion (10 t Reißkraft) war eine größte Grabweite von 6,5 m und in der Tieflöffelversion (6 t Reißkraft) von 8,3 m bei 4,2 m tiefster Grabstellung zu erzielen.

Mit Gitterausleger und angebautem Mäkler konnte ein 600-kg-Bär für den Einsatz als Freifallramme zum Einsatz gebracht werden. Lediglich die bei der MK-Reihe mögliche Turmdrehkranversion war in Kombination mit dem hier behandelten Raupen-Unterwagen nicht erhältlich. Dafür konnte jedoch der RG 04 wiederum seine Planierqualitäten im Zusammenspiel mit einem „Flachausleger" und einer horizontal arbeitenden Planierschaufel (400 l) unter Beweis stellen. Die Schnittbreite der Schaufel betrug allerdings bescheidene 0,8 m. Gebaut wurden von dem geländegängigen RG 04 bis ins Jahr 1954 insgesamt 46 Arbeitsmaschinen.

Raupengerät Typ RG 05 / RG 55

Im Jahre 1954 wurde der für den Mobilkran MK 5 entwickelte Oberwagen verständlicherweise auch auf ein Raupenfahrgestell aus dem Hause Gottwald gesetzt und als Universal-Raupenbagger vom Typ RG 05 (500-l-Baggergreifer) präsentiert. Hierbei wurde auf die „neuartige Ausbildung des Hauses, mit seiner schnittigen, sehr gefälligen Form" hingewiesen.

Vielfältig wie die Gottwald-Geräte einmal waren, konnte hier ebenfalls vom Normalausleger (Greifer- und Schleppkübelbetrieb) über den Hochlöffel bis zum Tieflöffel alles was den Baggerkunden erfreute angebaut werden. Der Grundbagger, also lediglich Unter- und Oberwagen mit Gegengewicht, wog für sich 14,45 t. Hinzu kamen dann die Gewichte der entsprechenden Baggerausleger. Dabei konnte nicht nur in der schwersten Ausführung als Tieflöffel (16,65 t) das Gesamtgewicht der Bagger wahlweise auf 500 mm oder 600 mm breiten Raupenketten verteilt werden. Der Bodendruck war somit zwischen 0,53 kg/cm² und 0,45 kg/cm² einzustufen, wenn denn die Bodenfreiheit von 0,4 m ausreichte. Für die sichere Verbindung zwischen Unterwagen und Oberwagen sorgte eine zeitgemäße Doppelkugelkranz-Verbindung mit einem äußerst geringen Drehwiderstand. Auf die sonst erforderlichen Gegenhalter konnte damit verzichtet werden.

Bei der Oberwagenmotorisierung konnte der Kunde wieder zwischen einem luftgekühlten KHD-Diesel oder einem wassergekühlten Mercedes-Benz wählen. Letzterer stellte mit sechs Zylindern

(Typ OM 312) eine eingestellte Leistung von rund 37 kW / 50 PS bei 1500 U/min zur Verfügung. Der luftgekühlte KHD-Motor vom Typ A 4 L514 erbrachte die gleiche Leistung/Drehzahl mit seinen vier Zylindern. Die mögliche Fahrgeschwindigkeit des RG 05 war in vier Gängen bis auf rund 6,5 km/h zu steigern. Für die Rückwärtsfahrt konnte vom Baggerfahrer eine „Reisegeschwindigkeit" von bescheidenen 1,2 km/h eingeplant werden, aber dieser war ja schließlich bei der Arbeit und nicht auf der Flucht. Der RG 05 verfügte, was die Ansteuerung betraf, bereits über eine moderne Druckluftsteuerung, die dem Maschinenführer das Arbeiten ungemein erleichterte.

Mit dem 8-m-Normalausleger konnte der RG 05 auch mit bis zu 7 t schweren Lasten bei 3 m Ausladung sicher „kranen". Der Ausleger konnte allerdings mit Zwischenstücken auf bis zu 15,5 m Länge gestreckt werden. Die dann immer noch respektablen Kranleistungen lagen hierbei zwischen 1,5 t x 5 m und 0,75 t x 10 m. Bei Lasten oberhalb 3,5 t musste die Hakenflasche allerdings dreisträngig aufgehängt werden. Unter Verwendung des Vier-Gang-Getriebes konnten alle vier Oberwagenbewegungen mit gleichfalls vier Geschwindigkeiten betrieben werden.

Für den 500 l fassenden Vorschub-Hochlöffel mit seinen 8 t Reißkraft wurde die größte Grabweite mit 7 m und die größte Ausschutthöhe mit 4 m angegeben. Der 400 l fassende Tieflöffel ermöglichte bei gleicher Reißkraft eine tiefste Grabstellung von 4,5 m bei einer Ausschutthöhe von 5 m.

In den Dimensionen und Arbeitsleistungen unverändert geblieben, wurde der RG 05 schon alsbald nach seiner Vorstellung zum RG 55 umbenannt. Das heißt, seine weiterhin identischen Antriebsmotoren wurden nun auf eine gesteigerte Dauerleistung von 44 kW / 60 PS eingestellt.

Bei den beiden vorgenannten Gottwald-Raupenbaggertypen sind allerdings keine wirklich erfolgreichen Produktionszahlen festzuhalten gewesen. Lediglich 15 Geräte sind bis zum Ende des Jahres 1959 in den Lieferlisten dokumentiert.

Raupengerät Typ RG 40

Zeitgleich mit dem Mobilkran vom Typ MK 40 ist im Mai 1955 auch eine Raupenversion, die vornehmlich als Bagger vorgesehen war, zur Auslieferung gekommen. Von diesem RG 40 sollten jedoch bis zum Jahre 1960 lediglich ein halbes Dutzend Exemplare gebaut werden. Diese wurden seinerzeit mit einem Gitterausleger für Greifer- und Schleppschaufelbetrieb sowie in den beiden Löffelversionen angeboten. Der normale Gittermast war dabei 7,25 m lang und ermöglichte als „Kran" eine Traglast von maximal 5,8 t bei 3 m Ausladung. Durch zwei Zwischenstücke konnte sich das Raupengerät allerdings bis auf eine Auslegerlänge von 10,25 m strecken. Die erlaubten Traglasten lagen dann zwischen 5,5 t x 3 m und 1 t x 10 m.

Auch konnten mit diesem Ausleger verschiedene Verladegreifer für 500 l und 700 l Inhalt in das entsprechende Schüttgut abgelassen werden. Der namensgebende 400-l-Greifer war wiederum für die reinen Baggerarbeiten vorgesehen. Auch die Grabgefäße für den Schleppkübeleinsatz (mit Gitterausleger) sowie für die Spezialausleger für Hochlöffel und Tieflöffel hatten einen Inhalt von 400 l. Das Gesamtgewicht des Baggers war natürlich stark abhängig von den angebauten Ausrüstungen. Der nur 2,5 m breite Grundbagger besaß ein Eigengewicht von rund 10,5 t, zuzüglich des aus Sand bestehenden Gegengewichtes von 2 t. Mit dem Normalausleger und dem Baggergreifer mussten weitere 1,8 t berücksichtigt werden, wohingegen die beiden Löffelversionen auf jeweils 2 t an Zusatzgewicht kamen.

Der Unterwagen besaß zwei Rollenketten mit einer Bodenfreiheit von lediglich 40 mm. Die Raupen konnten dabei mit 500 mm oder 600 mm Breite geordert werden. Der übertragene Bodendruck lag dann bei 0,45 beziehungsweise 0,37 kg/cm². Wurden die Baggerbewegungen beim RG 40 noch mechanisch per Zweihebelsteuerung betätigt, so gab es für den Raupenantrieb (max. 7,8 km/h) bereits eine Druckluftsteuerung. Als Antriebsmotor war von Gottwald lediglich eine luftgekühlte Ausstattung mit einem Drei-Zylinder-KHD-Diesel vom Typ A 3 L 514 und einer eingestellten Leistung von 27 kW / 37 PS vorgesehen. Der Antrieb des Unterwagens erfolgte bei dem Gerät über eine schwere Kette.

Raupengerät Typ RG 60

Waren die letzten reinen Baggerentwicklungen bei Gottwald, zumindest was die Fertigungszahlen betraf, nicht gerade als Verkaufsschlager zu bezeichnen, so machte man 1959 noch einmal einen Versuch aus diesem ehemals blühenden Geschäftszweig ein

Die letzte Gottwald-Raupenbagger-Konstruktion aus dem Jahre 1959 mit der Bezeichnung RG 60, hier in der rund 25,8 t schweren Hochlöffel-Version   (Sammlung Weinbach)

neues Gerät ins Rennen zu schicken. Für 600 l Greiferinhalt (Baggergreifer) konstruiert, wurde der neue Raupenbagger als RG 60 bezeichnet. Das inklusive Gegengewicht 21,5 t schwere Grundgerät konnte wie bereits seine sämtlichen Vorgänger mit den üblichen Baggerausrüstungen kombiniert werden.

Der 2,9 m breite Oberwagen ruhte dabei, verbunden durch einen einfachen Kugeldrehkranz, auf dem nur um 50 mm schmaleren Raupenunterwagen. Die beiden 3,56 m langen Raupenschiffe verfügten für ihre 600 mm breiten Raupenbänder über jeweils vier Fahrwerksräder. Der Unterwagen wurde hier, anders als bei den Typen RG 40 und RG 55, in einer vollständig geschlossenen Kastenbauweise ausgeführt. Der somit vollkommen gekapselte Fahrwerksantrieb ermöglichte auch nur zwei Fahrgeschwindigkeiten von 1 km/h oder 2 km/h, das jedoch in beide Fahrtrichtungen. Der Bodendruck, abhängig von der Baggerausrüstung, lag zwischen 0,65 und 0,7 kg/cm². Die Bodenfreiheit, bedingt durch die angesprochene Kastenbauweise des Unterwagens, betrug lediglich 275 mm, die Gefahr des Aufsetzens war je nach Untergrundbeschaffenheit als relativ hoch einzuschätzen.

Bei den Antriebsdieseln hatte der potentielle Käufer wieder einmal die Wahl zwischen luft- und wassergekühlt. Dabei waren sowohl der sechszylindrige KHD vom Typ A 6 L 514 wie auch der dreizylindrige Mercedes-Benz, Typ M 203 B, auf eine Leistung von 66 kW / 90 PS gedrosselt.

In der Ausführung mit dem 10 m langen Gitterausleger konnte wie gehabt ein Greifer (bis 1,25 m³ bei Kohle) wie auch eine Schleppschaufel (0,75 m³) zum Einsatz gebracht werden. Die Kranleistungen für diesen Ausleger wurden mit maximal 10 t x 3 m angegeben. Der Gitterausleger konnte zudem bis auf 18 m verlängert werden. Beim Einsatz mit der Schleppschaufel wurde bei einer Auslegerlänge von 12 m eine Wurfweite von etwa 14 m erreicht, wobei die maximale Grabtiefe mit 10 m angegeben wurde.

In der 25,8 t schweren Hochlöffel-Version betrug die maximale Grabweite 9 m bei einer Grabtiefe von bis zu 2,5 m. Die mit 25,2 t etwas leichtere Tieflöffel-Ausführung ermöglichte eine Grabweite von maximal 9,5 m und eine Grabtiefe von bis zu 6 m.

Letztlich konnte auch der RG 60 die einstige Tradition der Baggerproduktion der Mukag und der Leo Gottwald KG nicht mehr aufrecht erhalten. Nur wenige Geräte wurden von diesem Typ gefertigt. Die Firma Gottwald zog sich zusehends aus dieser Baumaschinensparte zurück und konzentrierte sich fortan immer mehr auf den reinen Kranbau. Und doch sind zumindest viele der in Düsseldorf nachfolgend produzierten Mobilkrane der kleineren MK-Baureihen mit Baggereinrichtungen ausgestattet worden. Über diese letzten Bagger aus dem Hause Gottwald wird dann an gegebener Stelle bei den Mobilkranen zu lesen sein.

Stationäre Krane

Unter diesem zugegeben vielsagenden Begriff sollen an dieser Stelle all die Krane abgehandelt und im weitgefächerten Überblick vorgestellt werden, die seit Firmengründung in Düsseldorf, also im Jahre 1906 beginnend, gefertigt wurden, jedoch nicht unter die speziell behandelten anderen Krangattungen der Fahrzeugkrane und Eisenbahnkrane fallen. Und von diesen „andersartigen" Kranen und natürlich Baggern sollten bis zur Einstellung dieses Geschäftsfeldes in den späten 1960er Jahren unzählige Ausführungen und Varianten gebaut werden. Hier gab es kleine Auslegerkrane auf Schienen mit Greifer oder Haken, Einschienenlaufkatzen, Portalkrane, Halbportalkrane, Lauf- beziehungsweise Brückenkrane, Drehkrane, Hafenkrane, Verladebrücken, Konsolkrane, spezielle Maschinenhauskrane und sogar Turmdrehkrane im wirklich reichhaltigen Angebot des Düsseldorfer Kranbauunternehmens. Zunächst teilweise auch dampfbetrieben, wurden diese Hebezeuge allerdings überwiegend durch Elektromotoren bewegt und auch die Lasten entsprechend gehoben.

Für das riesengroße Angebot über knapp sechs Jahrzehnte sollen die nachfolgenden Bilder mit kurzen Beschreibungen sowohl chronologisch (vor und nach 1945) als auch artbezogen stehen.

Dass wiederum nach einigen Jahrzehnten der Tatenlosigkeit auf diesem Gebiet das Geschäftsfeld von den Düsseldorfern neu entdeckt wurde, hat wohl in erster Linie mit dem hafenbezogenen Containerumschlag zu tun. Entsprechende Portalkrane mit großer Spannweite und weiten Kragarmen wurden nach der Jahrtausendwende erneut konstruiert und im In- und Ausland aufgebaut.

Links: Elektrisch betriebener einhüftiger Bockkran, auch Halbportalkran genannt, für 7 t Tragkraft, so die damalige Bezeichnung für das Hubvermögen. Von der 1912 hinzugekauften Kranfabrik Körting in Lintorf wurden zwei dieser 10-m-Krane für die Ascherslebener Maschinenfabrik AG in Aschersleben geliefert. Auch die elektrischen Kranantriebe wurden seinerzeit nicht in Watt und Kilo-Watt angegeben, sondern in Pferdestärken. Die Werte für diesen Kran ergaben sich mit jeweils 8,5 PS für sämtliche Bewegungen (Hub, Katzfahrt, Kranfahrt) – Mitte: Drei dieser elektrisch betriebenen Drei-Motoren-Laufkrane lieferte die Kranfabrik Körting für die Hannoversche Waggonfabrik AG in Linden bei Hannover. Die damals üblichen Fachwerk-Kranbrücken besaßen eine Spannweite von 16,8 m und eine Tragkraft von 6 t – Rechts: Elektrisch betriebene Krananlage, bestehend aus einem 15-t-Laufkran mit 16 m Spannweite und zwei Konsolkranen für jeweils 2 t bei 5 m Ausladung. Diese Krananlage wurde in den zwanziger Jahren an eine Gießerei geliefert (Sammlung Weinbach)

Links: Mukag-Stahlgießkran mit zwei Laufkatzen. Die 10-t-Hilfskatze fuhr mittig zwischen den zwei Kranbrückenträgern in Fachwerkbauweise. Das eigentliche Haupthubwerk für 35 t auf breiter Laufkatze lässt beiderseits der Kranbrücken seine mehrfach eingescherten Hubseile mit der eingehängten Traverse herab – Mitte: Gleich drei solcher 50-t-Laufkrane wurden zu Beginn der dreißiger Jahre für finnische Wasserkraftwerke an die Umspannwerke in Abo, Helsingfors und Imatra geliefert. Das Hubwerk war für zwei Geschwindigkeiten, 1,75 m/min (50 t) und 8,75 m/min (10 t), mechanisch umschaltbar – Rechts: Diese Mukag-Laufkrananlage aus den frühen dreißiger Jahren, gebaut für eine Gießerei, stellte schon eine Besonderheit dar. Unten lief in dem Hallenschiff der große Laufkran für 20 t Tragkraft. Darüber liefen gleich zwei kleinere Laufkrane für 12 t (rechts) und 7,5 t (links). Dabei diente diesen Kranen eine mittig von der Hallendecke abgehangene Kranbahn als Auflage für je ein Kranfahrwerk. Seinerzeit wurde auch für jeden Kran ein geschulter Kranführer zugeteilt. Gut 50 Jahre später galten solche Kranführer im Rahmen der Einsparmaßnahmen als ausgestorben. Mit einer Flursteuerung oder gar Fernsteuerung versehen, hat heutzutage fast jeder der dort Werktätigen die Gewalt über ein solches Hebezeug (Sammlung Weinbach)

Links: Eine tolle Aussicht hatte seinerzeit der Kranführer dieses aus den späten dreißiger Jahren stammenden elektrisch betriebenen Drehlaufkranes. Bei einer Brückenspannweite von 14 m und einer Kranfahrt (Längsfahrt) mit 60 m/min und einer Katzfahrt (Querfahrt) mit 20 m/min konnte der Kranführer doch gleichzeitig mit 1,5 U/min für die Drehbewegung auch bis in die letzte Ecke des Hallenschiffs gelangen. Um die Arbeit nicht ganz außer Acht zu lassen, konnte er auch gleich Lasten bis 7,5 t Gewicht mit 8 m/min und einer Ausladung von 6 m heben und senken – Mitte: Sogenannte Konsolkrane fuhren oftmals zusätzlich zu den oben laufenden Lauf- oder Brückenkranen an seitlich an den Hallenwänden befindlichen Schienen entlang. Die auch als Wandlaufkrane bezeichneten Hebezeuge besaßen in diesem Fall eine Tragkraft von 3 t bei 6 m Ausladung an dem zusätzlich noch schwenkbaren Ausleger. Gut sind auch die Aufstiege und offenen, holzverkleideten Kranführerkabinen zu erkennen – Rechts: Diese elektrisch betriebene „Führerlaufkatze" für 1 t Tragkraft fuhr in den frühen dreißiger Jahren an einer einzelnen Kranschiene hängend. Die genietete Tragkonstruktion und der offene Antrieb für Katzfahrt und Hubwerk vermitteln einen Eindruck von der damaligen Technik. Das mitfahrende Kranführerhäuschen sah zwar ein wenig einfach, dafür allerdings recht geräumig aus. Die gut erkennbare Hebelsteuerung diente augenscheinlich der Katzfahrtansteuerung beziehungsweise Richtungsumkehr (Sammlung Weinbach)

Links: Die hier abgebildete elektrisch betriebene „Führerstandslaufkatze", so die damalige Bezeichnung auf der Werbeschrift der Maschinen- und Kranbau Leo Gottwald Kommanditgesellschaft aus den späten dreißiger Jahren, besaß eine Tragkraft von 5 t. Sie diente dem Rohrtransport zwischen Produktion und Bahnverladung – Mitte: Zwei von diesen elektrisch betriebenen fahrbaren Bockkranen für Stückgutbetrieb wurden von der Mukag für die Pfeilergründungen zu einem Brückenbau im Ausland geliefert. Die Spannweite von diesem 2-t-Kran betrug 18 m bei einer beidseitigen Ausladung von 7,5 m – Rechts: Auch diese niederländische Schiffsbauwerkstatt in Rotterdam vertraute der Kranbaukunst der Mukag. Der im Vordergrund sichtbare elektrische Laufkran für 60 t Tragkraft und 19,45 m Spannweite besaß zudem ein 10-t-Hilfshubwerk. Der kleinere Laufkran war für 30 t Tragkraft und der seitliche Konsol-Schwenkkran für 3 t bei 6 m Ausladung ausgelegt (Sammlung Weinbach)

Links: Laufkrane, also auf einer hochgelegenen Kranbahn fahrende Kranbrücken, wurden auch für den Außenbereich gebaut. Diese auf einer Schiffswerft arbeitenden Laufkrane besaßen bei einer Spannweite von 26 m und einer Hubhöhe von 23 m jeweils zwei 2-t-Katzen. Geliefert wurden diese „Hellingkrane" in den späten dreißiger Jahren – Mitte: Von diesen elektrisch betriebenen fahrbaren Bockkranen wurden bereits in den späten zwanziger Jahren zwei Exemplare an die in Frankreich gelegenen Bahnhöfe von Melun und Lyon-Montagny geliefert. Die mit Drehstrom betriebenen Hebezeuge hatten bei einer Spannweite von 12,3 m eine Tragkraft von 10 t. Die Kranbewegungen waren für den Notfall auch mittels Handbetrieb auszuführen – Rechts: Diese elektrisch betriebene Koksverladebrücke aus den späten dreißiger Jahren besaß eine Spannweite von 27 m und eine Tragkraft von immerhin 15 t. Entsprechend war auch der mehrsträngig aufgehängte Ladegreifer dimensioniert. Die Antriebsleistungen wurden wie folgt beschrieben: Hubwerk mit 100 PS für 25 m/min, Katzfahrt mit 10 PS für 50 m/min und Brückenfahrt mit 22,4 PS für 40 m/min (Sammlung Weinbach)

Links: Aus den frühen dreißiger Jahren stammte diese große Verladebrücke mit einer Spannweite von 20 m, bei einer zusätzlichen beiderseitigen Ausladung von jeweils 11 m (Kragarm). Der oben laufende Drehkran mit einer festen Ausladung von 15 m besaß eine Tragkraft von 5 t. Der Kran konnte für Stückgut-, Greifer- und Magnetbetrieb eingesetzt werden. Zusätzlich eingebaut wurde auch eine halbautomatische Seilzugwaage, welche natürlich geeicht war, da die Anlage ansonsten laut Kranbetreiber für den Handelsverkehr unbrauchbar gewesen wäre – Mitte: Noch aus Zeiten des Kaiserreiches stammt dieser elektrisch betriebene Drehkran mit 3 t Tragkraft. Die Ausladung des genieteten Festauslegers betrug 13 m bei einer Rollenhöhe von 10 m. Auf einer 2,55-m-Spur fahrend, wurde die Fahrmotorleistung mit lediglich 6,5 PS gewählt. Für das Hubwerk berücksichtigte man bereits 35,8 PS – Rechts: Der hier abgebildete elektrisch betriebene 3,8-t-Drehkran für Greiferbetrieb ist vom Baujahr her wohl in die Zeit um 1920 einzuordnen. Speziell für die Verladearbeiten im Binnenhafen wurde das Kranführerhaus der Aussicht wegen höher gesetzt und der Ausleger mit 7,5 m Ausladung oberhalb der Kabine angesetzt. Für ausreichend Licht auch im holzumbauten Maschinenraum sorgte die großzügige Verglasung desselben. Die Motorleistungen wurden mit 36 PS (heben), 7,5 PS (drehen) und 6,5 PS (fahren) angegeben

(Sammlung Weinbach)

Links: Recht stolz präsentierte sich auch die Mannschaft dieses elektrischen Drehkrans in den frühen dreißiger Jahren. Ihre Maschine lief auf einer Spurweite von 3,2 m mit einer bescheidenen Fahrgeschwindigkeit von 15 m/min. Bei einer Ausladung von 12 m und einer ebensolchen Rollenhöhe konnten Lasten bis 6 t gehoben werden – Rechts: Auf Schienen mit Normalspurweite (1435 mm) bewegte sich dieser elektrisch betriebene Drehkran für Vier-Seil-Greiferbetrieb aus den dreißiger Jahren. Seine Tragkraft betrug am „begehbaren" 9-m-Festausleger 3 t. Der Kranunterwagen verfügte zwar über Puffer, dürfte jedoch mit seinem Fahrmotor mit gerade einmal 7,5 PS weniger für Verschiebearbeiten von Waggons geeignet gewesen sein

(Sammlung Weinbach)

Dieser schwere Drehkran hatte es nicht sonderlich weit bis zum Eigentümer. Von der rechtsrheinisch gelegenen Kranfabrik der Mukag musste er innerhalb Düsseldorfs lediglich auf die andere Rheinseite wechseln, dies natürlich in Einzelteilen. In dem dortigen Hafen arbeitete der Kran Nr. 5 bei einer Fahrwerks-Spurweite von 3 m. Die Tragkraft an dem überlangen verstellbaren Ausleger betrug über die volle Ausladung zwischen 15 m und 24 m immerhin 6 t. In den Drehwerksantrieb wurde eine Geschwindigkeitskontrolle eingebaut, so dass der Kran bei großer Ausladung automatisch langsamer und bei eingezogenem Ausleger schneller drehen konnte

(Sammlung Weinbach)

Links: Auf ein recht kleines Portal aufgesetzt wurde dieser elektrisch betriebene Hafen-Drehkran für Stückgut- und Vier-Seil-Greiferbetrieb. Somit konnten mit dem 7-t-Hubwerk und bei immerhin 16,5 m Ausladung bequem die nebenan stehenden Eisenbahnwaggons beladen werden. Der Ausleger war zudem maschinell verstellbar – Rechts: Ein relativ hochbeiniger fahrbarer Untersatz (4,8 m Spurweite) ermöglichte diesem Portalkran für Greiferbetrieb auch das Überfahren der zu beladenen Eisenbahnwaggons in diesem Binnenhafen. Ebenso konnte auch gleich der ganze Zug, dies natürlich in angemessenem Tempo, unter dem Portal hindurchfahren. Der für 11 m Ausladung angebaute Festausleger (14 m Rollenhöhe) war für eine Tragkraft von 4 t ausgelegt. Der Kranführer scheint hier gerade auf den nächsten Güterzug zu warten

(Sammlung Weinbach)

Dieser gewaltige Portalkran für Stückgut- und Vier-Seil-Greiferbetrieb war bei einer Ausladung von 22 m für immerhin 6 t Tragkraft ausgelegt. Ausgeliefert wurde der „moderne" Hafenkran mit selbsttätiger Wiegeeinrichtung, Bauart Essmann, in den späten dreißiger Jahren. Bei der Gerätebeschreibung wurde besonders betont, dass ausschließlich Kugellager und keine Gleitlager verbaut wurden. Des Weiteren besaß die Krananlage für die Lagerschmierung über „Zentralfettschmierapparate", die im Windenhaus beziehungsweise auf der Bühne des Portals angeordnet waren (Sammlung Weinbach)

Direkt in die schräg angelegte Kaianlage eines Binnenhafens integriert wurde dieser Halbportalkran für Greiferbetrieb. Bei einer festen Ausladung des allerdings drehbaren Kranoberwagens von 12,5 m lag die maximale Traglast bei 5 t

Eine besonders imposante Krananlage stellte dieser elektrisch betriebene fahrbare Portal-Drehkran dar. Der von der Mukag in den frühen dreißiger Jahren gebaute Kran war dabei für Stückgut-, Kübel-, Greifer- und Lasthebemagnetbetrieb mit einer Tragkraft von 7,5 t geeignet. Die Ausladung des mit einer Seilzugwaage ausgestatteten Drehkrans betrug beachtliche 21 m. Bei einer Ausladung von nur 10,5 m konnten zudem Stückgutlasten von bis zu 15 t gehoben werden. Zwischen dem drehbaren Oberwagen und dem fahrbaren Portal wurde außerdem ein besonderer elektrisch angetriebener Wagen eingebaut, durch den der Kran vom Portal auf feststehende Brücken (hier nicht im Bild) auffahren konnte. Von dort konnte das Material dann auf dem Lagerplatz verteilt werden. Eine in dem landseitigen Portalfuß eingebaute Spilleinrichtung diente überdies zum Heranbringen von Eisenbahnwaggons

(Sammlung Weinbach)

Von diesen Vollportalen mit oben laufenden Drehkranen wurden von der Mukag in den zwanziger Jahren gleich fünf Stück in einem holländischen Hafen aufgebaut. Wie unschwer an dem hohen Heckaufbau und den Schornsteinen zu erkennen ist, wurden die Drehkrane dampfbetrieben. Da sie mit ihrer Ausladung von 14 m und einer Tragkraft von 5 t im Vier-Seil-Greiferbetrieb dem Kohlenumschlag dienten, dürfte die gegenseitige Versorgung mit Brennstoff in luftiger Höhe keine Probleme bereitet haben (Sammlung Weinbach)

Zwar nicht stationär, jedoch auch in diesem Kapitel gut aufgehoben, ist dieser kleine Schwimmkran für maximal 7 t am großen Haken, bei allerdings nur 5 m Ausladung (Rollenhöhe 10,5 m). Durch den verstellbaren Ausleger bedingt, konnte er allerdings auch mit 3,5 t bei dann 9 m Ausladung arbeiten. Die Tragkraft für den außenliegenden kleinen Haken betrug bei 12 m Ausladung noch 2,5 t. Der auf dem „Hebeschiff 4" der Rheinstromverwaltung in Koblenz verfahrbare Dampfkran wurde gleich in mehreren Exemplaren in den frühen dreißiger Jahren geliefert. Der kleine Lasthaken konnte auch mittels Handwinde gehoben werden. Als Bagger eingesetzt, konnten ein 1-m³-Kiesgreifer oder ein schwerer Baggergreifer für 0,75 m³ Inhalt für Bewegung sorgen (Sammlung Weinbach)

Links: Noch aus den späten zwanziger Jahren stammt dieser elektrisch betriebene Spezial-Drehkran auf 2,1-m-Spurweite. Für Stückgut-betrieb und Rohrverladung mit Spezialtraverse konnten an dem verstellbaren Ausleger Lasten von 5 t bewegt werden. Die größte Ausladung betrug 7,5 m. Der Oberwagen verfügte zur Stromversorgung der Antriebe über einen neig- und drehbaren Stromabnehmermast. Somit war das Gerät zum Durchfahren von verschieden hohen Hallen und Zwischenhallen ohne Schleifdraht geeignet (Sammlung Weinbach)

Für die Bekohlung von Seeschiffen in einem französischen Hafen wurde von der Mukag dieser imposante Dampfschwimmkran geliefert. Geeignet sowohl für Stückgut- als auch für Greiferbetrieb verfügte der Kranriese über eine verstellbare Ausladung zwischen 12 m (12 t Tragkraft) und 18 m (8 t Tragkraft), wobei die Rollenhöhe dann 28,25 m beziehungsweise 12 m betrug. Für entsprechend gute Übersicht des Maschinenführers sorgte das hochgelegene Steuerhaus. Obwohl mit eigenem Kessel für die Krandampfmaschine im Kranhaus versehen, konnte die Dampfspeisung alternativ auch von dem Schiffskessel erfolgen. Das Schiff hatte eine Länge von 34 m, eine Breite von 10,8 m und eine Höhe von 2,45 m. Für die erforderliche Manövrierfähigkeit des schwimmenden Untersatzes sorgte der Schiffsantrieb mit seinen zwei Schrauben (Sammlung Weinbach)

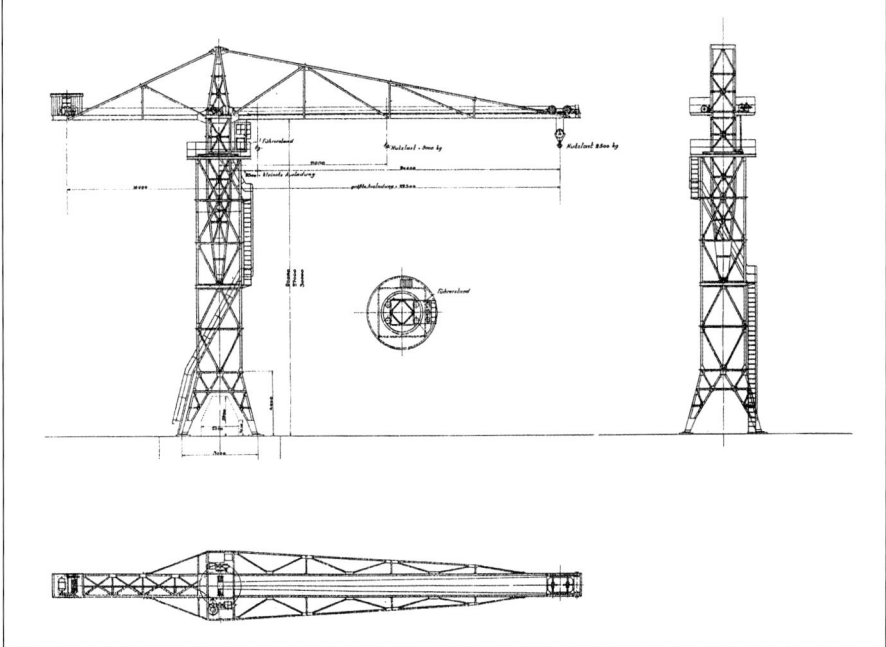

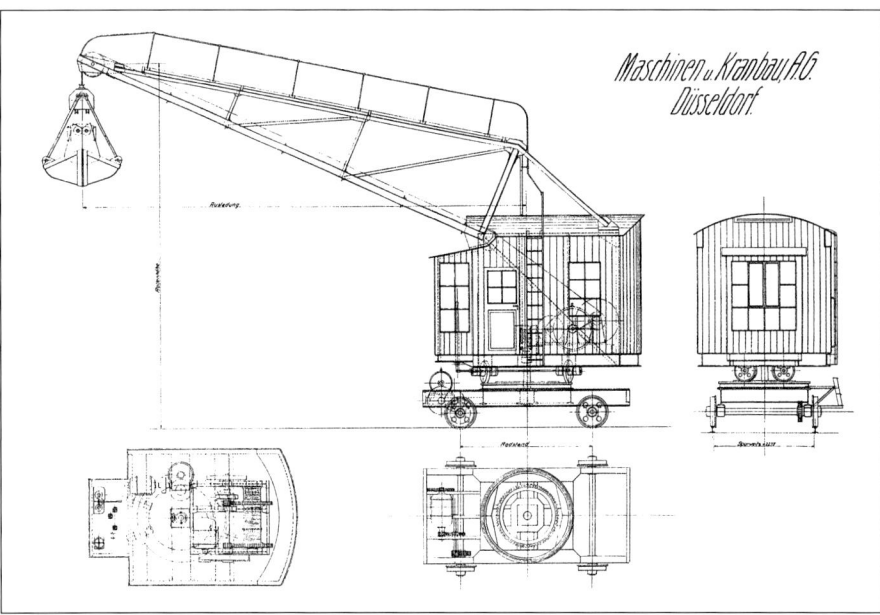

Maschinen u. Kranbau A.G.
Düsseldorf

Nicht ganz themengetreu, jedoch auch solche elektrisch betriebenen Ausziehwinden für Öfen wurden seinerzeit von der Mukag gebaut (Sammlung Weinbach)

Oben: Auch Turmdrehkrane mit elektrischem Antrieb wurden bereits von der Mukag gefertigt. Der hier abgebildete Obendreher verfügte über eine Nutzlast von 5 t bis zu 11 m Ausladung und darüber hinaus bis zur maximalen Ausladung von 22,5 m eine Nutzlast von 2,5 t. In der Höhe konnte der Turmdrehkran stufenweise bis zu einer Katzbahnhöhe von 20 m, 27 m und 30 m ausgebaut werden. Der Sockel hatte eine Basis von 5 x 5 m – Unten: An dem elektrisch betriebenen Mukag-Drehkran mit Festausleger, hier im Greiferbetrieb, ist sehr gut die seinerzeit übliche Verbindung von Unterwagen und Oberwagen mittels Schienenring, darauf drehenden Laufwerken und mittigem „Königszapfen" zu ersehen (Sammlung Weinbach)

Stationäre Krane nach 1950

Nach dem Zweiten Weltkrieg wurden erst zu Beginn der fünfziger Jahre wieder stationäre Krananlagen unter dem Label der Leo Gottwald KG gebaut. Diese Krane sollten, so war nun mal der Lauf der Zeit, teilweise noch größere Abmaßungen aufweisen als vor dem Kriege. Nahezu die gesamte Bandbreite dieser Krangattungen im Angebot, wurden bis in die Mitte der sechziger Jahre beispielsweise Drehkrane, Portalkrane, Lauf- beziehungsweise Brückenkrane, spezielle Hüttenkrane und gewaltige Maschinenhauskrane gebaut. Dabei war den Kranprospekten der sechziger Jahre zu entnehmen, dass beispielsweise Portalkrane bis 250 t Tragfähigkeit oder Laufkrane gar bis 500 t Tragfähigkeit für die Konstruktionsabteilungen

keine Probleme darstellten. In dieser Größenordnung sind allerdings keine derartigen Gottwald-Hebezeuge bekannt.

Machte der Anteil dieser Krananlagen am Gesamtumsatz der Leo Gottwald KG in den fünfziger Jahren noch fast 17 Prozent (fast 20 Millionen DM) aus, so war das Geschäftsfeld anschließend zunehmend rückläufig. Mit der Fertigung im Jahre 1967 endend, wurden in diesem Jahrzehnt nur noch rund 15,5 Millionen DM umgesetzt, was einen Gesamtanteil von nicht einmal mehr sechs Prozent ausmachte.

Da jedoch auch in diesen knapp 15 Jahren interessante Krananlagen von den Konstruktions- und Fertigungsabteilungen erstellt wurden, sollen diese hier in angemessener Weise vorgestellt werden.

Mit unverkennbarer Vorkriegstechnik, inklusive Dampfantrieb, ausgestattet, wurde dieser auf der Baggerschute verfahrbare Schwimmkran für die in Wesel ansässige Firma Hülskens & Co. Ende der vierziger Jahre gebaut. Der Schwimmkran „14" diente vornehmlich für Baggerungen auf dem Rhein
(Lindenlauf)

Schwimmkrane wurden auch nach dem Krieg wieder ins Fabrikationsprogramm aufgenommen. Dieser elektrisch betriebene Schwimmbagger für eine Kiesbaggerei, Baujahr 1951, zeigt eindeutige Merkmale der Vorkriegsmaschinen. Auch wurde auf das altbewährte Baumaterial Holz zurückgegriffen, zumindest was die Maschinenraumumhausung betrifft. Dieses Exemplar hatte eine Tragfähigkeit von 6 t x 7,5 m. Mit dem Zwei-Motoren-Windwerk konnte im Vier-Seil-Greiferbetrieb bis in 20 m Tiefe der Kies an die Wasseroberfläche geholt werden
(Sammlung Weinbach)

Wenn ein so gewaltiger Laufkran in den fünfziger Jahren in den Werkshallen vormontiert wurde, war zumindest in diesem Hallenschiff über längere Zeit kaum noch Platz für andere Projekte
(Sammlung Weinbach)

Rechts: Im Jahre 1953 baute man für die Städtischen Häfen Düsseldorf diesen Halbportal-Doppellenker-Wippdrehkran. Sowohl für den Greiferbetrieb wie auch für den Stückgutbetrieb betrug die Tragkraft 3,5 t für den kompletten Ausladungsbereich zwischen 6,5 m und 20 m. Als Kran für Stückgut betrug seine Leistung gar 5 t bis zu einer Ausladung von 14 m
(Sammlung Weinbach)

Diese imposante Verladebrücke mit hängendem Drehkran wurde ebenfalls zu Beginn der fünfziger Jahre für die Stadtwerke Düsseldorf errichtet
(Sammlung Weinbach)

Rechts: In einem rheinischen Hüttenwerk arbeitete dieser Traversen-Laufkran mit einer Kapazität von 30/10 t. Der mit zwei Hubwerken ausgestattete Kran ist hier beim Transport von Brammen (Stahlblöcken) zu sehen
(Sammlung Weinbach)

Links: Dieser 1954 gefertigte Traversen-Laufkran mit 28 m Spannweite hatte einen Haupthub von 30 t für den Brammentransport und ein zusätzliches 10-t-Hubwerk für den Magnethub – Rechts: Laufkranmontage zu Beginn der fünfziger Jahre in den Düsseldorfer Werkhallen. Die 30-t-Laufkatze ist bereits aufgesetzt. Auf der rechten Seite sind die zahlreichen blanken Kupferschienen der Stromversorgung für Hubwerk und Katzfahrwerk zu sehen. Seinerzeit wurde die Spannungsversorgung der Triebwerke vornehmlich mit Schleifkontakten an „offenen" Schleifleitungen bewerkstelligt. Als Berührungsschutz beim Begehen der Kranbrücke (rechter Laufweg) ist ein engmaschiges Drahtgeflecht als Abstandhalter vorgebaut. Entsprechend berührungssichere „gekapselte" Schleifleitungen oder gar Schleppkabel kamen erst viel später zum Einsatz
(Sammlung Weinbach)

Links: Diese Stripper-Laufkatze für einen „Stripperkran" mit 20 t Tragkraft wird noch in den Düsseldorfer Werkhallen komplettiert. Mit solchen von Gottwald gefertigten Abstreif- oder Stripperkranen werden in den Stahlwerken nach einer gewissen Abkühlphase die Kokillen mittels spezieller Abstreifwerke (Stripperzange) von den noch rotglühenden Stahlblöcken abgestreift
(Sammlung Weinbach)

Rechts: Für die im Stahlwerk eingesetzten Stripperkrane wurden natürlich auch von Gottwald die passenden Stripperzangen gebaut. Diese Abstreifvorrichtung besteht aus einer Zange und einem dazwischen befindlichen Stempel. Die Zange fasst die Blockform oder Kokille an seitlichen Vorsprüngen oder Nasen und hält sie fest. Der Stempel setzt sich dann auf den Block auf und drückt ihn nach unten aus der Kokille heraus
(Sammlung Weinbach)

Gießlaufkran 50/10 t Tragkraft in einem rheinischen Hüttenwerk. Mit einem solchen Kran wird mit eingehängten Gießpfannen der aus dem Konverter kommende Stahl zur Gießhalle gebracht und dort in Blockformen oder Kokillen gegossen
(Sammlung Weinbach)

Immer an der Wand lang, so könnte man diese Krananlage umschreiben. Auch solche Konsolkrane, hier für 5 t Tragkraft in einem Hüttenwerk, wurden nach dem Krieg wieder gebaut
(Sammlung Weinbach)

Stahlwerke waren besonders gute Kundschaft der Gottwald-Kranabteilung. Dieser im Freien arbeitende 7,5-t-Laufkran wurde vorwiegend mit eingehängtem Lastmagnet auf dem Schrottplatz des Stahlwerkes eingesetzt. Rechts ist eine große Anzahl von Kokillen, also der Gussform für kleinere Stahlblöcke, aufgetürmt. Mit der unter dem Magnet hängenden Kugel wurde auf dem Schrottplatz der Schrott zertrümmert

(Sammlung Weinbach)

Gleich mehrere Gottwald-Traversen-Laufkrane arbeiteten seit 1954 in diesem Hüttenwerk. Diese Krane für 30/10 t Tragkraft verfügten über ständig als Lastaufnahmemitteln eingehängte Spezialtraversen zur sicheren Aufnahme von gestapelten Stahlblechen

(Sammlung Weinbach)

Oben: Dieser Vollportal-Drehkran mit festem Ausleger wurde bereits 1955 für die Städtischen Häfen Düsseldorfs gebaut. Er war für 6 t Tragkraft bei 18 m Ausladung für Greifer- und Stückgutbetrieb einsetzbar.
Rechts: Vor dem Versand wurde jeder Kran erst einmal in wesentlichen Teilen auf dem Firmengelände montiert. Für die etwas höheren unhandlichen Krane, wie diesen Bockkran, musste man schon mal auf den Firmenhof ausweichen. Der Gerüstbau bei diesen Montagearbeiten scheint zumindest aus heutiger Sicht verbesserungswürdig gewesen zu sein. Doch wie heißt es so schön: Andere Zeiten, andere Sitten

(Sammlung Weinbach)

Ein fertiger Zangenbaum mit kraftschließender Tiefofenzange für 10 t Tragkraft ist fertig zum Bahntransport verladen. Ähnlich wie die Stripperkrane dienen die Tiefofenkrane mit ihrer Zange zum Aufnehmen der in Wärmeausgleichsgruben zwischengelagerten glühenden Stahlblöcke (Sammlung Weinbach)

Rechts: Dieser Laufkran mit Ausleger-Laufkatze war mit einem 10-t-Magnet-Hubwerk und einem 20-t-Stückgut-Hubwerk ausgestattet. Derartige Laufkatzen wurden als sogenannte „Fallwerkskrane" auf großen Schrottplätzen der Stahlwerke eingesetzt. Zum Zerkleinern größerer Gussstücke gab es auf den Schrottplätzen Schlagwerksanlagen. Diese verfügten über oben offene, seitlich mit starken Holzbohlenwänden verkleidete Schlagräume sowie den darüber arbeitenden Fallwerkskran. Dieser Kran ließ zur Zersprengung der Schrottteile die schwere Fallkugel einfach auf den Schrott fallen. Vorab sorgte der Kran natürlich auch für die Befüllung des Schlagraumes (Sammlung Weinbach)

Links: Transport in drei Teilen: Ein Drehkran mit festem Gitterausleger wird in den frühen fünfziger Jahren von der Deutschen Bundesbahn mit Schwerlastrollern unterschiedlicher Bauart zum Kunden transportiert. Hier wartet man schön aufgereiht vor den Werkshallen auf der Reisholzer-Werftstraße auf die Abfahrt – Mitte: Die Zugmaschine des Drehkran-Unterwagentransporters scheint noch anderweitig unterwegs zu sein. Die Vollgummireifen des Rollers sind schon recht angenagt von der harten Arbeit, obwohl sie bei diesen Lasten noch lange nicht an ihren Belastungsgrenzen angelangt sind – Rechts: Der Konvoi des Drehkran-Transportes vor dem Werksgelände der Leo Gottwald KG ist vorbildlich mit Baustellenlampen abgesichert. Bis zur Abfahrt in den dunklen Abendstunden ist es augenscheinlich noch ein wenig hin (Sammlung Weinbach)

Gleich drei Gottwald-Brückenkrane arbeiteten beim Transformatorenhersteller Schorch in diesem Hallenschiff. Im Vordergrund ist ein 150/30-t-Kran, dahinter ein 100/30-t-Kran und ganz hinten ein 30-t-Kran zu erkennen (Sammlung Weinbach)

Links: Auch Maschinenhaus-Krane, hier für nur 100/10 t bei 31 m Spannweite, wurden seit den fünfziger Jahren wieder gebaut. Diese Krane für große Traglasten wurden in den Turbinenhallen von Kraftwerken, damals fast ausschließlich Kohlekraftwerke, eingebaut – Rechts: Diese Laufkatze war in den fünfziger Jahren für einen Maschinenhaus-Kran mit immerhin 160/10 t Tragkraft vorgesehen. Es wurden von Gottwald jedoch auch noch stärkere Geräte bebaut

(Sammlung Weinbach)

Dieser hohe Bockkran mit nur sehr kleiner Spannweite musste auf dem Hofgelände zur Vorabnahme komplettiert werden. Endziel für diesen Kran soll Kuba gewesen sein

(Sammlung Weinbach)

Links: Für die in Düsseldorf ansässige Firma Henkel & Cie. GmbH (z. B. Waschmittel) wurde dieser Drehkran mit festem Ausleger gebaut. Seine 5 t Tragkraft konnte er im Greiferbetrieb bei 18 m Ausladung unter Beweis stellen – Rechts: Dieser 4-t-Drehlaufkran für den Greiferumschlag besaß nur einen sehr kurzen Vollwandausleger für 5,75 m Ausladung. Er diente auf der 19 m langen Kranbrücke dem Schüttgutumschlag zwischen Bunkeranlage und Produktionsstätte

(Sammlung Weinbach)

Auch solche Drehkrane, fest aufgebaut auf Baggerschiffen, dienten dem Umschlag, wie auch bei Baggerungen im Flussbett. Dieser Kran wurde 1957 an einen Baggerbetrieb in Koblenz geliefert (Sammlung Weinbach)

Rechts: Dieser Halbportal-Doppellenker-Wippdrehkran stammt aus dem Jahre 1959. Er verblieb für den Einsatz bei der Industrieterrains AG am Rhein in Düsseldorf-Reisholz. Seine Tragkraft betrug 6 t bei 8 bis 28 m Ausladung im Greiferbetrieb, 12 t bei 8 bis 14 m Ausladung beziehungsweise 6 t bei 8 bis 28 m Ausladung im Stückgut- und Magnetbetrieb

(Sammlung Weinbach)

Oben: Dieser Vollportalkran mit Greiferlaufkatze war gleichfalls noch aus den fünfziger Jahren und hatte für den Quarzsandumschlag eine Tragkraft von 4 t – Unten: Für den Greiferumschlag mit Vollwandausleger und 10 t Tragkraft bei 23 m Ausladung war dieser Vollportal-Drehkran entwickelt worden

(Sammlung Weinbach)

Der Portal-Drehkran mit starrem Ausleger ist gegenüber dem technisch aufwändigeren Wippdrehkran natürlich wesentlich billiger. Er eignet sich grundsätzlich jedoch für die gleichen Aufgaben, hat aber geringere Umschlagsleistungen, da Aufnahmepunkt und Abwurfpunkt der Last auf einem Kreisbogen liegen müssen, dessen Halbmesser der Ausladung entspricht. Liegen sie nicht auf einem Kreisbogen, dann muss der Kran bei jedem Arbeitsspiel verfahren, wodurch sich die Arbeitsspieldauer erhöht und damit die stündliche Umschlagsleistung verringert.

Der Doppellenker-Wippdrehkran ist für den zügigen Umschlag insbesondere von Schüttgut besonders geeignet. Das Auslegersystem besteht aus dem an der Drehplattform gelagerten Drucklenker, dem oben am Bockgerüst gelagerten Zuglenker sowie dem an den Enden dieser Lenker befestigten Spitzenlenker. Damit die beim Krandrehen auftretenden horizontalen Massenkräfte aufgenommen werden können und somit den Zuglenker auch tatsächlich nur auf Zug beansprucht, ist der Drucklenker entsprechend verdrehsteif ausgebildet.

Während des Wippens des Doppellenkers vollführen die Umlenkrollen am Ende des Spitzenauslegers eine Koppelkurve, die bei entsprechender Ausführung der Anlenkpunkte in dem nutzbaren Wippbereich zur Horizontalen wird. Da sich während des Wippens die Seillänge zwischen den Seiltrommeln und den Spitzenauslegerrollen nicht ändert, bleibt die Last immer auf gleicher Höhe. Der horizontale Lastverlauf vereinfacht natürlich dem Kranführer die Arbeit über Bunkern oder engen Luken ungemein und lässt somit höhere Dreh- und Wippgeschwindigkeiten zu. Entsprechend verkürzt sich die Arbeitsspieldauer und ermöglicht damit eine größere stündliche Umschlagsleistung.

Dieser Vollportal-Doppellenker-Drehkran besitzt einen festen Kastenausleger. Seine Tragkraft wurde für den Greiferbetrieb mit 5 t bei einer Ausladung zwischen 5 m und 25 m angegeben (Sammlung Weinbach)

Links: Diese 8-t-Greiferkatze befindet sich noch in der Komplettierung – Rechts: Selbst in Köln – Kenner der rheinischen Rivalität werden diese Anspielung verstehen – wurden die bewährten Krane aus Düsseldorf aufgebaut. Der im Rheinhafen Köln-Godorf seit den sechziger Jahren arbeitende Doppellenker-Wippdrehkran hatte eine Traglast von 6 t

(Sammlung Weinbach)

Aus dem Montageleben

Oben links: Aller Anfang ist schwer. Für den Aufbau der stationären Krane wurden natürlich entsprechend markentreu ebenfalls Gottwald-Mobilkrane eingesetzt. Hier beginnt man mit Hilfe eines MK 110 das erste Bein eines Vollportal-Doppellenker-Wippdrehkrans aufzustellen – Oben Mitte: Die Beine des Portals stehen bereits sicher. Nun wird das gewichtige Drehgestell des Oberwagens mit dem 20-Tonner Mobilkran aufgesetzt. Wer weiß, der oben aufstehende Mann dient vielleicht zum Gewichtsausgleich der einfacheren Montage wegen – Oben rechts: Das Aufsetzen des Bockgerüstes scheint für den nicht abgestützt arbeitenden MK 110 (20 t) kein Problem zu sein – Links: Auf diesem Schrottplatz konnten sich die beiden endmontierten Vollportal-Wipplenker-Drehkrane mit ihren 8 t x 25/8 m Ausladung richtig austoben. Die Krane verfügten über ein hydraulisches Einziehwerk und dienten beim Schrottumschlag in einer rheinischen Schrottgroßhandlung. Es konnten Haken, Greifer, Magnet und Mehrschalengreifer eingesetzt werden
(Sammlung Weinbach)

Montage einer Bekohlungsanlage

Rechts: Im Jahre 1960 wurde in Düsseldorf eine komplette Kohlenfeuer-Entladeanlage des Kraftwerkes Lausward (im Hintergrund) von Gottwald erstellt. Herzstück dieser Anlage war natürlich die gewaltige Verladebrücke mit dem Doppellenker-Wippdrehkran für 8 t Tragkraft bei 8/30 m Ausladung. Außer dem „Känguruh-Kran" gehörte auch eine Bandanlage, eine Waggonbeladestation und eine Wiegeeinrichtung zum Auftragsvolumen. Hier setzen gerade zwei hauseigene Autokrane vom Typ AK 70 und AK 115 die Brücke auf die bereits stehenden Protalfahrwerke (Leder)

Links: Das Aufsetzen des Maschinenhauses besorgten ein AK 115 und ein Mobilkran vom Typ MK 77/3S in gemeinsamer Arbeit. Der Automobilkran hatte hierzu einen kurzen Spitzenausleger montiert –
Oben: Hier ist schon langsam zu erahnen, dass es sich einmal um einen Doppellenker-Wippdrehkran handeln wird. Nunmehr zieht der Autokran AK 115 den Spitzenlenker zusammen mit dem unten befindlichen Drucklenker und dem oben befindlichen Zuglenker auf Höhe. Der Zuglenker wird dann mit dem Gerüstbock verbunden. Die hochstehenden schmalen Zugstangen (am Drucklenker angeschlagen) werden dann noch mit der oben auf dem Bock erkennbaren Ausgleichsgewichtswippe verbunden (Sammlung Weinbach)

Links Hier ist der Kran im Jahre 1996 bei der Entladung des Kohlefrachters „Düsseldorf" zu sehen. Auch wird dabei ersichtlich, warum diese spezielle Art von Greiferkran auch als „Känguruh-Kran" bezeichnet wird. Ohne irgendeine Drehbewegung vollführen zu müssen, lädt der Kranführer das Schüttgut in den zwischen Schiff und Kran erkennbaren Füllbunker. Von dort wird die Kohle auf Förderbändern innerhalb der Kranbrücke zur links sichtbaren Bandanlage gefördert, die direkt bis zur Waggonverladeanlage mit integrierter Wiegeeinrichtung führt. Selbstverständlich kann der Kran auch ohne diese Trichteranlage drehenderweise arbeiten und direkt in Eisenbahnwaggons verladen (Weinbach)
Rechts: Fabrikationsprogramm der fünfziger Jahre (Sammlung Weinbach)

Erstkunde für den neuen Portalkran der Baureihe WSG war die COBI Container Terminal AG im schweizerischen Birsfelden. Bei einer Portalspurbreite von immerhin 63 m, einem wasserseitigen Kragarm von 32 m Länge und einem landseitigen Kragarm von 21,5 m Länge ist ein gewaltiger Arbeitsbereich mit dem Gerät zu bestreichen. Die normale Traglast des Krans beträgt 52 t an den Seilen, für Speziallasten immerhin 67,5 t und am Container-Spreader 40 t. Die Hubhöhe dieser Containerbrücke beträgt 18 m (Gottwald Port Technology)

Gleich drei neue Rohrportalkrane gingen im Frühjahr 2004 bei den „Hafenbetrieben Ludwigshafen am Rhein GmbH" in Betrieb. Auf diesem Luftbild sieht man das Gottwald-Trio im Hafen von Ludwigshafen bei der Arbeit. Zwei dieser WSG-Vertreter mit 50 m Portalspannweite arbeiten seither mit einer Kaiausladung von 37,5 m und einer landseitigen Kragarmausladung von 20 m im sogenannten „Trimodalumschlag" zwischen Schiff, Güterzug und Lkw. Die Hubkapazität eines jeden Krans beträgt 67 t bei einem möglichen Container-Handling von 1 über 5. Der dritte Portalkran ist zur reinen landseitigen Lagerbeschickung mit einer Hubkapazität von lediglich 57 t im Einsatz. Seine Spannweite zwischen den Portalen beträgt auch nur 31 m, bei Kragarmausladungen von 6,5 m beziehungsweise 9 m sowie einer möglichen 1 über 3 Container-Beschickung (Gottwald Port Technology)

Wiederbelebung längst vergessener Kranarten

Ende der sechziger Jahre wurde bekanntlich der Bau von stationären Kranen wie den zuvor hundertfach verkauften Lauf-, Portal- und Brückenkranen zugunsten der Fahrzeugkranfertigung eingestellt. Die benötigten Produktionskapazitäten am beengten Düsseldorfer Standort sind wohl nicht zuletzt zugunsten der rasend steigenden Nachfrage an mobilen Autokranen an diese zukunftsweisenden Geräte verloren worden.

Erst im Jahre 2003, nun jedoch am neuen Standort Düsseldorf-Benrath, hat man zumindest den Bau von Portalkranen wieder aufgenommen. Hiervon wurden seither über ein Dutzend Geräte, noch dazu in beträchtlicher Größe, für In- und Ausland zur Auslieferung gebracht.

Kran 3 mit 57 t Tragkraft ist hier bei seiner landseitigen Stapelei im Triport Ludwigshafen zu sehen (Gottwald Port Technology)

Links: Für den „Intermodalumschlag" zwischen Schiene und Straße wurden im Herbst 2005 gleich fünf Fachwerkportalkrane der Baureihe WSG zur Erweiterung des nahe Mailand gelegenen Bahnterminals „Busto Arsizio-Gallarte" in Dienst gestellt. Der Schweizer Transportspezialist Hupac hat die Krane für den 1 über 3 Containerumschlag (12,8 m Hubhöhe) an diesem bedeutenden Umschlagterminal südlich der Alpen angeschafft. Die Geräte mit 38 m Spannweite und einem einseitigen Kragarm von 9 m Länge besitzen eine Traglast von 57 t an den Seilen. Bei Einsatz des Teleskopspreaders beträgt die Hubkapazität hingegen 41 t. Als Neuheit für derartige Bahnterminalkrane verfügen die Geräte über die Möglichkeit zur Neigung der Last in Längsachse, das sogenannte Lasttrimmen. Dies ist insbesondere beim Umschlag von Sattelaufliegern mittels Greifarmgeschirr, wie hier zu sehen, wichtig. Die Möglichkeit des Trimmens wird bei diesen Kranen durch den Einsatz von gleich zwei speziell entwickelten Hubwerken gewährleistet (Gottwald Port Technology)

Eisenbahnkrane

Bei den hier vorgestellten Eisenbahnkranen handelt es sich, anders als bei den zwar auch auf Gleisen bewegten kleinen Schienenkranen oder Schienenbaggern für den reinen Baustellen-, Hafen- oder Werksbetrieb, überwiegend um solche Geräte, die auf den unterschiedlichen Spurweiten überregional arbeiteten. Kurzum, solche Eisenbahnkrane waren in Eisenbahnzüge einstellbar, also für relativ hohe Fahrgeschwindigkeiten jenseits der 50 km/h ausgelegt. Als Ausnahme seien hier allerdings auch die ersten Ausführungen von Dampf-Rangierkranen behandelt, die sich zwar auf Normalspur (1435 mm in Deutschland) bewegten, jedoch aufgrund ihrer einfachen ungefederten Fahrgestelle noch nicht in Eisenbahnzüge einstellbar waren. Natürlich gab es auch in späteren Jahren Vertreter dieser Gattung, wie zum Beispiel Bekohlungskrane beziehungsweise -bagger oder Ladekrane, die ihr Dasein mehr oder weniger ein Leben lang in einem Bahnbetriebswerk oder auf einem Werksgelände fristeten und nicht viel vom Arbeiten auf freier Strecke mitbekamen. Diese Geräte waren jedoch zumindest für große Ausfahrten geeignet und sollen an dieser Stelle nicht vergessen werden.

Die ersten dieser schon bei der Mukag gefertigten Eisenbahnkrane stammten jedenfalls aus den frühen zwanziger Jahren des letzten Jahrhunderts. Diese waren zweifelsohne dampfbetrieben und hatten ihre technischen Wurzeln unverkennbar in den ersten Dampfkranen der Mukag. Nachfolgend sollen die über die Jahrzehnte bei der Mukag und schließlich bei Gottwald hergestellten Eisenbahnkrane chronologisch aufgeführt werden. Dabei handelte es sich oftmals um Einzelstücke, die ganz auf die Belange des jeweiligen Kunden hin gefertigt wurden.

Der DL 4 – Aller Anfang ist leicht

Der erste Vertreter dieser Kranart war der Mukag-Dampf-Rangierkran vom Typ DL 4, der in den Folgejahren einige stärkere Nachfolgetypen bekommen sollte. Das Leichtgewicht konnte sich auf zwei ungefederten Achsen für Normalspur fortbewegen und war für eine Tragkraft von maximal 4 t bei 4 m Ausladung (Rollenhöhe 7,7 m) ausgelegt. Dabei kam er ohne irgendeine Zusatzabstützung aus. Bei seiner größten Ausladung von 7,5 m konnte der Kran noch eine Last von 2 t sicher beherrschen. Aus der seinerzeit eingeführten Typbezeichnung ließ sich bereits unschwer die Traglast in Tonnen wie auch der vorhandene Dampfantrieb entnehmen. Ebenso war der mögliche Einsatz als Ladekran mit verstellbarem Ausleger für Stückgut-, Kübel- und Ein-Seil-Greiferbetrieb herauszulesen. Ein Vier-Seil-Greiferbetrieb war bei dem mit nur einer Winde versehenen Kran nicht möglich. Dies sollte erst mit den nachfolgenden Typen DV 6 und DV 12 praktizierbar werden.

Die Bezeichnung als Rangierkran hatten all diese Geräte aufgrund der Tatsache erhalten, dass unter Zuhilfenahme ihrer Eigenverfahrbarkeit mit bescheidenen 120 m/min (7,2 km/h) auch Eisenbahnwaggons verschoben, eben rangiert werden konnten. Der Käu-

fer einer solchen Maschine hatte also gleichzeitig eine Rangierlokomotive im Preis inbegriffen. Diese Investition lohnte sich somit gleich doppelt.

Für längere und schnellere Fahrten über Land konnte der DL 4 allerdings, trotz seines Normalspur-Fahrwerkes, noch nicht in entsprechende Züge eingestellt werden. Hierfür musste das Gerät teildemontiert und auf spezielle Waggons verlastet werden.

DL 6 – stärker, höher, weiter

Der bewährte DL 4 sollte schon nach kurzer Zeit durch den stärkeren DL 6 abgelöst werden und verschwand alsbald aus dem Angebotsprogramm der Mukag. Was die Kranleistungen des Nachfolgers betraf, so lagen die Traglasten am einfachen Profileisenausleger nun zwischen 6 t x 4,5 m (9,15 m Rollenhöhe) und 2 t x 9 m (4,35 m Rollenhöhe). Der neue Dampf-Rangierkran konnte zudem in einer Vier-Seil-Greifer-Variante, dann natürlich mit besonderem Greiferwindwerk ausgerüstet, folgerichtig als DV 6 bestellt werden. Da sich der Sechstonner über einige Jahre im Mukag-Programm wiederfand, erhielt er mit der Zeit auch zeitgemäße Ausleger in Gitterbauweise, die teilweise auch mit gekröpfter Auslegerspitze oder gar wählbarer Länge bestellt werden konnten. Mit Greifer und vier Seilen arbeitend betrug die maximale Tragkraft 3 t. Die möglichen Greifergrößen waren dabei wie immer vom Grabgut abhängig: 1,5-m³-Kohlegreifer, 0,9-m³-Kiesgreifer und 0,5-m³-Baggergreifer waren einsetzbar.

Der Unterwagen kam nach wie vor mit zwei Normalspur-Achsen und lediglich 2 m Radstand aus. Die größte Länge des Unterwagens über die Puffer (LüP) betrug 5570 mm. Der im Oberwagen befindliche Dampfantrieb verfügte über zwei Dampfzylinder (200 mm Hub, 200 bis 250 U/min), welche satte 26 Pferdestärken (19 kW) zur Verfügung stellten. Damit konnte der knapp 35,3 t schwere DV 6 eine Endgeschwindigkeit von 140 m/min, also knapp 8,4 Stundenkilometer erreichen. Da das Fahrwerk gleichfalls noch nicht geeignet war, um bei hoher Schleppgeschwindigkeit am sonstigen Bahnverkehr teilnehmen zu können, musste auch der DL/DV 6 noch separat auf Spezialwaggons verladen werden. Hierzu konnten aber immerhin Ober- und Unterwagen ohne vorherige Trennung huckepack genommen werden. Lediglich der Ausleger war vorher zu demontieren.

Einsatzbereit zusammengebaut konnte man mit dem DL 6/DV 6 zwei bis drei beladene oder gar acht bis zehn leere Eisenbahnwagen verschieben. Die Bezeichnung als Rangierkran trugen diese Geräte also zu Recht. Den Zweiten Weltkrieg überlebend, sollte der DV 6 auch bereits im Jahre 1947 wieder zu den wenigen Krantypen gehören, die in dem erst wieder im Aufbau befindlichen Gottwald-Werk an der Reisholzer Werftstraße gefertigt wurden. Für ein solches Gerät hatte man dann knapp über 45 000 Reichsmark zu bezahlen. Nicht verschwiegen werden soll bei diesem Dampfkran, dass neben der eigentlichen Verlade- oder Baggerarbeit des Ma-

Links: Mukag-Dampf-Rangierkran vom Typ DL 4 für Normalspur mit einfachem, allerdings verstellbarem Ausleger für maximal 4 t x 4 m. Der Kranführer hatte beste Sicht auf Haken und Last, weil eine störende Frontverkleidung nicht vorhanden war. Mit dem Rangierkran konnten natürlich auch Eisenbahnwaggons rangiert werden – Rechts: Mukag-Dampf-Rangierkran vom Typ DV 6 mit einfachem Profilausleger aus einem zeitgenössischen Werbeblatt. Der Unterwagen war zwar eisenbahnmäßig dimensioniert, nicht jedoch für hohe Zuggeschwindigkeit ausgelegt. Er musste somit sein Dasein auf Werksgleisen fristen (Sammlung Weinbach)

Links: Gegenüber der alten Holzumhausung besaß dieser DV 6 bereits ein Blechkleid und einen Fachwerkausleger. Der Verladegreifer wurde hier nach dem Krieg in einem deutschen Binnenhafen eingesetzt – Mitte: Der Dampf-Rangierkran DV 6 verfügte über kein gefedertes Fahrwerk, war somit nicht in Züge der Reichsbahn einstellbar und musste auf Werkbahngleisen seiner Arbeit nachgehen. Dieser Vier-Seil-Greifer-Bagger wurde im Jahre 1948 in Betrieb genommen (Sammlung Weinbach)

Rechts: Dieser Gottwald DL 6 stammt aus dem Jahre 1949. Das D stand jedoch bei diesem Gerät für den Dieselantrieb mit zwei Zylindern und 46 PS (Lindenlauf)

schinenführers auch eine gewisse Unterhaltsarbeit zu verrichten war. So benötigte der DL 6/DV 6 in einer Acht-Stunden-Arbeitsschicht immerhin 225 bis 275 kg an Kohlen, mit der erst einmal die Dampfmaschine gefüttert werden wollte. Ebenfalls unentbehrlich waren die in der gleichen Schicht benötigten 1750 bis 2250 l Wasser, ohne die eine solche Kraftmaschine nicht auskam. Der Verbrauch von einem halben Liter Zylinderöl, weiteren 0,1 l Maschinenöl und einem halben Kilogramm Staufferfett innerhalb von acht Arbeitsstunden fiel dann schon eher unter den Begriff Serviceleistungen. Man sieht also, bei der Bedienung einer solchen Maschine gab es immer etwas zu tun.

Mit wesentlich weniger zusätzlichem Aufwand war da die Ausführung des Diesel-Rangierkrans für die Arbeit zu motivieren. Mit seinem eingebauten Zwei-Zylinder-Diesel, der bei 1000 U/min immerhin 46 Pferdestärken (34 kW) brachte, blieb es jedoch auch bei der alten Bezeichnung DL 6 beziehungsweise DV 6.

Der erste echte Eisenbahnkran vom Typ DL 12 und DV 12

Der Dampf-Rangierkran mit der Bezeichnung DL 12 beziehungsweise DV 12 war seinerzeit der erste echte Eisenbahnkran bei der Mukag. Er wurde bereits seit den zwanziger Jahren als reiner Stückgut-Ladekran DL wie auch als Vier-Seil-Greifer-Kran DV für 12 t Tragfähigkeit bei 5 m Ausladung gebaut. Der Ausleger war natürlich maschinell über ein Schneckengetriebe verstellbar und ließ bei 12 m Ausladung immerhin noch 3 t Traglast zu. Der Zwölftonner

wurde auf ein vierachsiges Fahrgestell (LüP 7100 mm) gesetzt, welches ungefedert (für Werkbahnbetrieb) wie auch gefedert ausgeführt werden konnte. Die gefederte Version verfügte zugleich über Zughaken, Kupplungen und Bremsluftleitungen entsprechend den Vorschriften der Deutschen Reichsbahn. Somit konnte der Kran auch in betriebsfertigem Zustand in normale Güterzüge eingestellt werden. Hierfür musste natürlich der Ausleger auf einem sogenannten Schutzwagen niedergelegt werden. Das sonstige Eisenbahn-Durchgangsprofil des Kranoberwagens entsprach dann den Vorschriften der Reichsbahn. Was den Ausleger betraf, so gab es wiederum einfache Profileisenausleger sowie die etwas robusteren Fachwerkausleger, die in erster Linie bei der in Züge einstellbaren Version zum Einsatz kamen.

Die Dampfmaschine der „Zwölfer" verfügte über zwei Zylinder mit jeweils 200 mm Durchmesser. Bei einer Drehzahl von rund 240 U/min wurde eine Leistung von knapp 70 PS (51 kW) zur Verfügung gestellt. Damit war der DL/DV 12 auch in der Lage, mit einer Eigenfahrgeschwindigkeit von etwa 80 m/min (4,8 km/h) seine 63,5 t beziehungsweise 65,2 t in Bewegung zu setzen. Besonders hervorgehoben wurden zumindest nach dem Kriege die Fähigkeiten der Kranfahrbremse. So konnte mit zwei angehängten Waggons von je 20 t Ladegewicht auf einer Steigung von 1:30 vom Führerstand aus noch sicher gebremst werden. Dies entsprach einem rollenden Gesamtgewicht von immerhin 123 t.

In einen Zug eingestellt konnte der Kran in Transportstellung mit einer Geschwindigkeit bis 50 km/h verlegt werden. Dabei konnte die Dampfmaschine vor der Fahrt oder gar während dieser ange-

Mukag-Dampf-Rangierkran vom Typ DL 12 bei der eisenbahnmäßigen Verlegungsfahrt. Hierbei waren allerdings maximal 50 km/h zulässig. Der Kran konnte dabei bereits während der Fahrt angeheizt werden. Um das Lichtraumprofil einzuhalten, wurde der Schornstein der Dampfanlage eingezogen! (Sammlung Weinbach)

heizt werden. Somit war das Gerät nach der Verbringung an einen neuen Einsatzort sofort betriebsbereit. Der DL 12 wurde seinerzeit nicht nur als Ladekran genutzt, vielmehr konnte er seine Muskeln auch bei Bauvorhaben wie dem Brückenbau und sogar bei Bergungseinsätzen nach Zugunglücken spielen lassen. Gebaut wurde der Kran aufgrund seiner Beliebtheit über mehrere Jahrzehnte bis Ende der vierziger Jahre in zahlreichen Exemplaren.

Erste Eisenbahn-Hilfskrane

Neben den beschriebenen Dampf-Rangierkranen und Eisenbahnkranen, die in relativ großer Stückzahl serienmäßig gefertigt wurden, gab es in den späten zwanziger Jahren jedoch bereits Kundenanfragen nach wesentlich stärkeren Geräten. Diese Krane – auch als Eisenbahn-Hilfskrane bezeichnet – wurden überwiegend aus dem nahen und fernen Ausland bei der Mukag in Auftrag gegeben.

Wie bereits aus der Bezeichnung zu ersehen, hatten sich diese Krane weniger mit einfachen Lade- oder gar Baggerarbeiten zu beschäftigen, sondern waren vielmehr für den Notfall, sprich Zugunglücke, vorgesehen. Da seinerzeit insbesondere die Eisenbahn auf Land das Transportmittel schlechthin war, musste eine durch Unfall blockierte Strecke so schnell wie möglich wieder passierbar gemacht werden. Die Eisenbahngesellschaften benötigten hierfür entsprechend kräftiges Bergegerät, um nach einem Zugunglück insbesondere Lokomotive und Waggons beiseite zu räumen oder aber bei nicht allzu schwerer Beschädigung wieder aufzugleisen.

Neben solchen Bergungseinsätzen eigneten sich diese starken Unfallkrane natürlich auch zu mancherlei Bauarbeiten an der Strecke. So konnten beispielsweise Brückenteile beim Streckenbau oder sonstige Schwergüter, die man auch teilweise per Eisenbahn transportierte, mit derlei Hebezeugen sicher gehoben werden.

25-t-Eisenbahn-Hilfskran – Frankreich

Einer der ersten starken Eisenbahn-Hilfskrane wurde im Jahre 1927 von der Mukag in immerhin acht Exemplaren an die französische Kolonialverwaltung in Paris geliefert. Eingesetzt wurden diese auch als schwere Dampf-Rangierkrane bezeichneten Geräte allerdings in den französischen Kolonien in Afrika. Der Eisenbahnunterwagen verfügte hier bereits über zwei Drehgestelle mit insgesamt vier gefederten Achsen, die für 1435 mm Spur ausgelegt waren. Das in normale Züge einzustellende Arbeitsgerät wurde dabei von der Lokomotive aus mit Druckluft gebremst. Unbelastet war der Kran in jeder Auslegerstellung standsicher. Für den Arbeitseinsatz musste der Unterwagen allerdings mittels Spindelstützen abgesichert werden. Der Dampfkran verfügte über zwei Windwerke und zwei Seilumlenkungen an seinem genieteten Fachwerkausleger. Mit dem mitten im Ausleger arbeitenden schweren Haken konnte bei 4,5 m Ausladung und einer Rollenhöhe von 7,6 m die Höchstlast von 25 t gehoben werden. Von der Auslegerspitze aus arbeitete ein kleinerer Haken bei 7 m Ausladung und 12,1 m Rollenhöhe mit einer zulässigen Last von immerhin 12 t.

Links: Der DL 12 in der ersten Ausführung mit holzverkleidetem Oberwagen in Arbeitsstellung. Abstützungen für den Kraneinsatz waren nicht erforderlich. Das Gegengewicht im Unterwagen betrug knapp 6,5 t, im Oberwagen immerhin gut 15 t. Damit kam man in der DL-Version auf rund 63,5 t Gesamtgewicht– Mitte: Der Unterwagen dieses DL 12, hier deutlich sichtbar in der gefederten Eisenbahnkran-Version, war überwiegend genietet. Der Kranführer hatte seinen Arbeitsplatz unmittelbar neben dem Windwerk, was zwar eine gute Übersicht bei allerdings gleichzeitig störender Geräuschkulisse gebracht haben soll. Von Lärmkapselung war man seinerzeit noch weit entfernt (Sammlung Weinbach)
Rechts: Der Dampf-Rangierkran DV 12 hatte beim Einsatz mit dem Vier-Seil-Greifer eine größte Tragkraft von 5 t. Dieser DV 12 besaß ein einfaches, ungefedertes Fahrwerk und war somit nicht für die Einstellung in Züge geeignet (Lindenlauf)

Links oben: Mukag-Eisenbahn-Hilfskran für französische Kolonien im Jahre 1927 –
Links unten: Nach Argentinien wurden 1930 zwei dieser 50-t-Krane geliefert – Mitte: Die hier
abgebildete Ausführung der für Russland bestimmten Eisenbahnkrane besaß eine Rollenhöhe
von beachtlichen 21 m. Dabei konnten bei 6 m Ausladung bis zu 20 t gehoben werden. Auf eine
Rollenhöhe von 10,4 m bei 20 m Ausladung herabgelassen, betrug die zulässige Traglast
immerhin noch 6 t – Rechts: Einer der Dampfkrane für Russland mit gekröpfter Auslegespitze
und Traglasten von 20 t x 6 m (24,5 m Rollenhöhe!) beziehungsweise 4 t x 22 m (13 m Rollenhöhe!)   (Sammlung Weinbach)

50-t-Eisenbahn-Hilfskran – Argentinien

Von diesem 50-t-Eisenbahn-Hilfskran mit gleichfalls vier Achsen
wurden im Jahre 1930 zwei Geräte nach Argentinien geliefert.
Dabei umfasste der Auftrag der dortigen Eisenbahnverwaltung
auch jeweils einen entsprechenden Schutzwagen zum Ablegen des
Auslegers in Transportstellung sowie die Gestellung eines Wohn-
und Gerätewagens. Die beiden kompletten Hilfszüge hatten dann
ohne die erforderliche Zuglokomotive eine Länge über Puffer von
30 500 mm. Die Spurbreite betrug interessanterweise nur 1 m. Der
gut 66 t schwere Kran konnte hierbei ohne ausgeschwenkte Abstützspindeln mit bis zu 3,5 t und 9 m Ausladung am kleinen Haken
sicher arbeiten. Der Haupthub mit dem schweren Doppelhaken war
für maximal 50 t bei 5 m Ausladung, bei natürlich abgestütztem
Unterwagen, ausgelegt. Der Dampfkessel des Krans vertrug so einiges und arbeitete bemerkenswerter Weise sowohl mit Kohle wie
auch mit Holz oder Öl als Brennstoff. Als hilfreiche Zusatzausrüstung für den Kran wurde auch eine Druckluftanlage für den Betrieb
von diversen Pressluftwerkzeugen sowie eine eigene Lichtanlage
zur Ausleuchtung der Arbeitsstelle installiert. Der Kranführer musste
seine Bedientätigkeit bei diesen Maschinen allerdings noch im Stehen ausüben.

20-t-Eisenbahnkran – Russland

Zu Beginn der dreißiger Jahre wurden insgesamt vier Eisenbahn-
Dampfkrane nach Russland geliefert. Die vierachsigen Geräte
waren in Eisenbahnzüge einstellbar und wurden überwiegend bei
Großmontagen eingesetzt. Die Krane hatten dabei teilweise unter-

schiedliche Gitterausleger mit zulaufender Gitterspitze wie auch
mit geradem Auslegerprofil und gekröpfter Spitze. Anfang der dreißiger Jahre gehörten diese Geräte, wie auch eine Anzahl von Raupenkranen, zu einer bedeutenden Lieferung der Mukag ins russi-
sche Reich. Neben solchen Dampfkranen wurden 1930 auch bereits
diesel-mechanische Eisenbahn-Krane kleinerer Tragkraft (6 t x 5 m,
zwei Achsen) zum Beispiel an die Eisenbahnverwaltung im rumäni-
schen Bukarest geliefert.

Eisenbahnkrane nach dem Zweiten Weltkrieg

Nachdem noch während des Weltkrieges vorwiegend Dampfkrane
des Typs DL 12 gebaut wurden, hatte man auch einige kleinere
zweiachsige Bekohlungskrane mit nur 2,5 t x 13 m für die damalige Reichsbahn zur Auslieferung gebracht. Nach Kriegsende war
dann allerdings für die Konstruktionsabteilungen von Eisenbahnkranen erst einmal einige Jahre Geduld angesagt, ehe diese wieder
ihre Ideen umsetzen und die ersten Geräte zum Ende der vierziger
Jahre auf die Räder stellen konnten.

Mit dem Kriegsende 1945 sollte der Betrieb des reichlich zerstörten Eisenbahnnetzes der ehemaligen Deutschen Reichsbahn
zunächst für einige Jahre bei den Besatzungsmächten in deren entsprechenden Besatzungszonen liegen. So wurden für die Hauptverwaltung der Eisenbahnen des amerikanischen und britischen Besat-
zungsgebietes wohl noch im Jahre 1949, kurz vor Gründung der
Bundesrepublik Deutschland und der Deutschen Bundesbahn, erste
vierachsige Bekohlungskrane gebaut. Diese nach wie vor als
Dampfkrane ausgeführten Geräte verfügten über einen speziellen
Knickausleger zur Bekohlung von Dampflokomotiven. Auch bei spä-

Oben: Der 2,75-t-Bekohlungskran für die westliche Besatzungszone war im Jahre 1951 der Beginn einer Entwicklung moderner Eisenbahnkrane in Hause Gottwald. Diese erste Ausführung war allerdings nach wie vor dampfbetrieben – Unten: Der 2,75-t-Bekoh-lungskran mit dem für diese Arbeit typischen Knickausleger. Die Tragfähigkeit von 2,75 t ergab sich übrigens bei 11 m Ausladung
(Sammlung Weinbach)

Oben: Von diesem diesel-mechanisch ange-triebenen Eisenbahnkran wurden im Jahre 1955 zwei Geräte an die norwegische Staats-bahn in Oslo geliefert. Der vierachsige gefe-derte Unterwagen lief auf dem 1435-mm-Normalgleis. Der Kran hatte eine maximale Tragfähigkeit von 15 t x 5,3 m. Das interes-sante Gegengewicht konnte anscheinend aus-gefahren beziehungsweise herabgeklappt werden – Unten: Der Unterwagen mit den angetriebenen zwei inneren Radsätzen für die Eigenverfahrbarkeit des 15-t-Eisenbahn-krans für Norwegen aus dem Jahre 1955
(Sammlung Weinbach)

In den fünfziger Jahren waren die Fachwerk-ausleger noch aus genietetem Profilstahl gefertigt. Hier ist die Auslegerspitze für 60-t-Haupthub und 15-t-Hilfshub des im Jahre 1952 nach Uruguay gelieferten Eisenbahn-Unfallkrans abgebildet (Lindenlauf)

Links: Eisenbahnkran für Greifer- und Stückgutbetrieb aus dem Jahre 1955. Von diesen Geräten mit einer Tragfähigkeit von 6,5 t x 5 m bezie-hungsweise 3 t x 12 m wurden einige Exemplare nach Belgien und Deutschland verkauft. Bei Greiferbetrieb waren 3,5 t x 9 m zulässig. Hier ist ein solches Gerät mit angehängtem Magnet im Einsatz – Mitte: Hier ist die Spannvorrichtung der elektrischen Zuleitung für den Magnetbetrieb sehr gut zu erkennen. Profilausleger waren seinerzeit noch üblich – Rechts: Oberwageninnenleben eines diesel-mechanisch getriebenen kleinen Eisenbahnkrans
(Sammlung Weinbach)

Rechts: Genietete Kastenausleger mit gebogener Auslegerspitze wurden für die portugiesischen Kolonialbahnen in Angola (CFA) gebaut. Der aufgerichtete Ausleger hat hier einen der abgekuppelten Doppelradsätze am Haken, die ansonsten bei dem Achtachser für geringere Achslasten beim Transport sorgten
(Sammlung Weinbach)

Links: Von diesem diesel-mechanisch getriebenen 50-t-Eisenbahnunfallkran erhielt in den Jahren 1955 und 1957 Portugal zwei Geräte. Diese wurden allerdings für die 1067-mm-Spur in der Kolonie Angola angeschafft. Die 50-t-Maximallast wurde bei 4,5 m Ausladung bewältigt, der Hilfshub war für 5 t x 6,7 m ausgelegt. Der Unterwagen besaß die Achszahl 2-4-2, wobei die acht Achsen lediglich für den Transport des rund 77,4 t schweren Krans erforderlich waren. Am Einsatzort konnten die beiden angebolzten Doppelradsätze abgekuppelt werden. Der in Eisenbahnzüge einstellbare Unterwagen verfügte über ausschwenkbare Abstützungen
(Sammlung Weinbach)

teren Lieferungen von Bekohlungskranen für die inzwischen aktive Deutsche Bundesbahn (DB) aus dem Jahre 1951 und 1956 wurde zunächst noch auf kohlebefeuerte Dampfmaschinen zurückgegriffen. Weitere Kranlieferungen für die DB im Jahre 1960 erhielten dann allerdings bereits den modernen und für den Kranführer weniger arbeitsintensiven Dieselantrieb.

Gab es in den Folgejahren auch Typen, die in kleiner Serie gefertigt wurden, so waren insbesondere die für ausländische Bahngesellschaften gebauten Eisenbahnkrane oftmals Unikate. Hierfür waren in erster Linie die unterschiedlichen Spurweiten, zulässigen Achslasten, möglichen Kurvenradien und Kupplungssysteme, aber auch das Gewicht des zu bergenden Bahnmaterials verantwortlich.

Krane für Indiens Schienennetz

Bereits Mitte der fünfziger Jahre wurden die indischen Staatsbahnen auf die Eisenbahnkrane aus Düsseldorf aufmerksam. Für das ständig wachsende Schienennetz benötigte man dort eine Vielzahl von starken Bergungsgeräten, zumal insgesamt vier verschiedene Spurbreiten existierten. Von den Schmalspurbahnen mit 762 mm oder gar nur 610 mm Spurweite, die überwiegend in den extrem bergigen Regionen wie dem Himalaja vertreten waren, gab es jedoch nur einige tausend Kilometer an Strecke.

Ein wesentlich größerer Teil des Schienennetzes wurde mit der Spurweite von 1000 mm, der sogenannten Meterspur, verlegt. Die Breitspur von 1676 mm machte jedoch bereits in den fünfziger Jahren den Hauptteil der Lebensader Indiens aus, denn als solche ist die Eisenbahn dort ohne Zweifel zu bezeichnen. Heutzutage mit über 100 000 km Strecke zum zweitgrößten Streckennetz weltweit aufgestiegen, ist die indische Eisenbahn überwiegend im Personenverkehr aktiv. So dienen heute weit mehr als die Hälfte der täglich knapp 11 000 Züge dem Personentransport und dies mit teilweise übervollen Waggons. War bereits in den fünfziger Jahren ein Zugunglück auf diesen Strecken mit vielen Toten verbunden, so wird leider auch heute noch viel zu oft in den Medien über schreckliche Unfälle auf Indiens Schienen berichtet. Bei diesen Unglücken mit oftmals mehreren hundert Toten und Verletzten ist anschließend schnelle Aufräumarbeit erforderlich.

Und hier kamen und kommen auch heute noch die vielen Eisenbahnkrane von Gottwald zum Einsatz, die inzwischen in mehreren Dutzend Exemplaren ihrer dortigen Tätigkeit nachgehen. Bemerkenswert dabei ist vor allem, dass von den seinerzeit von Gottwald gelieferten Dampfkranen einige auch nach knapp 50 Jahren immer noch im Einsatz anzutreffen sind. Die ersten derartigen Kranlieferungen sind im Übrigen auf die Jahre 1957/58 zurückzuführen, als für die beiden großen Spurweiten insgesamt 44 Dampfkrane für Indien gefertigt wurden. Hierbei handelte es sich um eine ganze Anzahl verschiedener Krantypen für Traglasten zwischen 5 t und beachtlichen 75 t.

In den Jahren 1984/85 wurden dann noch einmal zwölf moderne diesel-hydraulische Unfallkrane vom Typ GS 140.09, sogenannte Breakdown-Cranes, von den Indian Railways bestellt. Diese Giganten besaßen eine Tragfähigkeit von 140 t bei 9 m Ausladung und waren ausschließlich für die 1676-mm-Spurweite gebaut. Von diesen Kranen wurde seinerzeit nur die Hälfte in Düsseldorf komplett gefertigt und nach Indien verschifft. Drei weitere Krane wurden in Deutschland vorgefertigt, teilweise montiert und abgetestet, wieder zerlegt und in enger Zusammenarbeit mit dem „Jamalpur Workshop" der Indian Railways vor Ort wieder zusammengebaut. Schließlich wurden die letzten drei Krane im Jahre 1987, wohl auch vor dem Hintergrund des „Gottwald-Niedergangs", als Bausätze ausgeliefert und in Indien komplett zusammengebaut und abgetestet.

Im Jahre 1996 schließlich wurden von solchen 140-t-Kranen, dann jedoch als GS 140.08 H auf den neuesten Stand der Technik gebracht, nochmals acht Geräte aus New Delhi geordert.

5-t-Dampfkran – Indien

Von diesen zierlichen vierachsigen Dampfkranen mit einer Länge über Kuppler (LüK) von 6200 mm und einer maximalen Tragfähigkeit von 5 t x 5 m (laut Datenblatt genau 4,88 m) wurden Ende der fünfziger Jahre insgesamt sieben Exemplare an die Indische Staatsbahn verkauft. Der 31 t schwere Kran lief auf der Meterspur und besaß eine 75 PS (55 kW) starke Zwei-Zylinder-Dampfmaschine mit 200 mm Kolbendurchmesser / 250 mm Hub und 250 U/min. Für das

Dampfkran 5 t x 5 m für Indiens Meterspur
(Sammlung Weinbach)

Links: Blick auf die beiden seitlichen Dampfmaschinen-Kolben, die mechanischen Kraftübertragungselemente, das Windwerk und die Bedienhebel des Steuerstandes eines dampfbetriebenen 10-t-Eisenbahnkrans für Indien aus den späten fünfziger Jahren – Mitte: Indischer Meterspur-Kran für 10 t x 4,9 m – Rechts: Der recht offen gehaltene Kranoberwagen des 10-t-Unfallkrans (Meterspur) für Indiens Eisenbahn besaß einen Führerstand, der die Bedienung der mechanisch wirkenden Steuerhebel tatsächlich im Stehen erforderlich machte. Die Unterwagen der 1000-mm-Spur besaßen Mittelpuffer
(Sammlung Weinbach)

Verfahren an der Unfall- beziehungsweise Einsatzstelle mit einer Geschwindigkeit von maximal 80 m/min (4,8 km/h) ausgelegt, standen für die zwei angetriebenen Achsen knapp 40 Pferdestärken (29 kW) zur Verfügung. Der Kran arbeitete ausschließlich ohne Abstützung. Bei seiner maximalen Ausladung von 7 m konnten dann noch 3 t gehoben werden. Wurde die Hubarbeit in Kurven abverlangt, musste die Traglast entsprechend reduziert werden und lag dann noch zwischen 3,5 t x 4 m und 2 t x 7 m.

10-t-Dampfkran für Meterspur – Indien

Ein 30 t schwerer 10-t-Eisenbahn-Unfallkran (LüK 6250 mm), gleichfalls für Indiens Meterspur bestimmt, wurde auf einem dreiachsigen Unterwagen zum Einsatzort gefahren. Von diesem Typ wurden insgesamt 15 Geräte nach Indien verschifft. Wie bereits beim kleineren Fünftonner, verfügte die baugleiche Dampfmaschine über die umgerechnete Kraft von 75 Pferden (55 kW). Für die Eigenverfahrbarkeit vor Ort standen für zwei angetriebene Achsen 41 kW / 56 PS zur Verfügung, die dann eine Geschwindigkeit von bis zu 63 m/min (3,8 km/h) zuließen. Seine maximale Traglast von 10 t konnte der Kran im abgestützten Zustand in einem Ausladungsbereich zwischen 4,27 m und 4,88 m zur Geltung bringen. Bei maximal 7,9 m Ausladung betrug die Traglast noch 4,5 t. Für die Abstützung standen vier ausziehbare Stützholme mit Spindelstützen zur Verfügung, die eine Stützbasis von 3,5 x 3,5 m ergaben. Auch konnte der Kran ohne diese Abstützung arbeiten, die zulässigen Traglasten lagen dann auf gerader Strecke zwischen 4 t x 4,2 m und 1,5 t x 7,9 m und mussten dann in der Kurve stehend nochmals um jeweils eine Tonne reduziert werden.

10-t-Dampfkran für Breitspur – Indien

Der 10-t-Dampfkran (LüP 6250 mm) für Indiens Breitspur (1676 mm) brachte es auf ein Einsatzgewicht von immerhin 48 t, dies natürlich ohne den 6,8 t schweren Schutzwagen. Von dieser Kombination bestellten die Indian Railways in den Jahren 1957/58 insgesamt 14 Stück. Der Kranunterwagen verfügte über drei Achsen, davon zwei angetrieben für bis zu 63 m/min Eigengeschwindigkeit. Die vier Stützen konnten auf 3,65 m ausgezogen werden und ließen im Zusammenspiel mit dem auf 5 t erhöhten Oberwagenballast (bei Meterspur nur 2 t) natürlich größere Lastmomente zu. So war die Maximallast von 10 t im abgestützten Zustand zwischen 4,27 m und jetzt 6,1 m am nach wie vor 8,18 m langen Ausleger zu bewältigen. Bei einer Ausladung von 8,5 m waren für das 20 kW / 27 PS starke Hubwerk immerhin noch 6 t zulässig. Ohne Stützen auf gerader Strecke lag die erlaubte Traglast zwischen 10 t x 4,27 m und 3,5 t x 8,5 m. Wurde der Kran in einer Kurve ohne Abstützung eingesetzt, so lag sein Hubvermögen zwischen 8 t x 4,27 m und 3 t x 8,5 m.

30-t-Dampfkran für Breitspur – Indien

Von diesem 30-t-Eisenbahn-Unfallkran für die 1676-mm-Spur bestellten die Indischen Staatsbahnen im Jahre 1958 lediglich zwei Geräte. Der bereits 64 t schwere Vierachs-Dampfkran (LüP 8430 mm) verfügte über die unveränderte Zwei-Zylinder-Dampfmaschine der kleineren Artgenossen. Mit einem Dampfdruck von damals 8,5 atü wurde eine Leistung von 55 kW / 75 PS erreicht. Für das über zwei Achsen angetriebene Fahrwerk wurden dabei 22 kW /

Links: 10-t-Dampfkran für Indiens 1676-mm-Breitspur – Recht: Die 14 bestellten 10-t-Breitspurkrane für Indiens Schienennetz sind hier bereits in recht fortgeschrittenem Ausrüstungszustand in den Gottwald-Fertigungshallen aufgereiht. Einer der zugehörigen Schutzwagen ist gleichfalls zu sehen

30 PS für eine Eigengeschwindigkeit von gerade einmal 40 m/min (2,4 km/h) bereitgestellt. Bei einer Abstützbasis von 5 m und einem Gegengewicht von 7 t wurden die zulässigen 30 t bei einer Ausladung von 4,88 m erreicht. Für den bereits 11,6 m langen Vollprofil-Ausleger wurde die maximale Ausladung mit 12,2 m erreicht, wobei noch 10 t zu heben waren. Ohne die Abstützung lagen die Traglasten mit nur noch 10 t x 4,88 m beziehungsweise 2 t x 12,2 m bereits deutlich niedriger. Dies reduziert sich bei vergleichbaren Ausladungen und Aufstellung in einer Kurve nochmals auf 8 t beziehungsweise 1,5 t.

35-t-Dampfkran für Meterspur – Indien

Der in vier Exemplaren nach Indien gelieferte 35-t-Dampfkran besaß ein sechsachsiges Fahrgestell für die 1000-mm-Spur, auf der er zum Einsatz gelangte. Mit Mittelkuppler versehen (LüK 9978 mm) war der rund 63 t schwere Kran bereits eine stattliche Erscheinung für die Schmalspurschienen. Die 35 t Hubkraft erreichte man bei einer Ausladung von 5,48 m am 10,08 m langen Knickausleger, dies natürlich im abgestützten Zustand (Stützbasis 4,57 m). Immerhin 11 t x 10 m waren dann bei maximaler Ausladung möglich. Freistehend reduzierten sich die Werte auf 7 t beziehungsweise 2 t auf gerader Strecke und nur noch 3,2 t beziehungsweise 0,7 t bei Auf-

stellung in einer Kurve. Der Kran verfügte allerdings auch noch über einen 5-t-Hilfshub, der seine volle Hubkraft abgestützt zwischen 5,48 m und 9,15 m zum Einsatz bringen konnte. Ohne Stützen auf gerader Strecke lagen die Werte zwischen 5 t x 5,48 m und 2,5 t x 9,15 m, dies verringerte sich wie unschwer zu erraten bei Kurvenaufstellung. In Transportstellung mit auf dem Schutzwagen abgelegtem Ausleger erreichte die Kombination eine Gesamtlänge über Kuppler von 19 978 mm.

75-t-Dampfkran für Breitspur – Indien

Der 75-t-Eisenbahnkran für die 1676-mm-Spur gelangte Ende der fünfziger Jahre ebenfalls zweimal auf das indische Schienennetz. Seine Zwei-Zylinder-Dampfmaschine erbrachte bei einem Kolbendurchmesser von 225 mm einen Hub von 280 mm und bei 250 U/min eine Leistung von immerhin 80 kW / 109 PS. Der teilbare Unterwagen verfügte über vier mittige Radsätze und jeweils zwei zweiachsige Schemelwagen, die am Einsatzort abgekuppelt werden konnten um den eigenen Platzbedarf zu reduzieren. Die für 5,8 m Abstützbasis ausgelegten Stützholme mit Spindelstützen befanden sich dann natürlich am Festfahrgestell. Mit komplettem Achtachs-Fahrgestell versehen, betrug das Gesamtgewicht des Krans stattliche 128 t bei einer LüP von 17 405 mm.

Links: 30-t-Dampfkran für die indische 1676-mm-Spur – Mitte: 35-t-Dampfkran für meterspurige Gleise in Indien – Rechts: Der indische 35-t-Dampfkran für die Meterspur besaß vier Stützholme mit Spindelstützen an seinem Unterwagen. Dieser verfügte übrigens für die hinteren drei Achsen über ein Drehgestell. Betrug der Ballast im Oberwagen lediglich 2,5 t, so wurden im 17,5 t schweren Unterwagen eigens 4,5 t an weiterem Ballast untergebracht

Links: Der 75-t-Kran für Indiens Breitspur beim Abtesten des Haupthubes. Die hier noch nicht montierten Scheiben wurden wegen Bruchgefahr, wie seinerzeit üblich, erst kurz vor der Inbetriebnahme beim Kunden eingesetzt. Der Unterwagen ist hier auch noch mit den beiden Zweiachs-Schemelwagen versehen. Rechts: Diesel-mechanischer DB-Bekohlungskran mit Gitterausleger aus dem Jahre 1961 (Sammlung Weinbach)

Der indische Kranführer hatte bei diesem Gerät erstmals ein geschlossenes Kranführerhaus mittig zwischen den beiden Anlenkpunkten des Auslegers. Der Haupthub von 75 t war bei einer Ausladung zwischen 5,5 m und 6,4 m voll nutzbar, lag bei 9,14 m noch bei 35 t und ermöglichte bei maximaler Ausladung von 12,8 m immerhin noch 16 t Traglast am gewaltigen Doppelhaken. Dies alles galt selbstverständlich für den abgestützten Kran. Ohne Stützen lag der maximale Wert bei 18 t x 5,5 m (Gerade) beziehungsweise 13 t x 5,5 m (Kurve). Bei 12,8 m Ausladung war dann mit 2 t beziehungsweise 1 t nicht mehr viel zu reißen. Der Kran verfügte auch über einen 15-t-Hilfshub am 12,2 m langen Ausleger, der seine volle Kraft zwischen 6,4 m und 7,55 m zur Geltung brachte (abgestützt). Mit dem Hilfshub waren dann auch beim Arbeiten ohne Abstützung zumindest bei den großen Ausladungen von 12,8 m mit 3,5 t auf der Geraden, beziehungsweise 2 t in der Kurve, mehr zu heben als mit dem Haupthub. Hier spielte natürlich die günstigere Anordnung im Auslegerkopf und auch das geringere Eigengewicht des Einfachhakens eine entscheidende Rolle.

65-t-Eisenbahnkran – Pakistan

Von der Pakistan Railway wurden im Jahre 1958 zwei 65-t-Eisenbahnkrane in Auftrag gegeben. Der diesel-mechanische Kran verfügte über einen wassergekühlten Daimler-Benz-Motor. Der Unterwagen (LüP 10 340 mm) besaß zwei jeweils dreiachsige Drehgestelle mit einer Vakuum-Bremsanlage. Als Spurweite des rund 118 t schweren Kranwagens fanden 1676 mm Berücksichtigung. In Trans-

portstellung betrug die Gesamtlänge über Puffer, inklusive des rund 8,6 t schweren Hilfswagens, rund 21,25 m. Die maximale Traglast von 65 t wurde bei einer Ausladung von 5,5 m erzielt, dies im abgestützten Zustand (ohne Abstützung 18 t x 5,5 m). Der 12,5-t-Hilfshub der pakistanischen Krane konnte zwischen 6,9 m und 13,2 m voll genutzt werden (abgestützt). Der sechsachsige 65-t-Kran verfügte über ausschwenkbare Abstützarme (Länge x Breite gleich 5 m x 5,5 m), die relativ hoch angelenkt waren. Somit konnte seinerzeit auch besser im Bahnsteigbereich abgestützt werden, musste allerdings bei tiefem Umland entsprechend aufwändig und hoch unterbaut werden. Die sehr stabile Ausführung des Auslegers kam den zu erwartenden harten Beanspruchungen dieses Bauteils bei den Bergungsarbeiten sehr entgegen. Man muss hierbei berücksichtigen, dass beispielsweise harte Schläge beim Auseinander ziehen der verunglückten Züge oder beim unvorhergesehenen Umschlagen derartiger Lasten auftreten können.

Bekohlungskrane für die DB

Im Jahre 1961 erhielt die Deutsche Bundesbahn insgesamt vier Kohleverladekrane unterschiedlicher Bauart von Gottwald. Zunächst wurden zwei Bekohlungskrane für die seinerzeit noch zahlreich aktiven Dampflokomotiven mit Gitterausleger ausgeliefert. Der dreiachsige Kran (1435 mm Spur) wog rund 58,4 t und verfügte über einen diesel-mechanischen Antrieb. Seine maximale Traglast war auf den Greiferbetrieb ausgelegt und betrug 2,75 t bei 11 m Ausladung.

Oben: 75-t-Dampfkran (1676-mm-Spur) für Indien. Hier ist der Kran im abgestützten Zustand mit abgekuppelten Schemelwagen auf dem Gottwald-Gelände zu sehen. Unten: Der 75-t-Dampfkran (heruntergeklappter Schornstein) in Transportstellung mit Schutzwagen. Die Kombination besaß eine Gesamtlänge über Puffer von immerhin 28 400 mm. Die für die zwei angetriebenen Achsen bereitgestellte Antriebsleistung von 61 kW / 83 PS reichte für den 128 t schweren eigentlichen Kran, also ohne den 10,4 t schweren Schutzwagen, für eine Eigenfahrgeschwindigkeit von 63 m/min (3,8 km/h). Die Kombination konnte im Zugverband allerdings bis zu einer Geschwindigkeit von 50 km/h bewegt werden

(Sammlung Weinbach)

Oben: Diesel-mechanischer 65-t-Eisenbahnkran für Pakistan. Unten: Hier ist an dem 65-Tonner für Pakistan das auf den Seilen „aufliegende" Schutzdach des Windwerkes gut zu erkennen, welches beim Absenken des Auslegers in Transportstellung gleich mit herunterkommt

(Sammlung Weinbach)

Links: Diesel-elektrischer Bekohlungskran ebenfalls für die Deutsche Bundesbahn.
Oben: Schienenkran vom Typ SK 140 mit 50-t-Haupthub und 20-t-Hilfshub (Sammlung Weinbach)

Zwei weitere Bekohlungskrane, diesmal jedoch mit diesel-elektrischem Antrieb und Vollprofilausleger wurden im gleichen Jahr zur Auslieferung gebracht. Der 51 t schwere Kran besaß wiederum eine für den Kohlegreiferbetrieb ausgelegte Traglast von 2,75 t x 10,5 m. Der luftgekühlte KHD-Diesel vom Typ A 6L 514 (sechs Zylinder) war auf eine Dauerleistung von 55 kW / 75 PS eingestellt. Neben den elektrischen Hub- und Drehwerken wurde das Einziehwerk für die Auslegerverstellung hydraulisch betätigt. Der gleichfalls elektrische 20-kW-Fahrmotor ermöglichte bei zwei angetriebenen Achsen eine bescheidene Eigenfahrgeschwindigkeit von 63 m/min (3,8 km/h). Im Zugverband konnte der Kran hingegen mit einer Fahrgeschwindigkeit von maximal 65 km/h gezogen werden.

SK 140 – Deutschland

Bei dem Typ SK 140 handelte es sich um eine Sonderanfertigung eines Diesel-Schienenkrans für den Kunden Rheinstahl in Düsseldorf aus dem Jahre 1960. Der 77,5 t schwere Kran verfügte über einen vierachsigen Unterwagen mit mächtigen ausschwenkbaren Abstützungen, die in zwei Stellungen verbolzt werden konnten. Auf dem Unterwagen war zudem eine Spillvorrichtung mit 2 t Zugkraft zum Heranziehen von Waggons angebracht. Der überwiegend auf dem Werksnetz eingesetzte Kran besaß eine maximale Tragkraft von 50 t bei 5 m Ausladung (36 Prozent der Kipplast) und Abstützbasis Länge x Breite gleich 5,9 m x 5,9 m. Freistehend lag die maximale Traglast über 360 Grad bei 9,25 t x 6 m. Der relativ kurze Gitterausleger mit gekröpfter Spitze ließ eine maximale Ausladung von 12 m (16 t abgestützt / 3,6 t freistehend) zu. Der Oberwagen dieses „Verladekrans" wurde kurzerhand vom Mobilkran MK 140, natürlich mit gewissen Anpassungen (Lichtraumprofil), übernommen. Der Kran verfügte überdies auch über einen 20-t-Hilfshub (20 t x 10 m). Der Haupthub hatte seine Umlenkung mit Doppelhaken mittig im gekröpften Auslegerkopf. Als Antriebsmotor diente der vom MK 140 bekannte luftgekühlte KHD-Diesel vom Typ A 8L 614 (acht Zylinder, 88 kW / 120 PS). Dieser sorgte auch bei zwei mechanisch angetriebenen Fahrwerksachsen für eine Fahrgeschwindigkeit von rund 16 km/h, die bei ausgekuppeltem Fahr-

antrieb auf knapp 50 km/h im Zugverband gesteigert werden konnte.

85-t-Bergungskran – Mauretanien

Für die Bahngesellschaft Miferma im afrikanischen Mauretanien wurden in den Jahren 1961 und 1964 zwei diesel-mechanisch betriebene 85-t-Bergungskrane (LüK 10 500 mm) gebaut. Diese auf der 1435-mm-Spur eingesetzten Geräte verfügten über zwei dreiachsige Drehgestelle. Der rund 147,5 t schwere Kran besaß einen auf 75 kW / 102 PS eingestellten luftgekühlten KHD-Diesel vom Typ A 8L 614 mit acht Zylindern. Bei einer Abstützbasis von 6 m x 6 m wurde die maximale Tragkraft für den Haupthub mit 85 t bei 5 m Ausladung erreicht (28 t x 12 m). Freistehend lagen die Traglastwerte zwischen 18 t x 5 m und 4 t x 12 m. Der gleichsam vorhandene 15-t-Hilfshub (abgestützt) konnte hingegen im Ausladungsbereich von 6,5 m bis 14,7 m voll eingesetzt werden. Sein Hubvermögen musste selbstverständlich im freistehenden Zustand ebenfalls begrenzt werden (3,5 t x 14,7 m), um das Gerät vor dem Umstür-

Der 85-t-Kran für Mauretanien bei einer Vorstellung auf dem Gottwald-Gelände (Sammlung Weinbach)

Links: Bei einer Gerätepräsentation, nicht nur des hier abgebildeten 85-t-Eisenbahnkrans für Mauretanien, haben sich einige Gottwald-Mitarbeiter vor ihrem neuesten Werk ablichten lassen. Hier fanden sich unter anderem zusammen: Herr Direktor Walter (links), daneben Herr Hass (Oberingenieur Elektro) und Herr Raul Neveau (3. von rechts), über dessen französische Gottwald-Vertretung zahlreiche Geschäfte zustande kamen – Mitte: Der sechsachsige 85-Tonner für Mauretanien mit dem sehr geräumigen Bedienerhaus. Die Scheiben wurden auch hier wegen Bruchgefahr erst beim Kunden eingesetzt. Die Stützstreben der Schwenkstützen, die beim abgestützten Arbeiten mit dem Unterwagenmittelteil verbolzt wurden, sind hier deutlich in ihren Transporthalterungen zu sehen – Rechts: Ein Blick in die Eisenbahnkranfertigung der sechziger Jahre zeigt hier das massive Untergestell beim Bearbeiten mit dem Horizontalbohrwerk. Die Anlenkungen der Schwenkstützen sind gleichfalls sehr gut zu erkennen

(Sammlung Weinbach)

zen zu bewahren. Die an der Einsatzstelle mögliche Eigenverfahrbarkeit wurde wiederum durch zwei angetriebene Achsen sichergestellt, die rund 63 m/min (3,8 km/h) erbrachten. Die Ausladungs-/Traglastanzeige ist in Höhe der Auslegeranlenkung zu erkennen. Einer dieser zwei Krane wurde später in Mauretanien selbst Opfer eines Zugunglücks.

50-t-Bergungskran – Rhodesien

Dieser in 1961/62 zweimal nach Rhodesien (Zimbabwe) gelieferte 50-t-Bergekran war wieder dampfbetrieben und verfügte über zwei

Dreiachs-Drehgestelle für die Spurweite 1067 mm! Die Länge über die Mittelkupplung (LüK) betrug 9500 m. Das Krangewicht betrug rund 101 t, das von den zwei mechanisch angetriebenen Achsen mit einer Eigengeschwindigkeit von immerhin 160 m/min, also rund 9,6 km/h bewegt werden konnte. Die zweizylindrige Dampfmaschine (Kolbendurchmesser 225 mm, Hub 280 mm, Drehzahl 250 U/min) brachte es auf eine Leistung von 84 kW / 114 PS. Die Maximallast von 50 t war abgestützt (5,6 m x 5,6 m) bei einer Ausladung von 6,1 m zu heben (15 t x 12,5 m). Der Hilfshub war im abgestützten Zustand für 5 t bis zu einer Ausladung von 13,7 m ausgelegt. Es sollten dies die letzten bei Gottwald gefertigten Dampf-Eisenbahnkrane gewesen sein.

Links oben: Letzter bei Gottwald gebauter Dampfkran war dieser 50-Tonner für die Eisenbahnen in Rhodesien – Links unten: Hier ist einer der beiden 50-t-Krane für Rhodesien beim „vorsichtigen" Bergen von offenen Güterwaggons zu sehen. Die verunglückten Anhänger mussten oftmals erst aus einiger Entfernung ans Gleis herangezogen werden um sie anschließend bei nur geringen Beschädigungen wieder aufgleisen zu können – Rechts: Der bereits etwas mitgenommene dampfbetriebene 50-t-Eisenbahnkran bei seiner fast täglichen Arbeit auf Rhodesiens Schienenwegen. Ordentlich abgestützt, werden hier vom rechten Weg abgekommene Güterwaggons wieder aufgegleist

(Sammlung Weinbach)

Moderne Eisenbahn-Drehkrane in den sechziger Jahren

In den sechziger Jahren wurden seitens Gottwald wieder verstärkt Eisenbahn-Drehkrane für Regelspur (1435 mm) konstruiert, da für viele deutsche Werkbahnnetze und auch öffentliche (DB) beziehungsweise private Bahngesellschaften Eisenbahnkrane als Verladegeräte immer noch unverzichtbar waren. Diese bei Gottwald auch als Standard-Schienenkrane bezeichneten Arbeitsmaschinen wurden in unterschiedlichen Ausführungen mit den verschiedensten Lastaufnahmemitteln (Greifer, Haken, Magnet, ...) angeboten. Selbstverständlich wurden die Kundenwünsche hinsichtlich der Antriebsart, zulässigen Achsdrücke, vorhandenen Gleiskurven und benötigten Ausladungen berücksichtigt.

Die Krane besaßen leistungsstarke Dieselmotoren, die überwiegend Hydraulikpumpen und damit letztendlich die Hydraulikmotoren antrieben. Nun waren mehrere Bewegungen gleichzeitig und unabhängig voneinander möglich. Die Lasten konnten zudem mit dieser neuen Kraftübertragung ebenso feinfühlig (Stückgut) als auch schnell und leistungsfähig, wie beispielsweise beim Greiferumschlag, bewegt werden. Und wie seinerzeit bei den Dampf-Rangierkranen der zwanziger und dreißiger Jahre bereits umgesetzt, besaß der Kranbetreiber bei diesen modernen Drehkranen auch gleich wieder ein für Rangierarbeiten einsetzbares Universalgerät.

Die damals unter der Bezeichnung GS (Gottwald Schienenkran) eingeführten Seriengeräte wurden dabei ab etwa 1960 zunächst in den folgenden Grundtypen hergestellt:

- GS 60 für maximal 6 t Tragfähigkeit
- GS 90 für maximal 9 t Tragfähigkeit
- GS 125 für maximal 12 t Tragfähigkeit

Diese Bezeichnungen hatten allerdings nur für knapp ein Jahr Gültigkeit. Nach einigen Änderungen und Verstärkungen wurden die überarbeiteten Typen mit völlig neuen Namen ins Rennen geschickt, die da lauteten:

- GS 6300 für maximal 6,3 t Tragfähigkeit
- GS 9400 für maximal 9,4 t Tragfähigkeit
- GS 1500 für maximal 15 t Tragfähigkeit

Diese Typen verfügten allesamt über keinerlei Abstützung, sondern arbeiteten völlig freistehend auf den Gleisen. Gleichwohl konnte eine solche zusätzliche Ausrüstung, wenn vom Kunden gewünscht, angebaut werden. Dies kam natürlich der Standsicherheit zugute und ließ die zulässigen Traglastwerte entsprechend ansteigen. Die Abstützung bestand dabei lediglich aus zwei kurzen Abstützarmen, die seitlich auf Höhe des Drehkranzes am Unterwagen fest angebracht waren. Die Abstützungen ragten wie gesagt nicht allzu weit vom Unterwagen weg, so dass die Abmessungen immer noch innerhalb des Umgrenzungsprofils lagen. Für diese Geräte ergaben sich dann die nachfolgenden Richtwerte.

- GS 6300A für maximal 9,4 t Tragfähigkeit
- GS 9400A für maximal 12,5 t Tragfähigkeit
- GS 1500A für maximal 20,0 t Tragfähigkeit

Festzuhalten bleibt, dass der Typ GS 90 beziehungsweise 9400 wohl nicht allzu oft gebaut wurde. Der Typ GS 60 beziehungsweise 6300 brachte es bis 1975 immerhin auf zwei Dutzend verkaufte Einheiten. Von dem Typ GS 125 beziehungsweise 1500 sind bis 1976 annähernd 20 Geräte, teils mit einigen Abwandlungen, gebaut worden.

Bei den weiteren technischen Details ist allgemein zu sagen, dass bei den zwei- und dreiachsigen Unterwagenausführungen die Achsen direkt in der Unterwagenkonstruktion gelagert wurden. Bei der vierachsigen Ausführung hingegen wurde der Unterwagen über geschweißte Schemelwagen und Drehpfannen mit diesem verbunden. Für den erwähnten Rangierbetrieb wurden die erforderlichen Zug- und Schubeinrichtungen selbstverständlich nach den Vorschriften der Deutschen Bundesbahn angebracht. Ohne Probleme war es jedoch auch möglich, nachträglich Mittelpufferkupplungen anzubauen.

Das Fahrwerk selbst erhielt Radsätze mit Rollenachslager in UIC-Ausführung. Die zweiachsigen Unterwagen konnten je nach Kundenwunsch und Geldschatulle mit einer oder zwei Antriebsachsen ausgestattet werden. Die drei- und vierachsigen Untersätze wurden grundsätzlich mit zwei angetriebenen Achsen versehen. Der Fahrwerksantrieb erfolgte dann bei den Drehkranen über Stirnradgetriebe. Über elastische Kupplungen wurden von speziellen Antriebsmotoren die entsprechenden Getriebe in Bewegung versetzt. Das Bremsen bei Eigenfahrbewegung wurde bei den Unterwagen durch druckluftgesteuerte Backenbremsen sichergestellt.

Im Normalfall waren die Fahrantriebe dieser Schienendrehkrane nicht ausrückbar, das heißt, die Krane waren nicht schneller als mit Eigenfahrgeschwindigkeit schleppbar und somit nicht in normale Züge einstellbar. Der Eigenfahrantrieb ermöglichte bei den unterschiedlichen Typen Geschwindigkeiten zwischen 80 und 150 m/min (4,8 bis 9 km/h).

Der Kunde konnte allerdings auch ein ausrückbares Fahrwerk ordern. Hierdurch wurde aufgrund der nur begrenzt gefederten Radsätze die maximale Schleppgeschwindigkeit auf gerade einmal 25 km/h heraufgesetzt. Wem dies nicht genügte und seinen Kran mit Güterzuggeschwindigkeit mitschleppen lassen wollte, konnte mit entsprechend vollgefedertem Fahrwerk weitergeholfen werden. Zusätzlich musste der Unterwagen dann mit durchgehenden Luftleitungen und den genormten Anschlüssen für die Bremsleitungen versehen werden.

Diesel-hydraulisch / Diesel-elektrisch / Diesel-mechanisch

Was die Kranantriebe betraf, so war fast alles möglich. Die Schienendrehkrane konnten entweder mit einem diesel-hydraulischen Antrieb oder aber mit einem diesel-elektrischen Antrieb in Auftrag gegeben werden. Weniger gefragt war zwar der diesel-mechanische Antrieb, bei entsprechendem Kundenwunsch wurde aber auch dies von den Gottwald-Abteilungen berücksichtigt.

Beim diesel-hydraulischen Antrieb wurden die mit konstanter Drehzahl arbeitenden Dieselmotoren mit einer Hydraulik-Doppelpumpe verbunden. Durch zwei unabhängige Ölkreise erhielten dann die nachgeschalteten Hydraulikmotoren der Triebwerke sowie der Einziehzylinder den erforderlichen Ölfluss. Die bereits angesprochene gleichzeitige Ausführung von zwei Bewegungen mit Volllast und unterschiedlichen Geschwindigkeiten war somit möglich. Für beide Ölkreise (1= Hub- und Fahrwerk, 2= Dreh- und Einziehwerk) galt, dass sie zur Erreichung des Schnellganges für Hub-, Einzieh- und Fahrwerk auch zusammengeschaltet werden konnten.

Beim diesel-elektrischen Antrieb wurde der ebenfalls mit konstanter Drehzahl arbeitende Dieselmotor mit einem Drehstromgenerator für Hub-, Dreh- und Fahrwerk gekuppelt. Zudem wurde eine Hydraulikpumpe angeflanscht, die für das nach wie vor hydraulische Einziehwerk zuständig war. Mittels der vom Generator erzeugten Spannung wurden dann natürlich die entsprechenden Drehstrommotoren der übrigen Triebwerke gespeist.

Außerdem konnte auf Kundenwunsch entweder wahlweise oder ausschließliche Einspeisung aus einem bestehenden Drehstromnetz mittels Trommelzuleitung umgesetzt werden. Somit entfiel bei ausschließlicher Fremdspeisung natürlich auch der Dieselantrieb, wobei das Einziehwerk dann eben elektro-hydraulisch umgesetzt wurde.

rund 45 t. Hierbei muss gesagt werden, dass je nach Kundenerfordernissen auch etwas stärkere Geräte mit 7 t x 5 m, anderer Auslegerlänge sowie konstruktiv abweichender Auslegerverstellung gebaut wurden. Ein wenig mehr an Ballast sorgte dann für höhere Traglastwerte. Bei allen Maschinen gleich war allerdings die hydraulische Betätigung dieser Verstellung. Ansonsten waren die anderen Bewegungen standardmäßig diesel-hydraulisch betätigt. Es konnte jedoch auch vom Kunden eine diesel-mechanische oder diesel-elektrische Ausführung bestellt werden. Auch beim Dieselmotor selbst gab es die Wahl zwischen luftgekühltem Sechszylinder von KHD (Typ A 6L 714) mit 62 kW / 85 PS oder wassergekühltem M 203 B mit nur drei Zylindern, jedoch ansonsten identischer Leistung von Mercedes-Benz. Der wassergekühlte Motor eignete sich dann besonders, wenn eine explosionsgeschützte Version vom Kunden gewünscht wurde. Der kleine „Rangierkran" verfügte neben

Standard-Schienendrehkran vom Typ GS 60

Kleinster Vertreter der neuen diesel-hydraulischen Eisenbahn-Drehkrane bei Gottwald war der 1961 erstmals ausgelieferte GS 60, der beim Grundtyp eine maximale Traglast von 6 t x 5 m vorweisen konnte (2 t x 12 m). Der kurze Zweiachser (LüP 5670 mm) für die Normalspur von 1435 mm brachte es auf ein Gesamtgewicht von

Links: Gottwald-Prospekt „Standard-Schienendrehkrane" aus dem Jahre 1965 – Mitte: Eisenbahn-Drehkran vom Typ GS 60 beim Stückgutumschlag (Sammlung Weinbach)
Rechts: Nachdem der erste in Deutschland verbliebene GS 60 seit 1961 im eigenen Hause (Leo Gottwald KG, Hattingen) arbeitete, wurde im gleichen Jahr ein weiterer Kran an die Dynamit Nobel AG in Lülsdorf bei Köln geliefert. Das explosionsgeschützte diesel-hydraulische Gerät ging später an die Hüls AG über und ist nunmehr seit einigen Jahren für einen Kölner Eisenbahnclub aktiv, der den GS 60 übernehmen und erhalten konnte (Weinbach)

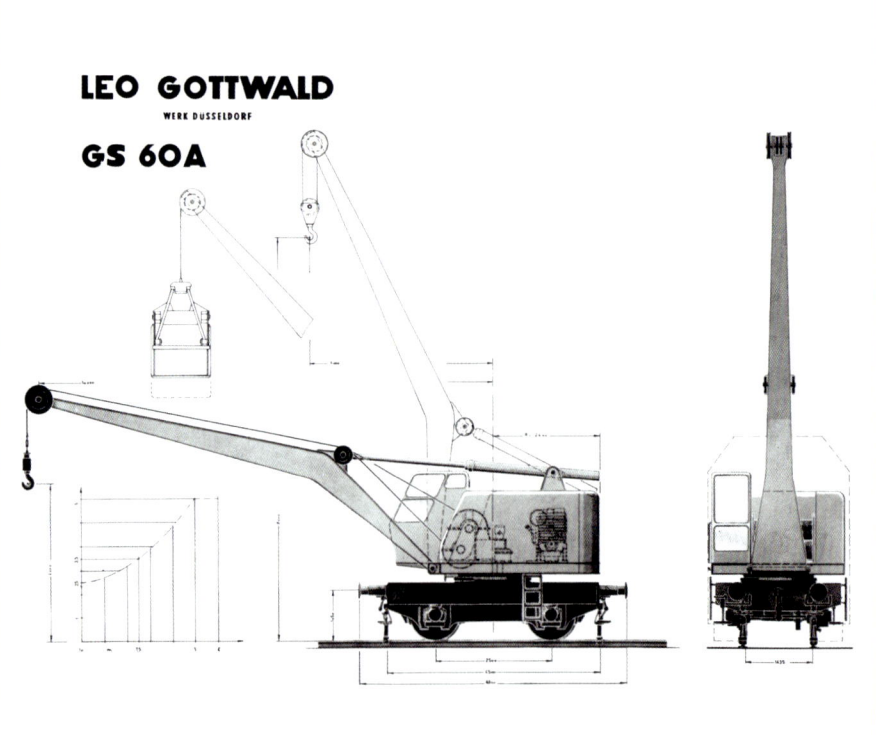

Links: Gottwald-Prospekt „Diesel-Hydraulischer Eisenbahn-Drehkran Type GS 60/6 t Tragkraft" – Rechts: Standard-Eisenbahndrehkran Typ GS 60A
(Sammlung Weinbach)

Der mit der Bezeichnung GS 60 mehrfach gelieferte Eisenbahn-Drehkran wird hier zur Rangierfahrt eingesetzt. Immerhin 200 t an Achslasten konnten so von dem rund 45 t wiegenden Universalgerät bewegt werden
(Sammlung Weinbach)

Eisenbahn-Drehkran vom Typ GS 125
(Sammlung Weinbach)

Links: Gottwald-Prospekt „Diesel-elektrischer Eisenbahn-Drehkran Type GS 125 / 12,5 t Tragkraft" – Rechts: Vom Typ GS 125 unmittelbar abgeleitet, wurde 1960 auch dieser allerdings diesel-mechanisch angetriebene Eisenbahn-Drehkran nach Belgien geliefert. Der ebenfalls freistehend arbeitende Kran sollte allerdings auf Kundenwunsch noch ein wenig mehr an möglichem Lastmoment mit sich bringen. Da man bekanntlich bei Gottwald sehr flexibel war, was derlei Wünsche betraf, wurden kurzerhand einige konstruktive Änderungen vorgenommen. Nicht zuletzt wurde auch der Unterwagen- und Oberwagenballast um einige Tonnen nach oben korrigiert. Somit kam das Gerät auf ein Eigengewicht von nunmehr 75,2 t gegenüber dem Grundtyp mit 63,2 t. Die Traglasten lagen dann zwischen 12 t x 6 m und 6 t x 10 m. Der lediglich mit sechs Zylindern ausgestattete KHD-Diesel vom Typ A 6L 514 stellte eine eingestellte Dauerleistung von 55 kW / 75 PS zur Verfügung
(Sammlung Weinbach)

den Hubleistungen auch über beachtenswerte Zugleistungen, die bei 200 t Achslasten lagen. Die maximale Eigengeschwindigkeit des GS 60 lag bei 75 m/min (4,5 km/h), konnte allerdings durch Zuschaltung der zweiten Hydraulikpumpe auf rund 115 m/min (6,9 km/h) gesteigert werden, dies natürlich ohne zusätzliche Anhängelast.

Standard-Schienendrehkran vom Typ GS 125

Größter moderner Eisenbahn-Umschlagkran bei Gottwald war im Jahre 1960 der an die Köln-Bonner Eisenbahnen AG (KBE) gelieferte Typ GS 125 für 12,5 t x 4,5 m (3 t x 12 m). Der 63,2 t schwere Vierachser (LüP 7400 mm) verfügte über einen luftgekühlten KHD-Diesel (Typ A 8L 614) mit acht Zylindern (85 kW / 115 PS Dauerleistung) mit angekuppeltem 85-kVA-Drehstrom-Generator für 380 V. Daraus folgt, dass es sich um eine diesel-elektrische Version handelte, bei der allerdings der Ausleger hydraulisch verstellt wurde. Der starke Dieselmotor ermöglichte zudem Rangierarbeiten mit bis zu 250 t Achslasten. Neben dem möglichen Vier-Seil-Greiferbetrieb mit entsprechendem Windwerk konnte der Kran auch mit Haken oder Lastmagnet arbeiten. Die Eigengeschwindigkeit betrug bei zwei angetriebenen Achsen rund 80 m/min (4,8 km/h). Da der GS 125 über eine vollwertige Achsfederung verfügte, konnte er auch bei ausgerücktem Fahrwerksantrieb mit bis zu 70 km/h auf Bundesbahn-Strecken verlegt werden. Diese Kranausführung wurde später von Gottwald auch als GS 1574 geführt. Auch hier wurde dem eigenen Servicepersonal, dies war beispielsweise wichtig bei der Ersatzteilbereitstellung, die Antriebsart und Achszahl mitgeteilt.

Standard-Schienendrehkran vom Typ GS 6300

Ein typischer Arbeitsplatz für den Typ GS 6300 waren Schrottplätze oder aber auch Stahlwerke. Der zweiachsige (LüP 5670 mm) und rund 40 t schwere Kran verfügte im Greiferbetrieb über eine Traglast von 3,2 t in einem Ausladungsbereich zwischen 4,2 m und 9,7 m. Im Stückguteinsatz konnten von dem Arbeitsgerät bis zu 6,3 t x 4,2 m ohne Abstützung gehoben werden. Es gab für den Kran alternativ einen 8 m, einen 10 m und einen 12 m langen Ausleger, teilweise gerade oder aber geknickt. Für den 12-m-Ausleger lag dann die mögliche Traglast bei gleichfalls 12 m Ausladung bei genau 2 t. Wurde der Kran mit Abstützungen verkauft (GS 6300 A) und auch so eingesetzt, so steigerte sich die maximale Traglast auf immerhin 9,4 t x 5 m. Die Abstützbasis betrug dabei 2,9 x 2,5 m. Auch hier kamen überwiegend luftgekühlte KHD-Diesel mit rund 112 kW / 152 PS zum Einbau. Immerhin 150 m/min (9 km/h) Fahrgeschwindigkeit waren dann über die eine angetriebene Achse auf gerader Strecke zu erzielen.

Standard-Schienendrehkran vom Typ GS 1500

Aus dem GS 125 von 1960 weiterentwickelt, wurde im Jahre 1961 der GS 1500 erstmals ausgeliefert. Der Vierachser (LüP 7240 mm) brachte es auf ein Gesamtgewicht von rund 72 t. Der eingebaute luftgekühlte KHD-Diesel-Motor vom Typ A 8 L 413 besaß eine auf 113 kW / 154 PS eingestellte Dauerleistung. Diese wurde dann in den siebziger Jahren mit verbesserten Motoren auf 150 kW / 205 PS gesteigert. Mit zwei angetriebenen Achsen wurde eine Eigenge-

Links: Eisenbahn-Drehkran vom Typ GS 6300 mit Mehrschalengreifer (Polypgreifer) – Mitte: Im Jahre 1963 erhielt die Holzindustrie Bruchsal GmbH diesen diesel-hydraulischen GS 6300 mit geknicktem Auslegerkopf. Der Stern hinter der Motorabdeckung lässt dabei auf einen wasserge-kühlten Antriebsdiesel schließen – Rechts: Nicht sonderlich viel Gelegenheit zur Ausfahrt hatte dieser GS 6300 auf der Hannover-Messe im Jahre 1965

(Sammlung Weinbach)

GOTTWALD-SCHIENENDREHKRANE

für Regelspur

Einladung

zur Messe Hannover

Sehr geehrte Herren!

Sind Schienendrehkrane überholt und werden sie durch gummibereifte Krane und Leichtbau-Portalkrane ersetzt? Nein, auch heute können viele Betriebe mit umfang-reichen Gleisanlagen auf Schienendrehkrane nicht ver-zichten. Sie ersetzen vielfach Rangierloks und erfordern keine besonderen Kranbahnen bzw. umfangreiche, be-festigte Straßen.

Viele ältere Krane, insbesondere Dampfkrane, müssen ersetzt werden, da sie den Bedingungen der Unfallver-hütungsvorschriften nicht mehr entsprechen und ein Um-bau nicht möglich oder wirtschaftlich ist.

Unsere neu entwickelten Schienendrehkrane berück-sichtigen alle Vorschriften, darüber hinaus sind sie bequem zu bedienen, wartungsarm und für hohe Um-schlagleistung bei feinfühliger Steuerung ausgelegt. Umseitig geben wir Ihnen einen Überblick über unser Programm der serienmäßig gefertigten Standardkrane.

Einen Kran dieser Serie mit 6,3 Mp Tragfähigkeit stellen wir auf der Messe Hannover vom 24. 4. bis 2. 5. 1965 auf unserem Ausstellungsstand Nr. 609 im Freigelände aus.

Wir können Ihnen dort weitere interessante Einzelheiten unserer Entwicklung zeigen und erwarten gerne Ihren Besuch.

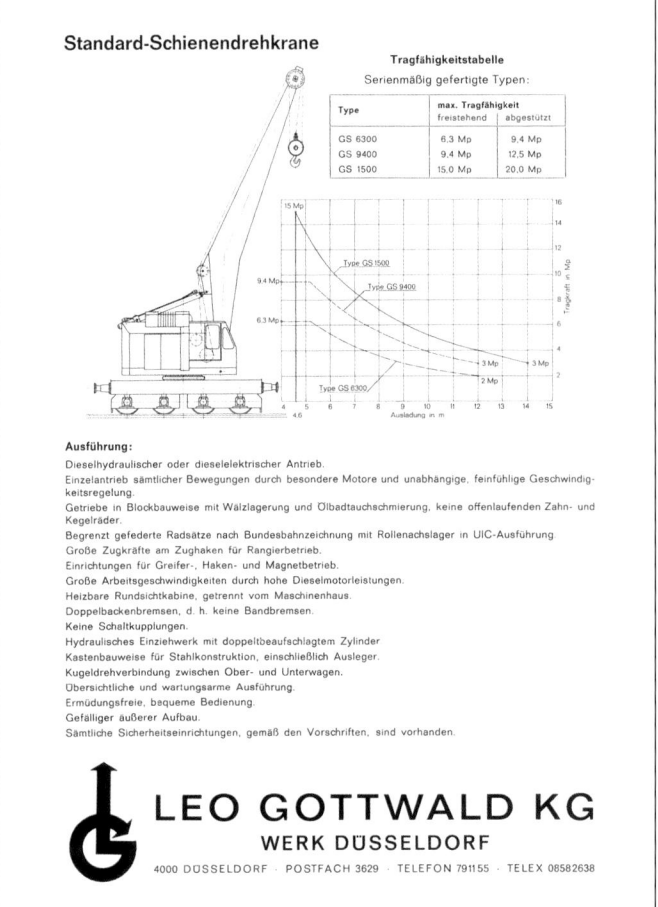

Standard-Schienendrehkrane

Tragfähigkeitstabelle

Serienmäßig gefertigte Typen:

Type	max. Tragfähigkeit	
	freistehend	abgestützt
GS 6300	6,3 Mp	9,4 Mp
GS 9400	9,4 Mp	12,5 Mp
GS 1500	15,0 Mp	20,0 Mp

Ausführung:

Dieselhydraulischer oder dieselelektrischer Antrieb.
Einzelantrieb sämtlicher Bewegungen durch besondere Motore und unabhängige, feinfühlige Geschwindig-keitsregelung.
Getriebe in Blockbauweise mit Wälzlagerung und Ölbadtauchschmierung, keine offenlaufenden Zahn- und Kegelräder.
Begrenzt gefederte Radsätze nach Bundesbahnzeichnung mit Rollenachslager in UIC-Ausführung
Große Zugkräfte am Zughaken für Rangierbetrieb.
Einrichtungen für Greifer-, Haken- und Magnetbetrieb.
Große Arbeitsgeschwindigkeiten durch hohe Dieselmotorleistungen.
Heizbare Rundsichtkabine, getrennt vom Maschinenhaus.
Doppelbackenbremsen, d. h. keine Bandbremsen.
Keine Schaltkupplungen.
Hydraulisches Einziehwerk mit doppeltbeaufschlagtem Zylinder
Kastenbauweise für Stahlkonstruktion, einschließlich Ausleger.
Kugeldrehverbindung zwischen Ober- und Unterwagen.
Übersichtliche und wartungsarme Ausführung.
Ermüdungsfreie, bequeme Bedienung.
Gefälliger äußerer Aufbau.
Sämtliche Sicherheitseinrichtungen, gemäß den Vorschriften, sind vorhanden.

LEO GOTTWALD KG
WERK DÜSSELDORF
4000 DÜSSELDORF · POSTFACH 3629 · TELEFON 791155 · TELEX 08582638

Links: Eine reine Männersache war anscheinend im Jahre 1965 das Thema „Eisenbahnkrane" auf der Hannover Messe – Rechts: Vergleichsüber-sicht verschiedener Gottwald-Standard-Schienendrehkrane im Jahre 1965

(Sammlung Weinbach)

Links: Auch solche Sonderanfertigungen mit hochgelegtem Bedienstand wurden für den reinen Werkbahn-Betrieb gebaut. Der Überblick über die hochbordigen offenen Güterwagen war somit gewährleistet. Das Befahren normaler DB-Strecken war wegen drohender Brücken- und Tunneldurchfahrten und der immer mehr aufkommenden Oberleitungen eher weniger ratsam, denn das Lichtraumprofil von 4,8 m Höhe dürfte nicht eingehalten worden sein. Es handelt sich hierbei um den Grundtyp GS 6300, der bei diesem Gerät allerdings intern als GS 6332 geführt wurde. Hier wurde für die Serviceabteilungen die Antriebsart und wohl auch die Achszahl als Hinweis eingebracht – Mitte: Hier arbeiten gleich zwei GS 6300, links mit der Normalkabine und rechts mit hochgelegter Kabine, im Magnetbetrieb beim Schrottumschlag (Sammlung Weinbach)
Rechts: Die Umschlagkrane vom Typ GS 6300 gingen fast ausschließlich an deutsche Industriebahnen. Lediglich zwei Exemplare wurden in die Niederlande und nach Belgien geliefert. Lange hat wohl die Deutsche Bundesbahn mit ihrer Kaufentscheidung gerungen, schließlich erhielt sie einen der letzten dieser Drehkrane im Jahre 1974 (Leder)

Links: Den wohl letzten GS 6300 erhielten im Jahre 1975 die Röhrenlager Lehrte in Düsseldorf, hier im fabrikneuen Farbkleid mit dem 10-m-Ausleger – Mitte: Die lombardischen Stahl- und Eisenwerke Falck konnten in den Jahren 1961/62 zwei dieser vierachsigen GS 6300 zum Einsatz bringen. Die genaue Gottwald-interne Bezeichnung lautete wohl in diesem Fall auf GS 6399, was wohl, wie später bei den Autokranen üblich, wiederum ein verschlüsselter Hinweis für die eigenen Serviceabteilungen war. Es handelte sich nämlich bei den beiden Kranen um abweichende Ausführungen mit vier Achsen sowie elektro-hydraulischem Antrieb. Die Geräte wurden im dortigen Stahlwerk ausschließlich über Kabelzuführung fremdgespeist und verfügten über elektrische Antriebe. Lediglich die Auslegerverstellung erfolgte über hydraulische Zylinder – Rechts: Blick auf den Oberwagen eines GS 6300 mit Bedienkabine, Windwerken und hydraulischer Auslegerverstellung (Sammlung Weinbach)

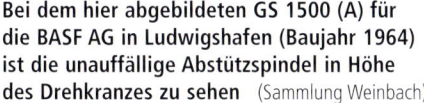

Bei dem hier abgebildeten GS 1500 (A) für die BASF AG in Ludwigshafen (Baujahr 1964) ist die unauffällige Abstützspindel in Höhe des Drehkranzes zu sehen (Sammlung Weinbach)

Rechts: Von dem Grundtyp GS 1500 sind bis 1976 rund 20 Geräte gebaut worden. Hier ist einer der letzten Krane dieses Typs für die Stahlwerke Peine Salzgitter AG aus dem Jahre 1974 zu sehen (Sammlung Weinbach)

Ins norwegische Narvik (1435-mm-Spur) wurde dieser verstärkte diesel-hydraulische GS 1524 V im Jahre 1967 geliefert. Der Kran verfügte über einen speziellen zweiteiligen Ausleger, der etwa mittig eine weitere Umlenkrolle besaß. Der Kran hatte eine maximale Traglast von immerhin 25 t x 8 m. Auch wurde eine richtige Abstützung mit vier schwenkbaren Stützarmen am vierachsigen Unterwagen angebolzt. Somit konnte der Kran nicht nur zu normalen Umschlagarbeiten herangezogen, sondern auch beim Gleisbau eingesetzt werden und dies dank des beschriebenen Auslegers auch unterhalb von Oberleitungen. Zwei weitere GS 1544 A wurden gleichfalls nach Narvik und nach Schweden geliefert (Sammlung Weinbach)

schwindigkeit von rund 150 m/min (9 km/h) erreicht. Bei entsprechend gefedertem Fahrwerk wurde zudem eine Schleppgeschwindigkeit von rund 100 km/h ermöglicht. Der Kran konnte freistehend im Stückgutbetrieb zwischen 15 t x 4,6 m und 3 t x 14 m (14-m-Ausleger) heben. Im Vier-Seil-Greiferbetrieb wurde die Tragfähigkeit mit 5 t für einen Ausladungsbereich zwischen 5 m und 11 m angegeben. Für die Höchstlast von 20 t, die bis zu einer Ausladung von 5 m sicher beherrscht wurde, musste der Unterwagen allerdings vorher mittels der zwei seitlichen Stützspindeln abgestützt werden. Die Ausleger des Grundtyps 1500 konnten im Übrigen wieder in Längen von 10 m, 12 m und 14 m bestellt werden.

GS 1549 A – Dänemark

Die dänischen Staatsbahnen (DSB) orderten in den Jahren 1975 und 1976 zwei dieser speziellen GS 1549 A (LüP 7860-mm-, 1435-mm-Spur) für eine Maximallast von 25 t x 9 m. Die in den Distrikten Kopenhagen und Jütland eingesetzten Krane brachten es auf ein Einsatzgewicht von 86,3 t. Für die Transportfahrt mussten allerdings rund 10 t des aufgetürmten 16-t-Gegengewichtes auf dem erforderlichen Hilfswagen abgelegt werden. Der diesel-hydraulische Kran besaß einen luftgekühlten KHD-Diesel vom Typ F 8L 413, der eine eingestellte Leistung von 141 kW / 192 PS zur Verfügung stell-

Fertig zur Auslieferung an die DSB ist der 25-Tonner hier in Transportstellung mit seinem Schutzwagen zu sehen (Sammlung Weinbach)

Dänischer GS 1549 A aus dem Jahre 1976 bei seiner ersten Ausfahrt aus der Werkhalle. Der spezielle Ausleger erlaubte auch (Gleisverlege)-Arbeiten unter der Oberleitung (Sammlung Weinbach)

Der verstärkte und mit Schwenkarmstützen versehene GS 1549 A wird hier nach der Auslieferung nach Dänemark nochmals einigen Belastungstests unterzogen
(Sammlung Weinbach)

Hier wird der neu in Dänemark eingetroffene GS 1549 A zu Testzwecken von einem kleinen Demag-Industriekran aufballastiert. Sehr gut ist die aufwändige Auslegerkonstruktion zu sehen. Ein mächtiger, doppelt beaufschlagter Hydraulikzylinder sorgt für das Aufrichten des 6,3 t schweren Auslegers
(Sammlung Weinbach)

Hier ist sehr gut der vierachsige Unterwagen des für die DSB bestimmten GS 1549 A mit den mächtigen Schwenkarmen und den Hydraulikstützen zu sehen. In dieser Transportstellung ohne 10 t Teilballast wog das Gerät noch gute 76 t
(Sammlung Weinbach)

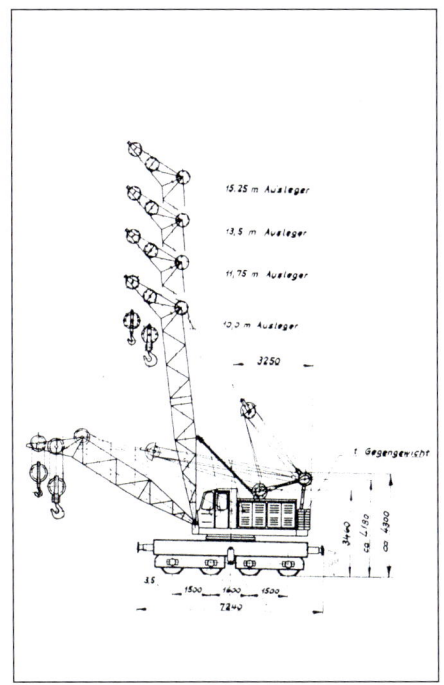
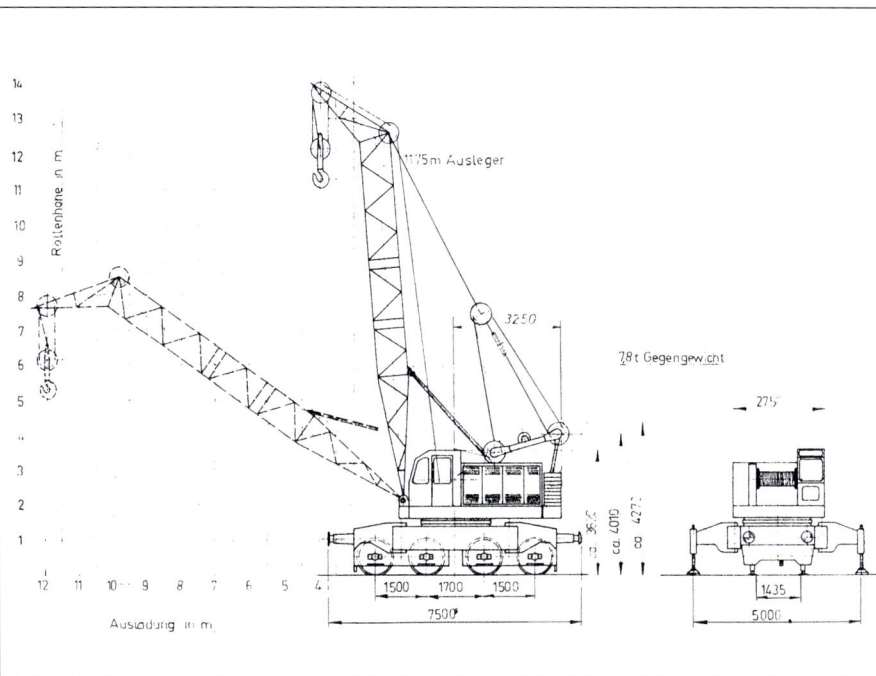

Links: Eisenbahn-Drehkran SK 75 für Frankreich – Rechts: Eisenbahn-Drehkran SK 75V für Frankreich   (Sammlung Weinbach)

te. Dies reichte bei zwei zugeschalteten Hydraulikkreisen und zwei Antriebsachsen für eine Eigengeschwindigkeit (ohne Last) von 120 m/min (7,2 km/h). Im Zugverband war die Kombination aus Kran und Schutzwagen bei ausgekuppeltem Fahrantrieb mit bis zu 100 km/h zu schleppen. Der Unterwagen verfügte auch über ausschwenkbare Abstützarme, die für sicheren Stand bei einer Abstützbasis von 5 x 5 m sorgten. Bei dem Ausleger handelte es sich wiederum um eine spezielle zweiteilige Ausführung, die auch das Arbeiten unter der Oberleitung erlaubte.

SK 75 – Frankreich

Über den französischen Gottwald-Importeur Raoul Neveu wurden im Jahre 1964 zwei interessante Eisenbahn-Drehkrane vom Typ SK 75 in Auftrag gegeben. Hierbei handelte es sich um abgewandelte Gittermastkrane aus der Mobilkranreihe MK 75. Die Kranoberwagen wurden dabei auf vierachsige Eisenbahn-Unterwagen (LüP 7240 mm) für die Spurbreite 1435 mm gesetzt. Hierbei dürfte es sich aufgrund des Puffermaßes um Unterwagen der GS 1500-Reihe gehandelt haben. Auch wurden wieder zwei Radsätze entsprechend angetrieben. Mit lediglich zwei mittigen Abstützarmen am Unterwagen wurde auch nur eine Abstützbreite von 2940 mm erreicht. Für den Antrieb des einschließlich Ballast rund 60 t wiegenden Krans sorgte der aus der MK-Reihe bekannte luftgekühlte Sechs-Zylinder-KHD-Diesel vom Typ A 6L 714 (84 kW / 115 PS). Mit dem sechsstufigen Getriebe wurde eine maximale Eigengeschwindigkeit von rund 127 m/min (7,6 km/h) erreicht.

Der Gitterausleger des SK 75 war in vier Längen aufrüstbar (10 m, 11,75 m, 13,5 m und 15,25 m) und besaß seine größte Tragfähigkeit für alle Auslegerlängen mit 35 t x 3,5 m (abgestützt). Voll aufgerüstet wurden bei einer maximalen Ausladung von 13 m noch 3,8 t sicher gehoben. Freistehend lagen die Werte bei 17 t x 3,5 m beziehungsweise 0,4 t x 13 m. Zudem verfügte der Kran in der Auslegerspitze über einen 8-t-Hilfshub.

SK 75 V – Frankreich

Im Jahre 1966 wurde ebenfalls für Frankreich ein verstärkter vierachsiger Eisenbahn-Drehkran vom Typ SK 75 V mit Gitterausleger gebaut. Hier wurde wiederum ein Mobilkranoberwagen auf einen verstärkten Vierachs-Unterwagen (LüP 7500 mm) gesetzt. Das Fahrgestell erhielt zudem vier ausschwenkbare Stützarme, die eine Abstützbasis von 5 x 5 m ergaben. Bei identischer Motorisierung zu den beiden Vorgängern, war der jetzt 71,5 t schwere Schienenkran nur noch mit rund 85 m/min (5 km/h) selbsttätig zu verfahren. Im abgestützten Zustand wurden an dem 11,75 m langen Gitterausleger in einem Ausladungsbereich zwischen 4 m und 8 m die maximalen 25 t gehoben. Bis zu einer Ausladung von 12 m reduzierte sich dieser Wert auf 13,5 t. Freistehend lagen die Traglastwerte dann zwischen 16,5 t x 4 m und 3,6 t x 12 m.

60-t-Eisenbahnkran – Elfenbeinküste

Von diesem Eisenbahnkran für 60 t x 6 m wurden in den Jahren 1966 und 1971 zwei Geräte für die Meterspurgleise der Eisenbahngesellschaft an der Elfenbeinküste gebaut. Die achtachsigen Unterwagen (LüP 12 670 mm) verfügten über eine ausschwenkbare Abstützung (6 x 6 m oder 8,1 x 5 m) sowie feste Zusatzabstützungen an den Unterwagenecken. Mit der Schwenkabstützung lag die Tragfähigkeit des Haupthubes bei 60 t x 6 m, mit der Zusatzabstützung bei 60 t x 8 m. Auch das Hilfshubwerk mit respektablen 32 t x 9 m beziehungsweise 32 t x 12 m für die beiden obigen Stützvarianten konnte sich mehr als sehen lassen. Die knapp 103 t schweren und mit 79 m/min (4,7 km/h) eigenverfahrbaren Krane verfügten über einen diesel-mechanischen Antrieb und zwei Antriebsachsen. Als Dieselmotor wurde dabei auf Kundenwunsch ein luftgekühlter Alsthom L 62 mit rund 81 kW / 111 PS eingebaut. Ein nahezu baugleiches Gerät wurde ebenfalls 1966 in den Senegal geliefert. Hier kam allerdings ein luftgekühlter KHD-Diesel vom Typ A 6L 714 mit

Der für die Elfenbeinküste gebaute 60-Tonner verfügte auch über einen 32-t-Hilfshub   (Sammlung Weinbach)

70-t-Eisenbahnkran – Kambodscha

Im Jahre 1969 wurde ein für 70 t ausgelegter Festauslegerkran an die C.F.R.C. nach Phnom Penh (Kambodscha) geliefert. Es handelte sich dabei um eine Modifizierung der 60-Tonner für Senegal / Elfenbeinküste. Der wiederum diesel-mechanische Kran (LüP 12 680 mm) besaß eine Tragfähigkeit am Haupthub zwischen 70 t x 5,8 m und 27 t x 10 m. Der 20-t-Hilfshub war für den vollen Ausladungsbereich zwischen 6,7 m und 12 m ausgelegt. Ebenfalls auf der Meterspur eingesetzt, war er bis 51 m/min (3 km/h) sogar mit 10 t Last am Haken zu bewegen. Ohne Last betrug die Eigenfahrgeschwindigkeit rund 120 m/min (7,2 km/h). Eingestellt in einen Zug, war eine maximale Schleppgeschwindigkeit von 60 km/h erlaubt.

GS 1550 V – Portugal

Unter der Bezeichnung GS 1550 V wurden von diesem verstärkten 25-Tonner im Jahre 1971 zwei Geräte nach Lissabon (Portugal) geliefert. Der auf fünf gefederten Achsen laufende Kran

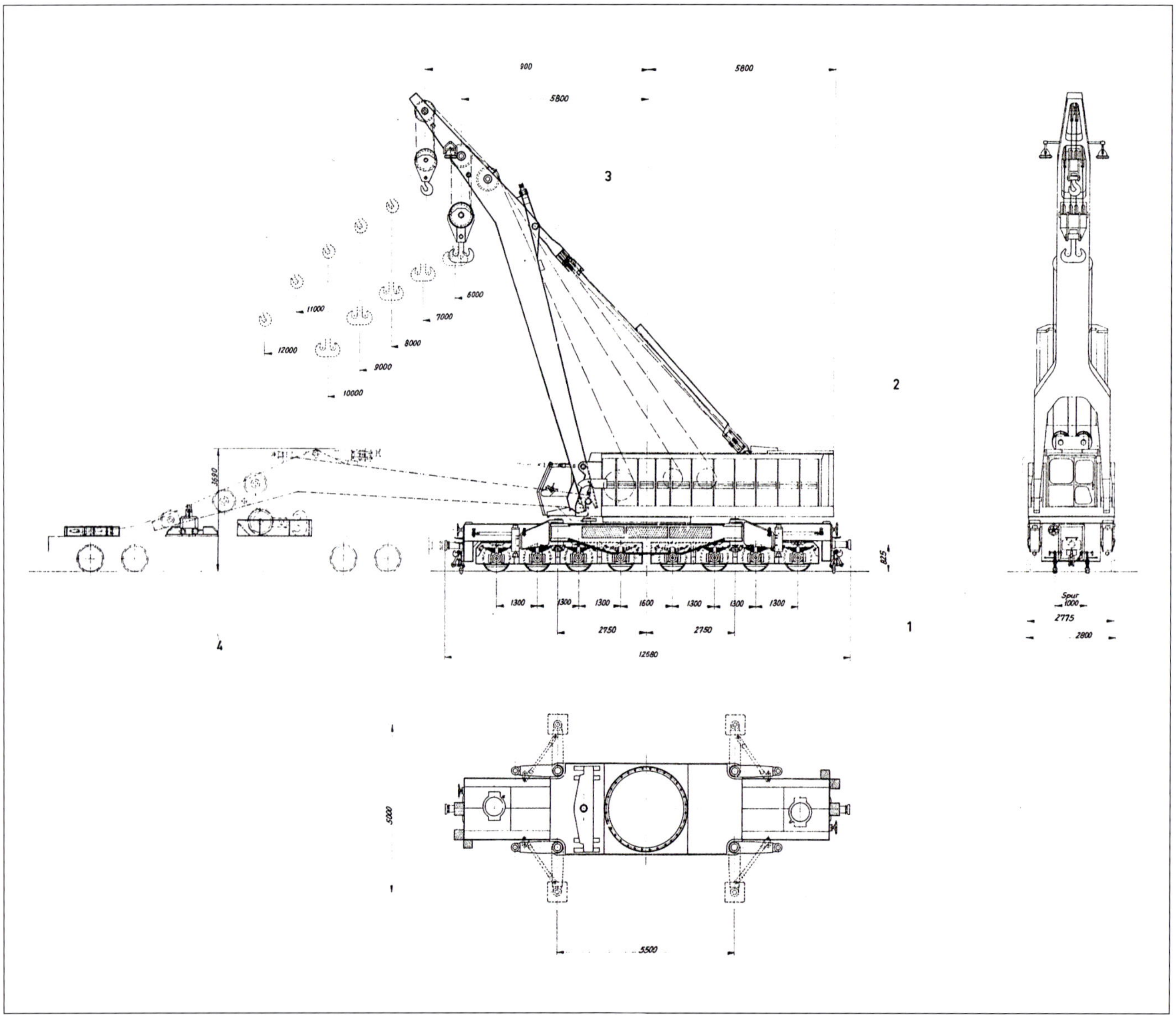

lediglich 60 kW / 82 PS zum Einbau. Dieser Kran verfügte interessanterweise auch nicht über einen eigenen Fahrwerksantrieb, sondern musste immer durch Fremdhilfe verfahren werden. Zudem hatte man hier auf die Zusatzabstützungen am Unterwagen verzichtet.

70-Tonner für Kambodscha aus dem Jahre 1969   (Sammlung Weinbach)

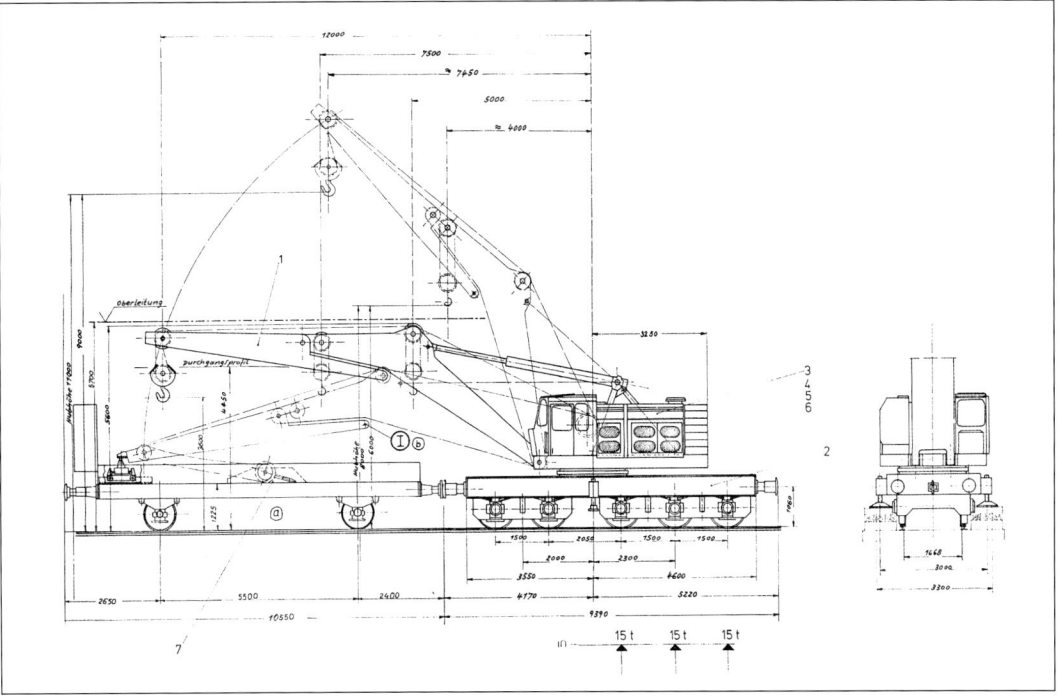

(LüP 9390 mm) war für die dortige 1668-mm-Spur ausgelegt und verfügte über diesel-elektrischen Antrieb. Wie der Zeichnung zu entnehmen ist, besaß der Ausleger gleich drei Rollensätze. Der vordere Rollensatz (Auslegerspitze) war für maximal 10 t x 8 m freistehend / 10 t x 12 m abgestützt einsetzbar. Am mittleren Rollensatz waren zwischen 24 t x 4 m und 10 t x 7,5 m freistehend beziehungsweise zwischen 25 t x 5 m und 16,5 t x 7,5 m abgestützt zu bewegen. Die Traglastwerte ab 5 m Ausladung konnten zudem geringfügig gesteigert werden, wenn die „Auslegerspitze" demontiert wurde. Doch dabei war mit Vorsicht zu walten, denn der Kranoberwagen war im freistehenden Zustand ohne Last nicht mehr zu drehen, da er sonst nach hinten umgekippt wäre. Welchen Vorteil der hintere Rollensatz brachte, ist nicht eindeutig ersichtlich, denn seine Traglastwerte bei den möglichen 5 m Ausladung lagen in allen Rüstzuständen nicht über denen des mittleren Rollensatzes.

Eisenbahnkrane – ein mühsames Geschäft

Mit dem Wiederaufleben des Geschäftsfeldes Eisenbahnkrane zu Beginn der fünfziger Jahre waren die Jahresumsätze auf diesem Gebiet zunächst nur zögerlich steigend. Erstmals 1957 konnte man mit 1,2 Millionen DM die Millionengrenze überschreiten. Für das darauffolgende Jahr erreichte man sensationelle 5,5 Millionen DM, das Indien-Geschäft machte sich hierbei spürbar bezahlt. Trotz anschließender Umsatzhalbierung war das Jahrzehnt mit knapp elf Prozent Anteil am Gesamtumsatz für die Eisenbahnabteilung doch recht erfolgreich.

In den gesamten sechziger Jahren machte daraufhin das Eisenbahnkran-Geschäft mit insgesamt nur 10,5 Millionen DM lediglich knapp 3,8 Prozent am Unternehmensumsatz von rund 272 Millionen DM aus. Die siebziger Jahre brachten gleichfalls ein ständiges Auf und Ab auf diesem Sektor. Teilweise lagen die Jahresumsätze weit unter einer halben Million DM. So ist beispielsweise festzuhalten, dass der Eisenbahnkranbau bei Gottwald in den Jahren zwischen 1971 und 1976 fast ausschließlich vom Verkauf der Eisen-

bahn-Drehkrane der Reihen GS 6300 und GS 1500 und deren Abwandlungen lebte. Zwei interessante Zweiwege-Konstruktionen als ASK 60.05 (Automobil Schienen Kran) für die S.N.T.F. in Algerien sollen hier für das Jahr 1975 allerdings nicht vergessen werden. Da es sich jedoch eigentlich um Gittermast-Autokrane handelte, die lediglich in zwei Schienendrehgestelle „eingehängt" wurden, sind diese auch bei den Sondergeräten näher abgehandelt.

Große Eisenbahnkrane wurden in dieser Zeit allerdings gar keine in Düsseldorf gebaut. Erst 1977/78 waren wieder zwei solcher Geräteverkäufe (GS 60.05 H) für die Eisenbahnen im afrikanischen Uganda und Togo zu vermelden. Wie der Typbezeichnung bereits zu entnehmen war, hatte man inzwischen bei Gottwald ein neues System zur Typvergabe und Technikbeschreibung entwickelt.

Es wurde fortan die maximale Tragfähigkeit in Tonnen vor die dabei gültige Ausladung in Metern gesetzt. Das heißt für den vorgenannten Typ GS 60.05 H, es handelte sich um einen Gottwald Schienenkran 60 t x 5 m mit einem zusätzlichen Hilfshub. Dieser verfügte dabei wie üblich über einen Festausleger in geschlossener Kastenbauweise. Diese Kastenausleger hatten auch zum Vorteil, dass sie weniger korrosionsanfällig als die aufwändigen Gitterausleger mit ihren vielen Schweißnähten und Knotenpunkten waren.

Stand bei nachfolgenden Eisenbahnkranen ein T hinter der Zahlenkolonne, so deutete dies auf ein Gerät mit Teleskopausleger hin. Diese Auslegerart hielt nämlich Ende der siebziger Jahre auch Einzug in die Welt der Gottwald-Eisenbahnkrane. Das vorgenannte Prinzip der Typennamen sollte auch in der Folgezeit seine Gültigkeit bei den Düsseldorfer Eisenbahnkranen behalten.

Doch eigentlich waren die ersten Teleskopkrane auf Schienen bereits Ende der sechziger beziehungsweise Anfang der siebziger Jahre bei Gottwald zumindest zu Papier gebracht worden. Die tatsächliche Umsetzung dieser Pläne ist leider nirgends dokumentiert. Einige Beispiele mögen allerdings aufzeigen, was bereits in dieser Zeit an Teleskop-Eisenbahnkranen möglich war, auch wenn man sich hierbei stark an die serienmäßigen Artgenossen auf Straßenfahrgestellen anlehnte.

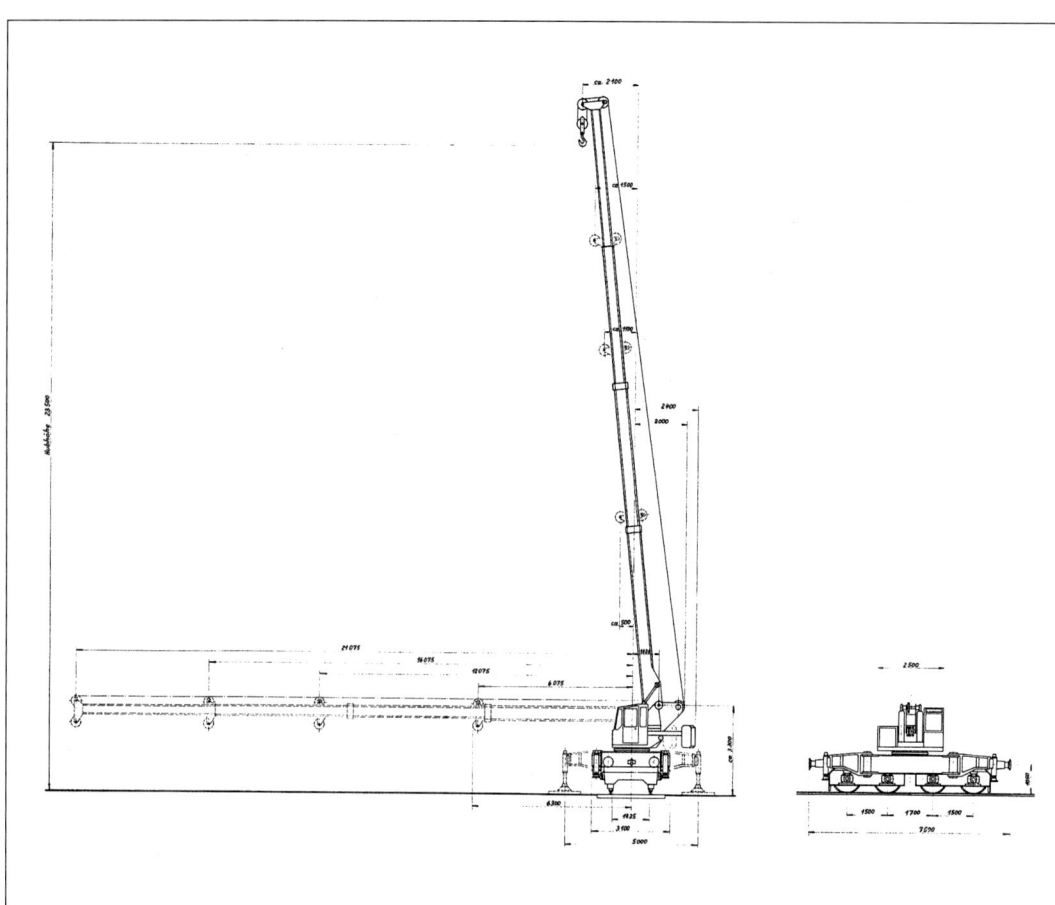

Dieser Schienendrehkran als Typ TSK 45-49 (Teleskop-Schienen-Kran) wurde bereits 1969 zu Papier gebracht. Der bekannte Kranoberwagen des AMK 45 (20-Tonner) hätte hier nur in Verbindung mit einem entsprechend schweren vierachsigen Unterwagen inklusive Schwenkabstützung zum Einsatz kommen können. Ein solcher Kran ist wohl nie gebaut worden, zumindest lässt er sich in keiner der Lieferlisten für Autokrane oder Eisenbahnkrane wiederfinden

(Sammlung Weinbach)

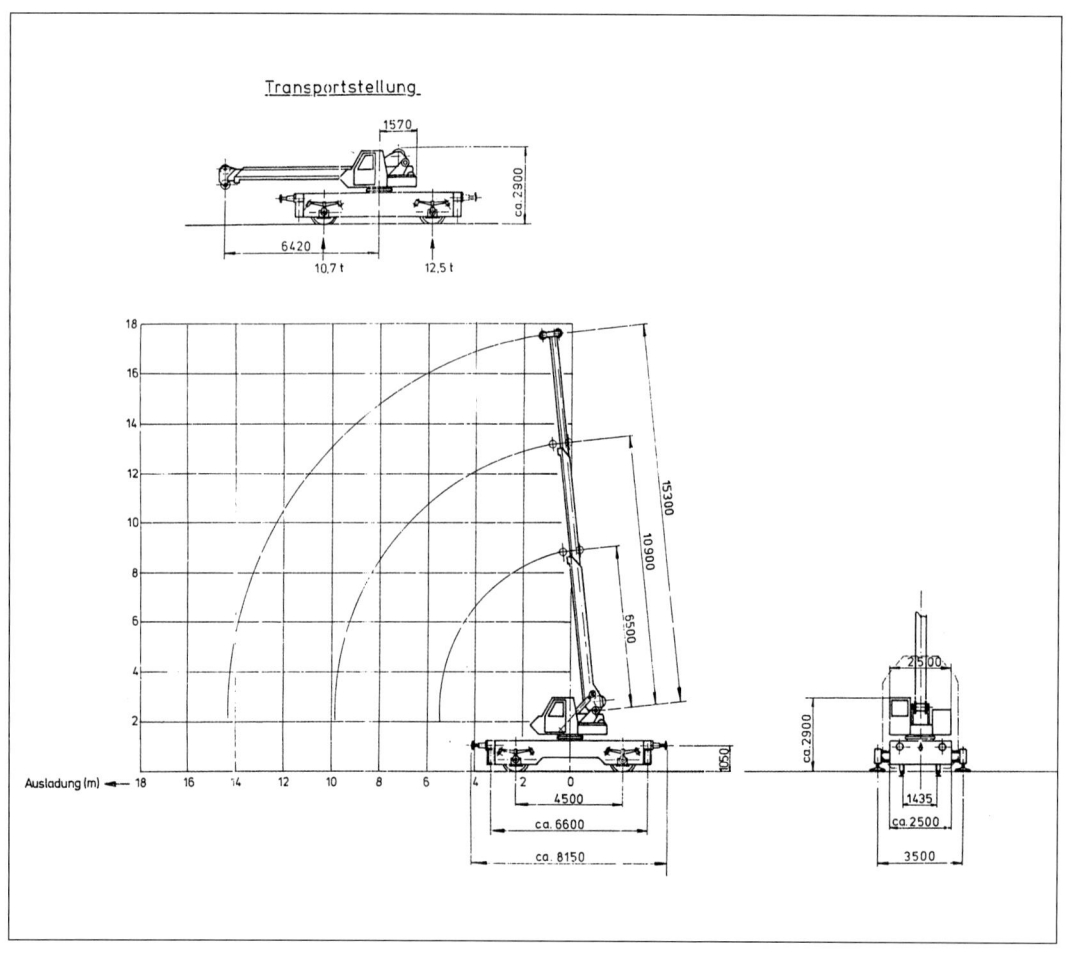

Transportstellung

Auch dieser recht kleine TSK 35-47 aus dem Zeichnungsjahr 1973, gedacht für immerhin 14 t x 3 m beziehungsweise 1,4 t x 14 m, ist wohl nie auf die Schienen gesetzt worden. Der AMK 35-Oberwagen hätte die vorangenannten Traglastwerte auch nur im abgestützten Zustand ohne umzukippen bewältigt. Allerdings sollte das Leichtgewicht auch freistehend arbeiten können und dies mit immerhin 6 t x 3 m beziehungsweise 0,5 t x 11 m

(Sammlung Weinbach)

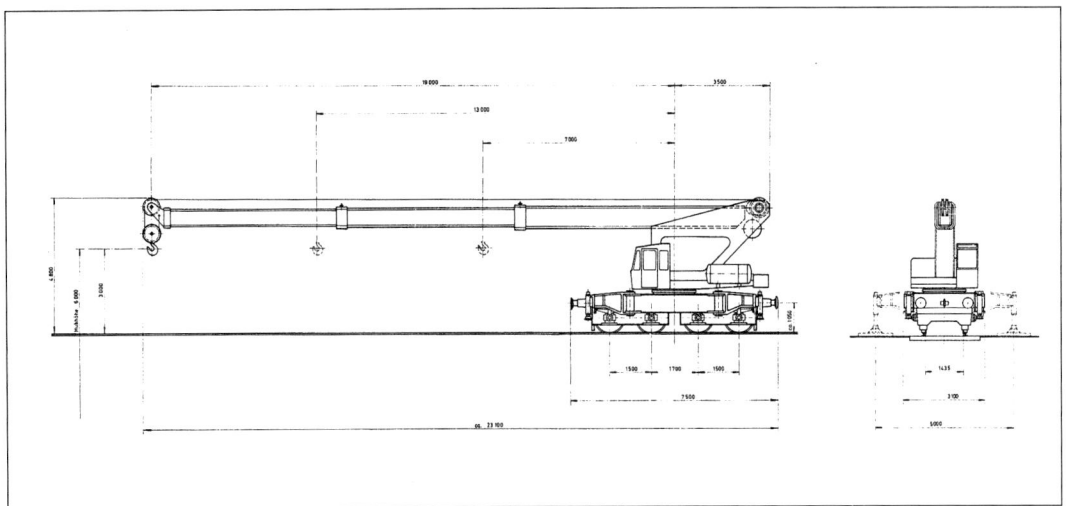

Der Oberwagen des TSK 65-44 wäre dann doch ein wenig von der AMK 65-Serie abgewichen. Bei dieser Konstruktion hatte man wohl speziell an einen Gleisbaukran gedacht. Die Zeichnung aus dem Jahre 1970 (!) zeigt wieder einen mit Schwenkabstützungen versehenen verstärkten Unterwagen der GS 1500-Reihe
(Sammlung Weinbach)

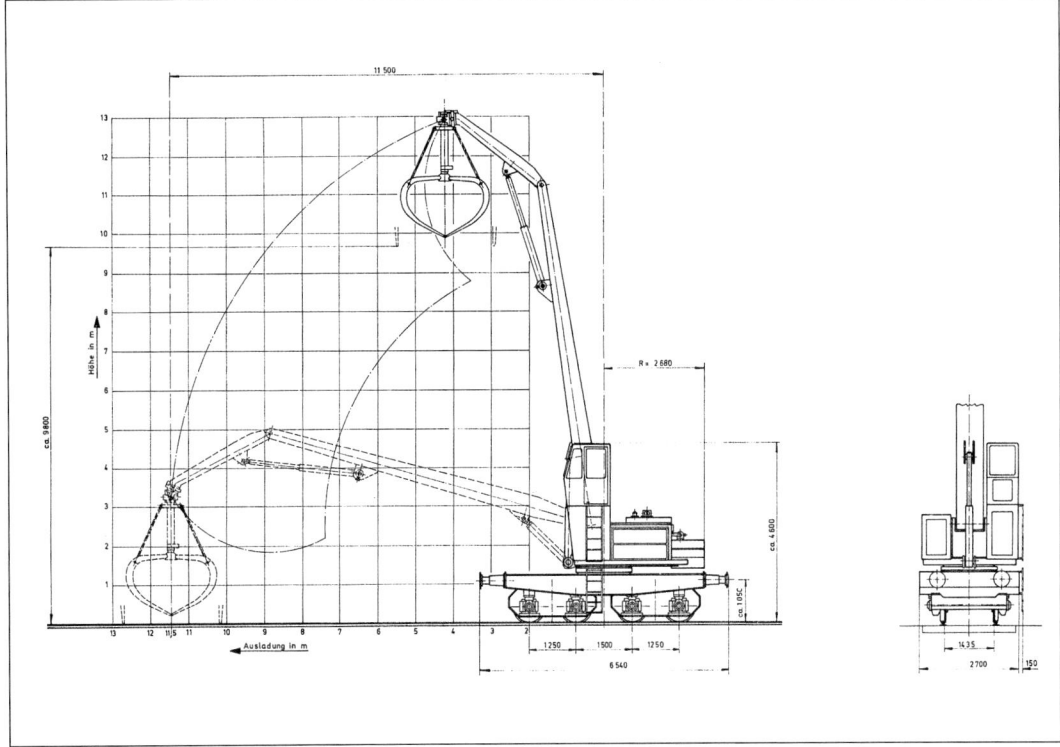

Auch die Hydro-Geräte, hier ein Oberwagen des Hydro 552, wurden zumindest auf dem Zeichenbrett auch auf schwere Eisenbahnunterwagen gesetzt. Die Zeichnung aus dem Jahre 1971 zeigt den Kran mit einer hochgesetzten Kranführerkabine und dem typischen Holzverladegreifer. Die zulässige Nutzlast im Greifer lag hier zwischen 5,2 t x 4 m und 1,2 t x 11,5 m. Die Nutzlasten ohne diese Greifereinrichtung, also am Haken, sollten zwischen 6,7 t x 4 m und 2,7 t x 11,5 m liegen
(Sammlung Weinbach)

Eisenbahnkrane – zumeist spezielle Einzelanfertigungen

Wie voran geschildert, waren Ende der siebziger Jahre wieder verstärkt Verkaufserfolge auch für die schweren Eisenbahnkrane zu verbuchen. Dies änderte jedoch nichts an der Tatsache, dass der Umsatzanteil für besagtes Jahrzehnt mit knapp 17 Millionen DM nur noch verschwindend geringe zwei Prozent des Gesamtumsatzes (838 Millionen DM) bei Gottwald ausmachte. Dies sollte sich dann in der darauffolgenden Dekade sehr zum Positiven ändern. Das Jahr 1982 einmal ausgenommen (130 000 DM), sollten die Umsätze zumeist jenseits der 7 Millionen DM liegen. Im Vergleich zu den heutigen Geräte-Stückpreisen sind dies allerdings immer noch niedrige Umsatzzahlen. Das Jahr 1986, also kurz vor dem Niedergang der Gottwald GmbH, ist dabei mit 34,8 Millionen DM als absolutes Rekordjahr für die Achtziger zu bezeichnen. Da schlugen die Verkäufer der Eisenbahnfakultät sogar die sonst einsam führenden Kollegen aus der Sparte der Teleskopautokrane (28 Milli-

onen DM) und Hafenmobilkrane (33,7 Millionen DM). Für die kompletten achtziger Jahre gesehen konnte der Umsatzanteil der Eisenbahnkrane auf immerhin 14,2 Prozent gesteigert werden. Auch diese Erfolge garantierten bekanntlich kein eigenständiges Weiter- und Überleben der Gottwald GmbH. Die Übernahme auch dieses Geschäftszweiges durch den Mannesmann Demag Konzern bescherte zumindest auch weiterhin interessante Eisenbahnkrane mit dem aufgebrachten Gottwald-Schriftzug.

Doch nach soviel Zahlenspiel, wenn auch überlebenswichtig, wie im nachhinein zu resümieren ist, zurück in die noch erfolgreiche Gottwald-Ära zum Ende der siebziger Jahre. Hier wurden die reinen Eisenbahn-Bergungskrane, die natürlich auch für den Schwergutumschlag geeignet waren, mit den typischen vollwandigen Festauslegern und der gegabelten Anlenkung an der Oberwagenplatte ausgeführt. Diese Gabelung war zum einen erforderlich, um die Kranführerkabine zwischen diesen beiden Anlenkungen unterzubringen. Somit war für den Maschinenführer eine gute Sicht

Links: Der 60.05 H befindet sich hier auf seiner „Kennenlernfahrt" der Meterspurgleise (Mittelpufferkupplung) der Uganda Railways. Sowohl der Schutzwagen als auch die Hubseile auf dem Kran sind noch mit allerlei Kisten an Zubehör und Ersatzteilen bepackt. Die hier sichtbare Wasserstation konnte der Kran allerdings rechts liegen lassen, denn er verfügte über einen modernen diesel-hydraulischen Antrieb – Rechts oben: Geschleppt werden konnte der GS 60.05 H mit bis zu 60 km/h, eine entsprechende Zuglokomotive für den knapp 100 t schweren Kran mit Schutzwagen vorausgesetzt. Der Zugverband ist hier auf seiner ersten Fahrt zum Eisenbahndepot in Uganda zu sehen – Rechts unten: GS 60.05 H für Togo
(Sammlung Weinbach)

auf das Arbeitsfeld gewährleistet. Zudem durfte die Kabine im Arbeitseinsatz ja oftmals auch nicht über die sonstigen Außenmaße des Krans herausragen, um beispielsweise nicht in benachbarte Gleise hineinzuragen. Diese Einschränkung war natürlich nur bei Arbeiten unmittelbar in Gleisrichtung sowie beim Transport wichtig.

Zum anderen ergab diese breite Gabelung natürlich eine wesentlich stabilere Anlenkung für den oftmals rauen Bergungseinsatz der Geräte. Dies mag bei den später verstärkt gebauten Teleskopkranen auf Schienenfahrgestellen, die überwiegend beim Gleisbau zum Einsatz kamen, im wahrsten Sinne des Wortes ein wenig anders gelagert gewesen sein.

Im Übrigen bekamen die Eisenbahnkrane, ganz gleich ob mit Festausleger oder Teleskopausleger, je nach erforderlicher Traglast die entsprechenden Gegengewichte am Oberwagenheck angebracht. Ob diese im Einzelnen ablegbar (auf dem Schutzwagen) waren oder nicht war auch stark von den zulässigen Achslasten des zu befahrenden Schienennetzes abhängig. Hier lagen/liegen die von den Bahnbetreibern für die unterschiedlichen Spurbreiten und Schienenausführungen zugelassenen Werte weltweit zwischen rund 12 t (Peru) und immerhin 28 t (Brasilien). Für deutsche Gleise gilt hier beispielsweise eine maximale Achslast von 20 t. Somit hat natürlich dieser Grenzwert auch immer unmittelbaren Einfluss auf die Anzahl der erforderlichen Achsen.

GS 60.05 H – Uganda

Im Jahre 1978 erhielt die Uganda Railways einen Festauslegerkran vom Typ GS 60.05 H (LüP 12 000 mm) von Gottwald. Dabei sorgte ein wassergekühlter und zudem aufgeladener Mercedes-Benz-Diesel vom Typ OM 352 A mit seinen sechs Zylindern (109 kW / 148 PS, 2500 U/min) für die entsprechende Antriebsleistung. Die nachgekuppelten Hydraulikpumpen und -motoren waren für die hydraulischen Kranbewegungen zuständig. Auch die zwei angetriebenen Achsen des Sechsachs-Unterwagens wurden hydraulisch (hydrostatisch) bewegt und ermöglichten 60 m/min (3,6 km/h) Eigengeschwindigkeit für den einsatzbereit knapp 88,5 t schweren Kran. Für die maximal mögliche Schleppgeschwindigkeit von 60 km/h musste natürlich der Eigenantrieb mechanisch ausgekuppelt werden. Auch wurde hierfür das ansonsten am Windenrahmen hydraulisch aufgenommene Gegengewicht separat auf dem Schutzwagen transportiert. Der Ballast wurde dabei zunächst auf dem zum Schutzwagen gekuppelten eigenen Unterwagen abgelegt. Nach einem 180-Grad-Schwenk des Oberwagens wurde der Ballast schließlich vom Kran selbständig auf den Schutzwagen verbracht. Die vier schwenkbaren Abstützarme des Kranfahrgestells konnten wie bei den meisten Geräten in 45-Grad- oder 90-Grad-Stellung zum Unterwagen arretiert werden. Hierbei ergaben sich natürlich bisweilen unterschiedliche zulässige Traglasten für die Krane. Beim GS 60.05 H jedenfalls ergab sich die maximale Traglast, wie ja auch schon im Haupttext beispielhaft erklärt, mit 60 t bei 5 m Ausladung und dies über 360 Grad (12 t x 10 m). Die Abstützbasis hierfür betrug 5 x 5 m bei 90-Grad-Schwenkstellung der Stützen. Der vorhandene 12-t-Hilfshub war im gesamten Einsatzbereich zwischen 6 m und 12 m Ausladung voll nutzbar.

GS 60.05 H – Togo

Die Bahngesellschaft C.F.T. im afrikanischen Togo erhielt gleichfalls 1978 einen nahezu baugleichen GS 60.05 H ausgeliefert. Auch dieser Meterspurkran mit Mittelpufferkupplung (LüK 11 280 mm) bekam neben dem im Unterwagen verbauten Ballast zwei zusätzliche Ballastplatten von insgesamt 12,2 t Gewicht an das Oberwagenheck hydraulisch angehängt. Auf dem Bild ist der sechsachsige Kran mit seinem zehnfach eingescherten Haupthubwerk während einer Vorführung in Togo zu sehen. Das Hilfshubwerk mit seiner zweisträngigen Hakenflasche war wiederum für die Traglast von 12 t über den vollen Einsatzbereich zwischen 6 m und 12 m ausgelegt.

Teleskopausleger halten Einzug bei den Eisenbahnkranen

Waren, wie voran beschrieben, Eisenbahnkrane mit Teleskopauslegern bei Gottwald bereits in den späten sechziger und frühen siebziger Jahren als Abwandlungen bekannter Autokranaufbauten zu Papier gebracht, so sollte es doch bis ins Jahr 1979 dauern, ehe ein solcher Kran erstmals tatsächlich zur Auslieferung kam. Erster Kunde, man höre und staune, war die Deutsche Bundesbahn, die gleich zwei Geräte vom Typ GS 20.08 T für ihr 1435-mm-Netz beschaffte. Mit der verstärkt durchgeführten Elektrifizierung des Streckennetzes kamen hierbei die Vorzüge des Teleskopauslegers mit einem noch dazu speziell ausgeführten Auslegerkopf voll zur Geltung. Diese Krane konnten nämlich problemlos auch unterhalb von Oberleitungen arbeiten. In solchen Fällen war dann natürlich die vorhandene Wippfunktion zum Auslegeranheben entsprechend verriegelt. Die Auslegerlängen dieser neuen Eisenbahnkrangattung waren selbstverständlich nicht mit den langen Stahlruten der bereits bewährten Autokrane vergleichbar. Zumeist handelte es sich lediglich um einen, höchstens jedoch um zwei Teleskopschüsse, die hydraulisch aus dem Grundausleger geschoben werden konnten. Die Teleskopkrane eigneten sich vorzüglich dazu, im Bereich des Gleisbaus eingesetzt zu werden. Das Heben und Transportieren entsprechender Bauteile wie Gleisjoche und Weichen konnte dabei bei waagerechtem Ausleger erfolgen. Zudem waren diese Arbeiten zumindest in Gleisrichtung gesehen natürlich vollkommen freistehend beziehungsweise bei Eigenantrieb sogar selbstverfahrend möglich. Je nach Bauteilgröße beziehungsweise -gewicht konnte ein solcher Gleisbaukran, so seine neue Umschreibung, entweder alleine arbeiten oder aber die Last zwischen zwei gegenüberstehenden Geräten gehoben und verfahren werden.

Im Laufe der nächsten Jahrzehnte sollten dann auch immer leistungsstärkere Gleisbaukrane in Teleskopausführung bei Gottwald entwickelt werden. Gleichfalls gab es weitere technische Innovationen wie Niveauausgleich für den Unterwagen, teleskopierbare Gegengewichte oder gar schwenkbare Gegengewichte, um bei leicht gedrehtem Oberwagen nicht in den benachbarten Gleisbe-

reich hineinzuragen. Beim automatischen Niveauausgleich konnten Kurvenüberhöhungen bis 180 mm vom Unterwagen ausgeglichen werden, so dass sämtliche freistehenden Tragkräfte uneingeschränkt zu fahren waren.

Ein weiterer Vorteil der Teleskopkrane war es, zumindest in einigen zur Auslieferung gebrachten Ausführungen, dass aufgrund der kompakten Bauart die Auslegerspitze nicht über die Zug- und Stoßeinrichtungen des eigenen Unterwagens hinausragte. Somit konnte auf einen separaten Hilfswagen/Schutzwagen verzichtet werden. Insbesondere die größeren Telekranausführungen kamen allerdings nicht ohne einen solchen zusätzlichen Waggon aus. Gipfeln sollte die Teleskopkrantechnik bei Gottwald in den späten neunziger Jahren schließlich in dem reversiblen Teleskop, sprich dem beidseitig ausfahrbaren Ausleger, der dann allerdings rein dem Gleisbau beziehungsweise dem Brückenbau vorbehalten war.

Teleskopkrane kamen allerdings nicht nur bei besagten Gleisbauarbeiten zum Einsatz. Vielmehr gab es auch Mehrzweckgeräte und reine Bergungskrane, die ein solches Auslegerpaket erhielten. Hierbei waren per Seilzug und Aufrichtebock aufstellbare Ausleger möglich, die sich dann teleskopisch verlängern konnten.

Die schon seit vielen Jahren bewährten Festausleger mit gegabeltem Auslegerfuß und dem per Seilzug aufzurichtenden Ausleger wurden allerdings auch weiterhin bei den Bergungskranen zur Anwendung gebracht. Diese für hohe Steifigkeit und Robustheit ausgelegten Ausleger wurden im Übrigen bei den Großgeräten über 1200 mt Lastmoment mit einem zusätzlichen Aufrichtebock ausgestattet.

Bei all diesen unterschiedlichen Auslegerausführungen kam es natürlich auf die spezifischen Anforderungen der jeweiligen Eisenbahngesellschaften an. So spielt insbesondere der Lokomotiv- und Waggonpark des Krankäufers wie auch die Infrastruktur des Bahnsystems eine wesentliche Rolle bei der Kaufentscheidung.

GS 20.08 T – Deutschland

Erster Eisenbahnkran mit Teleskopausleger bei Gottwald sollte der im Jahre 1979 zweimal an die Deutsche Bundesbahn ausgelieferte GS 20.08 T sein. Der kompakte Vierachser (LüP 8000 mm) besaß die Radsatz-Anordnung (1A) (A1), was auf zwei mittige Antriebsachsen schließen ließ. Ohne Abstützung war der 78 t schwere Kran unter Last mit maximal 20 km/h per Eigenantrieb zu verfahren. Die Maximallast von 20 t war dann bei einer Ausladung von 6,2 m, in Gleisrichtung wohlgemerkt, zu heben/verfahren. Eine solche Last konnte bei der namengebenden Typbezeichnung auch bei einer Ausladung bis 8 m über den Vollkreis gehoben werden. Allerdings musste der Unterwagen hierfür mittels der vier ausschwenkbaren Abstützungen (3,7 x 3,7 m) gesichert werden. Die maximale Ausladung betrug bei dem einfach teleskopierbaren Ausleger 11,7 m, wobei abgestützt immerhin noch eine Last von 11,7 t bewegt werden konnte. Das rund 28,8 t schwere Gegengewicht am Oberwagenheck war im Übrigen nicht ablegbar. Zur besseren Achslastverteilung beim Transport wurde der Oberwagen interessanterweise um gut 1150 mm auf einer Gleitvorrichtung zur Unterwagenfront hin verschoben. Somit entfielen die sonst zeitaufwändigen Rüstzeiten bei der Gegengewichtsmontage/-demontage. Geschleppt werden konnte der Kran samt erforderlichem Schutzwagen mit einer Geschwindigkeit von bis zu 100 km/h. Für den Antrieb der hydraulischen Kranbewegungen beziehungsweise die hierfür erforderli-

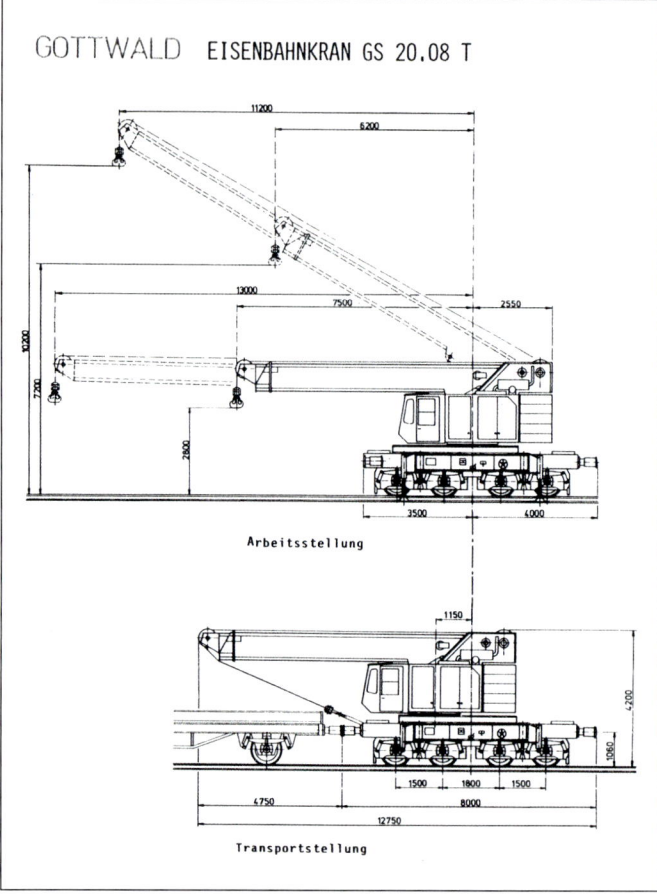

Links oben: Erster gebauter Teleskop-Eisenbahnkran von Gottwald war der GS 20.08 T, den die DB erhielt. Hier ist der Kran bei einer seiner typischen Arbeiten mit eingehängter Lasttraverse und Gleisjoch zu sehen – Links unten: Der GS 20.08 T benötigte trotz seines recht kurzen Auslegerpakets für die Transportfahrt einen Schutzwagen – Rechts: Hier ist der Kran vom Typ GS 20.08 T mit seinen Abmaßen und der unterschiedlichen Oberwagenstellung bei der Arbeit und dem Transport zu sehen

(Sammlung Weinbach)

chen Hydraulikpumpen und Hydraulikmotoren zeigte sich ein luftgekühlter Sechs-Zylinder-KHD-Diesel vom Typ BF 6L 913 mit eingestellten 92 kW / 126 PS verantwortlich.

GS 80.08 – Elfenbeinküste

Von dem Festauslegerkran vom Typ GS 80.08 wurden im Jahre 1979 zwei Exemplare an die Elfenbeinküste geliefert. Besagte Krane (LüK 11 200 mm) verfügten über einen sechsachsigen Unterwagen (2A) (A2), der eine maximale Schleppgeschwindigkeit von 70 km/h zuließ. Die Eigengeschwindigkeit betrug für den rund 106 t schwe-

ren Kran etwa 80 m/min (4,8 km/h). Für den hydrostatischen Antrieb sämtlicher Kran- und Fahrfunktionen sorgte ein wassergekühlter DB-Diesel vom Typ OM 352 A. Seine sechs Zylinder brachten es auf eine eingestellte Dauerleistung von 109 kW / 148 PS. Nachgeschaltete Hydraulikkomponenten sorgten dann für den „Rest". Die maximale Traglast von 80 t war bei abgestütztem Unterwagen (6,2 m x 6,2 m) in einem Bereich zwischen 5 m und 6 m über den Vollkreis zu heben (16 t x 15 m). Um der Typbezeichnung gerecht zu werden, konnten diese 80 t x 8 m jedoch lediglich bei einem sehr begrenzten Schwenkwinkel von plus/minus zehn Grad in Gleisrichtung bewältigt werden. Der Kran konnte allerdings auch freistehend eingesetzt werden. Hierbei war er sogar mit bis zu 24 t am

Links und Mitte: Hier ist sehr gut die Möglichkeit des „Verschiebens" des kompletten Oberwagens beim GS 20.08 T zu erkennen. Dieser musste zur gleichmäßigen Achslastverteilung beim Transport aus der Unterwagenmitte nach vorne verschoben werden – Rechts: Das zweiteilige Auslegerpaket konnte selbstverständlich auch durch einen entsprechenden Wippzylinder aufgerichtet werden. Dann war eine maximale Hakenhöhe von 10,2 m zu erreichen

(Sammlung Weinbach)

Haken (in Gleisrichtung) bis zu einer Ausladung von 7 m verfahrbar. Über den Vollkreis lagen die Traglastwerte zwischen 9 t x 6 m und lediglich 2 t x 15 m am insgesamt 16 m langen Vollwandausleger.

GS 20.08 – Philippinen

Dieser smarte GS 20.08 (LüK 10 000 mm) wurde im Jahre 1980 für die Philippine National Railway auf den Philippinen gebaut. Der sechsachsige Kran (A2) (2A) hatte ein Eigengewicht von lediglich etwa 80 t und war für die dortige 1067-mm-Spur ausgelegt. Die Schleppgeschwindigkeit betrug 65 km/h, die mögliche Eigengeschwindigkeit lag bei immerhin 120 m/min (7,2 km/h). Als alternative Abstützvarianten ergaben sich I = 5 m x 5 m beziehungsweise II = 3,5 m x 6,2 m. Für den lediglich 14 m langen Festausleger traf der maximale Traglastwert von 20 t (Vollkreis) im abgestützten Zustand (I) für den Ausladungsbereich zwischen 4,5 m und 8 m zu. Bei einer Ausladung von maximal 13 m waren von dem Gerät noch 13 t zu heben. Freistehend beziehungsweise verfahrbar, dann allerdings nur in Gleisrichtung ausgerichtet, lagen die möglichen Werte zwischen 20 t x 5 m und 7 t x 13 m. Über den Vollkreis drehend, zeigten sich die Werte zwischen 9 t x 4,5 m und lediglich 1,5 t x

Bergungskran Typ GS 80.08 für die Elfenbeinküste beim Abtesten auf dem Gottwald-Gelände. Für derartige Meterspurkrane mussten seinerzeit noch bei jeder anstehenden Auslieferung extra auf dem Gottwald-Hof provisorische Gleise verlegt werden. Auf der rechten Bildseite ist übrigens der entsprechende Hofkran, ein TMK 35 mit speziellem Dreiachs-Fahrwerk zu sehen, der bis zur Jahrtausendwende nützliche Dienste beim Auf- und Abrüsten von Kranen auf dem Testgelände leitstete
(Sammlung Weinbach)

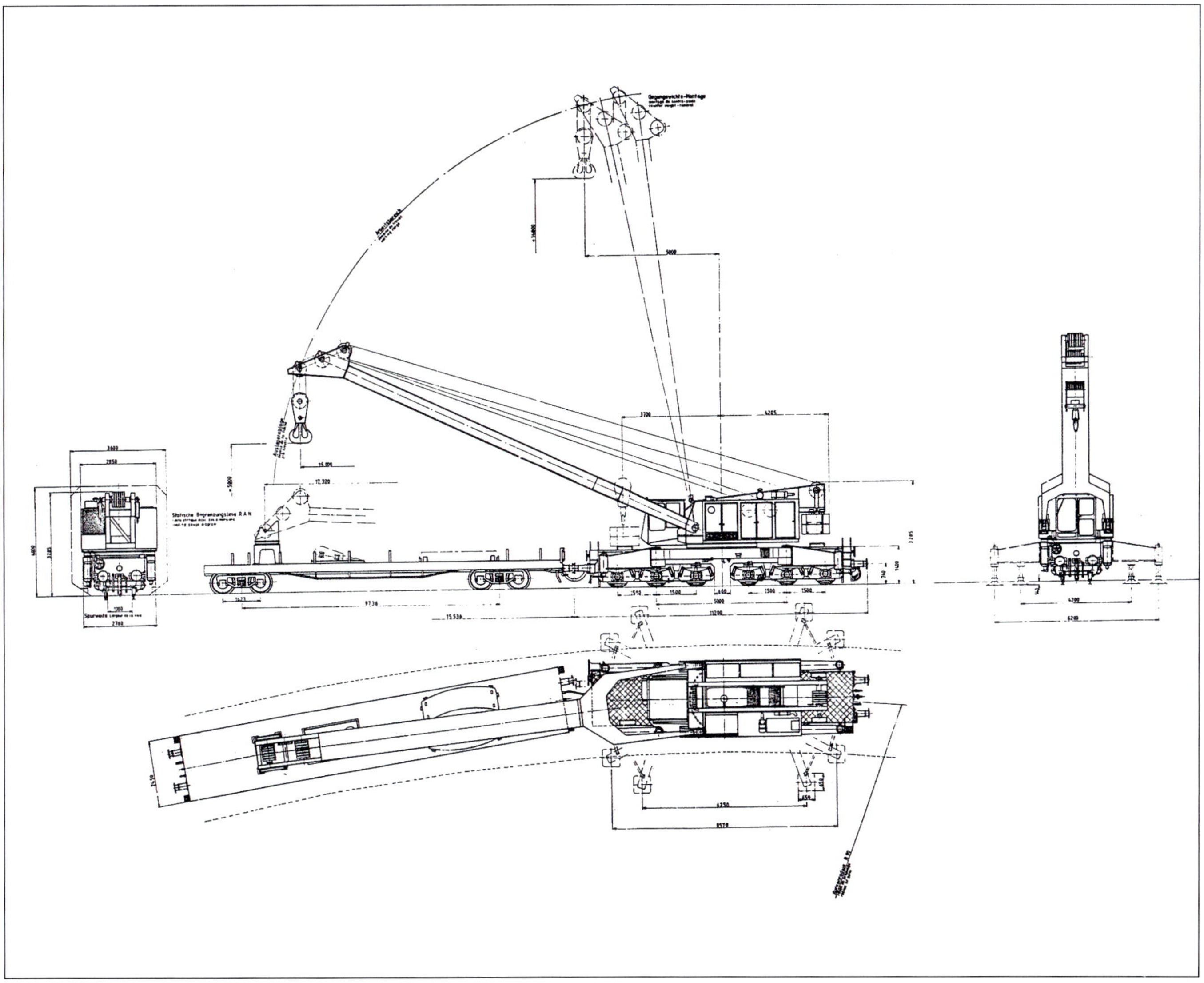

GS 80.08 für die Elfenbeinküste

(Sammlung Weinbach)

Links: Der überschaubare GS 20.08 ist hier beim Verladen von Brückensegmenten in einem „Bahnbetriebswerk" zu sehen –
Mitte und rechts: Nach der DB im Jahre 1979 legten sich auch die Gleisbaufirmen Koehne (Oberhausen) und Heitkamp (Herne) im Jahre 1980 jeweils einen GS 20.08 T zu. Die Geräte konnten unter anderem auch mit einem Verladegreifer zum Einsatz gebracht werden. Ein weiterer Kran ging 1985 gleichfalls an die Firma Heitkamp. Nur unwesentlich verändert wurden insgesamt drei dieser Teleskopkrane in den Jahren 1983 und 1986 an die Egyptian Railways ins Land der Pharaonen geliefert! (Sammlung Weinbach)

13 m bereits stark herabgesetzt. Als Antriebsmotor diente im Übrigen wiederum ein wassergekühlter DB-Diesel vom Typ OM 352 A (sechs Zylinder, 109 kW/148 PS).

GS 20.08 T für „Nah und Fern"

Siehe Bilder oben

GS 85.09 T – Südafrika

Einen beachtlichen Auftrag über immerhin sieben Eisenbahnkrane mit Teleskopausleger erhielt die Gottwald GmbH in den Jahren 1980/81 aus dem fernen Südafrika. Die S.A.T.S. in Pretoria bekam diese speziellen Geräte für ihre Zwecke eigens konstruiert. Die Geräte vom Typ GS 85.09 T waren für den Einsatz sowohl als Unfallkrane wie auch als Brückenlege- und Ladekrane auf Südafrikas 1067-mm-Spur vorgesehen. Sie verfügten dabei erstmals über zwei Teleskopschieblinge, die eine maximale Ausladung von 15 m (horizontal) beziehungsweise eine maximale Rollenhöhe von 13 m bei 9,6 m Ausladung ermöglichten. Auch der sechsachsige Unterwagen (2A) (A2) mit einer Länge über Puffer von genau 13 m stellte eine Sonderkonstruktion dar. Neben der Mittelpufferkupplung verfügte

dieser zudem auch über insgesamt sechs Teleskopabstützungen. Die vier an den Unterwagenenden vorhandenen Schiebekastenholme ergaben eine Stützweite von L x B gleich 11,75 m x 3,6 m. Daneben gab es allerdings in der Mitte des Unterwagens zwei weitere weitreichende doppeltwirkende Schiebekastenholme, die es auf eine Stützbreite von 6,5 m brachten. Unter Einsatz all dieser Abstützungen ergab sich dann eine maximale Tragfähigkeit über den Vollkreis von 85 t x 6 m (24 t x 15 m). Einschränkend zur Typbezeichnung GS 85.09 T muss gesagt werden, dass diese 85 t bei 9 m Ausladung lediglich für einen Schwenkbereich von plus/minus 15 Grad in Gleisrichtung zutreffend waren. Freistehend verfahrend waren hingegen in Gleisrichtung zwischen 41 t x 5 m und 16 t x 15 m zu heben. Über den Vollkreis lagen diese Werte zwischen 13 t x 5 m und 2,3 t x 15 m. Das Gerät verfügte gleichzeitig auch über einen 7,5-t-Hilfshub. Die Besonderheit dabei war, dass seine Auslegerkopfrolle nicht wie üblich in der Auslegerspitze vor dem Haupthub, sondern unmittelbar neben der Haupthubumlenkung angeordnet war.

Als Antriebsmotor wurde den unter Südafrikas Sonne arbeitenden Kranen ein wassergekühlter MAN-Diesel vom Typ D 2566 MTE mit sechs Zylindern eingebaut. Dieser war auf eine Dauerleistung von 181 kW / 247 PS eingestellt und sorgte – natürlich „hydraulisch aufbereitet" – auch für den Fahrgestellantrieb der zwei mittigen Antriebsachsen. Somit konnte sich der Kran mit bis zu 150 m/min

Links: Der Kran „591" vom Typ 85.09 T wird hier beim Abtesten vor Ort mit einer noch handlichen Dampflokomotive belastet –
Rechts: Mit einem wesentlich leichteren Güterwaggon konnte es dann auch schon ein wenig mehr an Ausladung sein

(Sammlung Weinbach)

Auch Kran „594" durfte sich mit der noch dampfbetriebenen Probelast auseinander setzen. Bei der hier gegebenen Ausladung von knapp 6 m war der abgestützte Kran dann mit den vollen 85 t belastbar

(Sammlung Weinbach)

Rechts: Hier sieht man sehr gut die Schiebeholm-Abstützungen des GS 85.09 T mit der Nr. „591". Zudem ist neben dem Doppelhaken des Haupthubes auch der Einfachhaken des 7,5-t-Hilfshubes eingeschert – Links: Heckansicht des abgestützten 85-Tonners für Südafrika

(Sammlung Weinbach)

So kompakt stellte sich der GS 85.09 T zur Einstellung und Abfahrt in einen normalen Zugverband dar. Auf einen Schutzwagen konnte verzichtet werden, wenn es mit bis zu 80 km/h über Südafrikas Schienennetz ging

(Sammlung Weinbach)

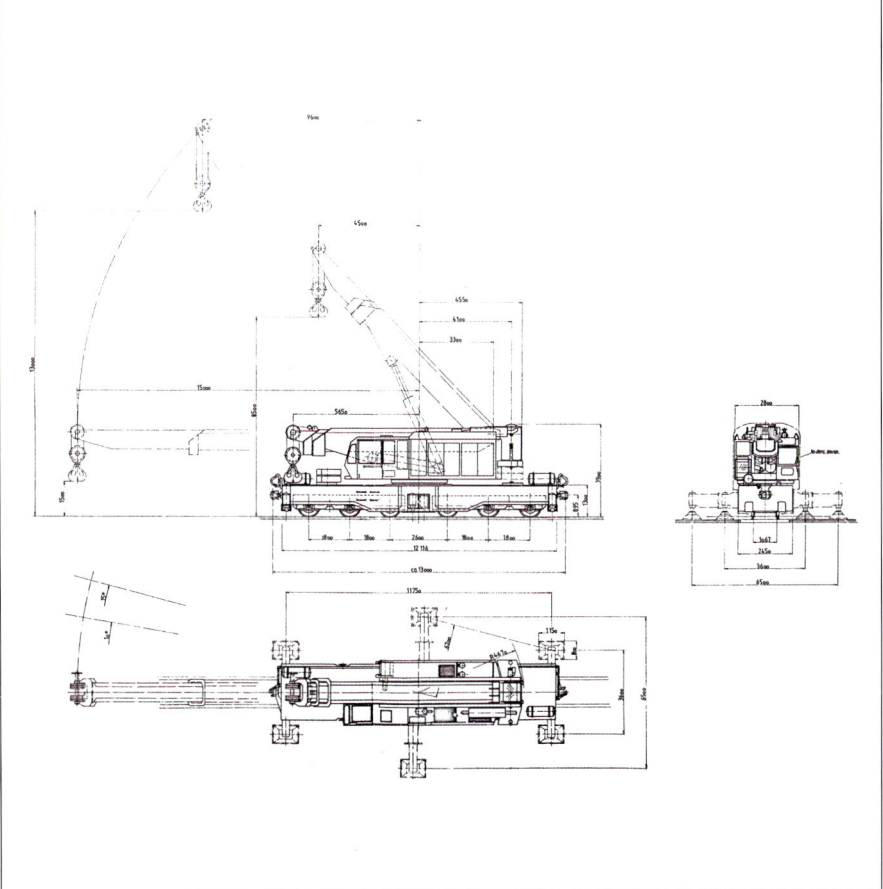

Rechts: Aus der Zeichnung ist sehr gut die Kompaktheit des rund 132 t schweren Eisenbahnkrans abzulesen   (Sammlung Weinbach)

Umschlagkran vom Typ GS 20.05 U   (Sammlung Weinbach)

(9 km/h) am Einsatzort selbständig fortbewegen. Wurde das rund 132 t schwere Kraftpaket im Zugverband geschleppt, so waren bis zu 80 km/h erlaubt. Der Kran, beziehungsweise dessen Ausleger, war übrigens so kompakt ausgelegt, dass auf den sonst üblichen Schutzwagen verzichtet werden konnte.

GS 20.05 U – Deutschland

Auch in den achtziger Jahren wurden noch reine Umschlagskrane auf Eisenbahnfahrgestellen von Gottwald hergestellt. In 1982/83 wurden zwei dieser GS 20.05 U für die Firmen Eilers, Hannover und Pfaff, Kaiserslautern gebaut. Die vierachsigen Krane (LüP 7240 mm) verfügten über zwei mittige Antriebsachsen, so dass sie im Werksverkehr selbständig mit bis zu 150 m/min (9 km/h) verfahrbar waren. Hierfür und für die übrigen hydraulischen Kranbewegungen waren ein wassergekühlter MAN Diesel vom Typ D 2566 MTE mit sechs Zylindern und einer Leistung von 154 kW / 210 PS sowie entsprechende Hydraulikpumpen und -motoren eingebaut. Die Krane ermöglichten mit ihrem Festausleger die maximale Traglast von 10 t bei einer Ausladung bis 6 m und dies freistehend. Bei einer möglichen Ausladung von immerhin 14 m konnten 3,5 t noch sicher gehoben werden. Technisch waren die Geräte im Stande 20 t bei 5 m Ausladung zu heben. Hierfür hätten sie jedoch mit den entsprechenden Abstützungen versehen werden müssen, die allerdings auch nachrüstbar waren. Die Krane konnten im Haken-, Greifer- und Magnetbetrieb zum Einsatz gebracht werden, waren also vielseitig einsetzbare Umschlaggeräte.

GS 100.06 T – Belgien

Im Jahre 1983 wurden zwei imposante GS 100.06 T an die belgische Bahngesellschaft S.N.C.B. geliefert. Die rund 120 t schweren Geräte waren in erster Linie zur Bergung verunfallten Bahnmaterials gedacht, konnten allerdings auch für sonstige Hubarbeiten eingesetzt werden. Die für die 1435-mm-Spur ausgelegten sechsachsigen Unterwagen (LüP 10 600 mm) verfügten über vier ausschwenkbare Abstützungen für insgesamt vier verschiedene Abstützbasen. Mit einem luftgekühlten Sechs-Zylinder-KHD-Diesel vom Typ BF 6L 413 versehen, stand eine eingestellte Dauerleistung von rund 154 kW / 210 PS zur Verfügung. Dies reichte dann für eine Eigengeschwindigkeit von beachtlichen 240 m/min (14,4 km/h). Wesentlich schneller kam man natürlich im Zugverband und einer möglichen Schleppgeschwindigkeit von 100 km/h zum Einsatzort. Auch dieser Kran besaß einen zweifach teleskopierbaren Ausleger, der im flachgelegten Zustand eine Ausladung von 20 m erreichte. Hierbei waren im abgestützten Zustand noch 15 t über den Vollkreis zu heben. Freistehend reduzierte sich dies auf bescheidene 2 t (360 Grad). Die maximal möglichen 100 t Traglast erreichte der abgestützte Kran bis zu einer Ausladung von 6 m über den vollen Kreis. Freistehend lag die Traglast dann zwischen 24 t x 5 m und 2 t x 20 m. Höhere Traglastwerte waren dann natürlich auch bei in Gleisrichtung ausgerichtetem (79 t x 5 m) oder leicht gedrehtem Oberwagen (56 t x 5 m bei plus/minus 15 Grad) möglich. Das Kranfahrgestell verfügte bereits über einen Niveauausgleich, der das Arbeiten bei überhöhten Kurven sicherer machte. Der Kran konnte jedoch aufgrund seiner Auslegermaße bei der Transportfahrt nicht auf einen Schutzwagen verzichten.

GS 60.13 – Malaysia

Die Bahngesellschaft M.R.A. in Malaysia erhielt im Jahre 1984 zwei Bergungskrane vom Typ GS 60.13 mit Festausleger für ihre Meterspurgleise. Die außengetriebenen Sechsachser (A2) (2A) wurden allerdings in den Gottwald-Listen auch schon einmal als GS 125.06 aufgeführt, was ihren eigentlichen Fähigkeiten wohl eher entsprach. So war den umfangreichen Traglasttabellen jeweils ein Traglastwert mit und ohne (!) das anzuhängende 24-t-Gegengewicht zu entnehmen. Eine 60-t-Last konnte so bei einer Abstützbreite von 5 m bis zu 7 m Ausladung über 360 Grad gehoben werden (mit Ballast). Ohne das Gegengewicht war dies immerhin bis 5 m Ausladung möglich. Bei einer maximalen Ausladung von 15 m am 16 m langen Festausleger waren diese Werte mit 20,5 t gegenüber 10,2 t festzuhalten. Freistehend in Gleisrichtung konnten gleichfalls 60 t x 7 m mit beziehungsweise 60 t x 5 m ohne Gegengewicht gehoben werden. In dem Bergungskran schlummerten also enorme Reser-

Links: Die beiden nach Belgien gelieferten GS 100.06 T sind hier beim Heben einer schweren Diesellokomotive zu sehen – Rechts: Hier hat einer der belgischen GS 100.06 T bei teilweise abgelegtem Gegengewicht seinen Schutzwagen am Haken

(Sammlung Weinbach)

ven, die jedoch nicht voll ausgenutzt wurden. Die am langgestreckten Unterwagen (Lük 13 000 mm) angebrachten Schwenkabstützungen konnten in vier Stellungen bis auf eine Stützbreite von 5 m verriegelt werden. Als Antriebsaggregat für den arbeitsbereit 135 t schweren Kran wurde ein wassergekühlter Mercedes-Benz-Diesel vom Typ OM 407 ausgewählt. Seine sechs Zylinder stellten eine Dauerleistung von 150 kW / 205 PS zur Verfügung. Für den hydrostatischen Fahrwerksantrieb reichte dies für eine Eigengeschwindigkeit von 130 m/min (7,8 km/h). Die maximal mögliche Schleppgeschwindigkeit lag allerdings bei 60 km/h.

GS 80.06 T – Taiwan

Gleichfalls 1984 wurde ein GS 80.06 T für eine Spurweite von 1067 mm an die Eisenbahngesellschaft T.R.A. in Taipei, Taiwan geliefert. Es handelte sich hierbei wie so oft um eine Sonderkonstruktion mit speziellem Unterwagen. Dieser besaß in der Arbeitsstellung eine LüK (Länge über Kuppler) von genau 10 000 mm über die Mittelpufferkupplung. Für die Transportfahrt bei bis zu 80 km/h Schleppgeschwindigkeit wurde der Unterwagen allerdings auf eine LüK von 12 200 mm hydraulisch auseinander geschoben. Somit konnte das Gesamtgewicht von 90 t – das Gegengewicht war fest angebaut – schonender auf die Gleise übertragen werden. Für das selbsttätige Verfahren vor Ort (maximal 130 m/min / 7,8 km/h) waren zwei der sechs Achsen angetrieben (A2) (2A). Für das abgestützte Arbeiten waren die vier Schwenkabstützungen auf eine Basis (L x B) von 7,6 x 6 m oder aber 8,35 x 5 m einzustellen. Der diesel-hydraulische Teleskopkran verfügte über einen Grundausleger mit nur einem Teleskop. Die maximale Ausladung (horizontal) lag bei 15 m und ermöglichte dann noch eine Traglast von 16,7 t (360 Grad) beziehungsweise 20,3 t (plus/minus 30 Grad). Freistehend lagen die Werte bei lediglich 2,2 t x 15 m (360 Grad) beziehungsweise 12 t x 15 m (plus/minus null Grad). Die Maximaltraglast von 80 t war im abgestützten Zustand bis zu einer Ausladung von 6 m auszunutzen. Die maximale Rollenhöhe bei aufgerichtetem und austeleskopiertem Ausleger betrug 13 m bei einer Ausladung von 10 m. Die Traglast betrug dann 31,6 t (360 Grad) beziehungsweise 39,2 t (plus/minus 30 Grad). Laut technischer Daten verfügte der Kran auch über einen Hilfshub für 15 t. Angetrieben wurden die hydraulischen Pumpen auf Kundenwunsch von einem Dieselmotor aus amerikanischer Produktion. Der eingebaute Cummins N-855 stellte mit seinen sechs Zylindern eine Leistung von 150 kW / 205 PS zur Verfügung.

GS 40.06 – Kolumbien

Gleichfalls 1984 wurde ein rund 80 t schwerer GS 40.06 mit einem 14 m langen Festausleger nach Kolumbien geliefert. Der für 1435-mm-Spur gebaute Vierachser (LüP 8000 mm) konnte aufgrund des hydrostatischen Antriebes für seine zwei mittigen Antriebsachsen (1A) (A1) mit bis zu 220 m/min (13,2 km/h) verfahren. Dies war bei einer maximal zulässigen Schleppgeschwindigkeit von nur 40 km/h auf dem offenbar schlechten Schienensystem schon beachtlich. Als Antriebsdiesel wurde ein amerikanischer Cummins vom Typ V 504C

Hier hatte der GS 60.13 beim Aufgleisen der schweren Diesellok gut zu tun

(Sammlung Weinbach)

Links: Der nach Taiwan gelieferte GS 80.06 T lässt hier bei der Übergabe an den Kunden seine Muskeln (zehnfache Einscherung) spielen –
Mitte: Trotz „gestreckter" Transportstellung des sechsachsigen Unterwagens wurde ein Schutzwagen, offensichtlich älteren Baujahres, benötigt.
Der Gottwald-Inbetriebnehmer hat sich hier mit der zukünftigen Krancrew vor dem neuen GS 80.06 T in Positur gestellt. Auffällig ist der mächti-
ge Hydraulik-Wippzylinder mit seinem Durchmesser von 400 mm (Kolben 280 mm) und einem Hub von 3100 mm – Rechts: In der Arbeitsstellung
(eingefahren) betrug die LüK exakt 10 000 mm
(Sammlung Weinbach)

Links: Hier hat sich der Unterwagen für die Transportstellung sichtbar auf eine LüK von 12 200 mm gestreckt – Rechts: Gut sichtbar ist hier das massive Rahmenteil des GS 80.06 T, unter dem die beiden Drehgestelle hydraulisch verschoben werden konnten. Zudem ist die Stangenarretierung der ausgeschwenkten Stützschwingen unterhalb der Krankabine zu erkennen. Der einstufige Teleskopausleger ist hier zumindest teilweise ausgefahren
(Sammlung Weinbach)

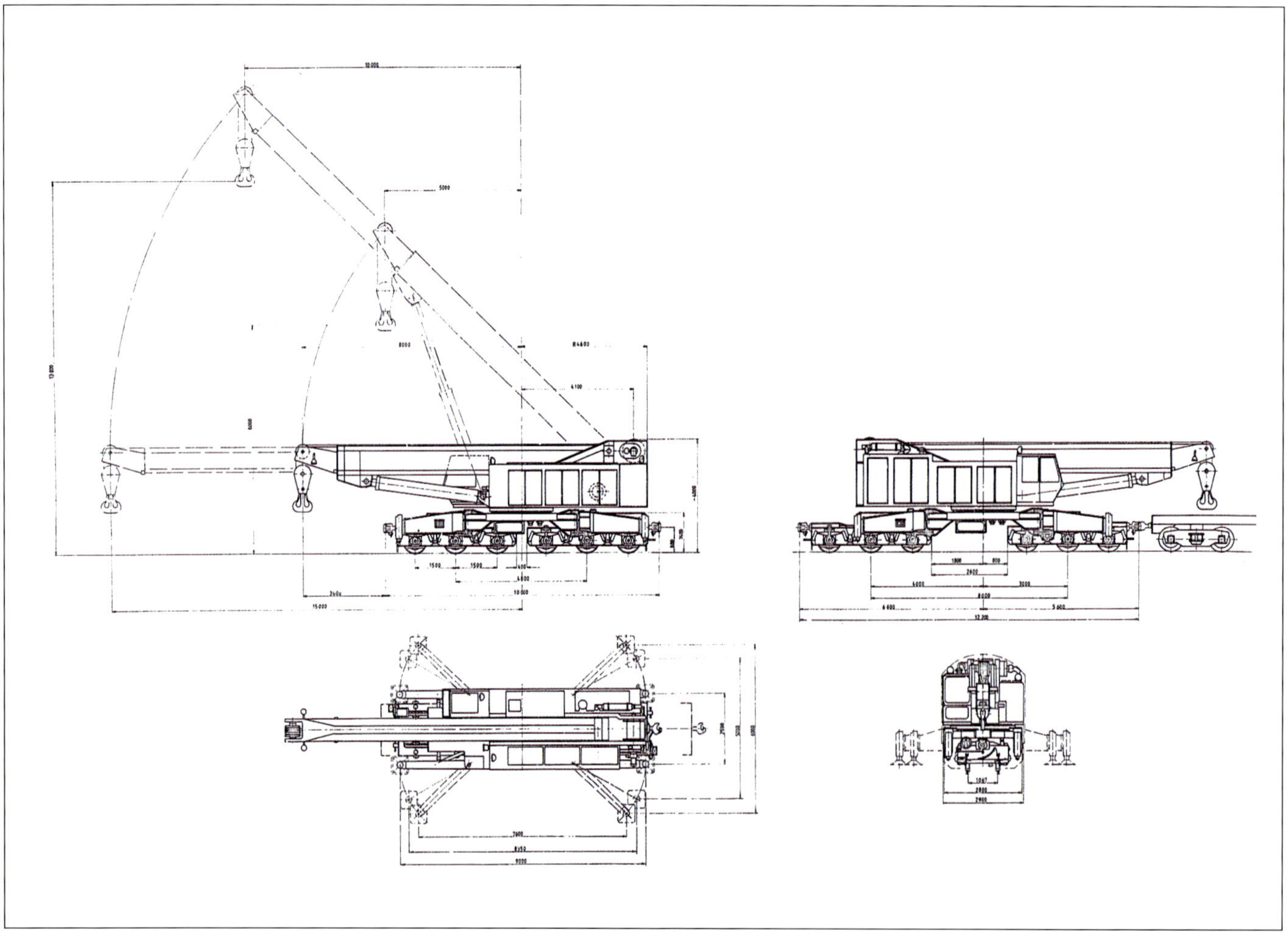

Die unterschiedlichen Abmessungen des GS 80.06 T für Taiwan in Transport- und Arbeitsstellung sind hier deutlich erkennbar (Sammlung Weinbach)

Links: Dass sich so ein Spezialgerät auch mit dem Heben von so profanen Dingen wie einem – zugegeben großen – Stein beschäftigen kann, zeigt das Fotodokument aus Südamerika. Bei nur geringer Ausladung fällt dieser Kraftakt dem 40-Tonner nicht allzu schwer – Rechts: Will man einen solchen „Klumpen" mittig auf dem Waggon platzieren, muss die Ausladung ein wenig vergrößert werden. Auffällig, wenn nicht schon beängstigend, ist hier die Stellung des GS 40.06 an sich, er scheint bereits ein wenig die „Hinterbeinchen" gelupft zu haben! (Sammlung Weinbach)

implantiert, der es auf eine eingestellte Dauerleistung von 109 kW / 148 PS brachte. Seine Maximaltraglast von 40 t konnte der Kran in einem Bereich zwischen 5 m und 6 m (5 x 5 m Abstützung, 360 Grad) ausspielen (12,5 t x 13 m). Freistehend lagen die Werte zwischen 13 t x 5 m und 3,2 t x 13 m. Das Gerät verfügte über ein fest angebautes Gegengewicht.

GS 140.09 H – Indien

Wie schon einmal angedeutet, wurden in den Jahren 1985/86 insgesamt zwölf moderne Eisenbahn-Bergungskrane, sogenannte „Breakdown Cranes", an die Indian Railways ausgeliefert. Hierbei handelte es sich wiederum um speziell auf den Kunden und dessen 1676-mm-Breitspur zugeschnittene Krane des Typs GS 140.09 H. Diese Krane verfügten über einen äußerst kräftigen 18-m-Festausleger mit einem Haupthub von eben 140 t bei 9 m Ausladung. Auch besaßen die Krane einen für diese Last ausgelegten Doppelhaken, der 16-fach eingeschert wurde. Theoretisch waren die Krane sogar als 250-t-Geräte (bei 5,5 m Ausladung) einzustufen und wurden auch schon mal als solche in einigen Gottwald-Werbeschriften bezeichnet. Der Ausladungsbereich für den Haupthub lag jedenfalls zwischen 5,5 m und 16 m. Wie bereits von einigen Autokranen bekannt, so wurde auch hier kein entsprechender Auslegerkopf mit der dann erforderlichen Anzahl an Seilrollen bestellt. Mit dem Lasthaken verhielt es sich ähnlich und so blieb der 250-t-Wert denn auch ein rein theoretischer. Der gleichfalls vorhandene Hilfshub an der Auslegerspitze besaß eine Traglast von immerhin 25 t (vierfach eingeschert), der bereits in vielen Einsatzfällen vollkommen ausreichte. Die Schwenkstützen konnten in zwei Stellungen mit den Stützbreiten 6 m oder 2,7 m (am Unterwagen angelegt) hydraulisch ausgefahren werden. Der sechsachsige Unterwagen (LüP 13 300

mm) mit der Radsatzanordnung (2A) (A2) brachte es auf eine Radsatzlast in Transportstellung von 20 t, dies natürlich bei auf dem Hilfswagen abgelegten Gegengewichtsblöcken. Am Einsatzort waren die Giganten mit einer Eigengeschwindigkeit von beachtlichen 200 m/min (12 km/h) zu bewegen. Als Antriebsdiesel wurden amerikanische Cummins-Motoren vom Typ NT 855 R4 eingebaut, die eine Dauerleistung von 225 kW / 307 PS lieferten. Zudem verfügten die Krane noch über einen Not-Diesel mit bescheidenen 11 kW / 15 PS. Dieser lieferte die Antriebsenergie (hydraulisch und elektrisch), um den Ausleger zumindest in die Grundstellung zu bewegen. Die Schleppgeschwindigkeit der 140-Tonner im Zugverband betrug maximal 90 km/h. Der minimale befahrbare Kurvenradius betrug dabei 174 m.

GS 150.09 T – Danish Dynamite made by Gottwald

Einen wahrlich gewaltigen Eisenbahnbergungskran lieferte man seitens Gottwald im Jahre 1986 nach Dänemark. Bei diesem Gerät mit der Bezeichnung GS 150.09 T waren einige besondere Kundenspezifikationen durch die Düsseldorfer Konstruktionsabteilungen zu berücksichtigen. Die „Danske Statsbaner" (DSB) in Kopenhagen benötigten für ihr 1435-mm-Netz, welches aufgrund nur weniger Ausweichstrecken sowie einem in das Bahnsystem eingebundenen Fährbetrieb sehr empfindlich auf Eisenbahnunfälle reagierte, einen schnell einsetzbaren und äußerst flexiblen Schienenkran. So konnte beim achtachsigen Fahrgestell mit der Radsatzanordnung [(1A)(A1)] [(1A)(A1)], also vier Antriebsachsen, im Zugverband eine beachtliche Schleppgeschwindigkeit von 120 km/h erreicht werden. Dies war für ein solches Großgerät, beziehungsweise einen Eisenbahnkran überhaupt, schon außergewöhnlich, waren doch die meisten dieser Krane bis dato auf europäischen Strecken noch nicht

Links: Einer der indischen „Serienkrane" vom Typ GS 140.09 H ist hier auf dem alten Gottwald-Gelände beim Abtesten zu sehen – Mitte: Angekommen in Indien, dürften die 140-t-Bergungsgeräte die stärksten Krane auf der dortigen Breitspur und in den begrünten Bahnbetriebswerken gewesen sein. Sehr gut erkennbar ist die mächtige „Rückfallstütze", die bei steil aufgerichtetem Ausleger dessen Zurückschlagen verhindert. Der ebenso großzügig dimensionierte Aufrichtebock für den 18 m langen Festausleger wurde bei Großgeräten mit einem Lastmoment über 1200 mt erforderlich – Rechts: Das mehrteilige Gegengewicht konnte nach dem hydraulischen Ablegen auf dem Unterwagenrahmen und anschließendem 180-Grad-Schwenk des Oberwagens selbsttätig auf dem Hilfswagen abgelegt werden. Nur so konnte eine maximal zulässige Radsatzlast von 20 t für den Transportzustand erreicht werden. Recht imposant sind auch die vier Schwenkabstützungen, die hier recht gut zu sehen sind

(Sammlung Weinbach)

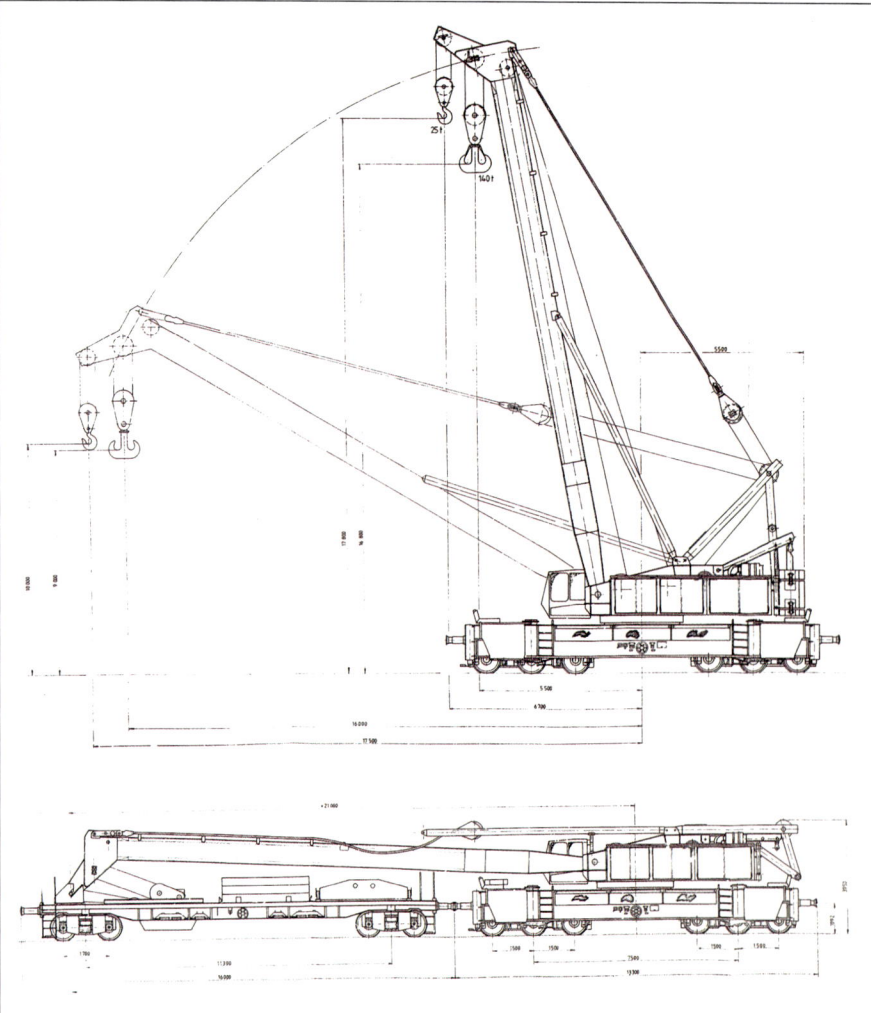

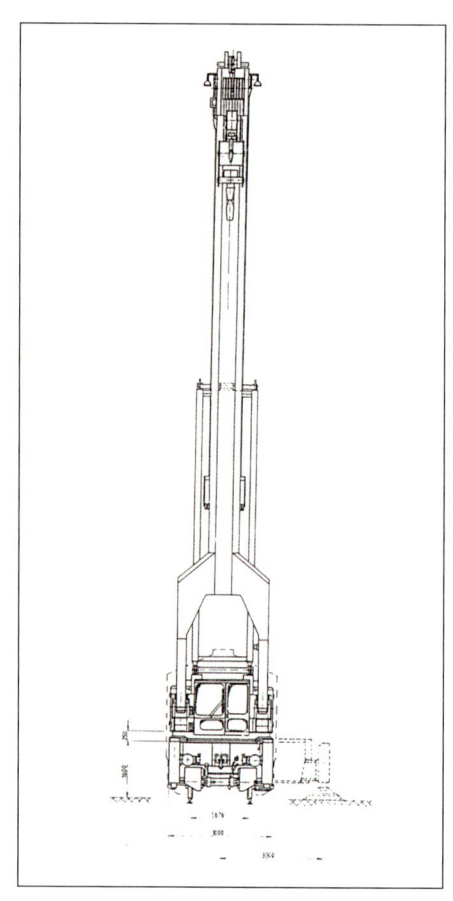

Gut zu erkennen ist auf den Zeichnungen die Auslegerabspannung, Rückfallstütze und die Gegengewichtsaufnahme des GS 140.09 H für Indien

(Sammlung Weinbach)

Links: Der GS 150.09 T ist hier im Jahre 1986 kurz vor der Auslieferung im Transportzustand zu sehen. Der Schutzwagen verfügt über einen eigenen Fahrstand und Hydraulik-Ladekran. Die Gegengewichtsblöcke des Hauptkranes sind zur besseren Achslastverteilung über den Dreiachs-Drehgestellen positioniert – Mitte: Hier ist das Gespann von Kran und Schutzwagen (Gesamt-LüP 34 400 mm) von hinten zu betrachten. Um die zulässige Transporthöhe einhalten zu können sind die hydraulische Ballastaufnahme und der Aufrichtebock mit seinen Abspannstangen zur Oberwagenverriegelung hin in ihre tiefste Stellung gebracht. Die Rückfallstütze ist nach vorne abgelassen, die fliegende Umlenkrolle der Auslegerabspannung liegt gleichfalls über der Grundauslegergabel – Rechts: Zur Überführungsfahrt in Richtung neuem Standort auf der dänischen Insel Seeland ist der Kranriese in einen normalen Güterzug eingestellt und direkt hinter der ziehenden 140 119-9 angehängt   (Sammlung Weinbach)

Links: In Dänemark wurde dem Gottwald-Gespann natürlich auch noch ein weiterer Hilfswagen zur Seite gestellt, der allerhand Werkzeuge, sonstige Anschlagmittel sowie das Begleitpersonal aufnehmen konnte – Mitte: Hier ist der GS 150.09 T in seinem Element. Zur feierlichen Vorführung und Inbetriebnahme bekam er es gleich mit einer rund 115 t schweren Diesellok zu tun, die er jedoch mühelos aus den Schienen hob – Rechts: So präsentierte sich der Kranriese bei einer Übung unmittelbar nach Abschluss des Aufrüstvorganges. Sehr gut zu sehen sind das Prinzip der Ballastaufhängung, der Auslegerabspannung über A-Bock und „fliegende" Umlenkrolle sowie der Rückfallstütze. Der Haupthaken (Doppelhaken) ist hier 16-fach eingeschert. Auf dem Aufrichtbock ist eine Kamera für die Einsehbarkeit des Kranhecks angebracht. Den dazugehörenden Kontrollmonitor hatte der Kranführer in seiner Kabine   (Sammlung Weinbach)

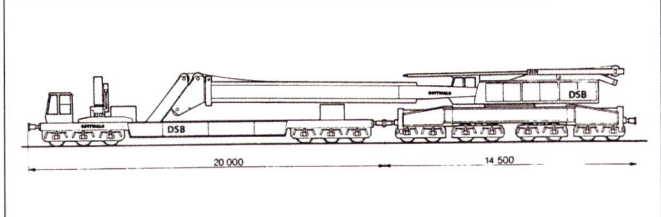

Der GS 150.09 T in Fahrstellung   (Sammlung Weinbach)

Rechts: Hier ist alles noch eine Übung, bei der einige umgelegte Personenwaggons wieder aufzurichten und einzugleisen waren. Unter Zuhilfenahme beider Hubwerke bei nur teilweise austeleskopierten Schieblingen war das Wenden eines auf der Seite liegenden Waggons kein Problem   (Sammlung Weinbach)

Der GS 150.09 T ist hier fertig aufgerüstet und abgestützt. Die bei diesem Kran möglichen enormen Auslegerreichweiten bei gleichfalls beachtlichen Traglasten haben die „Danske Statsbaner" wohl auch bei diesem Einsatz überzeugt
(Sammlung Weinbach)

einmal mit 100 km/h zu verlegen. Wie der Radsatzanordnung zu entnehmen war, besaß der Unterwagen (LüP 14 400 mm) insgesamt vier Zweiachs-Drehgestelle. Dies war in dieser Konstellation erforderlich geworden, weil die Vorgaben der DSB eine Steigfähigkeit von 2,5 Grad beinhalteten. Hier hatte der Kran weniger mit bergigen Strecken im doch so flachen Dänemark zu rechnen, als vielmehr des Öfteren auch Fährschifframpen zu befahren!

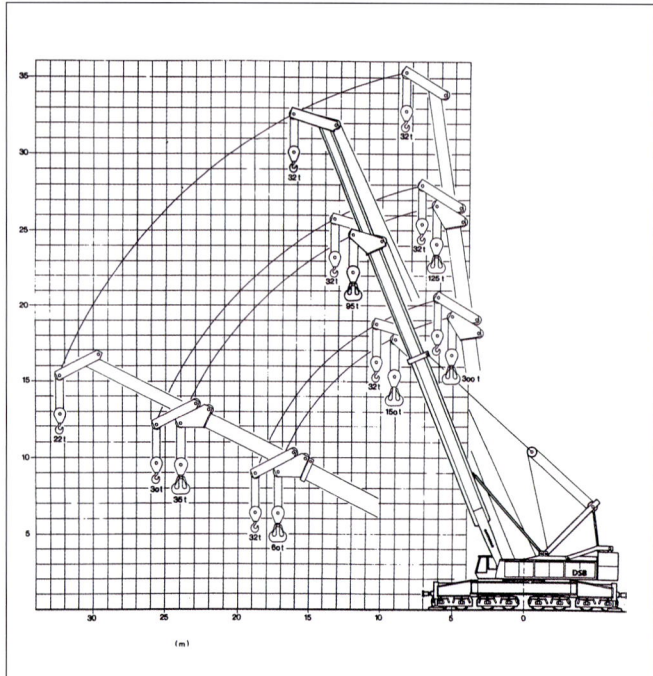

Überzeugende Auslegerreichweiten im Zusammenhang mit großen Traglasten konnte der GS 150.09 T aufweisen   (Sammlung Weinbach)

Neben der respektablen Schleppgeschwindigkeit war der Kran natürlich auch mittels der angesprochenen vier Antriebsachsen am Einsatzort zu verfahren. Hier war eine maximale Eigengeschwindigkeit von 100 m/min (6 km/h) möglich. Für den hydrostatischen Antrieb des Kranriesen sorgte übrigens ein luftgekühlter KHD-Diesel vom Typ F 12 L 413F, welcher natürlich im Oberwagen seinen Platz fand. Dieser brachte eine Dauerleistung von 204 kW / 277 PS bei 1800 U/min. Für den Not-Betrieb verfügte das Gerät über einen zusätzlichen Kleindiesel mit nur einem Zylinder. Lieferer war auch hier KHD mit einem F 1L 210 D im Kleinformat.

Der 3 m breite Unterwagen erhielt im Übrigen vier außergewöhnlich stabile und weitreichende Schwenkstützen. Diese konnten in drei Positionen hydraulisch ausgeschwenkt und verriegelt werden und ergaben eine maximale Stützbreite von immerhin 8 m. Die maximale Stützkraft konnte im Einsatz bis zu 2800 kN (280 t) betragen. Auch bei der Kraneinrichtung selbst hatte man einige Neuerungen in das neue Rekordhebezeug einfließen lassen. Zunächst hatte man die Gegengewichtsaufnahme über einen hydraulisch zu hebenden Tragrahmen und dem daran angehängten mehrteiligen Gegengewicht von den kurz zuvor ausgelieferten indischen Großkranen (GS 140.08 H) übernommen. Auch wurde der im unteren Bereich gegabelte (Grund-)Ausleger mittels besonderem Aufrichtebock über Seilzug (2 x zwölffach) aufgerichtet. Gegen Zurückschlagen bei zu großer Steilstellung hatte man bei diesem Großkran auf eine Rückfallstütze nicht verzichten können. Der rund 18,5 m lange (Grund-)Ausleger war jedoch noch lange nicht alles, was der GS 150.09 T zu bieten hatte. Wie die Typbezeichnung bereits deutlich machte, verfügte das Auslegersystem auch über einen, nein zwei Teleskopschieblinge. Besonderheit hierbei war, dass der erste Teleskop bereits über einen Auslegerkopf für das Haupthubwerk mit 18-facher Seileinscherung verfügte. Aus diesem Kopf wurde dann allerdings noch ein zweiter Teleskop mit dem verlängerten Kopf für

Was gerade noch Übung war, kann schon bald Realität werden. Hier ist der GS 150.09 T und sein zur Seite stehender Hilfswagen beim Aufrüsten am Unfallort zu sehen. Zahlreiche umgestürzte Personenwaggons und die ebenfalls entgleiste Zuglokomotive sind zu bergen. Die Bergungsarbeiten wurden auf dieser Strecke nicht durch Oberleitungen gestört

(Sammlung Weinbach)

Reichlich zu tun gab es bei diesem Zugunglück für den 150-t-Eisenbahnkran von Gottwald

(Sammlung Weinbach)

den gleichfalls vorhandenen 32-t-Hilfshub (sechsfache Einscherung) ausgefahren. Für den Haupthub war somit eine maximale Hakenhöhe von 23,5 m bei 6,8 m Ausladung und rund 120 t Traglast über den Vollkreis möglich. Die Maximaltraglast mit den zur Verfügung stehenden neun Auslegerkopfrollen betrug 150 t x 9 m bei allerdings eingeschobenen Teleskopen.

Die Konstrukteure hatten das Gerät im Übrigen so geplant und dimensioniert, dass die rechnerische Tragfähigkeit gar bei stolzen 300 t bei 5 m Ausladung lag. Hierfür hätte es allerdings einer 36-fachen Seileinscherung (26 mm Durchmesser) mit resultierender Rollenzahl (9 plus 9) bedurft.

Der angesprochene 32-t-Hilfshub am zweiten Teleskop konnte bis in eine größte Hakenhöhe von beachtlichen 32 m (9 m Ausladung) zum Einsatz gebracht werden. Für den Einfachhaken ergab sich eine größte mögliche Ausladung von rund 32 m, bei der immerhin noch 22 t zu heben waren! Weitere Traglastwerte sind dem Lastdiagramm für verschiedene Auslegerlängen zu entnehmen.

Ohne die bei obigen Lastfällen erforderliche Abstützung konnte der Kran in Gleisrichtung arbeitend beachtliche 100 t bei 6 m Ausladung stemmen. Auch hier gab es noch unausgeschöpfte Reserven, die allerdings durch den von der DSB auf 25 t begrenzten Raddruck offiziell nicht angetastet werden durften. Bei all diesen Möglichkeiten stand dem Kranführer für das sichere und schnelle Arbeiten neben den standardmäßigen Sicherheitseinrichtungen schon 1986 ein Rechner mit entsprechender Software zur Seite. Somit standen dem Kranbediener nach Eingabe der Lastwerte die daraus resultierenden Parameter für den Hub sofort zur Verfügung. Selbstverständlich war der Kranriese nicht nur bei Unfallbergungen einsetzbar, auch so manches Bauprojekt konnte mit seiner Hilfe direkt vom Schienenstrang aus realisiert werden. Zusätzlich war eine 8-t-Bergungswinde am Gerät vorhanden, die allerdings überwiegend für Unfallarbeiten genutzt wurde.

Der GS 150.09 T konnte sich am Einsatzort angekommen vollkommen selbständig aufrüsten, also auch die heckseitig anzubringenden Gegengewichte vom Hilfswagen aufnehmen. Dieser Hilfswagen war dabei wiederum eine Besonderheit für sich. So war dieses sechsachsige Gefährt (LüP 20 000 mm) mit zwei Antriebsachsen (2A) (A2) ausgerüstet, die eine Eigengeschwindigkeit von immerhin 200 m/min (12 km/h) zuließen. Hierzu bedurfte es eines luftgekühlten KHD-Diesels vom Typ F 6L 413F, der eine Leistung von 125 kW /

170 PS bei 2300 U/min brachte. Auf diesem mit einer Fahrerkabine ausgestatteten Begleitfahrzeug wurde das mehrteilige Gegengewicht abgelegt und das Auslegerpaket für die Transportfahrt niedergelassen. Auch war hinter der Fahrerkabine ein kleiner Hydraulik-Ladekran angebracht, der sich bestens zum Positionieren von Lastverteilplatten (Baggermatratzen) für die Kranstützen des Hauptgerätes eignete.

Zur Mitte der achtziger Jahre wurde nach dem 20-Tonner-Teleskopkran auch ein entsprechender 40-Tonner für Gleisbauarbeiten von Gottwald entwickelt. Dieser GS 40.08 T bewegte sich auf zwei Dreiachs-Drehgestellen bei einer LüP von genau 11 000 mm. Sein Eigengewicht von rund 113 t konnte er bei insgesamt vier angetriebenen Achsen (A1A) (A1A) mit rund 30 km/h selbsttätig auf den Schienen bewegen. Im Zugverband mit beigestelltem Schutzwagen versehen, konnte der Kran hingegen mit bis zu 110 km/h geschleppt werden. Da dieser Gleisbaukran überwiegend für freistehende Arbeiten ohne Abstützung eingesetzt wurde, verfügte er über eine automatische Kurvenausgleichseinrichtung. Diese ermöglichte es, den Kranoberwagen selbst bei Kurvenüberhöhungen von 160 mm waagerecht zu halten.

Der Kranoberwagen verfügte über einen einzelnen Wippzylinder, der das Auslegerpaket, bestehend aus Grundausleger und einem Teleskop, entsprechend aufrichten konnte. Austeleskopiert wurde dann eine maximale Hakenhöhe von 14 m bei einer Ausladung von 12 m erzielt. In flachster Auslegerstellung betrug die maximale Ausladung 17 m (11,8 t abgestützt beziehungsweise 3,1 t freistehend über 360 Grad). Bei Ausrichtung in Gleisrichtung entsprach dies einer Ausladung vor Puffer von 11,5 m, wobei dann maximal 17 t abgestützt wie freistehend (210 kN Radkraft) zu heben waren. Als Abstützungen waren vier kurze hydraulische Schwenkstützen am Unterwagen angebaut. Die Maximaltraglast des Gleisbaukrans betrug sogar 45 t x 7 m, weshalb er auch gerne als 45-Tonner beschrieben wurde. Dies galt jedoch nur bei abgestütztem Kran (4,5 m Stützbreite) für plus/minus 45 Grad Schwenkwinkel sowie freistehend bei plus/minus null Grad Schwenkwinkel. Sein Gegengewicht trug der Kran immer am Oberwagenheck mit

Links: Hier ist das Erstgerät vom Typ GS 40.08 T für die Firma Koehne beim Heben und Verfahren gleich dreier Gleisjoche vor Puffer zu sehen – Rechts: Der „45-Tonner" ist hier im fabrikneuen Zustand von hinten zu sehen (Sammlung Weinbach)

Auf einer „Gleisbau-Fachmesse" präsentierte sich der GS 40.08 T, wie er ja nun einmal offiziell hieß, mit dem baugleichen Gerät der Firma Eichholz im Tandembetrieb mit langer Spezialtraverse und angehängter Weiche
(Sammlung Weinbach)

Der GS 40.08 T der Firma Cronau (1987), auf der Auslegerspitze gleichfalls als 45-Tonner ausgewiesen, ist hier beim freistehenden Verlegen von Gleisjochen einer ICE-Strecke zu sehen
(Mannesmann Demag Gottwald)

Links: Aus einer eher seltenen und auch ungewollten Perspektive zeigte sich hier der Unterwagen eines verunfallten GS 40.08 T im Jahre 2003. Gut zu erkennen sind die beiden Dreiachs-Drehgestelle mit jeweils zwei angetriebenen Radsätzen für den Fahrantrieb – Mitte: Der umgestürzte 45-t-Gleisbaukran wurde von einem 500-t-Autokran (Liebherr LTM 1500) aufgerichtet und wieder aufgegleist. Der Unfallkran wurde bei diesem Umsturz nicht dauerhaft geschädigt
(Weinbach)
Rechts: Gut zu erkennen ist hier die aktivierte Kurvenausgleichseinrichtung auf allerdings gerader Strecke, die den Oberwagen zur Verdeutlichung der Möglichkeiten bewusst schräg stellt
(Sammlung Weinbach)

Links: Hinter der Kranführerkabine des GS 40.08 T befand sich der „Hydraulikraum" mit seinen zahlreichen Ventilen – Mitte: Neben den Bedienelementen in der Krankabine war auch ein Kontrollmonitor für die Kameraüberwachung des Heckbereiches vorhanden – Rechts: Hier ist der im Jahre 1990 an die schweizerische Vanomag AG gelieferte GS 40.08 T bei Arbeiten und gleichzeitigem Zugverkehr auf dem unmittelbaren Nachbargleis zu sehen. Mit der rückwärtigen Ausladung des Oberwagens von lediglich 2000 mm war dies erst möglich
(Sammlung Weinbach)

Links: Für das Verlegen besonders langer Gleisjoche arbeiteten oftmals zwei GS 40.08 T in Teamarbeit und unter Zuhilfenahme einer überlangen Gittertraverse zusammen – Rechts: Beim Einsatz dieses GS 40.08 T der Firma Eichholz wird deutlich, wie weit im Heckbereich des Oberwagens sich der Drehkranz befindet

(Sammlung Weinbach)

sich und hielt damit auch eine heckseitige Ausladung von nur 2000 mm ab Drehkranzmitte ein. Somit wurde beim Drehen das Lichtraumprofil nicht überschritten und der Zugverkehr auf dem Nachbargleis konnte nahezu uneingeschränkt weitergeführt werden. Für den Notfall verfügte der Kran jedoch noch über einen Notdiesel, der bei Ausfall des Hauptmotors das Zurückschwenken in die Transportstellung sicherstellte. Von besagtem GS 40.08 T erhielten die deutschen Gleisbauunternehmen Koehne, Cronau, Eichholz und Kölngleis in den Jahren 1986/87 jeweils ein Gerät. Weitere Krane erhielten Anfang der neunziger Jahre die Firma Vanomag, Schweiz, die „Danske Statsbaner" (DSB), Dänemark und letztlich die Firma Reisse in Kassel im Jahre 1993.

GS 25.04 T – Niederlande

Für das niederländische 1435-mm-Schienennetz bestimmt waren insgesamt sechs Gleisbaukrane vom Typ GS 25.04 T, die im Jahre 1987 als Sonderkonstruktion gebaut wurden. Jeweils zwei Geräte erhielten die Firmen Van Welzens in Dordrecht, Railbouw B.V. in Leerdam und Strukton in Marssen, die die Krane auch überwiegend in Tandemanordnung zum Einsatz brachten. Obwohl nur für 25 t x 4 m, allerdings freistehend ausgelegt, besaßen die rund 94,5 t schweren Geräte ein immerhin sechsachsiges Fahrgestell ohne jegliche Abstützung. Dieser Unterwagen hatte die Radsatzanordnung (2A) (A2) und besaß eine LüP von 12 000 mm. Als Antriebsmotor für

Links: Hier ist einer der niederländischen GS 25.04 T kurz vor der Auslieferung an den Kunden zu sehen. Der spezielle Auslegerkopf war für einfache Einscherung, dies allerdings im Doppelstrang, ausgelegt –
Rechts oben: Die typische Arbeitsweise des Krantyps GS 25.04 T auf niederländischen Gleisen war der Tandemeinsatz. Bei dieser maximalen Ausladung von 10 m betrug die Tragkraft des freistehenden Einzelgerätes 7,6 t, wohingegen die entsprechende Traglast im Tandemeinsatz auf 5,7 t begrenzt war –
Rechts unten: Die zwei GS 25.04 T der Firma Railbouw B.V. transportieren hier ein rund 25 m langes Gleisjoch zum Montageort. Sehr gut ist das großzügig dimensionierte Sechsachs-Fahrgestell des Krantyps zu sehen, welches ja nur für freistehende Arbeiten ausgelegt wurde (Sammlung Weinbach)

Die insgesamt vier gelieferten Rohrverlege-
krane kurz vor der Auslieferung auf dem
Gottwald-Gelände aufgereiht: Links stehen
die beiden GS 120.07 H mit dem hoch aufgetürmten 64-t-Ballast. Der kleinere GS 55.05 H
besaß neben dem etwas zierlicheren Ausleger
und dem kleineren Auslegerkopf auch nur
zwei Ballastplatten   (Sammlung Weinbach)

Für das Handling kleinerer Betonrohre durch
den Typ GS 55.05 H wurden auch die entsprechend kleineren Rundtraversen von Gottwald
gefertigt   (Sammlung Weinbach)

Links: Hier ist der außergewöhnlich breite Unterwagen mit den integrierten Stützrad-Ballan-
ciers des großen GS 120.07 H gut zu sehen. Für die Stützräder hat man hier auf dem Gottwald-
Testgelände allerdings noch keine Schienen verlegt   (Sammlung Weinbach)
Rechts: Der GS 120.07 H mit angekoppeltem Transportwaggon auf dem außergewöhnlichen
Vier-Spur-Gleiskörper (1435/5334 mm). Für das Heben der gegossenen Betonrohre wurden von
Gottwald auch die erforderlichen Spezial-Rundtraversen geliefert   (Mannesmann Demag Gottwald)

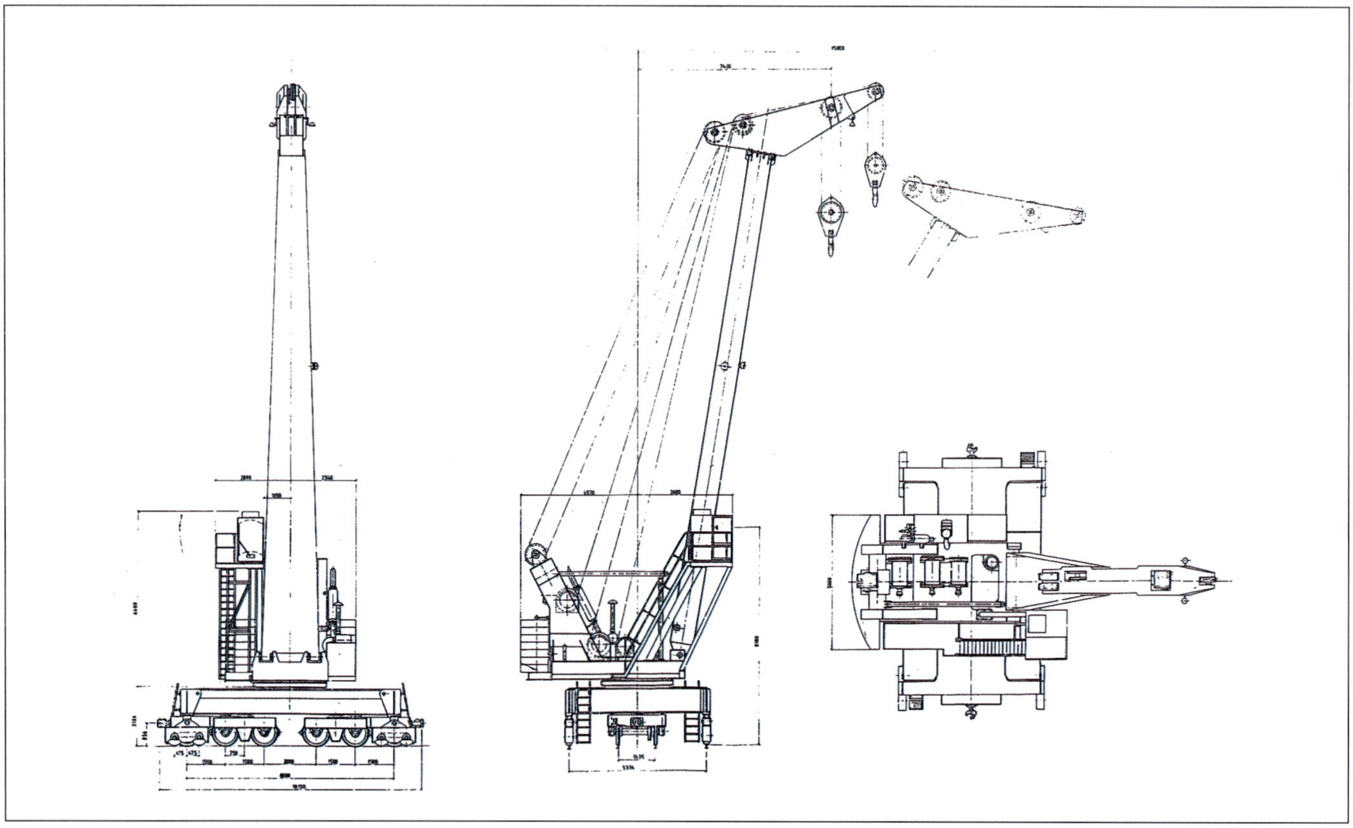

Übersichtszeichnung des 212,7 t schweren Rohrverlegekrans vom Typ GS 120.07 H für einen südkoreanischen Auftraggeber   (Sammlung Weinbach)

den diesel-hydraulischen Kran war ein luftgekühltes Aggregat von KHD, Typ BF 6L 913 (sechs Zylinder) mit 112 kW / 153 PS eingebaut. Dieser Motor ermöglichte im Zusammenspiel mit den entsprechenden Hydraulikpumpen und -motoren eine Eigengeschwindigkeit von 250 m/min (15 km/h). Die mögliche Schleppgeschwindigkeit des Gerätes, welches ohne Schutzwagen auskam, betrug 100 km/h. Der GS 25.04 T besaß eine Oberwagen-Verschiebung, die dieses Kranteil für die Transportfahrt hydraulisch um 105 cm aus der Unterwagenmitte nach vorne bewegte. Dies war bei einem angebauten Gegengewicht von immerhin rund 30 t leicht verständlich. Der Teleskopausleger (5,25 m bis 11,25 m Länge) bestand im Übrigen aus einem dreiteiligen Paket, welches mit seinem zweifachen Teleskop eine maximale Ausladung von 10 m erreichte. Wiederum über den Vollkreis waren hierbei immerhin noch 7,6 t zu heben. Bei diesem Krantyp betrug die hintere Ausladung lediglich 2000 mm, was auch das relativ große Gegengewicht erklärt.

GS 55.05 H und GS 120.07 H – Südkorea

Insgesamt vier außergewöhnliche Eisenbahnkrane, wenn man sie überhaupt als solche bezeichnen kann, wurden im Jahre 1988 an die südkoreanische Firma Dong Ah Construction geliefert. Dabei handelte es sich um jeweils zwei Krane mit der Typbezeichnung GS 55.05 H sowie GS 120.07 H. Diese Geräte besaßen zum einen mittige normalspurige 1435-mm-Fahrgestelle, darüber hinaus allerdings verbreiterte Unterwagen mit zusätzlich angebauten Stützradsätzen für eine Spurbreite von 5334 mm! Die seltenen Kranriesen waren eine Sonderkonstruktion für ein gewaltiges Wasserbauprojekt auf dem afrikanischen Kontinent und dienten einzig und allein dem Handling von gewaltigen Betonrohren im Herstellerwerk vor Ort. Diese knapp 8 m langen und rund 4 m im Durchmesser betragenden Betonrohre wurden dort senkrecht stehend gegossen und nach dem Aushärten von den Gottwald-Kranen mittels Spezialtraverse gehoben und auf einen vor das Kranfahrgestell gekoppelten Transportwaggon gestellt. Beide Krantypen verfügten hierfür über steil aufragende Festausleger in Kastenprofil, die eine Länge vom Fußpunkt bis zum Haupthub von jeweils 21 m besaßen. Die mögliche Ausladung betrug dabei zwischen 7,1 m und 15 m. Die speziellen Auslegerköpfe waren auch mit einem von der Auslegerspitze aus arbeitenden Hilfshub ausgestattet, der bei beiden Typen eine Traglast von immerhin 30 t hatte.

GS 55.05 H: Der kleinere der beiden Rohrverlege- und Transportkrane besaß eine maximale Traglast am Haupthub von 55 t x 5 m. Für eine Ausladung von 15 m wurden noch 12,8 t für den Haupthub und 13 t für den Hilfshub angegeben. Auch war dieser Hilfshub (30 t x 8 m) bei der größtmöglichen Ausladung von 16,5 m noch mit 11,4 t zu belasten. All diese Traglastwerte galten natürlich für den „freistehenden" Kran. Der Kranunterwagen (LüP 8500 mm) besaß zwei Achsen, die beide angetrieben waren und dem eigenartigen Gefährt eine Geschwindigkeit von beachtlichen 420 m/min (25 km/h) verliehen. Für die nötige Standsicherheit bei obigen „Rohrverlegearbeiten" sorgten in erster Linie die zusätzlichen vier Stützräder, die wie bereits angedeutet eine respektable Spurbreite von 5334 mm besaßen. Als Antriebsmotor war ein wassergekühlter MAN-Diesel vom Typ D 2866 TE mit einer Dauerleistung von 199 kW / 271 PS eingebaut. Der rund 86 t schwere GS 55.05 H war das Leichtgewicht der beiden Krantypen und kam auch mit einem

Gegengewicht von rund 18,4 t (zwei Platten) aus. Die Radsatzlasten betrugen vorne 35 t und hinten entsprechend 51 t.

GS 120.07 H: Dieser wesentlich größere Rohrverleger besaß eine maximale Traglast von 120 t im Bereich von 5 bis 7 m Ausladung. Hierzu musste das 26-mm-Hubseil zwölffach am Einfachhaken eingeschert werden. Bei der größten Ausladung des Haupthubes von 15 m konnten immerhin noch 41 t bewegt werden. Der gleichfalls vorhandene 30-t-Hilfshub konnte seine volle Tragkraft hingegen im kompletten Ausladungsbereich zwischen 6 m und 16,5 m zum Einsatz bringen. Für das sichere Arbeiten wurden am Oberwagenheck insgesamt sieben Ballastplatten aufgelegt, die es auf rund 64 t brachten. Der einsatzbereite Schienenkran kam im Übrigen auf ein Gesamtgewicht von beachtlichen 212,7 t. Um dieses Monstrum dann mit einer Eigengeschwindigkeit von 370 m/min (22 km/h) im Betonwerk zu bewegen, bedurfte es eines wassergekühlten MAN-Diesels. Dieser Dieselmotor vom Typ D 2866 TE war wiederum auf eine Leistung von 199 kW / 271 PS (2100 U/min) eingestellt. Entsprechend nachgeschaltete Hydraulikpumpen und -motoren sorgten für den üblichen diesel-hydraulischen Antrieb dieses außergewöhnlichen Hebezeuges.

Der spezielle Unterwagen des GS 120.07 H (LüP 10 100 mm) verfügte über insgesamt vier Normalspur-Radsätze in zwei Drehgestellen für 1435 mm Spurbreite. Diese inneren Radsätze waren auch angetrieben. Hinzu kamen wieder die vier starr angebauten Abstützungen, nunmehr allerdings mit jeweils zwei Laufrädern in Ballanciers. Diese nicht getriebenen Stützfahrwerke besaßen wie beim kleineren 55-Tonner ebenfalls die außergewöhnliche Spurbreite von 5334 mm. Bei beiden Gerätetypen war die Kranführerkabine übrigens in rund 8 m Höhe angebracht und über eine Treppe zu erreichen. Somit war für den Bediener die erforderliche Sicht auf die hohen Betonrohre gewährleistet.

GS 10.05 T – Belgien

Für die belgische Bahngesellschaft SNCB wurde im Jahre 1987 ein neuer Eisenbahnkran entwickelt, der an die alte Tradition der universell einsetzbaren Ladekrane anknüpfte. Weitere Abwandlungen für andere Kunden sollten noch folgen. Der GS 10.05 T war zwar nicht der größte seiner Art, allerdings dafür umso vielfältiger einsetzbar. Hierzu zählte auch (nicht nur nebenbei) der Einsatz als Rangierlok. Das äußerst kompakte Universalgerät (LüP 9020 mm) kam mit nur zwei Achsen aus, die allerdings beide angetrieben wurden. Den kraftspendenden, luftgekühlten KHD-Diesel vom Typ BF 8L 513 C (acht Zylinder, 212 kW / 288 PS bei 2300 U/min) hatte man gleich mit in den Unterwagen integriert. Gleichfalls dort untergebracht war ein leistungsstarkes Turbowendegetriebe wie auch ein großdimensioniertes Radsatzgetriebe. Somit waren für den rund 37 t schweren GS 10.05 T auch Rangierarbeiten mit Anhängelasten bis 400 t beziehungsweise gar 800 t in der Ebene mühelos zu bewältigen. Bedingt durch den Einsatz des Turbowendegetriebes stand die volle Motorleistung als Bremsleistung bereit. Die maximal mögliche Eigengeschwindigkeit, natürlich ohne Anhängelast, betrug beachtliche 45 km/h. Zur Verlegung an weiter entfernte Einsatzstellen war der Eigenantrieb ausrückbar, so dass das Gerät im Zugverband mit bis zu 100 km/h Schleppgeschwindigkeit bewegt werden konnte.

Da der kleine Racker jedoch in erster Linie als Hebezeug zum Einsatz kommen sollte, hatte man den Unterwagen auch mit einer

Links: Der äußerst kompakte GS 10.05 T für SNCB war ein wahres Allroundtalent auf der Schiene. Er verfügte über zwei nebeneinander liegende Bedienerkabinen. An der linken Oberwagenseite befand sich die „Lokkabine" und an der rechten Seite die „Krankabine". Das Auslegerpaket ist hier für die Transportfahrt (ohne Überstand) eingefahren. Das unterhalb der Kabine sichtbare (rot-gestreifte) Gegengewicht befindet sich gleichfalls in der Stellung für den Transport. Für die eigentliche Kranarbeit wurde dieses Gegengewicht dann in rückwärtiger Oberwagenposition erneut aufgenommen und verbolzt – Rechts oben: Der Universalkran in Transportstellung aus rückwärtiger Sicht. Ein Teil der zusätzlichen Lastaufnahmemittel (hier der Polypgreifer) konnte auf dem Unterwagen in einer Transportvorrichtung mitgeführt werden. Sehr gut ist das Prinzip der rückwärtigen Auslegerteleskopierung zu ersehen, mit der erst die kompakte Transportstellung des eigentlich recht langen Auslegers umgesetzt werden konnte. Für den äußeren Teleskopschiebling und seine zwei Endstellungen stand beidseitig jeweils ein Teleskopierzylinder zur Verfügung – Rechts unten: Der belgische Auftraggeber des GS 10.05 T bevorzugte die Ausführung mit zwei nebeneinander liegenden Bedienerkabinen für Kran- und Fahrbetrieb

(Sammlung Weinbach)

Links oben: Hier präsentierte sich das 10-t-Universalgerät mit seiner umfangreichen Zusatzausrüstung. Von der hier angebauten Hubarbeitsbühne für 300 kg Nutzlast ließen sich von einem separaten Steuerpult aus sämtliche Funktionen des GS 10.05 T, inklusive Fahren mit verminderter Geschwindigkeit, steuern – Links unten: Der hier eingehängte, elektrisch betriebene Zwei-Schalen-Motorgreifer eignete sich für Verladearbeiten von Schüttgut. Reine Baggerarbeiten für Tiefbauarbeiten waren damit allerdings nicht möglich – Rechts oben: „Kleiner Kran ganz lang", könnte man diese Szene umschreiben. Mit seinem für Kranarbeiten heckseitig befestigten Gegengewicht wurde eine rückwärtige Ausladung von gerade einmal 1650 mm eingehalten, so dass dort keine Beeinträchtigungen des Zugbetriebes zu erwarten waren. Unterhalb des Auslegers war der Zugbetrieb natürlich tunlichst einzustellen –
Rechts unten: Auch für Rangierarbeiten war der GS 10.05 T bestens geeignet. Anhängelasten von 400 t, in der Ebene sogar 800 t, wurden von dem kleinen Kraftpaket mühelos bewältigt. Derart universell einsetzbar, wurden von der SNCB insgesamt 13 Exemplare gegen Ende der achtziger Jahre gekauft

(Sammlung Weinbach)

mittigen Zwei-Punkt-Abstützung ausgestattet. Diese war außerdem von 2,7 m auf bis zu 3,7 m hydraulisch ausfahrbar. Die Hebezeugqualitäten wurden von einem äußerst kompakten Oberwagen mit einem dreifachen Teleskopausleger eindrucksvoll belegt. In Transportstellung kam der Kran überdies ohne Schutzwagen für den Teleskopausleger aus. Dies wurde ermöglicht, indem man pfiffigerweise das Teleskoppaket hinterrücks aus dem viel kürzeren Grundausleger ausfahren konnte und somit den vorderen Überhang extrem reduzierte.

Die maximale Tragkraft ergab sich, wie auch bereits aus der Typbezeichnung abzulesen, mit 10 t bei einer Ausladung von 5 m über den Vollkreis. Die maximale Ausladung wurde bei flachstehendem Auslegerpaket mit 15 m erreicht. Hierbei betrug die Traglast im freistehenden Zustand knapp 1,3 t beziehungsweise im abgestützten Arbeitszustand rund 2,5 t über jeweils 360 Grad. Neben diesen reinen Kranleistungen am zweifach eingescherten Haken konnten auch noch allerlei anderer Lastaufnahmemittel eingesetzt werden. So gehörten zum Lieferumfang des GS 10.05 T auch jeweils ein Polyp-, Schwellen- und Schalengreifer ebenso wie ein Lasthebemagnet. Gleichfalls konnte an den Auslegerkopf eine Hubarbeitsbühne mit 300 kg Nutzlast angebaut werden.

Im Unterwagen war zudem ein kleiner Hilfsdieselmotor von KHD (Typ F 1L 210 D) untergebracht, der eine Leistung von 10 kW / 13 PS (3000 U/min) zur Verfügung stellte. Von diesem einzylindrigen Dieselmotor, beziehungsweise seinem nachgeschalteten Generator, wurden obige Lastaufnahmemittel mit der elektrischen Energie versorgt. Zudem konnten hiermit Baustellenleuchten, Elektrowerkzeuge, Schweißgeräte und ähnliche Hilfswerkzeuge versorgt werden. Arbeitsscheinwerfer an der Auslegerspitze sowie eine Bergungswinde mit 20 kN Zugkraft gehörten gleichfalls zum umfangreichen technischen Equipment. Besagter Hilfsdiesel konnte überdies bei Ausfall des Hauptdiesels die Notbetätigung des Krans sicherstellen. Somit konnte der Kranoberwagen zumindest in seine Grundstellung bewegt werden. Nach Indienststellung des GS 10.05 T bei der SNCB im Jahre 1988 wurden von diesem Kunden in zwei weiteren Baulosen 1988/89 jeweils sechs weitere dieser Universalgeräte bei Gottwald bestellt.

GS 80.05 H – Ghana

Die Ghana Railway Corporation kaufte im Jahre 1987 für ihr nur knapp 950 km langes 1067-mm-Schienennetz einen sogenannten „Breakdown Crane" mit Festausleger. Dieser GS 80.05 H mit einer LüK von genau 11 000 mm wurde auf zwei Drehgestellen mit jeweils drei Radsätzen (2A) (A2) über die Gleise Ghanas bewegt.

Hier wird der gerade ausgelieferte GS 80.05 H, eingestellt zwischen zwei Personenwaggons, von zahlreichen „Bahnreisenden" bestaunt
(Sammlung Weinbach)

Links oben: Vor Ort beim Kunden erfolgt grundsätzlich bei solchen Eisenbahnkranen eine umfangreiche Einweisung des Bedienpersonals. Dazu zählte auch bei diesem GS 80.05 H eine entsprechende Belastungsprobe, die nicht zuletzt das sichere Anschlagen der Last und das Handling mit dieser veranschaulichen sollte. Hier musste eine gleichfalls aus deutscher Produktion stammende Lokomotive der Baureihe 541 von Henschel als schwergewichtiges Übungsobjekt (42 t) herhalten. Steht ein solches Objekt bereitwillig auf den eigenen Rädern, stellt sich eine solche Vorstellung auch zumeist recht einfach dar – Links unten: Der Ernstfall für einen solchen Bergungseinsatz sieht weitaus schwieriger aus. Hier galt es, eine entgleiste beziehungsweise umgestürzte 84 t (!) schwere Diesellokomotive englischer Fertigung für den Abtransport auf einen Schwerlastwaggon zu verladen. Dies gelang mit dem eingesetzten GS 80.05 H in überzeugender Weise. Sehr gut zu erkennen sind die hydraulisch ausgeschwenkten und ausgefahrenen Stützarme beziehungsweise die Hydraulikstempel mit dem vorbildlichen Holz-Unterbau. Gleichfalls ersichtlich ist die hydraulische Gegengewichtsaufnahme und die unter den beiden Ballastblöcken befindliche Ablage für das eigenständige Auf- und Abballastieren
(Sammlung Weinbach)

Weniger Probleme, zumindest was das Gewicht der Last anbetraf, dürfte die Bergung dieses arg ramponierten Schlafwagens der „Ghana Railways" für den GS 80.05 H bereitet haben
(Sammlung Weinbach)

Rechts: Der kräftige 200-Tonner zeigt sich hier mitsamt seinem Schutzwagen und dort nieder- gelegtem Ballast und Ausleger in seiner Transportstellung. Oben links: Der auf den Weiten des transgabunesischen Streckensnetzes abgestellte GS 200.06 H in der Heckansicht. Oben rechts: Wenig Mühe dürfte der aufgebaute GS 200.06 H mit diesem Güterwaggon gehabt haben. Es handelte sich hier offenbar um eine „Auslieferungs-Vorführung" auf einem wohl neuen Abstell- gleis einer Bauxitverladung. Zum Transport dieses Rohstoffes Richtung Küste wurde der über- wiegende Teil des bescheidenen transgabunesischen Schienennetz nämlich vornehmlich gebaut

(Sammlung Weinbach)

Für die Eigenverfahrbarkeit des 84 t schweren Eisenbahn-Bergungskrans mit rund 70 m/min (4,2 km/h) sorgte der diesel-hydraulische Antrieb, der auf einen luftgekühlten KHD-Diesel (BF 6L 913) mit rund 109 kW / 148 PS aufbaute. Mit dem erforderlichen Schutzwagen in einen Zugverband eingestellt, war eine maximale Schleppgeschwindigkeit von 50 km/h zulässig. Für derartige Transportfahrten wurde auch das zweiteilige Oberwagengegengewicht auf dem Schutzwagen abgelegt. Um die Höchsttraglast von 80 t bei 5 m Ausladung zu bewältigen, mussten selbstverständlich die vier ausschwenkbaren Hydraulikabstützungen in Arbeitsposition (5 x 5 m) gebracht werden. Bei einer größtmöglichen Ausladung von 10 m lag die Traglast bei rund 30 t über den Vollkreis. Freistehend auf den zwölf Rädern waren zwischen 12 t x 5 m und 6 t x 10 m sicher zu heben. Neben dem Haupthub verfügte dieser GS 80.05 H auch über einen 12-t-Hilfshub, der bei abgestütztem Arbeiten bis zu einer Ausladung von 12 m seine volle Kraft entfalten konnte.

GS 200.06 H – Gabun

Für das mit nur 650 km recht kleine Streckennetz (1435-mm-Spur) der Trans-Gabun Railway an der westafrikanischen Küste bestimmt war ein imposanter Eisenbahnkran der 200-t-Klasse. Dieser GS 200.06 H wurde im Jahre 1988 bestellt und war eine Weiterentwicklung der wenige Jahre zuvor nach Indien gelieferten 140-Tonner, die ja bekanntlich über einige Reserven verfügten. Bei dem nach Gabun gelieferten sechsachsigen Bergungskran wurde der Auslegerkopf entsprechend verstärkt und mit der für 200 t Traglast erforderlichen Anzahl an Umlenkrollen ausgestattet. Zudem erhielt das einem Hammerkopf ähnelnde Auslegerende einen Aufsatz für einen 30-t-Hilfshub. Beim GS 200.06 H wurde der Festausleger mit

Hilfe eines Aufrichtebocks hochgezogen und gehalten. Eine Rückfallstütze war gleichfalls vorhanden. Das zweiteilige Gegengewicht von rund 50 t wurde bei diesem 200-Tonner an der heckseitigen festen Windenrahmenverlängerung hydraulisch aufgenommen. Der Kran dürfte auf Gabuns Schienen das teuerste und imposanteste Arbeitsgerät gewesen sein.

GS 10.06 T – Schweiz

Die BLS im schweizerischen Bern, besser bekannt unter dem Namen „Lötschbergbahn", orderte im Jahre 1988 einen kleinen Eisenbahnkran der 10-t-Klasse. Bei diesem als GS 10.06 T in den Gottwald-Lieferlisten verewigten Hebezeug konnte man in den Konstruktionsabteilungen auf den kurz zuvor erstmals ausgelieferten GS 10.05 T für die belgische SNCB zurückgreifen. Und doch handelte es sich um einen völlig anderen Kran. War auch die Länge über Puffer mit genau 9000 mm sowie die Spurbreite von 1435 mm vollkommen identisch, so besaß das eidgenössische Gerät keinen im Unterwagen eingebauten Antriebsmotor. Dieser war nämlich im Oberwagen eingebaut. Nicht nur dies, zudem galt für den GS 10.06 T auch die Radsatz-Anordnung (1) (1). Dies bedeutete, dass der Kran über keinen Fahrantrieb verfügte, somit also auch nicht eigenverfahrbar war. Die Mobilität war dem 37,16 t schweren „Schweizer" ausschließlich im Schleppverband, dann jedoch mit bis zu 100 km/h gegeben. Hingegen verfügte der Unterwagen nunmehr über Abstützungen. Diese waren starr als Vier-Punkt-Abstützung mit der Basis 2,8 m x 2,8 m gegeben und wurden in der Unterwagenmitte sternförmig angeordnet. Das im Oberwagen befindliche luftgekühlte KHD-Aggregat vom Typ BF 6L 913 war auf eine Dauerleistung von lediglich 92 kW / 126 PS bei 1800 U/min eingestellt.

Oben: Hier ist im Vordergrund der schweizerische GS 10.06 T der Lötschbergbahn und dahinter die belgische Ausführung des GS 10.05 T (SNCB) mit Doppelkabine kurz vor deren Auslieferung zu sehen. Unten: Der „Kranwagen 100 kN" der BLS-Bau von der Kranführerkabinenseite betrachtet. Bei dieser festen Ballastkonstellation am Oberwagenheck kam das Gerät auf Radsatzlasten von rund 15,6 t vorne und 21,6 t hinten

(Sammlung Weinbach)

Die abgestellte Dampflokomotive aus der Technik-Vorzeit war dann doch ein paar Nummern zu groß, als dass sie der schmächtige GS 10.06 T hätte ernsthaft aus den Schienen heben können. Da half dann auch der für Kranarbeiten in Position gebrachte Gesamtballast von 11,8 t nicht wirklich weiter

(Mannesmann Demag Gottwald)

Auch der Ballast wurde bei diesem Zehntonner fest angebaut und betrug rund 12,6 t. Da das Gerät ja nicht eigenverfahrbar war, wurde nur noch eine Kranführerkabine auf der linken Oberwagenseite angebaut.

Das Prinzip des durchschiebenden Dreifach-Teleskop wurde gegenüber der belgischen Ausführung jedoch beibehalten. Somit war der Teleskopausleger zwischen 8,2 m und 16 m hydraulisch ausschiebbar. Allerdings betrug der Hub des hydraulischen Wippwerks nur noch 1200 mm gegenüber 2450 mm des belgischen GS 10.05 T, was letztendlich in der Steilstellung des Auslegerpaketes ersichtlich war.

GS 10.06 T – Türkei

Eine weitere Variante des kleinen Zehntonner-Eisenbahn-Teleskopkrans wurde gleichfalls 1988 als GS 10.06 T für die Turkish State Railways in Ankara abgeleitet. Immerhin acht Exemplare dieses Universalgerätes wurden nachfolgend für diesen Kunden zur Auslieferung gebracht. Wiederum mit einem zweiachsigen Unterwagen (LüP 9000 mm) mit der Radsatz-Anordnung (A) (A) ausgestattet, wurden dort nunmehr gleich zwei KHD-Diesel vom Typ BF 8L 513 untergebracht. Beide Motoren stellten dann bei reinem Fahrantrieb (zwei geschlossene Kreisläufe) eine Leistung von 2 x 200 kW / 274 PS bei 2150 U/min zur Verfügung. Dies reichte dem 39,4 t schweren Kran für eine respektable Eigengeschwindigkeit von 50 km/h. Bei Kranbetrieb wurden die beiden Antriebsdiesel hingegen mit einer Abgabeleistung von 147 kW / 200 PS und einer Drehzahl von lediglich 1500 U/min betrieben. Die Fahrgeschwindigkeit während des Kranbetriebes und bei lediglich einem zur Verfügung stehenden Hydraulikkreislauf reduzierte sich dann auf 10 km/h. Als zulässige Schleppgeschwindigkeit wurden für das in den Zugverband eingestellte Gerät 80 km/h angegeben. Der Unterwagen erhielt bei diesem Modell eine starre Vier-Punkt-Abstützung mit der Basis L x B von 5 m x 2,8 m. Der Kranoberwagen verfügte über eine einzelne, links angebrachte Bedienkabine, diese allerdings mit zwei hintereinander angeordneten Sitzen. Als Gegengewicht wurden genau 5 t am Oberwagenheck fest angebracht. Ein wie bei der belgischen

Version bereits vorhandenes und um den Drehkranz drehbares 6,8 t schweres Gegengewicht sorgte bei Transportfahrt für annähernd gleiche (19,95 t / 19,46 t) Radsatzlasten. Die nahezu unveränderte Durchschiebe-Teleskopausführung ermöglichte eine Auslegerlänge zwischen 8,2 m und 16 m. Damit wurde ein Arbeitsbereich zwischen 2,8 m (7 m) und 15 m ab Drehkranzmitte abgedeckt. Die namengebende Traglastformel von 10 t x 6 m wurde für das Hubgerät im abgestützten Zustand über 360 Grad erreicht. Dies reduzierte sich dann bei einer maximalen Ausladung von 15 m auf 2,8 t. Gleichfalls 10 t wurden von dem Kran freistehend bis zu 4 m Ausladung gehoben, dann allerdings nur in einem begrenzten Schwenkbereich von plus/minus 30 Grad entlang des Schienenstrangs (2,5 t x 15 m). Über den Vollkreis betrachtet lag die zulässige Traglast ohne Abstützung zwischen 9 t x 2,8 m und 1,3 t x 15 m.

GS 150.06 H – Irak

Ein imposanter Bergungskran mit seilgewipptem (16-fach) Festausleger für maximal 150 t bei 5,5 m Ausladung wurde im Jahre 1988 von der IRR (Iraqi Republican Railways) in Bagdad in Auftrag gegeben. Seiner Bezeichnung als GS 150.06 H wurde er damit nicht ganz gerecht, betrug doch die zulässige Traglast bei 6 m nur noch 137,5 t in abgestützter Arbeitsposition. Bei der größtmöglichen Ausladung von 17 m konnten mit dem 14-fach eingescherten Haupthub immerhin noch 25 t über 360 Grad gehoben werden. Sollte der Kran ohne Abstützung eingesetzt werden, ergaben sich über den Vollkreis noch zwischen 22,3 t x 5,5 m und 5,9 t x 16 m. In einem begrenzten Schwenkbereich von plus/minus 30 Grad lagen die Traglastwerte mit 45,9 t x 5,5 m beziehungsweise 11,2 t x 16 m aber immer noch in einem respektablen Bereich. An der Auslegerspitze befanden sich außerdem die Umlenkrollen für den vierfach eingescherten Hilfshub für maximal 25 t über den vollen Ausladungsbereich (6 m bis 17 m) bei ausgefahrenen Abstützungen. Die vier hydraulisch auszuschwenkenden Stützarme mit den gleichfalls hydraulischen Stempeln ergaben im Übrigen eine Stützbasis von Länge x Breite gleich 8,3 m x 6 m. Freistehend waren natürlich auch die Tabellenwerte des Hilfshubes herabzusetzen. Vorausset-

Links: Hier ist der GS 10.06 T während eines typischen Arbeitseinsatzes, dem Aufstellen von Oberleitungsmasten, zu sehen. Seine Einsatzmöglichkeiten als Rangierlokomotive kamen auch bei den „Turkish State Railways" gut an – Rechts: Über reichlich Hydraulikleitungen verfügte der diesel-hydraulisch betriebene GS 10.06 T der türkischen Bahngesellschaft. Der kompakte Zehntonner ist hier mit heckseitig ausgefahrenem Teleskoppaket ohne jeglichen Überstand in Transportstellung zu sehen. Das drehbare 6,8-t-Gegengewicht (unter der Kabinentür) sorgte in dieser Stellung für eine gleichmäßige Radsatzlast von jeweils fast 20 t

(Mannesmann Demag Gottwald)

Hier ist der GS 150.06 H beim Aufballastieren zu sehen. Ein Teilgewicht wurde bereits auf dem Unterwagen abgelegt, wohingegen sich weitere Ballastplatten noch auf dem vierachsigen Schutzwagen befinden. Sehr gut erkennbar ist auch die Ablagevorrichtung für den Auslegerkopf auf dem Schutzwagen
(Sammlung Weinbach)

Um eine solche doch recht gewichtige Diesellokomotive anzuheben, bedarf es vor allem einer korrekten Abstützung mit einwandfreiem Unterbau, hier mittels großflächig verlegter Holzschwellen vorbildhaft umgesetzt. Für den irakischen GS 150.06 H wurden von Gottwald natürlich auch passende Lasttraversen und unterschiedliche Anschlagseile mitgeliefert. Allein das Gewicht der Anschlagmittel für diese Kraneinheit betrug 8 t
(Sammlung Weinbach)

zung hierfür war selbstverständlich die volle Aufballastierung mit dem heckseitig hydraulisch aufzunehmenden Gegengewicht (5,2 m hintere Ausladung). Dieses bestand aus mehreren Blöcken und konnte selbsttätig vom Kran aufgenommen beziehungsweise auf dem zugehörigen Schutzwagen abgelegt werden. Diese vier Gewichtsblöcke brachten es auf rund 15,9 t. Hinzu kamen allerdings noch einmal 5,1 t, die im Oberwagen integriert wurden, beziehungsweise 7 t als Ballast im Unterwagen. Der GS 150.06 H brachte es somit auf ein Gesamtgewicht in Arbeitsstellung von 155,3 t. Das Transportgewicht des Krans im Zugverband betrug genau 131,9 t. Für den sechsachsigen Unterwagen (LüP 11 000 mm) ergaben sich somit Radsatzlasten von annähernd gleichmäßigen 22 t. Als Antriebseinheit für dieses Wüstengerät hatte man sich für einen wassergekühlten MAN-Diesel vom Typ D 2866 E entschieden. Dieser stellte mit seinen sechs Zylindern eine Dauerleistung von 151 kW / 206 PS bei 1800 U/min zur Verfügung.

Der bereits angesprochene Unterwagen lief auf zwei Dreiachs-Drehgestellen bei einer im Irak vorhandenen Spurbreite von 1435 mm. Die Radsatzanordnung (2A) (A2) verfügte demnach über zwei angetriebene Achsen, die den Kran bei diesel-hydraulischem Eigenantrieb bis zu 200 m/min (12 km/h) schnell werden ließen. Mit einer zulässigen Schleppgeschwindigkeit von bis zu 100 km/h konnte das Großgerät recht zügig verlegt werden. Der irakische Bergungskran erhielt als besondere Zusatzausrüstung für den Oberwagen auch eine 5-t-Bergungswinde mit 50 m Seil.

GS 80.08 T / GS 100.06 T – Deutschland/Schweiz

Zu Beginn der 1990er Jahre hatte man bei Gottwald für das deutsche Gleisbauunternehmen Eichholz einen neuen Gleisbaukran mit Teleskopausleger entwickelt, der eine maximale Traglast von 80 t bei 8 m Ausladung aufwies. Dies galt allerdings nur für den abgestützten Kran bis zu einem Schwenkbereich von plus/minus 30 Grad sowie freistehend mit der Last vor Kopf (null Grad). Demzufolge wurde für den auf vier Zweiachs-Drehgestellen [(1A)(A1) (1A)(A1)] laufenden Kran die Typbezeichnung GS 80.08 T vergeben. Obwohl auch dieser Gleisbaukran im täglichen Einsatz fast ausschließlich freistehend arbeitete, hatte man für Ausnahmefälle eine Vierfachabstützung in Form von hydraulischen Schwenkarmen mit Stützzylindern vorgesehen. Diese Abstützung konnte hierbei in drei unterschiedlichen Schwenkpositionen für noch sichereren Stand sorgen. Derart abgesichert betrug die Traglast über den Vollkreis noch 48,6 t x 8 m.

Die angesprochenen vier hydrostatischen Antriebs-Radsätze wurden von einem mit 265 bar arbeitenden Hydraulikmotor angetrieben. Die benötigte Ölmenge lieferte eine Pumpenanlage, deren Kraftspender wiederum der im Oberwagen eingebaute MAN-Diesel vom Typ D 2866 TE war. In seinen sechs Brennkammern wurde eine Dauerleistung von 191 kW / 260 PS bei 1800 U/min erzeugt. Dies reichte dann bei immerhin 127,6 t Gewicht für eine Eigengeschwindigkeit von 330 m/min (20 km/h). Im Zugverband eingestellt konnte eine recht zügige Schleppgeschwindigkeit von beachtlichen 120 km/h erreicht werden.

Um angeschlagene Lasten auch bei Kurvenüberhöhungen heben beziehungsweise transportieren zu können, verfügte der 80-Tonner über einen automatischen Neigungsausgleich, der bis 160 mm Überhöhung wirksam war.

Der eigentliche Kranoberwagen besaß einen Grundausleger mit nur einem Teleskop. Dieses Auslegerpaket wurde von zwei mächtigen Wippzylindern (260/220 mm) bei einem Hub von 2800 mm auf eine Steilstellung von 45 Grad gebracht. Austeleskopiert betrug die größte Hakenhöhe 16,6 m bei einer Ausladung von etwa 13,5 m. Abgestützt konnten dann bis zu 32 t über 360 Grad bewegt werden. Die maximale Ausladung des Teleskopauslegers betrug genau 20 m, wobei die Traglast noch 17,6 t (5 m Stützbreite) über 360 Grad beziehungsweise 27,9 t freistehend vor Kopf (null Grad) betrug. Bei besagter 20-m-Ausladung, also in flachstehender Auslegerstellung, wurde die Tragfähigkeit für den Vollkreis immerhin noch mit 3,8 t angegeben. Für all diese Kraneinsätze benötigte der GS 80.08 T natürlich auch ein entsprechendes Gegengewicht am Oberwagenheck. Dieses wog rund 32,5 t und konnte zur Erlangung größerer Lastmomente gleichfalls teleskopisch ausgefahren werden. Im gänzlich eingefahrenen Zustand betrug die hintere Ausladung genau 2000 mm, was auch bei geschwenktem Oberwagen den Zugverkehr auf einem direkten Nachbargleis ermöglichte. Zur

Hier zeigt sich das Erstgerät des GS 80.08 T der Firma Eichholz in seinem Fahrzustand mit Eigenantrieb. Die neben dem Ausleger erkennbaren Leisten beinhalten die Beleuchtungsanlage (Leuchtstofflampen) zur Ausleuchtung des Arbeitsfeldes unterhalb des Auslegers bei Nachteinsätzen (Mannesmann Demag Baumaschinen)

Lastmomentsteigerung allerdings wurde das Gegengewicht zweifach bis auf eine hintere Ausladung von 6,5 m ausgeschoben. Der Kran arbeitete übrigens mit einem speziellen Auslegerkopf, bei dem die Hakeneinscherung im Doppelstrang (2 x 26 mm Durchmesser) mit jeweils dreifacher Einscherung erfolgte.

Links: Für die Arbeiten an dieser Signalbrücke hatte man bei freistehendem Gerät das Gegengewicht teilweise austeleskopiert – Mitte: Technisch nahezu unverändert erhielt die Firma Koehne im Jahre 1991 ihren Kran mit der Bezeichnung GS 100.06 T. Hier macht sich der abgestützte Kran kurz vor der Auslieferung über ein 10 t schweres Prüfgewicht her – Rechts: Der achtachsige Unterwagen des „100-Tonners" arbeitet hier freistehend bei ausgefahrenem Oberwagenballast. Dieser GS 100.06 T, dies sei angemerkt, hatte bei gleicher hinterer Ausladung ein etwas abweichendes Teleskoppaket für die Teleskopierung des Gegengewichtes. Die 80-Tonner, aber auch der noch folgende 100-Tonner für die Firma Krebs, verfügten über angeschrägte Teleskopenden (Mannesmann Demag Baumaschinen)

Links: Die Aufstiegshilfe für den Kranführer in Form einer Treppe gehörte nicht zur serienmäßigen Ausstattung des GS 80.08 T. Der abgestützte Kran war hier Mittelpunkt einer Vorführung vor potentiellen Kunden – Mitte: Neben dem Verlegen von Gleisjochen gehört auch die Montage/Demontage sogenannter „Behelfsbrücken" zum Aufgabengebiet eines kräftigen Gleisbaukrans – Rechts: Sehr gut ist hier die Wirkungsweise des Niveauausgleichs, allerdings zur Demonstration auf ebenem Gleisbett, zu sehen. Über diese nützliche Einrichtung verfügten neben dem hier abgebildeten GS 100.06 T natürlich auch die als GS 80.08 T gebauten Geräte (Mannesmann Demag Baumaschinen)

Links: Im Jahre 1992 erhielt auch die Gleisbaufirma Max Knape einen GS 80.08 T aus dem Hause Mannesmann Demag Gottwald. Hier ist das abgestützte Gerät kurz vor der Auslieferung auf dem Werkshof zu sehen – Mitte: Solche Traversen zum Heben von Gleisjochen wurden in verschiedenen Größen ebenfalls von Gottwald mitgeliefert (Mannesmann Demag Baumaschinen)

Oben rechts: Ab 1992 war für die in Dresden ansässige Firma Krebs ein in den Lieferlisten als GS 100.06 T geführter Gleisbaukran im Einsatz. Auch dieses Gerät verfügte über die abgeschrägten Teleskopenden für die Ballastverstellung – Unten links: Der sechszylindrige MAN-Diesel fand sich auf der rechten Oberwagenseite wieder. Dieser treibt über das Pumpenverteilergetriebe die Hydraulikeinheit an. Gleichzeitig wird über einen gekoppelten Generator die Elektrik beziehungsweise eine weitere Pumpe für die Druckluftanlage gespeist. Der Antriebsdiesel verbirgt sich dabei hinter speziell verkleideten und schalldämmenden Wartungstüren – Unten rechts: Die übersichtlich gestaltete Kranführerkabine kommt mit weniger Bedienelementen aus als man vielleicht bei solch komplizierten Arbeitsmaschinen vermuten würde. Zur Sicherheit trägt neben der unverzichtbaren Lastmomentbegrenzung (Hersteller PAT) eines solchen Eisenbahnkrans unter anderem auch die am Oberwagenheck angebrachte Kamera bei, deren Beobachtungen auf dem links im Bedientableau erkennbaren Monitor abgebildet werden (Mannesmann Demag Gottwald)

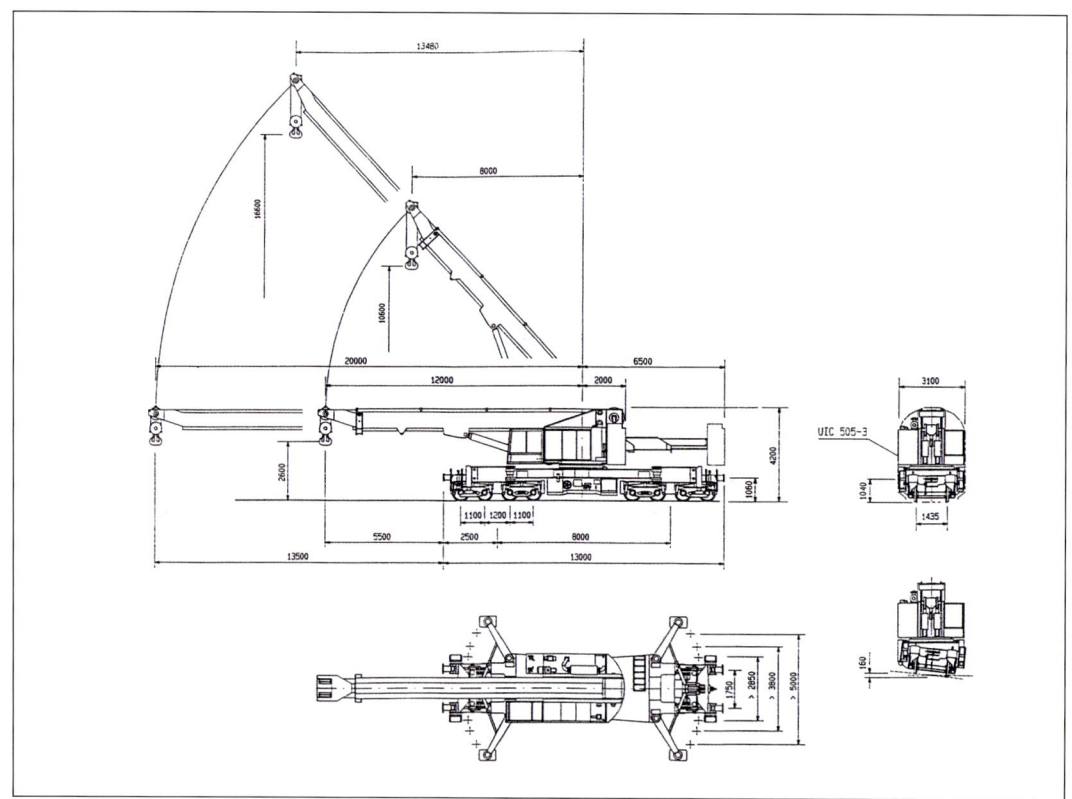

Hier sind die Hauptabmessungen des GS 80.08 T mit den drei möglichen Stützstellungen ersichtlich
(Mannesmann Demag Gottwald)

Überdies konnte der GS 80.08 T, dann allerdings ausgestattet mit einer speziellen Hakenflasche, die am Grundausleger eingehängt wurde, auch Schwerlasten bis 100 t bei einer Ausladung von 6 m (steilgestellter Ausleger) heben. Dies galt sowohl abgestützt bis plus/minus 30 Grad Schwenkwinkel wie auch freistehend mit plus/minus null Grad, also in Gleisrichtung. Aufgrund dieser Option auch schon einmal mit der Bezeichnung GS 100.06 T versehen, sind diese gegenüber dem 80er baulich nahezu unveränderten „100-Tonner" nachfolgend als solche gefertigt worden.

Ein solch „aufgelasteter" Kran konnte dann vielleicht vom Betreiber sogar etwas werbewirksamer eingesetzt werden. Dies erklärt auch, warum ein in den Herstellerlisten als GS 80.08 T geführter Kran vom Besitzer nachfolgend als 100-Tonner vermarktet wurde.

Neben dem erwähnten 80-t-Erstgerät für Eichholz konnten jedenfalls noch einige weitere Kunden (Max Knape, Vanomag in der Schweiz) in die Gottwald-Lieferlisten eingetragen werden. Als GS 100.06 T zumindest wurde der Gleisbaukran ebenfalls noch im Jahre 1991 erstmals ausgeliefert, Käufer war die Gleisbaufirma Hermann Koehne in Oberhausen. Einen weiteren „100-Tonner" erhielt im Jahre 1993 die Firma Krebs in Dresden.

GS 125.09 H – Mozambique

Auftraggeber für gleich zwei Bergungskrane mit Festausleger war im Jahre 1990 „Caminhos de Ferro de Mocambique" (CFM) im afrikanischen Maputo, Mozambique. Es handelte sich dabei um Geräte vom Typ GS 125.09 H mit einer abgestützten (6 m Stützbreite) Traglast von 125 t x 9 m, allerdings bei einem eingeschränkten Schwenkbereich von plus/minus 30 Grad. Die 125 t waren über den Vollkreis gedreht lediglich bis zu einer Ausladung von 6 m zulässig. Freistehend waren an dem 18,5 m langen Ausleger auch bis zu

37 t x 6 m (Schwenkbereich plus/minus zehn Grad) zu heben. Die größte Ausladung des Haupthubes betrug bei den beiden Bergungsgeräten 17 m. Dabei konnten noch bis zu 33 t (plus/minus 30 Grad) beziehungsweise 25 t (360 Grad) im abgestützten Zustand, oder aber 10 t freistehend (plus/minus zehn Grad) sicher beherrscht werden. In Arbeitsstellung betrug das Einsatzgewicht eines jeden Krans rund 138 t. Für den Normalbetrieb benötigte der GS 125.09 H natürlich ein Gegengewicht (mehrteilig), welches für die Transportfahrt auf dem Schutzwagen abgelegt wurde. Ohne dieses knapp 36,5 t schwere „Anhängsel" konnte der Kran allerdings auch arbeiten. Die maximale Traglast betrug dann 37 t x 6 m (10 t x 17 m) über den 360-Grad-Kreis. Jedoch musste sich der Kran dann mit seinen ausgefahrenen Stützen absichern.

Neben diesem Haupthub mit zwölffach eingeschertem Doppelhaken verfügte der Kran an seiner Auslegerspitze auch noch über einen viersträngigen Hilfshub von immerhin 25 t Traglast, der bis zu einer Ausladung von 18 m voll ausnutzbar war (abgestützt). Bei der angesprochenen Gegengewichtsaufnahme handelte es sich übrigens um einen leicht neigbaren Galgen, der mittels Seilzug aus der niedrigen Transportstellung aufgerichtet wurde. So konnte für die Verlegungsfahrt eine lichte Höhe von 3925 mm eingehalten werden. Gleichzeitig nahm besagter Galgen auch die Umlenkrollen für das 18-fach eingescherte Einziehwerk des Auslegers auf. Der aufgetürmte Ballast selbst wurde durch zwei Hydraulikzylinder aufgenommen und freigehoben.

Die im Oberwagen untergebrachte Antriebsmaschinenanlage bestand im Wesentlichen aus einem wassergekühlten MAN-Diesel vom Typ D 2866 E. Seine sechs Zylinder stellten bei 1800 U/min eine Leistung von 151 kW / 206 PS zur Verfügung. Diverse nachgeschaltete Hydraulikpumpen und -motoren waren dann für den hydrostatischen Fahrantrieb und die üblichen Dreh- und Windwerke zuständig. Die Kraneinrichtung wurde auf zwei dreiachsigen Drehgestellen (1A1)(1A1) auf Radsätzen für 1067-mm-Spur bewegt. Entspre-

Links: Hier ist einer der zwei gelieferten GS 125.09 H im Transportzustand abgelichtet. Der Ballastgalgen ist zur Einhaltung der vorgegebenen Höhenbeschränkung leicht abgelassen – Rechts: Ein abgestützter GS 125.09 H der CFM nimmt hier gerade den zweiteiligen Ballast vom Schutzwagen auf. Die Ballastgrundplatte liegt bereits vor der Krankabine abgelegt auf dem Kranunterwagen. Nach dem Auftürmen der beiden großen Gewichtsklötze kann der Oberwagen um 180 Grad geschwenkt werden, um den 36,5 t schweren Gesamtballast hydraulisch aufzunehmen (Mannesmann Demag Gottwald)

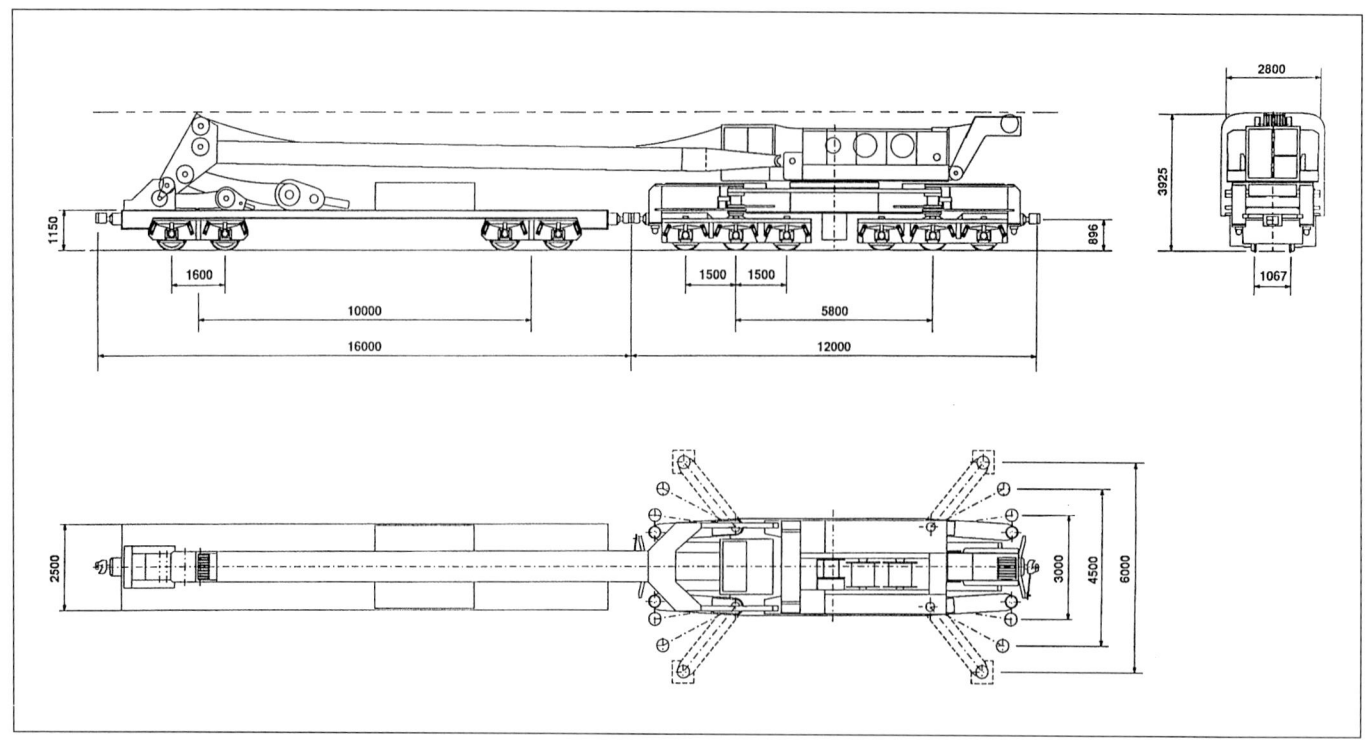

Maßzeichnung des GS 125.09 H im Transportzustand mit Schutzwagen. Wiederum sind drei mögliche Stellungen der Schwenkstützen erkennbar
(Mannesmann Demag Gottwald)

chend war der in Transportstellung 93,7 t schwere Kranwagen (LüK 12 000 mm) mit einer Mittelpufferkupplung versehen. Der erforderliche 16 m lange Vierachs-Schutzwagen nahm während des Transportes neben dem beschriebenen Gegengewicht auch einen Großteil der rund 7,8 t wiegenden Anschlagmittel wie Traversen, Schäkel und Drahtseile auf. In einen Zugverband eingestellt, konnte die Krankombination mit bis zu 100 km/h über Mozambiques Gleise geschleppt werden. Voraussetzung hierfür war natürlich ein entsprechend sicherer Gleiskörper.

Der angesprochene hydrostatische Eigenantrieb sorgte zudem bei zwei angetriebenen Achsen für ein Verfahren vor Ort mit ausreichenden 167 m/min (10 km/h).

GS 125.07 H – Mali

Ein weiterer Bergungskran wurde im Jahre 1992 der „Chemin de Fer du Mali" im fernöstlichen Mali übergeben. Das als GS 125.07 H bezeichnete Gerät (LüP 12 000 mm) lief auf der dortigen Meterspur auf zwei Dreiachs-Drehgestellen (2A)(A2). Das Transportgewicht betrug bei separat verladenem 32,3-t-Heckballast noch rund 100,5 t. Seine Schleppgeschwindigkeit war auf 80 km/h begrenzt. Von dem Oberwagen-Diesel hydrostatisch angetrieben war eine Eigengeschwindigkeit bis zu 167 m/min (10 km/h) zu erreichen. Die Stützbreite der vier Schwenkarmstützen für Hubarbeiten betrug bis zu 5 m. Bei besagtem Antriebsaggregat vertraute man einem luft-

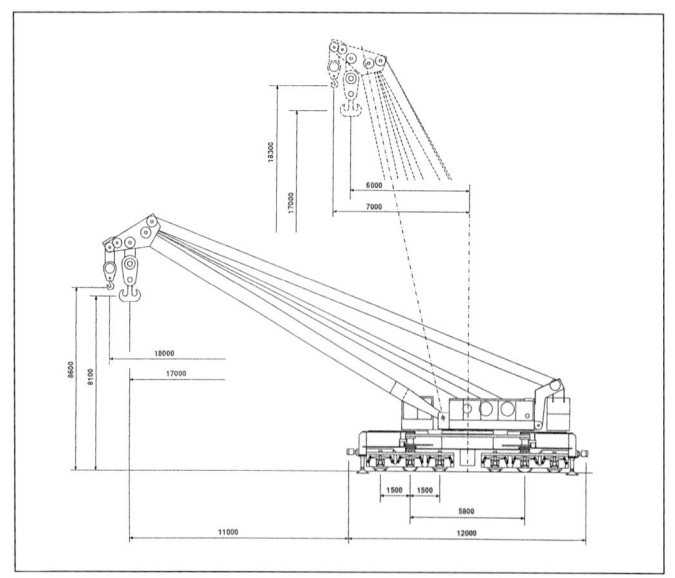

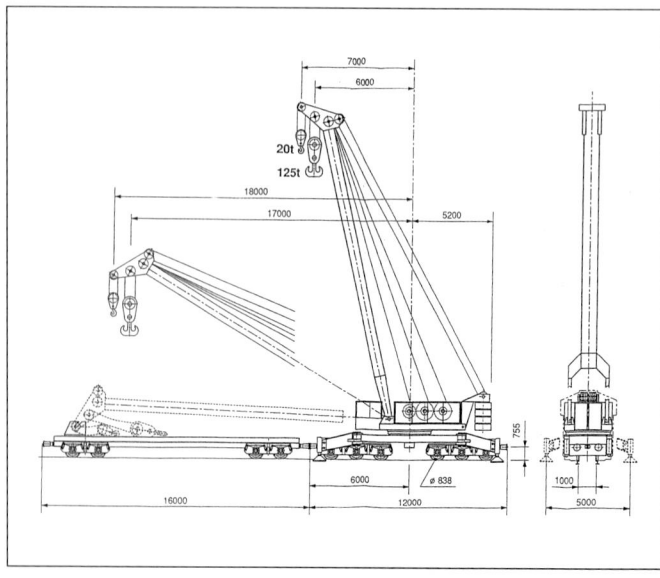

Links: Der in Arbeitsstellung genau 138,3 t schwere GS 125.09 H besaß in Auslegersteilstellung eine maximale Hakenhöhe des Haupthubes von 17 m – Rechts: Bergungskran GS 125.07 H für Mali
(Mannesmann Demag Gottwald)

Links: Hier ist einer der beiden auf 60 t herabgesetzten GS 125.06 H bei einem eher leichten Hub in einem thailändischen Eisenbahndepot in Aktion – Rechts: Der „halbstarke" 125-Tonner kam für seinen reduzierten Haupthub mit nur sechs Seilsträngen (26 mm Durchmesser) aus. Auch der kleine Hilfshub verfügte lediglich über 10 t Tragkraft
(Mannesmann Demag Gottwald)

gekühlten KHD-Diesel vom Typ BF 6L 513 RC, der es mit seinen sechs Zylindern auf eine Dauerleistung von 151 kW / 206 PS (1800 U/min) brachte. Der namensgebende Traglastschlüssel von 125 t bei 7 m Ausladung war bei diesem Gerät für einen nur eingeschränkten Schwenkbereich von plus/minus 15 Grad und dies natürlich im abgestützten Arbeitszustand gültig. Über den vollen Drehkreis hingegen lag der zulässige Wert bei lediglich 100 t x 6 m beziehungsweise 75 t x 7 m und reduzierte sich bis auf 20 t bei der maximalen Ausladung von 17 m für den Haupthub (37 t bei plus/minus 15 Grad). Als Hilfshub stand ein für 20 t ausgelegtes Windwerk mit vierfach eingeschertem Einfachhaken zur Verfügung. Hiermit konnte bei besagter Traglast jedoch der komplette Arbeitsbereich zwischen 7 m und 17 m bearbeitet werden. Lediglich über 360 Grad musste bei maximal möglicher 18-m-Ausladung eine Einschränkung auf 19 t eingehalten werden.

lisch aufgenommene Gegengewicht wurde jedoch wie gewohnt getrennt vom Grundgerät auf einem erforderlichen Schutzwagen transportiert.

In einem Zugverband mit maximal 70 km/h geschleppt, brachte es der Kran noch auf ein Transportgewicht von 93,2 t. Entsprechend aufballastiert betrug das Einsatzgewicht in Arbeitsstellung 123,5 t. Als Oberwagenmotorisierung hatte sich der Kunde für einen Dieselmotor aus amerikanischer Produktion entschieden. Der Cummins LT 10 entwickelte bei einer Drehzahl von 1800 U/min eine Dauerleistung von 151 kW / 206 PS. Der Unterwagen mit seiner Länge über Puffer von 12 000 mm bewegte sich mit seinen zwei Dreiachs-Drehgestellen (2A)(A2) auf der thailändischen 1000-mm-Spur. Der standardmäßige hydrostatische Eigenantrieb ermöglichte für das selbstfahrende Arbeitsgerät eine maximale Fahrgeschwindigkeit von 167 m/min (10 km/h).

GS 125.06 H – Thailand

Gleichfalls zwei GS 125.06 H mit nur 16 m langem Festausleger erhielt im Jahre 1992 die staatliche Eisenbahngesellschaft in Thailand. Technisch für 125 t x 6 m ausgelegt, erhielt die „State Railway of Thailand", kurz SRT, ihre Krane jedoch in einer abgespeckten Version mit einem lediglich sechssträngigen Haupthub. Dieser war dann auch mit seinem Doppelhaken auf eine maximale Traglast von 60 t begrenzt. Der Traglastwert galt dann allerdings für den Ausladungsbereich bis 13 m (plus/minus 20 Grad). Ansonsten wurden die 60 t über den Vollkreis bis zu einer Ausladung von 7 m bewältigt. Dies reduzierte sich dann bis auf 22 t x 14 m.

Der ebenfalls vorhandene zweisträngige Hilfshub konnte seine maximalen 10 t Tragfähigkeit allerdings im vollen Arbeitsbereich zwischen 6 m und 15 m zum Einsatz bringen. Für all diese Traglasten kam der leichtgewichtige „125-Tonner" allerdings auch mit einem reduzierten Gegengewicht von nur 23,85 t aus. Das hydrau-

GS 100.08 T – Ägypten

Nach Ägypten an die Egyptian National Railway (ENR) wurden im Jahre 1992 zunächst drei schwere Teleskop-Eisenbahnkrane vom Typ GS 100.08 T geliefert. Weitere sieben Geräte wurden nachfolgend im Jahre 1993 vom gleichen Kunden bestellt. Der Kran erhielt seinerzeit für die dort zu befahrenden 1435-mm-Gleise einen sechsachsigen Unterwagen (LüP 13 000 mm) mit zwei Dreiachs-Drehgestellen (2A)(A2). Besagtes Fahrwerk hatte man für einen minimalen Kurvenradius von 80 m und eine maximale Schleppgeschwindigkeit von 100 km/h ausgelegt. Die zwei inneren Antriebsachsen ermöglichten für das 121,9 t schwere Gerät eine mehr als ausreichende Eigenfahrgeschwindigkeit von 250 m/min (15 km/h).

Obwohl der Kran auch freistehend arbeiten konnte, wurden natürlich auch die in erster Linie für Bergungsarbeiten benötigten Abstützungen angebracht. Diese schwenkbaren Stützarme mit ihren Hydraulikstempeln waren in insgesamt vier Positionen mit einer Stützbreite zwischen 3 m und 6,5 m einzusetzen. Als An-

Links: Auf dem Foto ist einer der zehn nach Ägypten gelieferten GS 100.08 T mit seinem Sechsachs-Fahrgestell und dem mächtigen Wippzylinder auf dem Testgelände in Düsseldorf-Benrath zu sehen. Die Stützschwingen sind hier nahezu am Unterwagen anliegend – Rechts: In steilster Auslegerstellung präsentiert sich hier der 100-Tonner auf dem Testfeld. Lediglich die untere, schraffierte Ballastplatte des GS 100.08 T konnte hydraulisch auf dem Unterwagen abgelegt werden

(Mannesmann Demag Gottwald)

Links: Wenn gleich mehrere Eisenbahn-Großkrane auf dem Werksgelände zum Abtesten vorbereitet werden, ist Vorsicht beim Rückwärtsrangieren angesagt – Mitte: Hier sind insgesamt fünf im Jahre 1993 nach Ägypten ausgelieferte GS 100.08 T auf dem Düsseldorfer Werksgelände aufgereiht. Sehr gut zu erkennen sind die im Boden eingelassenen Gleise für die unterschiedlichen Spurweiten der von Gottwald gelieferten Eisenbahnkrane – Rechts: Offensichtlich nicht mehr in Düsseldorf, sondern im Land der Pyramiden, zeigt sich dieses Gerät der „Egyptian National Railway" (ENR)

(Mannesmann Demag Gottwald)

triebsmaschine, die wie üblich im Oberwagen ihren Platz fand, wurde ein luftgekühlter KHD-Diesel eingebaut. Dieses sechszylindrige Aggregat vom Typ BF 6L 513 RC hatte man bei 1800 U/min auf eine Leistung von 151 kW / 206 PS eingestellt.

Als Ausleger verfügte das Hebezeug über einen Grundausleger mit nur einem Teleskop, wobei die Länge eingefahren 12,2 m und ausgefahren 19,2 m betrug. Damit war ein Arbeitsbereich zwischen 6 m und 16 m zu bestreichen. In waagerechter Auslegerstellung betrug die mögliche Ausladung zwischen 9 m und 16 m. Für das Aufrichten des Auslegers zeichnete sich ein einzelner, überaus mächtiger Wippzylinder mit einem Durchmesser von 450/300 mm und einem Hub von 3850 mm verantwortlich. Die Wippgeschwindigkeit zwischen den beiden Endstellungen null Grad und 40 Grad betrug rund 52 Sekunden. Bei dem ägyptischen GS 100.08 T hatte man das Gegengewicht, ohne das auch dieser Kran nicht auskam, an den schmalen Windenrahmen angehängt. Hierbei wurde ein 16,1 t schwerer Stahlklotz fest an diesen angebaut. Das Gegenge-

wicht II (10,35 t) hingegen konnte zur besseren Achslastverteilung bei Zugfahrt auf dem Unterwagenrahmen hydraulisch abgelassen werden.

Mit dem zehnfach eingescherten Doppelhaken konnten die besagten 100 t bis 8 m Ausladung, allerdings nur in einem Schwenkbereich von plus/minus 30 Grad gehoben werden. Über den Vollkreis war die Maximallast lediglich bei einer Ausladung von 6 m zulässig. Dies galt beides sowohl für eine Stützbreite von 5,5 wie auch von 6,5 m. Bei der vollen Ausladung von 16 m reduzierte sich dann die zulässige Traglast auf 47 t (plus/minus 30 Grad) beziehungsweise 21 t (360 Grad). Das auf den Radsätzen freistehende Heben war für den Kran allerdings nur in Gleisrichtung (null Grad) möglich. Die Grenzen lagen hier zwischen 54 t x 6 m und 22 t x 16 m. Für das Drehen des unbelasteten Oberwagens benötigte der Kran übrigens eine volle Minute, für das Aus-/Einteleskopieren des Auslegers immerhin 50 Sekunden.

GS 100.05 T – Indonesien

Im Jahre 1991 bestellte die Indonesische Eisenbahngesellschaft PJKA gleich zwei Eisenbahnbergungskrane mit Teleskopausleger. Die beiden GS 100.05 T liefen auf der dortigen 1067-mm-Spur auf ihren beiden Dreiachs-Drehgestellen (LüP 12 800 mm) mit einer maximal zulässigen Schleppgeschwindigkeit von 80 km/h. Für die Eigenverfahrbarkeit mit bis zu 167 m/min (10 km/h) sorgte der hydrostatische Antrieb von zwei Achsen (2A)(A2). Als Kraftquelle diente dabei in erster Linie ein amerikanischer Cummins LT 10 mit einer Leistung von eingestellten 151 kW / 206 PS bei 1800 U/min. Entsprechend nachgeschaltete Hydraulikaggregate sorgten dabei für den notwendigen Ölfluss auch für sämtliche sonstigen Kraneinrichtungen. Dies galt auch für die vier vorhandenen Hydraulikstützarme mit ihren Stützzylindern, wobei vier Stützbreiten zwischen 2,8 m und 6 m möglich waren. Der nur 82,1 t schwere Kran verfügte über ein fest angebautes Gegengewicht von 18 t. Das Auslegersystem des Breakdown-Crane bestand wiederum aus einem Grundausleger mit einem Teleskopschiebling, wobei die mögliche Auslegerlänge zwischen 11 m und 17 m lag. Somit war ein Arbeitsbereich zwischen 5 m und 15 m (45-Grad-Stellung) beziehungsweise bei waagerechtem Ausleger zwischen 8 m und 15 m zu bestreichen. Der maximale Traglastwert von 100 t x 5 m hatte seine Gültigkeit im abgestützten Zustand (6 m Stützbreite) über den Vollkreis beziehungsweise bei Stützbreiten von 5 m und 4 m in einem eingeschränkten Schwenkbereich von plus/minus 20 Grad. Die zulässige Traglast verringerte sich bei allen vorgenannten Stützvarianten und

Schwenkbereichen auf 16,5 t x 15 m. Freistehend durfte der Kran aufgrund der schmalen Standbasis allerdings lediglich in einem Schwenkbereich von plus/minus zwei Grad, also quasi vor Puffer arbeiten. Hier lagen die Werte dann zwischen 60 t x 5 m und 13 t x 15 m.

GS 100.06 – Sri Lanka

Ein Bergungskran mit Festausleger wurde 1991 von der Sri Lanka Railway (SLR) in Colombo in Auftrag gegeben. Dieser in Arbeitsstellung rund 125,7 t schwere GS 100.06 besaß interessanterweise lediglich einen Vierachs-Unterwagen (LüP 11 000 mm) mit zwei Drehgestellen (1A)(A1). Um die Radsatzlasten entsprechend niedrig zu halten (4 x 19,9 t), musste sich der Kran vor der mit maximal 80 km/h möglichen Verlegungsfahrt seines dreiteiligen Gegengewichtes von immerhin 39,5 t entledigen. Hierbei wurde ein Klotz auf dem ohnehin erforderlichen Ausleger-Schutzwagen abgelegt, während für die beiden anderen Ballaststücke ein separater Ballastwagen auf der anderen Seite angekoppelt wurde.

Der im Oberwagen untergebrachte MAN-sechs-Zylinder vom Typ D 2866 E (151 kW / 206 PS bei 1800 U/min) sorgte auch für den hydrostatischen Fahrantrieb bei zwei Antriebsachsen. Somit konnte sich das Gerät am Einsatzort mit bis zu 167 m/min (10 km/h) fortbewegen. Für den normalen Bergungseinsatz verfügte der GS 100.06 über die vier üblichen Schwenkabstützungen mit zwei möglichen Stützbasen (3 m und 6 m Stützbreite). Der schon ange-

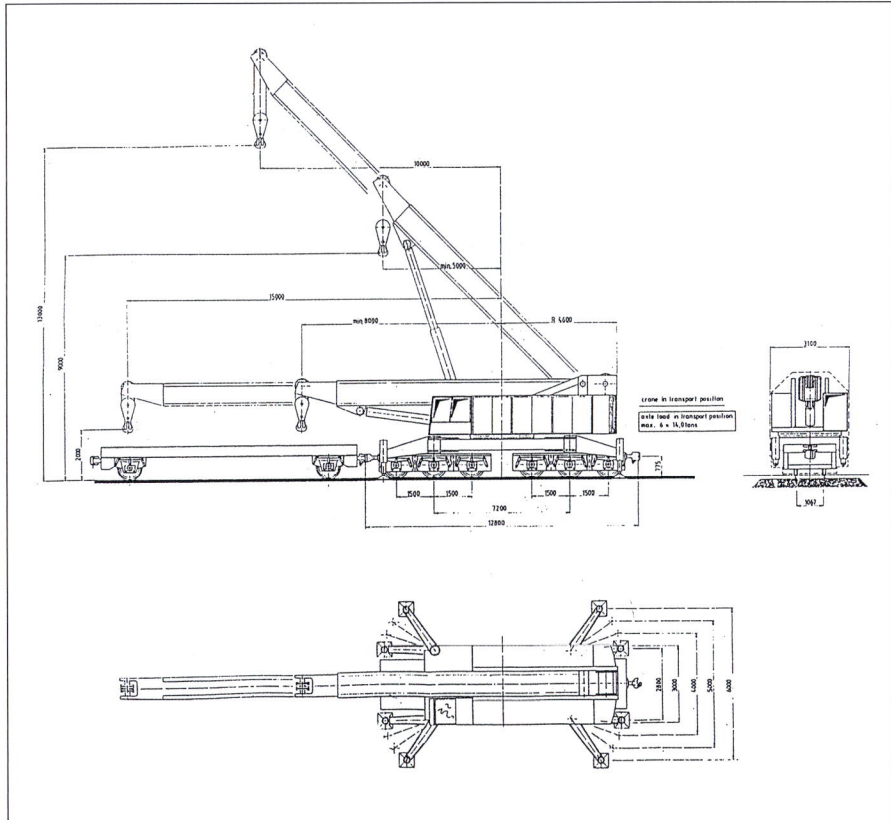

Links: GS 100.05 T für Indonesien aus dem Jahre 1991 – Rechts oben: Hier ist der GS 100.06 mit seinen zwei Begleitwagen für Ballast und Ausleger in Transportstellung zu sehen. Um eine niedrigere Transporthöhe (4000 mm) einhalten zu können, war das heckseitige Rahmenteil hydraulisch neigbar ausgeführt – Rechts unten: Der GS 100.06, der ohne Hilfshub bestellt wurde, hatte es hier bei einer Vorführung in Sri Lanka mit einem mit Stahlträgern beschwerten Waggon zu tun. Der komplett angehängte Ballast sorgte zusammen mit der vorbildlichen Abstützung für ein hohes Standmoment

(Mannesmann Demag Gottwald)

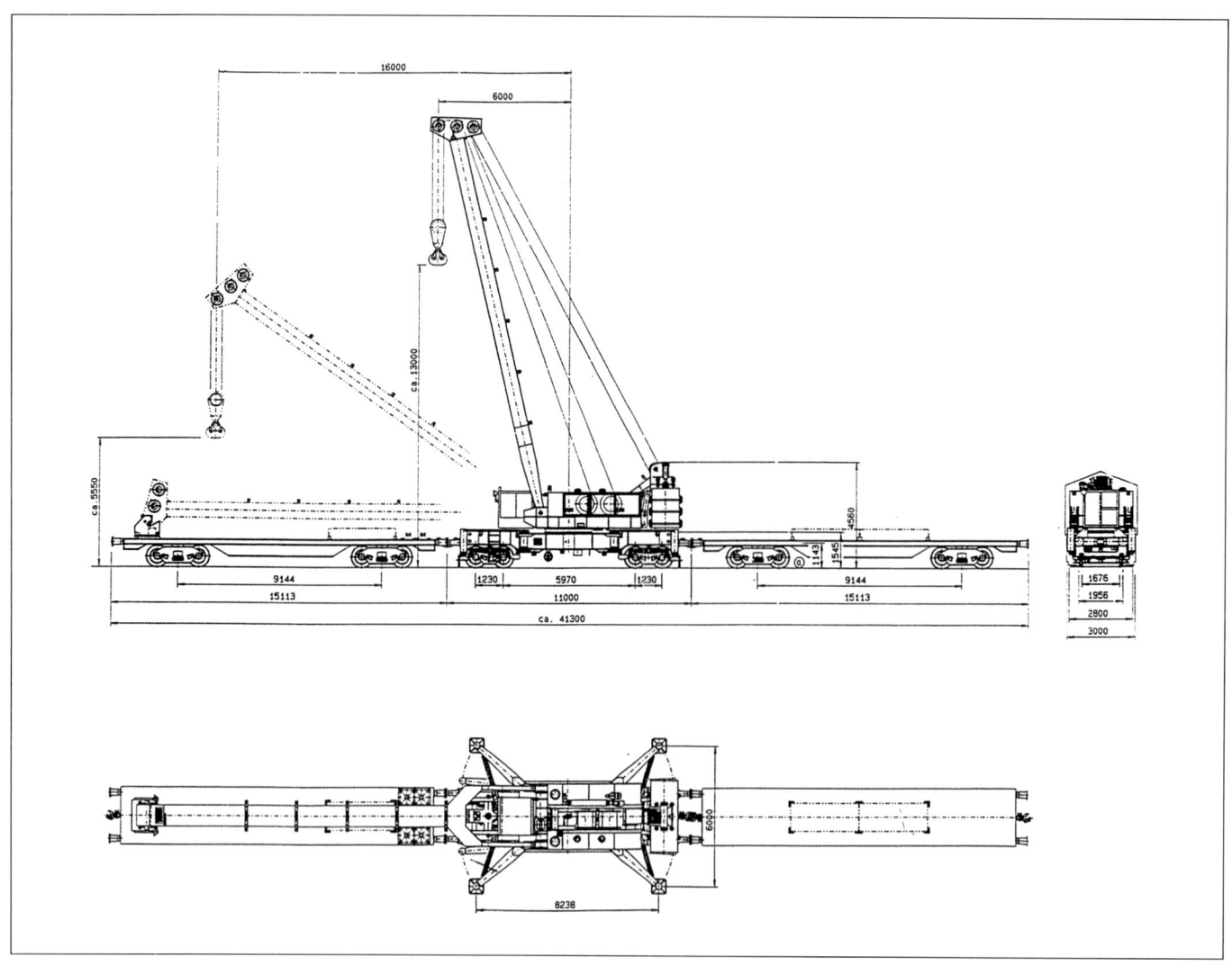

Die Kraneinheit des GS 100.06 für Sri Lanka bestand aus Hauptgerät und zwei Schutzwagen für Ausleger (plus ein Ballastklotz) und separatem Ballastwaggon

(Mannesmann Demag Gottwald)

sprochene Ballast wurde an einem neigbaren Rahmen hydraulisch aufgenommen, der auch gleichzeitig das Einziehwerk aufnahm. Dieses mit 14-facher Einscherung versehene Einziehwerk war für das Aufrichten des 17,3 m langen Kastenauslegers zuständig. Dessen Arbeitsbereich lag bei dem Gerät zwischen 5 m und 16 m. Abgestützt (6 m) und voll aufballastiert konnten besagte 100 t bei 5 m beziehungsweise 6 m über den Vollkreis gehoben werden. Der Traglastwert betrug bei einer maximal möglichen Ausladung von 16 m immerhin noch 27 t. Für die 3-m-Stützbasis lagen die Traglastwerte (plus/minus 360 Grad) zwischen 68 t x 5 m und 12 t x 16 m. Bei freistehendem Gerät auf der in Sri Lanka vorherrschenden 1676-mm-Spur waren laut Traglasttabellen zwischen 80 t x 5 m und 27 t x 16 m zulässig, dies allerdings, wie nicht anders zu erwarten, in Gleisrichtung bei plus/minus null Grad.

GS 80.08 T – Japan

Kunde für einen ganz besonderen GS 80.08 T war im Jahre 1994 die East Japanese Railway Company. Bei diesem natürlich hydrostatisch angetriebenen Gleisbaukran fielen zunächst einmal bereits beim Unterwagen (LüK 13 000 mm) die vier erstmals gekröpft ausgeführten Schwenkarme der Abstützung ins Auge. Somit konnte

sich der Kran auch im Bereich von Bahnsteigkanten entsprechend abstützen, wobei die Stützbasis in drei Bereichen (2,8 bis 3,7 m / 3,8 bis 4,9 m / 5 bis 6 m) stufenlos einstellbar war. Auch verblieben die erforderlichen Abstützplatten bei der Verlegungsfahrt gleich an den zweistufigen Hydraulikstempeln (0,7 x 1,8 m). Die entsprechenden Rüstzeiten konnten somit merkbar verringert werden. Beim Fahrwerk wurden die 112 t Transportgewicht des 80-Tonners auf lediglich zwei Drehgestelle, allerdings mit jeweils zwei Doppellaufwerken, auf die Schiene gebracht. Der Abstand der Kugelpfannen betrug dabei beachtliche 8000 mm. Dennoch konnte der minimal zu befahrende Kurvenradius mit 90 m gewährleistet werden. Insgesamt wurden auch vier der acht Radsätze angetrieben, wobei eine Eigenfahrgeschwindigkeit des Krans von bis zu 40 km/h möglich war. Für Arbeiten in überhöhten Kurven oder aber das Befahren solcher Überhöhungen mit angehängter Last (2 bis 15 km/h) besaß der GS 80.08 T natürlich auch eine Kurvenausgleichseinrichtung. Damit konnten solche Überhöhungen bis zu 105 mm automatisch ausgeglichen werden. Das erforderliche Standmoment des freistehenden Krans wurde somit auch an diesen Einsatzorten sichergestellt.

Die mögliche Schleppgeschwindigkeit des kompletten Kranverbandes lag auf der 1067-mm-Spur bei bis zu 100 km/h. Der Kran selbst war dabei Mittelpunkt dieser Einheit, denn er erhielt un-

142

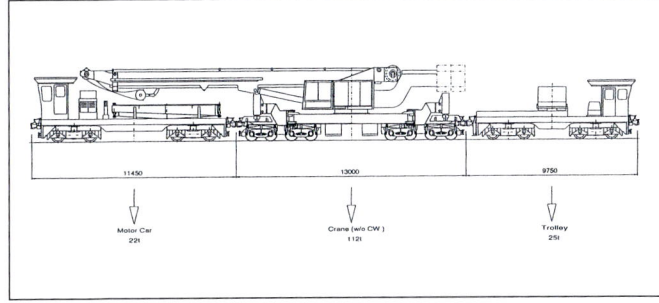

Links: Hier ist das Erstgerät des GS 80.08 T im Beisein der japanischen Abnahmekommission während der Durchfahrt durch die Lichtraumprofil-Schablone im Herstellerwerk zu sehen. Gut zu erkennen ist auch der während der Fahrt sichergestellte Verbleib der (hellen) Stützplatten am Kran – Rechts: Der komplette GS 80.08 T mit seinen beiden Begleitwagen in Transportstellung brachte es in diesem Fall auf eine Länge über Kuppler von 34 200 mm (Mannesmann Demag Gottwald)

Links: Noch auf dem Düsseldorfer Prüffeld stehend, ist hier der heckseitige Ballastgalgen mit dem aufgelegten 32-t-Klotz (hier kurze Heck-Ausladung) zu erkennen. Gleichfalls einsehbar ist die hydraulische Schwenkvorrichtung für den Ballast – Mitte: So sah die in Japan zusammengestellte Krankombination des GS 80.08 T in Fahrstellung aus. Die beiden Begleitwaggons (Draisinen), von denen aus die Einheit verfahren wurde, stammen allerdings aus japanischer Fertigung. In Fahrstellung erkennt man die hinter dem Oberwagen befindliche Ballastaufnahme mit dem vor dem hinteren Draisinenführerhaus abgelegten 32-t-Ballastklotz – Rechts: Hier sind die gekröpften Abstützschwingen an dem japanischen 80-Tonner sehr gut zu sehen. Um mit dem Oberwagen über die hochragenden Stützzylinder hinwegschwenken zu können, war allerdings ein besonderer „Ballastgalgen" erforderlich geworden. Zugleich war ja auch das Gegengewicht in gewissen Grenzen unabhängig von der Oberwagendrehung beischwenkbar, so dass der Eisenbahnverkehr auf dem Nachbargleis nicht beeinträchtigt wurde. Mit der hier zu sehenden Klotzaufnahme, die zudem auf dem Galgen in Horizontalrichtung bewegt werden konnte, wurde das eigentliche 32-t-Ballaststück aufgenommen. In Summe ergab sich somit ein Gegengewicht von 48 t (Mannesmann Demag Gottwald)

mittelbar vor und hinter sich eine vierachsige Draisine gekoppelt. Diese „Anhängsel" aus japanischer Fertigung besaßen jeweils an ihren Enden einen entsprechenden Steuerstand, wobei die Kombination von diesen auch zu verfahren war. Der Fahrantrieb der Kombination wurde dabei jedoch alleine vom Kranfahrgestell sichergestellt. Im Übrigen diente die vordere Draisine als Schutzwagen für den Kranausleger und nahm gleichzeitig eine große Lasttraverse auf.

Auf dem hinteren Begleitwagen wurde bei Überführungsfahrten der ablegbare Teil des Krangegengewichtes von immerhin 32 t transportiert. Dieses Gegengewicht, war es erst einmal am Kranheck hydraulisch aufgenommen, konnte auf einem Ballasttragrahmen mit weiteren 16 t Eigengewicht zudem hydraulisch verschoben werden. Somit ergab sich eine hintere Ausladung zwischen Drehkranzmittelpunkt und dem Ende des Gegengewichtes von 4,6 m beziehungsweise 6,5 m. Neben dieser erstmalig umgesetzten Verschiebemöglichkeit wies die Ballasteinrichtung noch eine weitere innovative Technik auf. Um bei obigen heckseitigen Überständen den Zugverkehr auf benachbarten Gleisen nicht zu sehr einzuschränken und dennoch in einem begrenzten Schwenkbereich mit dem Ausleger arbeiten zu können, hatte man besagten Ballasttragrahmen oder -galgen gleichfalls hydraulisch schwenkbar ausgeführt. Die Verstellmöglichkeit, die natürlich mit entsprechenden

Kontrolleinrichtungen für sicheres Heben am Ausleger gekoppelt war, ließ ein Ausschwenken des Gegengewichtes von bis zu 1700 mm aus der Kranmitte zu. Diese erstmals umgesetzte Beischwenktechnik führte bei späteren Geräten mit vergleichbarer Technik zu dem Typanhängsel „S", somit könnte man den hier beschriebenen Japaner auch im Nachhinein als GS 80.08 TS bezeichnen.

Die im Kranoberwagen untergebrachte Antriebseinheit bestand zuallererst aus einem wassergekühlten Sechs-Zylinder-Reihendiesel mit Turboaufladung. Der aus dem Hause Mercedes-Benz stammende OM 447 LA war auf eine Dauerleistung von 249 kW / 339 PS (1800 U/min) eingestellt. Entsprechend nachgeschaltete Hydraulikkomponenten sorgten für den erforderlichen Ölfluss der üblichen Gerätebewegungen. Für den Ausfall dieses Hauptdiesels erhielt der Kran zudem einen kleinen Honda-Dieselmotor mit 15 kW / 21 PS Leistung. Die gekoppelte Hydraulikpumpe war dann im Stande, außer dem Fahrantrieb allen anderen Kranbewegungen den erforderlichen Ölfluss zur Verfügung zu stellen, um so zumindest in die Grundstellung bewegt zu werden.

Neben all diesen technischen Möglichkeiten soll jedoch auch nicht die eigentliche Kraneinrichtung vergessen werden. Hier verfügte der GS 80.08 T über einen Grundausleger mit einem Teleskopschiebling. Das Auslegerpaket wurde mittels eines einzelnen Wippzylinders binnen 90 Sekunden zwischen den beiden Endstellungen minus 0,5 Grad bis plus 45 Grad gewippt. Die maximale Hubhöhe in Auslegersteilstellung betrug somit 19,9 m. Obwohl als 80-Tonner geführt, erhielt der Kran lediglich ein Windwerk und Doppelhaken für eine maximale Traglast von 64 t. Eine solche Last konnte der Kran dann beispielsweise im abgestützten Zustand (5 bis 6 m) in einem Schwenkbereich von plus/minus 30 Grad und 10 m Ausladung (23 t x 25 t) heben. Über den Vollkreis waren hier zwischen 39 t x 10 m und 10 t x 10 m erlaubt.

Bei den möglichen kleineren Stützweiten mussten diese Werte natürlich herabgesetzt werden. Der angesprochene „Schwenkballast" des japanischen GS 80.08 T machte sich in erster Linie bei kleiner Abstützbreite (2,8 m) und dann immer noch möglichen Arbeiten bis zu plus/minus 22,5 Grad Schwenkbereich des Auslegers bezahlt. Hier lagen die Hubkapazitäten dann zwischen respektablen 61 t x 10 m und 14 t x 25 m. Bei bis zu 15 Grad zu beiden Seiten des Gleisstrangs konnten sogar noch 23 t bei 25 m Ausladung bewältigt werden.

Auch bei freistehendem Gerät waren die Traglastwerte noch beachtlich. So konnten bei plus/minus null Grad immerhin 63,5 t x 10 m (3,5 m vor Puffer) oder 23 t x 25 m (18,5 m vor Puffer) gehoben beziehungsweise verfahren werden. Solche Arbeiten waren mit reduzierten Traglasten bis zu einem Schwenkwinkel von plus/minus fünf Grad (46,5 t x 10 / 15,5 t x 25 m) möglich. Für den schnellen Einsatz bei reduziertem Ballast von 16 t (Ballastragrahmen) war gleichfalls sicheres Arbeiten möglich. Hier lagen die Werte dann für den Schwenkbereich plus/minus 20 Grad zwischen 17,5 t x 10 m und 2,5 x 25 m. Über den Vollkreis wurden diese Werte zwischen 7 t x 10 m und 2 t x 16 m festgelegt.

Nicht unerwähnt bleiben soll, dass der GS 80.08 T wohl der erste von einem ausländischen Lieferanten an die japanische Eisenbahn gelieferte Eisenbahnkran überhaupt gewesen ist. Die technischen Ausführungen des Gerätes, die sonst von keinem Anbieter umgesetzt werden konnten, haben hierfür wohl den Ausschlag gegeben. Neben dem beschriebenen Erstgerät konnte im Jahre 1999 noch ein weiterer GS 80.08 T ins Land der aufgehenden Sonne geliefert werden.

Für das österreichische Gleisbauunternehmen Swietelsky in Wien wurde im Jahre 1995 ein neuer Gleis- und Brückenbaukran vom Typ GS 100.06 T zur Auslieferung gebracht, der unmittelbar aus dem kleineren Vorgängertyp GS 80.08 T (Europaversion mit teleskopierbarem Gegengewicht) entstanden war. Vom Unterwagen her unterschieden sich die beiden Gerätetypen allerdings nicht sonderlich. Auch der neue 100-Tonner besaß bei identischer LüP von 13 000 mm zwei Drehgestelle (8000 mm Kugelpfannenabstand) mit je zwei Doppellaufwerken und insgesamt vier hydrostatisch angetriebenen Radsätzen. Gleichfalls war der 128 t schwere Kran dann mit bis zu 20 km/h eigenständig zu verfahren und konnte bei ausgekuppeltem Eigenantrieb im Schleppverband mit bis zu 120 km/h verlegt werden. Die Stützarme für besondere Lastfälle beziehungsweise weite seitliche Ausladungen waren auch beim GS 100.06 T zwischen 2,8 m und 6 m stufenlos hydraulisch ausfahrbar.

Beim Kranoberwagen wurde auf einen Sechs-Zylinder-Reihendiesel von MAN zurückgegriffen. Der eingebaute wassergekühlte D 2866 TE entwickelte bei 1800 U/min eine Leistung von 191 kW / 260 PS. Mit den nachfolgenden Hydraulikpumpen wurde ein Betriebsdruck der Hydraulikanlage von bis zu 280 bar entwickelt. Auch das rund 32,5 t schwere Gegengewicht konnte wie beim 80-Tonner hydraulisch austeleskopiert werden. Hier war die minimale hintere Ausladung von 2000 mm zwar noch identisch, konnte nunmehr allerdings bis auf 10 000 mm gar dreifach teleskopisch vergrößert werden (GS 80.08 T bis zu 6500 mm). Als weiterer deutlich sichtbarer Unterschied zum kleinen Bruder war das Auslegerpaket beim 100-Tonner wesentlich kürzer und wies im einteleskopierten Zustand nur noch einen vorderen Überhang von 2500 mm gegenüber 5500 mm beim GS 80.08 T auf. Dafür hatte man dem neuen Kran einen Zweifachteleskop spendiert, der sich dann in niedrigster Auslegerstellung bis auf eine maximale Ausladung von 21,5 m (15 m vor Puffer) strecken konnte. Nur noch mit einem einzelnen mächtigen Wippzylinder auf bis zu 45 Grad Steilstellung angehoben, betrug die maximale Hakenhöhe 15,4 m bei einer Aus-

Oben links: Hier ist der überaus kompakte GS 100.06 T kurz vor der Auslieferung nach Österreich auf dem Gottwald-Gelände in Düsseldorf-Benrath zu sehen – Unten links: Der GS 100.06 T bei Gleisverlegearbeiten im überhöhten Kurvenbereich mit aktivierter Kurvennivellierung und einseitig abgestütztem Unterwagen. Der Teleskopausleger wie auch das Gegengewicht sind hierfür nur teilweise ausgeschoben – Oben rechts: Mit den seitlich angebrachten Umlenkrollen des Auslegerkopfes und dem entsprechend speziellen Lasthakengehänge konnte eine optimale Ausnutzung der Hubhöhe für das Verfahren mit angehängter Last erreicht werden. Bei solch gewichtigen Gleisjochen ist das Gegengewicht dann auch schon ein wenig weiter auszuteleskopieren gewesen – Unten rechts: Hier hat der 100-Tonner deutlich sichtbar mit der angehängten Last zu kämpfen. Wie man sieht, ist bei derlei Gleisbauarbeiten trotz eingesetzter moderner Technik auch immer noch der Mensch als unverzichtbare Arbeitskraft in großer Zahl erforderlich

(Mannesmann Demag Gottwald)

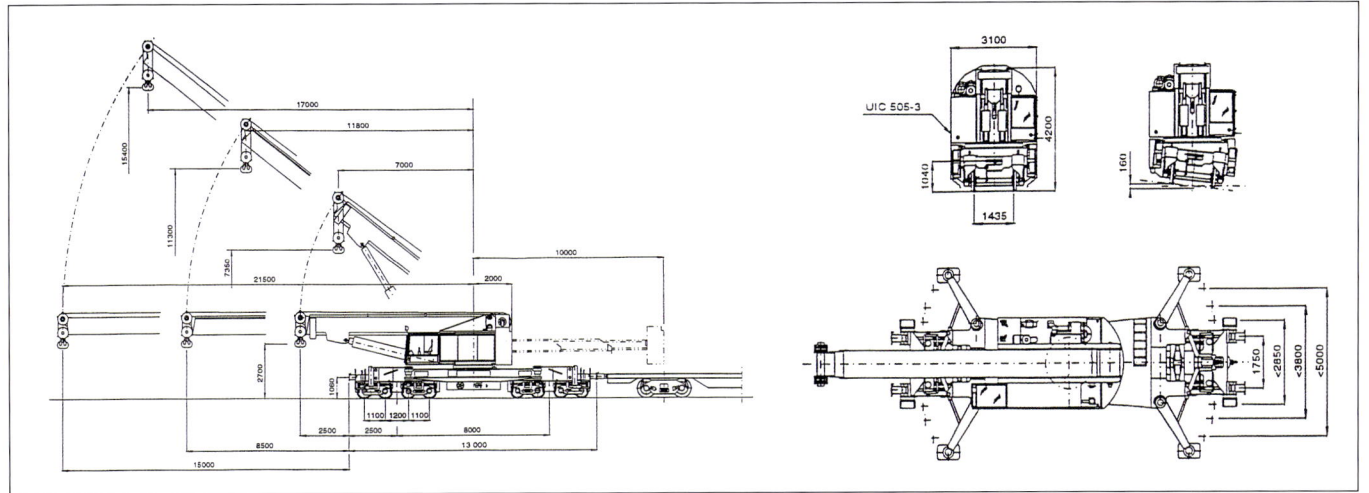

Die hintere Ausladung des Gegengewichtes von bis zu 10 000 mm war schon beachtlich. Auffallend war auch die sehr weit hinten im Oberwagen befindliche Anordnung des Drehkranzes

(Mannesmann Demag Gottwald)

ladung von 17 m. Für sicheres Arbeiten des freistehenden Krans auch in überhöhten Kurven sorgte die automatische Kurvenausgleichseinrichtung, die auch bei Kurvenüberhöhungen von bis zu 160 mm das Heben ohne Traglasteinschränkung zuließ. Seine Maximaltraglast von 100 t war bei dem Gerät allerdings nur in einem eingeschränkten Schwenkbereich von bis zu plus/minus 30 Grad möglich, hier jedoch bis zu 8 m. Die dann erforderliche Stützbreite betrug zwischen 5 m und 6 m. Wurde diese verringert, so musste bei nach wie vor 100 t Tragfähigkeit auch der dann noch zulässige Schwenkbereich auf nur noch plus/minus 15 Grad verringert werden.

Die mögliche Traglast bei der Maximalausladung von 21,5 m lag bei 31,5 t (plus/minus 30 Grad Schwenkbereich / 10 m Heckausladung / 5 bis 6 m Stützbreite) beziehungsweise 35 t (plus/minus 15 Grad / 10 m / 3 bis 3,9 m). Die abgestützten Traglastwerte bei großer Stützbreite lagen über den Vollkreis zwischen 57,5 t x 7 m und 13 t x 21,5 m bei jeweils 6,5 m Heckausladung. Bei freistehenden Kranarbeiten war die zulässige Traglast natürlich stark abhängig von der Ausführung der tragenden Schienen (S-49-, S-54- oder UIC-60-Schienen). Grundsätzlich gilt hierbei die Abhängigkeit der zulässigen Radlasten vom Raddurchmesser wie auch besagter Schienengröße. Bei Schienen in der Ausführung S 54 und UIC 60 lagen beziehungsweise liegen die zulässigen Radlasten bei 21 t, wohingegen S 49-Schienen lediglich mit 14 t Radlast belastet werden dürfen. Auf den für 21 t Radlast zugelassenen Trassen konnte jedenfalls eine maximale Traglast von 72,5 t bei 7 m Ausladung in Gleisrichtung (null Grad / 0,5 m vor Puffer) erreicht werden.

Für eine Ausladung von 21,5 m in Gleisrichtung, was genau 15 m vor Puffern entsprach, betrug die mögliche Last immerhin noch 31,5 t (10 m Heckausladung) oder aber 17 t bei eingefahrenem Ballast (2 m hintere Ausladung). Über den Vollkreis drehend lagen die Traglastwerte für den freistehenden Kran dann noch zwischen 15 t x 7 m und 2 t x 16 m, jeweils bei einer hinteren Ausladung von 3,7 m. Bei minimaler Heckausladung von 2 m ließen die umfangreichen Tabellen Werte zwischen 10 t x 7 m und 2,5 t x 11 m zu. Bei solch komplizierten Zusammenhängen war es dann überaus hilfreich für den Kranführer, dass sämtliche Parameter unmittelbar über eine Lastmomentbegrenzung beziehungsweise elektronische Steuerung ausgewertet und Bewegungen zur Not begrenzt wurden. Die erforderliche Standsicherheit war somit

wesentlich einfacher zu gewährleisten. Ebenfalls zu den nützlichen Sicherheitseinrichtungen zu rechnen waren zum Beispiel die Überwachung der Kurvenüberhöhungseinrichtung, die Gegengewichtsstellungsüberwachung, eine Drehbegrenzung und nicht zuletzt eine sogenannte Auslegerabschaltung (Wippfunktion bei Arbeiten unter Oberleitungen).

GS 150.14 TR – Deutschland

„Alles hat ein Ende nur der Kran hat zwei." Unter diese Überschrift könnte man die Entwicklung für einen wahrhaft außergewöhnlichen, man kann auch sagen andersartigen Eisenbahnkran stellen, den die Kranspezialisten bei Mannesmann Demag Gottwald bereits im Jahre 1995, zunächst allerdings noch unter der Typbezeichnung GS 80.24 TR, vorstellten. Im weiteren Konstruktionsverlauf sollte diese Benennung allerdings auf GS 150.14 TR geändert werden. Bei dem Gerät hatte man sich rein auf die Erfordernisse beim Verlegen großer Gleisjoche beziehungsweise von Brückensegmenten / Behelfsbrücken konzentriert. Da diese Arbeiten überwiegend vor Kopf beziehungsweise Puffer eines solchen Arbeitsgerätes stattfinden oder allenfalls auf dem direkten Nachbargleis, hatte man sich mit dem Auslegerschwenken auch auf diesen begrenzten Arbeitsbereich beschränkt.

Unter dem Motto „TR-Gleisbaukrane – Konzepte für die Zukunft" hatte man den angesprochenen möglichen Schwenkbereich in Gleisrichtung auf lediglich plus/minus 13 Grad reduziert. Das Kürzel TR stand dabei für „Teleskopausleger Reversibel". Dies bedeutete nichts anderes, als dass der vorhandene Teleskop in seinem Grundausleger zu beiden Enden mittels einer Zahnstangen/Ritzel-Kombination herausteleskopiert werden konnte. An beiden Auslegerenden verfügte der GS 150.14 TR dann natürlich auch über den entsprechenden Lasthaken. Somit konnte bei entsprechender Ausrichtung sowohl vor als auch hinter dem Kran gehoben werden.

Da der Kranunterwagen über eine geräumige Fahrkabine unter jedem Auslegerende (zur Unterscheidung mit A und B gekennzeichnet) verfügte, war dieser „Januskopf" beim selbsttätigen Verfahren auf Schienen in beiden Fahrtrichtungen vollkommen identisch aussehend. Um erst einmal bei der Unterwagenbeschreibung zu blei-

Mit einer LüP von 28 200 mm war der 1996 erstmals an die Gleisbaufirma Leonard Weiß ausgelieferte GS 150.14.TR schon ein überaus beeindruckendes Gerät. Hier befindet sich der Kran kurz vor der Auslieferung noch auf dem Gottwald-Werksgelände in Düsseldorf-Benrath
(Mannesmann Demag Gottwald)

Oben: Hier noch als Modell zu sehen, ist die Arbeitsweise des GS 150.14 TR mit den beiden mächtigen Wippzylindern und der Verbolzung am „Auslegerende" gut zu erkennen. Wurde zum anderen Geräteende hin gearbeitet, wurde die linke Verbolzung gelöst und dafür die rechte entsprechend als Festpunkt genutzt. Der reversible Ausleger konnte dann auch nach links ausgefahren werden –
Unten: Auch bei Gleisüberhöhung war ein Arbeiten mit maximaler seitlicher Ausladung (10 m im Original) nicht nur im Modell möglich. Hierbei lag der zulässige Traglastwert bei 25,3 t x 20 m vor Vorderkante Drehgestell
(Mannesmann Demag Gottwald)

Links: Mit diesem kurzen Gleisjoch hatte der „Januskopf" leichtes Spiel, Grenzen dürfte hier allerdings die zu befahrende Brücke hinsichtlich der zulässigen Achslasten aufgezeigt haben –
Rechts: Auf einer Fachmesse hatte man den Kranriesen dem Publikum in einer üblichen Einsatzsituation mit angehängtem Weichenstück präsentiert. Der eine Auslegerkopf mit der Seileinscherung und dem nach unten offenen Teleskopprofil ist hier sehr gut zu erkennen
(Mannesmann Demag Gottwald)

ben sei gesagt, dass dieses Monstrum sein Eigengewicht von beachtlichen 210 t auf zwei Drehgestellen mit jeweils drei Doppellaufwerken, also insgesamt zwölf Radsätzen bewegte. Der Abstand der Drehgestell-Kugelpfannen betrug dabei genau 19 500 mm. Der Kran war in der Lage, bei einer recht außergewöhnlichen Länge über Puffer von 28 200 mm (27 400 mm mit eingeklappten Puffern) einen minimalen Kurvenradius von 90 m zu befahren. Kurvenüberhöhungen von 160 mm wurden durch die obligatorische automatische Anpassung von dem Kranriesen ausgeglichen. Insgesamt vier angetriebene Radsätze in „extrem starker Ausführung" sorgten für eine Eigengeschwindigkeit (!) von bis dato nie erreichten 100 km/h für eine solche Großmaschine. Auf eine beizustellende Zuglokomotive konnte somit verzichtet werden, was einen nicht zu unterschätzenden Vorteil bei weit voneinander entfernten Einsatzorten darstellte. Natürlich war die übrige technische Ausstattung wie „Indusi" (induktive Sicherheitsschaltung) oder „Sifa" (Sicherheitsfahrschaltung) entsprechend den Eisenbahnvorschriften ausgeführt. Auch der Kranführer benötigte natürlich die erforderlichen Ausbildungen und Befugnisse.

Wem das noch nicht an Geschwindigkeit genügte, konnte den Eisenbahnkran allerdings auch mit einer Schleppgeschwindigkeit von bis zu 120 km/h im Zugverband verlegen lassen. Für den hydrostatischen Fahrantrieb, aber auch für alle anderen hydraulischen Kranbewegungen, bestand die Antriebsmaschinenanlage aus gleich zwei Dieselmotoren, welche synchron oder aber einzeln einsetzbar waren. Hiebei war jede Kranfunktion natürlich auch mit nur einem Motor zu betreiben. Diese hatten ihren Einbauort zu beiden Enden des eingehängten Krantiefbetts beziehungsweise der beiden Schwanenhälse gefunden.

Bei den Motoren handelte es sich um wassergekühlte Sechs-Zylinder-Diesel der Baureihe GM 12.7 L Serie 60 von General Motors, die seinerzeit die strengen Euro 2-Abgaswerte einhielten. Ein jeder der beiden Diesel kam dabei auf die beachtliche Leistung von 375 kW / 511 PS bei 1800 bis 2100 U/min.

Eine separate Abgasreinigungsanlage ermöglichte überdies auch den bedenkenlosen Einsatz in Tunnels. Hier war der GS 150.12 TR beispielsweise laut Prospekt auch für Bergungseinsätze bestens geeignet. Eine den Antriebsdieseln nachgeschaltete Hydromatik-

Links: In gewissen Einsatzsituationen arbeitet man allerdings auch mit dem Großkran im Tandembetrieb, insbesondere bei derart langen Gleisjochen und unter Einsatz einer überlangen Spezialtraverse – Mitte: Im Jahre 1997 erhielt auch die Firma Hermann Wiebe einen GS 150.14 TR. Außer diesem zweiten Kran sind leider bislang (Stand Anfang 2006) keine weiteren dieser 210-t-Giganten gebaut worden. Wie der Kabinenkennzeichnung „A" zu entnehmen ist, sieht man hier den Kranriesen von seiner rechten Seite. Auf dieser Seite des Grundauslegers sind zudem eine Vielzahl von Hydraulikleitungen von außen angebracht, die auf der anderen Auslegerseite fehlen – Rechts: Die mit bis zu 100 km/h Eigenfahrgeschwindigkeit fahrenden GS 150.14 TR wurden auf einer Teststrecke in der Nähe von Mönchengladbach ausgiebigen Fahrtests unterzogen. Hier ist die linke Fahrzeugseite ohne die von außen am Ausleger angebrachten Hydraulikleitungen von hinten zu sehen. Die hintere Fahrkabine ist mit „B" gekennzeichnet, so dass auch dem Arbeitspersonal eine eindeutige Zuordnung möglich war (Mannesmann Demag Gottwald)

Pumpenanlage sorgte für einen Betriebsdruck der Hydraulikanlage von 280 bar. Bei dem verwendeten Übertragungsmedium handelte es sich bereits um biologisch abbaubares Hydrauliköl. Um das seltsam anmutende Auslegerpaket übrigens beidseitig anheben zu können, bedurfte es zweier überaus mächtiger Wippzylinder, die zwar in entgegengesetzte Richtungen weisend, von ihrem tiefbettmittigen Gelenkpunkt aus allerdings gemeinsam für das Aufrichten sorgten.

Zum Auslegerschwenken (plus/minus 13 Grad) schließlich konnte diese auf einem Gleitschlitten ruhende Wippvorrichtung zudem aus der Tiefbettmitte jeweils rund 2200 mm zur Seite verschoben werden. Das geneigte „Grundauslegerende" war dabei über weitere Hydraulikstempel genau über dem Sattelpunkt des Tiefbettschwanenhalses mit diesem als Gegenpunkt verbunden. Am angehobenen „Grundauslegerende" war die gleichfalls dort vorhandene Gegenpunktverbindung dann natürlich gelöst. Sie wurde entsprechend bei Arbeiten am anderen Kranende benötigt.

Für erhöhte Standsicherheit bei seitlich geschwenktem Ausleger des freistehenden Krans hatte man sich in den Konstruktionsbüros eine weitere technische Raffinesse einfallen lassen. So konnte der Unterwagen, besser gesagt der auf den beiden Fahrgestellen aufgesattelte Teil des Kranbetts, um 500 mm aus der Längsachse seitlich verschoben werden. Dies erfolgte dann natürlich zur entsprechend entgegengesetzten Seite des Arbeitsbereiches. Bei all diesen technischen Innovationen konnte auf ein weitausholendes Gegengewicht verzichtet werden. Dabei sei angemerkt, dass der Kran auch über Ballast verfügte, dieser war jedoch komplett in den Unterwagen integriert.

Der wahrlich außergewöhnliche Kran war in der Lage, freistehend in Gleisrichtung (Unterwagen mittig) maximal 80 t bis 9 m Ausladung vor Vorderkante Drehgestell (vVD) bei gleichzeitig abgeklappten Puffern zu heben. Rechnet man dann noch die Länge bis zur Kranmitte (Gleitschlitten der Wippvorrichtung) hinzu, ist angenähert die ursprünglich vorgesehene Typbezeichnung GS 80.24 TR

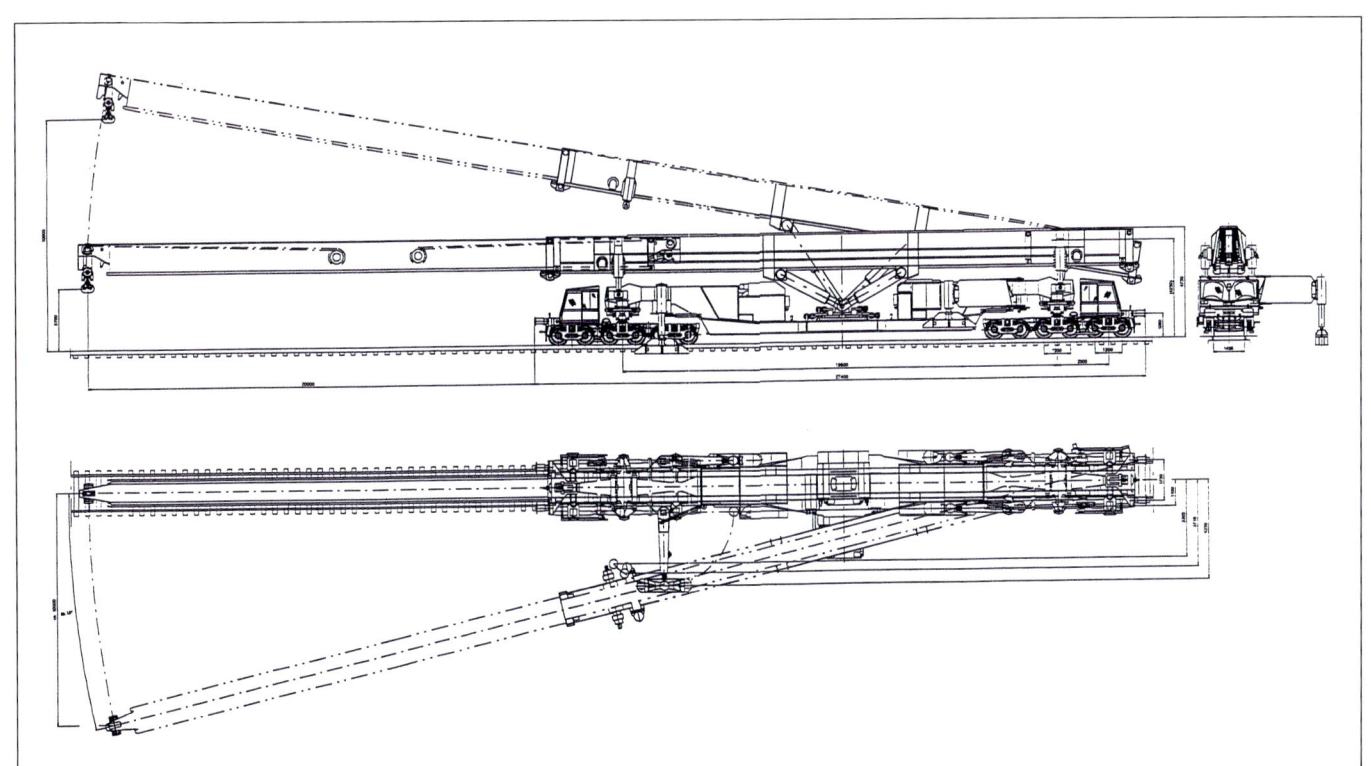

Übersichtsbemaßung des in Arbeitsstellung befindlichen GS 150.14 TR. Der Gleitschlitten mit den Wippzylinderanlenkungen ist hier bis zur Extremstellung aus dem Tiefbett ausgeschoben. Der Kran war damit ein wahrlich bemerkenswertes Hubgerät (Mannesmann Demag Gottwald)

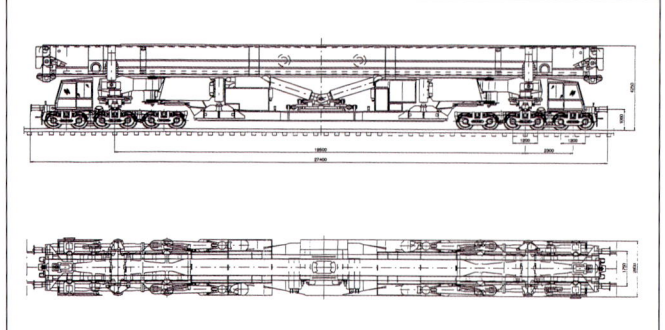

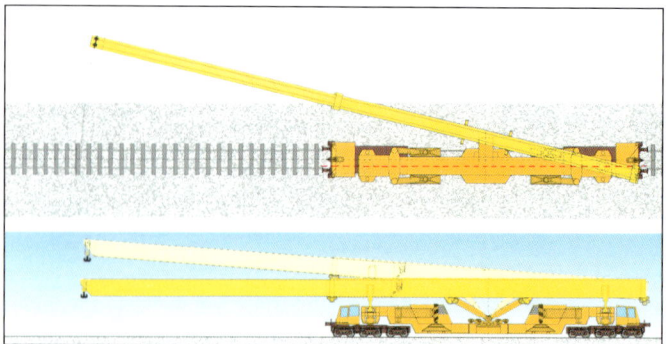

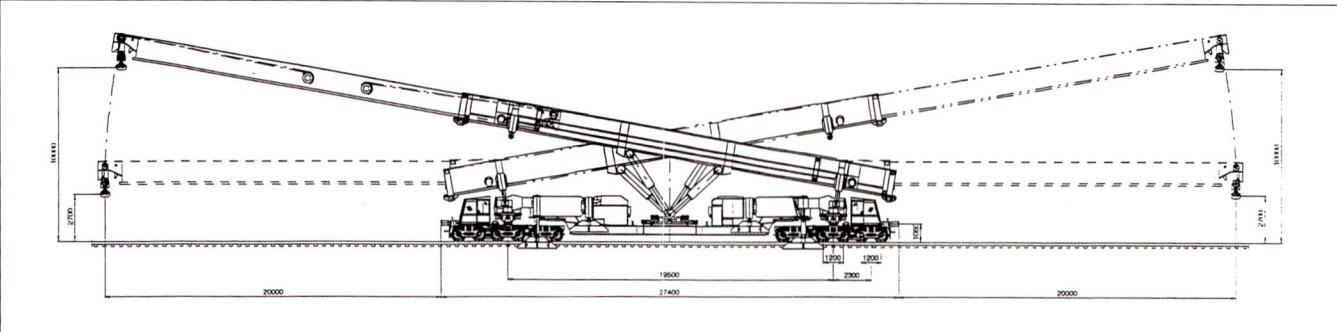

Oben links: Übersichtsbemaßung des in Transportstellung befindlichen GS 150.14 TR – Oben rechts: Seitenansicht und Draufsicht des freistehend arbeitenden GS 150.14 TR. Sehr gut zu ersehen ist hier in der Draufsicht bei ausgeschwenktem Ausleger das um 500 mm hydraulisch aus der Gleismitte verschobene komplette Krantiefbett mit seinen beiden Schwanenhälsen – Unten: Aus dieser Zeichnung ist das mögliche wechselseitige Arbeiten des reversiblen Auslegers sehr gut ersichtlich. Auch die erforderlichen Verbolzungen an dem jeweiligen „Auslegerende" werden hier deutlich

(Mannesmann Demag Gottwald)

erkennbar. Bei einer maximalen Ausladung vor Drehgestell von 20 m betrug die zulässige Traglast immerhin noch 38 t. Es konnten also Lasten bis zu 40 m Länge von dem Gerät aufgenommen und verfahren werden.

Dem Eisenbahnfachmann / der -fachfrau sei gesagt, dass es somit möglich war, Weichen mit Schienen bis UIC 60, mit der Grundform r 190 m bis 300 m, mit Holz- oder Betonschwellen, verschweißt, ohne Endteil, aus- und einzubauen sowie zu verfahren. Dies galt gleichfalls für die Grundformen r 500 m bis 2500 m, mit Holzschwellen, in zwei Teilen, und für die Ausführung mit Betonschwellen ab r 760 m in drei Teilen. Die enormen Tragfähigkeiten des Krans führten dazu, dass bei Einsätzen teilweise auf einen sonst üblichen zweiten Kran verzichtet werden konnte, beziehungsweise Gleisjoche in größeren Abmessungen schneller und kostengünstiger verbaut werden konnten.

Bei derlei Einsätzen kam dann die mitgelieferte Kombitraverse in Modulbauweise zum Einsatz, die bis auf eine Länge von 32 m ausgebaut werden konnte. Diese wurde ebenso wie sonstiges zahlreiches hebezeugtechnisches Zubehör auf einem vom Kran mitgeführten Hilfswagen transportiert.

Der freistehende Kran (Uw mittig) konnte übrigens bis zu einer maximalen seitlichen Ausladung von 4 m (4,7 t x 1 m beziehungsweise 3 t x 20 m vVD) sicher arbeiten.

Wurde der Unterwagen um 500 mm aus der Gleisachse verschoben (Uw außermittig), ergaben sich wie bereits angedeutet günstigere Traglastwerte bei seitlicher Auslegerausladung. Hier waren die 80 t einen Meter vor Puffer beziehungsweise 38 t in 20 m Abstand vor Puffer bei 1 m seitlicher Ausladung zu heben. Die vergleichbaren Werte bei wiederum 4 m seitlicher Ausladung lagen bei nunmehr 18 t für 1 m beziehungsweise 10,5 t für 20 m vor Puffer. Der Kran konnte dann bis zu einer maximalen seitlichen Ausla-

dung von 6 m arbeiten und besaß durchgehend von 5 m bis 19 m vor Puffer eine Traglast von 2,7 t.

Um den Kran bei Extremeinsätzen ein wenig höher belasten zu können, beziehungsweise die Standsicherheit zu gewährleisten, verfügte das gesattelte Kranteil auch über vier hydraulisch ausschwenkbare Abstützarme. Diese ermöglichten in drei Stellungen eine Abstützbreite bis zu 4,25 m von Gleismitte aus gesehen. Dabei war es allerdings bei den Gegebenheiten des Kranarbeitsbereiches lediglich erforderlich, nur eine Abstützung zur Kippkante hin tatsächlich zum Einsatz zu bringen. An den Abstützarmen befanden sich extrem große Abstützplatten von 2,4 x 0,6 m (L x B), die auch beim Transport zweckmäßiger- und gleichsam zeitsparenderweise an diesem verblieben. Wurde diese seitliche Abstützung auf 4,25 m (90 Grad) ausgeschwenkt, so waren besagte 80 t bis zu 6 m vVD bei gleichfalls 6 m seitlicher Ausladung zu stemmen. Bei einer dann möglichen maximalen seitlichen Ausladung von 10 m lagen die Traglastwerte bei immerhin 25,3 t x 20 m vVD.

Seiner Bezeichnung als GS 150.14 TR wurde der ungewöhnliche Eisenbahnkran allerdings nur in Verbindung mit einer optional möglichen Schwerlasteinrichtung gerecht, die jedoch bei den in den Jahren 1996 (Leonard Weiß) und 1997 (H.F. Wiebe) gelieferten beiden Exemplaren nicht umgesetzt wurde.

GS 140.08 H – Indien

Die indischen Eisenbahnen als langjähriger Stammkunde im Hause Gottwald gaben im Jahre 1996 gleich acht neue Bergungskrane für ihre 1676-mm-Breitspur in Auftrag. Die mit zwei Dreiachs-Drehgestellen ausgerüsteten Geräte (LüP 13 200 mm) waren für eine Schleppgeschwindigkeit von bis zu 100 km/h geeignet. Hierzu

Links: Auch ohne Abstützung stellt dieser leere Güterwaggon für den indischen Kranriesen in einem Schwenkbereich von plus/minus 30 Grad in Fahrtrichtung keinerlei Probleme dar. Der hydraulische Aufnahmegalgen des dreiteiligen Gegengewichtes ist hier sehr gut zu erkennen – Mitte: Auf dem erforderlichen Schutzwagen des 140-Tonners fanden neben den zwei Lasthaken und der Auslegerspitze auch die drei Ballastteile während der Verlegungsfahrt ihren Platz – Rechts: Wie zur Parade aufgestellt präsentieren sich hier die GS 140.08 H aus dem Lieferjahr 1997. Dies war die bislang letzte Auslieferung von Gottwald-Eisenbahnkranen an den langjährigen Stammkunden in Indien
(Mannesmann Demag Gottwald)

musste sich der Eisenbahnkran allerdings seines Gegengewichtes entledigen, da er bei einer zulässigen Achslast von 20 t für die Transportfahrt das Gesamtgewicht 120 t nicht überschreiten durfte. Als Eigengeschwindigkeit wurden im aufgerüsteten Leerzustand knapp 20 km/h und unter Last bis zu 6 km/h erreicht. Die kleinsten Kurvenradien, die von dem Kran befahren werden konnten, betrugen 175 m.

Die maximale Traglast von 140 t wurde bei einer Ausladung von 8 m und bei 6 m Stützweite erzielt. Hierzu musste selbstverständlich das komplette Gegengewicht von rund 39 t, welches aus drei Klötzen bestand, angehängt werden. Der Aufhängerahmen für diesen Ballast war bei dem Gerät zur Erlangung einer niedrigeren Transporthöhe wiederum hydraulisch absenkbar.

Freistehend konnten 14 t bei 5,3 m Ausladung über den Vollkreis gehoben werden. Bei einem eingeschränkten Arbeitsbereich von plus/minus 30 Grad sollte gleichfalls ohne Abstützung ein leerer Waggon von 30 t bei 9 m Ausladung sicher gehoben werden können. Neben dem Haupthub war an der Auslegerspitze des fast 20 m langen Festauslegers auch ein 25-t-Hilfshub für leichtere Arbeiten vorhanden.

Als Antriebsmotor wurde ein amerikanischer Cummins-Diesel vom Typ LTA 10-C mit 213 kW / 290 PS eingebaut. Dieser brachte die nachgeschalteten Hydraulikpumpen entsprechend in Schwung.

GS 200.06 H – Südkorea

Mit der Korean National Railroad in Seoul konnte Gottwald im Jahre 1997 einen weiteren asiatischen Kunden für die Eisenbahnkrane aus Düsseldorf gewinnen. Beauftragt wurde der Bau zweier Bergungskrane für 200 t maximale Tragfähigkeit. Diese beiden GS 200.06 H (LüP 13 000 mm) konnten dann im Jahre 1998 auf der südkoreanischen 1435-mm-Spur in Betrieb genommen werden.

Auf zwei dreiachsige Drehgestelle aufgebaut, waren insgesamt vier Radsätze angetrieben. Somit konnte das aufgerüstete beziehungsweise aufballastierte Gerät bei rund 160 t Gewicht mit bis zu 15 km/h selbst verfahren. Ohne den angehängten mehrteiligen 45-t-Ballast durfte der Bergungskran sogar mit bis zu 120 km/h verlegt werden. Der Fahrantrieb erfolgte wie üblich hydrostatisch über Hydraulikmotoren und Stirnradgetriebe auf die Antriebsritzel. Gefedert waren sämtliche Achsen mittels Blattfedern.

Als Diesel-Antriebseinheit kam ein Cummins LTA 10-C im Oberwagen zum Einbau, der auf eine Standard-Leistung von 218 kW / 296 PS bei 1800 U/min eingestellt wurde. Von diesem Aggregat wurden neben den Hydraulikpumpen auch ein Generator für die Stromversorgung angetrieben. Für den Notfall, sprich Ausfall des Amerikaners, stand ihm ein kleiner luftgekühlter Gehilfe zur Seite. Dieser zweizylindrige KHD-Diesel der Baureihe F2L 1011F stellte bei immerhin 3000 U/min 21 kW / 29 PS zur Verfügung. Dies reichte allerdings vollkommen, um den Kranoberwagen wieder in seine Grundstellung beziehungsweise Transportstellung zu bewegen.

Neben dem für 200 t x 6 m ausgelegten Haupthub verfügte der Bergungskran auch über einen Hilfshub, bei dessen 45 t Tragfähigkeit so manch ein anderer Kran bereits blass vor Neid werden konnte. Auch hatte dieser Traglastwert bei abgestütztem Kran mit 6,8 m Stützbreite über den nahezu vollen Ausladungsbereich bis 16 m seine Gültigkeit. Eine 5-t-Bergungswinde am Fahrgestell komplettierte die Ausrüstung für den Einsatzfall. Die Abstützbasis konnte bei dem Gerät mittels ausschwenkbarer Abstützträger zwischen 4 m und 6,8 m variiert werden, ganz abhängig von den Einsatzerfordernissen. Der Hub der Stützzylinder betrug im Übrigen rund 800 mm!

Dieser offene Güterwaggon wäre auch für den 45-t-Hilfshub in der Auslegerspitze kein wirkliches Problem gewesen
(Mannesmann Demag Gottwald)

Links: Hier ist der GS 130.06 TT in Fahrstellung bei ersten Laufversuchen von der Kabinenseite aus abgelichtet. Zu beachten sind die ursprünglich gekröpften Abstützschwingen, die auch das Abstützen auf Bahnsteigen ermöglichen sollten – Mitte: Der „130-Tonner" befindet sich hier mit vorgesetztem Schutzwagen auf seiner ersten großen Versuchs-Ausfahrt, die ihn gleich in die weite Welt nach Köln führte. Der geleichterte Ballastausleger ist zur besseren Achslastverteilung teilweise austeleskopiert. Die angesprochenen hochliegenden Stützzylinder lassen die später aufkommenden Probleme beim Oberwagenschwenken bereits erahnen – Rechts: Hier ist der im Jahre 2000 ausgelieferte GS 130.06 TT bei Versuchsfahrten von der linken Kranseite aus zu sehen. Der auf dem Schutzwagen abgelegte Zusatzballast kann natürlich selbsttätig vom Kran hydraulisch aufgenommen werden

(Mannesmann Dematic Gottwald)

GS 130.06 TT – Deutschland

Der bislang letzte an einen deutschen Kunden ausgelieferte Gottwald-Eisenbahnkran (Stand 2006) ging bereits im Jahre 2000 an das Gleisbauunternehmen Krebs-Gleisbau in Dresden. Es handelte sich dabei um einen Gleis- und Brückenbaukran vom Typ GS 130.06 TT, also einen Kran mit Teleskopausleger. Das zweite „T" in der Typbezeichnung stand für das gleichfalls teleskopierbare Gegengewicht dieses Hebezeuges. Für den Unterwagen (LüP = 13 000 mm) kam das für deutsche Gleisanlagen bereits bestens bewährte 1435-mm-Fahrgestell mit zwei Drehgestellen (8000 mm Kugelpfannenabstand) und jeweils zwei Doppellaufwerken zum Einbau. Die acht mit Blattfedern ausgestatteten Achsen konnten für den Arbeitseinsatz entsprechend hydraulisch blockiert werden. Die vier hydrostatisch angetriebenen Achsen ermöglichten dem Kran eine Eigenfahrgeschwindigkeit von immerhin 25 km/h und dies bei rund 128 t Einsatzgewicht. Mit einem geleichterten Transportgewicht von nur noch 108 t konnte der Kran allerdings zusammen mit dem erforderlichen Schutzwagen mit bis zu 120 km/h geschleppt werden. Hierfür musste ein Teilgewicht von rund 20 t auf dem Schutzwagen abgelegt und der Fahrwerkseigenantrieb ausgerückt werden. Vier hydraulisch ausschwenkbare Abstützungen, die eine Abstützbreite zwischen 2740 mm und 6000 mm ermöglichten,

Der gleiche Kran der Firma Krebs-Gleisbau, der ja auch ein Unikat blieb, ist hier mit den inzwischen umgebauten Abstützungen in Transportstellung zu sehen. Oberwagenballast und Stützschwinge gingen sich somit bei allen Schwenkbewegungen aus dem Weg

(Mannesmann Dematic Gottwald)

waren in erster Linie bei schwereren Hubarbeiten neben den Gleisen in Arbeitsstellung zu bringen. Diese Abstützarme wurden übrigens zunächst in gekröpfter Ausführung, ähnlich dem japanischen GS 80.08 T(S), angebaut. Somit sollte sich der Kran auch auf Bahnsteigkanten abstützen können. Die hoch hinausragenden Stützzylinder stellten allerdings bei dem deutschen Kran ein lästiges Hindernis beim Oberwagendrehen und weit ausgefahrenem Ballastträger dar. Daher wurden die Abstützungen bereits nach relativ kurzer Einsatzzeit beim Kunden auf herkömmliche niedrige Stützschwingen umgebaut.

Was das Antriebspaket des GS 130.06 TT betraf, ist hier zuallererst ein wassergekühlter Sechs-Zylinder-Dieselmotor vom Typ DB OM 457 zu nennen. Dieser war auf rund 262 kW / 356 PS eingestellt. Nachgeschaltete Hydraulikpumpen versorgten die diversen Unterwagen- und Oberwagenantriebe mit dem erforderlichen Ölfluss. Das entsprechende Hydrauliköl war natürlich, wie seinerzeit üblich, biologisch abbaubar. Eben dieses Öl sorgte dann auch für das Aufrichten des Auslegerpaketes bis zur 40-Grad-Steilstellung mittels nur eines Differentialzylinders. In dieser Steilstellung, bei entsprechenden 7,2 m Ausladung, wurde für den Kran die maximale Traglast von 100 t (!) in den Tabellen angegeben. Diese war dann allerdings von weiteren Parametern, wie der gewählten Abstützbreite und der hinteren Gegengewichtsausladung, abhängig. Besagte 100 t waren beispielsweise in einem beschränkten Drehbereich von plus/minus 30 Grad bis zu 9 m Ausladung zulässig (5 bis 6 m Abstützbreite, 4,6 m hintere Ausladung). Über den Vollkreis, bei 5 bis 6 m Abstützbreite und 4,6 m Ballastausladung, lagen die Traglastwerte des Krans zwischen 65,4 t x 7,2 m und 10,9 t x 22 m. Freistehend, bei maximal 210 kN Radkraft als Grenzwert, lag die maximale Traglast in Gleisrichtung (null Grad) zwischen 87,8 t x 7,2 m (0,7 m vor Puffer) und 29,8 t x 22 m (15,5 m vor Puffer). Hierfür musste besagtes Gegengewicht entsprechend dreifach bis auf die maximale hintere Ausladung von 10,6 m austeleskopiert werden. Die hintere Ausladung betrug bei komplett eingefahrenem Ballast nicht mehr als 2 m, was dann auch keinerlei Behinderung des Verkehrs im Nachbargleis nach sich zog.

Das Auslegerpaket selbst bestand aus dem Grundausleger mit seinen insgesamt zwei Teleskopschüssen. Somit war in Steilstellung eine maximale Hakenhöhe von rund 15,3 m über Schienenoberkante zu erreichen. Hierfür durften dann natürlich keine störenden Oberleitungen im Arbeitsbereich vorhanden sein. Selbstverständlich wurden auch sämtliche Kranparameter, wie Gegengewichtsstellung und Auslegerlänge / Ausladung elektronisch in der Lastmomentbe-

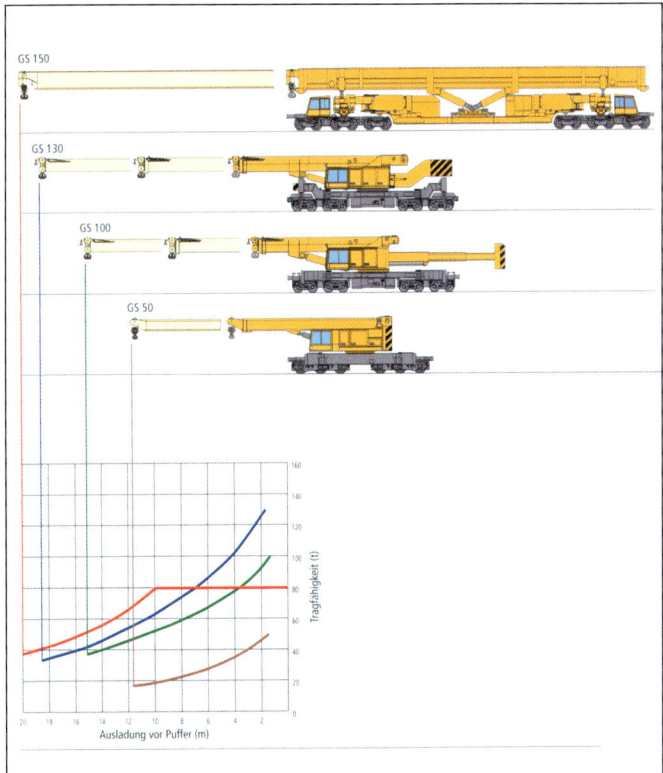

grenzung erfasst und ausgewertet. Das Gerät konnte zudem mit nur einer ausgefahrenen Abstützung bei sogenannter Einbeinabstützung arbeiten.

Standardmäßig verfügte der GS 130.06 TT auch wieder über eine – welch Wortschöpfung – Kurvenüberhöhungsausgleichseinrichtung. Somit war auch das sichere freistehende Arbeiten beziehungsweise Verfahren unter Last bis zu 180 mm Kurvenüberhöhung möglich. Übrigens, wer entsprechend der Typbezeichnung den möglichen Traglastwert von 130 t x 6 m vermisst, dem sei gesagt, dass es hierzu einer speziellen Schwerlasteinrichtung am Wippzylinderanlenkstück bedurfte. Dieser Traglastwert ist also eher theoretisch zu betrachten.

Für den Notfall, beispielsweise bei Ausfall des Hauptdiesels, verfügte der Kran zusätzlich über ein Diesel-hydraulisches Notaggregat. Der kleine Deutz-Diesel vom Typ F2 L 1011 F ermöglichte dann mit seinen 20 kW / 27 PS zumindest das sichere „in Grundstellung bringen" der Kraneinrichtung.

Zum Lieferumfang des Krans gehörte im Jahre 2000 lediglich die angesprochene Unterflasche mit 100-t-Doppelhaken. Überdies wurde neben allerlei sonstigem Zubehör auch jeweils eine Lasttraverse für 35 t x 18 m und 20 t x 12 m ausgeliefert. Diverse Halogenscheinwerfer an Auslegerkopf, Kabinendach und Oberwagenheck sorgten auch bei Nacht für ausreichende Ausleuchtung des Arbeitsbereiches sowie der Oberleitung.

GS 150.05 H – Südkorea

Im Jahre 2000 erhielt die Eisenbahngesellschaft Korean National Railroad nach den beiden 200-Tonnern aus 1998 einen weiteren, allerdings etwas kleineren Bergungskran mit Festausleger für ihre 1435-mm-Spur. Dieser GS 150.05 H verfügte am Unterwagen (LüK = 12 000 mm) über zwei dreiachsige Drehgestelle für einen Mindestkurvenradius von 250 m. Die vier am Unterwagen angeschlagenen Schwenkabstützungen ermöglichten bei hydraulischer Verstellung eine Stützbreite zwischen 3 m und 5,9 m. Von den blattgefederten, bei Eigenfahrt und während der Hubarbeit hydraulisch blockierbaren sechs Achsen wurden immerhin vier Achsen hydrostatisch angetrieben. Somit war das rund 135 t schwere Gerät an der Einsatzstelle mit einer Eigenfahrgeschwindigkeit von 15 km/h beweglich. Im Zugverband eingestellt, konnte die Kombination aus Kran und Schutzwagen mit bis zu 120 km/h verlegt werden. Für sämtliche hydraulischen Kraftbewegungen sorgte neben den entsprechenden Hydraulikpumpen und -motoren der im Oberwagen eingebaute Cummins-Diesel vom Typ LTA 10-C für eben 290 horsepower (213 kW / 290 PS). Bei unerwartetem Ausfall dieses amerikanischen Kraftspenders wurde noch ein kleiner Deutz-Diesel aus deutscher Fertigung in Reserve gehalten. Dieses zweizylindrige Aggregat vom Typ F2 L 1011F sorgte dann mit seinen 20 kW/27 PS für ausreichenden hydraulischen Ölfluss, um sämtliche Kranelemente in eine sichere Grundstellung zu bringen, den Fahrantrieb allerdings ausgeschlossen. Das am Windenrahmen der Auslegerverstellung angebrachte Gegengewicht wurde bei diesem 150-Tonner übrigens fest angebracht. Augenfällig war an dem 14 m langen Festausleger die seitliche Anbringung der beiden Rückfallstützen für die größte Steilstellung. Zwischen der gewohnt gegabelten Anlenkung am Kranoberwagen fand auch die geräumige und vollklimatisierte Kranführerkabine ihren Platz.

Oben: Prospekt der Mannesmann Dematic Gottwald „Kompetenz auf Schienen" (Sammlung Weinbach)
Unten: Übersicht der Gottwald-Gleisbaukrane mit Tragfähigkeitsdiagramm aus den späten neunziger Jahren (Mannesmann Dematic Gottwald)

Die staunenden Vertreter der „Korean National Railroad" stehen hier bei der Kranübergabe in Korea vor dem imposanten 150-t-Bergungsgerät. Links: Hier ist der freistehende GS 150.05 H bei einer kleinen Vorführung in Südkorea zu sehen. Auffallend ist der feste Ballasttragrahmen, die beiden neuartigen, seitlich angeflanschten Ausleger-rückfallstützen und die teilweise außen am Auslegerkopf angebrachten Umlenkrollen der Auslegerverstellung

(Mannesmann Dematic Gottwald)

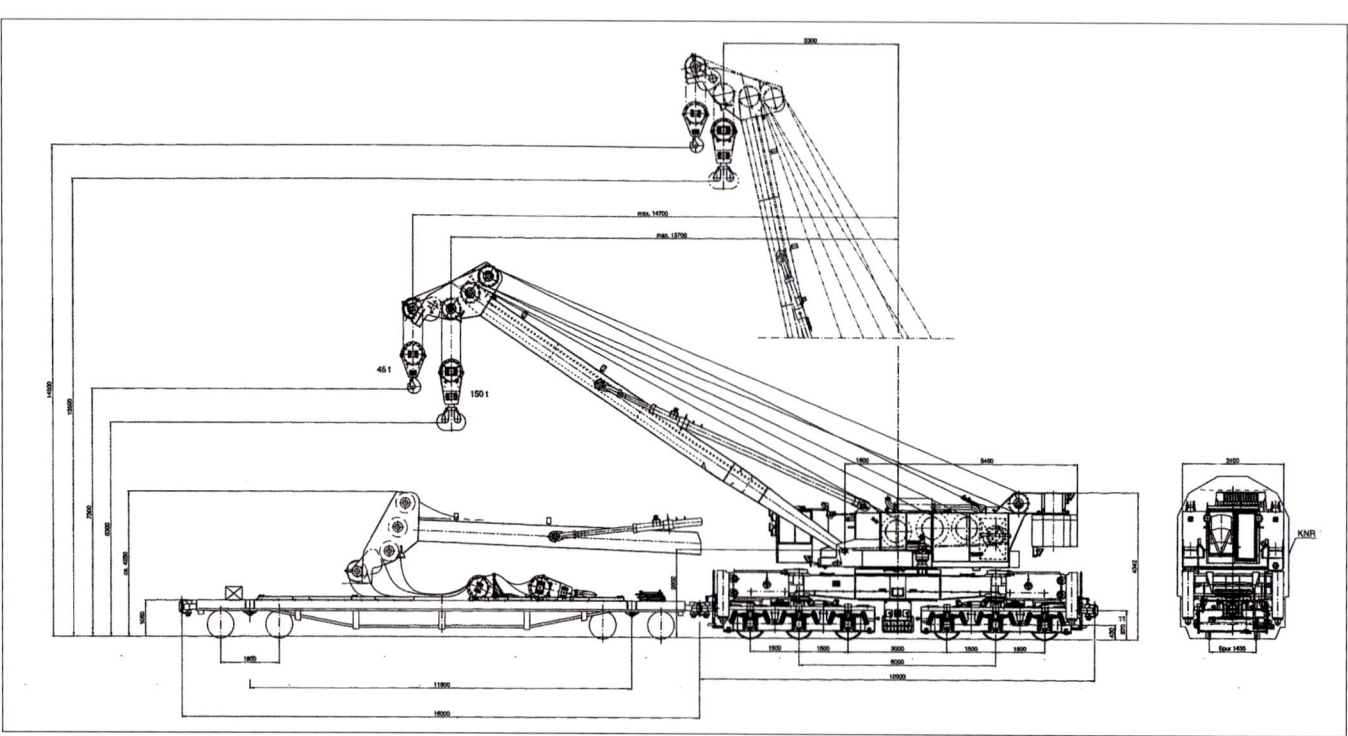

Maßskizze des GS 150.05 H für Südkorea

(Mannesmann Dematic Gottwald)

Natürlich stark abhängig von der gewählten oder aber an der Einsatzstelle möglichen Abstützbasis, wurden die zulässigen Traglastwerte von den umfangreichen Tabellen vorgegeben. Über den 360-Grad-Kreis war die Maximaltraglast von 150 t zumindest bei einer Ausladung von 5,3 m (5,9 m Stützweite) erlaubt. Diese 150 t durften gar bis zu 6 m Ausladung auch bei kleineren Stützweiten, allerdings nur bei einem stark eingeschränkten Schwenkbereich von plus/minus 30 Grad in Gleisrichtung bewegt werden. Bei der maximalen Ausladung von 13,7 m für den Haupthub lagen die Werte dann bei 30 t (360 Grad) beziehungsweise 50,7 t (plus/minus 30 Grad). Dies galt jeweils bei 5,9 m x 9,2 m Stützbasis. Neben dem Haupthub verfügte der Kran auch über einen Hilfshub von immerhin 45 t an der Auslegerspitze. Dessen volle 45-t-Ausnutzung wurde bei optimaler Abstützung zwischen 6 m und 10 m Ausladung (360 Grad) gewährleistet. Bei seiner größten Ausladung von 14,7 m waren noch 25 t zu heben (abzüglich Hakengewicht).

Selbstverständlich konnte der koreanische GS 150.05 H auch freistehend seiner Arbeit nachgehen. Hier lagen seine Tabellenwerte allerdings aus verständlichen Gründen bei 360-Grad-Arbeiten lediglich zwischen 12 t x 7 m und 4,8 t x 13,7 m für beide Hubwerke. In Gleisrichtung bei Null-Grad-Schwenkbereich konnten mit dem Haupthub Tragfähigkeiten zwischen 114 t x 5,3 m und 28 t x 13,7 m erzielt werden, wohlbemerkt ab Drehkranzmitte gerechnet! Entsprechend geringere Werte galten für freistehende Arbeiten bis maximal plus/minus 30-Grad-Auslegerausrichtung (51 t x 5,3 m bis 11,2 t x 13,7 m).

GS 150.05 T – Südkorea

Nachdem die „Korean National Railroad" (KNR), auch kurz als Korail bezeichnet, bereits drei Eisenbahnbergungskrane mit 200 t (2 x 1998) und 150 t (1 x 2000) erfolgreich zum Einsatz gebracht hatte, wurde noch im Jahre 2000 ein erster 150-Tonner mit Teleskopausleger von diesem Kunden in Auftrag gegeben. Ebenfalls als Bergungskran ausgelegt, wurde dieser GS 150.05 T auf einen zum zuvor ausgelieferten GS 150.05 H Festauslegerkran vollkommen identischen Unterwagen aufgebaut. Der rund 130 t schwere Sechsachser war von den vier hydrostatisch getriebenen Antriebsachsen auf eine Eigengeschwindigkeit von maximal 15 km/h beschleunigt. Der über einen einzelnen Wippzylinder zu hebende Grundausleger nahm einen Teleskopschiebling auf. Somit lag die maximale Haken-

Der GS 150.05 T ging getrennt von seinem Fahrwerk auf die lange Schiffsreise nach Südkorea. Verladen von einem Autokran, wurde die erste Etappe zum Rheinhafen per Schwertransport zurückgelegt
(Mannesmann Dematic Gottwald)

Oben: Haus und Hoftransporteur für den knapp 4 km langen Transfer zwischen Werksgelände und Umschlagplatz am Rhein ist seit vielen Jahren der nur einen Steinwurf vom alten Gottwald-Gelände in der Reisholzer Werftstraße ansässige Schwerlastspezialist Max Goll. Als Umschlagkran für den rund 130 t schweren GS 150.05 T wurde hier ein Liebherr LTM 1500 von Breuer & Wasel eingesetzt. Links: Heckansicht des koreanischen 150-Tonners mit fest integriertem Gegengewicht.Unten: Kran vom Typ GS 150.05 T bei abschließenden Belastungstests

(Mannesmann Dematic Gottwald)

Oben: Der GS 130.10 TS ist hier mit seinen beiden eingefahrenen Teleskopen (vorne und hinten) in Transportstellung zu sehen. Unten: Für die Überführungsfahrt in die Schweiz benötigte der Eisenbahnkran natürlich sowohl Schutzwagen wie auch Ballastwagen. Auf letzterem wurde auch gleich eine Gleisbautraverse verzurrt

(Mannesmann Dematic Gottwald)

Die Stützzylinder sind relativ hoch an den Schwingen angeordnet. So kann sich der Kran auch auf Bahnsteigen abstützen

(Mannesmann Dematic AG Gottwald)

höhe bei genau 13 m über Schienenoberkante (SOK) und einer gleichzeitigen Ausladung von 10,6 m. Die Maximaltraglast von 150 t wurde bei günstigster Abstützung (5,9 m Stützweite) und einer Ausladung von 5,5 m über den vollen 360-Grad-Drehbereich bewältigt. Bei der größtmöglichen Ausladung von 15,5 m reduzierte sich dieser Vollkreiswert dann auf 26 t (45 t x 15,5 m bei plus/minus 30 Grad). Freistehend auf den Rädern lagen die Traglastwerte über den Vollkreis zwischen 22,8 t x 5,5 m und 4,3 t x 15,5 m. In Gleisrichtung wurden zwischen 114 t x 5,5 m und 26,7 t x 15,5 m sicher beherrscht. Für die erforderliche Standsicherheit sorgte das fest unter dem Windenrahmen eingebaute Gegengewicht.

Neben dem Erstgerät aus dem Jahre 2000 wurden dann nachfolgend von der KNR in den Jahren 2001 (1x), 2002 (2x), 2003 (2x) und zuletzt 2004 (2x) insgesamt sieben weitere GS 150.05 T bestellt. Dabei kam dann lediglich ein geringfügig schwächerer Cummins-Diesel vom Typ M11-275, mit 202 kW / 275 PS zum Einbau. Als Hilfsdiesel stand ein Zwei-Zylinder-Deutz-Diesel vom Typ F2 L 1011F mit 20 kW / 27 PS bereit, mit dessen Hilfe zumindest die Last abgelassen und der Kranausleger in die Transportstellung zu bringen war.

Wieder ein ganz besonderer Eisenbahnkran wurde im Jahre 2001 für die im schweizerischen Zug ansässige Gleisbaufirma Vanomag AG auf die Radsätze gestellt. Der für Gleisbauarbeiten und Brückenmontagen ausgelegte Kran vom Typ GS 130.10 TS (LüP = 14 000 mm) brachte in Transportstellung genau 116 t auf die acht Radsätze. Diese verteilten sich auf zwei Drehgestelle (9000 mm Kugelpfannenabstand) mit jeweils zwei Doppellaufwerken. Insgesamt vier dieser Radsätze sorgten mit ihrem hydrostatischen Antrieb für eine respektable Eigengeschwindigkeit von bis zu 40 km/h (technisch möglich). Zusammen mit einem Schutzwagen für den Ausleger und einem Abladewagen für das vierteilige Gegengewicht in einen Zugverband eingestellt, konnte die Kraneinheit mit bis zu 120 km/h verlegt werden.

Zum Abstützen des Krans hatte man sich für gekröpfte Stützschwingen entschieden, die zwar hochaufragende Stützzylinder besaßen, damit aber auch ein Abstützen auf hohen Bahnsteigen ermöglichten. Besagte Stützzylinder mussten dann bei der Ausführung des Ballasthandlings Berücksichtigung finden. Die von den Stützschwingen ermöglichte Abstützbreite konnte jedenfalls zwi-

Oben: Mit eingefahrenem Ballastgalgen kommt es zu keinem hinteren Überhang während der Transportfahrt. Unten links: Hier sind sehr gut die Details von Stützschwingen und Ballastgalgen zu sehen. Die schwarze Schlauchtrommel wickelt während der heckseitigen Teleskopierung den Hydraulikdruckschlauch für die beiden senkrechten Zylinder der Ballastplattenaufnahme auf beziehungsweise ab. Unten rechts: Der GS 130.10 TS ist hier noch in Fahrstellung, allerdings bereits mit teilteleskopiertem Ballastausleger und komplett aufgenommenem 44-t-Ballast zu sehen. Gut zu erkennen ist auch die hydraulische Schwenkvorrichtung für den Ballastausleger. Der Maschinenraum wurde bei diesem Gerät mittels Rollläden verschlossen

(Mannesmann Dematic Gottwald)

Links: Hier nimmt der 130-Tonner gerade ein langes Gleisjoch vom neben dem Gleis gelegenen Lagerplatz auf. Das Gegengewicht ist dank der Schwenkmöglichkeit gleisparallel ausgerichtet, es hätte ansonsten wohl in dem Schotterberg gesteckt. Der Kran ist natürlich bei derlei Arbeiten abgestützt – Rechts: Nunmehr bei voller Ausladung und in genau die andere seitliche Richtung geschwenkt, kann das Gleisjoch verlegt werden. Die 24 m lange Traverse (18 m plus 2 x 3 m Verlängerungen) für 40 t Tragfähigkeit wurde gleichfalls von Gottwald mitgeliefert

(Mannesmann Dematic Gottwald)

schen 3 m und 6 m stufenlos den Erfordernissen angepasst werden. Überdies konnte bei der sogenannten Einbeinabstützung auch nur eine einzelne Stütze genutzt werden, was selbstverständlich von der elektronischen Lastmomentbegrenzung entsprechende Berücksichtigung fand. Zeitsparend beim Auf- und Abrüsten des Krans war die Tatsache, dass die an den Stützarmen des GS 130.10 TS vorhandenen Abstützplatten bei Überstellfahrten nicht demontiert wurden.

Was den Kranoberwagen betraf, so sorgte zunächst einmal ein wassergekühlter Sechs-Zylinder-Diesel, Typ DB OM 457 für ausreichende Pferdestärken. Für die nachgeschalteten Hydraulikkomponenten, die bei den Hauptfunktionen immerhin mit rund 280 bar Hydraulikdruck betrieben wurden, stellte besagter Antriebsdiesel rund 262 kW / 356 PS bei 1800 U/min zur Verfügung. Für den Notfall war ein kleines 20-kW-Dieselaggregat vorhanden.

Die eigentliche Kraneinrichtung bestand aus einem Grundausleger mit zwei innenliegenden Teleskopschüssen. Dieses Auslegerpaket wurde beim GS 130.10 TS mittels zweier Hydraulikzylinder bis auf eine Steilstellung von rund 40 Grad gebracht. Bei entsprechend ausgefahrenen Teleskopen war somit eine maximale Hakenhöhe von 16,3 m bei 20,4 m Ausladung zu erreichen. Soweit war an dem Gerät noch nicht sonderlich viel neue Technik festzustellen. Bevor jedoch einige repräsentative Traglastwerte genannt werden sollen, muss auf die doch außergewöhnliche Ballasteinrichtung eingegangen werden, ohne die auch dieser Kran nicht auskommen konnte.

Die Durchführung von Kranarbeiten auf oder neben Gleisanlagen ist oftmals, insbesondere aufgrund der großen Auslastung der Strecken beziehungsweise der hohen Zugfrequenzen, von den durchführenden Firmen in enge Zeitfenster zu legen. Auch gilt es dann beispielsweise, den Zugverkehr auf unmittelbar benachbarten Gleisen nach Möglichkeit nur geringfügig oder aber gar nicht zu beeinträchtigen. Langsamfahrabschnitte können ansonsten einen geregelten Zugverkehr schnell durcheinander bringen. Gleichzeitig sollen aber die zügig zu verlegenden Gleisjoche möglichst lang sein, was entsprechende Gewichte nach sich zieht. Erinnert man sich an das „Hebelgesetz", so liegt es in der Natur der Sache, dass es bei den dicht nebeneinander liegenden Gleisen und dem Oberwagenschwenken eines solchen Hebezeuges gewisse unerwünschte Berührungspunkte gibt.

Um all diese negativen Auswirkungen bei den angesprochenen Kranarbeiten tunlichst zu vermeiden, sind die Konstrukteure dieser Hebezeuge stets bemüht, durch immer innovativere Geräte diesen Störfaktoren entgegenzuwirken.

Gab es bereits 1995 mit der Entwicklung des GS 80.08 T(S) für die East Japan Railway Company einen Gleisbaukran mit schwenkbarem Gegengewicht, so sollte dieses Prinzip beim jetzigen GS 130.10 TS noch weiter verfeinert werden. Besaß der angesprochene 80-Tonner lediglich einen kurzen schwenkbaren Ballastgalgen, so wurde nunmehr ein gleichsam schwenkbarer und zudem zweifach teleskopierbarer Gegengewichtsausleger konstruiert. Mit diesem konnte nach Erreichen des Einsatzortes das vierteilige Gegengewicht vom begleitenden Hilfswagen aufgenommen werden. Die vier Teilstücke zu je 11 t konnten dabei je nach Einsatzsituation auch in Teilzusammenstellung hydraulisch angehängt werden. Die größte hintere Ausladung, gerechnet von der Drehkranzmitte des Oberwagens, betrug bis zum Ballastaufnahmepunkt beachtliche 10,6 m. Bis zur hinteren Ballastkante waren es dann gar 12,5 m. Kleinere Ballastausladungen waren natürlich gleichfalls möglich, dann allerdings entsprechende Traglastreduzierungen nach sich ziehend.

Um die oben angesprochenen Beeinträchtigungen auf den Nachbargleisen auf ein Minimum zu reduzieren, war der Ballastausleger außerdem mittels zweier Hydraulikzylinder unabhängig vom Kranoberwagen zu schwenken. Ein gleisparalleles Arbeiten ohne Behinderung des Verkehrs im Nachbargleis wurde somit bis 30 Grad Schwenkbereich ermöglicht.

Anders als es die Typbezeichnung des GS 130.10 TS vermuten lässt, wurde die 130-t-Maximaltraglast nur bei einer Ausladung von 8,2 m (1,2 m vor Puffer) erreicht. Dies galt dann auch nur für einen Schwenkwinkel von plus/minus 30 Grad, starrem Gegengewicht bei 10,5 m oder 12,5 m Ballast-Ausladung und 6 m Abstützbreite (34 t x 25 m). Bei gleichem Arbeitsbereich galt dieser 130-t-Wert (8,2 m Ausladung) allerdings auch bei gleisparalleler Ausrichtung des Ballastauslegers (32 t x 25 m). Für den 360-Grad-Vollkreis lagen die Traglastwerte dann nur noch zwischen 44 t x 8,2 m und 23 t x 25 m.

Freistehend bei 210 kN Radkraft lagen die möglichen Tragkräfte bei plus/minus zwei Grad Schwenkbereich zwischen 101,8 t x

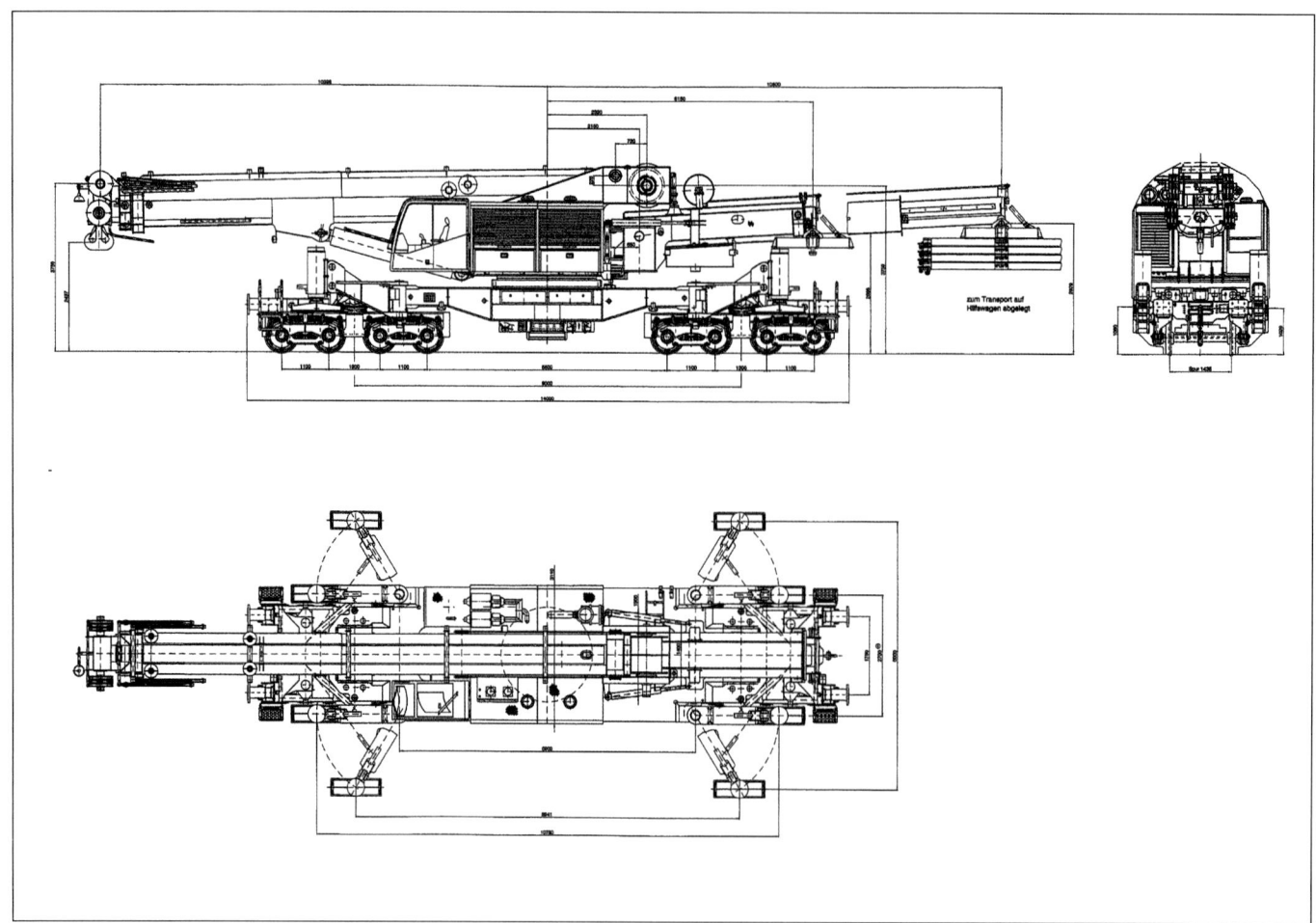

Maßzeichnung des im Jahre 2001 an Vanomag gelieferten GS 130.10 TS
(Mannesmann Dematic Gottwald)

8,2 m und 36,2 t x 25 m (gleisparalleler Ballast). Bei einem Arbeitsbereich bis plus/minus 30 Grad entlang der Gleisführung wurden die Traglasten zwischen 28,9 t x 8,2 m und 2,4 t x 25 m sicher beherrscht. Die Tabellen ließen überdies ein freistehendes 360-Grad-Arbeiten bei halbem 22-t-Ballast (starr bei 10,5-m-Ballastausladung) zwischen 9 t x 15 m und 1,9 t x 25 m zu.

GS 50.09 T – Schweiz

Im Jahre 2001 erhielt die Firma Vanomag AG einen Gleisbaukran für maximal 50 t Traglast von der damaligen Mannesmann Dematic AG Gottwald. Bei diesem rund 116 t schweren GS 50.09 T (LüP = 12 000 mm) verblieb der Ballast auch beim Transport komplett am Kranoberwagenheck. Der Kran besaß damit eine maximale hintere Ausladung von 2000 mm. Das Sechsachs-Fahrgestell mit seinen zwei Drehgestellen (7000 mm Kugelpfannenabstand) verfügte über insgesamt vier hydrostatisch getriebene Achsen, die dem Arbeitsgerät eine Eigengeschwindigkeit von bis zu 30 km/h ermöglichten. Die erlaubte Schleppgeschwindigkeit im Zugverband lag für den Kran bei inzwischen üblichen 120 km/h. Befahren werden konnten im Übrigen Kurven mit einem minimalen Radius von 90 m. Für das freistehende Arbeiten oder Transportieren von Lasten in eben solchen Kurven verfügte das Arbeitsgerät über die standardmäßige Kurvenausgleichseinrichtung, die Kurvenüberhöhungen von bis zu 180 mm entschärfte. Für das abgestützte Arbeiten waren am Unterwagen vier hydraulisch ausschwenkbare Abstützarme mit den

üblichen Senkrechtabstützungen vorhanden. Die Abstützbreite konnte damit zwischen 2,8 m und 4,5 m eingestellt werden, wobei das Gerät auch mit einer „Einbeinabstützung" eingesetzt werden konnte.

Der Oberwagen verfügte unübersehbar über eine ursprünglich aus dem Autokranprogramm der Mannesmann Dematic stammende Kranführerkabine. Hinter dieser war in einem separaten Motorraum ein Sechs-Zylinder-Reihenmotor mit eingestellten 162 kW / 220 PS untergebracht. Dieser stammte wieder, man höre und staune, von dem alten Motorenlieferanten Deutz (Typ BF 6M 1013CP). Die damit angetriebene Hydraulikanlage mit den diversen Pumpen und Motoren arbeitete selbstverständlich mit biologisch abbaubarem Hydrauliköl. Mit diesem Öl wurde auch der einzelne Wippzylinder bis zu einer maximalen Verstellung von 45 Grad in Bewegung versetzt.

Für den Fall der Fälle, den Ausfall des beschriebenen Dieselmotors während Hubarbeiten, verfügte der GS 50.09 T auch wieder über ein Notaggregat des gleichen Motorenlieferers. Dieser Deutz F2 L 1011 (20 kW / 27 PS) war für den Betrieb einer Hydraulikpumpe und eines 28-V-Generators verantwortlich, mit deren Hilfe alle lastmomentreduzierenden Kranbewegungen möglich gemacht wurden. Lediglich die Fahrwerksantriebe waren hiervon nicht zu speisen.

Für die Kranarbeit verfügte der 50-Tonner über einen Grundausleger mit einem Teleskopschuss. Komplett ausgeschoben und steilgestellt betrug die höchste Hakenstellung genau 14 m bei einer Ausladung von 11,7 m.

Der GS 50.09 T zeigt sich hier noch an seinem Herstellungsort mit geöffneten Maschinenhaus-Rollos
(Mannesmann Dematic AG Gottwald)

Links: Hier ist der kompakte 50-Tonner der Firma Vanomag bereits auf alpenländischen Gleisanlagen zu sehen. Leider folgte dem im Jahre 2001 in die Schweiz ausgelieferten Erstgerät bislang kein weiterer Auftrag – Rechts: Auch auf der rechten Oberwagenseite sind die Antriebskomponenten beziehungsweise Steuereinheiten sehr gut hinter Rolltüren zugänglich. Der spezielle Doppelhaken kann zur Erlangung einer größtmöglichen Hubausnutzung über die seitlich angebrachten Umlenkrollen des Auslegerkopfes extrem hoch gezogen werden
(Mannesmann Dematic AG Gottwald)

Oben: Stellt man sich einen Gleiskörper mit Kurvenüberhöhung auf der Kabinenseite vor, so zeigen sich hier die technischen Möglichkeiten um dieses Handicap auszugleichen – Unten: Kurvenüberhöhungen von bis zu 180 mm können durch die Hydraulik ausgeglichen werden. Somit kann an entsprechenden Einsatzorten ohne Traglastverlust freistehend gearbeitet werden
(Mannesmann Dematic AG Gottwald)

Die Maximallast von 50 t bewältigte das abgestützte Gerät (4,5 m Stützbreite) in einem Schwenkbereich von plus/minus 30 Grad bei 9 m Ausladung (18,3 t x 18,5 m). Dies traf so auch für das freistehende Arbeiten bei 210 kN Radkraft, allerdings in Gleisrichtung ausgerichtet (null Grad) zu. Für den Vollkreis (4,5 m Stützbreite) lagen die zulässigen Traglastwerte für den Kran zwischen 36,1 t x 8 m und 10,1 t x 18,5 m. Bei freistehendem Gerät wurden die 360-Grad-Werte dann mit 10,1 t x 8 m beziehungsweise 1,7 t x 18,5 m angegeben.

GS 30 RC – Singapur

Waren bereits bei den beiden voran genannten Eisenbahnkranen (GS 130.10 TS und GS 50.09 T) für den Kunden Vanomag AG in der Schweiz unverkennbar die Kranführerkabine aus dem Autokranprogramm der Gottwald-Mutter entliehen, so sollte für den GS 30 RC gleich der ganze Oberwagen eines solchen Autokrans auf Schienen gesetzt werden. Der Kunde Singapore Mass Rapid Transit (SMRT) hatte im Jahre 2001 einen relativ kleinen Eisenbahnkran für Instandhaltungsarbeiten der Gleisanlagen an der neuerbauten

North-East-Line der U-Bahn von Singapur in Auftrag gegeben. Kurzerhand hatte man sich seitens der Düsseldorfer Konstruktionsabteilung bei den „Noch"-Kollegen des Autokranbaus in Zweibrücken (seinerzeit Demag Mobile Cranes) nach einem geeigneten Kranoberwagen umgeschaut. Fündig geworden ist man dann bei dem Typ AC 40, einem kompakten 40-t-Arbeitsgerät der „City-Class". Doch zunächst noch einmal zurück zum Unterwagen, der komplett von den Düsseldorfern neu konstruiert werden musste. Dieser wurde bei einer Länge über Kuppler von 10 400 mm auf ein lediglich zweiachsiges Fahrgestell für die Spurbreite 1435 mm gesetzt. Da beide Radsätze hydrostatisch angetrieben wurden, konnte der im Komplettzustand rund 34 t schwere „U-Bahn-Kran" auch mit bis zu 6 km/h Eigengeschwindigkeit ohne und auch mit angehängtem 64-t-Wagen bei bis zu 35 Promille Steigung verfahren. Als minimaler Kurvenradius auf der Hauptstrecke wurden dabei 300 m und für die Depotfahrt 190 m vom Kunden vorgegeben. Mit einer angehängten Last, wobei dann allerdings sämtliche eigentlichen Kranbewegungen (heben/senken, wippen, teleskopieren und drehen) verriegelt waren, durfte der GS 30 RC noch mit bis zu 3 km/h verfahren. Im Zugverband in der Kombination E-Lok – Kran – Wagen – E-Lok betrug die zulässige Schleppgeschwindigkeit

65 km/h. Im Übrigen erhielt das Kranunterteil, wohl ebenfalls bei den Autokrankollegen entliehen, horizontal ausschiebbare Abstützarme mit den üblichen Senkrechtabstützungen für eine maximale Abstützbasis von Länge x Breite gleich 8,4 x 4,4 m.

Was den Kranoberwagen betraf, so wurde dieser wie bereits geschildert vom ursprünglich für 40 t Traglast ausgelegten AC 40 der Demag Mobile Cranes in leicht angepasster Ausführung übernommen. Für dessen fünfteiliges Auslegerpaket (Grundausleger plus vier Teleskope) wurde eine maximale Steilstellung von immerhin 78 Grad und somit eine größte Hakenhöhe von 32 m erzielt. Auch die vom Straßengerät her bekannte Traglast von 40 t wurde laut Spezifikationen nicht von dem Schienenkran gefordert. So wurde die maximale Traglast des einteleskopierten Auslegers mit lediglich 26,6 t bei 3 m Radius von der Drehkranzmitte aus betrachtet in den Lastdiagrammen angegeben.

Für das „einbeinige" Arbeiten beispielsweise, einer oftmals praktizierten Arbeitssituation, lagen die zulässigen Traglastwerte bei plus/minus 25 Grad Schwenkbereich bis zu einer Ausladung von 12 m bei gleichbleibenden 4,3 t. Darüber hinaus reduzierte sich dieser Wert dann bei 18 m Ausladung auf 2,75 t. Bei montierter Montagespitze auf dem Auslegerkopf reduzierten sich allerdings diese Werte geringfügig. Freistehend auf den Rädern wurden die Traglastmöglichkeiten bei maximal fünf Grad Schwenkbereich zu beiden Seiten der Gleismitte zwischen 4,3 t x 5,5 m und 1,3 t x 18 m festgeschrieben. Neben dem gegenüber der Straßenversion etwas reduzierten Gegengewicht konnte beim Kranoberwagen natürlich auch auf das sonst zwischen Kabine und Ballast angebrachte Reserverad aus verständlichen Gründen verzichtet werden.

Was den Antrieb des GS 30 RC (Railroad Crane) betraf, so kam im Oberwagen ein wassergekühlter Deutz-Diesel der Baureihe BF 4M 1013C zum Einbau. Dieser turbogeladene Vier-Zylinder-Reihenmotor brachte es auf rund 116 kW / 158 PS bei 2300 U/min. Bei dessen unerwartetem Ausfall während des aufgerüsteten Zustandes des Krans musste laut üblicher Kundenspezifikation ein Abrüsten in die Fahrstellung jederzeit möglich sein. Dies wurde beim „U-Bahn-Kran" durch einen Zwei-Zylinder-Deutz-Diesel mit angekoppelter Hydraulik-Notpumpe und Generator für die elektrische Grundversorgung sichergestellt. Neben dieser Not-Versorgung verfügte der Kran natürlich über sämtliche sonst üblichen Sicherheitseinrichtungen, die beispielsweise bei der „Auslegerabschaltung" das unbeabsichtigte Einfahren des Auslegerkopfes in die Oberleitung verhindert. Zudem wurden an dem Kran zahlreiche Arbeitsscheinwerfer und Kraftanschlüsse für Werkzeuge angebracht.

Vor der ersten Probefahrt auf der neuen Heimatstrecke war allerdings die Lieferung nach Singapur angesagt. Die letzte Transportetappe konnte bei einem Eigengewicht von lediglich 34 t auf einem noch leichten Schwertransporter mit skandinavischen Zugpferden zurückgelegt werden. Für die Entladung beim Kunden reichten dann auch zwei kleine Autokrane japanischen Ursprungs (Gottwald Port Technology)

Links: Hier ist der in den Zugverband eingestellte äußerst kompakte GS 30 RC auf seiner Jungfernfahrt in das U-Bahnsystem von Singapur zu sehen. Rechts: Heckansicht des in Gleisrichtung ausgerichteten Oberwagens während freistehender Belastungstests bei großer Ausladung. Die Stützen haben keinen Bodenkontakt. Auf dem Grundauslegerrücken ist die Winde des „AC 40-Hubwerkes" angeordnet (Gottwald Port Technology)

Trotz zahlreicher zuvor durchgeführter Abnahmetests auf dem Gottwald-Prüffeld handeln die Prüfingenieure beim Kunden vor Ort oftmals nach dem Motto „Vertrauen ist gut, Kontrolle ist besser". Hier wird die Belastung der Vorbauspitze mit ein wenig Betongewichten nachgestellt (Gottwald Port Technology)

Mitte: Für die vom Hersteller garantierte Maximaltraglast, in diesem Fall rund 26,6 t bei 3 m Ausladung, müssen dann schon einmal ein paar Krangewichte angehängt werden – Rechts: Hier zeigt der GS 30 RC was in ihm steckt, nämlich reichlich Teleskope. Die maximale Rollenkopfhöhe liegt bei rund 33,5 m, die maximale Hakenhöhe bei genau 32 m (4,2 m Radius). Im U-Bahn-System unter Tage dürfte diese Hubhöhe eher seltener erforderlich werden (Gottwald Port Technology)

GS 110.08 T – Malaysia

Auch in Malaysia interessierte man sich genau 20 Jahre nach der ersten Bestellung von zwei Eisenbahnbergungskranen mit Festausleger (GS 125.06 in 1983) wieder für derlei Bergungsgerät aus Düsseldorf. Nunmehr sollten allerdings im Jahre 2003 zwei Krane mit Teleskopausleger auf der Wunschliste der Malayan Railway stehen. Diese wurden dann als GS 110.08 T konstruiert und im Jahre 2004 zur Auslieferung gebracht. Neben den angesprochenen Bergungseinsätzen sollten allerdings auch Einsätze bei Bau- und Instandhaltungsmaßnahmen rund ums Gleis von diesen 110-Tonnern durchgeführt werden. Ausgelegt für tropisches Klima mit bis zu 100 Prozent Luftfeuchtigkeit, wurden die Kundenwünsche zunächst mit beispielhaften 110 t bei 8 m Radius und plus/minus 20 Grad Gleisausrichtung (60 t x 13 m) festgeschrieben. Diese abgestützt geltenden Werte sollten allerdings in den abschließenden Tabellen sogar

übertroffen werden. Zunächst jedoch mit der Unterwagenbeschreibung beginnend, ist auf einen sechsachsigen Unterwagen (LüK = 13 000 mm) für die einzuhaltende 1000-mm-Spur hinzuweisen.

Von den in zwei Drehgestellen zusammengefassten Achsen waren insgesamt vier Achsen für den hydrostatischen Eigenvortrieb ausgeführt. Dieser war dann auch mit maximal 30 km/h ohne Last beziehungsweise bis zu 10 km/h mit Last am Haken möglich. Als zulässige Schleppgeschwindigkeit des rund 120 t schweren Krans wurden 100 km/h angegeben. Der Ballast verblieb dabei komplett am Oberwagen. Der minimal zu befahrende Kurvenradius lag bei 70 m. Als Abstützungen wurden vier ausschwenkbare Stützarme mit möglichen Stützbreiten zwischen 3 m und 6 m vorgesehen.

Der im Oberwagen eingebaute Antriebsdiesel in Tropenausführung kam aus dem Hause Deutz und gehörte zur Baureihe BF 6 M 1013. Der wassergekühlte Sechs-Zylinder-Reihenmotor mit Turbolader stellte eine Leistung von 161 kW / 219 PS bei 2100 U/min zur

Links: Hier befinden sich die beiden im Jahre 2004 ausgelieferten GS 110.08 T einträchtig hintereinander auf dem Testfeld. Rechts im Bild ist ein zeitgleich fertig gestellter GS 125.07 TS für Korea abgebildet – Rechts: Die bei den Abschlusstests beim Hersteller anwesenden Kundenvertreter kontrollieren auch die Einhaltung der vorgegebenen Lichtraumprofile. Diese Anforderungen scheinen auch hier, wie nicht anders zu erwarten, erfüllt worden zu sein. Die mannshohen Senkrechtabstützungen geben einen Eindruck von den Dimensionen eines solchen Gerätes

(Gottwald Port Technology)

Links: Auch nachts oder zumindest bei Dunkelheit wird bei Gottwald getestet. Hier waren die vorgegebenen Lichtstärken für die nach Malaysia zu liefernden GS 110.08 T im Arbeitsbereich des Kranes einzuhalten und natürlich zu prüfen – Mitte: Hier sieht man deutlich die Unterschiede der Stützzylinderausführung bei einem malayischen GS 110.08 T (rechts) und beim zeitgleich gefertigten GS 125.07 TS für Korea – Rechts: Das eingespielte Team von Max Goll und Breuer & Wasel sorgte auch für den Transport beziehungsweise die Verladung der beiden für Malaysia bestimmten Meterspurkrane. Diese konnten natürlich nicht auf eigenen Radsätzen die deutschen 1435-mm-Gleise bis zur nahen Umschlagsstelle am Rhein befahren

(Gottwald Port Technology)

Verfügung. Der obligatorische Deutz F 2L 2011 mit 20 kW / 27 PS wurde mit seinen zwei Zylindern nur im Notfall benötigt.

Als eigentliche Kraneinrichtung verfügte das Hebezeug über einen Grundausleger mit einem Teleskop, der es auf eine größte Hakenhöhe von 18,2 m bei 11 m Ausladung brachte. Die angefertigten Traglasttabellen des GS 110.08 T ergaben wie bereits angedeutet etwas höhere Werte als ursprünglich vom Kunden gefordert. So wurden beispielsweise 120 t bei plus/minus 25 Grad Ausrichtung zwischen 5,7 m und 7,5 m gehoben. Auch wurde natürlich ein entsprechender 120-t-Haken mitgeliefert. Bei der geforderten 8-m-Marke lag man mit 112,5 t leicht über dem vorgegebenen Soll. Bei einer größten Ausladung von 20 m konnten in dem angesprochenen Schwenkbereich noch 26 t sicher gehoben werden. Für den 360-Grad-Schwenkbereich wurden die Traglasten bei größtmöglicher Abstützbreite von 6 m zwischen 108 t x 5,7 m und 12 t x 20 m festgeschrieben. Auch freistehend auf den zwölf Rädern lagen die Traglasten, bei allerdings lediglich plus/minus zwei Grad Ausrichtung, zwischen 80 t x 5,7 m und 15 t x 20 m. Diese Lasten konnten dann auch mit geringer Geschwindigkeit, wie oben aufgeführt, verfahren werden.

GS 125.07 TS – Südkorea

In der langen Reihe der von Gottwald gefertigten Eisenbahnkrane ist auch dieser Teleskop-Bergekran vom Typ GS 125.07 TS wieder einmal als Besonderheit zu werten. Mit seinem schwenkbaren und in Gleisrichtung auszurichtendem Gegengewicht nicht unbedingt als technische Neuheit zu bezeichnen, war dies allerdings bislang den reinen Gleisbaukranen bei Gottwald vorbehalten gewesen. Kunde für diesen rund 190 t schweren Kran war einmal mehr die Korean National Railroad, kurz „Korail". Diese hatte den Kran jedoch speziell für den Einsatz auf ihrer Hochgeschwindigkeitsstrecke KTX (Korea Train eXpress) bestellt. Die auf 1435-mm-Spur fahrenden KTX-Züge erreichen dabei Geschwindigkeiten bis zu 300 km/h. Die zulässige Schleppgeschwindigkeit im Zugverband lag für den GS 125.07 TS trotz Hochgeschwindigkeitsstrecke natürlich nicht in diesem Bereich, war jedoch mit 120 km/h auch schon respektabel.

Das angesprochene Gegengewicht des Bergungskrans war dabei nicht nur bis plus/minus 30 Grad Auslegerstellung in Gleisrichtung auszurichten, sondern verblieb auch während des Transportes komplett am Gerät. Zur Einhaltung der maximal zulässigen Achslasten von 24 t wurde es allerdings auf dem Gleitrahmen mittels eines Hydraulikzylinders von der Arbeitsstellung mit maximal 8000 mm hinterer Ausladung in die Transportstellung direkt unter den Windenrahmen bewegt. Das beachtliche Eigengewicht des Bergungskrans wurde auf zwei vierachsige Drehgestelle verteilt, die einen Mindestkurvenradius von 100 m benötigten. Von diesen insgesamt acht Achsen waren je Drehgestell jeweils zwei Achsen angetrieben. Jede Achse war mittels Blattfedern für die Transportfahrt gefedert. Während der Eigenfahrt und im Kranbetrieb wurde diese Achsfederung allerdings hydraulisch blockiert. Die vier hydraulischen Fahrantriebe ermöglichten eine Eigenfahrt mit bis zu 30 km/h, wobei Hydraulikmotor, Getriebe und Antriebsritzel jeweils eine Einheit bildeten. Für den Unterwagen, der eine Länge über Kuppler (LüK) von 12 800 mm besaß, sind abschließend noch die vier hydraulisch ausschwenkbaren Stützarme zu erwähnen. Diese ermöglichten insgesamt vier Stützbreiten zwischen 3 m und 6 m.

Der Oberwagen des Bergungskrans erhielt einmal mehr einen wassergekühlten, sechszylindrigen Cummins-Dieselmotor mit Turbolader. Dieses Aggregat vom Typ N14-C360 verfügte über 360 horsepower (264 kW) bei 1800 U/min. Die Antriebsmaschine sorgte dann über ein angeflanschtes Verteilergetriebe für die erforderliche Pumpenleistung der hydraulischen Arbeits- und Steuerkreisläufe. Desweiteren wurden ein Kompressor, eine Drehstromlichtmaschine sowie weitere Pumpen für Öl- und Wasserkühlung über Riemen angetrieben. Für den Notfall (Ausfall) stand dem amerikanischen Diesel ein 20-kW-Diesel (Deutz, F2 L 2011F) zur Seite.

Als Kraneinrichtung selbst ist natürlich noch der Grundausleger mit dem darin befindlichen zweiteiligen Teleskopausleger zu erwähnen. Dieses Paket wurde beim GS 125.07 TS mit zwei Wippzylindern in der Höhe verstellt. Die maximale Hakenhöhe wurde bei komplett ausgefahrenem Ausleger mit 14,5 m (16,07 m Ausladung) erzielt. In der flachsten Stellung lag die größtmögliche Ausladung hingegen bei 25 m.

Der GS 125.07 TS ist hier bei Belastungsproben und komplett ausgefahrenem Ballastschlitten zu beobachten. Nach wie vor sind auch die Gottwald-typischen Bohrungen in den Auslegerteilen zu erkennen. Diese sind quasi seit Aufnahme der Teleskopauslegerfertigung Bestandteil des speziellen Verfahrens der Halbschalenverschweißung (Gottwald Port Technology)

Auch der 125-Tonner verfügt zur besseren Ausleuchtung des Arbeitsbereiches über Beleuchtungskörper unterhalb des Grundauslegers (Gottwald Port Technology)

Links: Hier werden die Arbeitsmöglichkeiten (plus/minus 30 Grad) des Auslegers bei in Gleisrichtung stehendem Ballastausleger ersichtlich. Der ansonsten 8000 mm betragende hintere Überhang (ab Drehkranzmitte gesehen) kann somit bei vielen Arbeitssituationen vermieden werden. Die einzelnen Parameter von Ausleger und Gegengewicht wurden selbstverständlich von der elektronischen Lastmomentbegrenzung verarbeitet. Rechts: Bei den Abnahmetests auf dem Werkshof wird natürlich auf einwandfreie Funktion der zugegeben komplizierten Ballast-Maschinerie geachtet. Sehr gut zu erkennen sind neben der Stützenhydraulik auch die Funktionsweise des Ballastschwenkens und die Ballast-Schlittenkonstruktion mitsamt seiner Ausfahrhydraulik (Gottwald Port Technology)

Seine Höchsttraglast von 125 t erreichte der Kran bei 7 m Ausladung, allerdings eingeschränktem Arbeitsbereich von plus/minus 30 Grad (6 m Stützbreite). Hierbei konnte dann sogar noch der hinten ausragende Ballast in Gleisrichtung ausgerichtet werden. Dies bedeutete jedoch bei fast steilstehendem Auslegerpaket eine Hakenstellung mit lediglich 0,1 m vor Kuppler. In dieser Konstellation wurden dann bei austeleskopiertem Ausleger und 25 m Ausladung immerhin noch 23,4 t bewältigt. Gleichwohl konnten die 125 t auch über den Vollkreis gehoben werden, zulässig jedoch bei nur noch 6,5 m Ausladung und gerade stehendem Ballastausleger. Hier reduzierte sich dann die Traglast auf 13,9 t x 25 m.

Neben dem „einbeinigen" Arbeiten konnte der GS 125.07 TS auch freistehend Lasten heben. In Gleisrichtung geschwenkt waren hier erwartungsgemäß die größten Traglastwerte (112 t x 6,5 m bis 21 t x 25 m) zu erzielen. Möglich war zudem ein Schwenkbereich von plus/minus 20 Grad (83 t x 6,5 m bis 9,6 t x 25 m). Das freistehende 360-Grad-Schwenken der Last war lediglich in einem Bereich zwischen 18,3 t x 6,5 m und 2,1 t x 16 m zulässig. Auch musste hierfür das Kontergewicht in der Transportstellung verbleiben, da der Kran ansonsten hinterrücks vom Gleis gekippt wäre. Neben einer zusätzlich am Kran angebrachten 5-t-Bergungswinde gehörten bei der im Jahre 2004 erfolgten Auslieferung des Großgerätes auch eine 70-t-Lasttraverse und eine spezielle 40-t-Lastvorrichtung „Top fork" für Tunnelarbeiten zum Lieferumfang von Gottwald.

GS 140.08 H – Pakistan

Die Pakistan Railways in Lahore waren im Jahre 2004 Auftraggeber für gleich zwei Bergungskrane mit Festausleger und maximal 140 t Tragkraft. Auf der pakistanischen 1676-mm-Breitspur wurde das Transportgewicht von rund 129 t auf insgesamt sechs Achsen in zwei Drehgestellen verteilt. Hierfür musste ein Großteil des überbreiten 39-t-Gegengewichts getrennt transportiert werden. Der 3000 mm breite Kran besaß eine Unterwagenlänge von 13 290 mm (LüP) mit einem Drehzapfenabstand der Drehgestelle von 7500 mm. Hierbei waren zur Gewinnung von etwas „Spielraum" vor dem Unterwagen die besagten Puffer klappbar ausgeführt. Für das Befahren der pakistanischen Gleise wurde vom Kunden ein Mindestkurvenradius von 175 m als Grenzwert vorgegeben. Von den angesprochenen sechs Fahrgestellachsen (Schrauben-/Tellerfederung!) waren bei den beiden 140-Tonnern lediglich zwei Achsen, eine pro Drehgestell, hydraulisch angetrieben. Für diesen Eigenantrieb war dann auch nur eine Geschwindigkeit von 20 km/h ohne Last beziehungsweise bis zu 8 km/h mit Last möglich. Bei ausgerücktem Eigenantrieb und wirksamer Achsfederung konnte das Gespann aus Kran und Schutzwagen mit einer Schleppgeschwindigkeit von bis zu 100 km/h bewegt werden. Für den Bergungseinsatz verfügte der Unterwagen auch über die üblichen schwenkbaren Abstützarme mit einer Abstützbasis zwischen 2,9 m und 6 m.

Der Kranoberwagen nahm natürlich auch das erforderliche Dieselaggregat auf, welches wieder aus amerikanischer Fertigung kam. Der wassergekühlte Sechs-Zylinder-Reihenmotor mit Turbolader vom Typ M11 des Hersteller Cummins brachte es auf eine eingestellte Leistung von 206 kW / 280 PS (1800 U/min). Die angekoppelte Hydraulikanlage arbeitete dann in ihren wichtigsten Funktionen mit einem Betriebsdruck von bis zu 280 bar. Der standardmäßige Deutz-Notdiesel (Typ F 2L 2011) leistete hingegen für das „in Grundstellung bringen" ausreichende 20 kW / 27 PS. Zur Einhaltung der Lichtraumprofile während des Transportes wurde die Gegengewichtsaufnahme wie bereits bei einigen zuvor nach Indien gelieferten GS 140.08 H hydraulisch absenkbar ausgeführt. Der Ballastklotz selbst war dreiteilig aufgebaut. Die beiden oberen Teilstücke waren allerdings mit knapp 3,5 m Breite außerhalb des zulässigen Breitemaßes und wurden deshalb diagonal liegend auf

Links: Hier ist der kurz vor der Vollendung befindliche GS 140.08 H in seinem außergewöhnlichen Anstrich für die Pakistan Railways zu sehen. Teilweise befinden sich die zur Auslegerverstellung erforderlichen Umlenkrollen des Auslegerkopfes von außen an diesem – Rechts: Neben der massiven Ballastaufhängung und der Dreiteilung des rund 39 t schweren Gegengewichtes ist hier auch gut die schmalere Ausführung des unteren Teilgewichtes zu erkennen. Diese wurde bei Transportfahrt auf dem Kranunterwagen abgelegt, wohingegen die beiden oberen Klötze auf dem Auslegerschutzwagen zum Liegen kamen

(Gottwald Port Technology)

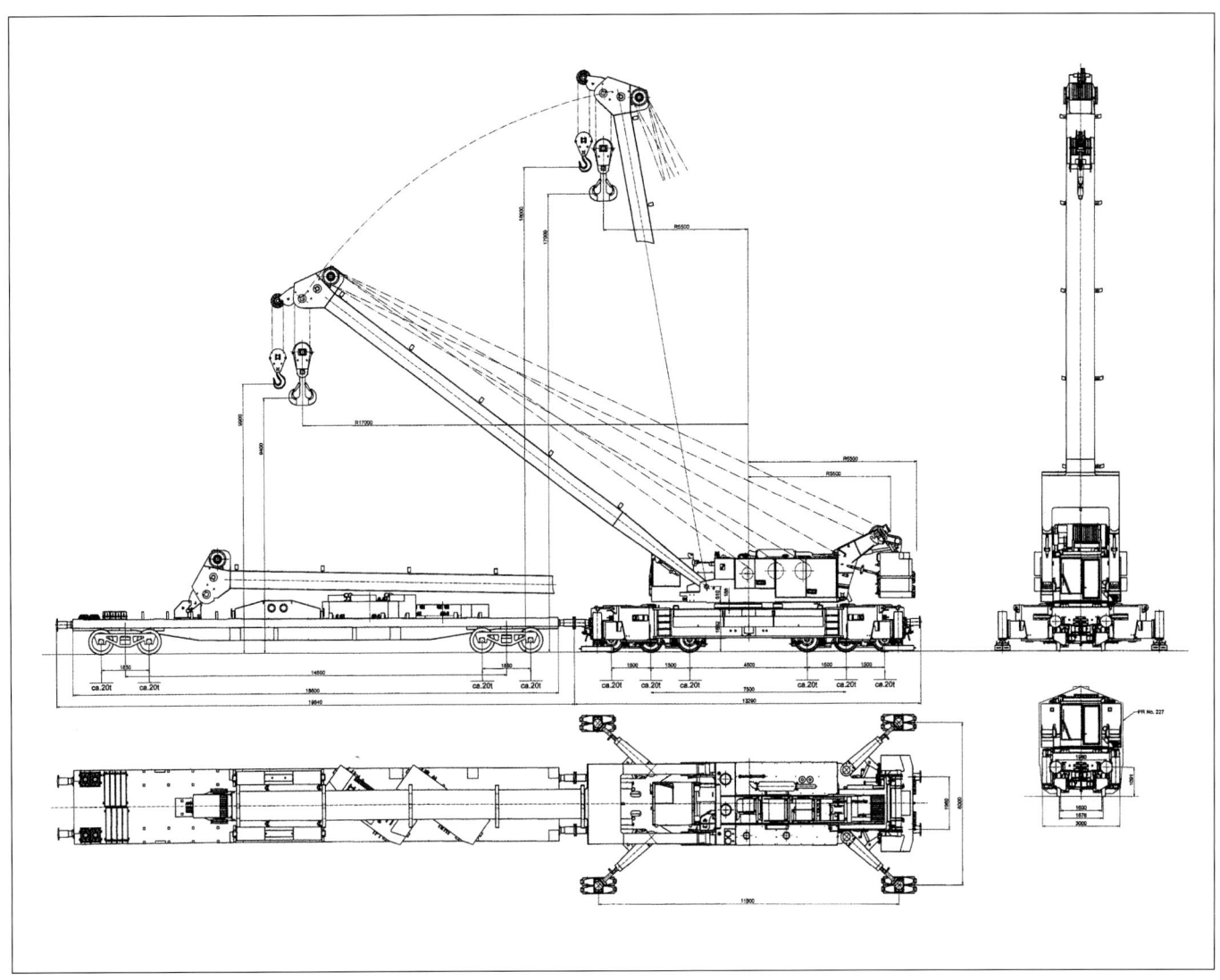

Der im Jahre 2005 zweifach nach Pakistan gelieferte GS 140.08 H mit seinen wichtigsten Maßen (Gottwald Port Technology)

dem Schutzwagen abgelegt. Das untere Ballastteil war hingegen mit 3000 mm Breite ausgeführt und wurde für die Transportfahrt auf dem Kranunterwagen abgelegt.

Der für einen Festauslegerkran an der Oberwagenanlenkung typisch gegabelte Festausleger in geschweißter Kastenbauweise besaß bei einem Gewicht von genau 15 t eine Länge von annähernd 20 m (Fußpunkt bis Mitte Seilrolle Hilfshub). Die maximale Traglast des Haupthubes von 140 t wurde entgegen der Typbezeichnung in plus/minus-30-Grad-Ausrichtung sogar bis 9,5 m Ausladung gewährleistet (6 m Stützbreite). Bei der größtmöglichen Ausladung von 17 m lag die Traglast dann noch bei immerhin 71,7 t. Für den Vollkreis lagen die Werte zwischen 140 t x 5,5 bis 6 m und 32 t x 17 m. Auch freistehend auf den blockierten Rädern konnten sich die zulässigen Traglasten sehen lassen. Hier waren zwischen 74 t x 5,5 m und 22,8 t x 17 m (plus/minus fünf Grad Auslegerausrichtung) beziehungsweise 53,5 t x 5,5 m und 14,8 t x 17 m (bei plus/minus 30 Grad) sicher zu beherrschen. Der gleichfalls vorhandene 25-t-Hilfshub konnte im abgestützten Zustand, dies auch bei kleineren Stützbreiten, im gesamten Ausladungsbereich von 6,5 bis 18 m (360 Grad) seine Kraft zur Geltung bringen. Für das freistehende Arbeiten musste dies wiederum eingeschränkt werden. Hier lagen die Möglichkeiten beispielsweise zwischen 25 t x 6,5 bis 10 m und 11 t x 18 m (plus/minus 30 Grad).

Zudem ergaben sich laut Traglasttabellen noch zahlreiche Möglichkeiten bei nur teilweise am Oberwagen angehängtem und ansonsten auf dem Unterwagen befindlichem Ballast. Wie gut, dass da dem Kranführer eine sämtliche Rüstzustände erfassende elektronische Lastmomentbegrenzung zur Seite stand. Hinzu kam, dass aufgrund des in Grenzen hydraulisch verstellbaren Ballastaufnahmegalgens eine hintere Ausladung von 5,5 m oder 6,5 m möglich war. Für die am Unterwagen vorhandene 5-t-Bergungswinde war eine solche Lastmomenterfassung dann allerdings nicht erforderlich. Zum Lieferumfang eines jeden GS 140.08 H gehörten im Jahre 2005 auch jeweils eine 140-t- und eine 70-t-Lasttraverse sowie zahlreiche Anschlagseile und -ketten.

Fahrzeugkrane nach 1945

Bekanntermaßen brachte man bis weit in die dreißiger Jahre des 20. Jahrhunderts, ja sogar noch bis kurz nach Ende des Zweiten Weltkrieges einen Kran oder Bagger zumeist zwangsläufig mit einem Gleisstrang und einem dafür geeigneten Schienenfahrwerk in Verbindung; doch weit gefehlt.

Bereits zur Mitte des zweiten Jahrzehntes des noch recht jungen Jahrhunderts wurden vorwiegend in den Vereinigten Staaten von Amerika andere Wege bei der Fortbewegung eingeschlagen. Einige vereinzelte und aus heutiger Sicht noch recht unbeholfen wirkende Krane auf Raupenfahrwerken, ja sogar bereits auf Lkw-Chassis wurden jenseits des großen Teiches im harten Arbeitsalltag eingesetzt. Insbesondere Raupenunterwagen ermöglichten dabei das Arbeiten mit solchen Baumaschinen auch weitab von Schienensträngen in oftmals schwierigem Terrain. Als besonders schnell in Bezug auf die Fortbewegung waren diese Arbeitsmaschinen allerdings nicht anzusehen.

Mit dem immer stärker werdenden Aufkommen von Lastkraftwagen wuchs allerdings auch der Drang der Kranbauer, sich dieses schnelle und unabhängige Transportmittel für ihre Zwecke nutzbar zu machen. Derartige „Autokrane" oder „Lkw-Krane", der Kranoberwagen war auf ein mehr oder minder serienmäßiges Lkw-Chassis aufgesetzt, waren allerdings nur vereinzelt anzutreffen.

Die Weiterentwicklung dieser mobilen Hebezeuge sollte noch eine zeitlang auf der Stelle treten. Die Bedeutung der weit verbreiteten Schienen- und Raupengeräte konnte man bei weitem noch nicht erreichen. Die Zeit der gummibereiften Krane und Bagger sollte erst zur Mitte des letzten Jahrhunderts anbrechen.

Der gummibereifte Mobilkran

Wie so oft in der Geschichte kriegerischer Auseinandersetzungen brachte auch der Zweite Weltkrieg einen nicht unerheblichen technischen Innovationsschub mit sich. Dieser beschränkte sich während des Krieges leider vorwiegend auf die Waffentechnik, die sich rasend schnell weiter entwickelt hatte. Nach Beendigung dieser weltumgreifenden Auseinandersetzungen sollte jedoch wieder die Stunde wesentlich friedlicherer Ingenieurskunst anbrechen.

Ganze Städte und komplette Industrieanlagen waren in den letzten Jahren durch Bombenhagel und Artilleriebeschuss dem Erdboden gleichgemacht worden. Es galt nun, all dies wieder aufzubauen. Obwohl noch viele der Aufräumarbeiten und anschließenden Neubauten in Handarbeit von den Menschen geleistet wurden, kamen auch unzählige, jedoch zumeist technisch veraltete Baumaschinen zum Einsatz. Diese wurden vielfach noch dampfbetrieben. Doch die alteingesessenen Bagger- und Kranhersteller hatten die Zeichen der Zeit erkannt und entwickelten binnen kurzem eine Unmenge modernerer Baumaschinen. Anfangs aus bekannten Gründen noch auf die Dampfkraft zurückgreifend, wurden zunehmend die schon seit längerem eingeführten Dieselantriebe eingebaut. Nach Jahren der kriegsbedingten Knappheit war der flüssige

Brennstoff für derartige Antriebe in Deutschland wieder in ausreichender Menge verfügbar.

Zudem gingen die Kranbauer in den späten vierziger Jahren immer mehr dazu über, ihre neuesten Hubgeräte auf Gummiräder zu stellen, um sie relativ schnell an andere Einsatzorte verbringen zu können. Aus dieser Mobilität entstand schließlich auch die Bezeichnung „Mobilkran" für derartige Kranfahrzeuge.

Der schon angesprochene Bauboom nach Kriegsende ließ auch die besonders in Mitleidenschaft gezogene Stahlindustrie sowie die Chemie und Petrochemie immer größere Fabrik- und Raffinerieanlagen aus dem Boden stampfen. Der Hochbau hatte im wahrsten Sinne des Wortes Hochkonjunktur. Bislang erfolgten gerade solche Bauprojekte vorwiegend unter Zuhilfenahme von kleinen Turmdrehkranen, für schwerere Lastfälle von Portal- und Derrickkranen. Die schwereren Lastfälle beschränkten sich dabei zumeist auf Einzellasten von nur wenigen Dutzend Tonnen.

Zum wesentlichen Nachteil mussten derartige Krananlagen umständlich und zeitintensiv am Montageplatz errichtet und später demontiert werden. Auch das von so einem Kran zu bestreichende Arbeitsfeld war äußerst eingeschränkt. Dies sollte sich mit dem Aufkommen der Mobilkrane und später der Autokrane grundlegend ändern. Gerade was die Wirtschaftlichkeit anbetraf, waren Mobil- und Autokrane geradezu revolutionär.

Auf etwas mehr als ein Jahrzehnt Erfahrung im Handling mit Mobilkranen zurückblickend, sollte die deutsche Fachzeitschrift „Blech" über den wirtschaftlichen Faktor im März 1961 wie folgt berichten:

„Stillstandszeiten werden bei der vielseitigen Verwendungsmöglichkeit praktisch immer durch anderweitigen Einsatz, zum Beispiel als Umschlagskran, vermieden. Als Faustregel kann angenommen werden, dass der Einsatz eines luftbereiften Kranes eine Montage in der gleichen Anzahl von Stunden ermöglicht, wie mit den früher üblichen Mitteln Tage notwendig waren. Der besondere Vorteil liegt dann häufig nicht allein in der Einsparung von Zeit und Montagekosten, sondern in der Vermeidung oder Verkürzung von Betriebsausfällen. Dies ist besonders bei Kraftwerken, chemischen Fabriken, Raffinerien und so weiter meist von entscheidender Bedeutung."

Die Hebezeugnutzer hatten die Zeichen der Zeit erkannt. Mobil- und später auch Autokrane wurden allmählich zum gewohnten Bild auf vielen Baustellen. In der weiteren Entwicklungsgeschichte sollten sich insbesondere einige deutsche Hersteller bei der Entwicklung immer leistungsstärkerer Fahrzeugkrane besonders hervortun. Auch die Firma Gottwald durfte sich einige Jahre zu diesen Spezialisten zählen.

Der schnelle Ortswechsel zwischen zwei voneinander entfernten Baustellen erfolgte beim Mobilkran unter Zuhilfenahme eines entsprechenden Zugfahrzeuges, wie eines Lkws oder einer Zugmaschine. Allerdings wurde dem Mobilkran selbst auch eine geringe Eigenfahrgeschwindigkeit zugestanden. Diese lag zumeist unterhalb von 25 km/h und war für den Baustellenbetrieb auch völlig ausreichend. Die Antriebskraft entzog man dabei, selbstverständlich mechanisch übertragen, dem eigentlichen Kranmotor im Oberwagen.

Den sicheren Stand für Hubarbeiten ermöglichten die am Fahrgestell angebrachten Spindelabstützungen, die vorerst selbstredend von Hand in Arbeitsposition zu bringen waren. Um mit diesen Kranen auch freistehend, also nicht abgestützt, arbeiten zu können oder gar unter Last zu verfahren, bedurfte es jedoch der Bewältigung eines ganz eigenen Problems.

Die bis dahin verfügbaren normalen Lkw-Achsen eigneten sich dabei lediglich für zentrische Belastungen, keinesfalls für die im Auslegerbetrieb auftretenden exzentrischen Belastungen bei nicht abgestütztem Unterwagen. Die nachgebende Achsfederung hätte zum Wippen, wenn nicht gar Umstürzen des Kranes führen können. Das Fahrwerk stellte die erste Hürde für die Kranbauer, besser gesagt für die Fahrgestellkonstrukteure dar.

Das abgestützte Arbeiten war zunächst unumgänglich. Um diesen Nachteil des beschränkten Arbeitsbereiches gegenüber den Schienen- und Raupengeräten wettzumachen, mussten erst einmal spezielle Achsen entwickelt werden.

In den Konstruktionsabteilungen bei Gottwald gelang dies erstmals beim MK 1 im Jahre 1950. Dieser Mobilkran der ersten Stunde erhielt die im eigenen Hause entwickelten und gefertigten Kranachsen. Die Achsfederung konnte hierbei mittels Schraubenspindeln blockiert werden. Das Gerät war somit im Stande, die ihm anvertraute Last freistehend über 360 Grad zu drehen und auch zu verfahren. Erst viel später konnte man solche Achsen von externen Zulieferern beziehen. Der zweiachsige MK 1 bewegte sich dabei entweder auf Vollgummireifen (Schrottplatzbetrieb) oder aber auf normalen Luftreifen.

Die auch als „Einmotoren-Kran" bezeichneten Geräte hatten einen im drehbaren Oberwagen eingebauten Antriebsdiesel. Von diesem Motor wurden über entsprechende Getriebe die verschiedenen Kranfunktionen sowie das Fahrwerk mit der Antriebskraft versorgt. Die Steuerung dieser diesel-mechanischen Antriebe erfolgte nach alter Väter Sitte rein mechanisch. Der Kraftaufwand des Geräteführers war dementsprechend einzustufen.

In den frühen fünfziger Jahren setzte sich schließlich die Druckluftsteuerung durch, die dem Bediener die Arbeit ungemein erleichterte und ihn nicht mehr so schnell ermüden ließ. Es darf erwähnt werden, dass man bei Gottwald maßgeblichen Anteil an der Entwicklung dieser Druckluftsteuerungen hatte.

Obwohl später alle „Einmotoren-Krane" bei Gottwald unter der Bezeichnung MK gebaut wurden, waren diese noch lange nicht als reine Krane einzustufen. Den Begriff Kran etwas missbrauchend, erhielten die „MK" von den Reisholzern die unterschiedlichsten Arbeitswerkzeuge. So wurden neben dem reinen Hakenbetrieb auch Baggerarbeiten mit Greifer oder Schleppschaufel ermöglicht. Ein Magnetbetrieb war, wenn vom Kunden gewünscht, ebenfalls denkbar. Auch erhielten die MK spezielle Ausleger für Hochlöffel- oder Tieflöffelbaggerarbeiten; Spezialausleger für Rammarbeiten konnten ebenfalls angebaut werden. Ja es gab sogar MK-Modelle mit Turmdrehkrancharakter und angebautem Nadel- oder Katzausleger.

Um wieder den internationalen Vergleich zu den seit Jahrzehnten bewährten und immer noch populären Schienenkranen anzustellen, deren Traglast inzwischen bei gut 150 t (Eisenbahn-Unfallkrane) angelangt war, mussten sich die Mobilkrankäufer zunächst einmal mit nur sehr geringen Tragfähigkeiten begnügen. Diese lagen zumeist unterhalb von 10 t, eher seltener im Bereich bis zu 20 t bei Geräten aus amerikanischer Fertigung. Dieser Leistungsunterschied sollte in den nächsten Jahren jedoch zusehends geringer werden und sich schließlich ins Gegenteil wenden.

Der Einstieg in eine neue Kategorie der Hebezeugtechnik war den Gottwald-Ingenieuren mit dem MK 1 und dem unmittelbar daraus entstandenen MK 4 jedenfalls eindrucksvoll gelungen. Weit über 300 verkaufte Exemplare mögen dies bestätigen. Auf dem Ver-

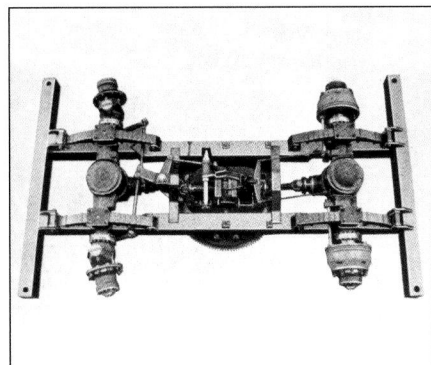

Links: Der MK 1 besaß in den allerwenigsten Fällen Abstützungen. Er benötigte deshalb bereits Achsen, die für exzentrische Belastungen ausgelegt sein mussten – Rechts oben: Der Mobilkran MK 100 konnte derart hinter einen Lkw gehängt mit einer Schleppgeschwindigkeit von 35 bis 40 km/h gezogen werden – Rechts unten: Bereits mit Allradantrieb war das Fahrgestell des MK 4A ausgestattet
(Sammlung Weinbach)

Basierend auf dem MK 4/A wurde ab den frühen fünfziger Jahren auch eine Turmdrehkranvariante für maximal 1,2 t x 6 m beziehungsweise 0,6 t x 12 m im Programm geführt
(Sammlung Weinbach)

Über ein Dutzend MK 1-Oberwagen wurden bereits ab 1950 überwiegend in die Niederlande geliefert und dort auf Lkw-Fahrgestelle aufgebaut. Wohl auf einem englischen Lkw-Chassis wurde dieser Kranaufbau mit Schleppschaufel eingesetzt. In den Lieferlisten wurden solche Geräte allerdings noch nicht als Autokran (AK) geführt
(Sammlung Weinbach)

LEO GOTTWALD
WERK DÜSSELDORF

KRANE

GOTTWALD

kaufsschlager basierend wurden in relativ schneller Folge noch leistungsfähigere MK-Typen entwickelt. Und kaum waren die ersten mobilen Geräte der diversen Anbieter im Einsatz und hatten sich in überzeugender Weise bewährt, erinnerte man sich der ersten Autokran- beziehungsweise Lkw-Kran-Versuche aus den Anfängen des Jahrhunderts.

So wurden auch bei Gottwald die Oberwagen des MK 1 beziehungsweise MK 4 kurzerhand auf geeignet erscheinende Lkw aufgebaut, deren Rahmen dann bestenfalls ein wenig verstärkt wurden. Zumeist waren es ehemalige Militär-Lkw aus amerikanischer Produktion, die eine neue Verwendung fanden. Diese Hubgeräte waren auch im öffentlichen Straßenverkehr in angemessenem Tempo zu verfahren.

Mobil- oder Autokrane / Who is Who

Mit dem verstärkten Auftreten luftbereifter Krane wurden nun die Begriffe „Mobilkran" und „Autokran" geprägt. Etwas uneins war man in der Fachwelt zunächst bei der genauen Unterscheidung derartiger Geräte und so wurden die Bezeichnungen recht freizügig vergeben.

Wie voran beschrieben, erhielt die neue Krangattung dank ihrer Mobilität von den Reißholzer Kranbauern das Kürzel MK, welches für Mobil-Kran stand, obwohl ja nicht nur Hubarbeiten mit dem Gerät auszuführen waren.

Die bedeutende deutsche Fachzeitschrift „Fördern und Heben" berichtete in ihrem Messebericht Krane zur Hannover-Messe im Jahre 1954 über solcherlei Hebezeuge wie folgt:

„Autokrane – Autobagger

Die gummibereiften, straßengängigen Hebezeuge haben sich gut eingeführt und ihre Existenzberechtigung reichlich erwiesen. Die Weiterentwicklung vorhandener Geräte sowie die hinzugekommenen Neukonstruktionen beweisen das große Interesse von Baugewerbe, Industrie, Schiffswerften, Hafenbaubehörden, Unternehmen für Güterumschlag und so weiter an dieser jungen Kran- beziehungsweise Baggerart, die ihre Beliebtheit vor allem der örtlichen Ungebundenheit und schnellen Eigenbeweglichkeit verdankt.

Wie im Vorjahre so waren auch 1954 wieder alle Typen vertreten (Anmerkung: auf dem Messegelände). Einer zweckmäßigen Anregung entgegenkommend, seien nachfolgend die Einmotoren-Hebezeuge auf Gummireifen – wie bisher – als Autokran beziehungsweise Autobagger bezeichnet, hingegen die Zweimotoren-Geräte auf einem Lkw-Fahrgestell als Lkw-Kran beziehungsweise Lkw-Bagger.

Diese kurzen, treffenden Namen, die sachlich leicht zu begründen sind, decken sich sogar mit den analogen Bezeichnungen der USA-Industrie, nämlich ‚selfpropelled-one engine-mobil crane' beziehungsweise ‚mobil crane truck-type'."

Soweit die erste Einschätzung der Problematik „Namensfindung" durch die Fachjournalisten.

Berücksichtigt man die vorstehende Definition, so verwundert es nicht, dass in dem angesprochenen Messebericht die von den verschiedenen Herstellern angebotenen „Mobilkrane" als Autokrane bezeichnet wurden. Und tatsächlich wiesen erste Prospekte der Firma Gottwald aus den frühen fünfziger Jahren die Geräte der MK-Baureihe auch als „Universal-Autokran", „Universal-Autobagger" oder gar als „Universal-Automobilbagger" aus. Aufgrund ihrer unterschiedlichen Einsatzwerkzeuge hatten all diese Umschreibungen irgendwie ihre Berechtigung.

In späteren Versuchen der Geräteeinstufung wurden schließlich als namensgebende Kriterien die Eigengeschwindigkeit oder aber die jeweilige Motorisierung mittels nur eines Dieselmotors (Mobilkran) oder eben zweier solcher Aggregate (Autokran) herangezogen. Bedenkt man, dass Gottwald im weiteren Verlauf der Kranfertigung autobahntaugliche Autokrane auch mit nur einem Unterwagenmotor versah, so verblieb letztendlich das Geschwindigkeitskriterium um eine allgemein gültige Einstufung vornehmen zu können.

Bei soviel Unsicherheit half schließlich nur noch eine entsprechende Normung. Und so sollte in späteren Jahren die Deutsche Norm DIN 15001 – Krane – (DIN = Deutsches Institut für Normung) derartige Hubgeräte tatsächlich wie folgt beschreiben:

„Mobilkran: Fahrzeugkran mit luftbereiftem oder vollgummibereiftem angetriebenen Unterwagen. Vorwiegend für den Einsatz im Nahverkehrsbereich bei mäßiger Fahrgeschwindigkeit."

„Autokran: Fahrzeugkran mit luftbereiftem angetriebenen Unterwagen. Als Unterwagen werden Lastkraftwagen-Fahrgestelle üblicher Bauart oder Sonderbauart mit vergleichbaren Merkmalen verwendet."

Ferner bezeichnete besagte Norm einen „Fahrzeugkran mit luftbereiftem Unterwagen ohne eigenen Fahrantrieb" als Anhängekran.

Und schließlich wird der Sattelkran folgendermaßen beschrieben: „Fahrzeugkran mit den Merkmalen eines Sattelzuges. Je nach Bauart der Satteleinrichtung sind sie den Autokranen oder den Anhängekranen zuzuordnen."

Wie in den verschiedenen Gerätebeschreibungen der Gottwald-Fahrzeugkrane zu sehen sein wird, hielt man es in Düsseldorf nicht ganz so genau mit der Namensvergabe. Wir bleiben jedoch auch im weiteren Verlauf bei den von Gottwald vergebenen MK-Bezeichnungen.

Den Grundgedanken dieser Hubgeräte aufgreifend, hatte der Gottwald'sche Mobilkran ein zwei- oder mehrachsiges Radfahrgestell und lediglich einen im Oberwagen untergebrachten Antriebsmotor, der sowohl für die Kranbewegungen als auch für die Fahrbewegungen mit geringer Eigengeschwindigkeit vorgesehen war. Die Verfahrbarkeit auf der Baustelle traf in eingeschränkter Weise auch bei angehängter Last zu. Sollte der Kran über weite Strecken von einer Baustelle zu einer anderen überführt werden, so musste er an einen Lkw oder eine Zugmaschine angehängt werden.

Diese Beschreibung hatte zumindest bis in die Mitte der sechziger Jahre ihre volle Gültigkeit. Irgendwann war man allerdings mit den Fahrwerken an Leistungsgrenzen gestoßen. Je größer, also in der Tragkraft stärker, die Mobilkrane wurden, um so weniger konnte die Verfahrmöglichkeit unter Last beibehalten werden.

Die leistungsstarken Mobilkrane ab MK 200 (1964), mit seinen beachtlichen 135 t Traglast, mussten sich bei ihren Arbeiten auf einen festen Standplatz bei ausgefahrenen Abstützungen beschränken. Nach wie vor beibehalten werden konnte bei den Mobilkranen das Prinzip des Eigenantriebes für das Fahrwerk, gespeist durch den Oberwagenmotor.

Ausnahmen stellten, wie zuvor festgestellt, einige als Sockelkrane ausgeführte MK-Modelle dar, die für den Straßentransport entweder zwischen zwei Schwerlastroller eingehängt und geschleppt wurden oder aber als Aufsattelkrane/Sattelkrane ausgeführt waren. Letztere benötigten, wie der Name schon sagt, eine

Sattelzugmaschine zum Standortwechsel. Beispiele hierfür waren einige Mobilkrane der Baureihen 250, 600 und 650.

Als Sockelkran waren hierbei all die Mobilkrane zu bezeichnen, deren Oberwagendrehkranz auf einem stabilen Sockel beziehungsweise Topf aufgebaut wurde. An diesen Sockel wurden dann die Abstützungen sternförmig angebolzt.

Ebenfalls angebolzt wurden für den Standortwechsel die benötigten Radsätze. Der eigentliche Kran war somit nicht auf einem durchgehenden Einrahmenfahrgestell aufgebaut.

Bei der weiteren Vergabe der Typbezeichnungen für die MK-Typen ging man bei Gottwald anfangs folgendermaßen vor. Nach dem Einstiegsmodell, dem MK 1, folgten in der Reihenfolge der Entwicklung der MK 4 mit 400 l Baggergreiferinhalt, MK 8 (800 l), MK 5 (500 l), MK 40 (400 l), MK 60 (600 l) MK 100 (1000 l). Die Typenzahl ließ also unmittelbar Rückschlüsse auf den Greiferinhalt der entsprechenden Baggerausführung zu. Es wurde somit seltsamerweise keine Traglast in die Typbezeichnung des „Mobilkranes" eingearbeitet, sondern eine Schlüsselzahl für den Baggereinsatz.

Irgendwann musste dieses System der Typenvergabe jedoch enden, schließlich wuchsen die Baggerschaufeln nicht mehr im Gleichschritt mit den möglichen Traglasten des Mobilkranes. Die größeren MK-Geräte verloren zusehends ihre Bedeutung als Bagger. Der Mobilkran wurde wieder seiner Bezeichnung als Kran gerecht und war folgerichtig dem reinen Hebezeugeinsatz vorbehalten.

Da in die laufende Fertigung der Krane ständig Verbesserungen und Verstärkungen einflossen, konnten die Traglasten innerhalb einer Baureihe teilweise erheblich gesteigert werden. Solche Leistungsverbesserungen wurden in den fünfziger Jahren beispielsweise durch die Verwendung von Rohr- statt Profilauslegern erreicht. Die in späteren Jahren in Zusammenarbeit mit bedeutenden deutschen Stahlproduzenten entwickelten Feinkornstähle ermöglichten zudem immer leichtere Ausleger bei gesteigerten Traglasten.

Aber auch breitere Fahrgestelle sorgten natürlich für größere Standsicherheit und somit höhere Traglastwerte. All dies berücksichtigend, wurde beispielsweise aus einem MK 5 für anfängliche 7,5 t maximaler Traglast zunächst ein MK 55 (9 t), dieser nachfolgend zum MK 550 (10 t) weiter entwickelt und schließlich im MK 551/552 für 15 t gipfelnd.

Links: Sieht zwar aus wie ein Anhängekran, benötigte die schwere Zugmaschine jedoch nur für die „Überlandfahrt". Der MK 600 war in dieser Ausführung (ohne Zugmaschine) auf der Baustelle mit bis zu 6 km/h selbsttätig verfahrbar und somit auch nach Norm ein Mobilkran

(Sammlung Weinbach)

Mitte: Die Bezeichnung Mobilkran MK 600 für dieses Gerät der Firma Toense war ein wenig irreführend, da nach Norm ein reiner Anhängekran. Das Gerät war beim Standortwechsel auf Gedeih und Verderb auf eine Zugmaschine angewiesen (Oberdrevermann)

Rechts: Dieser MK 660 aus der variantenreichen 600er-Serie war ebenfalls kein „Norm-Mobilkran", da ohne jeglichen Fahrantrieb ausgestattet. Da das Gerät über einen dreiachsigen „Dolly" auf dieser imposanten Mack-Zugmaschine aufgesattelt war, kommt eher die Bezeichnung Sattelkran in Frage

(Pereira)

Raupenbagger und Raupengeräte

Einen Entwicklungsschritt in der Gottwald-Historie zurückgehend sei Folgendes festgehalten: Nur wenige Jahre nach Ende des Zweiten Weltkrieges wurde bereits wieder die Produktion von Diesel-Raupenbaggern aufgenommen. Zunächst wurde dabei der bereits Anfang der dreißiger Jahre entwickelte und ebenso bewährte Typ RBC im Jahre 1947 neu aufgelegt.

Bereits Ende der vierziger Jahre, also noch vor den ersten „Universalgeräten" der MK-Reihe, wurde aufbauend auf den jahrzehntelangen Erfahrungen beim Bau von Raupenbaggern, die Fertigung moderner Diesel-Raupenbagger aufgenommen. Dass diese Geräte neuzeitlicher, sprich Nachkriegs-Entwicklung entstammten, konnte man auch an dem neuen System der Typvergabe erkennen. Abstandnehmend von der bekannten alphabetischen Kennzeichnung wurden nunmehr Ziffern eingeführt.

Die Typen RB 04, RB 05 und RB 06 waren hierbei die ersten Nachkriegs-Neukonstruktion dieser Gattung bei Gottwald. Sie konnten dabei wie gewohnt mit diversen Grabwerkzeugen wie Baggergreifer, Schleppschaufel aber auch mit Hoch- und Tieflöffel bestellt werden. Der reine Kranbetrieb am Gitterausleger war ebenso möglich. Auch war die nachträgliche Bestellung einer anderen Zusatzausrüstung völlig problemlos, da die Konstruktion des Basisgerätes gleich war. Zunächst erhielten derartige Baumaschinen die Typbezeichnung RB für Raupen-Bagger.

Nach wenigen Jahren vergab man bei Gottwald allerdings die neue Bezeichnung RG (Raupen-Gerät) für derartige Kettenfahrzeuge, waren es doch, wie oben beschrieben, Universalgeräteträger auf Raupen. Näher behandelt werden diese Erdbau-Maschinen im Kapitel der Bagger.

Die Typziffernvergabe erfolgte vergleichbar zu den MK-Modellen und stand für den Inhalt des Bagger-Greifers, also RB beziehungsweise RG 04 (400 l), RB beziehungsweise RG 05 (500 l), RB beziehungsweise RG 06 (600 l), RG 40 (400 l) und so weiter. Bezeichnend für die stetig wachsende Bedeutung der MK-Baureihen war die Tatsache, dass in den Folgejahren zunächst diese Typen auf den Markt kamen und erst im Nachhinein deren Oberwagen auf entsprechende Raupenträger gesetzt wurden.

Auch wurden die Stückzahlen der gefertigten Raupengeräte zunehmend geringer, man konzentrierte sich bei Gottwald schon alsbald verstärkt auf die gummibereiften MK-Typen.

Für die sechziger Jahre ist festzuhalten, dass nur noch einige wenige RG 60 und RG 65, die für reinen Kranbetrieb bestimmt waren, ausgeliefert wurden. Zwar gab es immer wieder einmal Pläne für große Raupenkrane, auch solche mit Teleskopausleger, verwirklicht wurden diese interessanten Ideen allerdings über viele Jahre nicht.

Gipfeln sollte der Bau von Raupengeräten, in diesem Fall von Raupenkranen, eigenartigerweise in dem AK 1200 aus dem Jahre 1982. Bei diesem Raupenkran standen die Ziffern für die maximale Traglast in Tonnen. Auf die verwirrende Typenbezeichnung als Auto-Kran soll dabei in der Gerätebeschreibung näher eingegangen werden. Ebenfalls nicht vergessen werden dürfen die Ende der achtziger Jahre ausgelieferten beiden RG 912. Diese Raupenkrane hatten, ebenso wie ihr Autokran-Pendant, ein theoretisches Hubvermögen von 900 t beziehungsweise 1200 t in Maxi-Lift-Ausführung.

Nicht verschwiegen werden soll bei den letztgenannten Typen, dass die gewaltigen Raupenschiffe der allesamt nach Italien verkauften Krangiganten von dortigen Firmen in Zusammenarbeit mit den Reisholzern Kranbauern angefertigt wurden.

Der schnell fahrende Autokran

Gab es auch vereinzelte MK 1-Oberwagen, die wie bereits erwähnt seit 1950 auf Lkw-Fahrgestelle aufgebaut wurden, so erlangte der Begriff des Autokranes erst einige Jahre später für die Reisholzer seine eigentliche Bedeutung.

Erstmals mit der Konstruktion des im Jahre 1959 vorgestellten AK 70 wurde ein reiner Autokran auf die Räder gesetzt. Fortan standen die Kürzel AK für Auto-Kran und zwar für solche mit einem Gitterausleger.

Derartige Fahrzeugkrane wurden auf speziell konstruierten Kranfahrgestellen aus überwiegend eigener Fertigung aufgebaut. Je nach Kundenwunsch kamen aber auch geeignete Fremdfahrgestelle zur Verwendung. Lieferer solcher Chassis waren beispielsweise CCC (Crane Carrier Corporation, Toronto, Canada), CD (Consolidated Dynamics, Canada), Lorain (Frankreich), MOL (Belgien), CVS (Costruzione Veicoli Speciali, Italien), Tatra (seinerzeit CSSR), Faun und SFB (Sonder-Fahrzeug-Bau, Toense-Tochterfirma). Die beiden deutschen Lieferer Faun und SFB stellten hierbei die weitaus überwiegende Anzahl von Unterwagen. Bis auf ganz wenige Ausnahmen auf Gottwald-Fahrgestellen waren all diese Hubgeräte „Zweimotoren-Krane".

Bis zur 1988 erfolgten Eingliederung des Gottwald-Geschäftsbereiches Gittermastfahrzeugkrane in die neue Muttergesellschaft Mannesmann Demag wurde im Laufe der Jahre der komplette Traglastbereich bis jenseits der 1000-t-Marke abgedeckt. Mit den Typen MK 1000 aus dem Jahre 1980, der eigentlich ein aufgesattelter Autokran war, sowie dem AK 912 (Erstlieferung 1985) wurden seinerzeit bei Gottwald die weltweit leistungsstärksten Autokrane gebaut. Was zu diesem Zeitpunkt noch keiner wusste war, dass diese Geräte bis ins neue Jahrtausend die Rekordhalter bei den Autokranen bleiben sollten.

Wie schon im geschichtlichen Teil angesprochen, gelang den Düsseldorfer Kranbauern 1966 mit dem AMK 45 der Einstieg in die Teleskopkrantechnik. Bis zur letzten Entwicklung des AMK 401 (400 t) im Jahre 1986 standen die verwendeten drei Buchstaben für einen straßenfahrbaren, teleskopierbaren Auto-Mobil-Kran. Insbesondere die kleineren Teleskopkrantypen (AMK 45, 46, 47) eigneten sich auch dazu, sie auf verstärkte dreiachsige Lkw-Fahrgestelle (Kipperfahrgestelle) vieler namhafter Anbieter zu setzen. Hier fanden überwiegend MAN und Mercedes-Benz aber auch Magirus, Fiat und Volvo Verwendung. Derartige Geräte waren bei Gottwald mit dem Anhängsel -A (z.B. AMK 45-A) für Aufbaukran ausgestattet.

Der Aufbau durch den Düsseldorfer Kranbauer umfasste dabei auch die Ausstattung mit einer geeigneten Abstützvorrichtung. Je nachdem, in welches europäische Land die Teleskopkrane exportiert wurden, lieferte man auch nur den eigentlichen Kranaufbau. Dieser wurde dann entweder im Herstellerwerk (Düsseldorf beziehungsweise Hattingen) oder aber direkt vor Ort auf die Fremdfahrgestelle der zumeist lokalen Hersteller aufgebaut und abgetestet.

Viele Auslandslieferungen, aber nicht nur solche, wurden so beispielsweise auf Unterwagen folgender Hersteller montiert: CVS (Italien), MOL (Belgien), Tatra (CSSR), Saviem (Frankreich).

Insbesondere die kleinen Teleskopkrane wurden aber auch auf allerlei sonstige Fahrgestelle, teilweise auch Gebrauchtfahrzeuge, gesetzt und waren in dieser Kombination zumeist Einzelstücke. So waren Gottwald-Oberwagen auf Fahrgestellen anderer Kranhersteller wie Coles und Wilhag ebenso anzutreffen wie auf Unterwagen der Gothaer Waggonfabrik. Kleinere Kranoberwagen, die normalerweise von dem serienmäßigen Unterwagenmotor mit der nötigen Antriebskraft versorgt wurden (AMK 45, AMK 46, AMK 47, AMK 55), erhielten bei Aufbau auf ein Fremdfahrgestell einen eigenen Antriebsdiesel.

Von einigen dieser Teleskopkranbaureihen gab es dann noch Industrieausführungen auf speziellen Unterwagen, die sich hauptsächlich in Fahrgestellbreite und Unterwagenmotorisierung von ihren gleichstarken Brüdern unterschieden. Diese Teleskop-Mobil-Krane waren nicht mit Straßengeschwindigkeit zu verfahren und eigneten sich nur zum Einsatz fernab der öffentlichen Straßen, jedoch nicht im Gelände. Auch hatten derartige Industrieausführungen keine Unterwagenkabine, sondern wurden von der Krankabine aus verfahren. Der TMK verfügte oftmals aufgrund seiner angesprochenen Überbreite, bis zu 4 m breite Ausführungen wurden gebaut, über eine für viele Lastfälle ausreichende Standsicherheit. Somit wurde ein Arbeiten auch ohne ausgefahrene Abstützung und sogar ein Verfahren der Last, ganz wie bei den kleineren Mobilkranen mit Gittermast üblich, ermöglicht. Der technische Fortschritt

Links: SFB-Fahrgestelle dienten oftmals als Untersatz für Gottwald-Kranaufbauten, hier ein AMK 65-A   (Sammlung Weinbach)
Mitte: Auch für Gittermastkrane, wie diesen AK 160 für die DDR, wurden die SFB-Fahrgestelle herangezogen   (Schauer)
Rechts: Die typische Faun-Kabine fand sich in den siebziger Jahren an so manchem Gottwald-Kran wieder. Hier ist es ein AMK 70   (Weinbach)

Links: Diesen AMK 55-A hat man auf ein Tatra-Fahrgestell aufgebaut   (Sammlung Weinbach)
Mitte: Auch die Firma Saviem lieferte Kranfahrgestelle an Gottwald, hier für einen kleinen „Aufbaukran" vom Typ AMK 35-A   (Wüllner)
Rechts: Dieser AK 85-Kranoberwagen wurde auf ein italienisches CVS-Chassis gesetzt und arbeitete seit Ende 1987 beim dänischen Kranunternehmen BMS
     (Laskowski)

Links: Dieser AMK 45-A fand sich auf einem DB LPK 2624 wieder – Mitte: Der späte AMK 45-A aus dem Baujahr 1974 und der Magirus M310 D22 stellten von Anfang an ein schönes Paar dar (Laskowski)
Rechts: Dagegen dürften diese beiden, 45er-Kranoberwagen und „moderner" Scania, erst spät zueinander gefunden haben (Wüllner)

Links: Von diesem Pärchen, einem AMK 46-A (drei Teleskopschüsse) auf MAN 26.280 DF, gingen im Jahre 1978 gleich vier Geräte an den Fertighaus-Hersteller Streif – Rechts: Bei Schausteller-betrieben fanden die kleinen Teleskopkranmodelle, wie dieser AMK 46-A, viele Liebhaber. Die Kirmesatmosphäre bekamen die Krane allerdings erst frühestens bei ihrem Zweitbesitzer als „Gebrauchtkran" mit (Weinbach)

Links: Bei der Firma Geiger sind gleich mehrere AMK 47-A (zwei Teleskopschüsse) im Einsatz und das bestens gepflegt, wie die Aufnahme von 2001 zeigt. Kran und MAN 26.463 fanden allerdings auch erst nach Jahren zueinander – Rechts: Der Kranaufbau aus den achtziger Jahren dürfte früher auf einem anderen Unterwagen bewegt worden sein. Auch weisen die Gottwald-Lieferlisten keine einzige Chassis-Beistellung eines Scania aus (Weinbach)

Die Teleskop-Mobil-Krane, hier ein TMK 35, kamen ohne Unterwagenkabine aus, durften aber auch nicht am öffentlichen Straßenver-kehr teilnehmen (Sammlung Weinbach)

Links: Der TMK 76-23 zählte eher zu den geländegängigen Rough-Terrain-Kranen und wurde an Rheinbraun geliefert (Weinbach)

brachte es jedoch mit sich, dass nunmehr die Achsen nicht mehr, wie in den fünfziger Jahren üblich, mittels Schraubenspindeln blockiert wurden, sondern dies hydraulisch erfolgte.

Wie so oft bei Gottwald, so gab es auch bei der Einteilung der TMK eine kleine Ausnahme. In den siebziger und achtziger Jahren wurden speziell für den Einsatz in schwerem Gelände entsprechend taugliche Spezialfahrgestelle entwickelt. Diese Rough-Terrain-Krane, unter die die Typen TMK 65, TMK 95 und schließlich TMK 96 einzuordnen waren, kamen dabei fast ausschließlich in den Tagebauen der rheinischen Braunkohlegebiete zum Einsatz. Die beiden großen Typen verfügten zudem abweichend auch über eine Unterwagenkabine.

Rückblickend sei festgehalten, dass noch in den späten sechziger Jahren die Gittermastfahrzeugkrane in allen Tragkraftklassen auf den Baustellen nahezu konkurrenzlos waren. Hatten sie gerade auch in den kleineren Leistungsklassen insbesondere die Portalkrane und stationären Derrickkrane fast gänzlich verdrängt, so sollte sich das Blatt in den folgenden Jahren wiederum wenden.

Die Teleskopkrane holten merklich an Bedeutung auf. Deren Leistungsvermögen vervielfachte sich innerhalb von wenigen Jahren. So konnte man beispielsweise bei Gottwald den Leistungssprung von 20 t (AMK 45) im Jahre 1967 auf 200 t (AMK 200) in 1978 in etwas mehr als einem Jahrzehnt bewältigen. Besonders in den Traglastklassen unterhalb von 100 t gingen die Verkaufszahlen der Gittermastkrane mit Beginn dieser Wachablösung zusehends zurück.

Aufgrund des guten Gewichts-/Leistungsverhältnisses der Gittermastkonstruktion, insbesondere in den Traglastklassen über 300 t, war diese Kranart speziell bei den Großprojekten des Anlagenbaus auch weiterhin tonangebend.

Gittermastautokrane stießen in den siebziger und achtziger Jahren bis in die 1000-t-Klasse vor und überboten diesen Wert sogar noch. Gottwald, dies kann man ruhigen Gewissens behaupten, war seinerzeit bei dieser Krantechnologie Vorreiter am Markt.

Typbezeichnung und deren Bedeutung

Der Unterschied zwischen MK, AK, AMK und TMK bei den Gottwald-Geräten wurde bereits beschrieben. Auf die Bedeutung der diesen Bezeichnungen folgenden Zahlenkolonnen soll nun eingegangen werden.

Für alle Fahrzeugkrane aus dem Hause Gottwald gleichermaßen zutreffend war die Tatsache, dass mit der ansteigenden Traglast auch die Typennummerierung anwuchs. Ein direkter Zusammenhang zur Tonnage oder dem möglichen Lastmoment, wie bei anderen Herstellern teilweise anzutreffen, war allerdings nicht erkennbar. Vielmehr erfolgte die Vergabe ziemlich willkürlich. Lediglich bei einigen der überwiegend großen Teleskop- und Gittermastkrane konnten Rückschlüsse auf die maximale Traglast gezogen werden.

Beispiele hierfür waren: MK 500, AK 300, AK 1200, AMK 200, AMK 400/500, AMK 600 und AMK 1000 mit den entsprechenden Tonnagen.

Der ehemalige Verkaufsleiter, Herr Lindenlauf, bemerkte zu diesen Ausnahmen folgendes:

„Uns war aber nicht ganz wohl dabei, denn die maximale Last war meistens nicht das größte Lastmoment und bei den Ausstattungen mit Maxi-Lift-Einrichtungen waren die Tragfähigkeiten und das Lastmoment noch wesentlich höher."

Auf die hierbei angesprochene interessante Konstruktion der Maxi-Lift-Einrichtung soll etwas später ausführlich eingegangen werden.

Achszahlen, Fahrzeugbreiten und Kranantriebe berücksichtigend, wurde bei Gottwald seit Anfang der sechziger Jahre der eigentlichen Typbezeichnung der Fahrzeugkrane eine zusätzliche Zahlenkombination angehängt. Diese Ziffern, so Herr Lindenlauf, dienten in erster Linie dem eigenen Kundendienst der richtigen Zuordnung der Ersatzteile.

Die erste Ziffer hinter dem Bindestrich stand dabei für die Achsanzahl. Die zweite Ziffer sagte einerseits etwas über die Fahrzeug-

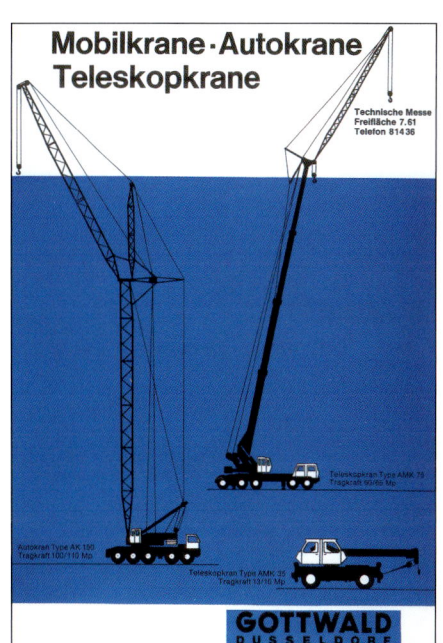

Links: Passt zum Thema und zeigt einige nicht gebaute Modelle aus einer Modellankündigung vom März 1974: Der AK 210-78 war demnach diesel-elektrisch vorgesehen und erhielt später auch ein anderes Fahrgestell mit Low-Line-Kabine. Ein AK 275-98 wurde nicht gebaut. Ein AK 650-88 auf Faun-Fahrgestell kursierte zwar in einigen Werbeschriften namhafter Kranverleiher, gebaut worden ist so ein Gerät leider nicht

(Sammlung Weinbach)

173

breite des Unterwagens aus und ließ gleichzeitig Rückschlüsse auf die Beschaffenheit des Oberwagenantriebes zu. Ziffern von 1 bis 4 wiesen auf einen diesel-hydraulischen Antrieb hin, höhere Ziffern standen für einen diesel-elektrischen Kranantrieb. Die Ziffern 5 und 6, dies wohl zur besseren Trennung, wurden nicht verwendet. Einige nachfolgende Beispiele mögen dieses System verdeutlichen:

- AMK 45-21   bedeutete: 2-achsig, 2,5 m breit,
                 diesel-hydraulischer Antrieb

- AMK 46-21   bedeutete: 2-achsig, 2,5 m breit,
                 diesel-hydraulischer Antrieb

- AMK 46-22   bedeutete: 2-achsig, 2,75 m breit,
                 diesel-hydraulischer Antrieb

- AMK 146-63   bedeutete: 6-achsig, 3 m breit,
                 diesel-hydraulischer Antrieb

- AK   75-47   bedeutete: 4-achsig, 2,75 m breit,
                 diesel-elektrischer Antrieb

- AK   130-48   bedeutete: 4-achsig, 3 m breit,
                 diesel-elektrischer Antrieb

- AK   250-79   bedeutete: 7-achsig, 3,5 m breit,
                 diesel-elektrischer Antrieb

Bei zehnachsigen Fahrgestellen, wie beim AMK 1000-103 oder beim AK 912-103, standen selbstverständlich die zwei ersten Ziffern für die Achsenzahl. Nach obigem System konnte die überwiegende Anzahl von Fahrzeugkranen eingeordnet werden.

Doch wie so oft, gilt auch hier: „Keine Regel ohne Ausnahme". Abweichend von voranbeschriebener Kennzeichnung besaß beispielsweise der im Jahre 1983 nach Südafrika gelieferte MK 350-84 zwar folgerichtig acht Achsen, die Unterwagenbreite des diesel-hydraulisch betriebenen Kranes betrug jedoch 4,5 m. Auch der TMK 95-44 verschwieg in seiner Typbezeichnung zunächst seine tatsächliche Fahrzeugbreite von 4,5 m. Zwei als MK 210-44 an die französische Marine gelieferte Mobilkrane hatten hingegen nur 4,1 m breite Chassis.

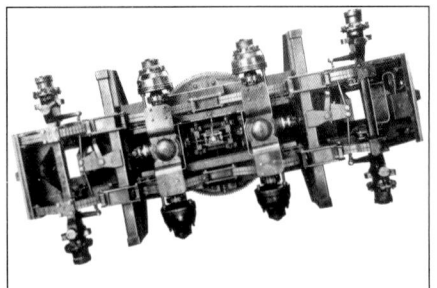

Links: Fahrgestellansicht eines Mobilkrans vom Typ MK 80 mit Blattfedern und zwei außenliegenden Lenkachsen – Rechts: Ein wenig mehr Achsen durften es beim 220-t-Autokran vom Typ AK 270-98 sein, von dem leider nur zwei Exemplare gebaut wurden. Deutlich sieht man hier auch hinter der dritten Vorderachse die Anbolzpunkte für die bei diesem Typ nicht rechtwinklig zum Unterwagen anzubauenden Abstützarme

Oben: Auch bei diesem AK 75 von 1967 wurde neben der aufgesetzten Fahrkabine der kurze Gitterausleger mit Rollenkopf abgelegt (Sammlung Weinbach)
Unten: Die Fahrkabine des AMK 155-53 (-73 mit Tang-Nachläufer) von 1974 besaß bereits ein recht modernes Erscheinungsbild. Unverkennbar sind die Grundzüge der kurz danach vorgestellten „Low-Line-Kabine" (Oberdrevermann)

Oben: Neben den diversen Fremdfahrgestellen mit ihren eigenen Fahrkabinen wurden bei Gottwald auch über Jahre eigene Unterwagen mit davorgesetzten und entsprechend angepassten Lkw-Kabinen von MAN ausgeliefert. Solche Kombinationen waren beispielsweise bei den Typen AMK 70 (hier im Bild), 100 und 200 zu finden

(Erben)

Größter „MAN at work" bei Gottwald war der Typ AMK 200-103 in der „Export-Version" mit Nachläufer

(Horrocks)

Oben: Beeindruckend waren die 300-t-Gittermastkrane vom Typ AK 300-78 mit ihren doppelt-bereiften Lenkachsen (Sammlung Weinbach)
Unten: Der Typ AK 450-83 besaß „Allradlenkung". Bei Bracht hat man dieses Gerät lenkungstechnisch umgebaut, so dass auch der rangierfreudige „Krebsgang" möglich wurde (Weinbach)

Merkmale der Gottwald-Fahrzeugkranausführungen

Die Kenntnis über die Hauptunterscheidungsmerkmale der Typenreihen MK, AK, AMK und TMK voraussetzend, soll nachfolgend der technische Aufbau der Gottwald-Konstruktionen und deren zeitliche Entwicklung ein klein wenig näher betrachtet werden. Dies soll jedoch nur grob erfolgen, da sich in den letzen Jahren bereits zahlreiche Publikationen mit der Kran-Technik an sich, auch für den Technik-Laien leicht verständlich, befasst haben. Auch auf die besonderen Konstruktionen der Raupenfahrgestelle soll dabei an dieser Stelle nicht weiter eingegangen werden. Diese Raupenschiffe wurden ja bei den Großgeräten (AK 1200 und RG 912) auch nicht von Gottwald selbst gefertigt.

Fahrgestell und Achsen

Die Fahrzeugkrane erhielten in Abhängigkeit von Tragkraft und zulässigen Achsbelastungen Fahrgestelle mit zwei bis zehn Achsen. Im Sonderfall des MK 1000 wurde sogar ein Sechsachs-Sattelfahrgestell (Gottwald) mit einem Fünfachs-Nachläufer von Goldhofer kombiniert, so dass man den Kran auf insgesamt elf Achsen bewegte.

Bis auf einige Ausnahmen mit teilweise starren Hinterachsen waren alle Achsen in Gottwald-Fahrgestellen gefedert ausgeführt. Zunächst waren diese, dem Stand der Technik entsprechend, mit Blattfedern, später mit Parabelfedern, letztere teilweise mit Stoßdämpfern, versehen. Die zwei- und dreiachsigen Unterwagen verfügten dabei über Einzelaufhängungen der Achsen. Vier- und mehrachsige Geräte wurden zunächst, soweit technisch möglich, mit paarweise in Balanciers aufgehängten Achsen ausgerüstet. Kleinere Bodenunebenheiten konnten so ausgeglichen werden.

In den siebziger Jahren setzte sich schließlich die hydropneumatische Federung zur Straßenbelag- und Fahrzeugschonung durch. Auch wurden nunmehr ganze Achsgruppen untereinander hydraulisch ausbalanciert.

Die ersten Mobilkran-Typen erhielten die schon erwähnten, für den Kraneinsatz mechanisch blockierbaren Achsen. Seit der zweiten Hälfte der fünfziger Jahre wurde die Achsblockierung, dies trifft selbstverständlich auch für die Autokrane zu, überwiegend hydraulisch erreicht. Allerdings erfolgte dies im Frühstadium der hydraulischen Achsblockierung noch mittels einer am Unterwagen eingebauten zentralen Handpumpe.

Die Fortbewegung der Unterwagen betreffend, wurden viele der Geräte mit Allradantrieb versehen, darunter auch die ersten vierachsigen Mobilkrane, wie MK 80 und MK100. Ebenfalls wurden diverse Autokranversionen mit Allradantrieb angeboten. Dann und wann wurden diese Geräte auch mit teilweise abschaltbaren Antriebsachsen versehen. Hier war man bei Gottwald sehr flexibel und ging auf entsprechende Kundenwünsche, wenn technisch machbar, jederzeit ein.

Was die Bereifung anging, so erhielten die kleineren Mobilkrane, die ja vornehmlich ohne Abstützung arbeiteten, ausschließlich Achsen mit Zwillingsbereifung. Nur auf diese Weise war die Ausnutzung der maximalen Tragkraft auf dem gesamten Drehkreis von 360 Grad möglich.

Bei den geschweißten Fahrgestellrahmen handelte es sich um verwindungs- und biegesteife Stahlkonstruktionen in Kastenbauweise mit stabilen Auflagen für die Drehverbindung. Ebenfalls verfügten die Rahmen über entsprechend dimensionierte Kästen oder Drehpunkte für die Abstützträger und -arme.

Bei den Autokranen (AK und AMK) wurden die Fahrerhäuser anfangs noch auf den Rahmen aufgesetzt. Die Geräte verfügten dann über zumeist schmale, dafür lange, Fahrerkabinen. Um den Ausleger praktisch auf der Kabine ablegen zu können und diese auch etwas geräumiger ausfallen zu lassen, baute man schon in den frühen sechziger Jahren die ersten Fahrerkabinen vor den Rahmen. Die Krane erhielten so ein etwas gedrungeneres Aussehen, das in der zeitlos schmucken Low-Line-Kabine der großen Autokrane, beginnend in den späten siebziger Jahren, gipfeln sollte. Wohin der Weg im Design einmal hätte führen können, davon zeugte der leider nur einmal gefertigte AK 630 (Demag TC 3600) aus den letzten Tagen des Bestehens der eigenständigen Firma Gottwald.

Lenkung

Um den Geräten eine gute Wendigkeit zu verleihen und kleine Kurvenradien bei entsprechend geringem Reifenverschleiß zu ermöglichen, wurden schon seit den ersten Nachkriegsentwicklungen möglichst viele Achsen als Lenkachsen ausgebildet. Auch gab es bei zahlreichen Gerätetypen Allradlenkung, darunter sogar siebenachsige (AK 300) und achtachsige (AK 450) Autokrane.

Wurden in den ersten Nachkriegsentwicklungen noch Lenkgetriebe zur Lenkunterstützung eingebaut, so setzte sich auch hier zu Beginn der sechziger Jahre die Hydraulik durch. Als Zwei-Kreis-Lenkung ausgeführt, gewährleistete sie fortan auch bei Ausfall des Antriebes ein einwandfreies Lenken bis zum Stillstand des Gerätes.

Fahrantrieb

Wie in den Gerätebeschreibungen noch zu ersehen sein wird, sorgten seit dem MK 1 durchzugskräftige Dieselmotoren, diese fast ausschließlich von deutschen Motorenlieferanten, für die Fortbewe-

Beim zehnachsigen AK 680-1 war lediglich die sechste Achse nicht lenkbar ausgeführt

(Hey)

gung der Fahrzeugkrane. Insbesondere bei den kleineren Kranen bis in die Sechziger-Jahre-Fertigung hatte der Kunde teilweise die Wahl zwischen luftgekühlten oder wassergekühlten Aggregaten. Luftgekühlte Motoren mit bis zu zwölf Zylindern wurden ausschließlich von KHD (Klöckner-Humboldt-Deutz) bezogen.

Bei den wassergekühlten Maschinen kamen zunächst solche von Mercedes-Benz, seit den siebziger Jahren auch vermehrt von MAN zum Einbau. Besaßen die überschweren Autokrane der achtziger Jahre größtenteils zwölfzylindrige Fahrmotoren mit bis zu 390 kW/530 PS, so sollte der leistungsstärkste Diesel besagten Jahrzehnts mit 425 kW / 615 PS und ebenfalls zwölf Zylindern in dem Telekranriesen AMK 1000 zum Einbau kommen.

Einige wenige Großkrane über 200 t Tragfähigkeit erhielten dagegen in den sechziger und siebziger Jahren leistungsstarke Diesel von MTU (Motoren- und Turbinen-Union Friedrichshafen) oder MWM (Motoren Werke Mannheim AG).

Bemerkenswerterweise bekam ein bereits 1973 gebauter Gittermast-Autokran für die Schweiz (AK 300/400) die stärkste jemals implantierte Antriebsleistung. Mit 471 kW oder 640 PS konnte so manche Passstraße im Alpenlande bezwungen werden.

Diverse Gottwald-Fahrgestelle, die für den Export bestimmt waren, stattete man ganz auf die Kundenwünsche eingehend mit Antriebsdieseln aus überwiegend amerikanischer Fertigung (Cummins) aus. Dass zudem insbesondere für die Chemie und Petrochemie explosionsgeschützte Motorausrüstungen und sonstige elektrische Installationen möglich waren, verstand sich von selbst.

Die Antriebsleistung wurde nach dem Kriege zunächst über Schaltgetriebe, teilweise mit Verteilergetriebe für Straßen- und Geländegang und somit maximal zwölf Gängen, auf die Antriebsachsen übertragen.

Die Transportgewichte der Krane nahmen in den folgenden Jahren derartige Dimensionen an, dass man, die Kranfahrer werden es hoffentlich nicht für Übel nehmen, die Grobmotorik dieser Bediener nicht weiter strapazierte und Wandler-Lastschaltgetriebe einbaute. Bei Gewichten von zuletzt knapp 120 t für einen zehnachsigen Autokran war das Fahren unter Zuhilfenahme von Wandler-Lastschaltautomatikgetrieben, einschließlich Strömungsbremse, zwar kein Kinderspiel, doch immerhin wesentlich einfacher, als es das Bewegen eines wesentlich kleineren Gerätes noch dreißig Jahre zuvor war.

Abstützung

Wie bereits kennen gelernt, wurden die kleinen Kranfahrgestelle bis in die späten sechziger Jahre überwiegend mittels Spindelabstützungen, die zudem noch von Hand in Position gebracht werden mussten, abgestützt. Geräte ab 50 t Tragfähigkeit jedoch erhielten schon serienmäßig hydraulische Senkrecht-Abstützungen; bei den kleineren Kranen waren solche mitunter gegen Aufpreis erhältlich.

Um die Standfläche und somit auch die Standmomente zu erhöhen, wurden schon sehr früh einfache Schiebeholme mit den daran angebrachten Senkrechtabstützungen konstruiert. Das waagerech-

Oben: Die von Hand zu betätigende Spindelabstützung, wie bei diesem MK 4A aus dem Jahre 1953, war lange Zeit Standard (Bergerhoff)
Rechts: Eine solche hydraulische Klappabstützung mit nur geringer Stützbasis reichte für die kleineren Hubgeräte wie diesen TMK 45-22 vollkommen aus

Oben: Der AK 300/400-98 für den Schweizer Kranverleiher Toggenburger erhielt bereits 1973 den leistungsstärksten Fahrantrieb aller Gottwald-Autokrane. Sein aufgeladener MTU-Diesel vom Typ MB 8 V 331 TA stellte beachtliche 471 kW / 640 PS zur Verfügung (Sammlung Weinbach)

Unten: Auch die 425 kW / 615 PS des AMK 1000-103 konnten sich sehen und hören lassen. Verantwortlich für diese Leistung war ein Mercedes-Benz-Diesel vom Typ OM 424 LA mit zwölf Zylindern (Weinbach)

Oben: Doppelt ausschiebbare Stützen, hier bei einem AMK 146-63, vergrößerten bei den mittleren Teleskopkranen die Stützbasis bereits beträchtlich. Unten: Der AK 210-73 brachte seine komplett hydraulische Klappabstützung mit zum Einsatz (Weinbach)

Links: Rückblick: Handarbeit war noch bei diesem AK 200 (erste Version von 1963) angesagt. Die Stützen waren entweder mittels Ratschen auszufahren oder aber von Hand einzuhängen und zu verbolzen. Auch die Spindelabstützung erforderte Handarbeit

(Oellers)

Rechts oben: Dieser AK 200 mit dem „moderneren" Sechsachs-Fahrgestell von 1965 verfügte bereits über hydraulische H-Abstützungen. Diese Stützvariante verdankt ihren Namen übrigens dem gleichnamigen Buchstaben, den man sich bei Betrachtung des abgestützten Krans von oben bildlich vorstellen kann – Rechts unten: Für den Einsatz, insbesondere mit langem Ausleger oder Wippspitze, kam auch der AK 200 nicht ohne Zusatzabstützungen aus. Hier zeigt sich das fertig aufgerüstete Gerät vorbildlich abgestützt. Die zusätzlich eingehängten Stützschwingen verfügten nach wie vor über Spindelstützen

(Oberdrevermann)

Oben: Kransockel des MK 250 von 1964 ohne Radsätze. Die Stützschwingen sind mittels massiver Verstrebungen gegen ungewolltes Wegschwenken beim Einsatz gesichert (Leder)

Oben: Erster Fahrzeugkran bei Gottwald mit „Topf" und Sternabstützung war der MK 600 von Toense aus dem Jahre 1968 (links). Bei diesem Hub ist ihm ein AK 250 mit H-Abstützung als Nachführkran behilflich (Zitka)

Unten: So sah die Klappabstützung des AK 210-73 in Arbeitsposition aus. Sie verfügte über einen hydraulisch ausschiebbaren Teil zur Stützweitenvergrößerung (Weinbach)

Links: Unter anderem die untere Verbolzung der angesprochenen Teleskopkrane mit Kippabstützung (AMK 186, 200, 206, 306), wie bei diesem AMK 200-83, unterschied sich von der des AK 210-73! (Weinbach)

Rechts oben: Die Kippabstützung bei den beiden großen Teleskopkranen AMK 400/500 und AMK 600 war ein wenig stärker dimensioniert. Auch besaßen diese zwei Augen für die untere Verbolzung (Erben)

Rechts Mitte: Der 650-t-Gittermastkran vom Typ AK 680-1 mit einteiligem Fahrgestell für den britischen Kranverleiher Scotts sollte im Jahre 1980 etwas besonderes sein. Er war der erste derart große Autokran mit Sternabstützung, der hydraulisch ausschiebbare Stützarme besaß. Bis dato waren diese Stützarme, dies auch bei anderen Kranherstellern, gestückelt ausgeführt und mussten beim Aufbau aneinander gesetzt und verbolzt werden – Rechts unten: Verbolzung und Hydraulikanschlüsse der Stützarme am AK 680-1 von Scotts (Hey)

Links: Der nur einmal gebaute AMK 1000-103 war der einzige Teleskopkran bei Gottwald mit einem Krantopf und Sternabstützung – Rechts: Der „1000-Tonner" erhielt spezielle Adapter, so dass auf der Baustelle beim aufgerüsteten Ortswechsel die Stützarme „beigeschwenkt" werden konnten. Auch beim Gittermastkran AK 850-GT für Toense waren ähnliche Zwischenstücke zunächst bestellt, wurden jedoch noch während der Bauphase des Krans storniert. Seltsamerweise sollten laut damaliger Auftragszettel nur zwei der vier Abstützungen mit solchen Adaptern um etwa 1,8 m verlängert werden (Weinbach)

Links: Bei dem kurz vor dem „Technologietransfer" zu Krupp entwickelten AMK 401-83 (Krupp-Bezeichnung KMK 8400) wurden spezielle Schwenkstützen mit gewichtssparendem Profil verbaut (Weinbach)

Rechts: Hielt Unterwagen und Oberwagen zusammen: Doppelkugellagerkranz „Fabrikat Rothe Erde" (Sammlung Weinbach)

te Ausfahren erfolgte zunächst wiederum mechanisch mittels Ratschen oder aber auf Wunsch (Aufpreis) ebenfalls hydraulisch. Zu Beginn der siebziger Jahre setzten sich schließlich hydraulisch betätigte Schiebeholme in Doppelkastenausführung durch. Die Abstützbasis konnte damit noch einmal vergrößert werden.

Einige Krantypen erhielten in den sechziger Jahren auch ausschwenkbare Stützschwingen mit entsprechenden Senkrechtabstützungen (MK 250) beziehungsweise eine Kombination dieser Konstruktion (vorne) und der hinteren Schiebeholmvariante (AK 75). Gerade bei den kleineren Kranen bis etwa 45 t Tragfähigkeit fand man zuweilen auch aus dem Fahrgestell ausklappbare Abstützarme (AMK 45, AMK 35, TMK 65).

Der Bedeutung dieser wichtigen Krankomponente gerecht werdend, soll eine größere Bildauswahl die unterschiedlichen Arten aufzeigen.

Bei den Großgeräten (AK 260, AK 270) aus den sechziger Jahren waren die über die Abstützungen abzuleitenden Kräfte allerdings nicht mehr so einfach über Schiebeholme zu beherrschen. Die notwendigen massiven Abstützarme, die man nun separat vom Grundgerät transportierte, wurden am Fahrgestellrahmen angebolzt und zudem teilweise mit Verstärkungen versehen.

Übrigens verfügten die größeren Gittermastkrane mit sogenannter H-Abstützung an ihrem Fahrgestellheck über zusätzlich anbolzbare Abstützungen. Diese waren zum selbsttätigen Aufrichten des Auslegersystems unabdingbar, musste dieses einmal in größere Höhen vorstoßen.

Um die Kräfte der H-Abstützung besser ableiten zu können, entwickelte man bei Gottwald zu Beginn der siebziger Jahre erstmals hydraulisch ausklappbare Abstützarme mit einem zusätzlichen Schiebeholm. Erster derart ausgestatteter Kran war der AK 300/400 aus dem Jahre 1973. Das bewährte Prinzip sollte später in zahlreichen anderen Großkranen, wie zum Beispiel AK 210, AMK 200, AMK 400/500, AMK 600, zum Einsatz kommen.

Bei den Gittermastkranen ab der 300-t-Klasse ging man erstmals 1968 bei dem MK 600 von Toense dazu über, die Abstützarme direkt an den Kransockel, der ja den Oberwagen aufnahm, anzubolzen. Bei dieser Sternabstützung mussten die Abstützkräfte somit nicht mehr über den gesamten Fahrgestellrahmen abgeführt werden. Besagte Art der Abstützung setzte sich dann auch bei den meisten Großkranen seit den späten siebziger Jahren durch. Bei solchen Abstützungen darf man sich nicht wundern, wenn für die Großgeräte oftmals die größten Traglasten bei kleiner Abstützbasis (z.B. AK 850 oder AK 912), aber dann kleiner Ausladung galten. Hier waren dann Stabilitätsgründe, die gegen die ausgeschobenen Stützträger sprachen, ausschlaggebend. Erster und auch einziger Gottwald-Teleskop-Autokran mit einer solchen Sternabstützung sollte übrigens der unübertroffene AMK 1000 aus dem Jahre 1985 werden.

Bei der letzten Telekrankonstruktion aus der technischen Abteilung der Firma Gottwald, dem AMK 401 (Krupp-Bezeichnung KMK 8400), wurden die hydraulisch betätigten Abstützungen erst seitlich ausgeschwenkt, ehe man die Abstützbasis durch einen Schiebling nochmals vergrößern konnte.

Oberwagen

Der sogenannte Oberwagen der ersten Mobil- und Autokrane in Gittermastausführung bestand kurz beschrieben aus einer geschweißten Plattform mit darauf aufgebautem dieselbetriebenen Antriebsaggregat, den Krantriebwerken, der Auslegerlagerung und dem Gegengewicht. Sämtliche mechanischen Teile wurden zudem durch ein Schutzhaus gegen Witterungs- und andere Einflüsse geschützt, welches natürlich auch die Kranführerkabine beinhaltete.

Der Verbindung zwischen Unter- und drehbarem Oberwagen, dem sogenannten Drehwerk, kam dabei schon immer eine besondere Bedeutung zu. Hierbei sei zunächst ein kleiner Rückblick gestattet. Betrachtet man alte Aufnahmen von Drehkranen aus der Zeit vor dem Zweiten Weltkrieg, so erkennt man zumeist vier oder mehr Drehrollen zwischen beiden Drehwerksteilen. Das Oberteil drehte sich auf einem Gleit- oder Schienenring mittels besagter Drehrollen. Die Drehbewegung wurde durch das Wendegetriebe im Oberwagen eingeleitet. Das Ritzel der senkrechten Drehwerkswelle griff dabei in den mit dem Unterwagen festverschraubten Zahnkranz ein. Mittig in diesem Drehkranz befand sich der sogenannte Drehzapfen oder auch „Königszapfen", der unter anderem der Zentrierung des ganzen Systems diente. Auch wurde durch diesen Zapfen, der nichts anderes als eine hohle Achse war, die Antriebsleistung des Oberwagenmotors an die Antriebsachsen des Unterteiles mechanisch übertragen. Um den Königszapfen beim Arbeiten des Kranes/Baggers vor Stößen zu schützen, waren an den eingangs aufgeführten Drehrollenhalterungen Fanghaken/Sicherheitskrallen angebracht, die unter den Unterwagenzahnkranz eingriffen. Ein Herunterkippen des Oberwagens war somit ausgeschlossen. Über einen derartigen Aufbau des Drehwerkes verfügten die Gottwald-Geräte teilweise noch bis zu den ersten Ausführungen des MK 1 im Jahre 1950 (siehe auch das Kapitel über Bagger).

Wesentlich fortschrittlicher waren nachfolgend die Doppelkugelkranz-Verbindungen in geschlossener Konstruktion zwischen Ober- und Unterwagen, die Ende der vierziger Jahre in Deutschland entwickelt wurden. Diese verschleiß- und wartungsarme Verbindung war in der Lage, Druck- und Zugkräfte auch in waagerechter Richtung aufzunehmen. Nunmehr konnte man auf den Königszapfen vollkommen verzichten.

Fortan versäumte man es in Gottwald-Werbeprospekten nicht, auf den verwendeten Doppelkugellagerkranz „Fabrikat Rothe Erde" hinzuweisen. Dieser Hersteller derartiger Drehwerkskomponenten tat sich in der späteren Vervollkommnung solch reibungsarmer Teile besonders hervor.

Doch kommen wir wieder auf den Oberwagen mit seinen diversen Auf- und Einbauten zurück. Vernachlässigen wir für den Moment die Bedeutung der Geräte als Bagger und beschränken uns auf den Kran, so war dieser natürlich auch mit einer Krankabine mit bequemem Sitz und guter Sicht für den Kranführer ausgestattet.

Bei den ersten Nachkriegsentwicklungen bestand der Sitz allerdings lediglich aus einer Metallschale mit Rückenstütze, nicht zu vergleichen mit den später üblichen Komfortsitzen, die, welch Zukunftsträumerei, sogar einmal mit Luftfederung versehen werden sollten.

Auch war eine Kabinenheizung zunächst noch ein Fremdwort. Dafür hatte der Kran- oder Baggerbediener uneingeschränkte Sicht auf sämtliche wichtigen Kraftübertragungselemente, befanden sich diese doch quasi in seinem Handbereich und wurden nicht durch störende Lärmkapselungen seiner Blicke entzogen. Getrennte und damit einigermaßen schallgeschützte Krankabinen gestand man dem Bedienpersonal erst ab etwa 1953 zu.

So konnte einerseits die überaus wichtige Verständigung zwischen Geräteführer und zum Beispiel Anschlägern auf der Baustel-

Links: Bei den größeren Autokranen konnte die Krankabine seitlich ausgeschwenkt und auch in der Neigung verstellt werden. Diese Neigung konnte bei dem hier noch als AMK 800-103 vorgestellten Kranriesen wesentlich größer eingestellt werden (Sammlung Weinbach)
Rechts: Auch der AK 450-83 verfügte über eine schwenk- und neigbare Krankabine (Weinbach)

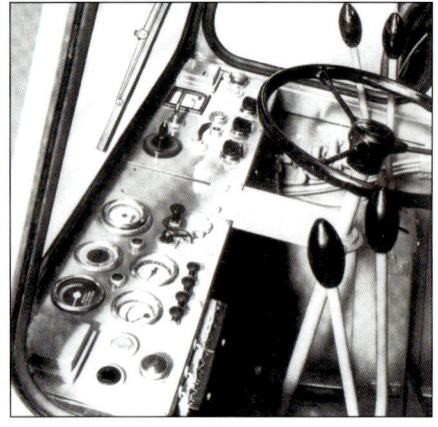

Oben: Der Maschinenführer war beim MK 4 noch direkt am Geschehen und bildete mit seinem Gerät sozusagen eine Einheit. Lange Hebel, die gut in der Hand lagen, stellten die Hauptbedienelemente beim Arbeiten dar – Unten: In den späten sechziger Jahren war auch das Bedientableau in der Oberwagenkabine sehr übersichtlich gestaltet. Der Kranführer von heute wird Joystick und Displayanzeige vermissen (Sammlung Weinbach)

Links: Der Oberwagen des MK 80 war ebenfalls sehr „übersichtlich" aufgebaut. Auch hier konnte der Bediener seinen Kran oder Bagger, je nach dem, noch fühlen und hören! Druckluftansteuerung war damals der neueste Trend – Rechts oben: Motorraum eines diesel-elektrischen Gittermastkrans um 1968. Eine Menge Generatoren und Elektromotoren bestimmten den ersten Eindruck. Sie bildeten die Hauptkomponenten des „Leonard-Satzes". In den unteren Elektro-Steuerungskästen hatten damals noch keine speicherprogrammierbaren Steuerungen (SPS) Einzug gefunden. Es funktionierte auch ohne diese (Sammlung Weinbach)
Rechts unten: Komplett hydraulisch angetrieben wurden auch die Windwerke der großen Gittermastkrane in den achtziger Jahren (Weinbach)

le erheblich verbessert und gleichzeitig das Konzentrations- und Reaktionsvermögen des Bedieners erhöht werden. Beides kam dem Unfallschutz beziehungsweise der Unfallverhütung auf den Baustellen zugute. Im Übrigen konnten oftmals die Oberwagenkabinen, je nach Kundenwunsch, auf der linken oder rechten Seite angebracht werden. Bei einem Gespräch mit einem ehemaligen Gottwald-Konstrukteur bemerkte dieser mit einem Augenzwinkern, wir hätten in die Krankabine auch eine Toilette eingebaut, wenn dies der Käufer gewünscht und natürlich bezahlt hätte. Hier war der Kunde also noch König.

Da sich die Auslegerhöhen der Geräte in den siebziger und achtziger Jahren unerbittlich der 200-m-Marke näherten, wurden die Krankabinen zuletzt sogar kippbar ausgeführt. Für ein ermüdungs- und schmerzfreies Bedienen war somit gesorgt.

Auch machte man sich natürlich die Computertechnik zu nutzen und ließ in den achtziger Jahren den Bediener über keinen der zahl-

losen wichtigen Arbeits-Parameter im Unklaren. Sämtliche für einen sicheren Hubvorgang notwendigen Angaben, wie zum Beispiel aktuelle Ausladung, Windgeschwindigkeit, Lastgewicht und so weiter, wurden dem Kranführer angezeigt. Im Zusammenspiel mit diversen Erfassungsgeräten und Sicherheitsendschaltern wurde die Gefahr des Kranunfalls auf ein Minimum reduziert. Dass es dennoch zu solchen Unfällen kam, ist größtenteils auf menschliches Versagen zurückzuführen.

Hubwerk und Oberwagen-Antriebe

Grundsätzlich konnten vom Kunden die ersten Mobilkran- und Autokran-Ausführungen mit einem Ein-Trommel-Hubwerk bezogen werden. Dieses eignete sich allerdings nur für den einfachen Kran- und Magnetbetrieb und war somit in seinen Einsatzmöglichkeiten stark eingeschränkt.

Wesentlich wirtschaftlicher waren die sogenannten Universal-Zwei-Trommel-Hubwerke. Deren Vorteil war die Möglichkeit des wechselseitigen oder gleichzeitigen Arbeitens mit zwei eingescherten Lasthaken sowie Wippbetrieb bei Kranarbeiten. Zudem waren derlei Hubwerke für den Greifer- oder Schleppschaufelbetrieb bei Baggerarbeiten ausgelegt.

Als Antriebsaggregate dienten in den ersten Nachkriegsjahren vornehmlich luftgekühlte KHD-Diesel oder wassergekühlte Mercedes-Benz-Diesel, je nach Kundenwunsch. Deren Leistung wurde wie schon zuvor erwähnt, mechanisch über Schaltgetriebe in Hubwerks- und Drehwerksbewegungen umgewandelt.

Diese Art der Kraftübertragung verlor jedoch immer mehr an Bedeutung. Bereits in den frühen sechziger Jahren wurden die Antriebsdiesel verstärkt mit Generatoren und Hydraulikpumpen gekuppelt.

Das Ward-Leonard-System ermöglichte beim diesel-elektrischen Antrieb ein äußerst feinfühliges und lastunabhängiges Arbeiten des Krans in allen seinen Bewegungen. Allerdings war diese Antriebsart auch sehr aufwändig. So benötigte man einen Gleichstrom-Leonard-Generator, einen Erregergenerator und für jede der Kranbewegungen, wie Drehwerk und diverser Windwerke bei großen Kranen, jeweils einen Elektromotor. Eine solche Ansammlung von relativ schweren und nicht selten reparaturanfälligen Elektro-Antriebskomponenten brachte natürlich ein nicht zu vernachlässigendes Gewicht zusammen. Einerseits freute dies den Konstrukteur des eigentlichen Kranteils, kam dies doch der Standsicherheit zugute. Dem Konstrukteur des Unterwagens passte es andererseits gar nicht so recht, war er doch zur Einhaltung strenger Achslastbegrenzungen gezwungen.

Obwohl sich bereits zur Mitte der siebziger Jahre der diesel-hydraulische Antrieb bei den Gittermastkranen durchzusetzen begann, wurde auf besonderen Kundenwunsch der größte jemals bei Gottwald gefertigte Autokran im Jahre 1980 wieder mit dem bewährten Ward-Leonard-System ausgestattet.

Die Gebrüder Sparrow aus England bestanden auf diesem Antriebskonzept für ihr neues „Zugpferd", den MK 1000, wohl gerade wegen ihrer jahrelangen positiven Erfahrungen mit dem ebenfalls diesel-elektrisch betriebenen MK 500. Das neue gigantische Hebezeug war ein Sattelzug-Autokran mit 1000 t Tragfähigkeit und stellte seinerzeit den leistungsstärksten Auto- beziehungsweise Mobilkran dar.

Die Bedeutung des diesel-hydraulischen Antriebes für den Bau von Teleskopautokranen beziehungsweise Teleskopkranen im Allgemeinen braucht nicht näher erläutert werden. Obwohl, es gab auch Fahrzeugkrane mit Teleskopausleger, so auch bei Gottwald (MK 60), deren Spezialausleger per Seilzug aus- und einteleskopiert wurde. Jedenfalls wurden beim Teleskopfahrzeugkran für sämtliche Kranbewegungen, also Dreh-, Wipp-, Hubwerke und natürlich beim Teleskopieren des Auslegers, wartungsarme Hydraulikmotoren eingesetzt.

Wie bei den Fahrantrieben der Autokrane, so kamen seit den siebziger Jahren neben den Mercedes-Benz-Dieseln auch vermehrt MAN-Motoren beim Oberwagenantrieb zum Einbau. Die größten Antriebsleistungen betrugen hierbei 276 kW / 375 PS, die einem zwölfzylindrigen Aggregat entlockt werden konnten (MK 1000).

Gegengewicht

Das Gegengewicht, ohne das kein Auslegerkran auskommt beziehungsweise sicher arbeiten kann, bestand bei den ersten kleinen Mobilkranen noch aus einem Gewichtskasten am Oberwagenheck. Dieser Kasten wurde dann, wie den damaligen Prospekten zu entnehmen war, mit kleinstückigem Schrott oder Schwerspat gefüllt. Der MK 1 beziehungsweise MK 4 benötigte dabei lediglich 3 t von diesem Ballast.

Die größeren Kranleistungen der Nachfolgetypen erforderten natürlich auch schwerere Gegengewichte, die schon recht bald allein wegen einzuhaltender Achslasten beim Verfahren auf öffentlichen Straßen zumeist getrennt transportiert werden mussten. Diese „am Stück" gegossenen Ballastplatten wurden in mehrteiliger Ausführung am Oberwagenheck auf einer Ballastbühne unverrückbar aufgelegt oder aber später zum Beispiel an den Windenrahmen angehängt und entsprechend verbolzt.

Bei einigen der größeren Gittermastkrane mit Sternabstützung (MK 250, MK 500, AK 680-2, MK 1000, AK 1200) war auch eine zusätzliche Anbringung von Ballastplatten am Kranunterteil erforderlich. Diese das Standmoment vergrößernden Gewichte wurden zumeist zwischen den Abstützarmen beziehungsweise an diesen angebracht.

Über die Bedeutung des Maxi-Lift-Ballastes bei den großen Fahrzeugkranen wird noch gesondert zu berichten sein.

Links: Bei den meisten Kranen war das aufgelegte Gegengewicht bis in die späten siebziger Jahre fluchtend mit der Oberwagenbreite. Auch ein wenig mehr an Ballast konnte dann und wann nicht schaden. Über stille Reserven verfügten die Gottwald-Geräte, hier ein AK 260-78, auf jeden Fall
(Oberdrevermann)

Mitte: Der MK 1000 mit seinen dreiteiligen Stützarmen bekam das umfangreiche Oberwagen-Gegengewicht zu beiden Seiten des Heckteils auf zwei Grundplatten aufgetürmt. Man beachte die farblich helleren Stellen an dem ersten Stützarmsegment. Es handelte sich um Ballastaufhängungen
(Köhn)

Rechts: Auch beim AK 850-103 bildeten zwei quer unter dem Oberwagenheck befestigte Grundplatten das „Fundament" für die darauf gestapelten Ballastplatten
(Schmidbauer)

Oben links: Sockelkrane mit demontierbaren Fahrwerken oder Antriebsteilen, wie eben auch der MK 1000, erhielten an den Stützenarmen zusätzliche Stahlklötze angehängt

(Köhn)

Oben rechts: Bei vielen Krantypen wie bei diesem AK 210-73 wurde der Ballast einfach an den entsprechend dimensionierten Windenrahmen gehängt –
Unten links: In diesem Fall (AMK 401-83 / KMK 8400) wurde der Ballastrahmen, der oben auch mit einer Halterung für eine weitere Winde versehen war, getrennt vom Grundgerät transportiert. Der Kran türmte seinen Ballast, natürlich stückweise, auf dem eigenen Unterwagen auf –
Unten rechts: Durch die im Fahrgestell integrierten Hubzylinder wurde der Ballast samt Rahmenkonstruktion an den in Position geschwenkten Oberwagen gehoben und verbolzt

(Weinbach)

Auslegersysteme

Bei den Auslegern von Mobilkranen und den späteren Automobilkranen wurden sogenannte Fachwerk-Gitterausleger zum Einsatz gebracht. Hier herrschte noch bis in die späten fünfziger Jahre der Profileisen-Ausleger vor. Die angesprochenen Profilstahlkonstruktionen (Winkeleisen oder U-Eisen der Güte St 37) wurden in genieteter Ausführung allerdings nur für die kleineren Krantypen verwendet. Derartige Ausleger stellten zum damaligen Zeitpunkt den Stand der Technik dar.

Mit dem verstärkten Aufkommen der Schweißtechnik auch beim Auslegerbau ging man zeitgleich zu Rohrprofil-Auslegern über. Diese konnten in ständig gesteigerten Querschnitten und Materialstärken immer größere Traglasten beherrschen. Dabei kam es wesentlich auf die Schweißgüte, insbesondere in den Knotenpunkten dieser oftmals komplizierten Fachwerke an. An dieser Stelle sei bemerkt, dass es zur sicheren und schnellen Berechnung dieser Konstruktionen seinerzeit noch keine Computerprogramme gab, sondern handwerkliches Berechnen vorherrschte. Auch existierten noch keine Schweißroboter, die eine Schweißnaht wie die andere anlegten. Hier war gleichfalls noch großes menschliches Geschick angesagt.

Fachwerkausleger in geschweißter Rohrbauweise, zudem in immer besseren Stahlqualitäten (Feinkornbaustähle), sollten in späteren Jahren erst die hohen Traglastwerte ermöglichen, die sich in den achtziger Jahren bis über die 1000-t-Grenze bewegten.

Neben diesen Gitterauslegern wurden in den späten fünfziger und frühen sechziger Jahren auch einige Spezialausleger in Kastenbauweise bei den kleineren MK-Typen gebaut. Diese bildeten allerdings die Ausnahme im Mobilkranbau bei Gottwald.

Außer dem geraden Gittermastausleger selbst, dem sogenannten Hauptausleger (HA), sollten jedoch auch zunehmend spezielle Erweiterungen beziehungsweise Anbauvarianten entwickelt werden. Dies fing bereits bei den unterschiedlichen Ausführungen der Auslegerköpfe, wie gerader und gekröpfter Kopf, an.

Um über Hindernisse hinweg besser arbeiten zu können, wurden zunächst feste Spitzenausleger (SpA), später auch wippbare,

also gleichfalls neigbare Auslegerverlängerungen (Wipp-Spitzen/ Wsp) entwickelt. Dabei konnte auch im sogenannten „Zwei-Haken-Betrieb" eine Last, beispielsweise ein Dachträger, in erforderlicher Lage (horizontal oder geneigt) auf Höhe gebracht werden. Die lastmomentsteigernden Gegenausleger aus den achtziger Jahren finden wie bereits angedeutet in einem nachfolgenden Abschnitt besondere Erwähnung.

Ein für das Aufrichten des Gittermastes unabdingbares Konstruktionsteil ist im Übrigen der sogenannte Aufrichtebock oder kurz A-Bock. Dieser ist bei kurzen Auslegern oftmals ein fester Bock mit Umlenkrollen für das Aufrichteseil und wird auch schon mal als Montagestütze bezeichnet. Je länger ein aufzurichtender Ausleger ist, noch dazu vielleicht mit einer Spitzenverlängerung versehen, umso stabiler und auch länger muss besagter A-Bock ausgeführt sein.

Zum Aufrichtevorgang eines solchen Gittermastes selbst sei bemerkt, dass die dann auftretenden Belastungen oftmals größer sind (Durchbiegung) als es im anschließenden Hub selbst der Fall ist. Der Durchbiegung wird dann auch durch „Koppelseile", die zwischen Aufrichtseil und Mastmitte gekoppelt werden, entgegengewirkt.

Nachfolgend sind einige der zahlreichen Gottwald-Auslegervarianten aus den fünfziger und sechziger Jahren stellvertretend vorgestellt:

1 gerader Ausleger in Profilstahl- oder Rohrkonstruktion, vorzugsweise für Haken- und Magnetbetrieb sowie Greifer- und Schleppschaufelbetrieb

2 Ausleger mit gekröpfter Spitze in Profilstahl- oder Rohrkonstruktion, vorzugsweise für Haken- und Magnetbetrieb

3 gerader Hauptausleger für große Höhen mit fest angebautem leichten Spitzenausleger

4 gerader Hauptausleger mit fest angebautem Schwerlast-Spitzenausleger

5 gerader Hauptausleger für große Höhen mit Wipp-Spitzenausleger

6 Hauptausleger in Turmausführung (senkrecht) mit Laufkatzenausleger

Links: Der Auslegerkopf wird je nach Auslege-länge mit gestückelten „Nackenseilen" fest mit dem Aufrichtebock verbunden. Der Auf-richtebock wiederum wird mit dem vielfach umgelenkten Verstellseil zwischen Ausleger-Verstellwinde und seinen Umlenkrollen hoch-gezogen. Dabei nimmt er den fest gekoppel-ten Ausleger mit in die Steilstellung. An der Zahl der Seilstränge des Verstellwerkes mag man die von diesem „Seilzug" aufzubringen-den Kräfte ermessen   (Schmidbauer)
Rechts: Auslegervarianten nach obiger Be-schreibung (1 bis 6)   (Sammlung Weinbach)

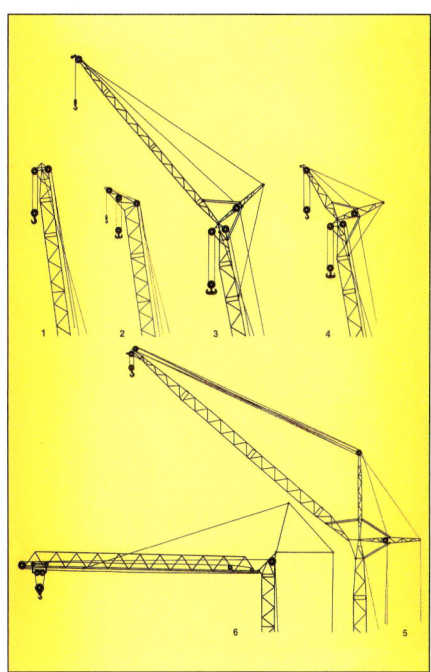

Links: Mobilkran MK 60/3S mit geknicktem Schwerlastausleger – Rechts: Hauptausleger (oben) mit eingefaltet angebautem Spitzen-ausleger kurz vor dem „aufziehen". Für einen Gittermastkran stellt das Aufrichten solch großer Auslegerkombinationen zumeist einen größeren Belastungsfall dar, als anschließend die eigentliche Hubarbeit   (Sammlung Weinbach)

Daneben wurden allerdings auch eine Reihe spezieller Ausleger konstruiert, die auf die besonderen Einsatzverhältnisse ausgelegt waren, so zum Beispiel:
- geknickter Schwerlastausleger in Kastenbauweise ideal zum Durchfahren niedriger Hallentore unter Last
- geknickter Teleskopausleger mit mechanischem oder hydrauli-schem Teleskop-Vorschub, ideal zum Durchfahren niedriger Hallen-tore unter Last
- hydraulisch gesteuerte Wippausleger für Kanalhäfen (siehe Kapi-tel der Hafenmobilkrane, HMK)
- Turmaufbau mit hydraulisch angelenktem Wippausleger für See-häfen (HMK)

Tragfähigkeit von Fahrzeugkranen

Die Tragfähigkeit, neben dem möglichen Lastmoment als Produkt der Tragfähigkeit und der Ausladung, für den Kranbauer wie auch für den Krannutzer gleichermaßen von Bedeutung, ist ein Thema für sich. Aufgrund der Wichtigkeit der zu berücksichtigenden Zusammenhänge soll nachfolgend auf die Problematik des sicheren Arbeitens eines solchen Fahrzeugkranes ein wenig näher eingegan-gen werden.

Bei Auslegerkranen, also Hubgeräten, die über ihre Abstützun-gen beziehungsweise ihre Standfläche hinweg eine Last anzuheben haben, gibt es, anders als beispielsweise bei Brückenkranen, eine Vielzahl von höchstzulässigen Belastungen. Beiden Krantypen aller-dings werden zum einen Grenzen in ihrem Leistungsvermögen durch die Hubkraft der Hubwerkswinde als Produkt der Winden-

hubkraft und der eingescherten Anzahl der Hubseilstränge gesetzt. Zum anderen ist auch die Bauteilfestigkeit der jeweiligen Krankon-struktion ein Merkmal für die zulässige Traglast beider Bauarten.

Das wesentliche Kriterium bei den Auslegerkranen ist jedoch die Standsicherheit, die ein solches Gerät bei allen Hubarbeiten besitzen muss. Darin einfließend sind der jeweilige Rüstzustand des Kranes, die Abstützbasis, der aufgelegte Ballast, die Auslegerlänge und die Ausladung zu berücksichtigen. Unter Umständen spielt die Stellung des Kranoberwagens zum Unterwagen gleichfalls eine Rolle.

Unter Rüstzustand sind die möglichen Auslegerkombinationen wie nur Hauptausleger (HA), HA mit festem oder wippbarem Spit-zenausleger oder eine dieser Varianten in Kombination mit dem ebenfalls schon angesprochenen Maxi-Lift zu verstehen.

Gelten im „vereinten" Europa inzwischen eine Vielzahl, um nicht zu sagen eine „Unzahl", von Europanormen (EN…), so war zu Zeiten der Gottwald-Fertigung einzig die eine oder andere Deut-sche Norm (DIN) anzuwenden. Die Standsicherheit für gleislose Fahrzeugkrane musste der Kranhersteller dabei entsprechend der DIN 15019 Teil 2 (früher DIN 120) für alle Arbeitszustände des Kra-nes garantieren. Hierbei ist die Standsicherheit, also die Sicherheit gegen Umkippen, zum einen durch Berechnung und zum anderen durch Prüfbelastungen mit Überlast nachzuweisen. Bei den ab-schließenden Belastungstests, die bei großen Fahrzeugkranen meh-rere Wochen dauern können, sind die Krane für einen bestimmten Rüstzustand bei der größten, der mittleren und der kleinsten Ausla-dung mit zwei unterschiedlichen Prüflasten zu beanspruchen (DIN 15019):

Links: Erster AK 200 beim Abtesten mit Hauptausleger und festem Spitzenausleger. Man beachte auch den langen Aufrichtebock (Leder)
Rechts: Mit den Großkranen der achtziger Jahre sollte man dann bei Gottwald in Höhen von bis zu 200 m vorstoßen. Nicht ganz so hoch hinaus ging es bei diesem Bau eines Kesselhauses für ein Kohlekraftwerk. Der AK 850-103 stemmte die riesigen Träger an seinem Wipp-Spitzen-Ausleger problemlos in die Höhe (Schmidbauer)

1. die kleine Prüflast mit der 1,1-fachen Hublast (dynamisch), diese Zehn-Prozent-Überlast ist also vom Hubwerk anzuheben.

2. die große Prüflast mit 1,25-facher Hublast zuzüglich zehn Prozent des Gewichts des Auslegersystems, reduziert (umgerechnet) auf die Auslegerspitze.

Diese Prüfung wird statisch durchgeführt, das bedeutet, das Differenzgewicht zur angehobenen kleinen Prüflast wird von anderen Kranen auf dieses bereits vom Kran selbst angehobene Prüfgewicht aufgelegt.

Als Hublast ist dabei die vom Hersteller in den entsprechenden Tabellen angegebene Tragfähigkeit definiert. Die Tragfähigkeit beinhaltet hierbei die Summe der Einzelgewichte von eigentlicher Last, der Unterflasche (Haken) und etwaiger Lastaufnahmemittel (z.B. Traversen) sowie eingehängter Anschlagmittel (Seile, Ketten, Hebebänder).

Die Standsicherheitsprüfung mit der großen Prüflast entspricht dabei einer Kipplastausnutzung von 75 Prozent. Dies bedeutet, dass das Kippmoment, welches zum Umsturz des Kranes beitragen würde, 75 Prozent des Standmoments des Kranes ausmacht.

Das Standmoment eines Fahrzeugkranes wird gebildet von den Gewichtskräften derjenigen Kranmassen, die den Kran auf seine Aufstandfläche (den Boden) drücken.

Das Kippmoment hingegen wird gebildet von den Gewichtskräften derjenigen Kranmassen, die das Bestreben haben den Kran umzukippen sowie natürlich von der zu hebenden Last.

Das Verhältnis beider Momente zueinander kann sich dabei während der Hubarbeit sehr stark verändern, wenn beispielsweise der Ausleger gewippt wird, der Ausleger teleskopiert wird oder der Oberwagen gegenüber dem Unterwagen gedreht wird.

Es sei angemerkt, dass in den USA und in Staaten, die die US-Norm (PSCA-Standard) als bindend ansehen, eine Kipplastausnutzung von 85 Prozent zugelassen ist. Das heißt natürlich, dass die Standsicherheit nicht so hoch ist wie nach deutscher Norm. Wie für jeden Kranhersteller zutreffend, wurden im Hinblick auf eine Exportfertigung von Fahrzeugkranen auch in den Gottwald-Prospekten die 85-Prozent-Werte mit aufgeführt. Deren Anwendung ist jedoch in Deutschland und den meisten europäischen Staaten nicht zulässig. Demzufolge werden in sämtlichen Gerätebeschreibungen in diesem Buch auch nur die niedrigeren 75-Prozent-Werte berücksichtigt. Eine Ausnahme stellten jedoch die Traglasttabellen in den Jahren vor 1970 dar. Seinerzeit bezogen sich die Traglastwerte in den Lasttabellen vieler Gottwald-Fahrzeugkrane gar auf noch wesentlich geringere Kipplastausnutzungen, also noch niedrigere Prozentwerte der Kipplast und somit noch größerer Standsicherheit.

Links: Ein MK 250 wurde hier mit 90 t auf 10 m Ausladung erfolgreich getestet –
Mitte: Mitunter waren es recht abenteuerlich anmutende „Prüfgebilde", die da aufgetürmt wurden. Hier stemmt ein AK 270-98 erfolgreich die ihm auferlegte Prüflast –
Rechts: Auch die Schwerlastspitze des AK 270-98 (DDR) musste anno 1974 ihre Bewährungsprobe bestehen. Die spezielle Prüftraverse hat bei so manchem Abnahmetest ihre Last getragen (Sammlung Weinbach)

Links: Mobilkrane, wie dieser MK 120 mit Schwerlastspitze, mussten ihre freistehende Standsicherheit natürlich ebenfalls unter Beweis stellen (Oellers)
Rechts: Dieser Mobilkran vom Typ MK 350-44 durfte sich unter der Sonne Südafrikas, seinem Einsatzland, mit den Prüfgewichten beschäftigen. Es handelte sich um Wassertanks, die an der dortigen Küste in allen erdenklichen Ballasterfordernissen schnell zusammengestellt (gefüllt) waren (Horrocks)

Links: Im späteren Arbeitseinsatz mussten sich die auf ihre Standsicherheit geprüften Krane dann tagtäglich aufs Neue beweisen. Dabei kam es auch schon einmal zu Missgeschicken. So waren die Kippmomente bei diesem Feuerwehr-Einsatz im Tierpark in München augenscheinlich größer als die Standmomente (Foto Berufsfeuerwehr München)
Mitte: Auch während des Oberwagendrehens können die Kippmomente plötzlich Überhand nehmen. Den noch aufgelegten Teilballast zog es auf den Grund des Hafenbeckens. Der Kran hat diese Missgeschick schadlos überstanden (Stuive)
Rechts: Einziger schwerer Teleskopkran mit Schwerlastausleger beziehungsweise -spitze war der AMK 306-93 von Bracht (Bracht)

Nicht zuletzt um einen Kran dem Kunden schmackhaft zu machen und vielleicht auch ein Konkurrenzprodukt übertrumpfen zu können, gibt der Kranbauer dabei gerne die maximale zulässige Tragfähigkeit an. Oftmals, dies trifft eigentlich auf alle Kranhersteller zu, ist dieser Wert für das jeweilige Gerät nur unter gewissen Einschränkungen erreichbar oder hat gar nur theoretische Bedeutung.

Als Einschränkung konnte/kann dieser Maximalwert beispielsweise von vielen Fahrzeugkranen vielfach nur über einen sehr begrenzten Schwenkbereich von wenigen Graden zu beiden Seiten des Unterwagenhecks bewältigt werden. Hier trägt zum Beispiel das Eigengewicht des Kranunterwagens nicht unerheblich zum notwendigen Standmoment bei. Dreht der Kranoberwagen seitwärts oder gar um 180 Grad nach „vorne", kann beziehungsweise darf die werbewirksame Maximallast nicht mehr gehoben werden. Prinzipiell kann dies natürlich bei anderen Ausladungen oder Auslegerlängen auch für kleinere Lasten zutreffen. Die über den vollen Drehkreis zulässige Hublast ist also bei entsprechenden Arbeiten zu berücksichtigen und normalerweise nicht mit der Maximallast identisch.

Die angesprochene theoretische Bedeutung hat die maximal zulässige Tragfähigkeit bei Betrachtung der hierfür festgelegten Ausladung. Die zulässige Ausladung als horizontaler Abstand vom Drehkranzmittelpunkt des Kranes bis zur Hakenstellung ist für die Maximallast meistens so gering, dass diese Last in der Praxis nicht zu heben ist. Gerade bei den großen Kranen kann eine entsprechend schwere Last gar nicht so kompakt aufgebaut sein, als dass sie zwischen den Abstützungen zu händeln wäre.

Dass für die Angabe der Maximal-Tragfähigkeit bei verschiedenen Krantypen unterschiedliche Ausladungen zu Grunde liegen, kommt noch erschwerend hinzu. Somit ist hierbei oftmals gar kein direkter Vergleich zwischen Kranen verschiedener Hersteller möglich. Man muss folglich die Traglastwerte bei vergleichbaren Ausladungen gegenüberstellen.

Teilweise kann/konnte der als maximale Tragfähigkeit für einen Krantyp angegebene Tabellenwert auch nur in Verbindung mit einem speziellen Auslegerkopf erreicht werden. Beispiele hierfür waren die Telekrane der Typen AMK 400/500, AMK 600 und AMK 1000 aber auch die überschweren Gittermastkrane ab etwa 800 t Tragfähigkeit. Derartige Spezialausleger beziehungsweise Auslegerköpfe wurden allerdings zu keiner Zeit gefertigt, da vom Kunden nicht benötigt und bestellt. Somit existierten diese theoretischen Werte nur in den Traglasttabellen der Werbeprospekte jedoch auf keinem Abnahmeprotokoll nach Belastungsprüfungen wie oben beschrieben. Solche Beispiele sind bei nahezu allen Fahrzeugkrananbietern zu finden.

Soviel zum Thema Tragfähigkeit und Standsicherheit bei gleislosen Fahrzeugkranen.

Maxi-Lift-Einrichtung

Bei der Maxi-Lift-Einrichtung, bei anderen Kranherstellern auch als Derricksystem, Skyhorse oder Super-Lift bezeichnet, handelt es sich um eine lastmomentsteigernde Einrichtung speziell für Gittermastkrane der hohen Traglastklassen. Wie so manche Innovation, so ist eine derartige Zusatzausrüstung ursprünglich auf ein amerikanisches Patent zurückzuführen, welches bereits 1964 auch in Deutschland angemeldet wurde. Gottwald vergab für eine solche Zusatzausrüstung die Werksbezeichnung Maxi-Lift und sollte nachfolgend beschriebenes Prinzip allerdings auch bei einigen der großen Teleskopkrane zum Einsatz bringen.

Um eine Erhöhung der Traglasten bei vergleichbaren Ausladungen zu erzielen, musste das auf Biegung beanspruchte Auslegersystem und nicht zuletzt das Herzstück des Kranes, der Drehkranz, entlastet werden. Dies erreichte man durch einen mit dem Hauptausleger verspannten Gegenausleger, an den dann zusätzliche Gegengewichte angehängt wurden. Dieser bei Gottwald auch als Schwebeballast oder Maxi-Ballast bezeichnete Momentenausgleich

Links: Zum Maxi-Lift-Treffen versammelte man sich beim Hub dieses Reaktorteils in den frühen achtziger Jahren. Es trafen sich der AK 680-1 von Scotts (hinten links) und der AK 680-2 von Stanley Davies (hinten rechts). Als Nachführkran konnte man einen Demag TC 4000 mit Super-Lift antreffen. Der Demag-Typ 4000 war das Konkurrenzgerät in der Traglastklasse bis 650 t beziehungsweise 850 t mit Gegenausleger   (Horrocks)
Rechts: Der inzwischen bei Sarens komplett überholte AK 680-1 hatte vor wenigen Jahren einen Einsatz in einer Kölner Raffinerie. Dabei war genügend Traglast bei extremer Ausladung gefragt, eben ein Fall für die Maxi-Lift-Einrichtung   (Sammlung Weinbach)

wurde auf speziellen Traversen aufgelegt. Diese ballastierten Traversen „schwebten" gerade eben bodenfrei und setzten eine entsprechend geebnete Fläche im Schwenkbereich voraus.

Mit dem Maxi-Lift wurden somit in vielen Arbeitszuständen des Kranes Lastmomentsteigerungen von bis zu 100 Prozent und sogar mehr ermöglicht.

Erstmalig mit diesem System ausgestattet wurde der 1979 ausgelieferte AK 680 (Stanley Davies) für 650 t beziehungsweise dann 850 t. Angeboten wurde der Maxi-Lift von Gottwald in späteren Jahren jedoch bereits ab dem AK 350. Tatsächlich mit diesem System ausgestattet wurden jedoch lediglich die Typen AK 680, 912, 1200 und MK 1000. Nicht vergessen werden soll der Typ AK 850, der eine solche Einrichtung allerdings erst nachträglich angepasst bekam. Doch darüber mehr in der Gerätebeschreibung.

Bei den Teleskopkranen differenzierte man bei Gottwald zwei prinzipmäßig vergleichbare Systeme der Lastmomentsteigerung. Die sogenannte „Schwerlasteinrichtung" bestand hierbei ebenfalls aus einem Gegenausleger, ab dem AMK 400/500 allerdings in Vollprofilbauweise und nur knapp 10 m lang. Daran angehängt wurde dann der Zusatzballast. Aufgrund der kurzen Ausladung dieses Gegengewichtes befand es sich in gleicher Höhe wie der normale Oberwagenballast. Ein Drehen des Oberwagens über dem Unterwagenfahrgestell um 360 Grad war somit möglich.

Als erster Telekran-Typ erhielt der AMK 200 im Jahre 1980 diese Zusatzausrüstung. In späteren Jahren konnten die Typen AMK 186, AMK 206, AMK 306 und auch der AMK 400/500 entsprechend ausgerüstet und aufgelastet werden.

Der AMK 400/500 verfügte dabei als einziger der Telekran-Typen über eine durch Bolzenverbindung zweigeteilte Schwerlasteinrichtung. Dies ermöglichte den Einbau eines Gittermastzwischenstückes und damit eine weitere Lastmomentensteigerung.

Jetzt wieder als Maxi-Llift bezeichnet, schwebte der Zusatzballast auch wieder knapp oberhalb der Standfläche des Kranes.

Für diesen rund 387 t schweren und 35 m hohen Reaktor benötigte auch der AK 850-103 von Schmidbauer den Gegenausleger mit Zusatzballast
(Weinbach)

Das Tele-Gitter-System

Eine höchst interessante Kombinationsmöglichkeit aus Teleskopkran und Gittermastkran entwickelten die Gottwald-Ingenieure Mitte der achtziger Jahre für die besonders großen Geräte dieser beiden Krangattungen.

Gittermastsysteme sind bekanntlich in ihrem Leistungsvermögen (Gewichts-/Leistungsverhältnis) den Teleskopsystemen bei weitem überlegen.

Die Maxi-Lift-Zusatzausrüstung lässt diesen Vorteil noch gravierender werden. Nachteilig im Vergleich zu den Teleskopkranen wirkt sich jedoch der systembedingt höhere Montageaufwand aus. Zudem ist bei Längenänderungen des Gittermastauslegers ein Ablegen des kompletten Systems erforderlich. All dies kostet natürlich Zeit und Platz.

Bei Gottwald strebte man eine Verbindung der Vorteile beider Mastsysteme an. Gedacht war das Tele-Gitter-System für Kranverleiher, die bereits über einen großen Gittermastkran der 300- bis 800-t-Klasse in ihrem Gerätepark verfügten. Erweitert werden sollte dieses Grundgerät dann mit einem High-Power-Control-Teleskopauslegerpaket (HPC), wie es für die Gottwald-Telekrane AMK 400/500, AMK 600 und AMK 1000 Verwendung fand.

Diese Teleskopausleger wurden, wie den Gerätebeschreibungen zu entnehmen sein wird, aufgrund der Dimensionen und Gewichte getrennt von dem Kranoberwagen transportiert. Die Verbindung

Gottwalds stärkster Kran, der zum MK 1500 aufgelastete Sockelkran, ist hier unter der Flagge von GWS (Grayston White & Sparrow) beim Einheben einer kompletten Chemie-Großkomponente zu sehen
(Grayston White & Sparrow)

Links: Der AMK 400/500-93 für Riga Mainz erhielt eine Schwerlasteinrichtung, die eine theoretische Traglast von 600 t ermöglichen sollte. Der hierfür benötigte Schwerlastausleger wurde allerdings nicht vom Kunden geordert. Die Lastmomentsteigerungen beschränkten sich somit auf den 350-t-Kopf und ermöglichten dort eine größere Traglastausnutzung bei großen Ausladungen
(Sammlung Weinbach)

Rechts: Hier ist ein AMK 200-103 der BCHC (Britisch Crane Hire Corporation) mit Schwerlasteinrichtung im Einsatz (Horrocks)

zwischen Oberwagen und Ausleger wurde dabei über ein Schnell-Kupplungs-System, das sogenannte Speed-Connection-System (SCS), hergestellt.

Sowohl HPC als auch SCS waren überdies geschützte Systeme der Gottwald GmbH. Auf beide Entwicklungen wird in der Gerätebeschreibung des AMK 400/500 näher eingegangen.

Um den Teleskopausleger nun an dem normalen Gittermastkran beziehungsweise dessen Grundgerät anbringen zu können, wurde ein spezieller Adapter konstruiert. Dieses Verbindungsstück sollte mit den meisten Gittermastkran-Oberwagen, wohlgemerkt auch denen anderer Hersteller, kompatibel sein. Der Adapter enthielt den Hydrauliktank und sämtliche Aggregate, die zur Versorgung und Steuerung des Teleskop-Systems notwendig waren.

Bei normalen Hublasten konnte der Teleskopmast mit dem Aufrichteseil und der Montagestütze (A-Bock) gewippt werden. Bei größeren Hublasten kam dann die Nackenseilabspannung zum Einsatz, die sich den Längenänderungen des Teleskopauslegers automatisch anpasste. In Kombination mit der Maxi-Lift-Zusatzausrüstung konnten die Hubleistungen nochmals beträchtlich erhöht werden. Die Hubhöhe konnte zudem durch normale Gittermastsegmente, an die dann der Adapter angebolzt wurde, vergrößert werden. Die Kombination mit einem Spitzenausleger war natürlich ebenso möglich. Entsprechende Gottwald-Zeichnungen sahen selbst die Nachrüstung so „betagter" Krane wie die der MK 600-660-Reihe aus den sechziger beziehungsweise siebziger Jahren mit derartiger Technik vor.

Mit dem Tele-Gitter-System sollten dabei laut Gottwald-Infos für den Kranverleiher bis zu 80 Prozent der Investitionskosten für ein Zweitgerät eingespart werden können. Das System stellte somit

eine interessante wirtschaftliche Alternative dar, kam jedoch zu spät, als dass es bei Gottwald in die Tat umgesetzt werden konnte. Die Fertigung von Teleskopautokranen und später auch von Gittermastautokranen wurde noch vor der Realisierung dieser innovativen Idee eingestellt.

Drehkranzentlastungsring

Die Umschreibung trifft zwar die Absicht, die hinter dieser „Erfindung" steckte, hätte aber wohl bei tatsächlicher Umsetzung einen wohlklingenderen Namen bekommen. Jedenfalls wurde bereits Ende 1979 ein solcher „Drehkranzentlastungsring" von Gottwald zumindest als Patent in den USA eingereicht, woraufhin die Vorrichtung als United States Patent 4,332,328 geschützt wurde. Es handelte sich dabei um einen zusätzlichen Stützring mit knapp 6 m Durchmesser, der für große Gittermast-Autokrane zur normalen Drehkranzentlastung gedacht war. Der untere Stützring wurde auf dem Unterwagen vorne und hinten verbolzt und konnte natürlich zerlegt und getrennt vom Kranfahrzeug transportiert werden.

Der Kranoberwagen sollte mit einem entsprechenden Laufring gleichen Durchmessers verbolzt werden. Hierfür waren am vorderen Oberwagenteil zwei und am hinteren Teil drei Trägerverbindungen zum Laufring vorgesehen.

Es darf vermutet werden, dass die Konstruktion aus der Not heraus geboren wurde, da es beim Bau der ersten Großkrane vom Typ AK 680 im Jahre 1978 Probleme beim Drehen der Oberwagen gab. Dies machte sich derart bemerkbar, dass der Oberwagen insbesondere bei voller Belastung des Krans (z.B. Überlastprüfung) beängstigend nah an feste Unterwagenteile reichte. Man hat das Pro-

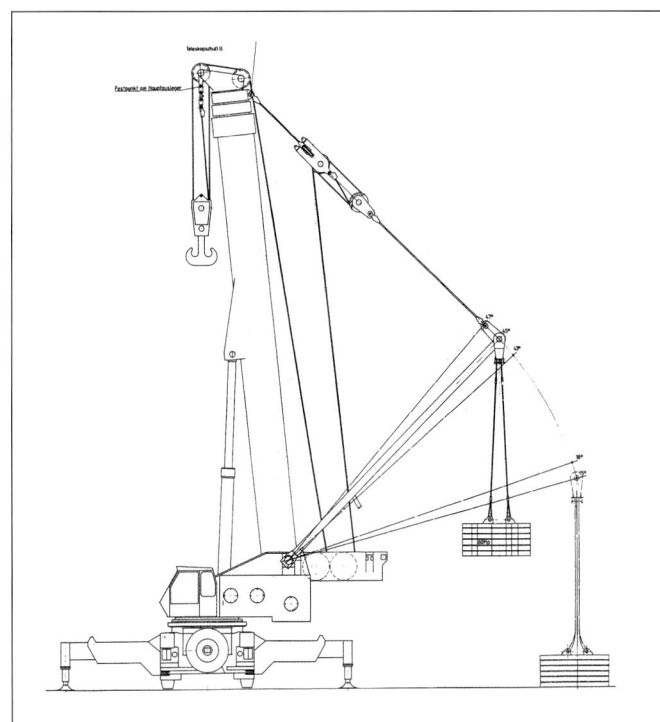

Prinzipskizze der Schwerlasteinrichtung am AMK 206

(Sammlung Weinbach)

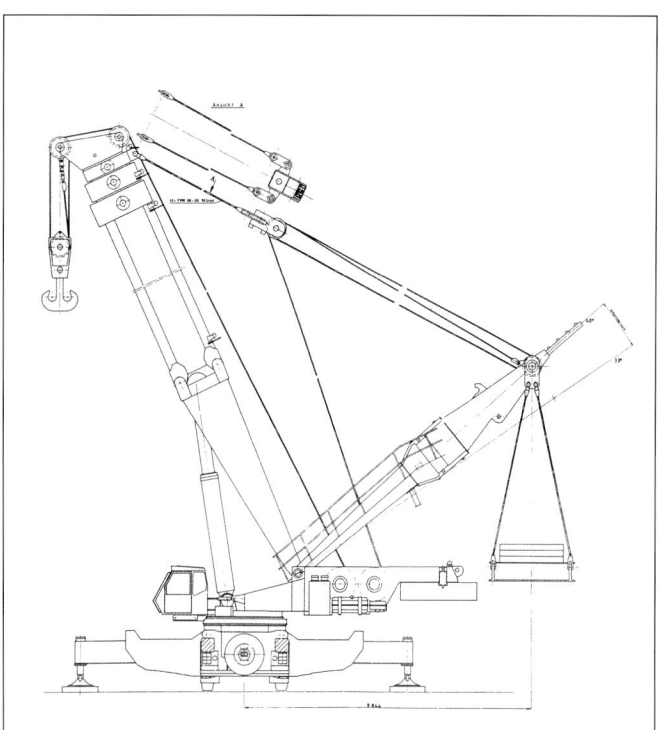

Prinzipskizze der Schwerlasteinrichtung am AMK 400/500

(Sammlung Weinbach)

blem jedoch anscheinend anderweitig in den Griff bekommen, denn zu einer technischen Umsetzung dieser Drehkranzentlastung ist es bei Gottwald definitiv nicht gekommen. Die geplante Wirkungsweise ist den Patentzeichnungen in Übersicht zu entnehmen.

Ringer-System

Auch ein Ringer-System, wie bei anderen Herstellern bereits umgesetzt, wurde von den Gottwald-Konstrukteuren bereits Mitte der siebziger Jahre zur Traglaststeigerung in Betracht gezogen. So entstanden derartige Pläne beispielsweise für den 1977 in Planung befindlichen MK 700. Aus diesem Kran sollte letztendlich der AK 680 werden, leider jedoch ohne besagtes Ringer-System. Näheres hierzu ist der Gerätebeschreibung des AK 680 zu entnehmen.

Das Ringer-System dient gleichfalls der Entlastung des Herzstücks eines jeden Drehkrans, dem Drehkranz, auf den natürlich enorme Kräfte einwirken. Die Bedeutung dieses Verbindungs-Bauteils kann man schon beim Blick zwischen Ober- und Unterwagen ersehen, da er unter anderem über eine Vielzahl von hochfesten massiven Schraubverbindungen verfügt. Beim Ringer-System ergänzt man den Kran um einen vom Durchmesser wesentlich größeren Ring rund um den Drehteil, den sogenannten „Ringer". Auf diesem fährt auf einem entsprechend stabilen Fahrgestell das Auslegerfundament, welches wiederum mittels einer Traverse fest mit der eigentlichen Kranoberwagenfront gekoppelt ist. Auf dem Fundament sind dann der eigentliche Ausleger und ein Gegenausleger angebolzt. Das Gegengewicht des Krans wird dann wie gehabt auf dem Oberwagenheck aufgetürmt, ist in der Regel jedoch viel schwerer als in der Normalkonfiguration ohne das Ringer-System. Die möglichen Traglasten des Krans sind damit enorm zu steigern, vorausgesetzt natürlich, die Auslegerkonstruktion (Materialstärke) und die Anzahl der Umlenkrollen im Auslegerkopf machen keinen Strich durch die Rechnung.

Die in den siebziger Jahren angestellten Überlegungen sahen solche Ringer-Systeme übrigens auch für die bereits seit Jahren im Einsatz befindlichen MK-Typen der 600er-Reihe als Nachrüstoption vor. Auch der an Grandi Sollevamenti gelieferte AK 1200 aus dem Jahre 1982 wurde in den Ankündigungs-Prospekten und Zeichnungen mit einer solchen Ringer-Ausrüstung verewigt, umgesetzt wurde das System an diesem Kran allerdings nicht. Zuletzt Mitte der achtziger Jahre von den Konstruktionsabteilungen erneut ins Visier genommen, waren Ringer-Systeme auch für die Typen der

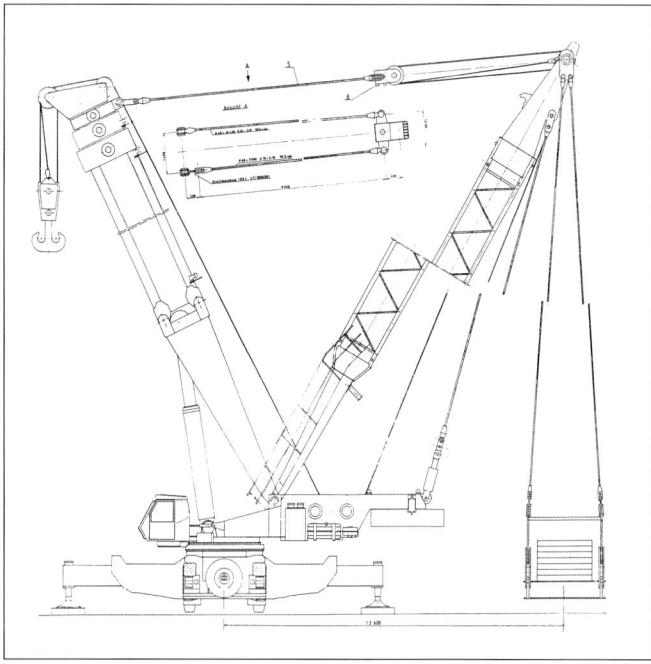

Prinzipskizze der Maxi-Lift-Einrichtung am AMK 400/500

(Sammlung Weinbach)

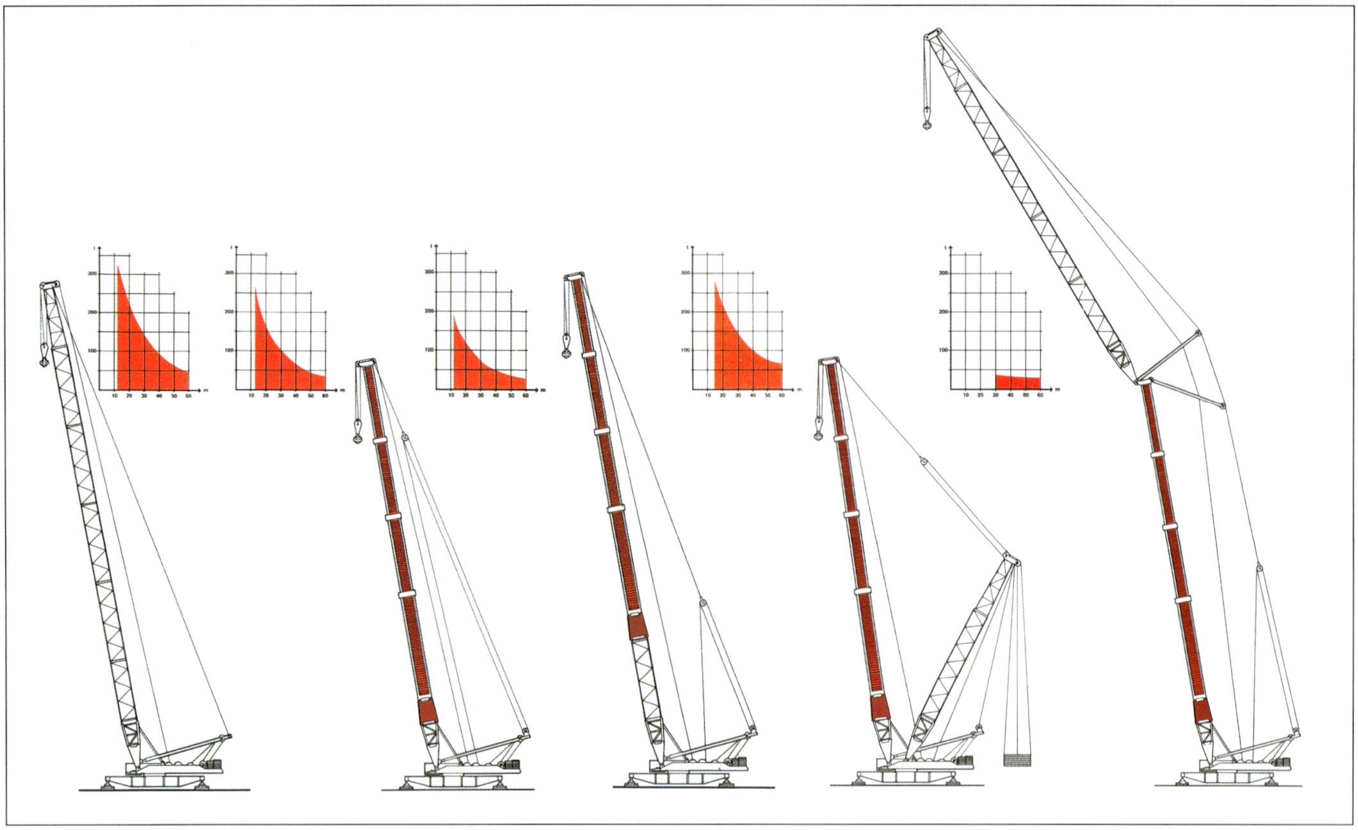

Übersicht der möglichen Kombinationen von Gittermastkran und Teleskopauslegerpaket beim geplanten „Tele-Gitter-System" von Gottwald
(Sammlung Weinbach)

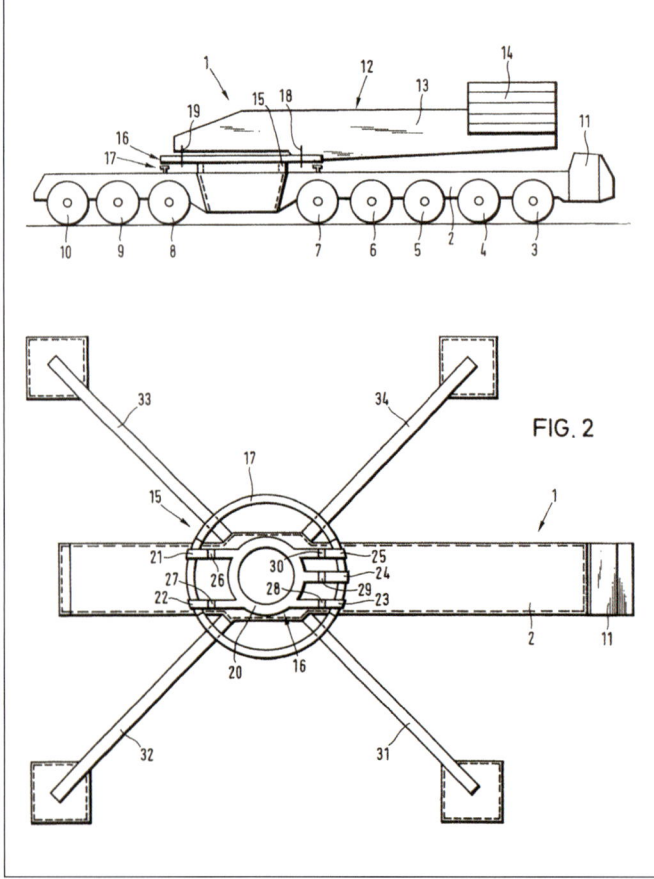

Fig. 1 und 2 des United States Patent 4,332,328 vom Juni 1982 zum Drehkranzentlastungsring
(Sammlung Weinbach)

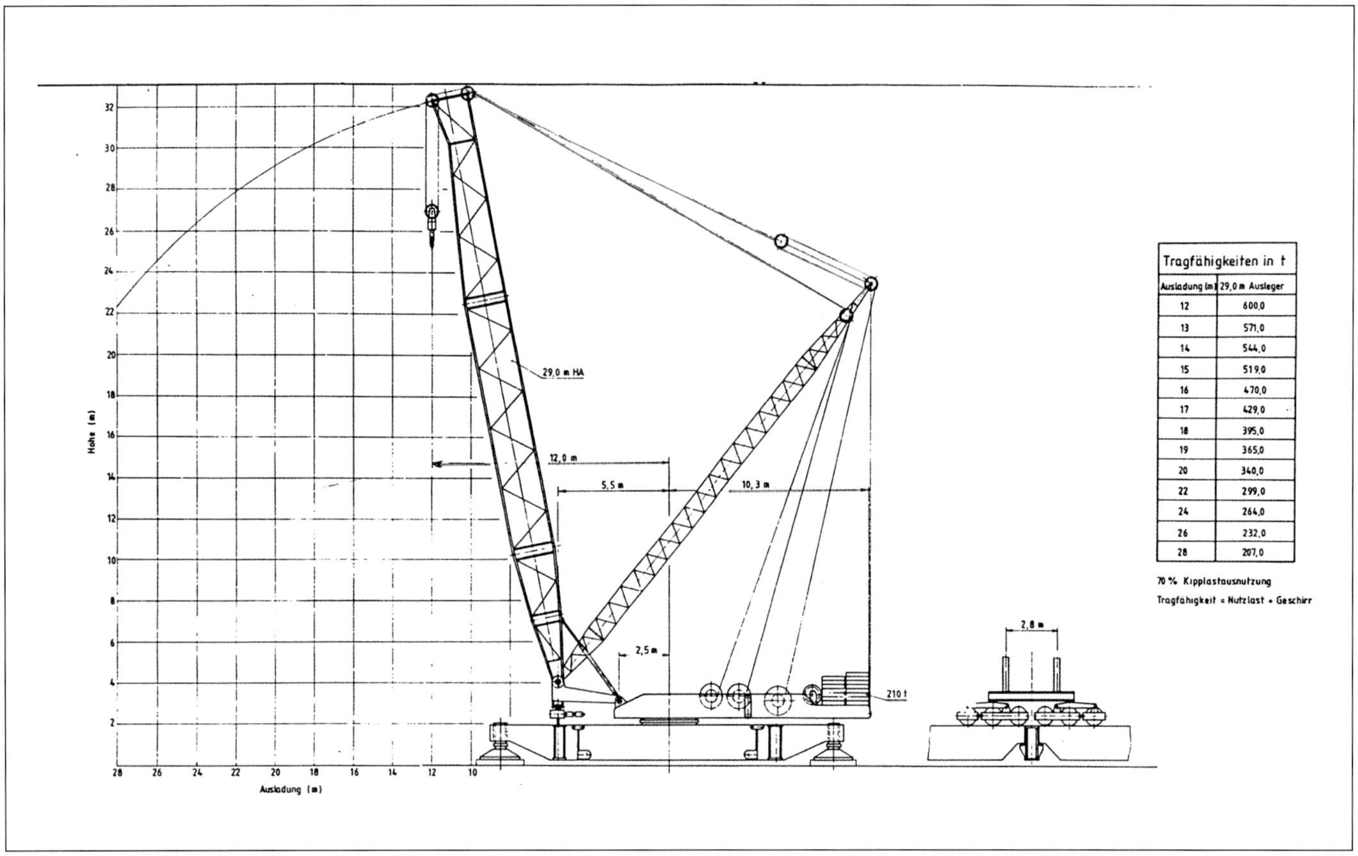

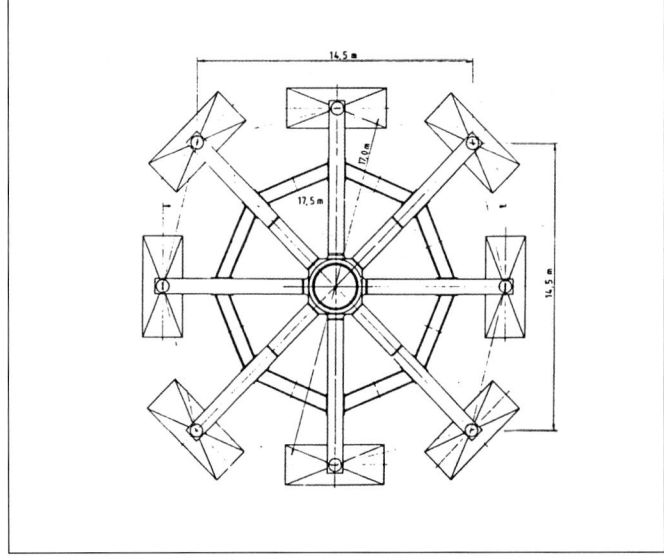

Tragfähigkeiten in t	
Ausladung (m)	29,0 m Ausleger
12	600,0
13	571,0
14	544,0
15	519,0
16	470,0
17	429,0
18	395,0
19	365,0
20	340,0
22	299,0
24	264,0
26	232,0
28	207,0

70 % Kipplastausnutzung

Tragfähigkeit = Nutzlast + Geschirr

Ringerausführung des MK 660 (Sammlung Weinbach)

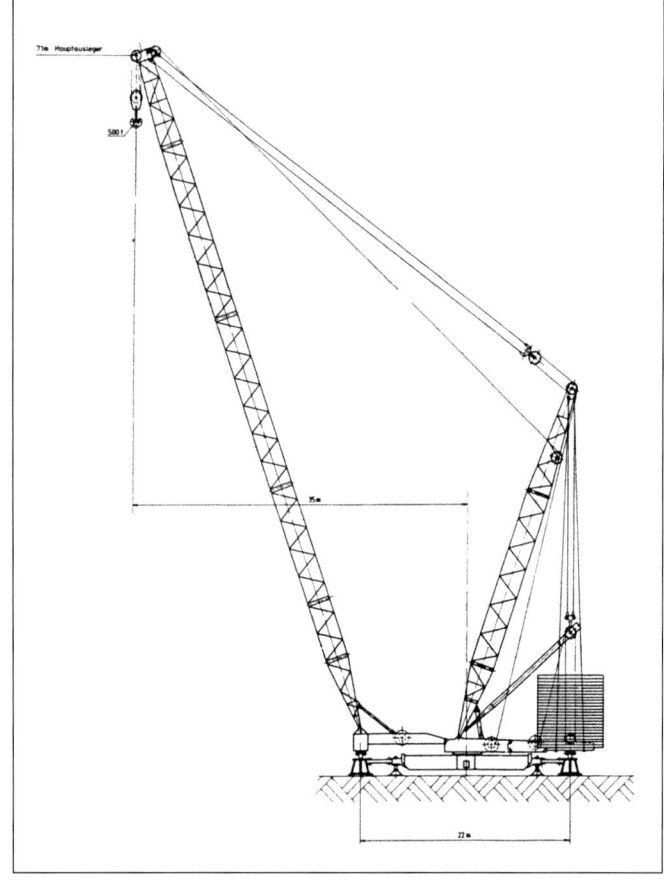

Ringer-Zeichnung für den Mobilkran MK 660 aus dem Jahre 1977
(Sammlung Weinbach)

912er-Serie zu Papier gebracht worden. Damit sollte besagter 912er beispielsweise bei 35 m Ausladung – immer noch vom Oberwagendrehkranz aus gemessen – 500 t Last am 78 m langen Ausleger stemmen. Der Ringer-Durchmesser war hierbei mit 22 m eingeplant.

An dieser Stelle muss allerdings abschließend berichtet werden, dass die interessante Technik bei keinem der Gottwald-Krane zum Einsatz kam.

Ringer-Zeichnung von 1985 für einen MK 912-Ringer mit Lastfall 500 t x 35 m
(Sammlung Weinbach)

Gittermastkrane

Wie bereits im geschichtlichen Überblick berichtet, war der geistige Vater dieses ersten reinen Mobilbaggers beziehungsweise -krans aus dem Hause Gottwald der Oberingenieur Richard Huy. Dieser hatte im Jahre 1949 bei seinem Einstellungsgespräch gegenüber dem Firmeninhaber Leo Gottwald wohl recht überzeugend die technischen Vorzüge seiner Mobilbaggerideen vorgetragen. Zudem hatte Herr Huy nachfolgend maßgeblichen Anteil an der Gottwald-eigenen Entwicklung geeigneter Achsen, welche ja für exzentrische Belastung bei nicht abgestütztem Betrieb ausgelegt sein mussten. Der MK 1 war das Ergebnis dieser Bemühungen und konnte noch im Jahre 1950 auf der Hannover-Messe erstmals einem breiten Publikum vorgestellt werden. Den ersten Prospekten war zu entnehmen:

„Dieses wirtschaftliche Gerät modernster Ausführung, lieferbar für Vollgummi- und Luftbereifung, kann mit folgenden Ausrüstungen versehen werden: Hochlöffel, Tieflöffel, Schleppschaufel, Kranausrüstung mit Haken oder Unterflasche, Bagger-, Kohle-, Kies- und Sandgreifer, Hochbau-Spezialausleger und Hochbau-Auslegerturm. Alle Zusatzeinrichtungen können nachträglich geliefert werden, da das Grundgerät keine Veränderung erfährt."

Aufgrund seiner vielseitigen Einsatzmöglichkeiten wurde das Epochegerät von Gottwald als „Universal-Automobilbagger Type MK 1" bezeichnet. Gleichfalls fanden sich aber in den diversen Werbeschriften auch Bezeichnungen wie „Autokran", „Universal-Autokran MK 1" oder eben zuletzt in Übereinstimmung mit der Typbezeichnung nur noch „Mobilkran". In der Gottwald-Druckschrift Nr. 31 aus eben dem Jahre 1950 wurde gar die Verwendung als Zugmaschine angepriesen, da die freie Zugkraft so groß sei, so dass er einen schweren Anhänger schleppen kann. Von diesem ersten Mobilkrantyp wurden in Reisholz nachfolgend bis 1955 annähernd 120 Exemplare gefertigt.

Aus besagtem MK 1 sollten dann in den Folgejahren die Typen MK 4, MK 4V und MK 4A weiter entwickelt werden, welche sich allerdings ausschließlich hinsichtlich ihrer Fahrgestelleigenschaften voneinander unterschieden. Von dieser MK 4-Reihe wurden dann in den Jahren bis etwa 1955 insgesamt rund 160 Exemplare ausgeliefert. Sämtliche Unterwagen hatten bei 4,2 m Länge einen Radstand von 2,6 m, bei natürlich zwei Achsen. Der Ursprungstyp MK 1 verfügte über eine lenkbare Vorderachse sowie eine angetriebene Differential-Hinterachse. Beide Achsen waren für Zwillingsbereifung vorgesehen, wahlweise mit Luftreifen oder beispielsweise für den Schrottplatzbetrieb mit Vollgummireifen. Jeweils zwei Vorwärts- und Rückwärtsgänge ermöglichten eine bescheidene Fahrgeschwindigkeit zwischen 3 und 8 km/h.

Der Typ MK 4, der ab März 1952 verfügbar war, besaß hingegen bereits ein Vier-Gang-Getriebe für vier Vorwärtsgeschwindigkeiten und eine Rückwärtsgeschwindigkeit bei einer angetriebenen Differential-Hinterachse.

Hierzu unverändert Konstruktionsmerkmale fand man beim MK 4V vor, jedoch waren beide Achsen entsprechend verstärkt ausgeführt. Somit konnte auch bei freistehendem Kranbetrieb eine wesentlich höhere Traglast zugelassen werden, auf die später eingegangen werden soll.

Links: Der MK 1 mit kurzem Gitterausleger und Greifer. Dieses Gerät besaß Vollgummireifen, die sich besonders auf Schrottplätzen bewährten – Mitte oben: MK 1 in der Greiferausführung mit einfachem Profilausleger. Die Stabilität dieser „Ausleger-Sparversion" mag im Nachhinein betrachtet zweifelhaft erscheinen – Mitte unten: Auch mit Hochlöffelausrüstung war der MK 1 lieferbar

(Sammlung Weinbach)

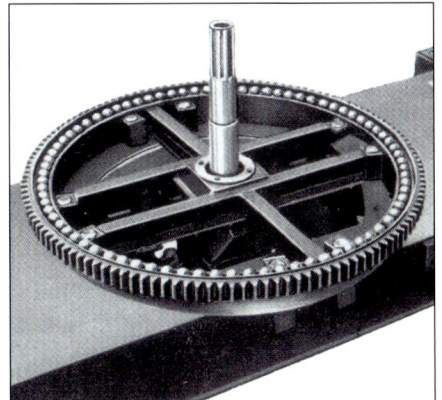

Links oben: Mechanik pur; so zeigten sich die Hubwerkstrommeln und die Hauptmaschinenwelle mit Sinus-Lamellenkupplungen des MK 1 –
Links unten: Bei den MK-Typen wurde nach einiger Zeit der etwas modernere (einfache!) Kugellagerdrehkranz zur Herabsetzung des Drehwiderstandes zum Einsatz gebracht –
Rechts: Leistungsmerkmale der Varianten Vorschub-Hochlöffel und Tieflöffel der Typen MK 1 / 4   (Sammlung Weinbach)

Vorschub-Hochlöffel 400 l Inhalt

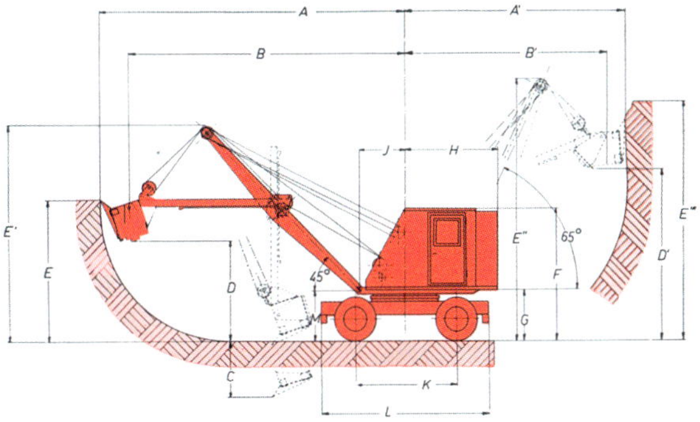

Auslegerstellung		45°	65°
A – A'	Größte Grabweite	7,0 m	6,0 m
B – B'	Größte Ausschüttweite	6,5 m	5,5 m
C	tiefste Grabstellung	1,3 m	0,5 m
D – D'	Ausschütthöhe	2,3 m	4,0 m
E – E'''	Grabhöhe	3,5 m	5,5 m
E' – E''	höchste Auslegerstellung	4,8 m	6,0 m

Reißkraft am Löffel 7 t   Schnittbreite des Löffels 0,8 m

Tieflöffel 300 l Inhalt

Reißkraft am Löffel 6 t
Schnittbreite des Löffels 0,8 m

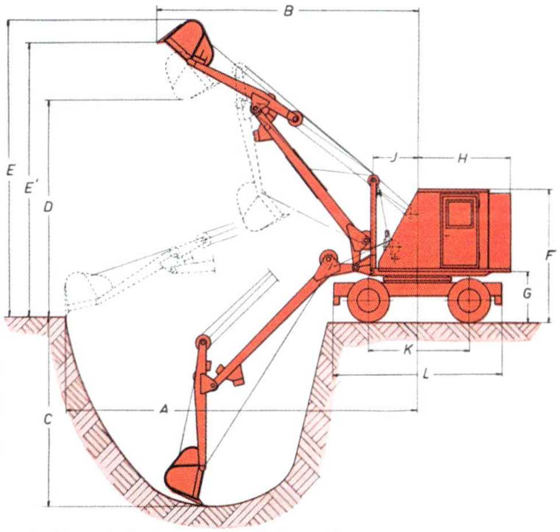

A	Größte Grabweite	8,3 m
B	Reichweite bei höchster Löffelstellung	6,2 m
C	tiefste Grabstellung	4,2 m
D	Ausschütthöhe	5,0 m
E	größte Höhe des Löffels	6,8 m
E'	höchste Stellung des geöffneten Löffels	6,0 m

Die Hoch- und Tieflöffel sind mit auswechselbaren Reißzähnen aus Manganhartstahl ausgerüstet.

Schließlich entwickelte man den Typ MK 4A, welcher ebenfalls über verstärkte Achsen verfügte, ab Juni 1952 jedoch einen fortschrittlichen Allradantrieb vorweisen konnte. Die beiden Typen MK 4V und MK 4A ermöglichten im Übrigen eine Vorwärts-Fahrgeschwindigkeit von immerhin 15 km/h und 2,7 km/h in rückwärtiger Richtung.

Die Fahrgestelle der vorgenannten Typen waren allesamt mit zeitgemäßen Blattfedern ausgestattet, welche zur Vermeidung von Schwankungen beim Drehen des Krans mittels Schraubenspindeln blockiert wurden. Vorne und hinten besaßen diese Fahrgestelle zudem Stoßstangen, in die dann die möglichen Abstützungen, gleichfalls ausgeführt als Schraubenspindeln, eingelassen wurden.

Der drehbare Oberwagen verfügte bei den MK 1 / 4-Typen zunächst noch über einen Gleitring. Gesichert wurde der Oberwagen noch über vier mit Rollen versehene Fanghaken, die unter dem auf dem Fahrgestell angeschraubten Stahlgusszahnkranz angriffen.

Somit wurde das Abheben bei vollständiger Entlastung des Drehzapfens verhindert. Im Laufe der Zeit wurde der Drehkranz dann als Kugellager ausgeführt, was einen reduzierten Drehwiderstand mit sich brachte. Im Oberwagen selbst war der dieselbetriebene Antriebsmotor untergebracht.

Hier hatte der Besteller die Wahl zwischen einem luftgekühlten KHD-Aggregat, Typ A3 L514 mit etwa 27 kW / 37 PS, oder einem wassergekühlten MWM (vormals Benz) vom Typ KDW 415D mit knapp 36 PS. Beide Dreizylinder wurden betriebsfertig mit elektrischer Starteinrichtung, so die zeitgenössischen Prospekte, ausgeliefert.

Der Oberwagen besaß ein komplett geschlossenes Schutzhaus, welches vorne abgeschrägt war. Eine Vielzahl von „reichlich bemessenen Fenstern" sollten seinerzeit dem Maschinenführer eine ausreichende Beobachtung der Arbeitsbewegungen ermöglichen. Vorbeugend gegen etwaige kriminelle Elemente – eine Wegfahrsperre

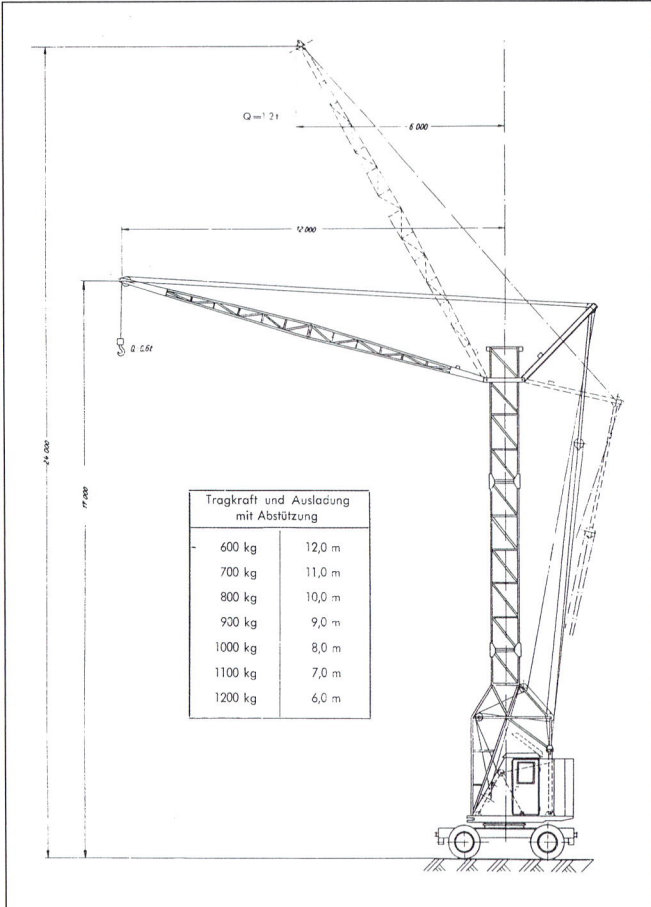

Tragkraft und Ausladung
mit Abstützung

600 kg	12,0 m
700 kg	11,0 m
800 kg	10,0 m
900 kg	9,0 m
1000 kg	8,0 m
1100 kg	7,0 m
1200 kg	6,0 m

Die Spezialausführung als Turmdrehkran war ein nützlicher Helfer beim „Eigenheimbau" in den fünfziger Jahren (Sammlung Weinbach)

Technische Daten MK 1 / MK 4 und RG 04

Fahrgestell
Motor: siehe Kraneinrichtung
Abstützung: freistehend Blattfedern, mechanisch
                    blockiert oder Spindelabstützung,
                    Abstützbasis L x B 4 x 2,5 m
Achsen: MK 1 / 4 : Antrieb 4 x 2, Hinterachse
                    angetrieben / Vorderachse lenkbar
                    MK 4 A: Antrieb 4 x 4, Allradantrieb /
                    Vorderachse lenkbar
                    alle Achsen doppelt bereift:
                    Luftbereifung Größe 9.00-20 oder
                    Vollreifen Größe 200-670
                    RG 04 : Raupenfahrgestell 2,6 x 2,25 m,
                    1 Antriebsrad und 3 Laufräder je Raupe

Kraneinrichtung
Motor: wahlweise KHD-Dieselmotor A 3 L 514,
                    3 Zylinder, luftgekühlt, 27 kW / 37 PS
                    bei 1500 U/min oder
                    MWM (Benz) KDW 415 D, 3 Zylinder,
                    wassergekühlt, 26 kW / 36 PS
                    bei 1500 U/min
Gegengewicht: bis zu 3 t loser Schrott in Oberwagenheck
Auslegersystem: verschieden je nach Einsatzzweck:
                    Gitterausleger gerade / gekröpft für Kran-
                    betrieb und Baggerbetrieb, Tieflöffel, Hoch-
                    löffel, Freifallramme, Turmdrehkranbetrieb
                    (nur MK), Planierschaufel (nur RG)

war noch nicht Stand der Technik – empfahl der damalige Prospekt: „Zum Schutz gegen Diebstahl werden auf Wunsch verriegelbare Fensterblenden mitgeliefert."

Das Grundgerät ohne Zubehör, also ohne Ausleger oder gar Gegengewicht, kam auf ein Gewicht von knapp 9000 kg beim MK 1 beziehungsweise 9500 kg beim MK 4. Die Typen MK 4V und MK 4A brachten hingegen 10000 kg beziehungsweise 11000 kg auf die Waage. Hinzu kam dann noch der entsprechende Ballast zur Gewährleistung der Standsicherheit. Die Rückwand des Oberwagens war hierfür als Gegengewichtskasten ausgeführt und konnte etwa 3 bis 4 t an „kleinstückigem Schrott oder Schwerspat" aufnehmen.

Standardausleger für die Kranarbeit beziehungsweise beim Einsatz im Greiferbetrieb war zunächst ein 7,25 m langer Fachwerkausleger aus genietetem Profilstahl. Die maximale Tragfähigkeit der Typen MK1 / MK 4 betrug dabei 3,5 t freistehend und 5 t abgestützt bei 3 m Ausladung. Diese Werte reduzierten sich bei 7 m Ausladung auf 1,5 t beziehungsweise 2 t.

Verlängert werden konnte der Ausleger noch durch Zwischenstücke von 1,5 m, 3 m und 7,5 m auf maximal 15,5 m Rollenhöhe. Dann waren bei vorgenannten Typen und 5 m Ausladung noch 1,5 t freistehend oder aber 2 t abgestützt zu heben. Die Tragfähigkeiten der beiden verstärkten Typen MK 4V und MK 4A betrugen am 7,5-m-Normalausleger nunmehr immerhin 6 t x 3 m.

Im Baggerbetrieb konnten auch für die unterschiedlichen Schüttgüter entsprechende Greifer zwischen 400 l und 700 l Inhalt zum Einsatz kommen. Im Schlepplöffeleinsatz (400 l) wurde dann

am 10 m langen Ausleger laut Prospekt eine Wurfweite von 3 bis 4 m über Auslegerspitze erreicht, dies jedoch stark abhängig von der Geschicklichkeit des Baggerführers.

Sowohl für den Kraneinsatz als auch den Baggereinsatz konnten gleichfalls geknickte Ausleger montiert werden. Spezielle Vollprofilausleger für 400-l-Vorschublöffel (bis 7 m Grabweite bei 7 t Reißkraft am Löffel) oder aber 300-l-Tieflöffel (bis 8,3 m Grabweite bei 6 t Reißkraft) waren, wie bereits erwähnt, gleichfalls mit dem Grundgerät kombinierbar.

Für den Einsatz als Freifallramme mit 600-kg-Bär konnte der dann auf 10 m beziehungsweise 13 m erweiterte Gitter-Normalausleger mit einer solchen Ausrüstung ergänzt werden. Bei einer Nutzhöhe von bis zu 12 m und 4,5 m Ausladung sorgte diese Apparatur dann für entsprechende Einsatzgeräusche.

Eine weitere interessante Einsatzvariante war den beiden Typen MK 4 und MK 4A vorbehalten. Hier konnte ein Turmdrehkranaufbau mit Nadelausleger montiert werden, der dann bei einer Rollenhöhe von 17 m eine Tragkraft von 600 kg x 12 m zuließ. Im Nahbereich von 6 m Ausladung wurden dann bei einer Rollenhöhe von 24 m immerhin 1,2 t bewältigt. Das Gerät war dabei in der Lage, den für den Transport zusammengelegten Turm mit Nadelausleger mittels eigener Hubwinde selbst aufzurichten.

Nicht unerwähnt bleiben soll, dass vom MK1 zwischen 1950 und 1954 knapp 20 Oberwagen, also ohne entsprechendes Fahrgestell, ausgeliefert wurden. Diese gingen fast ausschließlich in die Niederlande und wurden dort von pfiffigen Bauunternehmungen auf geeignete Lkw-Fahrgestelle gesetzt. Hierbei handelte es sich überwiegend um Überbleibsel aus dem Zweiten Weltkrieg und inzwischen ausgemusterte Dreiachs-Militärfahrzeuge englischer und amerikanischer Produktion. Deren Fahrerhäuser wurden dabei oftmals halbiert, um den für Straßenfahrt montiert gelassenen Ausleger in Fahrtrichtung auf speziellen Stützen abzulegen.

Die ersten Gottwald-Mobilkrane der Typen MK 1 und MK 4 mit ihren zahlreichen Abwandlungen waren rückwirkend betrachtet überaus erfolgreiche Geräte. Neben den unzähligen in Deutschland verbliebenen Exemplaren wurden sie trotz großer Konkurrenz auch in das gesamte europäische Ausland geliefert. Da sich die Düsseldorfer Kranbauer in den fünfziger Jahren auch auf einer Baumaschinenmesse im fernen Rio de Janeiro mit ihren Produkten präsentierten, konnte ein gutes Dutzend dieser Mobilkrane/-bagger sogar nach Brasilien, Argentinien und Chile verkauft werden. Gleichfalls erfolgten einige Lieferungen nach Südafrika und Japan!

Der ab 1951 auch auf ein Raupenfahrgestell aufgesetzte Oberwagen des Mobilkrans, der dann als Raupen-Gerät vom Typ RG 04 produziert wurde, soll hier nur erwähnt werden. Dieses Raupenfahrzeug wird bei den Baggern näher vorgestellt.

MK 8 / MK 80 / MK 88

Nach dem erfolgreichen Einstieg in das Mobilkrangeschäft mit dem MK 1 / 4 im Jahre 1950 erfolgte knapp drei Jahre später die Vorstellung eines wesentlich stärkeren Gerätes. Dieser MK 8 verfügte über vier Achsen und eine bemerkenswerte Traglast von bis zu 15 t. Besagte vier Achsen waren 16-fach bereift, wobei die erste und letzte Achse lenkbar waren. In der Normalausführung waren lediglich die beiden mittigen Achsen des 2,5 m breiten Unterwagens angetrieben. In der Allradausführung als MK 8A kam der Mobilkran auch mit widrigen Bodenverhältnissen gut zurecht. Alle vier Achsen waren mit Blattfedern ausgestattet, welche für den Kraneinsatz bereits hydraulisch blockiert werden konnten. Besonderen Wert legten die Gottwald-Konstrukteure in den damaligen Gerätebeschreibungen auf die Möglichkeit des Verfahrens unter Last. Nur in Sonderfällen wurden die zwischen erster und zweiter sowie dritter und vierter Achse eingebauten Abstützspindeln zur Bewältigung

außergewöhnlicher Belastungen oder in Einzelfällen zur Entlastung der Bereifung benutzt.

Der gegenüber dem MK 1 wesentlich moderner ausschauende Oberwagen beherbergte neben dem Geräteführer auch den Antriebsmotor samt Windwerk(en). Beim Antrieb bestand die Wahl zwischen einem luftgekühlten Sechs-Zylinder-KHD-Diesel (A 6L 614) mit gedrosselten 55 kW / 75 PS oder einem lediglich dreizylindrigen Mercedes-Benz-Dieselmotor (MB 203 B) mit identischen Leistungswerten. Der luftgekühlte Sechszylinder kam dabei laut Lieferlisten überwiegend zum Einbau. Besagter Motor sorgte über ein entsprechendes Vier-Gang-Getriebe für die bescheidene Fahrgeschwindigkeit von bis zu 8 km/h. Im gleichfalls vorhandenen Rückwärtsgang war den Prospekten eine Spitzengeschwindigkeit von 1,93 km/h zu entnehmen. Der Antriebsmotor sorgte auch für die Kraftbewegungen des Drehwerkes, des Auslegerverstellwerkes und des Ein-Trommel- beziehungsweise Zwei-Trommel-Windwerkes. Hierzu sei bemerkt, dass das Ein-Trommel-Hubwerk dem reinen Kran- und Magnetbetrieb vorbehalten war. In der Zwei-Trommel-Version war auch der Greifer- oder Löffelbetrieb als Bagger möglich. Zudem konnte das entsprechend angepasste Gerät auch um eine Schleppschaufel-, Hoch- und Tieflöffeleinrichtung und letztendlich auch eine Freifallramme ergänzt werden. Die Ansteuerung der diversen Kraftbewegungen erfolgte mittels Druckluftsteuerung.

Den MK 8 konnte man mit einem geraden oder gekröpften Ausleger von 10 m Länge ordern, welcher dann mittels 2-m-, 4-m- oder 8-m-Zwischenstücken auf insgesamt 20 m Länge erweiterbar war. Bei den ersten Auslegerausführungen handelte es sich wie damals üblich um genietete Profileisenkonstruktionen. Die Traglasten des geraden Auslegerkopfes lagen aufgrund der knapp 350 kg leichteren Ausführung zumeist eine Tonne über denen mit gekröpftem Kopf. Die maximal möglichen 15 t Tragkraft bezogen sich bei geradem 10-m-Ausleger auf eine Ausladung von 3,5 m und dies sowohl freistehend als auch abgestützt. An dem vollausgebauten 20-m-Ausleger waren Traglasten (freistehend/abgestützt) von 8 t / 11 t x 4 m beziehungsweise 1 t / 1,3 t x 20 m möglich. Das Gesamtgewicht des MK 8 mit geradem 10-m-Ausleger betrug knapp 35 t. Für die Allradausführung waren überdies noch einmal 1000 kg aufzuschlagen.

Links: Auf einer italienischen Werft kam dieser MK 8 mit Profileisenausleger zum Einsatz – Mitte: In der chemischen Industrie wurden der MK 8 und seine Artgenossen, hier ein Gerät mit Rohrausleger, sehr geschätzt. Die chemischen Werke Hüls erhielten im Jahre 1955 neben einem gummibereiften MK 8 auch einen entsprechenden Oberwagen auf Schienenfahrgestell – Rechts: Auch bei Umschlagsarbeiten, wie auf diesem Rohrlager, war der 15-Tonner ein gern gesehenes Arbeitsgerät (Sammlung Weinbach)

Technische Daten MK 8 / MK 80 / MK 88

Fahrgestell

Motor: siehe Kraneinrichtung

Abstützung: freistehend Blattfedern hydraulisch blockiert oder Spindel-
                          abstützung, Abstützbasis L x B 2,8 x 3 m

Achsen: 4 Achsen, wahlweise Antrieb 2 x 2 über 2. und 3. Achse oder
                          Antrieb 4 x 4 (Allradantrieb), jeweils gelenkt über 1. und 4. Achse

Kraneinrichtung

Motor: wahlweise KHD-Dieselmotor A 6L 614, 6 Zylinder, luftgekühlt,
                          55 kW / 75 PS bei 1500 U/min oder
                          Mercedes-Benz Dieselmotor MB 203B, 3 Zylinder, wassergekühlt,
                          55 kW / 75 PS bei 1500 U/min

Gegengewicht: MK 8 / 80: ca. 8 t
                          MK 88: ca. 10 t, jeweils im Oberwagenheck verbaut

Auslegersystem: verschieden je nach Einsatzzweck: Gitterausleger gerade / gekröpft
                          für Kranbetrieb und Baggerbetrieb, Tieflöffel, Hochlöffel, Schlepp-
                          schaufel, Magnetanlage, Freifallramme
                          MK 8: Auslegerlänge 12 – 20 m
                          MK 80/88: Auslegerlänge 12 – 28 m,
                          jeweils mit 2 m, 4 m oder 8 m Zwischenstücken

Im Laufe der weiteren Jahre erfuhr der MK 8 zeitgemäße Modernisierungen. So wurden die Ausleger nunmehr in geschweißter Rohrausführung gefertigt. Der Grundausleger hatte eine Länge von 12 m und konnte mittels 4-m- und 8-m-Zwischenstücken auf bis zu 24 m Auslegerlänge erweitert werden. Der jetzt unter der Bezeichnung MK 80 geführte Mobilkran besaß jedoch unverändert gebliebene Traglastwerte. Am verlängerten 24-m-Ausleger konnten im abgestützten Zustand 6 t x 5 m beziehungsweise 1,5 t x 10 m gehoben werden. Das im Oberwagen fest eingebaute Gegengewicht betrug dabei nach wie vor 8 t.

Um noch größere Traglasten, insbesondere bei großen Auslegerlängen und Ausladungen zu ermöglichen, wurde ab dem Jahre 1955 eine verstärkte Ausführung von Gottwald angeboten. Dieser MK 88 besaß als augenfälligstes Merkmal ein auf 3,1 m verbreitertes Fahrgestell, welches selbstverständlich für eine höhere Standsicherheit sorgte. Die ausziehbaren Abstützspindeln blieben auch hier wieder innerhalb dieses Profilmaßes. Neben der durch die Fahrgestellverbreiterung bereits hervorgerufenen Gewichtszunahme von knapp 2,5 t wurde auch das Gegengewicht um weitere 2 t aufgestockt. Die Höchsttraglast blieb zwar weiterhin bei 15 t, jedoch konnten nunmehr freistehend/abgestützt 10 t / 12,5 t x 4 m gehoben werden. Zudem konnte der Ausleger auf jetzt 28 m verlängert werden.

Von der Mobilkranreihe MK 8 / 80 / 88 sollten zwischen 1953 und 1958 insgesamt 30 Exemplare zur Auslieferung gebracht werden. Diese verblieben überwiegend in Deutschland. Als Kunden

waren hier beispielsweise zu nennen: BASF in Ludwigshafen, Chemische Werke Hüls (2 x), RWE in Essen und Esso in Hamburg. Insgesamt neun Geräte gelangten allerdings auch in diverse italienische Städte, vor allem in die dortigen Häfen. Interessanterweise weisen die Gottwald-Lieferlisten auch die Fertigung von insgesamt drei Autokranen vom Typ AK 80 für den italienischen Hafen von Monfalrone aus. Hierbei wurden die Oberwagen dann auf belgische MOL-Fahrgestelle (8x4) gesetzt. Die erst für das Jahr 1972 verzeichneten Auslieferungen scheinen für einen solch betagten Krantyp allerdings recht seltsam anzumuten.

MK 5 / MK 55 / MK 550 / MK 551 / MK 552 / RG 05 / RG 55

MK 5

Im Juni 1954 wurde von Gottwald erstmals ein Gerät der zugegeben recht umfangreichen MK 5er-Baureihe ausgeliefert. Die für diese Baumaschinen vom Hersteller vergebenen Bezeichnungen wie Universal-Automobilbagger oder Universal-Mobilkran ließen dabei bereits auf die Vielfalt der Einsatzmöglichkeiten schließen. Den Anfang dieser Typenreihe machte dabei ein MK 5A, also ein Gerät mit Allradantrieb. Es gab diesen Zweiachser allerdings auch mit reinem Hinterachsantrieb, dies galt auch für alle noch folgenden Entwicklungen dieser Serie. Gleiches traf auch für die Len-

Typenübersicht der MK 5-Reihe

	MK 5	MK 55	MK 550	MK 551	MK 552
Krantragkraft freistehend	7,5 t	9 t	10 t	9 t	12,5 t
Krantragkraft abgestützt	-	9 t	10 t	15 t	15 t
Unterwagenbreite (mm)	2500 mm	2600 mm	3100 mm	2600 mm	3100 mm
gebaute Stückzahl	22	150	9	86	21

Links: Ein MK 55 mit Zwei-Seil-Baggergreifer beim Schotterumschlag – Mitte: Wer anderen eine Grube gräbt… Ungewöhnliche Draufsicht auf einen MK 551A, der im Jahre 1962 an die Siemens-Bauunion in München geliefert wurde (Sammlung Weinbach)
Rechts: Dieser MK 55 erhielt gleich zwei Hubwerke für den möglichen Zweihakenbetrieb. Beeindruckend groß waren die beiden augenscheinlich zum Lieferumfang gehörenden Greifwerkzeuge, ein Verladegreifer und ein Polypgreifer (Oellers)

kungsausführung zu, welche sowohl als reine Vorderachslenkung wie auch als Allradlenkung bestellt werden konnte. Über eine Abstützung verfügte der Grundtyp MK 5 allerdings nicht. Er wurde in erster Linie als Bagger konstruiert und besaß in der Grundversion einen 8 m langen Normalausleger. Es konnten überdies verschiedene Greifer für Baggerarbeiten (500 l), Verladearbeiten (600 l) oder reine Kohleverladung (1000 l) vom Kunden geordert werden. Zudem war der Ausleger durch entsprechende Zwischenstücke auf bis zu 15,5 m zu verlängern. Für den reinen Kraneinsatz konnte der freistehende MK 5 seinerzeit bis zu 7,5 t x 3 m heben. Für den 15,5-m-Ausleger lagen die Traglastwerte dann immerhin noch zwischen 1,5 t x 5 m und 750 kg x 10 m. Außerdem konnte man das Gerät auch mit speziellen Bagger-Auslegern für den Hochlöffeleinsatz (500 l, 8 t Reißkraft), in einer Tieflöffel-Version (400 l, 8 t Reißkraft) oder mit einer 600-l-Schleppkübelvorrichtung bestellen.

Als Antriebsdiesel, der bei dem Ein-Motoren-Gerät im Oberwagen untergebracht war, konnte man zwischen einem Vier-Zylinder-KHD (A 4 L 514) und einem Mercedes-Benz OM 312 mit sechs Zylindern wählen. Beide Motoren mit einer ungefähren Leistung von knapp 70 Pferdestärken wurden allerdings für den Einsatz auf eine Dauerleistung von etwa 50 PS, bei späteren Ausführungen auf rund 65 PS gedrosselt. Die Kraftübertragung für die Fahrbewegung des in der Grundversion (mit Gussgegengewicht) 14,65 t schweren MK 5 erfolgte rein mechanisch mittels Vier-Gang-Getriebe. Die Fahrgeschwindigkeit betrug dabei maximal 16 km/h.

In der damaligen Werbeschrift war zu lesen: „Im Rahmen unserer Fertigung von Autokranen stellt der Type MK 5 eine hervorragende Konstruktion dar, die als die fortschrittlichste dieser Spezialgeräte gelten kann."

MK 55

Bereits im März 1955 erhielt die Werft „Flensburger Schiffsbau" eine weiter entwickelte Version mit der Bezeichnung MK 55. Dieser Typ war mit seinem 2,6-m-Fahrgestell nur unwesentlich breiter als

sein Vorgänger, verfügte nunmehr aber über eine manuelle Spindelabstützung (3,5 m Stützbreite), die hauptsächlich bei großen Belastungen beziehungsweise bei möglichen Hochbau-Auslegern benötigt wurde. Die Tragfähigkeit konnte somit im reinen Kraneinsatz von ursprünglich 7,5 t auf nunmehr 9 t gesteigert werden. Aufgrund verschärfter Bestimmungen der StVZO (Straßenverkehrs-Zulassungsordnung) wurde jedoch bei diesem Gerätetyp eine Teilung des Gegengewichtes erforderlich, so dass für die Straßenfahrt die Hinterachslast auf unter 10 t gebracht wurde. Hierzu musste ein Teilgegengewicht mittels Ratsche gelöst und auf einer Vorderachsplattform abgelegt und befestigt werden. Die Straßenfahrt im Schlepp einer entsprechenden Zugmaschine war somit für größere Transportgeschwindigkeiten mittels einer Deichsellenkung möglich. Hierfür wurde das Fahrgestell zudem vollkommen „automobilmäßig", sprich mit gefederten Achsen und Druckluftbremsen auf allen Rädern, ausgerüstet.

Die Achsen waren übrigens wie bei allen Geräten der 5er-Reihe doppelt-bereift ausgeführt. Für den Einsatz vor Ort wurde das erforderliche Gussgegengewicht dann wieder per Schraubenbolzen an den in Position geschwenkten Oberwagen herangezogen und anschließend befestigt. Dies erfolgte selbstredend wiederum rein manuell, Handarbeit war seinerzeit noch gefragt. Das Ablegen und Aufnehmen des Teilgegengewichtes musste überdies mit angebautem Ausleger geschehen, da das Oberwagendrehen ansonsten nicht zulässig war. Der Drehkranz hätte wohl ansonsten leiden können. Dem Gerätebetreiber wurde zudem in der Betriebsanleitung auferlegt, dass „nach den neuesten Bestimmungen" der Ausleger vor der Straßenfahrt abgenommen werden musste. Das Verfahren von vollaufgerüsteten Mobilkranen wurde also bereits Mitte der 1950er Jahre ein wenig eingeschränkt.

Sämtliche Geräte der 5er-Serie wurden bereits mit einem Zwei-Trommel-Hubwerk ausgerüstet. Dieses ermöglichte nicht nur den ursprünglichen Baggerbetrieb mit Greifer, Hochlöffel, Tieflöffel und Schleppschaufel, sondern ließ auch einen Zwei-Haken-Betrieb für den reinen Kraneinsatz möglich werden. Hierfür konnten dann auch

Dieser MK 551 aus dem Baujahr 1969 wurde im Jahre 1989 im Hamburger Freihafen fotografiert. Man erkennt das vergrößerte Gegengewicht bei diesem Typ. Auch hier war der Zwei-Haken-Betrieb möglich   (Heintzsch)

Zusatzeinrichtungen für den Erdbau:

SCHLEPPSCHAUFEL
Inhalt = 600 l

A	Ausladung	ca. 9,5 m
B	Wurfweite	ca. 3,5 m
C	Tiefste Grabstellung	ca. 10,0 m
D	Ausschütthöhe	ca. 3,5 m
E	Rollenhöhe	ca. 6,0 m

Bei Schleppschaufelbetrieb wird im Normalfall mit einer Auslegerlänge von 9,5 m gearbeitet.

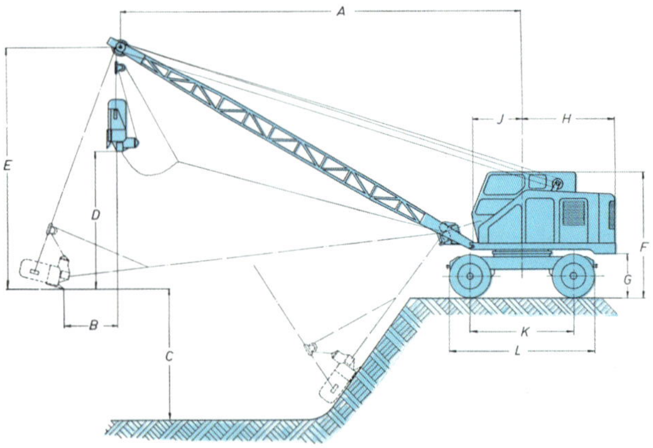

HOCHLÖFFEL
Inhalt = 500 l

		Auslegerstellung 45°	60°
		m	m
A-A'	größte Grabweite	7,50	6,80
B-B'	größte Ausschüttweite	6,50	5,50
C	tiefste Grabstellung	1,00	—
D-D'	Ausschütthöhe	3,95	5,20
E'-E'''	Grabhöhe	5,20	6,50
E'-E''	höchste Auslegerstellung	5,00	5,70

Schnittbreite des Löffels 0,85 m
Reißkraft am Löffel 8 t

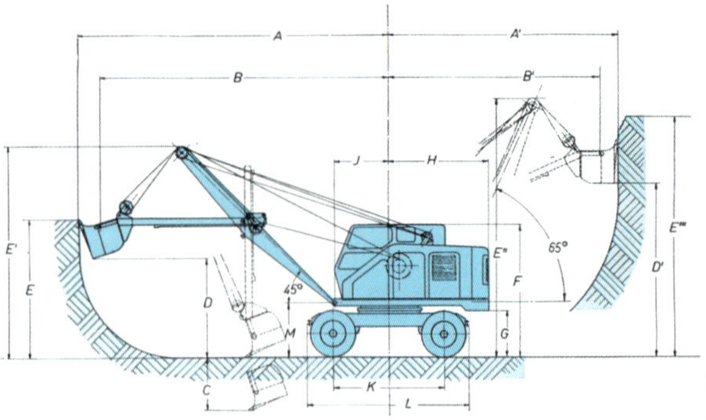

TIEFLÖFFEL
Inhalt = 600 l

A	größte Reichweite	ca. 9,5 m
B	Reichweite bei höchster Löffelstellung	ca. 8,0 m
C	tiefste Grabstellung	ca. 5,2 m
D	Ausschütthöhe	ca. 6,2 m
	Schnittbreite des Löffels	0,8 m
	Reißkraft am Löffel	8 t

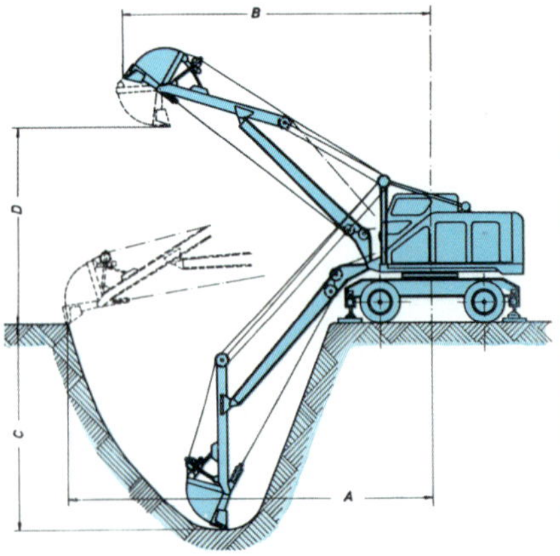

Auslegervarianten des MK 55   (Sammlung Weinbach)

die geeigneten Auslegerköpfe, beispielsweise mit vorgezogener Spitze, geordert werden. Ein spezieller Hammerkopf mit zusätzlichem 3-m-Spitzenausleger in Profilbauweise war dann besonders für den Zwei-Haken-Einsatz prädestiniert.

Wurden zunächst Gitterausleger in Profilstahl-Ausführung angeboten, so kamen in der weiteren Entwicklungsphase immer mehr die wesentlich belastbareren Rohrauslegerkonstruktionen zum Einsatz. Daneben wurden die hier beschriebenen Geräte zu Beginn der sechziger Jahre auch mit einem Vollwandausleger mit – man höre und staune – hydraulischem Teleskopvorschub angeboten. Das Auslegerwippen erfolgte dabei üblicherweise mit einem mechanischen Einziehwerk. Auf Kundenwunsch war jedoch auch eine hydraulische Auslegerverstellung für entsprechend häufiges

Wippen möglich. Der geknickte Grundausleger besaß zudem in besagtem Knick einen Zusatzhaken, mit dem auch bei abgesenktem Ausleger der Transport von bis zu 15 t schweren Einzellasten möglich war.

MK 550

Einen weiteren Entwicklungsschritt in der beschriebenen Baureihe stellte der Typ MK 550 dar, der erstmals im Sommer 1959 zur Auslieferung kam. Hier hatte man dem Arbeitsgerät einfach ein 3,1 m breites Fahrgestell gegönnt, welches dann aufgrund der größeren Standsicherheit beim Arbeiten auch ohne Abstützung wesentliche Vorteile mit sich brachte. Besagter MK 550 fand dann

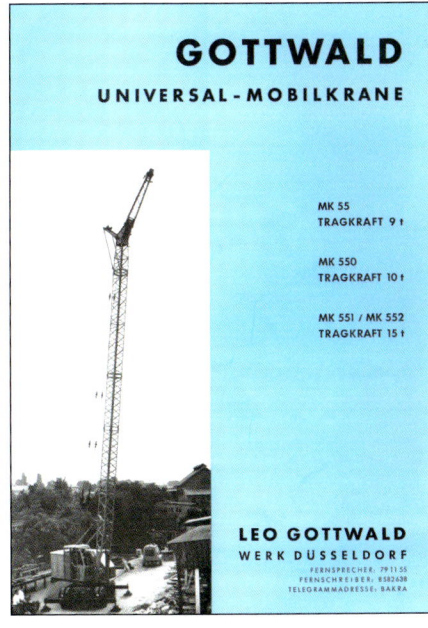

Technische Daten
MK 5 / MK 55 / MK 550 / MK 551 / MK 552

Fahrgestell
Motor:	siehe Kraneinrichtung
Abstützung:	Doppelkasten-Ausführung mechanisch ausschiebbar bis:
	MK 5: keine Abstützung
	MK 55: 3,5 m
	MK 550: 5 m
	MK 551: 4 m
	MK 552: 5 m
Achsen:	2 Achsen, Hinterachsantrieb oder wahlweise Allradantrieb; Vorderachslenkung oder wahlweise Allradlenkung, Bereifung 8-fach, 10 x 20 für MK 5/55/551; 8-fach, 12 x 20 Super – 18 PLY für MK 550/552

Kraneinrichtung
Motor:	Mercedes-Benz Dieselmotor OM 312, 6 Zylinder, wassergekühlt, 37 kW / 50 PS bei 1500 U/min oder wahlweise KHD-Dieselmotor A 4 L 514, 4 Zylinder, wassergekühlt, 37 kW / 50 PS bei 1500 U/min Motoren auf diese Werte für Dauerleistung gedrosselt.
Gegengewicht:	MK 5 / 55 / 551: 3 t MK 550 / 552: 5 t
Auslegersystem:	▪ Diverse Ausleger in Profilstahl- und Rohrausführung, für Bagger-, Kran- und Magnetbetrieb mit 8-m-Grundausleger, verlängerbar bis 20 m Länge ▪ Hochlöffel- und Tieflöffelausleger für Baggerbetrieb ▪ Vollwandausleger mit hydraulischem Teleskopvorschub ▪ Rammvorrichtung

auch überwiegend seinen Einsatzort innerhalb von Werksgeländen oder auf Lager- und Umschlagplätzen. Für das Verfahren auf öffentlichen Straßen war der Typ dann allerdings eben wegen der Überbreite nicht sonderlich geeignet. Die maximale Traglast als Kran konnte nochmals gesteigert werden und betrug nunmehr 10 t und dies sowohl im abgestützten als auch im freistehenden Zustand.

MK 551 / 552

Im Sommer 1960 schließlich kamen die nochmals modernisierten Typen MK 551 und MK 552 zur Auslieferung. Hier hatte man sich zwischenzeitlich fast gänzlich auf deren Einsatz als reinen Mobilkran konzentriert und dessen Leistungsgrenzen erneut nach oben setzen können. Die Traglastwerte betrugen bei dem 2,6 m schmalen 551er zwar nach wie vor 9 t freistehend, abgestützt konnten allerdings beachtliche 15 t gehoben werden. Der wiederum 3,1 m breite MK 552 hatte zwar gleichfalls eine zulässige Höchstlast von 15 t x 3 m, war jedoch ohne Abstützung mit 12,5 t bei gleicher Ausladung belastbar. Beide Geräte konnten mit einem bis zu 20 m langen Ausleger ausgerüstet werden.

Gebaut wurden insbesondere die Typen MK 55, 551 und 552 bis Ende der sechziger Jahre. Geliefert wurden diese Maschinen vor allem an zahlreiche große deutsche Bauunternehmen. Aber auch Werftbetriebe, Zuckerfabriken und Chemieunternehmen legten sich derartige Mobilkrane zu. Zudem wurde auch mal wieder ein solcher Oberwagen an die Firma Schmidbauer in München geliefert. Der letzte seiner Art, ein MK 552 mit OM 352-Diesel, sollte gar erst 1975 an Krauss-Maffei in München geliefert werden.

Über die wenigen als reine Raupenbagger gefertigten RG 05 und RG 55 ist im Kapitel über die Bagger ein wenig mehr zu lesen.

Im Mai 1955 lieferte man in Düsseldorf erstmals einen Universal-Automobilbagger vom Typ MK 40 aus. Dieses zweiachsige Gerät war in erster Linie als Bagger konzipiert, da ohne Abstützung ausgeführt. Der Oberwagen verfügte über ein knapp 2 t wiegendes Gegengewicht, welches aus einem mit Sand gefüllten Ballastkasten bestand. Der in der Grundausführung lediglich 8 m lange Normalausleger in Profilstahlkonstruktion konnte mit verschiedenen Baggergreifern oder aber mit einer Schleppschaufel zum Einsatz gebracht werden. Das einsatzbereite Gerät wog inklusive Baggergreifer knapp 14 t. In der Allradversion als MK 40A waren noch einmal 600 kg aufzuschlagen. Entsprechende Auslegerzwischenstücke ermöglichten überdies einen bis zu 15,5 m langen Ausleger mit der entsprechend vergrößerten Ausladung. Die Tragkraft für den gleichfalls möglichen freistehenden Kraneinsatz wurde am 8-m-Ausleger auf 6 t x 3 m begrenzt. Mit dem 15,5-m-Ausleger waren dann immerhin noch 1 t x 7 m zu heben. Bei allen Kraneinsätzen waren natürlich die Fahrgestellachsen per handbetätigter Spindeln zu blockieren.

Der MK 40A wurde jedoch schon bald mit einer handbetätigten Spindelabstützung (4,2 x 2,5 m Stützbasis) ausgestattet, die das Gerät somit in seinen Einsatzmöglichkeiten noch einmal aufwertete. Auch wurde das Gegengewicht von 2 t auf nunmehr 3 t erhöht, indem man auf kleinstückigen Schrott als Füllmaterial für den Ballastkasten zurückgriff. Als direkte Folge konnte auch die Auslegerlänge auf jetzt 17 m ausgebaut werden. Aus dem anfänglichen Automobilbagger wurde so nicht zuletzt auch in den Werbeschriften der Firma Gottwald ein Mobilkran und dies der kleinste in der seinerzeit verfügbaren Reihe von 6 t bis 50 t Tragfähigkeit. In den Traglasttabellen der frühen 1960er Jahre wurde der maximale Traglastwert des Krans mit 7 t x 3 m angegeben.

Ein spezieller geknickter Ausleger in Vollwandbauweise brachte bereits im Jahre 1957 besondere Vorteile für den reinen Kraneinsatz mit sich. Dies galt unter Last vor allem für das Durchfahren von niedrigen Hallentoren, zumal der Ausleger auch noch einfach zu teleskopieren war. Das Ausfahren erfolgte dabei zunächst per Handwinde, später dann konnte dies auch hydraulisch ermöglicht werden. Es

waren dies wohl auch die ersten ernsthaften eigenen Teleskopauslegererfahrungen im Hause Gottwald. Das Teleskop-Gerät jedenfalls ermöglichte das Verfahren von bis zu 7 t Last bei 3,25 m Ausladung, allerdings war dann ein nochmals auf 4,75 t erhöhtes Gegengewicht erforderlich.

Die MK 40 in der reinen Baggerversion mit Hochlöffel oder Tieflöffel (400 l Inhalt) verfügten selbstverständlich über die dafür benötigten Vollprofilausleger. In der Hochlöffelausführung wurde von dem Gerät eine größte Grabweite von 7 m und eine größte Reichhöhe von 6,5 m erreicht. Die Ausschütthöhe lag dann bei 3,75 m (45-Grad-Auslegerstellung) beziehungsweise 5,2 m (60 Grad).

Der Tieflöffelbagger erlangte eine Ausschüttweite von bis zu 6,55 m und eine größte Ausschütthöhe von 6,35 m. Die Grabtiefe und Grabweite betrugen 4,2 m beziehungsweise 8,5 m. Beide Löffelversionen besaßen eine Reißkraft von 6 t am Löffel.

Alle MK 40-Maschinen waren selbstverständlich Ein-Motoren-Geräte und verfügten serienmäßig im Oberwagen über einen luftgekühlten KHD-Drei-Zylinder-Diesel vom Typ A 3 L 514 mit gewaltigen 48 Pferdestärken (35 kW). Diese wurden allerdings auf eine Dauerleistung von nur noch 27 kW / 37 PS gedrosselt. Dies reichte dann für die erforderlichen mechanisch betätigten Wind- und Drehwerke.

Auch war besagter Antriebsmotor für die Kraftgestellung der angetriebenen Hinterachse des Fahrwerks zuständig. Im vierten Gang konnten dabei Geschwindigkeiten von 15 km/h erreicht werden. Der vorhandene Rückwärtsgang ermöglichte dagegen bescheidene 2,5 km/h. Die Steigfähigkeit der Baumaschine wurde mit 15 bis 25 Prozent angegeben. Für den Baustellenwechsel auf der Straße waren diese Werte natürlich nicht ausreichend und so erfolgte der Transfer normalerweise im Schlepp eines Lkw. Hierfür konnte gegen Aufpreis eine entsprechende Deichsellenkung bestellt werden.

Mit der letzten Auslieferung eines MK 40 zum Jahresbeginn 1965 wurden über einen Zeitraum von zehn Jahren insgesamt 152 Geräte gebaut. Kunden waren überwiegend deutsche Bauunternehmen aber auch Stahlwerke, Werften und Chemieunternehmen. Einige Exemplare verschlug es überdies nach Österreich, Portugal, Griechenland, in die Niederlande und die Türkei. Auch konnte man

Mitte: Der MK 40 war auch mit solch einem Spezialausleger zu bekommen. Zunächst von Hand auszuziehen, konnte er in späteren Ausführungen hydraulisch ausgeschoben werden. Man beachte den für schwere Lastfälle im Auslegerknick vorhandenen zusätzlichen Lasthaken (Leder)
Rechts: Ob Magneteinrichtung, Baggergreifer oder Hakenbetrieb, dem kleinen MK 40 war alles zuzutrauen (Sammlung Weinbach)

Technische Daten MK 40

Fahrgestell

Motor:	siehe Kraneinrichtung
Abstützung:	freistehend Blattfedern mechanisch blockiert oder Spindelabstützung, Abstützbasis L x B 4,2 x 2,5 m
Achsen:	2 Achsen, Hinterachsantrieb oder wahlweise Allradantrieb; Vorderachslenkung, Luft-Bereifung 8-fach, 9 x 20 oder 10 x 20 Vollelastikbereifung 8-fach, 200 x 670/940

Kraneinrichtung

Motor:	KHD-Dieselmotor A 3 L 514, 3 Zylinder, luftgekühlt, 35 kW / 48 PS, eingestellt auf 27 kW / 37 PS Dauerleistung bei 1500 U/min
Gegengewicht:	3 t (kleinstückiger Schrott)
Auslegersystem:	■ Diverse Ausleger in Profilstahlausführung für Bagger-, Kran- und Magnetbetrieb mit 8-m-Grundausleger, verlängerbar bis 17 m Länge ■ Hochlöffel- und Tieflöffelausleger für Baggerbetrieb ■ Vollwandausleger mit handwindenbetriebenem oder hydraulischem Teleskopvorschub ■ Rammvorrichtung

einige Maschinen in Neapel und auf Sizilien bei der Arbeit beobachten. Für einen der MK 40-Oberwagen fand man überdies beim Münchner Schwerlastspezialisten Schmidbauer Verwendung. Man ließ den Kranoberwagen allerdings in Düsseldorf auf einen beigestellten Lkw-Unterwagen aufbauen.

Bei der gleichfalls gebauten Raupenversion als RG 40 sei an dieser Stelle auf das Kapitel der Bagger verwiesen.

MK 60/2 / MK 60/3

Auch die fünfziger Jahre des vergangenen Jahrhunderts waren bisweilen eine recht schnelllebige Zeit. Dass dies auch für die Kran- und Baggerpalette der Firma Leo Gottwald zutraf, belegt die Entwicklung des MK 60. Obwohl erst im Sommer 1953 der für 15 t Traglast ausgelegte MK 8 erstmals ausgeliefert wurde, sollte bereits im Herbst 1955 ein neuer Mobilkrantyp der gleichen Traglastklasse von den Düsseldorfern angeboten werden. Rollten der MK 8 und seine unmittelbaren Typnachfolger MK 80 und MK 88 jedoch noch auf vier Achsen daher, so sollte der neue 15-Tonner nur noch mit deren zwei oder aber wahlweise drei Achsen auskommen.

Den Anfang machten jedenfalls zwei MK 60/2 im September 1955, welche seinerzeit an Kunden in Hamburg und Bremen geliefert wurden. Diese Mobilkrane verfügten über ein 3,1 m breites Fahrgestell mit nur noch zwei jeweils doppelt bereiften Achsen und einem Achsabstand von 3,5 Metern. In der Grundausführung wurde die Hinterachse angetrieben und die Vorderachse gelenkt. Wahlweise konnte das Gerät jedoch auch in einer allradgetriebenen Version bestellt werden. Ähnliches galt auch für die Lenkbarkeit, die serienmäßig über die Vorderachse erfolgte (9,7 m Kurvenradius), auf Wunsch jedoch auch für die Hinterachse umgesetzt werden

konnte (5,5 m Kurvenradius). Besagte zweiachsige Unterwagenausführung bot mit ihrem relativ breiten Fahrgestell genügend Standsicherheit, um auch ohne Abstützung bei mechanisch blockierten Achsen arbeiten zu können. Das Gerät kam dabei überwiegend werksintern, also in Industriebetrieben, Werften oder in Häfen zum Einsatz. Für den öffentlichen Straßenverkehr war das Fahrwerk nur bedingt geeignet.

Bevor der eigentliche Kranteil beziehungsweise der Kranoberwagen beschrieben werden soll, sei zunächst noch ein Blick auf die weiteren Fahrgestellausführungen der MK 60-Baureihe erlaubt.

Die dreiachsige Version als MK 60/3 gab es dabei mit symmetrischer Achsanordnung als MK 60/3 S mit 5,7 m Unterwagenlänge wie auch als MK 60/3 U mit unsymmetrisch angeordneten Achsen und einer Länge von 6,3 m. Beide Typen waren allerdings lediglich 2,6 m breit. Für die symmetrische Achsanordnung ergab sich dabei ein kleiner Kurvenradius (5 m), da sowohl Vorderachse als auch Hinterachse als Lenkachsen ausgeführt waren. Da diese beiden Achsen gleichermaßen über Differentiale angetrieben wurden, ergab sich auch für das Verfahren unter Last ein guter Vortrieb bei gleichmäßiger Achslastverteilung.

Die lange MK 60/3 U-Version empfahl sich hingegen für Montagebetriebe sowie Bauunternehmungen, welche vorwiegend weit auseinander liegende Baustellen mit ihrem Gerät anfahren mussten. Durch die unsymmetrische Anordnung der Achsen wurde hierbei eine erhöhte Straßensicherheit erreicht, so dass der Mobilkran im Schlepp eines Lastwagens mit bis zu 50 km/h fortbewegt werden konnte. Gelenkt wurde dabei lediglich über die einzeln angeordnete Vorderachse.

Als Antriebsachsen für die Verfahrbarkeit an der Einsatzstelle wurden die beiden Hinterachsen ausgebildet, wobei allerdings auch ein Allradantrieb technisch möglich war. Für das freistehende Arbeiten unter Last, also auch das Lastverfahren, musste natürlich bei allen MK 60-Typen die Achsfederung blockiert werden.

Eine günstigere Standsicherheit wurde bei stationärem Arbeiten jedoch mittels der von Hand auszuziehenden und mit Handspindeln versehenen Abstützungen erzielt. Die in den beiden Stoßstangen untergebrachten Abstützungen ergaben dann je nach Unterwagenbreite eine Stützweite von 4 m, respektive 4,5 m.

Für den angesprochenen Fahrantrieb sorgte der im Oberwagen untergebrachte Dieselmotor, wobei wahlweise luftgekühlte KHD-Motoren mit vier Zylindern (A 4L 514 mit 40 kW / 55 PS) beziehungsweise sechs Zylindern (A 6L 614 mit 55 kW / 75 PS) oder aber wassergekühlte Mercedes-Benz-Motoren (OM 321 mit 48 kW / 65 PS) eingebaut werden konnten. Zwischen dem Motor und einem Spezial-Kettenantrieb in geschlossenem Ölbad wurde eine Fichtel & Sachs-Kupplung sowie ein ZF-Vier-Gang-Getriebe geschaltet. Die möglichen vier Geschwindigkeiten des Getriebes konnten dabei über die kettengetriebene Maschinenwelle gleichsam auf das Fahrwerk wie auch auf das Hubwerk geschaltet werden. Für die Fahrgeschwindigkeit des MK 60 ergaben sich dabei je nach Zylinderzahl der Antriebsmotoren Höchstgeschwindigkeiten von 12 km/h beziehungsweise 14,5 km/h.

Für den Oberwagen wurde je nach Verwendung des Gerätes ein Ein-Trommel-Windwerk für reinen Kranbetrieb oder aber ein Zwei-Trommel-Windwerk (nebeneinander liegend) für Greifer- und Hakenbetrieb eingebaut. Für feinfühliges und genaues Steuern der Arbeitsbewegungen verfügte der Mobilkran bereits über eine Druckluftsteuerung. Auch die Lenkbewegungen des Fahrwerks wurden mittels Lenkrad und Druckluftsteuerung ohne großen Kraftaufwand

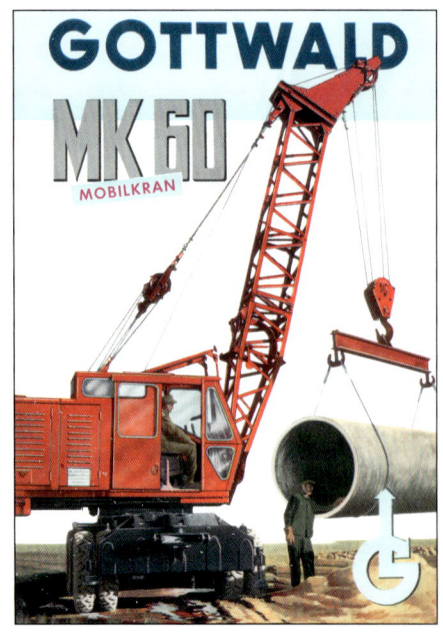

GOTTWALD
MK 60
MOBILKRAN

MK 60/3S mit gekröpftem Auslegerkopf für Bagger- und Kranarbeiten (Sammlung Weinbach)

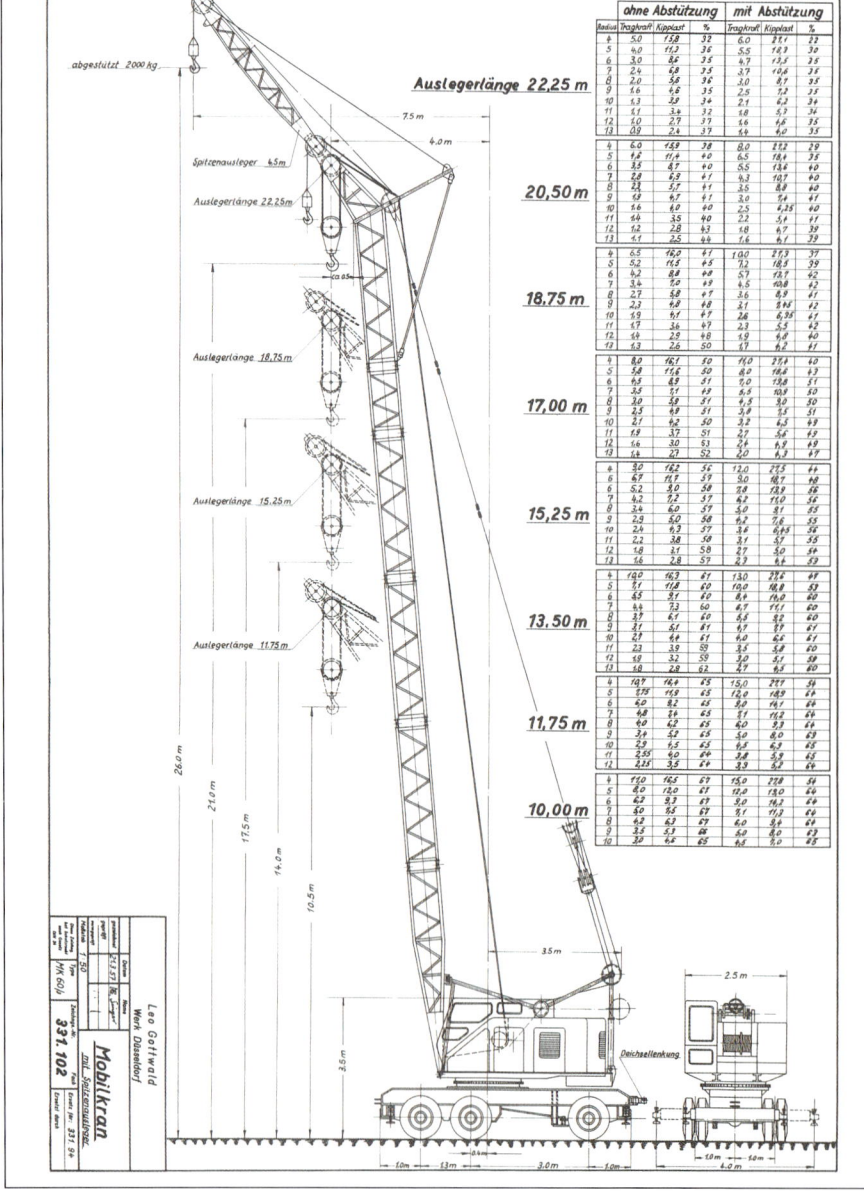

abgestützt 2000 kg

Auslegerlänge 22,25 m

7.5 m

4.0 m

Spitzenausleger 4,5 m

Auslegerlänge 22,25 m — 20,50 m

Auslegerlänge 18,75 m — 18,75 m

17,00 m

Auslegerlänge 15,25 m — 15,25 m

13,50 m

Auslegerlänge 11,75 m — 11,75 m

10,00 m

Deichsellenkung

Leo Gottwald · Werk Düsseldorf · Mobilkran

Typ MK 60 · 331.102 inkl. Spitzenausleger

	ohne Abstützung			mit Abstützung		
Radius	Tragkraft	Kipplast	%	Tragkraft	Kipplast	%

西ドイツ／ゴットワルト社と技術提携

Oben: Der 15-Tonner vom Typ MK 60/2 im Kraneinsatz – Mitte: MK 60/3S mit Schwerlastausleger in Vollkastenbauweise – Unten: Auch in Fernost war der MK 60, hier eine Ausführung „/3S", zu finden. Dort löste er als Kubota-Gottwald KM-200 wohl auch auf dieser Schiffswerft die doch recht unbeweglichen Derrick-Krane (im Hintergrund) ab. Links: MK 60/3U mit geradem Ausleger und fester Spitze (Sammlung Weinbach)

für den Maschinenführer ausgeführt. Dem übersichtlichen Arbeiten trug man laut damaligem Prospekt wie folgt Rechnung:

„Ein formschönes Kranschutzhaus mit vorgezogener Rundsichtkanzel gibt dem Fahrer einen freien Blick nach allen Seiten. Als Sonderkonstruktion kann der Führerstand höher montiert werden, um bei Waggonentladungen Einblick in den Waggon oder bei Hafenumschlag einen besseren Überblick über das Arbeitsgelände zu haben."

Sprechen wir hierbei zunächst von erhöhten Bedienständen mit Vollverkleidung des Aufsetzturmes, die bis in knapp 5 m Höhe reichten, so wurden schließlich auch Turmaufbau-Versionen mit in über 7 m Höhe angebrachter zweiter Kabine gebaut. Letztere erhielten dann auch bereits entsprechend hoch angelenkte Wippausleger von knapp 20 m Länge. Somit konnten Verladearbeiten an Binnenschiffen oder gar kleineren Hochseeschiffen mit guter Einsehbarkeit durchgeführt werden. Die Wippfunktion des Auslegers erfolgte dabei bereits über hydraulische Verstellzylinder! Besagte Spezialkonstruktionen für den Hafenbetrieb stellten somit den Vorläufer der später überaus erfolgreichen Hafenmobilkrane (HMK) dar. Derartige MK 60 in zwei- wie auch dreiachsiger Ausführung gingen beispielsweise an die Hafenbetriebe in Lübeck, Brake, Köln und Mainz, die gar ein ganzes Dutzend Geräte zwischen 1961 und 1963 erhielten. Fast ebenso viele „Hafenausführungen" gingen im Jahre 1963 nach Sizilien. All diese Krane konnten an der Auslegerspitze im abgestützten Zustand 6 t x 6 m beziehungsweise 3 t x 14 m heben. Für schwerere Lastfälle konnte das Hubseil auch über eine zusätzliche Umlenkrolle in der Auslegermitte bei natürlich geringeren Ausladungen zum Einsatz gebracht werden. Hier lagen die maximalen Traglasten dann zwischen 12 t x 4 m und 6 t x 7 m.

Im Greiferbetrieb waren an der Auslegerspitze immerhin 3 t bei 14 m Ausladung möglich. Ohne Abstützung war bei entsprechend reduzierten Lasten gleichfalls ein Arbeiten erlaubt. Eine Abwandlung der dreiachsigen Hafenkrane mit dann 3,1 m beziehungsweise 3,6 m breitem Fahrgestell war überdies als MK 66/3 beziehungsweise MK 660/3 lieferbar. Eine entsprechende Auslieferung ist jedoch nur für einen MK 66/3 im Jahre 1959 belegt, der seinen Weg nach Lissabon fand.

Doch noch einmal zurück zu den normalen „landläufigen" Mobilkranversionen des MK 60. Sein standardmäßiger Ausleger in Profilstahlkonstruktion hatte eine Mindestlänge von 10 m und war mit Normal- wie auch geknickter Spitze erhältlich. Die maximale Traglast betrug dann 15 t x 3,5 m (abgestützt) beziehungsweise 12 t ohne Abstützung. Aufrüstbar war der Ausleger der MK 60/3 allerdings auf bis zu 22,25 m, was eine maximale Rollenhöhe von 23,3 m ergab (6 t x 4 m). Für Montagearbeiten im Stahl- und Betonhochbau konnte zusätzlich ein festverspannter Spitzenausleger von 4,5 m Länge montiert werden. Dieser war für maximal 2 t Last ausgelegt.

Für spezielle Anwendungsfälle wurde der MK 60 auch mit geknickten und recht kurz gehaltenen Vollwandauslegern gefertigt. Hier gab es eine Ausführung für den Schwerlast-Transport mit einem Rollenkopf an der Auslegerspitze (maximal 8,2 m Rollenhöhe) und einer weiteren Seilrolle im Auslegerknick (maximal 3,8 m Hakenhöhe). Lasten von bis zu 12 t konnten somit bei 3,5 m Ausladung auch durch relativ niedrige Hallentore hindurch verfahren werden.

Ein weiterer Spezialausleger konnte gar mechanisch austeleskopiert werden, wobei bei einer Hakenhöhe von 7 m immerhin 8 t x 6 m abgestützt zu heben waren. Die maximale Traglast sowohl abgestützt wie auch freistehend betrug hierbei respektable 12 t bei 4 m Ausladung. Erwähnt sei dabei, dass der Oberwagen aller MK 60 zur Erlangung der erforderlichen Standsicherheit über ein heckseitiges Gussgegengewicht von 5 t verfügte.

Was die Stückzahlen betraf, so belegen die Lieferlisten für die MK 60-Baureihen den Verkauf von insgesamt 92 Exemplaren bis zum Jahre 1964. Davon wurden 66 Geräte mit zweiachsigem Unterwagen zur Auslieferung gebracht. Bei den dreiachsigen Mobilkranen verließen 16 MK 60/3S und 11 MK 60/3U die Düsseldorfer Werkshallen.

Ergänzend darf gesagt werden, dass der Erfolg der Mobilkrane vom Typ MK 60 bis in den fernen Osten reichte. Dort wurden in Japan unter der Bezeichnung Kubota-Gottwald KM-200 derartige Geräte in Lizenz gefertigt. Ein entsprechender Prospekt in japanischer Sprache beschrieb recht eindrucksvoll die Vorzüge der Baureihe für die dortige Kundschaft. Dabei wurden sowohl Mobilkrane mit Normalausleger wie auch Geräte mit Hafenkran-Wippauslegern und hoch gestellter Krankabine für den dortigen Markt gebaut. Über genaue Produktionszahlen der fernöstlichen Lizenzfertigung ist allerdings nichts überliefert worden.

Gleichfalls nicht überliefert ist ein Beleg über die Lieferung eines Autokrans vom Typ AK 60. Die Gottwald-Zeichnung 331.183 vom April 1959 zumindest beschreibt einen solchen dreiachsigen, 2,5 m breiten Autokran mit bekanntem 10-m-Grundausleger (20 t x

Auch mit hydraulisch gewipptem Ausleger für den Hafenumschlag gab es den Typ MK 60
(Sammlung Weinbach)

Technische Daten MK 60

Fahrgestell
Motor: siehe Kraneinrichtung
Abstützung: Schiebeholm mechanisch mit Spindelabstützung
MK 60/2: Abstützbasis L x B = 5,2 x 4 m
MK 60/3: Abstützbasis L x B = 5,5 x 4,5 m
Achsen: MK 60/2: 2 Achsen, standardmäßig Hinterachsantrieb, wahlweise mit Allradantrieb, gelenkt über Vorderachse oder wahlweise Allradlenkung
MK 60/3 S: 3 Achsen, 1. und 3. Achse angetrieben und gelenkt
MK 60/3 U: 3 Achsen, 2. und 3. Achse angetrieben, wahlweise Allradantrieb, gelenkt über einzelne Vorderachse
Bereifung für alle MK 60: alle Achsen doppelt bereift, 11.00 x 20, EM-Spezial-Qualität

Kraneinrichtung
Motor: MK 60/2: KHD-Dieselmotor A 4L 514, 4 Zylinder, luftgekühlt, 40 kW / 55 PS bei 1500 U/min oder wahlweise Mercedes-Benz Dieselmotor OM 321, 6 Zylinder, wassergekühlt, 48 kW / 65 PS bei 1800 U/min oder für schwere Einsätze (Greiferbetrieb)
KHD-Dieselmotor A 6L 614, 6 Zylinder, luftgekühlt, 55 kW / 75 PS bei 1500 U/min
MK 60/3: Mercedes-Benz OM 321 (siehe oben) oder wahlweise
KHD A 6L 614 (siehe oben)
Gegengewicht: 5 t als Gussgegengewicht
Auslegersystem: ■ Diverse Ausleger in Profilstahlausführung für Bagger- und Kranbetrieb mit 10-m-Grundausleger, verlängerbar bis auf 22,25 m auch mit fester Gitterverlängerung am gekröpften Auslegerkopf ■ Vollwandausleger geknickt und starr oder mit mechanisch ausziehbarem Teleskopschuss ■ Spezial-Turmaufbau mit Wippausleger in Profilstahlausführung für Hafenbetrieb (20 m-Wippe)

3,5 m abgestützt), welcher dann bis auf 24 m ausbaufähig sollte (11 t x 4 m). Mangels eigenen Autokranfahrgestellen war hierbei noch ein Fremdchassis von CCC (Canadian Crane Corporation) eingeplant gewesen. Auch die auf den Sommer 1959 datierte Erstauslieferung des stärkeren AK 70 für 24 t Traglast mag im Nachhinein für die Nichtverwirklichung des Projektes AK 60 sprechen.

MK 100 / MK 110

In der stetig ausgebauten Mobilkranpalette stellte der MK 100 im Frühjahr 1956 einen neuen Meilenstein dar. Mit einer maximalen Tragfähigkeit von zunächst 20 t x 3,5 m im abgestützten Zustand wurde das neue Hebezeug erstmals auf vier Achsen gestellt. Der Bezeichnung als Mobilkran wurde das Gerät durch seine Fähigkeit gerecht, auch ohne angesprochene Abstützung Lasten heben und wie damals üblich auf der Baustelle verfahren zu können. Hier lag die maximale Tragfähigkeit bei 15 t x 3,5 m am 12 m langen Normalausleger, der anfangs noch aus Profilstahlsegmenten bestand. Dieser Ausleger konnte durch entsprechende Zwischenstücke auf 27,25 m verlängert werden und ließ hierbei noch Lasten von 6 t x 5 m beziehungsweise 0,45 t x 20 m zu, beides wohlgemerkt nur im abgestützten Zustand. Freistehend konnte das Gerät nur bis zu 22,5 m Auslegerlänge mit der nötigen Sicherheit arbeiten. Die Firma Stoof im niederländischen Breda sollte im Jahre 1956 das angesprochene Erstgerät dieser Baureihe erhalten.

Das vierachsige Fahrgestell des MK 100 hatte bei einer Breite von lediglich 2,6 m eine Länge von 6,3 m und war serienmäßig mit zwei Antriebsachsen ausgestattet. Gelenkt wurde das Gerät über die zwei äußeren Achsen. Bereits mit Druckluftlenkung versehen, ergab sich so eine hervorragende Lenkbarkeit des Unterwagens. Das straßengängige Chassis war dabei gefedert ausgeführt und mit eigenen Differentialachsen ausgestattet. Die erforderliche Blockierung der Blattfederung bei freistehendem Arbeiten erfolgte nach wie vor mittels Handspindeln.

Wie bereits bei einigen kleineren Vorgängertypen war der Kran auch auf einem auf 3,1 m verbreiterten Fahrgestell, nunmehr als MK 110 geführt, erhältlich. Für ausschließlich innerbetrieblichen Einsatz gedacht, erhielten die Hüttenwerke in Rheinhausen im Dezember 1957 das erste derartige Gerät. Von Vorteil waren bei dieser Version die erhöhte Traglast bei freistehendem Kran, die jetzt auch in diesem Arbeitszustand volle 20 t bei 3,5 m Ausladung betrug. Aufgrund der vergrößerten Stützbreite, 5 m gegenüber 4,5 m, sowie des größeren Gegengewichtes von 7 t gegenüber 4 t des MK 100 ließen sich ebenfalls größere Traglasten bei allen anderen Rüstzuständen erzielen. So betrug jetzt die maximale Traglast am 27,75-m-Ausleger 10 t x 5 m (MK 100 = 6 t) beziehungsweise 0,9 t x 20 m. Was das Fahrgestell betraf, so konnte der MK 110 auch mit ungefederten, paarweise in Balanciers gelagerten Achsen geliefert werden. Hierbei waren dann alle vier Achsen angetrieben, was das Eigengewicht des Grundgerätes ohne Gegengewicht und Ausleger von ursprünglich 30 t auf 32 t ansteigen ließ.

Der schmalere MK 100 brachte bei Straßenfahrt im Schlepp eines Lkw entsprechende 28 t beziehungsweise 30 t auf die Zugdeichsel.

Allen Versionen gleich war der Antrieb über den im 2,6 m breiten Kranoberwagen untergebrachten Dieselmotor. Hier kam überwiegend ein luftgekühlter Sechs-Zylinder-KHD (Typ A 6L 614) mit 66 kW / 90 PS zum Einbau. Alternativ konnte jedoch auch ein wassergekühlter Dreizylinder von Mercedes-Benz der Reihe M 203 B mit gleichfalls 90 Pferdestärken implantiert werden. Letzterer empfahl sich überwiegend in der explosionsgeschützten Ausführung des MK 110 für Raffineriebetriebe. Die vom Oberwagenantrieb mechanisch an die Antriebsachsen weitergeleitete Vortriebsenergie reich-

Links: Der MK 100 von Stoof hebt hier das 19 t schwere Oberteil einer Verladebrücke auf das Fahrwerk –
Mitte: Oberwagengrundplatte mit aufgesetzter Hubwerkswinde, Getriebekasten mit elektrischem Hubwerksantrieb und Drehwerksmotor (hinten senkrecht)
(Sammlung Weinbach)

Ein MK 100 A fand Ende 1959 den Weg zum VEB Stahl- und Apparatebau in Magdeburg. Auch in den neunziger Jahren war der Kran noch aktiv   (Zitka)

Bei Gottwald wurden natürlich die eigenen Mobilkrane, hier ein MK 100, zur Montage von stationären Kranen eingesetzt
(Sammlung Weinbach)

Auch Toense erhielt für seine Niederlassung in Berlin im Jahre 1959 einen MK 110. Dieser ist hier auf „Leerfahrt" auf der Baustelle zu sehen. Holzgerüste, Hanomag-Traktor und vermutlich Kässbohrer-Autokran (links) gehörten zum Baustellenbild jener Tage
(Sammlung Weinbach)

Links: Mit maximal 20 t freistehender beziehungsweise bewegter Traglast, allerdings mit kürzerem Ausleger, waren solche Lasten vom Mobilkran MK 110 zu verfahren und aufzustellen –
Rechts: Mit der kurzen Gitter-Spitze waren auch Kirchturmdachstühle problemlos auf Höhe zu ziehen   (Sammlung Weinbach)

te im vierten Gang für eine beschauliche Eigenfahrgeschwindigkeit von 8 km/h, im Rückwärtsgang für 1,7 km/h. Bei Einbau eines Fahrwerkswendegetriebes galt die hohe Geschwindigkeit dagegen unabhängig von der Fahrrichtung des Gerätes.

Im Laufe der Jahre, die Produktion der Typen MK 100/110 endete 1963, konnte wiederum aufgrund verbesserter Stahlqualitäten sowie der Umstellung auf Rohrauslegerprofile sowohl die Traglast als auch die Auslegerlänge nach oben gesetzt beziehungsweise erweitert werden. So konnten beispielsweise die Traglasten im abgestützten Zustand auf 25 t x 3,5 m beim MK 100 und auf gar 30 t x 3 m beim MK 110 gesteigert werden.

Die Auslegerlänge war zwischenzeitlich auf immerhin 34 m ausbaufähig, wobei die Geräte allerdings ab 28 m Mastlänge nur noch im abgestützten Zustand arbeiten durften. Für entsprechende Hochbauprojekte waren am Maximalausleger noch 7 t beim MK 100 und 9 t beim MK 110 zulässig. Die Kipplastausnutzung betrug dabei laut Traglasttabellen lediglich 33 Prozent.

War die Rollenhöhe bei den alten Auslegerprofilen noch durch einen fest anzubauenden Spitzenausleger von 5 m geringfügig zu steigern, so konnte bei den neuen Rohrauslegern besagter Spitzenausleger sogar bis auf 10 m Länge ergänzt werden. Die maximale Belastung dieser Spitze betrug dabei 4 t.

Wurden sowohl der MK 100 wie auch der MK 110 für Vier-Seil-Baggerarbeiten mit den dafür benötigten Baggergreifern (750 l), Verladegreifern (1000 l) oder gar Kohlegreifern (2000 l) verkauft, so

Die Einsatzmöglichkeiten der Typen MK 100 und MK 110 verdeutlicht dieser Prospektumschlag aus dem Jahre 1961 eindrucksvoll

(Sammlung Weinbach)

Technische Daten MK 100 / MK 110

Fahrgestell

Motor:	siehe Kraneinrichtung
Abstützung:	Schiebeholm mechanisch mit Spindelabstützung
	MK 100 (2,6 m breit):
	Abstützbasis L x B = 6 x 4,5 m
	MK 110 (3,1 m breit):
	Abstützbasis L x B = 6 x 5 m
Achsen:	4 Achsen, 2. und 3. Achse angetrieben, wahlweise Allradantrieb, Vorder- und Hinterachse als Lenkachsen ausgeführt
	Bereifung: alle Achsen doppelt bereift, 11.00 x 20, EM-Spezial-Qualität

Kraneinrichtung

Motor:	KHD-Dieselmotor A 6L 614, 6 Zylinder, luftgekühlt, 66 kW / 90 PS bei 1650 U/min oder wahlweise
	Mercedes-Benz Dieselmotor M 201, 3 Zylinder, wassergekühlt, 66 kW / 90 PS bei 1200 U/min
Gegengewicht:	MK 100: 4 t
	MK 110: 7 t
	alle als mehrteiliges Gussgegengewicht ausgeführt
Auslegersystem:	■ Diverse Ausleger in Profilstahl- und Rohrauslegerausführung für Bagger- und Kranbetrieb mit 12-m-Grundausleger, verlängerbar bis auf 34 m auch mit festem 10-m-Spitzenausleger am Montageauslegerkopf
	■ Spezial-Turmaufbau mit hydraulischem Wippausleger für Hafenbetrieb

---

dürfte dieses Aufgabenfeld nur von einigen wenigen „Mobilkranen" bearbeitet worden sein. Hierfür waren die beiden Typen wohl eher ein wenig überdimensioniert. Etwas anders sah dies bei Verladearbeiten im reinen Hafenbetrieb aus, denn auch für diese Einsatzstätte wurde wiederum ein spezieller Turmaufbau mit Wippausleger und hochgesetzter zusätzlicher Krankabine konstruiert. Einige dieser ersten Hafenmobilkrane wurden an Hafenbetriebe in Italien, Griechenland und Finnland geliefert.

Bei dieser Ausstattung wie auch beim Vier-Seil-Greiferbetrieb, wegen der dann nebeneinander liegenden Winden, betrug die Oberwagenbreite des MK 110 abweichend von der Serie 3 m! Gleiches galt auch für die angebotene EX-Ausführung (explosionsgeschützt).

Angemerkt sei noch, dass der MK 100 beziehungsweise MK 110 seinerzeit nicht unbedingt bei Kranverleihern anzutreffen war. Hier ging neben dem eingangs erwähnten MK 100 für Stoof lediglich ein MK 110 an die Firma Toense für ihre Niederlassung in Berlin. Große Stahlwerke und Chemiebetriebe für den Eigengebrauch bei Neubau und Anlagenstillstand wie auch angesprochene Häfen stellten die überwiegende Klientel für derartige Hubgeräte. Kunden waren hier beispielsweise Bayer-Leverkusen, Phoenix-Rheinrohr in Mülheim (2 x), die Hüttenwerke in Rheinhausen, VEB Stahl- und Apparatebau in Magdeburg und Bayer-Dormagen (2 x).

Eher bescheiden waren einmal mehr die gebauten Stückzahlen der beschriebenen beiden Fahrgestell-Versionen. So weisen die Lieferlisten für den MK 100 genau ein Dutzend Geräte und für den MK 110 mit 18 Auslieferungen auch nur unwesentlich mehr Verkäufe auf.

MK 140

Im Mai des Jahres 1957 lieferten die Reisholzer Kranbauer einen für seine Zeit rekordverdächtigen neuen Mobilkrantyp aus, der alles bisher bekannte in den Schatten stellte. Erstkunde für diesen Mobilkran des Typs MK 140 waren die Chemischen Werke Hüls in Marl. Dieser imposante Einmotorenkran verfügte über vier Achsen und hatte eine Unterwagenbreite von beachtlichen 4 m bei einer Länge von 8,2 m. Die doppelt bereiften Achsen waren allesamt sowohl lenkbar als auch angetrieben. An den Fahrgestellenden befanden sich die mechanisch ausfahrbaren Schiebeholme mit der klassischen Spindelabstützung und einer Abstützbasis von Länge x Breite gleich 8,1 x 5 m. Doch seinem Namen als Mobilkran wurde der 140er auch ohne diese Abstützungen mehr als gerecht.

Ach ja, seine Maximallast bewältigte der MK 140 mit seinerzeit imposanten 60 t x 5 m, abgestützt wohlgemerkt, an seinem 12-m-Ausleger. Bei 12 m Ausladung konnten mit dieser kürzesten Gittervariante noch 16,5 t gehoben werden. Mobil, also freistehend beziehungsweise sogar unter Last fahrend, lagen diese Werte für den kurzen Ausleger zwischen 35 t x 5 m und 11,3 t x 12 m. Damit war diese Gottwald-Konstruktion im Jahre 1957 wohl der stärkste bereifte Fahrzeugkran am Markt.

Noch einmal einen Blick auf das Fahrgestell werfend sei gesagt, dass die vier als Differential-Antriebsachsen ausgeführten Achsen für einen mehr als ausreichenden Vortrieb auf der Baustelle sorgten. Dabei ist festzuhalten, dass der Kran mit dem kurzen 12-m-Ausleger, der auf Baustellen zumeist für die reinen Transportaufgaben ausreichte, bei Leerfahrt bereits knapp 85 t auf die 16 Reifen brachte. Der Oberwagenmotor, auf den noch eingegangen wird, übertrug seine Antriebsleistung rein mechanisch über ein ZF-Sechs-Gang-Getriebe auf die vier Achsen, wobei maximal 11,8 km/h (KHD-Motor) beziehungsweise 8 km/h (Mercedes-Benz-Motor) zu erreichen waren. Das eingebaute Fahrwerks-Wendegetriebe ermöglichte zudem die Ausnutzung der verschiedenen Fahrgeschwindigkeiten sowohl bei Vorwärts- als auch bei Rückwärtsfahrt. Somit war ein Wenden des Kranes bei beengtem Fahrbereich nicht erforderlich. Gleichwohl ermöglichte die Allradlenkung mit einem inneren Wenderadius auch eine ansonsten günstige Manövrierfähigkeit auf der Baustelle. Die Lenkung erfolgte übrigens mechanisch, allerdings mit Druckluftunterstützung. Kupplungen und Bremsen wurden selbstverständlich ebenso mit Druckluft gesteuert.

Oben links: Frisch geputzt und die zahlreichen Reifen geschwärzt, präsentierte sich der MK 140 auf dem Gottwald-Stand einer Industrie-Messe –

Oben Mitte: Das Gegengewicht des MK 140 wurde aufwändig mit erhabenem Gottwald-Schriftzug und Firmenemblem gegossen. Was aussieht wie ein „Geweih" ist in Wirklichkeit das Endstück der Auspuffanlage
(Sammlung Weinbach)

Unten Mitte: Die Chemischen Werke Marl erhielten im Jahre 1957 den ersten MK 140. Nicht nur beim Transport und Hub dieses 17 t schweren Apparates konnte der 60-Tonner auf ganzer Linie überzeugen (Leder)

Oben rechts: Beim Transport dieses 36,5 t schweren Tanks zeigte der 140er, was man an ihm hatte
(Sammlung Weinbach)

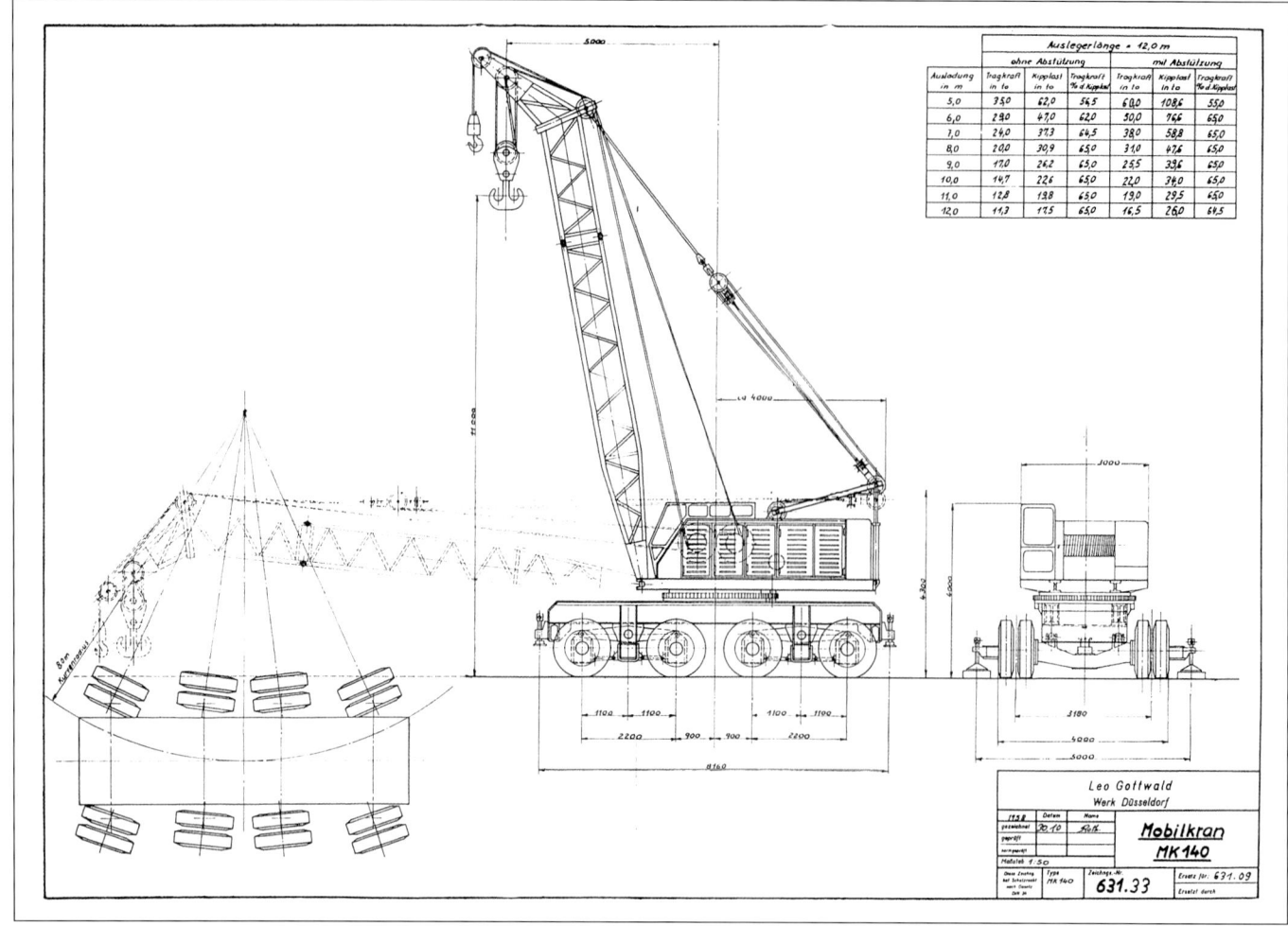

| | Auslegerlänge = 12,0 m | | | | | |
| | ohne Abstützung | | | mit Abstützung | | |
Ausladung in m	Tragkraft in to	Kipplast in to	Tragkraft % d. Kipplast	Tragkraft in to	Kipplast in to	Tragkraft % d. Kipplast
5,0	35,0	62,0	56,5	60,0	108,6	55,0
6,0	29,0	47,0	62,0	50,0	76,6	65,0
7,0	24,0	37,3	64,5	38,0	58,8	65,0
8,0	20,0	30,9	65,0	31,0	47,6	65,0
9,0	17,0	26,2	65,0	25,5	33,6	65,0
10,0	14,7	22,6	65,0	22,0	34,0	65,0
11,0	12,8	19,8	65,0	19,0	29,5	65,0
12,0	11,3	17,5	65,0	16,5	26,0	64,5

Leo Gottwald
Werk Düsseldorf

Mobilkran
MK 140

Zeichnungs-Nr. 631.33

Maßzeichnung Mobilkran Type MK 140 von 1958

Der Kran war jedoch aufgrund seiner beschriebenen Unterwagenbreite von 4 m weniger dazu geeignet, auf der Straße verfahren zu werden. Hier wurde der Kran von Gottwald dann auch wie folgt klassifiziert: „Die Vorschriften, die für das Verfahren von Arbeitsmaschinen auf öffentlichen Straßen maßgebend sind, wurden bei der Konstruktion des MK 140 außer acht gelassen."

Vielmehr beschränkte sich sein Einsatzgebiet eher auf große Industriebetriebe oder aber Dauerbaustellen, wo er unschätzbare Dienste bei Montagearbeiten und Betriebsstillständen mit Demontage- und Remontagearbeiten leistete. So wurden beispielsweise im Anschluss an die ersten Tätigkeiten beim Erstkunden in obigem Chemiebetrieb umfangreiche Gegenüberstellungen seiner erbrachten Leistungen mit denen der bisherigen Arbeitsweisen erstellt. Hier waren in erster Linie die klassischen Derrickkrane, welche zeit- und kostenintensiv zu errichten und abzubauen waren, sowie natürlich die menschlichen Montagearbeiten, die vor dem MK 140 ein Vielfaches betrugen, zu nennen. Als Ergebnis war festzuhalten, dass diese neue Kranklasse mit ihren enormen Tragfähigkeiten und der gleichzeitigen Transportmöglichkeit auf der Baustelle wirtschaftlich revolutionär war.

In diversen Fachzeitschriften wie „Fördern und Heben" und „Baumaschine und Bautechnik" wurde dann auch ausführlich über den erfolgreichen Chemieeinsatz dieses MK 140 und einiger weiterer kleinerer Mobilkrane von Gottwald berichtet. Die Düsseldorfer Mobilkrane jedenfalls hatten darin ihre Leistungsfähigkeit überzeugend vermitteln dürfen.

Besagtes Erstgerät für den Chemiekunden musste übrigens in einer explosionsgeschützten Ausführung ausgeliefert werden. Somit kam nur der Einbau des etwas schwächeren wassergekühlten Antriebsdiesels in Frage. Hier lieferte der Mercedes-Benz vom Typ M 204 B mit seinen lediglich vier Zylindern etwa 88 kW / 120 PS (bei 1200 U/min). Die gesamte elektrische Installation des Mobilkrans wurde natürlich ebenfalls in Ex-Ausführung ausgelegt, was ein nicht unerhebliches Mehrgewicht von 1 t mit sich brachte.

Alle weiteren MK 140-Lieferungen bekamen allerdings den kräftigeren KHD-Diesel vom Typ A 8 L 614 mit Luftkühlung eingebaut, der mit seinen acht Zylindern ebenfalls auf eine Leistung von 88 kW / 120 PS (bei 1800 U/min) eingestellt war. Der nur 3 m breite Kranoberwagen verfügte zur besseren Erreichbarkeit der Antriebsaggregate sogar über beidseitige Wartungslaufbühnen mit Absturzgeländern.

Einmal beim eigentlichen Kranoberwagen angekommen, ist zu sagen, dass der Kran serienmäßig mit einem Universal-Zwei-Trommel-Hubwerk ausgestattet war. Dies ermöglichte das gleichzeitige Arbeiten mit zwei eingescherten Haken. Hierfür verfügte der MK 140 auch über eine entsprechend gekröpfte Auslegerspitze, die bei Arbeiten mit dem Hauptausleger zwei hintereinander liegende Umlenkrollen aufwies. Mit diesem Zwei-Trommel-Hubwerk war zudem ein Greiferbetrieb (Zwei-Seil-Betrieb) für loses Schüttgut selbst bei diesem Kranriesen eingeplant. Für derartige Arbeiten musste dann lediglich eine zusätzliche Hilfswinde zur Greiferberuhigung eingebaut werden.

baustellen in Frankreich einsetzten. Interessanterweise orderte F.R.I.A. auch gleichzeitig ein Schienenfahrgestell für 1-m-Spur. Ein solcher sechsachsiger Unterwagen (Abstützbasis 5,6 m) mit einem Gewicht von 53 t, wohlgemerkt ohne Kranoberwagen, machte dann das Auswechseln besagten Kranteils zwischen Straßenfahrgestell und Schienenfahrgestell möglich!

Ein weiterer MK 140, allerdings nur mit kurzem Hauptausleger, wurde 1962 an das Bundesamt für Wehrtechnik in Koblenz geliefert. Der Kran fand dann seinen neuen Einsatzort bei der Erprobungsstelle in Meppen. Hier musste das Gerät fortan Panzer und ähnliches Schwergut zum Beispiel zur Schwerpunktermittlung stemmen. Der letzte Mobilkran der Baureihe 140 sollte kurz vor Weihnachten 1964 hinter den eisernen Vorhang geliefert werden. Stolzer Besitzer wurde der volkseigene Betrieb (VEB) des Industriewerkes Ludwigsfelde.

SK 140

Bereits im Januar 1960 kam auch ein 140er-Kranoberwagen, allerdings als Sonderausführung mit Schienenunterwagen, zur Auslieferung. Obwohl eher zu den Eisenbahnkranen zugehörig, soll der SK 140 dann ausnahmsweise an dieser Stelle kurz beschrieben werden (siehe auch Eisenbahnkrane). Der Zechenbetrieb der Rheinstahl Bergbau in Essen hatte sich diesen Schienenkran SK 140 auf einem vierachsigen Normalspur-Schienenfahrgestell mit einer „Länge über Puffer" (LüP) von 9,2 m geleistet. Mit mächtigen ausschwenkbaren Abstützungen versehen, wurden überwiegend große, mit rund 10 t Kohle gefüllte Klappkübel am 12-m-Ausleger umgeschlagen. Gleichfalls konnte der Kran auch mit einem 3-m³-

In Frankreich wurde der 60-Tonner unter anderem beim Bau von Atomkraftwerken eingesetzt. Zur Vorführung mit Raupe fanden sich verantwortliche Herren ein
(Lindenlauf)

Nachdem zunächst die maximale Hauptauslegerlänge des MK 140 mit 40 m angegeben wurde, konnte diese schon recht bald auf stattliche 60 m gesteigert werden. Bei dieser Auslegerlänge, die Rollenhöhe für den Haupthaken betrug damit in steilster Stellung bei 9 m Ausladung immerhin 61,7 m, wurden im abgestützten Zustand beachtliche 8,7 t (2 t x 20 m) gehoben. Freistehend waren es bei diesen Parametern immer noch 2,2 t (0,4 t x 20 m). Der Hauptausleger konnte ebenfalls mit einem bis zu 10 m langen Spitzenausleger ergänzt werden.

Diese auch als Hochbau-Montageausleger bezeichnete Kombination ermöglichte beispielsweise bei 28 plus 10 m Auslegerlänge und 15 m Ausladung eine Traglast von 3 t (1,5 t x 23 m). Neben der großen Standfläche beziehungsweise den angesprochenen Abstützungen benötigte der MK 140 natürlich noch ein entsprechendes Gegengewicht. Dieser am Oberwagenheck angebrachte Ballast konnte interessanterweise in zwei Ausführungen bestellt werden. In der Version als Ballastkasten wurden 13,5 t benötigt. Als Gussgengewicht ausgeführt, waren hingegen laut Prospekten sogar 15 t erforderlich. Voll aufgerüstet betrug das Eigengewicht des Mobilkrangiganten übrigens knapp 95 t.

Verwunderlich war jedoch leider wieder einmal, dass nach der Erstauslieferung im Jahre 1957 lediglich vier weitere MK 140 bis 1964 bestellt und ausgeliefert wurden. Zwei dieser Kranriesen gingen dabei an französische Kundschaft (C.E.A. und F.R.I.A.), die diese Hebezeuge auch sehr erfolgreich auf den ersten Atomkraftwerks-

Technische Daten MK 140

Fahrgestell

Motor:	siehe Kraneinrichtung
Abstützung:	Schiebeholm mechanisch mit Spindelabstützung, Abstützbasis L x B = 8,1 x 5 m
Achsen:	4 Achsen, Allradantrieb, alle Achsen als Lenkachsen ausgeführt
	Bereifung: alle Achsen doppelt bereift, 16-fach 10.00 - 24, EM-Spezial-Qualität

Kraneinrichtung

Motor:	KHD-Dieselmotor A 8L 614, 8 Zylinder, luftgekühlt, 88 kW / 120 PS bei 1800 U/min oder wahlweise
	Mercedes-Benz M 203 B, 4 Zylinder, wassergekühlt, 88 kW / 120 PS bei 1200 U/min
Gegengewicht:	ca. 13,5 t wenn Ausführung mit Ballastkasten
	ca. 15 t wenn Ausführung mit Gussgewicht
Auslegersystem:	■ Diverse Ausleger in Profilstahl- und Rohrauslegerausführung für Greifer- und Kranbetrieb mit 12-m-Grundausleger, verlängerbar mit 4-m-Stücken bis auf 60 m auch mit festem Spitzenausleger 2,5 – 10 m am Montageauslegerkopf ■ Spezial-Turmaufbau mit hydraulischem Wippausleger für Hafenbetrieb

Schon ein wenig abgeändert sah der Oberwagen des auf Schienen gesetzten SK 140 für 50 t x 5 m aus, vom Unterwagen einmal ganz zu schweigen
(Sammlung Weinbach)

Kohlegreifer oder im normalen Hakenbetrieb eingesetzt werden. Die Tragkraft betrug bei diesem Gefährt maximal 50 t x 5 m abgestützt beziehungsweise 9,2 t x 6 m freistehend. Der standardmäßige Oberwagenantrieb sorgte an den zwei mechanisch getriebenen Antriebsachsen des Schienenfahrgestells für eine maximale Eigenfahrgeschwindigkeit von bis zu 16 km/h. Im Zugverband eingestellt, konnte der SK 140 jedoch auch, begleitet von einem Hilfswagen zum Ablegen des Auslegers, mit bis zu 46 km/h geschleppt werden.

MK 115 / MK 120 / MK 125

Der MK 115, wie auch der nahezu gleichstarke MK 120, war im Jahre 1958 bereits der dritte vierachsige Mobilkrantyp, der bei Gottwald gefertigt wurde. Beide Geräte unterschieden sich wieder einmal nur in ihrer Fahrgestellbreite, die da 2,8 m respektive 3,6 m betrug. Zudem besaß der MK 120 mit seinen 7,2 m Chassislänge auch einen knapp 300 mm längeren Unterwagen. Für beide Mobilkrane traf die maximale Traglast von 40 t zu. Wenn man es aller-

dings genau betrachtete, so konnte der breitere MK 120 sogar 41 t (nur 31 Prozent der Kipplast!) bei 4 m Ausladung am 12 m langen Gitterausleger stemmen. Diese Werte galten natürlich für den abgestützten Arbeitszustand. Dabei kamen beide Fahrgestelle trotz abweichender Breite auf eine identische Stützbreite von 5 m, die durch rein mechanische Schiebeholme mit gleichsam handbetätigten Stützspindeln umgesetzt wurde. Die Abstützungen befanden sich an beiden Enden des Fahrgestells.

Der Unterwagen beider Krantypen verfügte, wie eingangs erwähnt, über vier Achsen, welche allesamt doppelt bereift waren und von denen die erste und letzte Achse gelenkt wurden. Beide Geräte verfügten auch bereits serienmäßig über Allradantrieb, der im sechsten Gang eine Fahrgeschwindigkeit von maximal 12,7 km/h zuließ. Das eingebaute Fahrwerks-Wendegetriebe gewährleistete diese Geschwindigkeit zudem in beiden Fahrtrichtungen. Eine Feingang-Getriebeübersetzung ermöglichte ein äußerst feinfühliges Rangieren mit einer Kriechgeschwindigkeit zwischen 4,9 und 46 m/min. Mit besagtem „Feingang" des ZF-Getriebes konnten natürlich auch die eigentlichen Kranwindwerke und das Drehwerk recht behutsam in Bewegung gesetzt werden. Sämtliche Bewegungen wurden von der Krankabine aus druckluftgesteuert.

Für die Kraftgestellung sorgte bei diesem Ein-Motoren-Kran der im Kranoberwagen eingebaute luftgekühlte KHD-Diesel (Type A 6L 714), der eine eingestellte Leistung von 85 kW / 115 PS besaß. Neben diesem Standard-Aggregat konnte jedoch auch ein wassergekühlter Mercedes-Benz-Diesel mit nur drei Zylindern und 66 kW / 90 PS zum Einbau gelangen. Kunden waren bei letzterer Ex-Variante zumeist chemische oder petrochemische Betriebe wie die BASF in Ludwigshafen. Dieser Kunde erhielt im Juni 1958 übrigens den ersten MK 120 überhaupt und legte sich nachfolgend noch zwei weitere dieser Mobilkrantypen zu. Die Kraneinrichtung des MK 115 beziehungsweise MK 120 verfügte über zwei hintereinander liegende Hubwerkstrommeln. Dies ermöglichte dann sowohl den Massenumschlag von Schüttgütern wie Kohle, Koks und Sand im Vier-Seil-Greiferbetrieb wie auch das Arbeiten im Zweihakenbetrieb als Kran. Diese Kraneinsatz-Variante war besonders geeignet für Montagearbeiten beispielsweise im Stahl- oder Betonhochbau.

Rechts: Ein MK 115 (rechts) und ein MK 120 machen sich gemeinsam über einen Behälter her. Der Gottwald-Kundendienst für die Niederlande ist auch vor Ort
(Sammlung Weinbach)

Der aus Profilstahlsegmenten bestehende Kranausleger hatte seine maximale Tragfähigkeit wie eingangs beschrieben bei 40 beziehungsweise 41 t am kurzen 12-m-Ausleger. Aufgerüstet werden konnte dieser Hauptausleger bis auf eine Länge von 44 m. Hier lagen dann die Traglastwerte für den 115er zwischen 7,3 t x 7 m und 1 t x 20 m. Die Werte des MK 120 betrugen 10 t x 7 m (5,1 t freistehend) beziehungsweise 1,9 t x 20 m (0,8 t freistehend). Der schmalere MK 115 konnte allerdings nur bis zu einer Hauptauslegerlänge von 24 m freistehend arbeiten (21,6 t x 5 m).

Das Erstgerät des Typs MK 115 sollte übrigens erst fast ein Jahr nach dem ersten MK 120 ausgeliefert werden und ging zum Jahresende 1958 an das niederländische Kranunternehmen Stoof in Breda.

An den beschriebenen Hauptausleger mit gerader Spitze konnte bei beiden Modellen zudem ein fester Spitzenausleger zwischen 2,5 m und 10 m Länge angebaut werden. Bei 44 m plus 10 m ergaben sich so noch Tragfähigkeiten von 4 t x 14 m (2 t freistehend) beziehungsweise 2,1 t x 20 m (1 t freistehend), dies zumindest für den MK 120. Für das Aufrichten der langen Auslegerlängen verfügte der Kran über einen speziellen Teleskop-Hochbaustützbock. Das am Oberwagenheck aufgetürmte Gegengewicht, welches aus mehreren Gusseisenplatten bestand, hatte beim MK 115 eine Masse von rund 9,2 t und beim MK 120 immerhin 13 t.

Abweichend von obigen „Serienausführungen" ist für die allerdings identischen Kranoberwagen noch über diverse weitere Unterwagenbreiten zu berichten. So wurden in den Jahren 1964/65 auch abgewandelte Versionen als MK 125 mit 3,1 m (Wanko, Wien) oder aber 4 m Spurweite (Bayer, Antwerpen) ausgeliefert. Hinzu kam die

Gerätevorführung bei Gottwald: Neben einem großen Eisenbahnbergungskran kommt der Mobilkran MK 120 doch noch etwas verloren vor (Oellers)

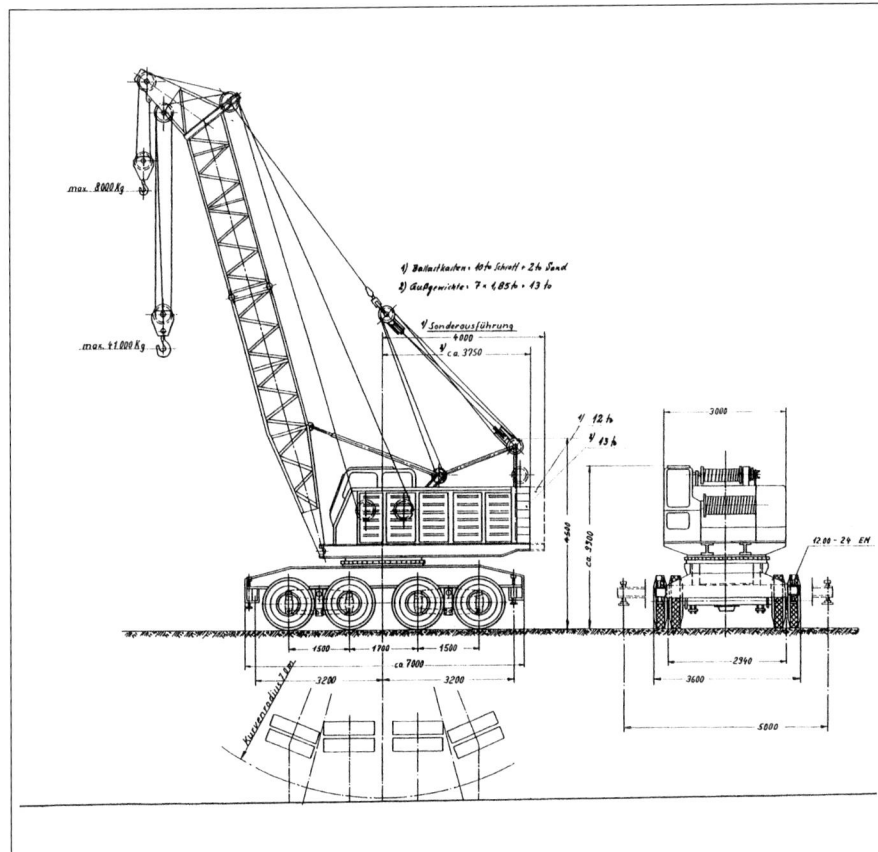

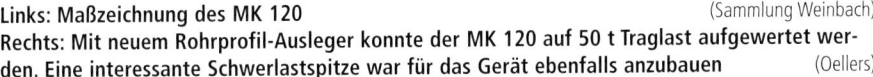

Links: Maßzeichnung des MK 120 (Sammlung Weinbach)
Rechts: Mit neuem Rohrprofil-Ausleger konnte der MK 120 auf 50 t Traglast aufgewertet werden. Eine interessante Schwerlastspitze war für das Gerät ebenfalls anzubauen (Oellers)

3,6-m-Zwischenbreite unter anderem für die Vöest-Werke im österreichischen Linz und zwei Geräte für volkseigene Betriebe in der DDR. Zudem wurde seit etwa 1963 das Gitterauslegersystem auf die leistungsfähigeren Rohrprofilausleger umgestellt. Nicht zuletzt diese technische Neuerung ermöglichte nunmehr eine erhöhte Tragfähigkeit von immerhin 50 t x 4 m. Bei den übrigen Tabellenwerten ergaben sich natürlich gleichfalls höhere Traglasten.

Zumindest den MK 120 gab es auch mit einem speziellen Hafenkran-Turmaufbau mit hochangelenktem und hydraulisch gesteuertem Wippausleger. Der Kranführer saß dabei in knapp 9 m Höhe. In dieser Höhe war dann auch der nahezu 20 m lange Wipp-ausleger angelenkt. Dieser verfügte neben dem an der Auslegerspitze eingescherten kleinen Haken für 8 t x 10 m beziehungsweise 4 t x 18 m noch über einen in der Auslegermitte eingescherten Schwerlasthaken für 20 t x 5 m beziehungsweise 10 t x 8 m. Diese Werte galten dann natürlich für den abgestützten Arbeitszustand. Ein freistehendes Arbeiten mit reduzierten Traglasten war allerdings ebenso möglich (zwischen 15 t x 5 m und 2,5 t x 18 m). Derartige erste Hafenmobilkrane gingen beispielsweise an den niederländischen Nordseehafen von Vlissingen und zweimal an den Hafen von Lissabon.

Über einen besonderen Kran der Baureihe MK 115 ist aus dem Jahre 1960 zu berichten. Hier wurde der Kranoberwagen auf ein nicht alltägliches zweiachsiges Sattelschlepperfahrgestell gesetzt. Dieser Sattel-

kran wurde dann von einer dreiachsigen Sattelzugmaschine geschleppt. Kunde für diesen Exoten war interessanterweise die Firma Schmidbauer in München. Eine weitere reine Kranoberwagen-Lieferung wird zudem für die Firma Nolte in Hannover für das Jahr 1961 dokumentiert. Dort ist eine ähnliche Transportvariante zu vermuten gewesen.

Technische Daten MK 115 / 120

Fahrgestell

Motor:	siehe Kraneinrichtung
Abstützung:	Schiebeholm mechanisch mit Spindelabstützung
	MK 115 (Spurweite 2,8 m): Abstützbasis L x B = 6,4 x 5 m
	MK 120 (Spurweite 3,6 m): Abstützbasis L x B = 6,4 x 5 m
Achsen:	4 Achsen, 2. und 3. Achse angetrieben, wahlweise Allradantrieb, Vorder- und Hinterachse als Lenkachsen ausgeführt
	Bereifung: alle Achsen doppelt bereift, 16-fach 12.00 - 24, EM-Spezial-Qualität

Kraneinrichtung

Motor:	KHD-Dieselmotor A 6L 714, 6 Zylinder, luftgekühlt, 85 kW / 115 PS bei 1800 U/min
	bei MK 120 wahlweise Mercedes-Benz Dieselmotor M 203 B, 3 Zylinder, wassergekühlt, 66 kW / 90 PS bei 1200 U/min
Gegengewicht:	MK 115: 9,2 t
	MK 120: 13 t
	alle als mehrteiliges Gussgegengewicht ausgeführt
Auslegersystem:	■ Diverse Ausleger in Profilstahl- und Rohrauslegerausführung für Bagger- und Kranbetrieb mit 12 m-Grundausleger, verlängerbar bis auf 44 m auch mit festem Spitzenausleger 2,5 – 10 m am Montageauslegerkopf ■ Spezial-Turmaufbau mit hydraulischem Wippausleger für Hafenbetrieb

Oben: Schmidbauer in München ließ sich 1960 einen MK 115-Oberwagen auf einen zweiachsigen „Sattelrahmen" bauen. Auf einer Zugmaschine aufliegend war man damit zwar ein wenig länger als ein üblicher Mobilkran, aber dafür auch wesentlich schneller beim Baustellenwechsel.
Unten: „Eingedeutschte" Sattelzugmaschinen amerikanischen Ursprungs wurden bei Schmidbauer für die Zugarbeit herangezogen. Den Sattelauflieger baute man übrigens in den eigenen fähigen Werkstätten des Münchner Schwerlastspezialisten

Auch bei diesem Einsatz des gesattelten 40-Tonners war beim Aufrichten die Unterstützung eines P&H-Krans erforderlich

(Schmidbauer)

Festzuhalten bleibt, dass von dem Mobilkrantyp MK 115 zwischen 1958 und 1962 lediglich fünf Exemplare zuzüglich der besagten zwei Oberwagenlieferungen verkauft wurden. Als ein Verkaufsschlager war der schmale 40-Tonner damit wahrlich nicht zu bezeichnen. Wesentlich mehr Geräte wurden jedoch in der Automobilkranversion vom Typ AK 115/125 hergestellt, von der es jedoch an entsprechender Stelle mehr zu berichten gibt. Für den breiteren MK 120 erfolgten zwischen 1958 und 1965 immerhin 23 Lieferungen. Hinzu kamen noch die fünf gefertigten MK 125 sowie eine Auslieferung des reinen MK 120-Kranoberwagens, welcher 1964 auf einen Ponton montiert wurde und an die Firma Fischer in Duisburg geliefert wurde.

AK 70 / MK 70 / MK 77

AK 70

Nachdem man im Hause Gottwald bereits auf eine mehrjährige Nachkriegserfahrung beim Mobilkranbau zurückblicken konnte, verlangten die Kunden wiederholt nach einem mit Straßengeschwindigkeit eigenständig verfahrbaren Hubgerät. Die Konkurrenz hatte derartige Auto-Krane teilweise schon seit einigen Jahren im Lieferprogramm. Im Sommer 1959 wurde dann endlich ein solches Gerät mit der Bezeichnung AK 70 auch von den Reisholzern erstmals zur Auslieferung gebracht. Da man in der Kürze der Zeit noch kein entsprechendes Fahrgestell im eigenen Hause konstruiert hatte, musste man zunächst noch improvisieren.

Im fernen Kanada orderte man daher einige dreiachsige Fahrgestelle bei der Canadian Crane Corporation. Diese CCC-Unterwagen wurden im „Rohzustand", also völlig antriebslos in Rotterdam ausgeschifft und dort mit deutschen Sechs-Zylinder-Antriebsdieseln (Typ F 6L 514, 92 kW / 125 PS) von Klöckner-Humboldt-Deutz ausgestattet. Derart motorisiert, aber immer noch nicht komplettiert, wurden die Geräte ins Düsseldorfer Werk überführt und dort schließlich mit besagtem Kranoberwagen versehen. Hierbei griff man auf eine Weiterentwicklung des bewährten Typs MK 60 (15 t x

4 m) zurück. Die ersten neun AK 70, die allesamt über das voran beschriebene Fremdfahrgestell verfügten, wurden bis auf zwei Geräte an Kunden ins europäische Ausland geliefert. Die Firma BMS in Kopenhagen erhielt gleich zwei solcher Krane und auch in die DDR (VVB Dresden) sowie nach Österreich und in die Schweiz gingen die kanadisch-deutschen Autokrane. Deutsche Kunden waren zunächst die Wedag in Bochum und bereits 1959 die Hamburger Elektrizitätswerke Werke (HEW).

Als man Anfang 1961 bei Gottwald über das erste selbstentwickelte Auto-Kran-Chassis verfügte, wurden die weiteren AK 70 bis auf eine Ausnahme (CCC-Uw für DDR) mit dem neuen Unterwagen aus eigener Fertigung ausgeliefert. Auch hier kam zunächst wieder der oben aufgeführte Sechs-Zylinder-KHD-Diesel zum Einbau, der allerdings nur recht zahme 125 Pferdestärken besaß. Damit wohl eher ein wenig untermotorisiert, gönnte man dem AK 70 schon bald eine wesentlich stärkere Antriebsmaschine. Wassergekühlte Mercedes-Benz-Diesel vom Typ OM 326 mit gleichfalls sechs Zylindern (136 kW / 185 PS) oder aber achtzylindrige luftgekühlte KHD-Diesel (F 8L 714) mit 143 kW / 195 PS brachten dann doch merklich mehr Durchzugskraft auf der Straße. Die Höchstgeschwindigkeit konnte somit im sechsten Gang von ursprünglichen 48 km/h auf nunmehr respektable 65 km/h gesteigert werden.

Zumindest die hauseigenen Fahrgestelle verfügten dabei auch über Allradantrieb, bei nur einer gelenkten Vorderachse.

Wesentlich gemächlicher ging es da bei den Fahrgeschwindigkeiten in der „Fernschaltung" zu, also bei Baustellenfahrt von der Oberwagenkabine aus. Hier lagen die langsamen Kriechgeschwindigkeiten, überwiegend beim Verfahren mit hochgezogenem Ausleger, im Bereich zwischen 0,15 km/h und 6,9 km/h.

Sowohl die CCC-Version als auch die späteren Gottwald-Unterwagenkonstruktionen erhielten schmale Fahrerkabinen, die für den Straßentransport ein Ablegen des Gitterauslegers neben dieser Kabine erlaubten.

Den ersten AK 70 mit Gottwald-Fahrgestell erhielt im Mai 1961 die Firma Baumann in Bonn. Weitere derartige Krane gingen zum Beispiel an die Firmen Toense, Zitko (beide Berlin), Bauer (Stuttgart), Knauer (Mannheim) und Brüggemann (Duisburg).

Links: Erster Autokrantyp bei Gottwald war im Jahre 1959 der AK 70, der zunächst noch auf CCC-Fremdfahrgestell aufgebaut wurde
(Sammlung Weinbach)

Mitte: Auch der dänische Kranverleiher BMS erhielt zwei AK 70 auf CCC-Fahrgestell. Hier hat einer von ihnen einen kleinen MK 551 am Haken (BMS)

Rechts: Einen der ehemaligen BMS-Krane konnte man in den neunziger Jahren noch im Hafenbetrieb in Dänemark antreffen
(Laskowski)

Technische Daten AK 70 auf Gottwald-Fahrgestell

Fahrgestell

Motor:	KHD-Dieselmotor F 8 L 714, 8 Zylinder, luftgekühlt, 143 kW / 195 PS bei 2300 U/min oder alternativ Mercedes-Benz-Dieselmotor OM 326, 6 Zylinder, wassergekühlt, 136 kW / 185 PS bei 2300 U/min
Abstützung:	Einfachausfahrholm, ausziehbar auf 5 m mit Spindelabstützung, Abstützbasis L x B 5,5 x 5 m
Achsen:	Antrieb 6 x 6, Achse 1 ist lenkbar, alle Achsen sind angetrieben, Achse 1 einfach bereift, Achsen 2 und 3 doppelt bereift, 10-fach 12.00 - 24 EM Spezial Qualität

Kraneinrichtung

Motor:	KHD-Dieselmotor A 4 L 514, 4 Zylinder, luftgekühlt, 40 kW / 55 PS bei 1500 U/min oder alternativ Mercedes-Benz-Dieselmotor OM 321, 6 Zylinder, wassergekühlt, 52 kW / 70 PS bei 1800 U/min
Gegengewicht:	bis zu 4 t auf der Oberwagenplattform, mehrteilig
Auslegersystem:	■ Hauptausleger: Grundausleger 10 m mit Stützbock, Verlängerungsstücke von 3,5 m Länge, Hauptauslegerlänge 10 – 31 m ■ Spitzenausleger: Grundausleger 5 m mit Spitzenlenker, Verlängerungsstücke von 5 m Länge, Hauptauslegerlänge13,5 – 31,5 m mit Spitzenausleger 5 – 10 m

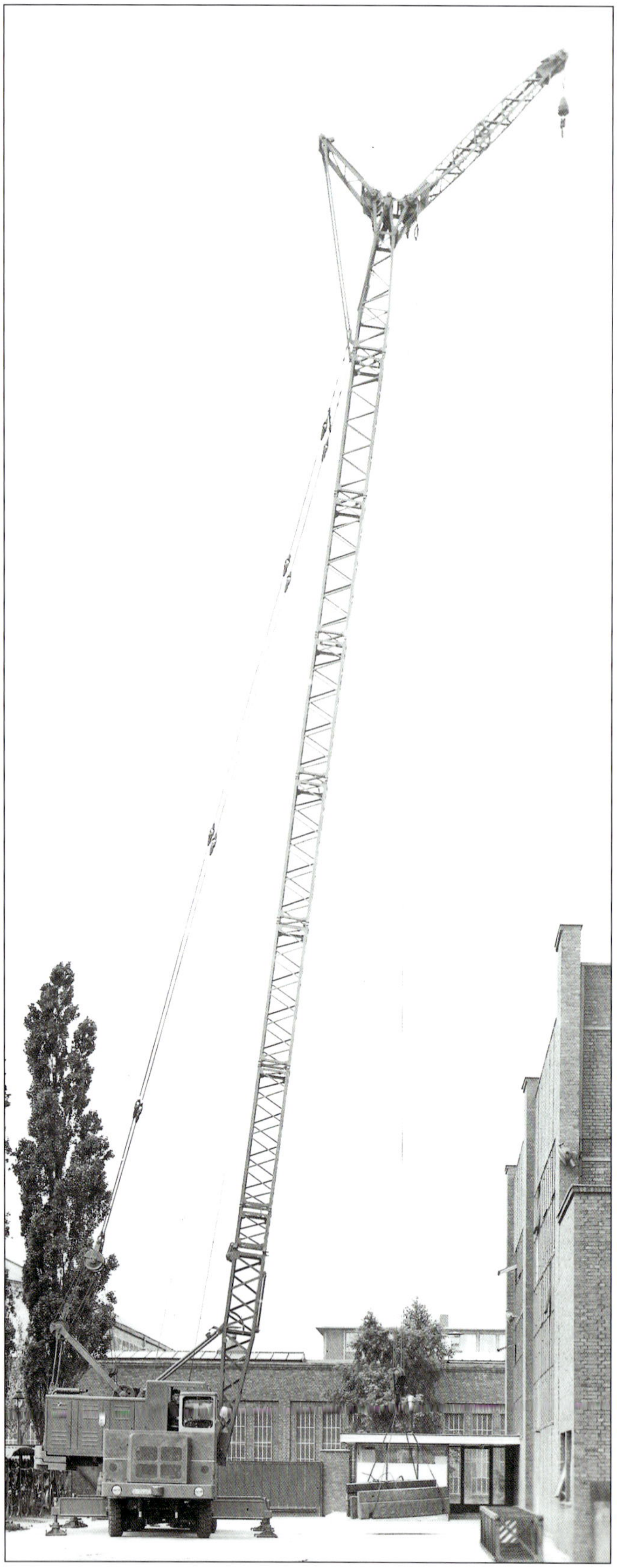

Ein AK 70 auf Gottwald-Fahrgestell hat hier eine Prüflast am Hauptausleger gehoben. Der angebaute Spitzenausleger vermindert dann natürlich die Traglast um sein Eigengewicht (inklusive Lenker und Seilen …) (Oellers)

Rechts: Die BoWA bei Rheinbraun erhielt einen AK 70 BR, der auch mit einem Verladegreifer eingesetzt werden konnte (Sammlung Weinbach)

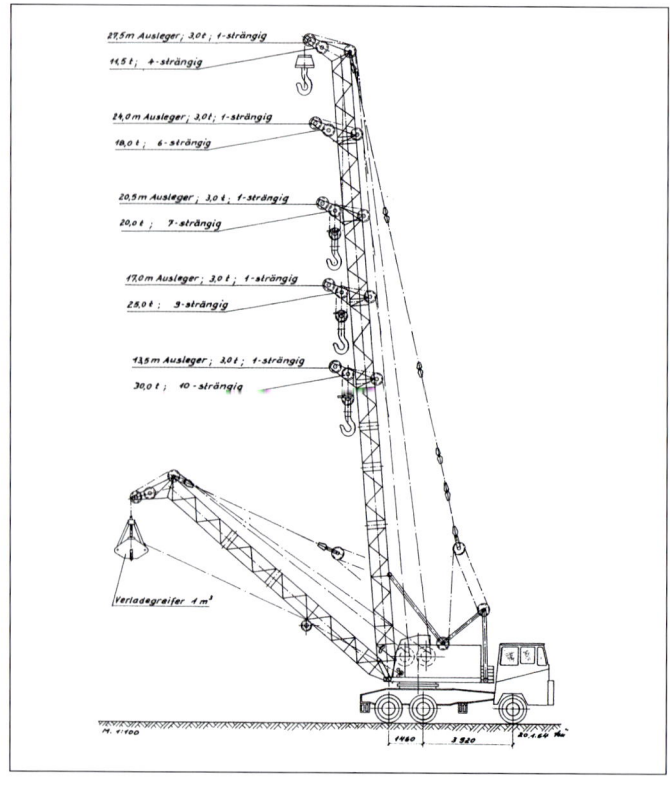

Links: Viktor Baumann erhielt im Mai 1961 seinen AK 70. Das Gerät ist hier mit kurzem Hauptausleger und angebautem Spitzenausleger beim Einheben von Rohrbrückenträgern zu beobachten. Dies geschieht wohlgemerkt freistehend ohne Abstützung! –
Rechts: Wohl auch eine Sonderanfertigung war dieser dreiachsige AK 70 mit dem Baujahr 1964. Er besaß entgegen der sonstigen Profileisen-Ausleger einen Gitterrohr-Ausleger. Die Traglast laut Typschild ergab dann 40 t, dies wahrscheinlich nur im relativ begrenzten Schwenkbereich über das Fahrgestellheck (Oellers)

Mitte und rechts: Einsatzbeispiele: Links ein MK 77/3 S als Greiferumschlagkran für einen Kies- und Sandbetrieb. Rechts ist ein MK 70/3 U mit gekröpftem Montageausleger zu sehen (Sammlung Weinbach)

Beim Einsatz im abgestützten Zustand verfügten die ersten AK-Geräte allerdings noch über mechanisch ausziehbare Stützen, an deren Enden sich von Hand betätigte Stützspindeln befanden. Die Abstützbasis betrug dabei Länge x Breite gleich 4,45 x 5 m.

Der wie erwähnt vom MK 60 weiter entwickelte Kranoberwagen besaß zunächst serienmäßig einen luftgekühlten Vier-Zylinder-KHD-Diesel vom Typ A 4L 514 mit ausreichenden 40 kW / 55 PS. Orderte der Kunde hingegen wassergekühlte Unterwagenmotoren, so kamen dann auch entsprechend gekühlte Kranmotoren zum Einbau. Hier stellten die verwendeten Sechs-Zylinder-Mercedes-Benz der Baureihen OM 312, 321 und 322 Leistungen zwischen 50 und 75 PS zur Verfügung. Für den Kranteil konnten je nach Einsatzzweck sowohl Ein-Trommel-Hubwerke für Kran- und Magnetbetrieb wie auch Zwei-Trommel-Hubwerke für Kran-, Greifer- sowie Löffelbetrieb vorgesehen werden. Mehrere derart ausgestattete Vielzweckgeräte mit gekröpftem Auslegerkopf und zwei Umlenkrollensätzen erhielt beispielsweise die Abteilung Bohr- und Wasserwirtschaft (BoWa) der Rheinischen Braunkohle Werke in Köln.

Der Kranausleger des Typs AK 70 erhielt den seinerzeit noch üblichen Gitterausleger in Profilstahlausführung, der in seiner Grundversion 10 m lang war und maximal 24 t x 3,5 m bewältigte. Durch 3,5-m-Verlängerungen aufrüstbar, war zunächst eine Gesamtauslegerlänge von 24 m (12 t x 4 m) zu erzielen. Dies galt beides für den entsprechend abgestützten Kran über den 360-Grad-Vollkreis. Ohne Abstützung lagen die zulässigen Traglasten bei 12 t x 3 m beziehungsweise 5 t x 4 m. Der komplette 24-m-Ausleger ermöglichte bei 13 m Ausladung immerhin noch eine Traglast von 2,8 t.

In späteren Versionen konnte der Hauptausleger gar bis auf 31 m ausgebaut werden (10 t x 4,5 m / 1,4 t x 18 m). Ein fest angebauter Spitzenausleger von bis zu 10 m Länge brachte dann eine maximale Rollenhöhe von 40 m mit sich. Sein zulässiger Traglastwert von 3 t wurde dann bei einer Reichweite von 11,5 m erzielt.

Das am Kranoberwagen angehängte Gegengewicht des AK 70 betrug zur Erlangung der Standsicherheit maximal 4 t und war je nach Einsatzerfordernissen in Teilgewichten auch reduzierbar.

Von dem zwischen 1959 und 1977 (!) gebauten Typ AK 70, einige davon als Spezialausführungen, sollten insgesamt 33 Geräte zur Auslieferung kommen.

MK 70 und seine Abwandlungen

Neben der Autokranausführung wurde auch bereits im Sommer 1960 eine Ein-Motoren-Kranvariante als Mobilkran von Gottwald zur Auslieferung gebracht. Hier sollte es wiederum, vergleichbar zum kleineren MK 60, verschiedene Unterwagen-Lösungen geben. Hierunter fielen die Typen MK 70/3 S und MK 70/3 U mit ihrem 2,5 m breiten Fahrgestell sowie die 3,1 m breite MK 77/3 S-Variante. Wie die Typschlüsselung bereits zu entnehmen war, handelte es sich in allen Ausführungen um dreiachsige Geräte mit symmetrischem (S) oder unsymmetrischem (U) Radstand.

Hier eigneten sich die Geräte mit symmetrischer Achsanordnung und ihren beiden äußeren Lenkachsen insbesondere im werkinternen Gebrauch bei entsprechend geringen Kurvenradien von weniger als 6 m. Bei der unsymmetrischen Achsanordnung des Typs MK 70/3 U waren da bereits 9,8 m, bedingt durch die einzelne

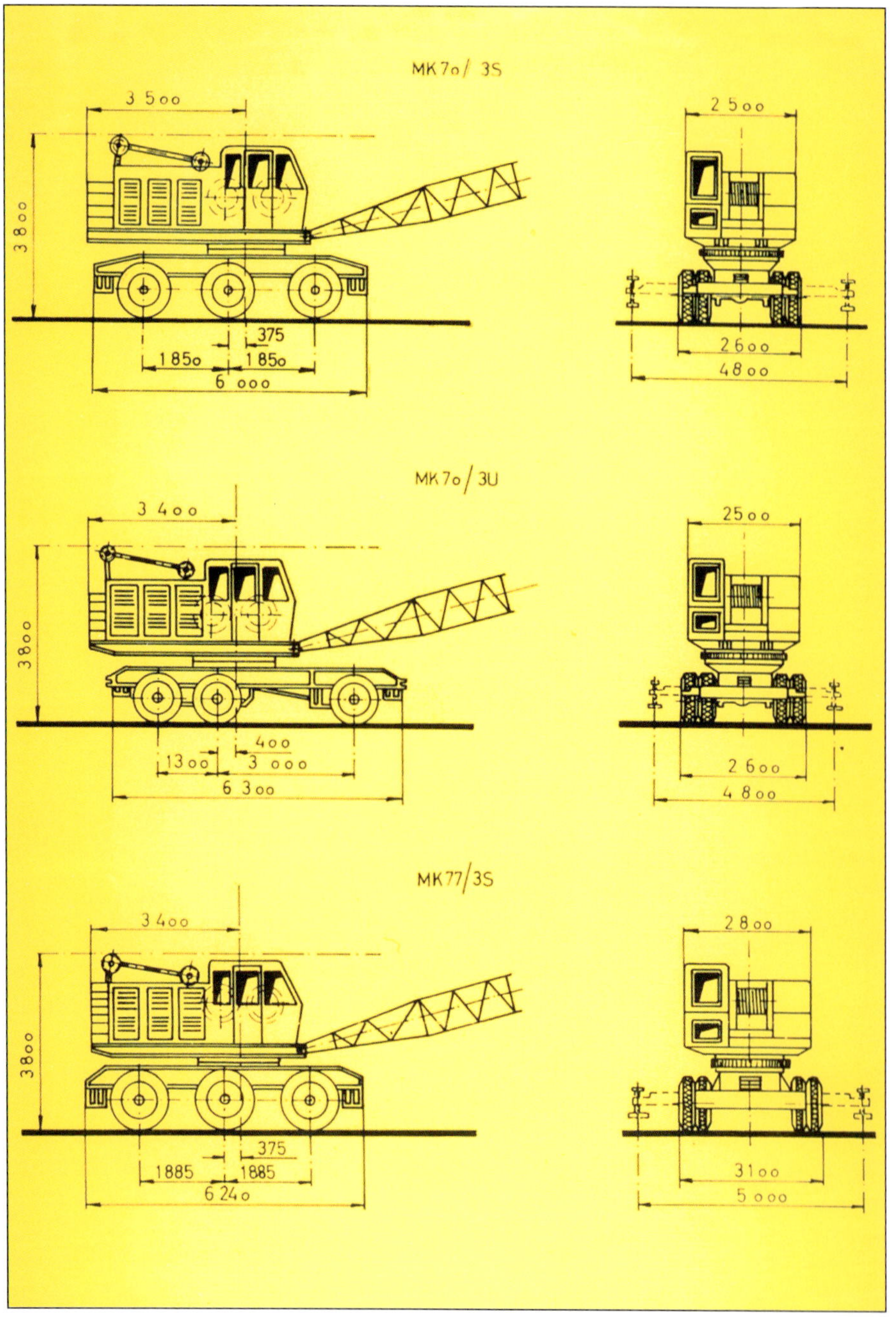

Technical Diagrams

MK 70 / 3 S

3 500

3 800

375
1 850 1 850
6 000

2 500

2 600
4 800

MK 70 / 3 U

3 400

3 800

400
1 300 3 000
6 300

2 500

2 600
4 800

MK 77 / 3 S

3 400

3 800

375
1 885 1 885
6 240

2 800

3 100
5 000

GOTTWALD
Mobilkran MK 70

(Sammlung Weinbach)

Links: Den MK 70 gab es in drei Fahrgestellvarianten
Rechts unten: Dieser MK 70/3 S beim dänischen Kranverleiher BMS hatte eine interessante Seileinscherung auf halber Länge des Spitzenauslegers

(BMS)

Lenkachse, zu berücksichtigen. Auch eignete sich diese Ausführung eher für den Montagebetrieb oder Bauunternehmer, die zumeist an recht weit auseinander liegenden Baustellen ihr Gerät einsetzen mussten. Das Verfahren im Lkw-Schlepp bei Geschwindigkeiten bis zu 45 km/h war hierbei wesentlich einfacher als bei symmetrischer Achsfolge. Wurden die S-Versionen standardmäßig über die äußeren Antriebsachsen und die U-Version von den beiden Hinterachsen auf der Baustelle fortbewegt, so konnten doch alle diese Varianten auch mit Allradantrieb geordert werden. Dies bedurfte seitens des Bestellers lediglich eines etwas tieferen Griffs in die Geldbörse.

Ein Fahrwerks-Wendegetriebe, welches allerdings nur bei der S-Version zur Verfügung stand, ermöglichte durch einfaches Umlegen eines Lufthebels die Ausnutzung der verfügbaren Fahrge

schwindigkeiten (bis 14,5 km/h) in beiden Richtungen. Bei beengten Baustellenverhältnissen brauchte der Kran daher nicht gedreht zu werden. Die Fahrwerkslenkung war dabei unabhängig von der Oberwagenstellung immer sinngemäß.

Für das Grundgerät ohne Ausleger lag das Eigengewicht je nach Unterwagen zwischen 29,4 t und 32 t.

Der MK 70 war natürlich auch unter Last verfahrbar; seine für jeweils 70 t Mindestbruchlast berechneten Achsen verfügten dabei über entsprechende Sicherheiten. Anderes war man ja von Gottwald nicht gewohnt. Passend hierzu sei erwähnt, dass die Traglasten der Gottwald-Krane in den 1950er und 1960er Jahren teilweise nur mit 60 Prozent und weniger der Kipplasten angegeben wurden. Reserven waren damit mehr als ausreichend gegeben. Dies traf sinngemäß auch auf die Geräte der MK 70-Baureihen zu.

Auf die Vorteile der breiteren Fahrgestellversion des MK 77/3 S bei Arbeiten ohne Abstützung muss an dieser Stelle wohl nicht weiter eingegangen werden.

Eine nochmalige Steigerung stellte da der im Jahre 1964 nach Italien gelieferte MK 770/3 S dar. Dieses Einzelstück verfügte über ein 3,5 m breites Fahrgestell. Von den äußeren Abmessungen mit den dreiachsigen Modellen des Typs MK 60 übereinstimmend, wurde der Oberwagen des MK 70 jedoch grundsätzlich mit hintereinander liegenden Hubwerkstrommeln ausgestattet. Dies ermöglichte bei großen Auslegerlängen entsprechend mehr Hubseil für eine Lage.

Wie für einen Ein-Motoren-Kran üblich, wurde das Aggregat im Kranoberwagen eingebaut. Der Käufer hatte die Wahl zwischen einem luftgekühlten KHD-Diesel (Typ A 6L 714, 63 kW / 86 PS) oder aber einem wassergekühlten Diesel der Marke Mercedes-Benz (Typ OM 321, 48 kW / 65 PS).

Wurden die Kranausleger bei den ersten Auslieferungen noch in Profilstahlausführungen gefertigt, so kamen ab etwa 1964 auch Rohrauslegerkonstruktionen zur Verwendung. Die maximale Traglast des MK 70 am 10-m-Grundausleger wurde bei den alten Gitterauslegern zunächst mit 24 t bei 4 m Ausladung (MK 70/3 U bei 3,5 m) angegeben. Durch die neue Auslegergestaltung konnte die Tragfähigkeit dann auf immerhin 30 t hochgesetzt werden. Das Gegengewicht, welches je nach Unterwagenausführung zwischen 4 t und 6 t betrug, wurde dabei in mehreren schlanken Gussplatten am Oberwagenheck aufgetürmt.

Als maximale Profilstahl-Auslegerlänge wurden für den MK 70/77 ein 31 m langer Hauptausleger angegeben. Im abgestützten Zustand lag dessen Traglast zwischen 8 t x 4,5 m und 1,8 t x 15 m. Auslegerlängen bis 25,75 m, einschließlich zusätzlichem Spitzen-Ausleger von 5 oder 10 m Länge, konnten bei sämtlichen Geräten selbsttätig aufgerichtet werden. Für größere Kombinationen wurde entweder eine zusätzliche Abstützung am Unterwagen oder aber ein Hilfskran benötigt, der bis 30-Grad-Auslegerstellung Hilfestellung leisten musste.

Bei der späteren 30-t-Rohrauslegerkonstruktion konnte die Auslegerlänge sogar auf bis zu 38 m Hauptausleger plus 10-m-Spitzenausleger erweitert werden und dieser Ausleger zudem eigenständig aufgerichtet werden. Die Vorteile des Rohrprofils mag dieser Umstand deutlich belegen.

Neben dieser Ausleger-Neuerung bekamen die verstärkten MK 70/77 auch nachfolgend verstärkte KHD-Antriebsdiesel implantiert. Nach wie vor als A 6L 714 mit sechs Zylindern gefertigt, verfügten diese jedoch über 85 kW / 115 PS Maximalleistung, welche allerdings auf zahme 71 kW / 96 PS gedrosselt wurden.

Abschließend sei festgehalten, dass in den zehn Jahren der Fertigung (1960 bis 1970) genau 38 Exemplare des schmalen MK 70 sowie sieben Krane des MK 77 die Fertigungshallen bei Gottwald verließen.

Zum Käuferkreis zählten dabei innerhalb Deutschlands so bekannte Firmen wie Born, Esso Hamburg und Shell Hamburg. Ein halbes Dutzend MK 70/3S, allerdings mit Hafenkran-Spezialaufbau, gelangte auch Ende der sechziger Jahre nach Thailand.

Hinzu kamen besagtes MK 770-Einzelstück sowie ein für die Chemischen Werke Hüls auf ein vorhandenes MK 88-Fahrgestell (Vierachser) aufgebautes Exemplar.

Die weiteren Geräte fanden dabei ihre Käufer unter anderem in den Niederlanden, Rumänien, Österreich, Dänemark, der Schweiz, CSSR, DDR, Frankreich, Finnland und der UDSSR.

Oben: Ein MK 70/3 S mit fester Spitze beim Arbeitsplatzwechsel in niedrigster Transportstellung (Sammlung Weinbach)
Mitte: Eine eigenartige Transportvariante ergab sich für diesen voll aufgerüsteten MK 70/3 S in der ehemaligen DDR. Gezogen wurde der Transport von gleich zwei Tatra-Zugmaschinen (Fischer)
Unten: Einer der seltenen MK 77/3 S half noch vor der Auslieferung an den Kunden beim Zusammenbau einer Kohle-Verladeanlage am Düsseldorfer Kraftwerk Lausward aus. Hilfreich zur Seite stand ein Autokran vom Typ AK 115 (Oellers)

Fahrgestell

Motor:	siehe Kraneinrichtung
Abstützung:	Schiebeholm mechanisch mit Spindelab-stützung
	MK 70/3: Abstützbasis L x B 5,8 x 4,8 m
	MK 77/3: Abstützbasis L x B 6 x 5 m
Achsen:	MK 70/3 S (2,6 m Breite): 3 Achsen, 1. und 3. Achse angetrieben und gelenkt, wahlweise Allradantrieb
	MK 70/3 U (2,6 m Breite): 3 Achsen, 2. und 3. Achse angetrieben, wahlweise Allradantrieb, gelenkt über einzelne Vorderachse
	MK 77/3 S (3,1 m Breite): 3 Achsen, 2. und 3. Achse angetrieben und gelenkt, wahlweise Allradantrieb
	Bereifung: alle Achsen doppelt bereift, 12.00 x 20, EM-Spezial-Qualität

Kraneinrichtung

Motor:	KHD-Dieselmotor A 6L 714, 6 Zylinder, luft-gekühlt, 63 kW / 86 PS bei 1500 U/min oder wahlweise
	Mercedes-Benz Dieselmotor OM 321, 6 Zylinder, wassergekühlt, 48 kW / 65 PS bei 1800 U/min
Gegengewicht:	MK 70/3 S: 5 t
	MK 70/3 U: 4 t
	MK 77/3 S: 6 t
	alle als Gussgegengewicht ausgeführt
Auslegersystem:	■ Diverse Ausleger in Profilstahl- und Rohr-auslegerausführung für Bagger- und Kran-betrieb mit 10-m-Grundausleger, verlänger-bar bis auf 31 m auch mit festem 10-m-Spitzenausleger am Montageauslegerkopf
	■ Spezial-Turmaufbau mit hydraulischem Wippausleger für Hafenbetrieb

AK 115 / AK 125

AK 115

Da Ende der 1950er Jahre die Kundennachfrage bereits verstärkt zum automobilen Fahrzeugkran hin tendierte, fand diese in Deutschland noch relativ neue Kranart auch im Fertigungspro-gramm bei Gottwald schnell die ihr gebührende Berücksichtigung. Nachdem Mitte 1959 mit dem AK 70 für immerhin 30 t Traglast ein erster Anfang gemacht war, rollte im September 1960 erstmals der bereits bewährte Kranoberwagen des MK 115 auf einem Autokran-chassis zum Kunden. Für diesen Kran der 40-t-Klasse hatte man in den eigenen Fahrwerks-Konstruktionsabteilungen einen vierachsi-gen Unterwagen von 9,9 m Länge und 2,5 m Breite geschaffen. Erstkunde für diesen AK 115 war die deutsche Babcock in Ober-hausen.

Das Fahrgestell erhielt drei jeweils doppelt bereifte Hinterach-sen sowie eine einzelne einfach bereifte Vorderachse. Gelenkt

wurde das bereits allradgetriebene Fahrzeug über die Vorderachse und die letzte Hinterachse.

Für die Fahrbewegungen hatte man in der Konstruktionsphase zunächst noch einen achtzylindrigen KHD-Diesel mit 195 PS einge-plant. Dem damit wohl eher untermotorisierten Kranwagen ge-stand man jedoch bereits mit obigem Erstgerät einen wesentlich kräftigeren Zwölf-Zylinder-Diesel zu. Dieses luftgekühlte KHD-Aggregat vom Typ F 12L 714 verfügte über beachtliche 213 kW / 290 PS. Mit einem ZF-Sechs-Gang-Getriebe und zusätzlichem Ver-teilergetriebe für Straßen- und Geländegang war eine zügige wie auch feinfühlige Fahrbewegung bis zu knapp 60 km/h zu erreichen.

Die seinerzeit übliche mechanisch ausziehbare Unterwagenab-stützung mit ihren Spindelstützen erbrachte für den Kran eine Abstützbasis von Länge x Breite gleich 5,7 x 5 m. Derart standsicher aufgestellt, konnte die Maximallast von 40 t x 4 m am 12-m-Grund-ausleger über den Vollkreis gehoben werden. Freistehend bei blo-ckierten Achsen reduzierte sich dieser Wert dann auf 16,5 t x 4 m. Der Ausleger in Profilstahlausführung konnte bei dem Kran auf bis zu 44 m Länge aufgerüstet werden und verfügte ab 20 m Ausleger-länge über eine gerade Auslegerspitze. Bis zu 20 m Hauptausleger-länge wurde dagegen für die schweren Hübe eine geknickte Ausle-gerspitze montiert. Für den 44-m-Ausleger gaben die damaligen Tabellen eine zulässige Traglast zwischen 7,3 t x 7 m und 1 t x 20 m an. Diese für den 360-Grad-Bereich gültigen Werte konnten gar bei einem auf 2 x 10 Grad in rückwärtiger Fahrtrichtung beschränkten Arbeitsbereich auf nahezu das Doppelte erhöht wer-den.

Ohne seine Abstützungen arbeitend, durfte der Kran übrigens bis auf eine Hauptauslegerlänge von 24 m aufgerüstet werden (5,5 t x 5 m).

Hier arbeiten ein AK 115 (rechts) und ein etwas kleinerer AK 70 beim Aufsetzten einer Portalbrücke für eine Verladeanlage am Düsseldorfer Hafen Hand in Hand oder besser gesagt „Ausleger an Ausleger"

(Oellers)

Links: Ein AK 115 steht hier bereit für den Hub in einem chemischen Werk – Mitte: Recht unhandlich scheint der 36 t schwere Trommelmischer, den es in den Chemiebetrieb einzubringen galt – Rechts: Eng zu ging es schon bei diesem Hub. Doch der Mischer musste „nur" auf der Verschubbahn abgesetzt werden. Für den Rest war der 40-Tonner nicht mehr zuständig (Leder)

Der AK 115 konnte zudem zwischen 24 m und 44 m Hauptauslegerlänge mit einem festen Spitzenausleger (2,5 / 5 / 10 m) ergänzt werden. Seine maximale Traglast von 20 t x 6 m bezog sich dann auf die Kombination 24 m plus 2,5 m. Für den 10-m-Spitzenausleger lag der Wert zwischen 5 t x 12 m (32 m plus 10 m) und 2,4 t x 14 m (44 m plus 10 m).

Der mit 8 t Gegengewicht ausgestattete Kranoberwagen hatte einen Sechs-Zylinder-KHD-Diesel vom Typ A 6L 614 implantiert, der auf eine Leistung von 63 kW / 84 PS eingestellt war. Dieses Aggregat lieferte die über Getriebe mechanisch übertragene Antriebsenergie für das Drehwerk, das Auslegerwindwerk und die zwei hintereinander liegenden Hubwerke.

Der Kranoberwagen des AK 115 verfügte zudem bereits über eine sogenannte Fernschaltung, die das Fahren, Lenken und Bremsen des Fahrgestells auch von der Krankabine aus möglich machte. Für derartige Fahrmanöver auf der Baustelle wurde der beschriebene Antriebsmotor des Oberwagens genutzt.

Was die gefertigten Stückzahlen des AK 115 betrifft, so sind für diesen 40-Tonner zwischen den Jahren 1960 und 1968 insgesamt lediglich zehn Einheiten in den Lieferlisten dokumentiert. Neben zwei Geräten für Frankreich wurden vier dieser Krane in die damalige DDR geliefert. Kunden waren dort die volkseigenen Betriebe Industrie Montagen (IMO) in Merseburg (2 x) und Berlin sowie das Bau und Montagekombinat in Hoyerswerda. Auch der Motorenlieferant KHD in Köln erhielt Anfang 1962 einen solchen AK 115. Bei einem erst 1968 nach Dülmen (Prinz-Georg-Grube) gelieferten Gerät soll es sich um eine Spezialanfertigung für diesen Bergbaubetrieb gehandelt haben.

Bei einem weiteren 115er, der 1960 an die Firma Schmidbauer in München ging, ist es strittig, ob er als MK 115 oder AK 115 zu werten ist; geführt wurde er jedenfalls in den Lieferlisten als MK-Version. Besonderheit war bei dieser Lieferung, dass der Kunde ein eigenes Fahrgestell beistellte und lediglich der Kranoberwagen von Gottwald aufgesetzt wurde. Der zweiachsige Sattelauflieger-Unterwagen wurde jedenfalls von einer dreiachsigen Zugmaschine bewegt.

AK 125

Unmittelbar aus dem AK 115 weiterentwickelt, wurde im Mai 1963 erstmals der stärkere AK 125 für jetzt 50 t maximale Tragfähigkeit an die Firma Born in Marpingen ausgeliefert. Das wiederum vierachsige Allradfahrgestell mit der unveränderten Achsfolge 1 plus 3 war jedoch auf 3 m Breite angewachsen. Dies brachte für die Standsicherheit natürlich ungemeine Vorteile mit sich, konnte nicht zuletzt die Abstützbreite von ehemals 5 m auf jetzt 6,8 m vergrößert werden. Unverändert dagegen blieb der vom kleinen Bruder her bewährte Antriebsstrang und die Lenkbarkeit mittels erster und letzter Achse.

Der nach wie vor 2,5 m breite Kranoberwagen hatte gleichfalls den bewährten KHD-Sechs-Zylinder-Diesel und die 8 t Ballast beibehalten. Für das Auslegersystem wurden allerdings die modernen Rohrprofile verbaut, die beeindruckende Traglaststeigerungen ermöglichten. War der AK 125 nunmehr in der Lage, seine maximale Traglast von 50 t sogar bis zum 20-m-Ausleger bei 4 m Ausladung (360 Grad) auszuspielen, so waren die Tabellenwerte bei größeren Mastlängen und Ausladungen noch spektakulärer.

So konnte der neue Kran am 44-m-Ausleger die ehemals 7,3 t x 7 m (AK 115) mit seinen sage und schreibe 24 t mehr als verdreifachen! Für die gleiche Hauptauslegerlänge und 20 m Ausladung war die Steigerung von vormals 1 t auf jetzt 5,8 t gleichfalls mehr als überzeugend. Alle anderen Tragfähigkeiten bei freistehendem wie auch abgestütztem Kran, mit und ohne Spitzenausleger (2,5 bis 10 m), waren gleichfalls deutlich heraufgesetzt worden.

Für den neuen AK 125 konnte außerdem die Hauptauslegerlänge auf jetzt 48 m ausgebaut werden, dies auch in Kombination mit dem bis zu 10 m langen Spitzenausleger. Auch ließ die erhöhte Standsicherheit bei größerer Abstützbasis nunmehr Ausladungen bis zu 40 m zu. Besagter 48-m-Ausleger ermöglichte so etwa Traglasten zwischen 24 t x 7 m und immerhin noch 0,8 t x 40 m.

Für das Aufrichten des Auslegersystems benötigte dabei sowohl der AK 115 wie auch der AK 125 für die größeren Hauptausleger-

Oben links: Ebenfalls vierachsig war das Fahrgestell des AK 125 – Oben Mitte: Wesentlich kräftiger sah auch der Rohrausleger des 50-Tonners aus. Das Fahrgestell war gegenüber dem etwas schmächtigeren AK 115 (2,5 m Breite) auf 3 m Breite angewachsen. Zwei Personen fanden in der langgezogenen Fahrkabine ihren Platz (Oellers)
Oben rechts: Für das Versetzten eines Liebherr-Turmdrehkranes war der AK 125 A der Firma Gräser (Mannheim) mit der kürzesten aller Auslegerlängen (8 m) im Einsatz. Normalerweise wurde jedoch zwischen Fuß- und Kopfstück zumindest ein 4-m-Zwischenstück eingesetzt (Grimm)
Unten links: Der AK 125 A der Firma Viktor Baumann wird hier gerade aufgerüstet. Der links neben dem Ausleger sichtbare Autokran wartet gespannt auf seinen Einsatz –
Unten Mitte: Und schon ist der „Kleine" auf dem Weg zu entfernten Galaxien... (Oellers)

längen ab 24 m einen speziellen Aufrichtebock (A-Bock). Diese auch als „Hochbaustützbock" bezeichnete Vorrichtung war zumindest beim AK 125 teleskopierbar!

Der beschriebene Typ AK 125 sollte es bis zur letzten Auslieferung, die aus dem Jahre 1965 datiert, auch nur zu bescheidenen neun Eintragungen in den Lieferlisten der Düsseldorfer Kranbauer bringen. Als Kunden sind unter anderem die bekannten Kranverleiher Toggenburger und Friderici (beide Schweiz), Gräser, Schweitzer und Baumann zu nennen. Auch der Anlagenbauer Steinmüller aus Gummersbach legte sich Anfang 1965 einen solchen Autokran zu, der dann gleichzeitig der letzte seiner Art sein sollte.

Zu beiden Krantypen sei ergänzt, dass sie fast ausschließlich als AK 115 A und AK 125 A zur Auslieferung kamen. Das angehängte „A" stand dabei für eine allradgetriebene Ausführung!

Technische Daten AK 115/125

Fahrgestell
Motor:	KHD-Dieselmotor F 12 L 714, 12 Zylinder, luftgekühlt, 213 kW / 290 PS bei 2300 U/min
Abstützung:	AK 115 (Fahrgestellbreite 2,5 m): Einfachausfahrholm, ausziehbar auf 5 m mit Spindelabstützung, Abstützbasis L x B 5,7 x 5 m
	AK 125 (Fahrgestellbreite 3 m): Einfachausfahrholm, ausziehbar auf 6,8 m mit Spindelabstützung, Abstützbasis L x B 5,7 x 6,8 m
Achsen:	Antrieb 8 x 8, Achsen 1 und 4 sind lenkbar, alle Achsen sind angetrieben, Achse 1 einfach, Achsen 2 bis 4 doppelt bereift, 14-fach 12.00-24 eHD Super M Qualität

Kraneinrichtung
Motor:	KHD-Dieselmotor A 6L 714, 6 Zylinder, luftgekühlt, 63 kW / 84 PS bei 1800 U/min
Gegengewicht:	8 t als Gussgegengewicht mehrteilig auf Oberwagenheck aufgelegt
Auslegersystem:	■ Hauptausleger: Grundausleger 12 m mit Montagestütze, Verlängerungsstücke von 4 und 8 m Länge, Hauptauslegerlänge 12 – 44 m (AK 125 bis 48 m) ■ Fester Spitzenausleger: Grundausleger 2,5 m mit Spitzenlenker, Verlängerungsstücke von 2,5 m Länge, Hauptauslegerlänge 12 – 44 m (48 m) mit Spitzenausleger 2,5 – 10 m

Über die Geschichte des AK 52 ist schnell berichtet, war sie doch eine recht kurze. Der Autokranbau bei Gottwald steckte mit dem 1959 erschienenen AK 70 für 30 t noch in den Kinderschuhen, da wurde knapp ein Jahr später ein kleinerer Vertreter des Mobilkran-Programms auf ein Autochassis gestellt. Verwendung fand der vielfach bewährte Oberwagen des Mobilkranes MK 551 / 552, der ja seinerseits aus dem MK 55 hervorging.

Dies bedeutete, der Ausleger wurde nach dem damaligen Stand der Technik noch in Profilstahlsegmenten gefertigt. Er konnte dann bis zu einer Hauptauslegerlänge von bescheidenen 20 m aufgerüstet werden. An diesem Ausleger waren bei 4 m Ausladung noch 6 t zu heben, mit einem fest anzubringenden Spitzenausleger von gerade einmal 3 m Länge reduzierte sich die Traglast auf 2,5 t.

Die Maximaltraglast von 15 t für den neuen AK 52 bezog sich auf den nur 8 m langen Grundausleger bei 3 m Ausladung. Die bereits druckluftgesteuerten Kranfunktionen wurden, wie seinerzeit üblich, diesel-mechanisch betrieben. Als Oberwagenantrieb verfügte die Kraneinrichtung über einen eingebauten KHD-Diesel vom Typ A 4L 514. Seine vier Zylinder erzeugten eine eingestellte Leistung von 40 kW / 55 PS. Über ein vierfach abgestuftes Getriebe, mit Feingang für das Hubwerk sogar achtfach, konnten die Hubwerks-, Einziehwerks- und Drehwerksbewegungen zudem relativ feinfühlig ausgeführt werden.

Von Gottwald wurde besagter Oberwagen auf einem dreiachsigen Fahrgestell mit Allradantrieb aufgebaut. Als Antriebsaggregat für diesen Zwei-Motoren-Kran wurde auch für den Unterwagen ein bewährter luftgekühlter Dieselmotor eingebaut. Dieser KHD-Diesel vom Typ F 6L 514 erzeugte mit seinen sechs Zylindern eine Leistung von 92 kW / 125 PS und beschleunigte den Kranwagen im sechsten Gang auf gerade einmal 48 km/h.

Der AK 52 konnte dabei mit betriebsfertig eingeschertem Normalausleger verfahren werden. Damit war der Autokran an der Montagestelle binnen nur kurzer Rüstzeit einsatzfähig. Wie für die Mobilkrane aber auch die Autokrane bis in die siebziger Jahre üblich, wurden dem Kunden auch umfangreiche Traglasttabellen für den nicht abgestützten, also freistehenden Kran mitgeliefert. Um allerdings die Maximaltraglast von 15 t ausnutzen zu können, musste der nur 2,5 m breite Unterwagen über von Hand ausziehbare Abstützarme mit Spindelabstützung standfest aufgestellt werden. Bemerkenswert hierbei war, dass die Abstützbreite für die heckseitigen Stützen 4,7 m betrug, wohingegen die zwischen erster und zweiter Achse befindlichen Abstützungen nur eine Breite von 3,6 m ergaben.

Das Erstgerät des besagten AK 52 wurde im November 1960 an den Hamburger Kranbetreiber Seeland ausgeliefert. Dieses eine Exemplar sollte auch gleichzeitig als letzter AK 52 Einzug in die Lieferlisten nehmen. Der eingangs angesprochene 30-Tonner ließ den zeitgleichen Bau des kleinsten jemals bei Gottwald gebauten Auto-Kranes nicht sonderlich erfolgversprechend erscheinen.

Technische Daten AK 52

Fahrgestell

Motor:	KHD-Dieselmotor F 6L 514, 6 Zylinder, luftgekühlt, 92 kW / 125 PS bei 2300 U/min
Abstützung:	Einfachausfahrholm von Hand ausziehbar, Abstützbasis L x B 4,6 x 3,6 m/4,7 m (vorne/hinten)
Achsen:	Antrieb 6 x 6, Achse 1 gelenkt, Allradantrieb, Achse 1 einfach, Achsen 2 und 3 doppelt bereift, 10-fach 10.00-20 EM Spezial Qualität

Kraneinrichtung

Motor:	KHD-Dieselmotor A 4L 514, 4 Zylinder, luftgekühlt, 40 kW / 55 PS bei 1500 U/min
Gegengewicht:	5 t an Oberwagenheck angebracht
Auslegersystem:	■ Hauptausleger: Grundausleger 8 m mit Stützbock, Verlängerungsstücke von 1,5 und 3 m Länge, Hauptauslegerlänge 8– 20 m ■ Fester Spitzenausleger von 3 m Länge

Links: Die Existenz des AK 52 wurde kurz vor der Auslieferung Ende 1960 bei Gottwald auf dem Hof dokumentiert. Mit dem kurzen Klappausleger war der „Kleinkran" auf der Baustelle in kurzer Zeit einsatzbereit, wenn denn die Auslegerlänge reichte (Oellers)
Mitte: Knapp über 40 Jahre liegen zwischen der Gottwald-Aufnahme und diesem Bild. Der Auslegerkopf scheint abhanden gekommen zu sein – Rechts: Hier zeigt sich der 15-Tonner ebenfalls in gut erhaltenem Zustand (Hellstern)

MK 150

Das Erstgerät der äußerst umfangreichen Typenreihe 150 wurde im Dezember 1961 an die schweizerische Element AG ausgeliefert. Es handelte sich um einen vierachsigen, allradgetriebenen Mobilkran, ausgelegt für eine maximale Tragfähigkeit von 60 t bei 5 m Ausladung. Dieser MK 150 war eine Weiterentwicklung des bewährten Modells MK 115 (40 t), der schon seit gut drei Jahren gebaut wurde. Der Mobilkran, der lediglich eine Unterwagenbreite von 2,8 m hatte, war auf der Straße im Schlepp einer Zugmaschine oder eines Lkw verfahrbar. Das Gerät wog dann knapp 40 t. Am Einsatzort wurde der Kran mit den Abstützungen, dem serienmäßigen Gegengewicht von 9 t sowie dem Stützbock und dem Ausleger komplettiert. So ausgerüstet konnte der abgestützte Kran bis zu 40 t heben. Eine Rollenhöhe des Auslegers von knapp 50 m wurde bei entsprechend reduzierten Traglasten erreicht.

Um den maximal möglichen Ausleger von 60 m selbsttätig aufzurichten, aber auch um bei kurzen Auslegerlängen die Höchsttraglast von 60 t erreichen zu können, bedurfte es einiger Ausrüstungsergänzungen. Zunächst musste die mittels vier ausfahrbarer Abstützungen erreichte Abstützbasis (Länge x Breite gleich 5 x 6 m) vergrößert werden. Hierzu wurden vier zusätzliche Abstützarme seitlich zwischen den Rädern eingehängt.

Ebenfalls vergrößert werden musste für Hubarbeiten nahe den Grenzwerten das aufgelegte Gegengewicht. Dieses wurde um weitere 16,6 t ergänzt. Mit dem 12-m-Grundausleger versehen brachte der Mobilkran nunmehr 76 t auf die Waage beziehungsweise die acht Abstützplatten. Das Gegengewicht wurde im Übrigen heckseitig auf der Oberwagenbodenplatte aufgelegt beziehungsweise gestapelt.

Mit voll aufballastiertem (25,6 t) Oberwagen konnte der Ausleger mittels 4-m- und 8-m-Mastschüsse auf bis zu 60 m Länge aufgerüstet werden. Auch war der Mobilkran im Stande, freistehend zu arbeiten und dabei mit einer Maximallast von 20 t auf der Baustelle zu verfahren. Die erlaubte Auslegerlänge beim Verfahren wurde allerdings auf eine Rollenhöhe von knapp 24 m begrenzt.

Dem Eigenantrieb des über die beiden äußeren Achsen gelenkten Unterwagens diente der Oberwagenmotor. Hierbei handelte es sich um einen luftgekühlten Sechs-Zylinder-Deutz-Diesel mit 85 kW / 115 PS (Typ A 6 L 714). In späteren Exemplaren kamen teilweise auch Acht-Zylinder-Motoren mit 113 kW / 154 PS zum Einbau.

Die vier zwillingsbereiften Achsen des Unterwagens wurden über ein Wendegetriebe diesel-mechanisch angetrieben. Der hierfür im Oberwagen eingebaute Motor sorgte auch für den diesel-mechanischen Antrieb der Kranbewegungen.

Für die Hubbewegungen standen über ein Hubwerks-Wende- und Feinganggetriebe jeweils zwölf Geschwindigkeiten in beiden Richtungen zur Verfügung. Diese Geschwindigkeits-Regulierung traf auch auf die anderen Triebwerke, wie Drehwerk, Einziehwerk und Fahrwerk zu.

Das Hubwerk des MK 150 verfügte über zwei Trommeln, so dass ein Arbeiten mit zwei gleichzeitig eingescherten Haken möglich war. Für Montagearbeiten hatte sich eine solche Ausführung bestens bewährt und als ausgesprochen wirtschaftlich erwiesen. Der wie bereits beschrieben bis zu 60 m lange Ausleger konnte auch mit speziellen Spitzenauslegern ergänzt werden. Deren Längen/maximale Traglasten betrugen: 1,3 m / 40 t, 2,5 m / 20 t, 5 m / 10 t und 10 m / 5 t.

Der MK 150 wäre nicht von Gottwald gewesen, hätte es ihn nicht auch in anderen Varianten als der zuvor beschriebenen gegeben. So wurden auch zahlreiche dieser Mobilkrane mit einem 4 m breiten Unterwagen gebaut. Hydraulikabstützungen – welch Fortschritt – statt mechanisch betätigter, kamen ebenfalls in einigen Geräten zum Einsatz. Und schließlich gab es auch Ausführungen mit einem diesel-elektrischen Oberwagenantrieb oder aber mit einem Auslegersystem in Turmkranausführung. Solch einen 4 m breiten MK 150 TDE erhielt zumindest im Jahre 1966 die Firma Thiele in Hamburg.

Letztendlich wurde im Laufe der Jahre aus dem anfänglichen 60-Tonner ein ausgewachsener 100-Tonner. Diese Last konnten die 4 m breiten Mobilkrane bei 4,5 m Ausladung am 11,5 m langen Grundausleger bewältigen. Auf 60 m Hauptauslegerlänge aufgerüstet, betrug deren Hubvermögen immerhin noch 21 t. Für die Stand-

Links: Hier ist einer der ersten MK 150 knapp vierzig Jahre nach seiner Indienststellung im Jahre 1962 zu sehen. Am linken Bildrand ist die Zugdeichsel erkennbar (Blokker)
Mitte: Sicher abgestützt wird dieser MK 150 in Kombination mit einer speziellen Schwerlastspitze abgetestet. An der Spitze sind zwei kräftige Lasthaken eingeschert (Oellers)
Rechts: Im Einsatz zeigt sich die Schwerlastspitze mit ihren zwei Haken beim Handling von schwergewichtigen Dachsegmenten (Sammlung Weinbach)

Links: Bei Gottwald erinnerte man sich wohl an die Leistungsfähigkeit des 60-Tonners, jedenfalls fand ein 1970 nach Frankreich gelieferter MK 150-44 nach Jahren zurück nach Düsseldorf. Bei seinen Erbauern wurde das Gerät fortan als „Hofkran" eingesetzt
(Erben)

Rechts: Maßskizze der 4-m-Version des MK 150, dessen maximale Traglast auf 100 t x 4,5 m gesteigert werden konnte
(Sammlung Weinbach)

Tragkraftzahlen in t 11,5m Hauptausleger – 360° drehbar								
32,0 t Gegengew. abgestützt			16,0 t Gegengew. abgestützt			16,0 t Gegengew. freistehend		
R	T	K	%	T	K	%	T	K	%
4,5	100,0	422,3	23	90,0	313,3	29	27,0	66,0	41
5	93,0	284,3	33	81,0	208,3	39	25,0	55,6	45
6	80,0	169,3	47	70,0	123,3	57	21,0	41,9	50
7	70,0	120,3	48	57,0	87,6	65	18,0	33,6	54
8	60,0	92,7	65	43,9	67,5	65	15,5	27,8	56
9	49,0	75,5	65	35,6	54,8	65	13,6	23,6	58
10	41,3	63,5	65	29,8	45,9	65	12,0	20,4	59
11	35,6	54,7	65	25,6	39,4	65	10,6	17,9	59
12	31,1	47,9	65	22,4	34,5	65	9,5	15,9	60

R = Radius in m
T = Tragkraft in t
K = Kipplast in t

Änderung vorbehalten

sicherheit dieser 4-m-Version sorgte die enorme Stützbasis von Länge x Breite gleich 7,5 x 7 m sowie das auf 32 t aufgestockte Gegengewicht.

Von den angesprochenen Varianten des MK 150 wurden zwischen 1961 und 1973 insgesamt 20 Exemplare gefertigt. Bemerkenswert dabei war, dass bis auf jeweils ein Gerät für die Erprobungsstelle der Bundeswehr in Trier und besagte Fertigteil-Baufirma in Hamburg sämtliche Mobilkrane dieses Typs ins europäische Ausland geliefert wurden. Kunde war hier beispielsweise BASF (Antwerpen), die gleich zwei Geräte kauften. Ein Exemplar verschlug es zudem auf die Insel Madagaskar.

AK 150

Noch augenfälliger war die Variantenvielfalt bei dem 150er-Kranteil auf Gottwald-eigenem Straßenfahrgestell. Dieser Automobilkran AK 150 war ein Hubgerät, das in den Jahren 1964 bis 1973 die Fertigungshallen in Düsseldorf verließ. Ständig in die Fahrgestell- und Oberwagenkonstruktion einfließende Verbesserungen ließen den Gerätetyp im Laufe dieser Jahre mit einem stark veränderten Aussehen, heute würde man es wohl eher als Facelifting bezeichnen, zum Kunden fahren.

Auch aufgrund der großen Traglaststeigerung innerhalb der Entwicklungsstufen waren es im Grunde genommen zwei verschiedene Autokrantypen, wenn man gar die Achszahlen berücksichtigt sogar deren vier, die unter der Bezeichnung AK 150 zur Auslieferung kamen.

Allen Anfang machte ein vierachsiges Gottwald-Fahrgestell mit einem überaus imposanten Kühlergrill und einer sehr schmalen, jedoch für die damalige Zeit typischen langgezogenen Fahrkabine für zwei hintereinander sitzende Personen.

Die beiden ersten derartigen AK 150 erhielt Ende 1964 einmal mehr der Kranverleiher Toense. Zwei weitere Geräte für diesen Stammkunden sollten noch folgen. Auch Colonia und die Firma Zitko in Berlin erhielten 1965 einen solchen AK 150. Für den Fahrantrieb des in Transportstellung 44 t schweren Kranes sorgte wiederum ein luftgekühlter Zwölf-Zylinder-Diesel von KHD (Typ F 12 L 714) mit 221 kW / 300 PS. In den Oberwagen eingebaut wurde ein Dieselaggregat des gleichen Lieferers, der allerdings nur über die halbe Zylinderzahl verfügte und die Dreh- und Windwerke dieselmechanisch antrieb. Selbstverständlich wurde auch eine dieselelektrische Version des Kranantriebes gebaut.

Der Kran konnte in dieser Einsteigerversion des AK 150 im abgestützten Zustand beachtliche 80 t bei 4 m Ausladung über den Vollkreis heben. Bei einem reduzierten Schwenkbereich von 2 x 5 Grad über das Heck waren auch 100 t am 11,5-m-Grundausleger möglich. Das wiederum auf dem Oberwagenheck aufgelegte Gegengewicht betrug für diese Extremfälle 32 t. Am maximalen 61-m-Ausleger konnten bis zu 16 t bei 10 m Ausladung gehoben werden; bei 34 m Ausladung waren es immerhin noch 3,5 t.

Der vollaufgerüstete Kran erreichte eine beachtliche Rollenhöhe von immerhin 108,5 m. Hierfür war ein 56,5 m Hauptausleger mit fest verspanntem oder wippbarem 52-m-Spitzenausleger zu kombinieren.

Links: Sahen sich sehr ähnlich: die Typen AK 130 (links) und der AK 150 der ersten Serie, der über einen deutlich kräftigeren Aufrichtebock verfügte. Für Toense arbeiteten gleich vier 150er und dies in der diesel-elektrischen wie auch der diesel-hydraulischen Ausführung. Für die Entladung des Drehofenrohres hat man seitens Toense gleich vier Autokrane aufgeboten. Neben den beiden Gottwald-Kranen waren es noch ein Coles-Gittermastkran und ein Grove-Teleskopkran mit interessanter Klappspitze
(Zenzen)

Rechts: Die Kölner Rhein-Seilbahn bekam vor 40 Jahren die Pylon-Köpfe vom ortsansässigen AK 150 (Colonia) aufgesetzt
(Colonia)

In der Schweiz arbeitete dieser fünfachsige
AK 150
(Leder)

Oben links: Dieser ebenfalls fünfachsige 100-Tonner wurde 1972 als AK 150-5 TDE in die damalige DDR geliefert
(Thum)

Oben rechts: Hier ist der gleiche Kran bei einem deutschen Kranhändler während des Aufbaus zu sehen. Auffällig sind die beiden zusätzlichen stabilen Streben, die vom Auslegerfußstück zum A-Bock führen
(Blokker)

Unten links: Beim komplett aufgebauten Kran wird die Bedeutung der beiden Zusatz-Streben ersichtlich. Es handelt sich um die rückwärtigen Stützstreben des ja senkrecht stehenden Turmteils des AK 150-5 TDE (fünfachsig, Turm-Drehkran Elektrisch) – Unten rechts: So zeigte sich die Turmdrehkran-Ausführung mit seiner interessanten Oberwagenkonstruktion im Arbeitszustand
(Weinbach)

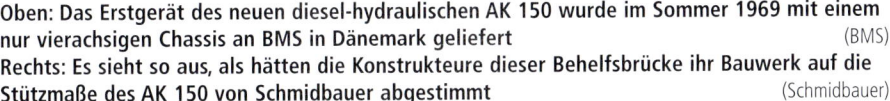

Oben: Das Erstgerät des neuen diesel-hydraulischen AK 150 wurde im Sommer 1969 mit einem nur vierachsigen Chassis an BMS in Dänemark geliefert (BMS)
Rechts: Es sieht so aus, als hätten die Konstrukteure dieser Behelfsbrücke ihr Bauwerk auf die Stützmaße des AK 150 von Schmidbauer abgestimmt (Schmidbauer)

Erstmalig mit einem fünfachsigen Unterwagen wurde ein AK 150-5 im Jahre 1966 an den Schweizer Kranverleiher Toggenburger ausgeliefert. Dieser Typ verfügte über zwei einfach bereifte und lenkbare Vorderachsen sowie über drei zwillingsbereifte Hinterachsen. Insgesamt drei Achsen wurden bei diesem Kran angetrieben.

Von der vierachsigen Ur-Variante des AK 150 sollten im Übrigen bis 1973 insgesamt 13 Geräte gebaut werden. Der angesprochene AK 150-5 kam hingegen lediglich dreimal zur Auslieferung. Ein solcher Fünfachser gelangte im Jahre 1967 in der TDE-Ausführung, also mit Gitterturm, in die DDR zu Kraftwerksbau Radebeul.

AK 150 neu

Man schrieb das Jahr 1969, als ein nunmehr völlig überarbeiteter, eigentlich ganz neuer Typ AK 150-43 dem Fachpublikum auf der weltgrößten Baumaschinen-Messe, der Bauma in München, vorgestellt wurde. Dieser wiederum vierachsig gehaltene Kran war für das dänische Unternehmen BMS bestimmt. Das Kranfahrgestell hatte nunmehr eine über die ganze Fahrzeugbreite (3 m) reichende Fahrerkabine erhalten und unterschied sich auch sonst vollkommen von dem Vorgängermodell. Lediglich der bewährte Fahrantrieb war übernommen worden.

Auch der Oberwagen hatte nicht nur äußerlich wenig Ähnlichkeit mit dem Vergleichsmodell der ersten Serie. Als Oberwagenantrieb wurde jetzt ein F 8 L 413 von KHD, also ein Acht-Zylinder-Diesel mit Luftkühlung implantiert. Dieser 154 kW / 210 PS leistende Motor sorgte für den neuen diesel-hydraulischen Antrieb der Krantriebwerke.

Gleichfalls neu war die Anbringung beziehungsweise die Aufnahme des bis zu 32 t schweren Gegengewichts, welches aus mehreren Platten bestand. Die Ballastplatten wurden – selbstverständlich separat transportiert – zunächst auf dem vorderen Unterwagenbereich gestapelt. Anschließend wurden diese mittels zweier am Windenrahmen umgelenkter Flyerketten mit entsprechenden Aufnahmen, also per Kettenzug, aufgenommen und schließlich am nach hinten überstehenden Windenrahmen verbolzt.

Von dem bislang angesprochenen AK 150-43 wurden insgesamt sechs Geräte gebaut, die bis auf das oben erwähnte dänische Exemplar ausschließlich nach Italien exportiert wurden. Um kleinere Achslasten zu erhalten, wurde ebenfalls seit 1969 ein fünfachsiger AK 150-53 gefertigt. Dieser konnte in einer Stückzahl von 15 Exemplaren an die Kundschaft verkauft werden. Hier reihten folgende bekannte Firmen ein solches Gerät in ihre Kranflotte ein: Schmidbauer (2 x), Weismüller (Essen), Colonia, AKV (Dortmund), Born (3 x), Gräser, Dillinger Stahlbau, Hemmerlein und Gesterkamp.

Technische Daten AK 150-48 DE (diesel-elektrisch), alte Ausführung

Fahrgestell

Motor:	KHD-Dieselmotor F 12 L 714, 12 Zylinder, luftgekühlt, 221 kW / 300 PS bei 2300 U/min,
Abstützung:	Doppelkasten-Ausführung, ausziehbar, Abstützbasis L x B 5,6 x 6 m
Achsen:	Antrieb 8 x 6, Achsen 1 und 2 sind lenkbar, Achsen 2 bis 4 sind angetrieben, Achsen 1 und 2 einfach bereift, Achsen 3 und 4 doppelt bereift, 12-fach 14.00-24

Kraneinrichtung

Motor:	KHD-Dieselmotor A 6 L 714, 6 Zylinder, luftgekühlt, 85 kW / 115 PS bei 1800 U/min
Gegengewicht:	32 t, mehrteilig
Auslegersystem:	■ Hauptausleger: Grundausleger 11,5 m mit Montagestütze, Verlängerungsstücke von 4,5 und 9 m Länge, Hauptauslegerlänge 11,5 – 61 m ■ Wipp-Spitzenausleger: Grundausleger 16 m mit Druck- und Aufsetzlenker, Verlängerungsstücke von 4,5 und 9 m Länge, Turmlänge 16 – 56,5 m mit Spitzenausleger 16 – 52 m Länge

Der erste in Deutschland eingesetzte „neue" AK 150 war ab Oktober 1969 für die Firma Schmidbauer KG aus München im Einsatz. Dieser wurde neben Hochbauprojekten auch im Tiefbau, wie hier in München, eingesetzt

(Schmidbauer)

Oben: Auch der Auto Kran Verleih (AKV) in Dortmund erhielt 1970 einen AK 150-53   (Oberdrevermann)

Unten: Colonia erhielt wenige Tage vor dem Jahreswechsel 1969/70 den vierten AK 150 der modernen Ausführung. Zu erkennen ist, dass das Gegengewicht, immerhin 32 t, mittels „Flyer-Kette" hochgezogen und anschließend mit dem Windenrahmen verbolzt wurde   (Weinbach)

Links: Der 150er der Firma Born ist hier mit kurzem Turm und Wipp-Spitzenausleger beim Stadionbau zu sehen (Sammlung Weinbach)
Rechts: Im Juli 1970 wurde nur der Kranoberwagen mitsamt Hauptausleger und fester Spitze nach Mailand verschickt. Die Kraneinrichtung wurde dort auf einem Ponton aufgebaut (Oellers)

Beiden AK 150-Ausführungen der neueren Generation gemeinsam waren die möglichen Auslegerkombinationen und die entsprechenden Traglasten. Der Hauptausleger war nunmehr von 11,5 m bis 70 m ausbaufähig. Die maximale Traglast lag bei 4,7 m Ausladung und kurzem Ausleger bei 100 t und dies über 360 Grad. Freistehend waren dies immerhin noch 18 t.

An dem maximalen 70-m-Ausleger konnten noch bis zu 22 t bei 11 m Ausladung gehoben werden. Kombiniert werden konnte der Hauptausleger auch mit einem fest verspannten oder einem wippbaren Spitzenausleger. Die maximale Rollenhöhe von 107 m wurde mit einem 54,25 m langen Hauptausleger in Turmversion und einem 52 m langen Wipp-Spitzenausleger erreicht. Werte zwischen 6 t bei 13 m Ausladung und 2,6 t bei 50 m Ausladung wurden dann in den Traglasttabellen als Limit angegeben. Beim Schwenken der Last über dem Fahrerhaus hatte der Kranführer im Übrigen darauf zu achten, dass die Vorderachsen blockiert waren und die Räder noch Berührung mit dem Erdboden hatten. Demnach wurde das Fahrwerk in solchen Fällen zur Abstützung mit herangezogen.

Technische Daten AK 150-43 / -53 (diesel-hydraulisch), neue Ausführung ab 1969

Fahrgestell

Motor:	KHD-Dieselmotor F 12 L 714, 12 Zylinder, luftgekühlt, 221 kW / 300 PS bei 2300 U/min
Abstützung:	Doppelkasten-Ausführung, hydraulisch seitlich ausfahrbar bis 6,8 m, Abstützbasis L x B 6 x 6,8 m
Achsen:	AK 150-43: Antrieb 8 x 6, Achsen 1 und 2 sind lenkbar, Achsen 2 bis 4 sind angetrieben, Achsen 1 und 2 einfach bereift, Achsen 3 und 4 doppelt bereift, 12-fach 14.00-24, 22 PR
	AK 150-53: Antrieb 10 x 6, Achsen 1 bis 3 sind lenkbar, Achsen 2, 4 und 5 sind angetrieben, Achsen 1 bis 3 einfach bereift, Achsen 4 und 5 doppelt bereift, 14-fach 14.00-24, 22 PR

Kraneinrichtung

Motor:	KHD-Dieselmotor F 8 L 413, 8 Zylinder, luftgekühlt, 154 kW / 210 PS bei 2650 U/min
Gegengewicht:	32 t, mehrteilig
Auslegersystem:	■ Hauptausleger: Grundausleger 11,5 m mit Montagestütze, Verlängerungsstücke von 4,5 und 9 m Länge, Hauptausleger 11,5 – 70 m ■ Wipp-Spitzenausleger: Grundausleger 16 m mit Druck- und Aufsetzlenker, Verlängerungsstücke von 4,5 und 9 m, Turmlänge 16 – 54,25 m mit Spitzenausleger 16 – 52 m ■ Spitzenausleger (10° oder 30° fest angebaut): Hauptausleger 16 – 56,5 m mit Spitzenausleger 11,5 – 34 m

Der Kran konnte, dies soll nicht verschwiegen werden, auch ohne einen Oberwagenmotor bestellt werden, was das Transportgewicht um 4 t auf 44 t beim AK 150-53 reduzierte. Der regelbare Fahrmotor sorgte dann auch für die Gestellung der für den Kranantrieb benötigten Leistung. Sowohl die vierachsige als auch die fünfachsige Version wurden derart motorisiert ausgeliefert.

Abschließend sei noch erwähnt, dass auch ein Mobilkran MK 150-44 der neuen diesel-hydraulischen Generation 1970 nach Frankreich geliefert wurde. Im gleichen Jahr verkaufte man auch einen reinen Oberwagen nach Italien. Dieser wurde dann auf einen Ponton montiert, um auf Wasserstraßen beziehungsweise im Hafenumschlag eingesetzt zu werden.

AK 200 / MK 200

Der Gittermastkran vom Typ AK 200 stellte zu Beginn der sechziger Jahre einen Meilenstein für den weltweiten Automobilkranbau dar. Innerhalb von etwas mehr als zwei Jahren konnte von den Gottwald-Ingenieuren die Tragfähigkeit eines Autokranes von 50 t (AK 125) auf nunmehr 135 t gesteigert werden. Mit diesem Traglastwert gehörte der 1963 erstmalig ausgelieferte Kran zu den leistungsstärksten seiner Art. Knapp ein Jahr zuvor wurde noch der P & H Typ 890 TC aus den USA als stärkster Autokran (etwa 82 t bei 3,7 m Ausladung) in den Rekordlisten geführt.

In enger Zusammenarbeit mit dem Kranverleiher/Montageunternehmen Toense, der auch den Prototypen erhielt, wurde dieser fünfachsige AK 200 entwickelt. Stellvertretend für den damaligen Stand der Technik soll das Hubgerät etwas ausführlicher vorgestellt werden. Der entsprechende Gottwald-Prospekt aus dem Jahre 1963 machte den werkintern auch als „Chassiskran" bezeichneten Kranriesen dem potentiellen Käufer wie folgt schmackhaft:

„Diesel-elektrischer Autokran Type AK 200

Die stürmische Entwicklung des Stahl- und Betonbaues in seiner großen Verschiedenartigkeit und die damit zusammenhängenden Montageprobleme haben auch den Kranbau vor ganz neue Aufgaben gestellt. Insbesondere bei Chemiewerken, Raffinerien, Atomkraftwerken, beim Bau von Hochhäusern und Hallen in Stahlkonstruktion oder mit vorgefertigten Betonteilen usw. werden hinsichtlich Tragkraft, Reichweite und Hakenhöhe extreme Forderungen gestellt, die noch vor wenigen Jahren außerhalb jeder Überlegung standen.

Dieser Entwicklung folgte auch die Kranbauindustrie. Unser Automobil-Kran Type AK 200 spielt dabei eine einzigartige Rolle. Entscheidendes Konstruktionsmerkmal dieses freizügig verfahrbaren Kranes ist, dass das Grundgerät mit normalen, autobahnmäßigen Geschwindigkeiten bis etwa 65 km/h zur Baustelle gefahren werden kann. Trotz der imposanten Hub-Leistung von 135 t konnte eine Verkehrsbreite von 3 m und eine maximale Höhe von 4 m in Transportstellung eingehalten werden. Der Achsdruck hält sich in den Grenzen, die für die Zulassung zum Straßenverkehr erforderlich sind. Das Chassis besitzt alle Eigenschaften eines Kran-Fahrzeugs. Für den Fahrantrieb wird ein luftgekühlter Zwölf-Zylinder-Dieselmotor von etwa 300 PS Leistung vorgesehen. Die breite Kabine bietet dem Fahrer und der Bedienungsmannschaft Platz.

Achsen

Der Kran hat fünf Achsen, von denen die beiden vorderen einfache und die drei hinteren Zwillingsbereifung haben. Der Kran wird also von 16 Reifen getragen, die eine gute Druckverteilung gewährleisten.

Wichtig für die guten Fahreigenschaften ist, dass alle Achsen gefedert sind. Das Gerät hat also auch bei hohen Geschwindigkeiten eine ruhige, stoßfreie Straßenlage. Die Kurvengängigkeit ist ausgezeichnet, da beide Vorderachsen und eine der Hinterachsen als Lenkachsen (insgesamt also drei Lenkachsen) ausgebildet sind. Sämtliche Räder sind mit Druckluftbremsen und Trilex-Felgen ausgerüstet. Im Normalfall werden vier Achsen als Differential-Antriebsachsen ausgebildet, so dass auch bei schlechten Bodenverhältnissen immer eine gute Antriebskraft gegeben ist.

Getriebe

Die Kraftübertragung besorgt ein am Antriebsmotor angeflanschtes Sechs-Gang-Getriebe. In Kombination mit dem eingebauten Verteilergetriebe mit Umschaltvorgelege besitzt der Kran zwölf Vorwärts- und zwei Rückwärtsgeschwindigkeiten.

Links: Noch steht er aufgebockt in der Werkshalle, der Chassis-Kran vom Typ AK 200. Reichlich Glas (noch nicht eingebaut) und Handgriffe an allen möglichen Stellen hatte die, vorsichtig gesprochen, gewöhnungsbedürftige Fahrkabine zu bieten –
Rechts: Toense erhielt im Mai 1963 den ersten AK 200 (Sammlung Weinbach)

Fernschaltung

Eine Fernschaltung bietet die Möglichkeit, das Chassis ohne Benutzung des Zwölf-Zylinder-Fahrmotors auch vom Kranoberwagen aus zu fahren, zu lenken und zu bremsen. Da der Kran diesel-elektrischen Antrieb (Leonard-Schaltung) besitzt, wird für diese Fernschaltung ein Elektromotor benutzt, der dem Kran die langsamen Kriechgeschwindigkeiten (Anmerkung: etwa 0,18 km/h im Geländegang und etwa 0,36 km/h normal) gibt, die zum Versetzen mit aufmontierter Auslegerausrüstung erforderlich sind.

Kranbetrieb

Alle für den Kranantrieb notwendigen Aggregate und Einrichtungen sind im Kranoberwagen untergebracht. Die Steuerung aller Funktionen erfolgt zentral von der Kabine aus. Mit Dreifach-Spannung wird eine perfekte, umfassende Geschwindigkeitsregelung erreicht. Bei halber Last verdoppeln sich die Geschwindigkeiten, so dass ein Arbeiten mit Feingeschwindigkeiten bis zur höchsten Geschwindigkeit lastunabhängig fast stufenlos möglich ist.

Antriebsaggregat

Als Antrieb für die Kranfunktionen wird serienmäßig ein luftgekühlter Acht-Zylinder-Deutz-Dieselmotor, Type A 8 L 714, Leistung 155 PS, eingebaut, der zwei Gleichstrom-Leonard-Generatoren, Spannung 440 Volt, antreibt.

Durch einen Doppelschluss-Reglergenerator kann die Ankerspannung der Generatoren von 0 bis 440 Volt variiert werden. Damit wird es möglich, die Triebwerke der einzelnen Kranfunktionen unabhängig voneinander und mit beliebigen Geschwindigkeiten zu steuern. Es können also zum Beispiel Lasten mit der Maximalgeschwindigkeit gehoben und gleichzeitig der Oberwagen mit kleinster Geschwindigkeit gedreht werden.

Zum Einheben dieser 47 t schweren Kolonne war der AK 200 der Firma Toense mit rund 44 m Hauptausleger aufgerüstet worden (Leder)

Links oben: Die Firma Schmidbauer bekam 1964 den dritten von insgesamt nur vier gebauten fünfachsigen 135-Tonnern – Links unten: Unmittelbar nach der Auslieferung hat man den Kran auf der Theresienwiese komplett aufgebaut. Eine solche Montage will natürlich geübt sein – Mitte oben: Und so hat man dem interessierten Publikum gleich mittels „Steckbrief des Riesen" die technischen Daten mitgeteilt. Wie man sieht, gab es auch bereits vor über 40 Jahren „Kranfans" – Mitte unten: Zum Einbringen dieses Pressenrahmens wurde der AK 200 und ein Demag TC 500 benötigt – Rechts: Hier ist der 135-Tonner dem großen 220-Tonner (AK 260) beim Nachführen des Reaktors behilflich (Schmidbauer)

Zwei-Trommel-Hubwerk

Das Hubwerk ist als Doppelwinde ausgebildet. Es ist in Blockbauweise vollkommen gekapselt. Am Blockgetriebe sind die beiden hintereinander liegenden breiten Hubtrommeln angeordnet. Die erste Trommel hat eine Windenzugkraft von 10 t bei einer Seilgeschwindigkeit von 20 m/min, während die zweite Hubtrommel für eine Windenzugkraft von 5 t bei 40 m/min eingerichtet ist. Lasten bis zur Hälfte dieser Werte können mit doppelter Geschwindigkeit gehoben und gesenkt werden. Der Antrieb der beiden Trommeln erfolgt unabhängig voneinander durch zwei Hubmotoren. Durch den großen Regelbereich bis zu einem Verhältnis 1 zu 40 ist eine praktisch stufenlose Geschwindigkeitsregelung im Hub- und Senksinne möglich. Automatisch arbeitende Doppelbackenbremsen schließen einen freien Fall und damit das Abstürzen einer Last vollkommen aus. Das im Armaturenbrett der Fahrerkabine montierte Amperemeter zeigt die jeweilige Belastung an. Beträgt diese bis zu 50 Prozent der Maximal-Belastung, kann der Fahrer durch einfachen Knopfdruck die Geschwindigkeit verdoppeln.

Auslegeraufrichten

Auch große Auslegerlängen von zum Beispiel 100 m können mit eigener Kraft und ohne Zuhilfenahme von Fremdgeräten hochgezogen werden. Hierfür steht ein separater Antrieb mit Schneckengetriebe zur Verfügung. Das Aufrichten der gesamten Auslegerlänge von 100 m von der waagerechten Lage am Boden bis zur steilsten Stellung dauert etwa sechs bis sieben Minuten.

Die komplette Auslegerausrüstung einschließlich der für große Längen erforderlichen seitlichen Abstützung wird am Boden zusammengesetzt. Hierfür kann der Montagestützbock, der am Auslegerfuß befestigt ist, als Hilfskran benutzt werden.

Zusammenstellung der Auslegerausrüstung

Ein Kran der Größenordnung des AK 200 bietet eine Vielfalt von Ausrüstungs- und Verwendungsmöglichkeiten. Entsprechend ist auch bei der Konstruktion auf diese Vielseitigkeit Rücksicht genommen worden. Auf der Oberwagenplattform können Gegengewichte von 9 plus 5,5 gleich 14,5 t untergebracht werden. Für die maximale Belastung von 135 t (Anmerkung: 12 m Ausleger, 4,25 m Aus-

ladung, bei mittlerer Abstützung 7 m Basis, in rückwärtiger Fahrtrichtung über 2 x 7,5 Grad; bei 360 Grad maximal 106 t) ist auf einem abnehmbaren Podest ein Zusatz-Gegengewicht von 16,5 t untergebracht. Es ist nicht notwendig, dieses gesamte Gegengewicht bei allen Montagearbeiten einzusetzen.

Das gleiche gilt auch für die Abstützungen. In vielen Fällen werden die vier normalen, ausziehbaren Abstützspindeln für 5 m Abstützbreite genügen. Nur für extreme Fälle sind die vier zusätzlichen, einhängbaren Abstützarme erforderlich."

Soweit auszugsweise die Gerätebeschreibung aus der alten Werbeschrift.

Selbstverständlich verfügte der Kran über zahlreiche Sicherheitseinrichtungen (Überlastsicherung, Windmesser…) und Endschalterbegrenzungen, die das Unfallrisiko in allen Rüstzuständen auch bei etwaigen Fehlbedienungen minimierten.

Der Hauptausleger in Rohrkonstruktion war bis auf eine Länge von 68 m aufzurüsten. Alternativ konnte ein gleichfalls in Rohrkonstruktion gehaltener, bis zu 40 m langer Spitzenausleger fest oder wippbar angelenkt werden. Die größtmögliche Kombination war dann 60 plus 40 m. Bei einer Rollenhöhe von 101 m konnten dann noch 5 t bei 18 m Ausladung gehoben werden.

Übrigens wurde, um bei großen Auslegerlängen eine höhere Seitenstabilität des Mastsystems zu erlangen, ein zusätzliches „Stützkorsett" angebracht. Dieses wurde beiderseits des Auslegerfußes an einer ausklappbaren Konstruktion verbolzt und über entsprechende Zwischenstreben bis auf die halbe Hauptauslegerlänge verbunden.

Von dem zuvor beschriebenen AK 200 mit seiner bulligen, wenn auch nicht gerade formschönen Fahrgestellkabine wurden bis 1965 insgesamt vier Exemplare verkauft. Neben dem Erstgerät für Toense gingen die anderen Krane an die Firmen Mercantile (Brüssel), Schmidbauer (München) und an IMO Merseburg in die damalige DDR.

Da das Fahrgestell mit seinen fünf Achsen in punkto Achslastverteilung nicht besonders gut abschnitt, erfolgte bereits im Jahre 1965 eine Überarbeitung des Chassis. Dieses wurde um eine weitere zwillingsbereifte Hinterachse ergänzt, so dass das Transportgewicht günstiger verteilt werden konnte. Die ebenfalls modernisierte Fahrerkabine wurde vor der ersten Achse an das Fahrgestell angebaut. Die vier Normalabstützungen wurden dem Stand der Technik entsprechend hydraulisch betätigt, besaßen allerdings nach wie vor die Stützmaße von Länge x Breite gleich 7,1 x 5 m. Die einhängbaren seitlichen Stützen kamen auf die Maße Länge x Breite gleich 3,2 x 7 m.

Neben den bewährten Antriebsmotoren wurde auch der Kranoberwagen mit seinem Auslegersystem unverändert übernommen. Das Erstgerät des als AK 200-6 geführten Krantyps erhielt im Juli 1965 die Firma Gräser in Mannheim. Bis Ende 1967 wurden von dem überarbeiteten 135-Tonner ebenfalls vier Geräte ausgeliefert. Diese verblieben bis auf den Letzten, der Ende 1967 nach Frankreich überführt wurde, bei den deutschen Kranverleihern Gräser und Heydemann in Duisburg, der gleich zwei Exemplare erhielt.

MK 200

An einen der damals bekanntesten niederländischen Kranverleiher, die Firma Stoof, wurde im September 1964 der einzige Mobilkran vom Typ MK 200 ausgeliefert. Der Kran verfügte über einen schwe-

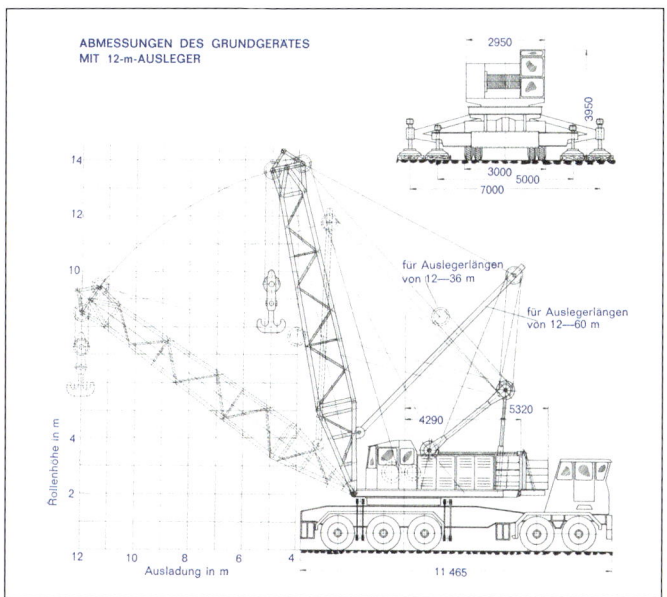

Maßskizze des AK 200 in der ersten Ausführung   (Sammlung Weinbach)

Links: Der AK 200 in der fünfachsigen Version beim Aufrichten des Auslegersystems mit Spitzenausleger (60 plus 40 m). Er konnte dies ohne Zuhilfenahme eines anderen Hubgerätes – Mitte: Hier hat man den 135-Tonner auf seine maximale Hubhöhe von knapp 100 m aufgebaut – Rechts: Für die großen Auslegerlängen wurde eine Art „Hilfskorsett" im unteren Bereich des Hauptauslegers montiert. Dies ergab zusätzliche Seitenstabilität für das Auslegersystem (Sammlung Weinbach)

ren, 2,8 m breiten Fünfachs-Unterwagen mit 20-facher Bereifung. Die vier hinteren Achsen wurden dabei als Differential-Antriebsachsen ausgebildet. Der Fahrantrieb dieses Mobilkrans erfolgte durch den Elektromotor des Einziehwerks, der hierfür entsprechend umschaltbar war. Damit war der Kran dann mit maximal 3 km/h, dies jedoch in beide Richtungen, zu verfahren. Lenkbar war das Unikat mittels der beiden ersten Achsen sowie mit der letzten Hinterachse. Dies bedeutet, dass der Kran beim Baustellenwechsel durch eine entsprechend starke Zugmaschine geschleppt werden musste. Bei Stoof war dies überwiegend ein Diamond T.

Die Abstützung des MK 200 war als recht imposant zu beschreiben. Der Unterwagen besaß hinten und vorne angeordnete Abstützkästen mit den vier mechanisch ausfahrbaren Abstützträgern für 5 m Abstützbreite. Vier weitere, zwischen den Rädern angeordnete Abstützarme mit 7 m Abstützbreite mussten für größere Lastfälle eingehängt und verbolzt werden.

Der gleichfalls 2,8 m breite Oberwagen verfügte wie so oft über einen diesel-elektrischen Antrieb. Als Antriebsmotor wurde dabei ein luftgekühlter Acht-Zylinder-KHD (113 kW / 154 PS) vom Typ A 8 L 714 eingebaut. Dieser sorgte für die Kraftgestellung der nachgeschalteten zwei Leonard-Generatoren.

Für kleinere Lastfälle reichte dem MK 200 ein Grundballast von gerade einmal 9 t, der mehrteilig am Oberwagenheck aufgetürmt wurde. Weitere 23 t Zusatz-Ballast, von denen 16,5 t auf einer abnehmbaren Plattform gestapelt wurden, ermöglichten dann die maximalen Hubwerte. Hier waren bei kurzem 12,4-m-Ausleger bis zu 100 t x 4,5 m an der geraden Spitze möglich. Bei einem eingeschränkten Drehbereich von 2 x 5 Grad in Fahrgestellrichtung konn-

Technische Daten AK 200

Fahrgestell

Motor:	KHD-Dieselmotor F 12 L 714, 12 Zylinder, luftgekühlt, 213 kW / 290 PS bei 2300 U/min
	6 Vorwärtsgänge, 1 Rückwärtsgang
Abstützung:	AK 200-5: Doppelkasten-Ausführung hinter der 2. und 5. Achse, ausziehbar auf 5 m (Spindelabstützung), Abstützbasis L x B 7,2 x 5 m; 4 zusätzliche, seitlich anbolzbare Abstützungen vor der 3. und 5. Achse, Abstützbasis L x B 3,3 x 7 m
	AK 200-6: Doppelkasten-Ausführung, hydraulisch ausfahrbar bis 5 m, Abstützbasis L x B 7,2 x 5 m; 4 zusätzliche, seitlich anbolzbare Abstützungen vor der 3. und 6. Achse, Abstützbasis L x B 3,3 x 7 m
	Beide Typen verfügten über einhängbare Heckabstützungen zum Aufrichten großer Auslegerlängen
Achsen:	AK 200-5: Antrieb 10 x 8, Achsen 1 und 2 sowie 5 sind lenkbar, Achsen 2 bis 5 sind angetrieben, Achsen 1 und 2 einfach bereift, Achsen 3 bis 5 doppelt bereift, 16-fach 12.00-24 eHD Super M Qualität
	AK 200-6: Antrieb 12 x 8, Achsen 1 bis 3 und 6 sind lenkbar, Achsen 2 sowie 4 bis 6 sind angetrieben, Achsen 1 und 2 einfach bereift, Achsen 3 bis 6 doppelt bereift, 20-fach 12.00-24 eHD Super M Qualität

Kraneinrichtung

Motor:	KHD-Dieselmotor F 8 L 714, 8 Zylinder, luftgekühlt, 113 kW / 154 PS bei 1800 U/min
Gegengewicht:	14,5 t, mehrteiliger Standardballast sowie 16,5 t Zusatzballast
Auslegersystem:	▪ Hauptausleger: Grundausleger 12 m mit Montagestütze, Verlängerungsstücke von 4, 8 und 12 m Länge, Hauptauslegerlänge 12 – 68 m ▪ Wipp-Spitzenausleger: Grundausleger 8 m, mit Wipplenker, Verlängerungsstücke von 8 m, 12 – 60 m Hauptausleger mit 8 – 40 m Spitzenausleger

Links: Hier noch unbeschriftet, wurde dieser AK 200-6 im Juli 1965 an die Firma Gräser (Mannheim) ausgeliefert. Das Gräser-Gerät hatte nur ein Orange-Licht auf der Fahrkabine (Oellers)
Mitte: Sehr gut ist hier bei dem 135-Tonner für Gräser das Stützkorsett des Auslegers sowie die umfangreiche Abstützung zu sehen (Oberdrevermann)
Rechts: Kurz vor der Auslieferung präsentiert sich einer der zwei im Jahre 1966 an Heydemann (Duisburg) gelieferten AK 200-6 in Fahrstellung (Leder)

Links: Gemeinsam haben die beiden „Heydemänner" auf engstem Raum arbeiten müssen –
Mitte: Auf einem Fünffach-Fahrgestell konnte der MK 200 mit 3 km/h selbst verfahren –
Rechts: Auch der Mobilkran verfügte über eine umfangreiche Abstützung (Sammlung Weinbach)

ten 120 t x 4,5 m zugelassen werden. In 4-m-Schritten verlängerbar, konnte eine maximale Hauptauslegerlänge von 68 m erreicht werden. Dessen Traglast lag dann zwischen 14,5 t x 9 m und 600 kg x 30 m.

Die Firma Stoof erhielt zudem einen bis zu 40 m langen Spitzenausleger, der allerdings nur für Hauptauslegerlängen zwischen 36 m und 60 m in seiner vollen Länge montiert werden durfte. Die maximale Kombination von 60 plus 40 m ermöglichte Tragleistungen zwischen 5 t x 18 m und 3,2 t x 30 m.

Gleichfalls ausgeliefert wurde ein Spezial-Schwerlast-Spitzenausleger mit leicht abgewinkeltem Kopf in Profilkastenausführung. Diese Spitze verfügte über zwei Rollenköpfe. Der Haupthub mit „8-m-Rolle" ermöglichte eine maximale Tragkraft von 71 t. Die vorgelagerte zweite Rolle für leichtere Belastung befand sich bei 9-m-Spitzenlänge. Zur Abspannung diente dann der auch beim normalen Spitzenausleger erforderliche Spitzenlenker.

AK 65 / MK 65 / AK 703

AK 65 und MK 65

Im Spätherbst 1963 wurde zeitgleich ein neuer kleiner Gittermastkrantyp bei Gottwald auf ein Mobilkran- sowie ein Autokranfahrgestell gesetzt. Zunächst mit einer maximalen Traglast von 25 t bei 3 m Ausladung am 10-m-Grundausleger zugelassen, wurde dieser Wert schon bald auf 30 t heraufgesetzt.

Die Mobilkranversion gab es dabei als zweiachsige (MK 65-2) wie auch als dreiachsige (MK 65-3) Ausführung. Flexibel wie man

in Düsseldorf bekanntlich war, wurde der Unterwagen je nach Kundenwunsch in einer Breite zwischen 2,6 m und 3,6 m – in diesen Grenzen war so gut wie alles möglich – ausgeführt. Angetrieben wurde der Mobilkran wahlweise von luftgekühlten KHD-Dieseln in Vier- oder Sechs-Zylinder-Ausführungen (Leistungen zwischen 66 und 145 PS) beziehungsweise von wassergekühlten Mercedes-Benz-Dieseln der Baureihe OM 321 (53 kW / 72 PS) mit sechs Zylindern. Diese Motoren waren gleichzeitig für die Oberwagenfunktionen und die Fahrbewegung des Unterwagens im Kriechgang zuständig.

Ebenfalls wählen konnte der Kunde zwischen diesel-mechanisch, diesel-hydraulisch oder diesel-elektrisch betätigten Kranfunktionen. Das Auslegersystem ließ überdies eine maximale Rollenhöhe von 48 m zu. Das Erstgerät des MK 65 wurde im Oktober 1963 nach Frankreich geliefert. Einige weitere Kunden für diesen Mobilkran waren das Hochbauamt der Stadt Kiel (Hafenkranausführung) sowie die Firmen Arbed, Hemmerlein, Siemens und Pintsch-Bamag. Genau zehn Jahre nach dem Erstgerät wurde der letzte der insgesamt 14 MK 65 im Jahre 1973 ausgeliefert.

Der Automobilkran AK 65, von dem insgesamt 13 Exemplare die Werkshallen an der Reisholzer Werftstraße verließen, wurde serienmäßig auf einem dreiachsigen Gottwald-Chassis ausgeliefert. Dieses Fahrgestell verfügte über Allradantrieb, wobei bei Straßenfahrt der Vorderachsantrieb abgeschaltet werden konnte. Der Unterwagen besaß ein Sechs-Gang-Schaltgetriebe für den Fahrmotor mit Verteilergetriebe für Straßen- und Geländegang, also zwölf Vorwärts- und zwei Rückwärtsfahrgeschwindigkeiten. Im Geländegang betrug die größte Steigfähigkeit 42 Prozent. Obwohl das Chassis auch mit einem wassergekühlten Mercedes-Benz-Diesel vom Typ

GOTTWALD

Dreiachsiger AUTOMOBILKRAN
Type **AK 65**
Tragkraft 25 t

TECHNISCHE DATEN
KONSTRUKTIONSHINWEISE

Oben links: Bereits mit recht moderner Fahr-
kabine und Rohrausleger zeigte sich der erste
AK 65 im Jahre 1963 –Oben Mitte: Auch auf
Lorain-Fahrgestell wurde ein AK 65 nach
Frankreich geliefert   (Sammlung Weinbach)
Oben rechts: Dieser Unterwagen eines AK 65
hatte Seltenheitswert. Er wurde mit größerer
Bereifung im Januar 1965 an die Firma Bade
& Co in Lehrte ohne Kranoberwagen ver-
kauft. Der Kunde setzte einen Bohrgeräte-
Aufbau auf das Gottwald-Fahrgestell   (Oellers)
Mitte rechts: Auch das gab es trotz vieler ge-
planter Raupenkranvarianten bei Gottwald
nicht allzu oft. Im Jahre 1969 wurden tatsäch-
lich zwei RG 65 ausgeliefert – Unten links: Ob
die Raupenfahrwerke der zwei RG 65 von
Gottwald gefertigt wurden, ist zweifelhaft –
Unten Mitte: Von diesem AK 703 für maximal
40 t gingen in den Jahren 1969/70 sechs Geräte in die DDR   (Sammlung Weinbach)
Unten rechts: Der AK 703 für 40 t wurde bei
Gottwald, wohl aufgrund seines technischen
Ursprungs, in den Lieferlisten für den AK 65
(25 beziehungsweise 30 t) geführt   (Blokker)

Technische Daten AK 65

Fahrgestell

Motor:	KHD-Dieselmotor F 6 L 514, 6 Zylinder, luftgekühlt, 107 kW / 145 PS bei 2300 U/min wahlweise
	KHD-Dieselmotor F 8 L 714, 8 Zylinder, luftgekühlt, 143 kW / 195 PS bei 2300 U/min
Abstützung:	Einfachausfahrholm, bis 5 m hydraulisch ausfahrbar, Abstützbasis L x B 5 x 5 m
Achsen:	Antrieb 6 x 6 oder 6 x 4, Achse 1 lenkbar, Achsen 2 und 3 oder wahlweise alle drei Achsen sind angetrieben, Achse 1 einfach, Achsen 2 und 3 doppelt bereift 10-fach 12.00-24

Kraneinrichtung

Motor:	KHD-Dieselmotor A 4 L 514, 4 Zylinder, luftgekühlt,49 kW / 66 PS bei 1800 U/min wahlweise
	KHD-Dieselmotor F 6 L 912, 6 Zylinder, luftgekühlt, 68 kW / 92 PS bei 2300 U/min
Gegengewicht:	Bis zu 6 t, mehrteilig
Auslegersystem:	■ Hauptausleger: Grundausleger 10 m mit Montagestütze, Verlängerungsstücke von 3,5 m Länge, Hauptausleger-länge 10 – 38 m ■ Fester Spitzenausleger: Grundausleger 5 m mit Lenker, Verlängerungsstück von 5 m Länge, Haupt-ausleger 10 – 38 m mit Spitzenausleger 5 –10 m

OM 326 (136 kW / 185 PS) angeboten wurde, erhielten die zur Auslieferung gekommenen Automobilkrane allesamt luftgekühlte KHD-Diesel mit sechs beziehungsweise acht Zylindern. Diese sorgten dann auch für die normalerweise diesel-elektrisch betriebenen Hubwerksfunktionen. Allerdings waren Drehwerk und Ausleger-Verstellwerk hydraulisch betätigt und somit völlig unabhängig von der eigentlichen Hubwerksarbeit.

Es sei noch angemerkt, dass neben dem Erstgerät auf CCC-Fahrgestell im November 1963 (für Frankreich) noch jeweils ein Exemplar des 65er-Oberwagens auf CD- beziehungsweise Lorain-Fremdfahrgestellen dem Kunden übergeben wurden. Die lupenreine Gottwald-Version erhielten unter anderem die Firmen Eigner (Nördlingen), Vögel (Remscheid), Liesegang (Köln) und Dyckerhoff-Widmann (München). Auch fand sich interessanterweise ein Kunde, der lediglich den Gottwald-Kranunterwagen bestellte und hierauf ein Aufbaubohrgerät montieren ließ.

Der eigentliche Kranoberwagen des AK 65 wurde in der Normalausstattung mit einem 4,5 t schweren Gegengewicht geliefert. Die Hublast bei abgestütztem Kran betrug dann bei einer Ausladung von 3 m und einem sehr begrenzten Schwenkbereich von 2 x 10 Grad über das Heck 25 t. Über den vollen 360-Grad-Kreis durften lediglich 22 t gehoben werden.

Auf Wunsch konnte jedoch eine weitere Ballastplatte von 1,5 t aufgelegt werden und somit die zulässigen Lastmomente bei größeren Auslegerlängen geringfügig gesteigert werden. Erst einige Jahre nach Erstauslieferung wurde die maximale Traglast der Baureihe auf 30 t erhöht.

Unterschlagen wir den nur einmal gebauten AK 52 mit 15 t Tragfähigkeit aus dem Jahre 1960, so war wohl der AK 65 der kleinste jemals in Serie gebaute reine Automobilkran in Gittermastausführung aus dem Hause Gottwald.

Der AK 65 konnte übrigens, wie seinerzeit üblich, genau wie auch die Mobilkranversion, ohne Abstützung arbeiten. Dann jedoch waren die zulässigen Auslegerlängen und Ausladungen stark eingeschränkt.

Das Auslegersystem, welches beim MK/AK 65 bereits vollkommen in Rohrkonstruktion gehalten war, bestand aus einem bis zu 38 m ausbaubaren Hauptausleger. Daran konnte überdies ein bis zu 10 m langer Spitzenausleger fest oder wippbar angebaut werden.

Alle Auslegerlängen konnten dabei mit dem eigenen Windwerk aufgerichtet werden. Für Längen ab 27,5 m plus 10 m musste allerdings eine zusätzliche Abstützung in rückwärtiger Fahrtrichtung an das Chassis angebaut werden. Am 38-m-Hauptausleger konnte bei einer Ausladung von 20 m noch genau 1 t über den Vollkreis gehoben und geschwenkt werden.

Der Kran war zudem mit dem erwähnten 4,5-t-Standardballast sowie mit 5,5 m langem Ausleger samt angebauter Montagestütze betriebsfertig verfahrbar. Das Transportgewicht betrug dann inklusive 25-t-Haken annähernd 33 t.

Falls vom Kunden gewünscht, konnte der Oberwagen auch mit einer Einrichtung geliefert werden, mit der es dem Kranführer möglich war, den Kran von diesem Arbeitsplatz aus auf der Baustelle in „Fernschaltung" zu verfahren.

Interessanterweise sind im Jahre 1969 auch zwei Oberwagen des 65ers auf Raupenfahrgestelle montiert und als RG 65 (Raupen Gerät) an eine deutsche Baufirma (Pintsch-Bamag in Butzbach) geliefert worden.

AK 703

Eine Weiterentwicklung des AK 65, welche ab 1969 eigenartigerweise unter der Bezeichnung AK 703 bei Gottwald gefertigt wurde, verfügte über einen verstärkten Rohrausleger. Nunmehr konnte der 10-m-Hauptausleger, mit allerdings 6 t aufgelegtem Oberwagenballast, immerhin 32 t bei einer Ausladung von 3,2 m heben. In rückwärtiger Richtung waren sogar 40 t x 3,2 m (2 x 10 Grad) zu heben. Ausbaufähig war dieser Ausleger bis auf 38 m (6 t x 7 m) und auch mit einem wiederum bis zu 10 m langen Spitzenausleger kombinierbar. Der Unterwagen dieses AK 703 erhielt seinerzeit eine über die gesamte Fahrzeugbreite (2,5 m) gehende Fahrkabine. Bei dieser Geräteentwicklung handelte es sich augenscheinlich um eine Sonderanfertigung, da sämtliche sechs Krane in die damalige DDR geliefert wurden.

AK 250 / MK 250

Als Steigerung zum 135 t hebenden AK 200 wurde im Mai 1964 die Hubleistung für einen Gittermastkran nochmals um 30 t überboten. Das Erstgerät, der MK 250, wurde als Aufsattelkran einmal mehr an den nahe Düsseldorf ansässigen Kranverleiher Toense geliefert. Gerade dieses Kranverleih- und Montageunternehmen hat in enger Zusammenarbeit mit den Kranbauern von Gottwald, insbesondere in den sechziger und siebziger Jahren, den Ansporn zum Bau immer stärkerer Autokrane gegeben.

MK 250 – gesattelt

Besagter MK 250, der Typbezeichnung nach also ein Mobilkran, wurde dieser Einstufung jedoch nicht vollkommen gerecht. Der Kran erhielt seine Mobilität durch eine Sattelzugmaschine und einen dreiachsigen Nachläufer der Marke Tang. Zwischen diesen beiden Fahrgestellen wurde der eigentliche Kransockel an Tragschnäbeln eingehängt. Bei der Hubarbeit musste das Gerät mittels ausgeschwenkter Stützarme und Spindelabstützung aufgebockt werden. Der Kran war also in keinster Weise geeignet, unter Last verfahren zu werden und so wurde er auch werkintern auf Traglasttabellen und Zeichnungen als Sattelschlepperkran bezeichnet.

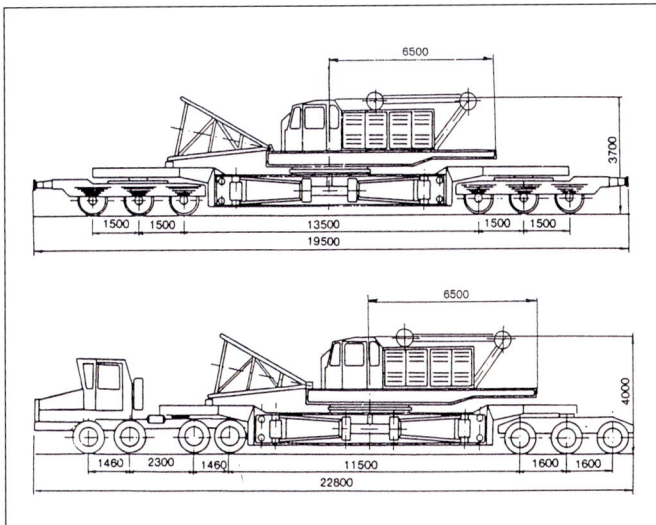

Maßzeichnung der zwei Transportmöglichkeiten für den ersten MK 250 für Toense (Sammlung Weinbach)

Links: Der Sockelkran vom Typ MK 250 ist hier beim Abtesten mit 90 t x 10 m zu sehen
(Sammlung Weinbach)

Mitte: Der Toense-Kran wurde, eingehangen zwischen zwei Tragschnäbeln, auf einem Dreiachs-Nachläufer und einer vierachsigen Faun-Zugmaschine transportiert
(Sammlung Gebhardt)

Recht: Für den Hub dieses rund 84 t schweren Teils wurde der 165-Tonner von Toense mit der Schwerlastspitze eingesetzt
(Sammlung Weinbach)

All dies änderte jedoch nichts an der Tatsache, dass der 250er seinerzeit mit 165 t Traglast bei 4 m Ausladung ein neuer Rekordhalter war. Am Einsatzort abgesattelt und aufgebaut, mussten zur Erlangung der notwendigen Standsicherheit neben dem knapp 63 t betragenden Oberwagenballast weitere Gewichtsplatten an dem Kransockel beziehungsweise an den Abstützarmen angehängt werden.

Als Sattelzugmaschine für den Standortwechsel diente ein bemerkenswerter vierachsiger Faun vom Typ L 1212/377 S 8 x 6. Das beschriebene Gespann brachte es auf eine Gesamtlänge von 22,8 m. Zudem konnte der Kranteil am Sockel mittels der Tragschnäbel zwischen zwei Eisenbahndrehgestelle eingehängt und so zur Einsatzstelle transportiert werden.

Der Reaktor muss noch warten. Erst werden noch weitere Ballastplatten auf dem Oberwagenheck des MK 250 aufgetürmt. Bei diesem Einsatz verblieben sowohl Nachläufer als auch Zugmaschine am Kran. Das erhöhte das Standmoment … Der 165-Tonner diente hier allerdings nur als Nachführkran für den MK 600 von Toense (Sammlung Weinbach)

Anfang 1966 ging ein nahezu identischer MK 250 an den gleichen Kranverleiher. Interessanterweise wurde dieser „MK-Oberwagen" Ende der siebziger Jahre mobilistisch enorm aufgewertet. Den Kranoberwagen hatte man seinerzeit kurzerhand auf ein einrahmiges Autokranfahrgestell (Typ KTT 2730-165 14 x 6) von SFB, eine hundertprozentige Toense-Tochter, aufgesetzt. An dessen sechsachsigen Unterwagen konnte zur besseren Gewichtsverteilung außerdem eine lenkbare Nachlaufachse angebolzt werden. Der Kranunterwagen brachte es so auf eine Länge von 15,5 m. Auch wurde die H-Abstützung (Länge x Breite gleich 8 x 6,7 m) bei Einsätzen nahe den Traglastgrenzen durch zwei zusätzliche Abstützungen (9,4 m Stützbreite) in Höhe des Unterwagendrehkranzes ergänzt.

Aufgrund sehr differenzierter Kundenwünsche das Fahrgestell betreffend, aber natürlich auch die Straßenverkehrsvorschriften der verschiedenen Exportländer berücksichtigend, gab es eine Vielzahl von Unterwagen für den 250er. Die Oberwagen hingegen unterschieden sich hauptsächlich in der teilweise abweichenden Motorisierung (KHD oder MWM) des diesel-elektrischen Antriebes. Bei dem Auslegersystem konnte sowohl mit Hauptausleger als auch mit angebolztem Spitzenausleger gearbeitet werden. Jeweils bei einer MK- und einer AK-Version kamen allerdings auch davon abweichende Mastsysteme zur Auslieferung, doch dazu später mehr.

Das angesprochene Standardauslegersystem sah zunächst einen Hauptausleger von bis zu 61 m vor. Bei dieser Länge konnten in steilster Stellung und somit bei 8 m Ausladung noch 46,5 t gehoben werden. Die Höchstlast von 165 t wurde allerdings bei lediglich 16 m Mastlänge und 4 m Ausladung bewältigt.

Der Hauptausleger konnte selbstverständlich auch mit einem Wipp-Spitzenausleger kombiniert werden. Dabei kam bis 44 m Wipplänge ein schwerer Spitzenausleger zum Einsatz. Bei längerem Wippausleger, 60 m waren möglich, wurde ein leichter Spitzenausleger montiert. In der zulässigen Kombination von 61 m plus 60 m wurden in den Traglasttabellen 6,1 t bei 24 m Ausladung und knapp 121 m Rollenhöhe aufgeführt. Zudem konnte an den Hauptausleger eine feste, 5 m lange Schwerlastspitze angebracht werden.

Links oben: Auch bei diesem Einsatz blieb ... zumindest die Zugmaschine am Kran ... –
Links unten: Für das leichtere Rangieren auf engen Baustellen hatte man bei Toense vorge-
sorgt. Das außergewöhnliche Heckfahrwerk entstand vermutlich in eigenen Werkstätten –
Mitte oben: Die verschiedenen Einsätze erfordern immer wieder neue Aufstellungskonfiguratio-
nen. Hier blieben Hilfsfahrwerk und vorderer Tragschnabel am Kransockel – Mitte unten: Das
Heckfahrgestell parkt samt seltener Pacific-Zugmaschine am Rande des Geschehens

(Oberdrevermann)

Rechts: So lang konnte sich der MK 250 machen

(Sammlung Weinbach)

Ein Ex-MK 250 von Toense wurde in den siebziger Jahren auf Sechsachs-SFB-Fahrgestell umgebettet und somit zum AK 250 aufgewertet. Man
beachte den zusätzlichen Stützträger nach der vierten Achse des Fahrgestells

(Zitka)

Links: Der geschleppte MK 250 von Van Twist wurde im Dezember 1965 von einer Faun-Zugmaschine nach Holland geschleppt (Leder)
Mitte: Beim Abtesten eines MK 250 mit Überlast wurden schon einmal 185 t bei 5 m Ausladung gestemmt
Rechts: Auch der AK 250-69 (mit sieben Achsen) wurde vor der Übergabe an den Kunden umfangreichen Belastungstests unterzogen
(Sammlung Weinbach)

Links: Mit 3,5 m Fahrgestellbreite sahen die Fahrzeuge schon recht beeindruckend aus (Sammlung Weinbach)
Mitte: Die 165-Tonner hatten durchgehende Doppelbereifung und normale H-Abstützung. Einer der 250er wurde über Jahre bei Cochez in Frankreich zum Einsatz gebracht (Neumann)
Rechts: Auch der belgische Schwerlastspezialist Sarens hatte gleich zwei „Gebrauchtkrane" vom Typ AK 250-69 in seinem Gerätepark (Luttje)

MK 250

Neben den schon beschriebenen beiden Toense-Geräten wurden in den Jahren 1965 bis 1967 noch drei weitere Mobilkranausführungen des 165-Tonners gebaut. Diese Krane verfügten jedoch allesamt über einen einrahmigen Unterwagen, waren also keine Sockelkrane. Zudem diente der im Oberwagen eingebaute luftgekühlte Acht-Zylinder-Diesel von KHD (Typ A 8 L714, 113 kW / 154 PS) neben dem diesel-elektrischen Kranantrieb auch zur Eigenverfahrbarkeit mit bis zu 12 km/h.

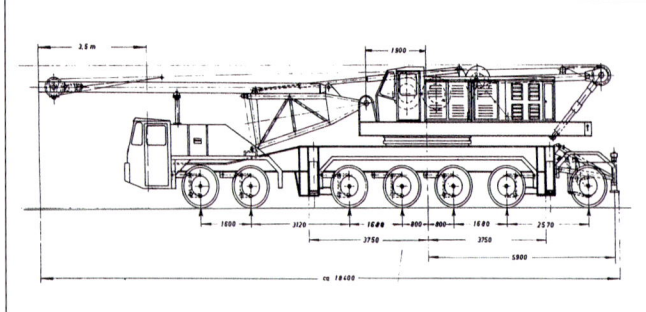

Maßskizze des Typ AK 250-69 (Sammlung Weinbach)

Der erste dieser MK 250 hatte ein eigentlich sechsachsiges, 3 m breites Fahrgestell und wurde Ende 1965 an den niederländischen Kranverleiher Van Twist (später bei Big Lift im Einsatz) geliefert. Besagte Achsen waren in drei Paaren gelagert. Eine zusätzliche Nachlaufachse konnte bei Bedarf zur Reduzierung der Achslasten bei Straßenfahrt angebolzt werden. Statt ihrer konnte auch bei schweren Lastfällen beziehungsweise beim Aufrichten besonders großer Auslegerlängen eine zusätzliche Abstützvorrichtung am Fahrgestellheck angebolzt werden. Der bei Straßenfahrt (etwa 82 t Transportgewicht) von einer geeigneten Schwerlastzugmaschine geschleppte Kran verfügte somit über die Achsfolge 2-4-1. Die entsprechend dazwischen angebrachten Schiebeholmabstützungen brachten es im Einsatzfall auf eine Abstützbasis von 7 x 7 m. Als Lenkachsen wurden die allesamt doppelt bereiften Achsen 1, 2, 5, 6 und 7 ausgeführt.

Die beiden anderen angesprochenen Geräte waren ebenfalls sechsachsig jedoch mit 4 m breitem Unterwagen für den reinen Industrieeinsatz ausgelegt. Geliefert wurden diese beiden Mobilkrane an die Badische Anilin & Soda Fabrik (BASF) in Ludwigshafen und an den französischen Atlantikhafen Le Havre. Letzterer erhielt ein schon angesprochenes spezielles Mastsystem mit zusätzlicher, hoch angebrachter Krankabine für den Hafeneinsatz und war somit eher als Hafenmobilkran einzustufen.

AK 250

Erstmalig im Sommer 1968 wurde der 250er-Oberwagen auf ein von Gottwald entwickeltes Autokranchassis aufgebaut. Dieser knapp 15 m lange AK 250-69 verfügte über sechs Achsen sowie eine zusätzliche Nachlaufachse (2 plus 4 plus 1). Besagte Nachlaufachse wurde seltsamerweise bei Gottwald in der Typbezeichnung nicht mitgeführt. Bemerkenswert bei diesem Chassis war, dass alle sieben Achsen doppelt bereift waren, wobei die Achsen 1 bis 3 sowie 6 und 7 (Nachlaufachse) gelenkt wurden. Drei dieser immerhin 3,5 m breiten Autokrane wurden in den Jahren 1968/69 nach Frankreich (Cochez, Kirwan) und England geliefert. Das Kirwan-Gerät, wie auch ein zweiter 250er, waren dann Jahre später bei Sarens in Belgien im Einsatz. Die Basis der H-Abstützung des AK 250 betrug Länge x Breite gleich 7,5 x 7,5 m. Als Fahrantrieb diente jeweils ein Zwölf-Zylinder-Turbo-Diesel von MWM, Typ TD 232-12, mit 303 kW / 412 PS. Der Oberwagen dieser Autokrane wurde von einem achtzylindrigen Turbo-Diesel des gleichen Motorenlieferers (TD 232-8) angetrieben, natürlich ebenfalls in diesel-elektrischer Ausführung. Auch gab es Zeichnungen bei Gottwald für einen AK 250-78 mit sieben Achsen plus Nachlaufachse (3 plus 4 plus 1) und nur 3 m Fahrzeugbreite. Derartige Geräte wurden letztendlich zum AK 260-78 für dann 220 t maximaler Traglast aufgewertet.

HAK 250

Im Jahre 1971 wurde ein letzter und noch dazu ganz besonderer AK 250-69, also ein Sechsachser-Autokranchassis mit diesel-elektrischem Kranantrieb, ins kanadische Toronto geliefert. Die dortige Hafenverwaltung hatte einen für den Umschlag von Schütt- und Stückgütern geeigneten Hafenmobilkran mit dem hierfür typischen Auslegersystem bestellt. Der Kran erhielt einen kurzen Turm mit erst in 12 m Höhe angelenktem 30-m-Wippausleger, der, wie für Hafenmobilkrane üblich, hydraulisch betätigt wurde. Neben der normalen Oberwagenkabine verfügte dieses Gerät natürlich auch über eine zusätzliche Krankabine am Turm, unmittelbar unter der Auslegeranlenkung. Somit wurde dem Bediener ein guter Überblick über Schiff und Ladung ermöglicht. Die Tragfähigkeit im Hafenumschlag betrug im Ausladungsbereich zwischen 9,75 m und 18 m immerhin 36 t. Bei der maximalen Ausladung von 25 m konnten noch 24 t gehoben werden. Zum Momentenausgleich war dann ein mehrteiliges Gegengewicht von insgesamt 63 t aufzulegen. Mittels eines am Oberwagenheck angebrachten Hilfshubwerkes konnte sich der Kran dabei selbsttätig auf- und abballastieren.

Bei einem erforderlichen Arbeitsplatzwechsel im Hafen konnte das Auslegersystem zum Unterfahren von Hindernissen auch komplett abgelegt werden. Die Auslegerspitze ruhte dabei auf einem kleinen zweiachsigen Nachläufer, bei Gottwald auch als „Teewa-

Oben links: Der aufgebaute HAK 250 während der normalen Container-Verladung im Hafen von Toronto – **Unten Mitte:** Für die Verlegung innerhalb des Hafens wurde der Ausleger komplett niedergelassen und auf einem „Teewagen" nachgeschleppt. Siehe zu diesem Gerät auch die weitere Aufführung bei den Hafenmobilkranen – **Unten rechts:** Der HAK 250 besaß hydraulische H-Abstützung, einen eigenen Heckkran zum eigenständigen Auf- und Abballastieren sowie den gewohnt diesel-elektrischen Antrieb für die Kranfunktionen (Sammlung Weinbach)

Technische Daten AK 250-69 auf Gottwald-Fahrgestell

Fahrgestell

Motor:	MWM-Dieselmotor TD 232-V12, 12 Zylinder, wassergekühlt, 303 kW / 412 PS bei 2300 U/min
Abstützung:	Doppelkasten-Ausführung, hydraulisch seitlich ausfahrbar bis 7,5 m, Abstützbasis L x B 7,5 x 7,5 m
Achsen:	Antrieb 14 x 6, Achsen 1 bis 3 sowie 6 und 7 sind lenkbar, Achsen 2, 4, 5 sind angetrieben, alle doppelt bereift, Bereifung 24-fach 12.00-24 Super M 18PR

Kraneinrichtung

Motor:	MWM-Dieselmotor TD 232-V8, 8 Zylinder, wassergekühlt, 129 kW / 176 PS bei 1800 U/min
Gegengewicht:	bis zu 63 t auf hinterer Oberwagenplattform, mehrteilig
Auslegersystem:	■ Hauptausleger: Grundausleger 16 m mit Montagestütze, Verlängerungsstücke von 4,5 und 9 m Länge, Hauptauslegerlänge 16 – 61 m ■ Wipp-Spitzenausleger: Grundausleger 32 m mit Spitzenlenker 6,5 oder 10 m Länge, Verlängerungsstücke von 4 m Länge, Hauptauslegerlänge 38,5 m – 61 m mit Spitzenausleger 32 – 60 m

gen" bezeichnet. Die Manövrierfähigkeit dieses dann knapp 55 m langen Ungetüms war dementsprechend stark eingeschränkt. Bessere Kurveneigenschaften wurden dann doch in zerlegtem Zustand des Auslegersystems erreicht.

Als Unterwagen erhielt das bei Gottwald auch als HAK 250 (Hafen-Automobil-Kran) geführte Gerät das 3,5 m breite Chassis des bekannten AK 250. Es wurde jedoch keine Nachlaufachse montiert. Dieses für einen im Hafeneinsatz befindlichen Kran unübliche Fahrgestell wurde ausgewählt, um auch die Straßenverfahrbarkeit zu erlangen. Während der Winter-Saison nämlich, wenn das Eis des Lawrence-Stroms die Schifffahrt behindert, konnte der Kran somit auch außerhalb des Hafengebietes als Montagekran eingesetzt werden. Seine nominelle Tragfähigkeit betrug dann maximal 105 t. Sowohl für den Unterwagenantrieb als auch für den diesel-elektrischen Antrieb des Oberwagens wurden zwei auf dem amerikanischen Kontinent gängige Cummins-Dieselaggregate eingebaut.

MK 75 / AK 75 / SK 75

MK 75

Nachdem in den Jahren 1957/58 von Gottwald diverse vierachsige Mobilkrane der 40- bis 60-t-Traglastklasse mit den Modellen MK 120 und MK 140 entwickelt wurden, hatte man als würdigen Nachfolger im Sommer 1964 einen neuen 50-Tonner auf nunmehr nur noch drei symmetrisch angeordneten Achsen präsentieren können. Dieser neue Ein-Motor-Mobilkran vom Typ MK 75/3S hatte zunächst ein 3,1 m breites Fahrgestell und einen ebenso breiten Kranoberwagen. Geliefert wurde das Gerät nach Frankreich. Weitere Krane gingen nachfolgend beispielsweise an die Luerssen-Werft in Bremen und an die Chemischen Werke Hüls in Marl, die inzwischen ein treuer Kunde waren. Käufer fanden sich für das Gerät jedoch auch in den Niederlanden (Van Seumeren), Belgien (BASF Antwerpen), Finnland und Italien. Ein größeres Kontingent (neun Geräte) wurde noch 1975/76 als jetzt vierachsiger MK 75-44 über die Firma Thyssen in den Iran vermittelt. Wie diese neue Fahrgestellvariante bereits zeigt, wurde der Grundtyp des MK 75 im Laufe der Jahre sowohl auf dreiachsige als auch vierachsige Fahrgestelle gesetzt, die zudem in den Unterwagenbreiten mit 2,8 m sowie 3,1 m oder gar 3,6 m variierten. Die dreiachsige Version zumindest hatte dann einen Zweiachs-Antrieb bei nur einer gelenkten Achse. Die größte Geschwindigkeit des vom Oberwagenmotor vorangetriebenen Krans betrug dabei gerade einmal 12 km/h. Die Abstützbasis der 3,1-m-Version betrug Länge x Breite gleich 6 x 6 m.

Als Oberwagendiesel wurde serienmäßig ein luftgekühlter Sechs-Zylinder-KHD-Motor vom Typ A 6L 714 mit 85 kW / 115 PS eingebaut. Davon abweichend kam bei explosionsgeschützter Ausführung für diverse Raffinerien ein wassergekühltes Aggregat aus dem Hause Mercedes-Benz zum Einbau. Auch die letzten Iran-Krane erhielten solche Motoren vom inzwischen zeitgemäßen Typ OM 402 mit immerhin acht Zylindern und einer Leistung von 188 kW / 256 PS.

Die zwischen 1964 und 1976 gebauten 28 Mobilkrane der Baureihe MK 75 wurden, abhängig vom Kundenwunsch, sowohl diesel-mechanisch als auch diesel-elektrisch (Leonard-Satz) angetrieben.

Als Standardausleger konnte ein Mast von 10 bis 45 m montiert werden, wobei die höchste Traglast von 50 t mit dem 10-m-Ausle-

ger bei 4 m Ausladung und in Arbeitsposition befindlicher Abstützung bewältigt wurde. Für den in 3,5-m-Schritten auf 45 m HA-Länge ausgebauten Ausleger gaben die Traglasttabellen dann Werte zwischen 12 t x 9 m und 2 t x 34 m her.

Als Sonderausführung konnte der MK 75 TDE angesehen werden. Dieser diesel-elektrische Mobilkran mit Turmdrehkran-Ausleger verfügte über einen steilstehenden 20-m-Turm mit einem horizontalen Laufkatzausleger. Bei seiner größten Ausladung von 18 m hob der Kran dann noch 6 t. Der Kran wurde seinerzeit speziell für den Fertighausbau konstruiert und konnte relativ schnell und ohne fremde Hilfe sein Mastsystem für den Transport zusammenfalten und auf einem Nachläuferfahrgestell ablegen. Leider blieb das Gerät laut Lieferlisten ein Unikat.

Eine weitere Auslegervariante war auch beim MK 75 der feste Gitterturm mit hoch angelenktem hydraulischen Wippausleger und diesel-elektrischem Antrieb für den Einsatz im Hafen. Zwei solcher Hafenmobilkrane wurden 1968/69 nach Frankreich und Finnland geliefert.

Drei serienmäßige diesel-mechanische Kranoberwagen des MK 75 wurden 1968 an den italienischen Mineralölkonzern AGIP in Mailand geliefert. Diese Kranteile fanden ihren neuen Einsatzort allerdings auf Bohrinseln.

Ein weiterer Kranoberwagen aus der 75er-Serie erhielt ebenfalls einen schwimmenden Untersatz. Die Basalt AG in Linz am Rhein bekam ihren Kranoberwagen mit hochgesetzter Krankabine im Jahre 1972 auf einen Ponton gesetzt, der fortan für Baggerarbeiten im Fluss eingesetzt wurde.

SK 75

Insgesamt drei 75er-Oberwagen wurden auch auf Schienenfahrgestelle gesetzt und als SK 75 bereits in den Jahren 1964 und 1966 nach Frankreich geliefert. Diese Krane auf vierachsigem Unterwagen hatten jedoch nur einen knapp 15 m langen Gitterausleger. Auch mit ausschwenkbaren Abstützungen versehen, lagen die zulässigen Traglasten jedoch nur bei maximal 35 t x 3,5 m.

AK 75

Eigentlich eher unüblich für die damalige Kranentwicklung im Hause Gottwald war, dass erst drei Jahre nach Erstauslieferung des 75er-Mobilkrans dessen Kranoberwagen auf ein Autokranfahrgestell montiert wurde. Der erste derartige AK 75 wurde dann im Juni 1967 an die Deutsche Bundesbahn in Frankfurt geliefert. Zwei weitere Geräte folgten nur wenige Monate später für den gleichen Kunden am Standort München. Die Krane wurden dort für Umschlagarbeiten (zum Beispiel Container) auf diversen Güterbahnhöfen eingesetzt. Ihren zerlegten Ausleger nahmen diese Fahrzeuge bei Einsatzstellenwechsel auf einem beigelieferten Anhänger gestapelt gleich selbst an die Hängerkupplung.

Bei dem Autokran selbst hatte man bei Gottwald ein vierachsiges Fahrgestell mit paarweise angeordneten Vorder- und Hinterachsen konstruiert. Vorne einfach bereift, war sowohl die zweite Vorderachse wie auch die beiden doppeltbereiften Hinterachsen dem Straßenvortrieb dienlich. Gelenkt wurde der knapp 36 t schwere AK 75 (ohne Auslegerfußstück und A-Bock) allerdings nur mittels der zwei Vorderachsen.

Für den AK 75 wurde seitens Gottwald auch erstmals die neue Typenschlüsselung angewendet. So konnten die hauseigenen Abtei-

Oben links: Von diesem MK 75-44 wurden 1975/76 insgesamt neun Geräte in den Iran geliefert. Da die Krane von Gottwald auch bei den Hafenmobilkranen geführt wurden, war ihr Einsatzgebiet wohl eher in Häfen zu finden – Oben Mitte: Dieser vierachsige MK 75-49 TDE mit Turmgerüst, hochliegender zweiter Kabine und Wipp-Spitzenausleger wurde 1968 nach Frankreich geliefert. Ein weiteres derartiges Gerät, allerdings in verstärkter Ausführung als MK 85-49, fand 1969 seinen Weg nach Uppsala, Finnland

(Sammlung Weinbach)

Oben rechts: Auf dem Rhein bei Linz arbeitete seit 1972 dieser Ponton-Bagger überwiegend beim Schüttgutumschlag und bei Flussbaggerungen (Weinbach)

Links: In gelbem Farbton übernahm die DB 1967 drei solcher Autokrane vom Typ AK 75 DE (diesel-elektrisch). Der kleine 50-Tonner war ein echtes Kraftpaket –
Mitte oben: Die DB-Geräte hatten auf einem Anhänger alles dabei, was man zum Heben benötigte. Der Ausleger sollte allerdings vor der Straßenfahrt noch ein wenig abgesenkt werden –
Mitte unten: Noch nicht mit komplettem Ausleger versehen, wurden die 50-Tonner bei der DB auch zum Container-Umschlag zwischen Lkw und Bahn eingesetzt –
Rechts oben: Tatsächlich wurde der Rohrausleger vor der Straßenfahrt neben der Zwei-Mann-Kabine niedergelegt. Die Sichtverhältnisse für den Fahrer mögen dabei eher bescheiden gewesen sein –
Rechts unten: Der Fahrer dieses AK 75-47 dürfte auf der Überführungsfahrt ins niederländische Utrecht bessere Sicht auf Straße und Umland gehabt haben als die Bundesbahn-Fahrer (Sammlung Weinbach)

247

lungen dem Kürzel AK 75-47 entnehmen, dass es sich um einen vierachsigen Kran mit diesel-elektrischem (7) Kranoberwagen handelte.

Bei der Abstützung des 2,75 m breiten Chassis hatte man sich in der Konstruktionsabteilung für eine eher seltene Ausführung entschieden. Die am Fahrzeugheck angebrachte Schiebeholmabstützung mit einer Stützbreite von 6,6 m war dabei noch als konservativ anzusehen. Für die vordere Abstützung wurde jedoch eine ausschwenkbare Abstützung mit gleichfalls 6,6 m Stützbreite eingebaut. Diese Schwenkarme wurden in Fahrstellung zwischen zweiter und dritter Achse an den Fahrgestellrahmen angelegt. Die Stützweite auf die Fahrzeuglänge bezogen betrug dabei 6,5 m.

Als Fahrgestellmotor kam der luftgekühlte KHD-Diesel vom Typ F 10 L 714 zum Einbau. Seine zehn Zylinder stellten eine auf 143 kW / 195 PS eingestellte Leistung zur Verfügung. Die schmale Fah-

rerkabine befand sich auf der linken Fahrzeugseite, bot zwei Personen Platz und ermöglichte gleichzeitig das Ablegen des Auslegerfußstücks mit Auslegerkopf neben der Kabine.

Als Oberwagenantrieb wurde wiederum ein luftgekühlter KHD-Sechs-Zylinder vom Typ A 6 L 714 (85 kW / 115 PS) eingebaut. Dieser trieb dann die Windwerke und das Drehwerk ganz nach Kundenwunsch entweder mechanisch oder aber elektrisch über die bekannte Leonard-Schaltung an. Sowohl die zwei Hubwerke als auch das Auslegereinziehwerk hatten eine Zugkraft von jeweils 6 t. Gleichfalls vom Auftraggeber mitzubestellen war die Fernschaltung, die dem Kranführer das Verfahren des aufgerüsteten Fahrzeugs von der Oberwagenkabine ermöglichte.

Die größte Traglast wurde von dem AK 75 mit 50 t x 4 m am kurzen 12-m-Ausleger erzielt. Der Hauptausleger in Rohrkonstruktion (900 x 1100 mm) konnte dann in Schritten von 3,5 m bis zu einer

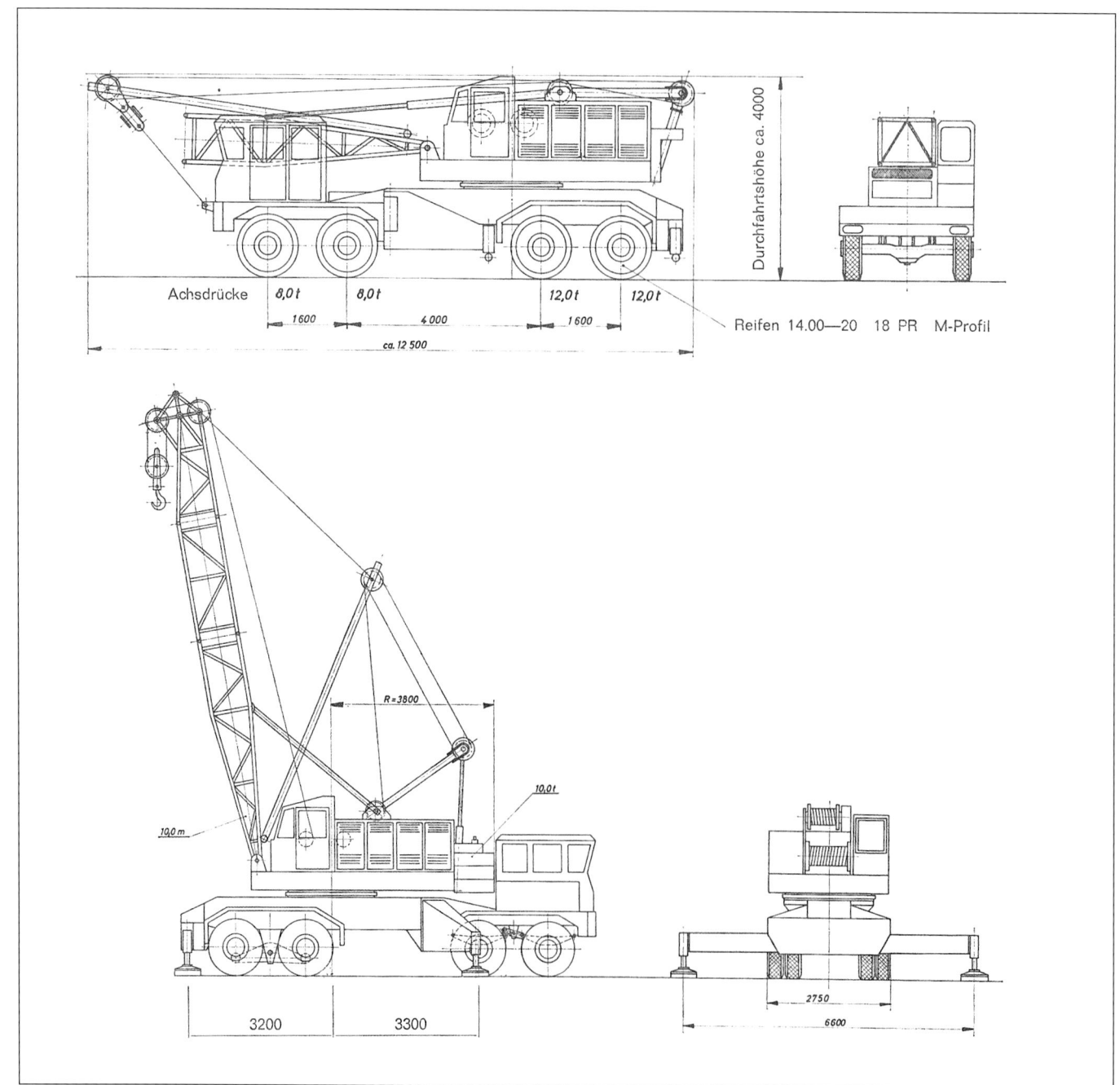

Maßskizze des Typs AK 75

(Sammlung Weinbach)

Fahrgestell

Motor:	KHD-Dieselmotor F 10 L 714, 10 Zylinder, luftgekühlt, 143 kW / 195 PS bei 2300 U/min
Abstützung:	Vorne ausschwenkbar auf 6,6 m Breite, hinten Einfachausziehholm, hydraulisch seitlich ausfahrbar auf 6,6 m, Abstützbasis L x B 6,5 x 6,6 m
Achsen:	Antrieb 8 x 6, Achsen 1 und 2 sind lenkbar, Achsen 2 bis 4 sind angetrieben, Achsen 1 und 2 einfach bereift, Achsen 3 und 4 doppelt bereift, 12-fach 14.00-20 18 PR M-Profil

Kraneinrichtung

Motor:	KHD-Dieselmotor A 6 L 714, 6 Zylinder, luftgekühlt, 85 kW / 115 PS bei 1800 U/min
Gegengewicht:	bis zu 10 t auf hinterer Oberwagenplattform, mehrteilig
Auslegersystem:	▪ Hauptausleger: Grundausleger 10 m mit Montagestütze, Verlängerungsstücke von 3,5 m Länge, Hauptauslegerlänge 10 – 45 m ▪ Spitzenausleger (fest 10° oder 30°): Grundausleger 5 m mit Spitzenlenker, Verlängerungsstücke von 5 m Länge, Hauptauslegerlänge 10 – 45 m mit Spitzenausleger 5 – 15 m ▪ Wipp-Spitzenausleger am Turm: Grundausleger 15 m mit Aufsetz- und Wipplenker, Verlängerungsstücke von 5 m Länge, Turmlänge 13,5 – 31 m mit Spitzenausleger 15 – 20 m

maximalen Länge von 45 m aufgerüstet werden. Für diese Länge ließen die Traglasttabellen Werte zwischen 12 t x 9 m und 1,7 t x 34 m zu. All diese Daten bezogen sich auf den standsicher abgestützten Kranunterwagen sowie über den vollen 360-Grad-Drehbereich. Das Kranfahrzeug konnte jedoch auch freistehend, bei natürlich blockierten Achsen arbeiten, wenn auch nicht unter Last verfahren. Für den 12-m-Ausleger waren hierbei immerhin noch zwischen 19,5 t x 4 m und 5,6 t x 10 m erlaubt. Am 45-m-Mast lagen die zulässigen Werte dann zwischen 5,1 t x 9 m und 0,7 t x 20 m. Für all diese Arbeiten hatte der Kranoberwagen heckseitig ein mehrteiliges Gegengewicht von 10 t aufgelegt.

Die größte Rollenhöhe von knapp 60 m wurde allerdings mit der möglichen Kombination aus 45 m Hauptausleger und 15 m Spitzenausleger (5,6 t x 14 m) erzielt. Die Spitze wurde dabei entweder unter 10 Grad oder aber 30 Grad zum Hauptausleger fest verspannt. Der Spitzenausleger (700 x 900 mm) selbst konnte in Längen von 5 m (maximal 12 t Traglast), 10 m (9 t) und eben 15 m (6 t) angebaut werden.

Eine weitere mögliche Auslegerkonfiguration beim AK 75 war die mit Turm und Wipp-Spitzenausleger. Hierbei konnte der senkrecht stehende Hauptausleger, natürlich gegen rückwärtiges Umstürzen mittels Rückfallstütze gesichert, in einer Länge zwischen 13,5 m und 31 m montiert werden. An eine spezielle Turmspitze wurde dann der unter Last verstellbare Spitzenausleger angebolzt. Dieser konnte in Längen von 15 m oder aber 20 m montiert werden. Für die Verstellmöglichkeit wurde dann ein sogenannter Aufsetzlenker sowie ein Wipplenker benötigt. Die Werte für die größtmögliche Kombination von 31 m Turm plus 20 m Wippspitze lagen zwischen 18 t x 7 m und 6 t x 20 m. Für die Turmvariante wurde dann ein reduzierter Ballast von nur noch 8 t benötigt.

Von dem beschriebenen Autokran des Typs AK 75 wurden zwischen 1967 und 1970 insgesamt neun Exemplare gefertigt. Ein Verkaufsschlager wurde dieser 50-Tonner somit auch nicht. Doch die schnell angestellten Vergleiche zu den heutigen Fertigungszahlen der bekannten Fahrzeugkranhersteller sind eben nicht zulässig, ja sogar fahrlässig. Es liegen halt rund 40 Jahre Kranbau zwischen solchen Vergleichen und die Autokrane waren damals noch lange nicht so verbreitet, wie dies um die Jahrtausendwende der Fall ist, wo man hinter jedem Bauzaun einen Autokranausleger vermuten darf.

Jedenfalls gingen neben den bereits genannten drei Bundesbahn-Geräten zwei solche Krane in die DDR (IMO Leipzig). Die Firmen Dijk im niederländischen Utrecht, Louis Fricke (Braunschweig) und Schroer (Dortmund) erhielten gleichfalls ein solches Hebezeug. Den letzten AK 75 verschlug es Anfang 1970 gar ins brasilianische Sao Paulo.

AK 130 / MK 130

AK 130

Der Autokran vom Typ AK 130 für maximal 70 t Traglast wurde im September 1965 erstmalig an den Schwerlastspezialisten Toense ausgeliefert. Der Kran war der etwas abgespeckte kleine Bruder des knapp ein Jahr zuvor präsentierten AK 150 (80 t). Der neue 70-Tonner verfügte nunmehr standardmäßig über ein 3 m breites, vierachsiges Fahrgestell, wobei die Achsen paarweise angeordnet waren. Die beiden einfach bereiften Vorderachsen hatte man hierbei als Lenkachsen ausgeführt. Angetrieben wurden an dem Unterwagen die Achsen 2 bis 4, wobei die zwei Hinterachsen doppelt bereift waren. Als Antriebsmotor kam, wie seinerzeit üblich, ein luftgekühlter KHD-Diesel zum Einbau. Dieser Zehnzylinder vom Typ F 10 L 714 stellte eine Leistung von 177 kW / 240 PS zur Verfügung, die dann über ein ZF-Sechs-Gang-Getriebe an die drei Antriebsachsen weitergeführt wurden. Die mögliche Umschaltung zwischen Straßengang und sogenanntem „Berggang" machte eine zusätzliche Anpassung an die Untergrundgegebenheiten ein wenig einfacher. Die maximale Fahrgeschwindigkeit des knapp 41 t schweren Grundgerätes ohne Auslegerteile und Ballast lag bei rund 50 km/h.

Die klassische H-Abstützung verfügte über hydraulische Schiebeholme hinter der zweiten und letzten Achse und kam so auf eine Abstützbasis von Länge x Breite gleich 5,6 x 6 m.

Der Kranoberwagen bekam, wie hätte es anders sein können, gleichfalls einen luftgekühlten A 6L 714 aus dem Hause Klöckner Humboldt-Deutz eingepflanzt. Seine 85 kW / 115 PS trieben einen nachgeschalteten Leonard-Doppelgenerator-Satz (2 x 30 kW) an. Somit wurden sämtliche Kranbewegungen diesel-elektrisch angetrieben. Dabei waren wiederum zwei Bewegungen gleichzeitig und

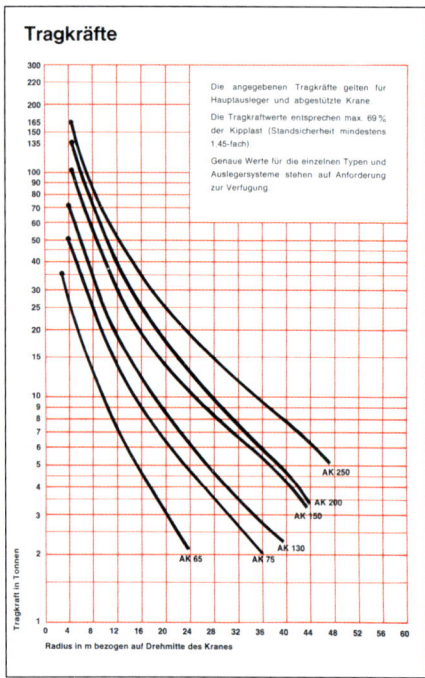

Tragkräfte

Die angegebenen Tragkräfte gelten für Hauptausleger und abgestützte Krane.

Die Tragkraftwerte entsprechen max. 69 % der Kipplast (Standsicherheit mindestens 1,45-fach).

Genaue Werte für die einzelnen Typen und Auslegersysteme stehen auf Anforderung zur Verfügung.

AK 250
AK 200
AK 150
AK 130
AK 65
AK 75

Tragkraft in Tonnen

Radius in m bezogen auf Drehmitte des Kranes

Oben links: Der Ausleger des AK 130 sah schon recht kräftig aus. Der Aufrichtebock war gegenüber dem sehr ähnlich aussehenden AK 150 der ersten Serie wesentlich schmaler –
Oben Mitte: Die Firma Toense erhielt 1965 den ersten AK 130 DE –
Oben rechts: Bei diesem Hub teilen sich ein AK 160 (links), ein AK 130 und der MK 600 (hinten) die Arbeit –
Mitte links: In Fahrstellung bekam der Kranführer die ersten Meter des Rohrauslegers neben der Fahrkabine abgelegt –
Mitte rechts: Heute ein Fall für einen Teleskopkran oder einen Wrecker. Damals, sprich in den sechziger Jahren, musste der 70-Tonner von Riga in Mainz aushelfen –
Unten links: Traglast-Übersicht der Ende der sechziger Jahre verfügbaren Gittermast-Autokrane (AK) bei Gottwald   (Sammlung Weinbach)
Unten rechts: Hier ist einer der beiden Hamburger MK 130 TDE, allerdings nur mit kurzem Turm ausgestattet, zu sehen   (Schacke)

unabhängig voneinander sowie vor allem lastunabhängig möglich. Der Krankunde konnte auch wieder eine Fernschaltung als Option mitbestellen. Somit war es dem Kranführer möglich, das aufgerüstete Gerät bei kurzen Standortwechseln auf der Baustelle von der Kranführerkabine aus zu fahren, zu lenken und zu bremsen.

Der in Rohrkonstruktion gehaltene Ausleger hatte eine kürzeste Länge von 10 m. In abgestütztem Arbeitszustand ergab sich somit die maximale Traglast zunächst mit 70 t x 3,7 m, allerdings nur in einem eingeschränkten Schwenkbereich von 2 x 5 Grad zu beiden Seiten des Fahrzeughecks. Für den vollen Drehkreis lag der zulässige Wert dann bei lediglich 60 t (22 t x 10 m). Als Gegengewicht waren hierfür am Oberwagenheck insgesamt 16 t in mehreren Blöcken aufzulegen.

Der Hauptausleger konnte durch den Anbau von 4-m-Stücken auch auf bis zu 50 m verlängert werden. Hier ließen die Traglastta-

bellen dann 360-Grad-Werte zwischen 13,9 t x 10 m und 2,1 t x 30 m zu. Arbeiten konnte der AK 130 jedoch auch bei einem reduzierten Gegengewicht von nur 9 t, was natürlich eine Herabsetzung der Traglastwerte zur Folge hatte.

Bei späteren Lieferungen des AK 130 konnte der Hauptausleger auch auf immerhin 62 m ausgebaut werden. Dessen Traglastwerte lagen dann zwischen 6,8 t x 12 m und 1,6 t x 30 m.

Die maximale Rollenhöhe konnte zudem durch den festen Anbau eines Spitzenauslegers an den Hauptausleger gesteigert werden. Waren hierbei zunächst 50 m plus 10 m möglich, so waren es in der modifizierten Version 50 m plus 15 m beziehungsweise 54 m plus 10 m. In der letzten Kombination lagen dann die Tabellenwerte zwischen 7,4 t x 14 m und 1,8 t x 30 m. Dabei war dann weniger die Rollenhöhe ausschlaggebend als viel mehr die Möglichkeit hoch liegende Hindernisse zu überwinden.

Gefertigt wurden von dem beschriebenen AK 130 im Zeitraum von 1965 bis 1970 insgesamt 16 Geräte. Neben dem anfangs erwähnten Erstgerät für Toense waren als weitere Kunden festzuhalten: Riga Mainz, Hofmann (Paderborn), Colonia (Köln) und Dillinger Stahlbau. Ein Kontingent von immerhin sieben dieser Autokrane wurde in die damalige DDR geliefert. Hier war zunächst das Bau und Montagekombinat Süd in Leipzig als Empfänger zu nennen. Im Jahre 1970 gingen die letzten sechs gefertigten AK 130 allesamt an die Industrie Montage (IMO) in Leipzig. Die Thyssen-Stahlunion setzte ihre zwei erworbenen Krane offensichtlich ab 1967 bei Bauprojekten im Iran ein. Zwei weitere AK 130-43 (diesel-hydraulisch) wurden zudem im Jahre 1968 nach Italien geliefert.

MK 130

Die als MK 130 hergestellten drei Mobilkran-Geräte sollen hier nicht vergessen werden, doch handelte es sich dabei nicht um standardmäßige Mobilkranvertreter mit klassischem Hauptausleger und zusätzlichem Spitzenausleger. Vielmehr fanden diese Krane als MK 130 TDE ihren Eintrag in den Gottwald-Lieferlisten. Den ersten dieser diesel-elektrischen Turmkrane erhielt bereits wenige Tage nach dem Toense-AK (1965) die Firma Montagebau Thiele in Hamburg, die auch im Februar 1967 einen zweiten derartigen Kran übernahm. Das dritte Exemplar wurde im Jahre 1966 ins französische Lyon exportiert.

Mit dem zunehmenden Aufkommen des Fertigteile-Hochbaus war das Teilegewicht zunächst stark abhängig von den Tragfähigkeiten (etwa 4 t) der üblicherweise eingesetzten Turmdrehkrane

---

Technische Daten AK 130 (diesel-elektrisch)

Fahrgestell

Motor:	KHD-Dieselmotor F 10 L 714, 10 Zylinder, luftgekühlt, 177 kW / 240 PS bei 2300 U/min 6 Vorwärtsgänge, 1 Rückwärtsgang
Abstützung:	Doppelkasten-Ausführung, hydraulisch seitlich ausfahrbar bis 6 m, Abstützbasis L x B 5,65 x 6 m
Achsen:	Antrieb 8 x 6, Achsen 1 und 2 sind lenkbar, Achsen 2 bis 4 sind angetrieben, Achsen 1 und 2 einfach bereift, Achsen 3 und 4 doppelt bereift, 12-fach 14.00-20 18 PR M-Profil

Kraneinrichtung

Motor:	KHD-Dieselmotor A 6 L 714, 6 Zylinder, luftgekühlt, 85 kW / 115 PS bei 1800 U/min
Gegengewicht:	bis zu 16 t auf hinterer Oberwagenplattform, mehrteilig
Auslegersystem:	■ Hauptausleger: Grundausleger 10 m mit Montagestütze, Verlängerungsstücke von 4 und 8 m Länge, Hauptauslegerlänge 10 – 62 m ■ Spitzenausleger (fest): Grundausleger 10 m mit Spitzenlenker, Verlängerungsstücke von 5 m Länge, Hauptauslegerlänge 10 – 50 m mit Spitzenausleger 10 – 31 m

---

und die waren eher als gering zu bezeichnen. Die dann verstärkt eingesetzten Zwei-Motoren-Autokrane waren jedoch für den oft monatelangen Einsatz auf solchen Baustellen viel zu kostenintensiv. Mit dem überzeugend starken MK 130 TDE sollte in dieser Hinsicht ein mehr als annehmbarer Kompromiss gefunden werden, der die zu verbauenden Bauteilgrößen beziehungsweise deren Gewicht enorm steigerte. Zudem konnte dieser Mobilkran, anders als die in ihrem Einsatzfeld doch sehr eingeschränkten Turmdrehkrane, auf der Baustelle mit Eigengeschwindigkeit versetzt werden.

Und so war der 3,1 m breite Unterwagen des MK 130 TDE mit seinen vier paarweise in ungefederten Balanciers angeordneten Achsen (24-fache Bereifung) auf der Baustelle recht mobil. Bedingt durch die Achsausführung konnte auch eine gute Anpassung des Fahrwerks an Bodenunebenheiten gefunden werden. Alle Achsen waren überdies als Differentialachsen ausgeführt und sorgten somit für einen durchzugsstarken Allradantrieb.

Die maximal mögliche Fahrgeschwindigkeit war dabei mit gerade einmal 2,5 km/h völlig ausreichend. Gelenkt wurde der „Turmdrehkran" auf Reifen übrigens durch die vordere und hintere der vier Achsen. Für das sichere Arbeiten auf dem Bau musste der Unterwagen natürlich entsprechend abgestützt werden. Die hydraulisch betätigten Schiebeholme mit Stützzylindern ergaben hier eine Abstützbasis von Länge x Breite gleich 6,5 x 7 m.

Für längere Fahrten zwischen den einzelnen Baustellen wurde das Grundgerät mittels einer Zugdeichsel, die mit dem Lenksystem verbunden war, von einer geeigneten Zugmaschine geschleppt. Der Eigenfahrantrieb wurde hierzu natürlich ausgekuppelt.

Der Kranoberwagen mit seinem bewährt diesel-elektrischen Antrieb (Leonard-Satz) wurde von einem gewohnt luftgekühlten KHD-Sechs-Zylinder-Diesel wie in der Autokranversion versorgt.

Der Ausleger nun war das Besondere an dem Mobilkran. Hier wurde ein senkrechter Turm, gegen Zurückschlagen durch einen Teleskopstützbock gesichert, auf dem Kranoberwagen aufgebaut. Die Turmhöhe konnte dabei zwischen 10 und 38 m (4-m- und 8-m-Stücke) variiert werden. Oberhalb der in der Turmspitze untergebrachten Kabine für den Kranführer hatte man den wippbaren Spitzenausleger angelenkt. Dieser wurde mittels Aufsetzlenker und Wipplenker gehalten beziehungsweise in seiner Neigung verstellt. Die Länge des Spitzenauslegers betrug maximal 20,5 m. Die maximale Traglast des MK 130 TDE betrug in der Kombination 10-m-Turm plus 17-m-Spitzenausleger immerhin 24 t x 6 m bei einer Rollenhöhe RH von 29,5 m (8,8 t x 18 m, RH = 18,6 m). Für den Betrieb mit 38-m-Turm und montierter 20,5-m-Spitze lagen die Traglastwerte zwischen 13,5 t x 6 m (RH = 61,2 m) und 7,1 t x 21 m (RH = 48,7 m). Bei diesen Eckdaten musste erst einmal ein würdiger Konkurrent gefunden werden.

Der aufzulegende Oberwagenballast von 12 t trug nicht unerheblich zur Standsicherheit des mobilen Turmdrehkrans bei. Hier sei angemerkt, dass die Tragkraft des MK 130 abhängig von der Steilstellung des Auslegers auch bei maximaler Last lediglich zwischen 13 und 50 Prozent der gefürchteten Kipplast lag. Somit konnte der Kran, je nach Turmhöhe, auch noch bis zu zwölf Windstärken (nach Beaufort) sicher stehen.

Ein Blick in die Traglasttabellen zeigte zudem, dass der Kran auch freistehend ohne Abstützung über 360 Grad arbeiten, sprich heben durfte. Hier waren immerhin 13,5 t bei 38-m-Turm plus 20,5-m-Spitze und 6-m-Ausladung zu meistern. Für eine Ausladung von 21 m lag dieser Wert dann bei beachtlichen 2,4 t. Soviel zur Leistungsfähigkeit dieses Turmkran-Riesen.

Wie der gemeinsamen Behandlung in einem Typenkapitel bereits zu entnehmen ist, handelte es sich bei obigen Krantypen nicht unbedingt um völlig voneinander abweichende Hebezeuge. Vielmehr ähnelten die Geräte sich sehr stark, insbesondere was das Kranoberteil betraf und dies obwohl sich der Bau der insgesamt zehn gefertigten Exemplare über einen Zeitraum von ebenso vielen Jahren hinzog. Entsprechend gingen natürlich auch neue Materialien und insbesondere Erfahrungswerte in die Weiterentwicklungen ein, so dass die Traglasten der einzelnen Typen stetig hochgesetzt werden konnten.

Augenfälligste Unterscheidungen waren im Transportmittel selbst, also im Kranunterwagen zu finden. Hier gab es den Mobilkran, der auf der Baustelle mit Eigenantrieb bei geringer Geschwindigkeit verfahren werden konnte, wie auch den Sockelkran, der nur zum Baustellenwechsel mit entsprechenden Radsätzen versehen wurde. Letzterer wurde sowohl im Deichselbetrieb geschleppt wie auch teilweise aufgesattelt zum nächsten Einsatz verbracht. Aller Anfang für die neue umfangreiche „Baureihe" war jedoch ein gleichsam schwerer.

MK 500-88 – Van Twist

Mitte der 1960er Jahre sollten die Kranspezialisten aus Düsseldorf eine Anfrage zum Bau eines Mobilkrans der 300-t-Klasse aus dem benachbarten Ausland erhalten. Das sprengte alles bislang da gewesene, war doch der für lediglich 165 t ausgelegte MK 250 aus dem Jahre 1964 der bisherige Rekordhalter und das nicht nur im Gottwald-Programm. Für den angefragten 300-Tonner stieß man einmal mehr in neue „Grenzbereiche" vor. Doch was heißt schon Grenzbereich, hatten doch die Reisholzer Konstrukteure schon mehrfach bewiesen, dass deren Entwicklungsziele in immer größere Höhen und Gewichtsklassen schier unbegrenzt waren. Der neue Kranriese sollte jedoch ganz neue Anforderungen an die Erbauer stellen. Den eigentlichen Kranteil sah man dabei zunächst als relativ einfach zu lösendes Problem an. Da der Kran jedoch über ein eigenes Fahrwerk für bessere Mobilität auf der Baustelle verfügen musste und nicht als reiner Sockelkran entsprechend unbeweglich „abgestellt" werden sollte, waren zunächst die Fahrwerks-Ingenieure gefragt. Bei den zu erwartenden Gewichten des Kranoberwagens und dies bereits ohne Anbauteile wie Ausleger und Gegengewicht, musste erst einmal ein entsprechend dimensioniertes Chassis entwickelt werden. Da der Kran mit „Krantopf" noch nicht zur

Verfügung stand, musste auf einen verwindungssteifen Fahrgestellrahmen mit den für diese Traglastklasse erforderlichen Abstützarmen zurückgegriffen werden. Hier baute man für den niederländischen Kranverleiher Van Twist, dies war nämlich der Auftraggeber, ein überaus imposantes achtachsiges Fahrgestell. Dabei hatte man sich an dem siebenachsigen Unterwagen des genau zwei Jahre zuvor gleichfalls an Van Twist ausgelieferten MK 250 (165 t) orientiert und einfach eine Achse vorgebaut. Die ausschließlich doppelt bereiften Achsen hatten somit in Schlepprichtung gesehen die Achsfolge 3-4-1, mit den dazwischen liegenden Anbolzungen für die Abstützarme. Der neue Krantyp, der die Bezeichnung MK 500-88 (3 m Breite, diesel-elektrisch) erhalten hatte, wurde schließlich kurz vor Weihnachten 1967 an den stolzen Besitzer ausgeliefert. Um das Gerät jedoch auf ein straßentaugliches und zudem erlaubtes Transportgewicht von annähernd 92 t zu bringen, musste der Kran ein wenig geleichtert werden.

Die Oberwagenkonstrukteure entschieden sich dabei für eine Teilung besagten Oberwagens. Das Heckteil, welches das Auslegerverstellwerk und die Hubwerkswinde 1 samt darauf abgelegtem Aufrichtebock aufnahm, wurde getrennt verfahren. Somit konnte der Kran für den Transport um knapp 38 t leichter gemacht werden. Genau so wurde auch bei den nachfolgend ausgelieferten Kranen vorgegangen, lediglich der letzte Kran, ein MK 660 erhielt als einziger einen durchgehenden Kranoberwagen ohne die Möglichkeit des Auftrennens.

Der 3 m breite und 14,75 m lange MK 500-Unterwagen hatte übrigens die Achsformel 16 x 8, was auf vier angetriebene Achsen (4 bis 7) schließen lässt. Gelenkt wurde das Fahrgestell bereits mittels hydraulischer Servo-Lenkung der Achsen 1 bis 3 und 6 bis 8. Dem Eigenantrieb diente dabei der Oberwagen-Diesel vom Typ KHD F 10 L 714 mit seinen zehn Zylindern und der eingestellten Dauerleistung von 154 kW / 210 PS. Der Fahrantrieb erfolgte bei diesem Mobilkran diesel-mechanisch über ein Sechs-Gang-Schaltgetriebe mit Rückwärtsgang. Die Eigenfahrgeschwindigkeit betrug vorwärts zwischen 0,8 und 5,9 km/h, wohingegen rückwärts maximal 0,97 km/h möglich waren. Im Schlepp einer starken Zugmaschine waren für das Ungetüm immerhin 50 km/h zulässig.

Der gewaltige Mobilkran vom Typ MK 500 konnte allerdings nicht wie so manch Vorgängertyp freistehend auf der Baustelle seiner Verrichtung nachkommen, hierfür benötigte er vier mächtige Abstützarme. Diese schräg am Unterwagen angebolzten Stützen waren allerdings mehrteilig und konnten je nach Einsatzart oder auch Baustellenplatzverhältnissen in insgesamt vier Längen angebaut werden. Die kleinste Basis war hierbei Länge x Breite gleich

Links: Der erste Kran der „Serie MK 500/600" war der selbstfahrende Mobilkran MK 500 (350 t) für Van Twist (Sammlung Weinbach)
Mitte: Der Oberwagen des MK 500 wurde teilbar ausgeführt. Auch die Abstützarme wurden gestückelt ausgeführt und für den Einsatz verbolzt –
Rechts: Der Kranführer hatte seinen Arbeitsplatz nahezu im Mittelpunkt des Krangeschehens. Sowohl die Stützarme als auch die schweren Gottwald-Achsen verliehen dem inzwischen zum 350-Tonner erklärten MK 500 ein imposantes Aussehen (Oberdrevermann)

Links: Beim Einheben eines Reaktordruckfasses für ein Kernkraftwerk bekam der MK 500 von Van Twist tatkräftige Unterstützung von dem einige Monate jüngeren MK 600 von Toense – Mitte: Das Wahrzeichen Rotterdams, der Euromast, wurde im Jahre 1970 mit Hilfe des 350-Tonners und seiner Wippspitze um 81 m auf dann 185 m erhöht. Der Kran hat die Teile mit bis zu 15,3 t Gewicht allerdings nur bis zu einer Höhe von 138 m gehoben. Die Montage der letzten Teile bis auf 185 m Gesamthöhe übernahm ein auf der Plattform errichteter Nadelausleger – Rechts: Auch mit festem Spitzenausleger, hier schon unter Big Lift-Flagge des neuen Besitzers, war der MK 500 einsetzbar   (Sammlung Weinbach)

10,9 x 8,5 m, die größte Standfläche betrug 14,5 x 14,5 m. Aus Stabilitätsgründen wurden die Stützarme dann untereinander beziehungsweise mit dem Fahrgestellrahmen über dicke Stahltrossen verspannt. Jeder der Stützarme erhielt an seinem wiederum hydraulisch betätigten Stützzylinder vorerst eine einfache Stützplatte. Die nachfolgend gebauten Krane der besagten Baureihen verfügten dann zur besseren Druckverteilung über Abstützschwingen mit jeweils zwei Stützplatten.

Der bereits angesprochene luftgekühlte Oberwagendiesel war natürlich auch für die eigentlichen Kranbewegungen wie Drehwerk, Auslegerverstellwerk und die beiden Hubwerke zuständig. Hier erfolgten die Kraftübertragungen auf die Motoren allerdings zeitgemäß diesel-elektrisch. Der Zehnzylinder war hierfür mit einem Gleichstrom-Doppelgenerator (0 bis 440 V) sowie einem Erregergenerator (220 V) verbunden. Diese Leonard-Schaltung ließ eine lastunabhängige Steuerung bei zwei gleichzeitig voneinander unabhängigen Bewegungen zu. Die beiden Hubwerke I und II verfügten jeweils über 15-t-Seilzüge und das Auslegerverstellwerk über einen 2 x 15-t-Seilzug. Ein identisches Oberwagen-Antriebspaket besaßen auch alle nachfolgend zu beschreibenden Krane der Baureihe MK 500 / 600 / 650 / 660. Ausnahme war der Oberwagendiesel des letztgebauten MK 660, der wieder einmal ein wenig abwich. Das Gerät sollte allerdings auch erst im Jahre 1976 zur Auslieferung kommen. Besagter Kran hatte denn auch einen KHD-Diesel vom Typ F 10 L 413 mit gleichfalls zehn Zylindern, jedoch einer gesteigerten Leistung von 210 kW / 285 PS.

Was den Steuerstand des Kranführers betraf, so war dieser ganz unüblich unmittelbar an der Oberwagenfront, praktisch zwischen den Aufnahmen des Auslegerfußstückes angebracht. Wohl auch aufgrund der eingeschränkten Sichtverhältnisse wurde bei späteren Auslieferungen eine zusätzliche Kabine, die sich an einem seitlich ausschwenkbaren Gitterträger befand, montiert.

Das eigentliche Werkzeug des Krans, der Ausleger, war in seiner kürzesten Ausführung genau 17 m lang. Neben dem Fußstück wurden hierzu noch zwei konische Zwischenstücke und das Kopfstück benötigt. Für diesen Ausleger war dann auch die maximale Hublast von bislang unerreichten 300 t x 6,5 m zutreffend. In flachster Stellung bewältigte der MK 500 dann noch 122 t x 17 m. Was die Höchstlast betraf, so hatte der Kran die gewohnt hohen Reserven, so dass er im weiteren Verlauf seines Einsatzdaseins als 350-t-Gerät vermietet wurde. Die Betreibertabellen wiesen diese 350 t x 6,5 m jedenfalls später aus.

Der Ausleger konnte durch entsprechende Zwischenstücke (2 x 6 m, 1 x 12 m, 4 x 15 m) verlängert werden und zwar bis auf 101 m, eine gleichfalls neue Rekordmarke. An diesem 101-m-Ausleger konnten dann beachtliche 60 t x 16 m oder aber 3 t x 60 m gehoben werden.

Für spezielle Schwerlasthübe und ein besseres Handling der Last konnte der Hauptausleger auch mit einer 8,5 m langen Schwerlastspitze kombiniert werden. Diese gleichfalls in Gitterkonstruktion gehaltene Spitze ermöglichte beim Anbau an den kurzen 17-m-Hauptausleger eine maximale Traglast von 220 t x 9 m. Montiert werden konnte der 8,5-m-Stummel bis zu einer Hauptauslegerlänge von 83 m (69,5 t x 18 m).

Als weitere Möglichkeit konnte der Hauptausleger (HA) mit einem festangebauten Spitzenausleger (SpA = 15 bis 50 m) erweitert werden. Für diese Kombination waren maximal 71 m HA plus 50 m SpA (27,5 t x 28 m) möglich. Bei beachtlichen 80 m Ausladung lag der zulässige Traglastwert bei 7,4 t. Für größere Hauptauslegelängen war der Spitzenausleger dann entsprechend zu reduzieren (maximal 89 m plus 15 m mit 42,8 t x 20 m).

Noch größere Höhen wurden in der Kombination von steilstehendem Turmausleger (23 bis 83 m) und 25 bis 75 m langem wippbaren Spitzenausleger erreicht. Zur Anlenkung von Wippspitze, Drucklenker und Wipplenker musste dann ein spezieller, gekröpfter Turmauslegerkopf montiert werden. Bei der maximalen Kombination von 83 m plus 75 m lagen die Traglastwerte zwischen 10 t x 28 m (160 m Rollenhöhe!) und 4,5 t x 76 m.

Links: Recht imposant war auch der MK 500-88, hier in Fahrstellung mit entferntem Heckteil, der fast 30 Jahre in der damaligen DDR arbeitete – Mitte: Der „Aufbaukran" besaß schwere Gottwald-Achsen aus Düsseldorfer Fertigung und recht massive Stützarmanlenkungen am Fahrgestellrahmen (Neumann)
Rechts: Hauptabmessungen des MK 500-88 (300 t) für IMO Merseburg (Sammlung Weinbach)

Mit derartigen Auslegerkombinationen wurden fortan völlig neue Arbeitsmethoden bei Hochbauprojekten ermöglicht. Um all diese Lastfälle sicher durchführen zu können, gab es äußerst umfangreiche Lasttabellen. Hier kamen dann als weitere, von der Kranmannschaft zu berücksichtigende Parameter die unterschiedlichen Abstützweiten und die möglichen Gegengewichtsvorgaben (zwischen 50 t und 100 t) hinzu.

MK 500-88 – IMO Merseburg

Von dem oben beschriebenen MK 500-88 in der selbstverfahrbaren Achtachs-Fahrgestellversion (3 m breit) sollte erst volle vier Jahre nach der Erstauslieferung ein weiteres und zugleich letztes Exemplar zur Auslieferung kommen. Der Kran wurde ab Dezember 1971 beim Aufbau der Deutschen Demokratischen Republik eingesetzt, Betreiber war die IMO Merseburg. Es war dies jedoch bereits Kran Nummer 5 in der hier beschriebenen Baureihe.

MK 600 – Toense

Dass mit dem 350 t hebenden MK 500 die Grenze des Machbaren noch nicht erreicht war, sollte der nur fünf Monate später ausgelieferte Nachfolger eindrucksvoll unter Beweis stellen. Der Schwerlast- und Montagespezialist Toense in Langenfeld bekam im Mai 1968 Kran Nummer 2 in der Reihe der schweren Gitterkrane vom Typ 500/600. Das Hubgerät mit der Bezeichnung MK 600 besaß nun die

maximale Traglast von 400 t x 6,5 m. Der Stammkunde hatte jedoch kein „Mobilkran-Fahrgestell" gewünscht, sondern erhielt sein neues Paradestück als Sockelkran geliefert. Hier hatte man die Drehkranzverbindung zwischen Untergestell und Kranoberwagen nun erstmals in einer Art „Topf" untergebracht. An diesen Topf wurden dann die vier Stützarme sternförmig angesetzt und verbolzt. Gleichfalls wurden zwei abtrennbare Spezialtieflader-Fahrgestelle aus dem Hause Scheuerle für die Straßenfahrt an diesen Sockel angesetzt und verbolzt. Diese beiden Fahrgestelle verfügten über jeweils drei Achslinien mit zwölffacher Bereifung. Im Transportzustand wurde das knapp 60 t schwere Anhängsel über eine Zugdeichsel von einer Schwerlastzugmaschine bewegt. Bei Toense kam für diese Transfers überwiegend eine vierachsige Faun-Zugmaschine vom Typ L1212/375 VS 8 x 6 zum Einsatz. Zusätzlich zu dieser reinen Hängerversion war es möglich, auch auf einer Seite einen Schwanenhals an den Krantopf anzubolzen, so dass der Kran aufgesattelt transportiert werden konnte. Dann musste allerdings wie bereits bei der Mobilkran-Version der Kranoberwagen geteilt werden. Das knapp 38 t wiegende Heckteil mitsamt aufliegendem A-Bock wurde dabei auf einem dreiachsigen Tang-Sattelauflieger transportiert.

Auf der Baustelle angekommen, mussten zunächst die wiederum mehrteiligen Abstützarme an den Kransockel angebaut werden. Hier waren allerdings nur die beiden Abstützbasen 10,5 x 10,5 m und 14,5 x 14,5 m möglich. Für die schon angesprochene Maximallast von 400 t x 6,5 m am 17-m- und 23-m-Hauptausleger

Links: Beim Abtesten auf dem Werksgelände wurden die „Ballastplatten" noch mit Stahlseilen fixiert. Sehr gut sind hier die Stützschwingen zur besseren Druckverteilung am Boden zu sehen. Neben dem Sockel sind weitere Ballastplatten auf einem Tragrahmen aufgelegt (Sammlung Weinbach)
Mitte: Der „Body" des MK 600 wird hier mit montiertem Heckteil von einer speziell für Toense gebauten Faun-Zugmaschine vom Typ L 1212/375 VS bergauf gezogen. Eine kleinere Faun-Haubenzugmaschine steht hintendran zur Hilfestellung bereit – Rechts: Derart komplettiert kam das Gesamtgewicht des MK 600 auf fast 104 t. Da war eine Menge Zugkraft an der Deichsel angesagt. Dies ging so nur bei Verlegung innerhalb einer Baustelle
(Oberdrevermann)

Links: Auf der Straßenfahrt wurde das 37,7 t schwere Winden-Heckteil mitsamt Aufrichtebock auf einem Tang-Sattelauflieger transportiert. Gezogen wurde der fast 46 t schwere Auflieger von einer Faun-Zugmaschine – Rechts: So wurde der Windenrahmen „angedockt" (Oberdrevermann)

benötigte man die kleine Stützbasis. Die gegenüber dem MK 500 gesteigerte Traglast hatte gleich mehrere Ursachen. Zum einen wurde der Kranoberwagen um knapp 25 cm verlängert, so dass dieser nunmehr vom Drehkranzmittelpunkt bis zum Heck 9,25 m betrug. Somit ergab sich ein größeres Moment für das aufgelegte Gegengewicht. Zum anderen wurde dieser Ballast auch noch auf bis zu 125 t erhöht (MK 500 = 100 t). Da ja im abgesockelten Arbeitszustand kein Fahrgestellgewicht wie beim MK 500 dem Standmoment diente, mussten zudem je nach Lastfall 26 t oder gar 52 t an zusätzlichen Ballastgewichten zwischen den Abstützarmen eingehängt werden. An die hydraulisch betätigten Abstützzylinder wurden außerdem erstmals 2,5 m lange Abstützschwingen angebracht. Der Stützdruck konnte somit über jeweils zwei Stützplatten besser auf den Untergrund beziehungsweise die untergelegten „Matratzen" verteilt werden.

Wie bereits beim MK 500 beschrieben, erhielt auch der MK 600 eine diesel-elektrische Motorisierung mitsamt bekanntem KHD-Diesel und angekoppeltem Leonard-Gleichstrom-Generator-Satz.

Auch für die verschiedenen Auslegerkonfigurationen trafen die bekannten Längen zu. Der Hauptausleger konnte wiederum bis auf 101 m ausgebaut werden, wobei seine Traglasten über die komplette Länge gesteigert wurden. So lag die mögliche Höchstlast am 101-m-Ausleger bei nunmehr 75 t x 16 m gegenüber 60 t beim MK 500.

Ähnliche Traglaststeigerungen ergaben sich für die bereits bekannten Kombinationen mit:
- Hauptausleger 17 bis 83 m plus festangebauter 8,5-m-Schwerlastspitze (220 t x 9 m)
- Hauptausleger 23 bis 89 m plus festangebautem Spitzenausleger 15 bis 50 m (maximale Kombination 83 plus 25 m für 38,2 t x 22 m)

Für das Ausheben des Druckbehälters reichte ein kurzer Ausleger. Geholfen wurde von einem weiteren Gittermastkran
(Oberdrevermann)

Die Reaktorkolonnen in Chemie und Petrochemie konnten nach Indienststellung der großen Mobilkrane immer größere Längen erreichen (Sammlung Weinbach)

Links: Ein wenig mehr an Auslegerlänge war im Jahre 1976 beim Hub dieses Reaktorteils erforderlich. Zwischen dem Auslegerfußstück ist der „Maschinenraum" zu sehen. Die Kranführerkabine befand sich bei diesem Kran an einem ausschwenkbaren Rohrgerüst, etwas abseits des Kranoberwagens. Nachgeführt wird hier von einem ebenfalls von Gottwald stammenden AK 250 (165 t) (Lindenlauf)

Für den Bau von Kesselgerüsten riesiger Kohlekraftwerke musste sich auch der MK 600 von Toense extrem lang machen (Leder)

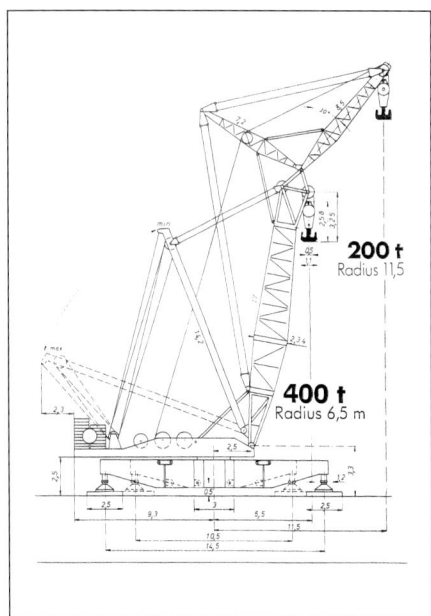

Hauptmaße des MK 600 (Van Driessche) mit
fester Spitze (Sammlung Weinbach)

Links: Hauptmaße des MK 600 (Van
Driessche) mit Wipp-Spitzenausleger
(Sammlung Weinbach)

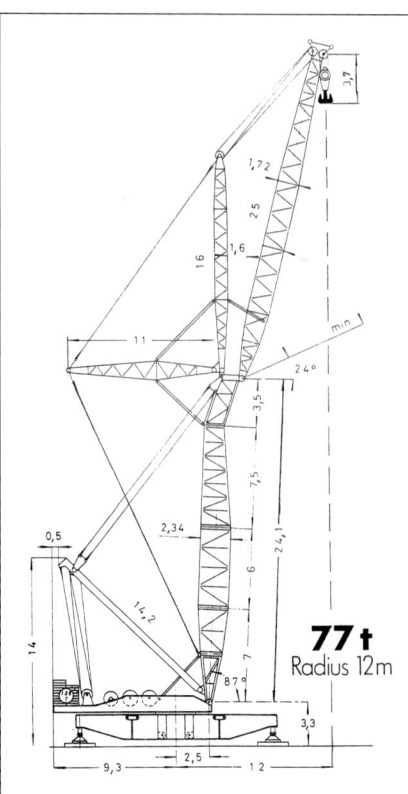

Oben: Der Sockel-Kran wurde auch schon einmal mit montiertem Windenteil und A-Bock
zwischen einem Vierachs-Nachläufer und
einem Zweiachs-Dolly von einer Mack-Sattelzugmaschine bewegt – Unten: Es ging auch
anders. Hier wird das „Kranheck" auf einem
Satteltieflader gleichfalls von einer Mack-
Zugmaschine gezogen (Sammlung Weinbach)

■ Turm 23 bis 83 m plus Wipp-Spitzenausleger 15 bis 75 m (maximale Kombination 83 plus 75 m für 10 t x 28 m oder 4,2 t x 78 m)

MK 600 – Van Driessche

Einen weiteren Sockelkran vom Typ MK 600 für 400 t x 6,5 m, gültig bis 23 m Hauptauslegerlänge, wurde im März 1969 an den belgischen Kranverleiher Van Driessche in Gent geliefert. Dieser Kran
Nummer 3 war sowohl vom Aufbau als auch von den Abmessungen
mit seinem Sockel samt Abstützung sowie dem teilbaren Kranoberwagen wie das Toense-Gerät aufgebaut. Die seinerzeit in Belgien
gültigen Gesetze erforderten jedoch ein völlig neues Transportfahr-
gestell für die Straßenfahrt. Das wie gehabt an den Krantopf anzubolzende Heckfahrgestell hatte nunmehr vier Achslinien. Diesmal
lieferte die Firma Goldhofer aus seinem STA-Tiefladerprogramm
diese allradgelenkte und 16-fach bereifte Einheit. Für das vordere
Fahrgestell hatte man bei Goldhofer nur zwei Achslinien (achtfach
bereift), die allerdings mit einem langen Schwanenhals ausgerüstet
waren, bereitgestellt. Gezogen wurde die außergewöhnliche Kombination bei Van Driessche von einer dreiachsigen Mack-Sattelzugmaschine. Dabei kam es auch vor, dass der knapp 24,5 m lange
Zugverband mit komplettem Kranoberwagen und aufliegendem
A-Bock den Baustellenwechsel vollzog.

Wiederum mit zusätzlichem Sockelballast von maximal 50 t und
einem aufgelegten Oberwagenballast von bis zu 125 t versehen,
waren die bereits bekannten Auslegerkombinationen unverändert
geblieben.

MK 600-89 – Sparrows

Im August 1971 stand Kran Nummer 4 zur Auslieferung bereit. Die
britische Firma Sparrows hatte ihr Gerät allerdings als selbstverfahrbaren Mobilkran geordert und gleichzeitig um ein wenig mehr

Tragfähigkeit gebeten. Die Gottwald-Konstrukteure konnten diesem
Wunsch nachkommen und stellten einen neuen Rekordkran
MK 600-89 mit diesmal 500 t x 6,5 m auf die Räder. Der Typbezeichnung war dann bereits zu entnehmen, dass es sich wiederum
um einen Achtachser, jedoch mit einem 3,5 m breiten Fahrgestell
und diesel-elektrischem Kranantrieb handelte. Der Kran sah äußerlich dem Erstgerät von Van Twist zum verwechseln ähnlich, hatte
jedoch ein um 0,5 m breiteres und knapp 0,5 m längeres Fahrgestell. Gelenkt wurde der mit knapp 6 km/h selbstfahrende Koloss
über die äußeren sechs Achsen. Die Achsen 4 bis 7 waren als
Antriebsachsen ausgeführt. Diese wurden über ein Sechs-Gang-
Schaltgetriebe vom bekannten Zehn-Zylinder-Oberwagendiesel
angetrieben.

Für den Straßentransport wurde der teilbar ausgeführte Kranteil oftmals komplett belassen und von einer Schwerlastzugmaschine geschleppt. Bei Sparrows wurde der dann knapp 90 t
schwere „Anhängerkran" seinerzeit von einem imposanten
dreiachsigen Scammell Contractor mit 335 Pferdestärken bewegt.
Dessen Ballastbrücke nahm dann auch gleich einen Teil des
Krangegengewichtes zur besseren Traktion auf die Hinterachsen.

Beim Hubeinsatz waren, je nach Einsatzfall, insgesamt vier
Abstützbasen möglich. Für den nunmehr möglichen Schwerlasthub
mit maximal 500 t x 6,5 m durfte der Hauptausleger bis auf 17 m
Länge montiert werden. Die Stützbasis war dann mit Länge x Breite gleich 12,1 x 10,5 m vorgegeben. Für die Standsicherheit musste
der komplette mehrteilige Oberwagenballast von 125 t aufgelegt
werden. Die Kipplast betrug dann laut Traglasttabellen lediglich
25 Prozent. Bereits bei einer um einen halben Meter größeren Ausladung ließen die Tabellen interessanterweise nur noch 400 t zu. Bei
der möglichen Ausladung von 17 m für den kurzen Ausleger reduzierte sich die Traglast dann auf 140 t bei genau 70 Prozent der
Kipplast.

Links: Hier steht der noch nicht endlackierte MK 600 für Sparrows zum Abtesten auf dem Werksgelände bei Gottwald – Mitte: Es sieht so aus, als wollten die zwei „Kleinen", ein AMK 35-21 (links) und ein AMK 45-21, den mächtigen Gitterausleger des MK 600 stützen. Die Stützarme des 500-Tonners waren mannshoch – Rechts: Immer noch auf dem Testfeld wird auch die Schwerlastspitze mit zwei eingescherten Lasthaken (!) am kurzen Hauptausleger geprüft (Sammlung Weinbach)

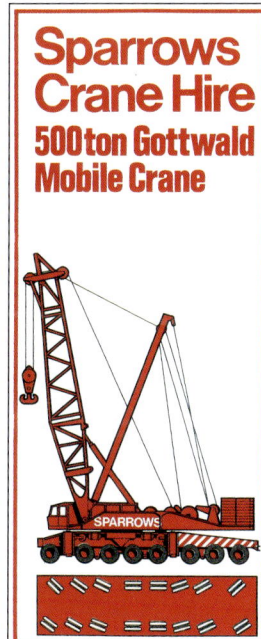

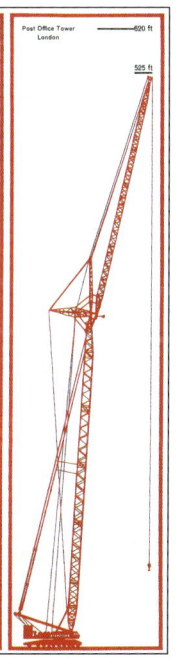

Links: Auf der britischen Insel war der 500-Tonner damals der stärkste Fahrzeugkran. Und er konnte sich auch fast bis an die Spitze des „Post Office Tower" in London strecken – Rechts: Derart bullige Reaktorbehälter hebt man am besten mit zwei MK 600. Der Sparrows-Kran war einer von ihnen (Sammlung Weinbach)

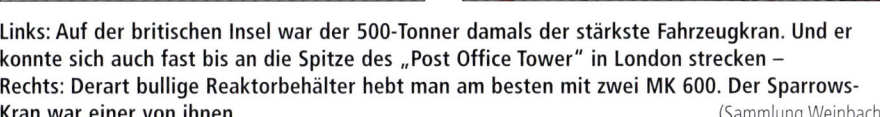

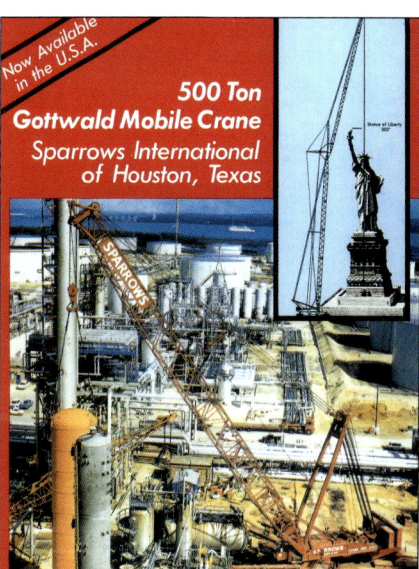

Links: Gezogen wurde der Kran auf der Insel überwiegend mit komplettem Oberwagen. Der kräftige Scammell Contractor bewegte die rund 130 t mühelos – Rechts: Von der Sparrows-Niederlassung in Houston / Texas (USA) wollte man mit dem MK 600 auch der Freiheitsstatue zu Leibe rücken (Sammlung Weinbach)

Auch die Firma Sparrows erhielt für ihren MK 600-89 die bereits bekannten Auslegerteile für 101 m Hauptausleger sowie die übrige Ausrüstung für den Einsatz mit Schwerlastspitze, festem Spitzenausleger und Wipp-Spitzenausleger. Die hierfür geltenden Traglastwerte hatten sich jedoch gegenüber dem Vorgängerkran nicht mehr geändert.

MK 600-89 / 655 – Buzzichelli

Nach dem bereits aufgeführten Kran Nummer 5, der als MK 500-88 (300 t x 6,5 m) in die DDR verkauft werden konnte, war Kran Nummer 6 wiederum ein Mobilkran vom Typ MK 600-89. Im Mai 1972 sollte dieses zum Kran Nummer 4 baugleiche Gerät an den südfranzösischen Kranvermieter Buzzichelli in Toulouse geliefert werden. Der rund 2,6 Millionen D-Mark teure Kran wurde jedoch zunächst trotz identischer Abmessungen, Antriebe und Ballastmengen als 400-t-Kran geführt, aber schon bald für gleichfalls 500 t freigegeben. Damit nicht genug, wurde der Kran im Jahre 1985 bei Buzzichelli aufgelastet und fortan als MK 655 geführt. Die Auflastung betraf in erster Linie das nochmals erhöhte Gegengewicht, welches jetzt je nach Stützbasis 81, 139, 139 und 145 t betrug. Der

Kran konnte zwar nicht in der Höchstlast gesteigert werden, hier waren natürlich auch durch die Auslegerstabilität Grenzen gesetzt, die Traglasten bei großen Auslegerlängen und Ausladungen konnten allerdings beträchtlich erhöht werden. Fiel die Steigerung am 35-m-Hauptausleger von 340 t x 8 m auf jetzt 351 t noch recht bescheiden aus, so konnte sich für den 71-m-Ausleger die Erhöhung von ursprünglich 174 t x 13 m auf jetzt 214 t bereits sehen lassen. Noch eindrucksvoller waren die neuen Hubwerte für den maximal möglichen 101-m-Mast. Hier konnte der Traglastwert von ehemals 76 t x 16 m auf respektable 110 t heraufgesetzt werden (alt: 5 t x 68 m, neu: 13,4 t x 68 m).

Auch in der Kombination mit den festen beziehungsweise wippbaren Spitzenauslegern waren die Traglaststeigerungen beträchtlich. So konnte in der Zusammensetzung von 23 m Hauptausleger und 50 m Wippspitze der Traglastwert von 17,9 t x 50 m auf 45,5 t heraufgesetzt werden. Das war eine Steigerung von über 150 Prozent! All dies belegt einmal mehr, welche Reserven in den Gottwald-Konstruktionen steckten. Diese wurden, wie der Buzzichelli-Kran zeigt, oftmals erst viele Jahre nach der Auslieferung richtig ausgeschöpft.

Links oben: Zur seitlich ausgeschwenkten Krankabine ging es über eine Leiter. Der auf einer Messe präsentierte MK 600-89 hatte später wohl eher selten solch reinliche Doppelbereifung – Links unten: Auch der für Frankreich bestimmte Kranriese konnte mit zwei schweren Haken zum Einsatz gebracht werden
(Oberdrevermann)
Rechts oben: Auch auf engsten Baustellen wusste sich der MK 600 zu bewegen. Krankabinen hatte der Kran gleich zwei – Rechts unten: Offensichtlich wollten auch die Franzosen Miss Liberté an die … Fackel
(Sammlung Weinbach)

In den frühen siebziger Jahren zeigte der MK 600 seinem modernen Teleskopkran-Kollegen, wie hoch die Früchte hängen. Kein Problem dürfte dabei für den Düsseldorfer Kranriesen das Gewicht des rund 30 t schweren Telekrans dargestellt haben
(Sammlung Weinbach)

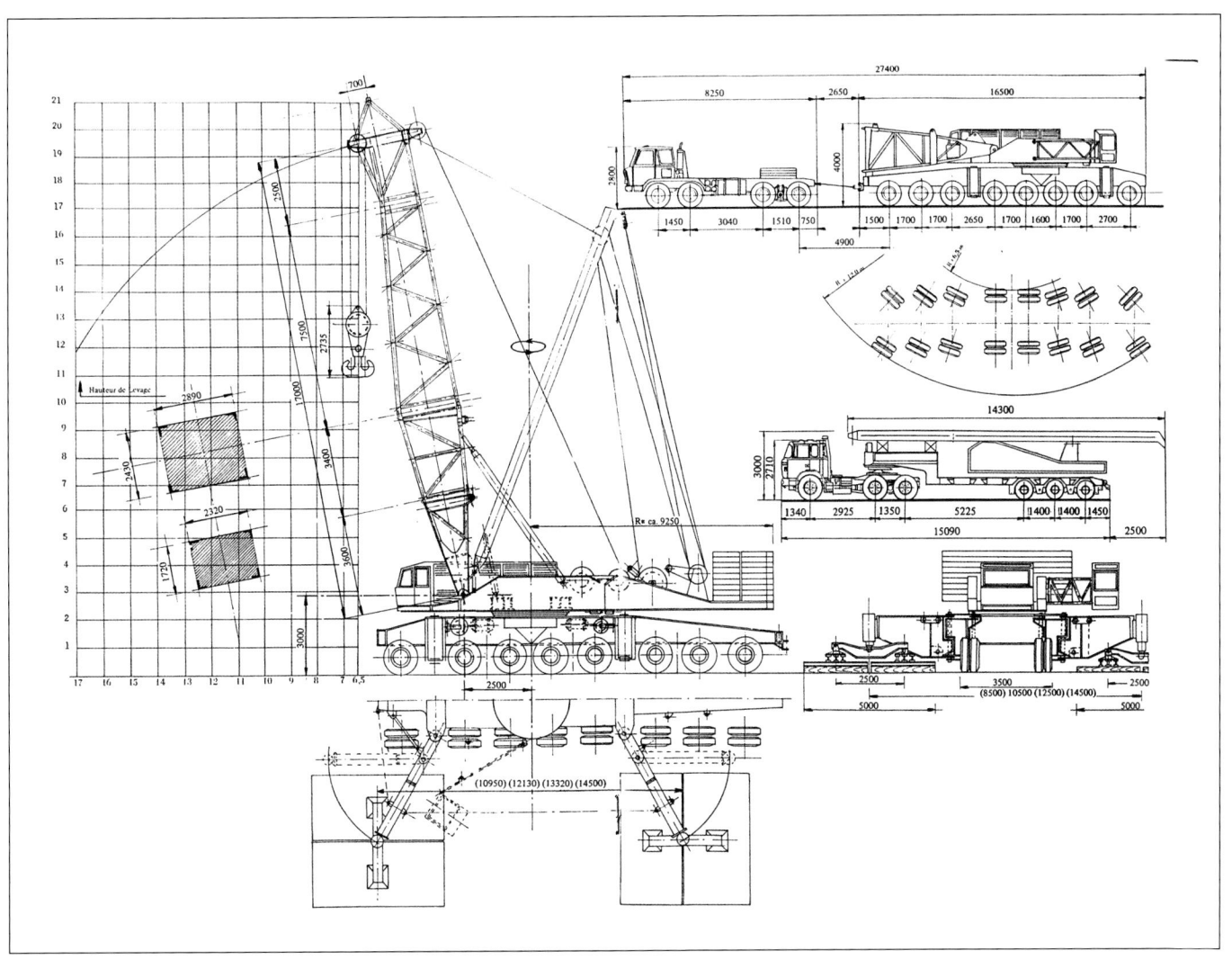

Maßzeichnung des selbstfahrenden MK 600-89 von Buzzichelli

(Sammlung Weinbach)

MK 650 – Schmidbauer

Das Jahr 1972 war das Jahr der olympischen Sommerspiele in München. Es war aber auch das Jahr der Großkrane für Gottwald, denn damals sollten insgesamt vier Großgeräte der Baureihen 600/650 zur Auslieferung kommen. Kunde für den Kran Nummer 7 war der in München beheimatete Schwerlastspezialist Schmidbauer. Der im Juni des Jahres an diesen Kunden übergebene MK 650 war inzwischen zum 500-Tonner mutiert. Der Schwerathlet erhielt dann auch in Erinnerung an das große Sportereignis die fünf olympischen Ringe an den Kranoberwagen gemalt. Der Spitzname „Olympia-Kran" war da die logische Folge. Als Aufsattelkran in den Gottwald-Lieferlisten geführt, konnte der Sockelkran jedoch auch wie bereits das Toense-Gerät zwischen zwei jeweils dreiachsigen Scheuerle-Tiefladerfahrgestellen von Baustelle zu Baustelle gezogen werden. In der gesattelten Version mit angebolztem Tragschnabel versehen, diente eine vierachsige Faun-Frontlenker-Sattelzugmaschine vom Typ F 6124/34 VS 8x4 als Zugpferd. Als Anhängerkran zwischen besagten Scheuerle-Einheiten verbolzt, erhielt die Faun-Maschine dann eine entsprechende Ballastpritsche. Transportiert werden durfte der Kran auf öffentlichen Straßen allerdings wieder nur ohne das separat zu verfahrende Oberwagenheckteil.

Kranunterteil (Sockel mit Abstützung und Stützenballast) sowie Kranoberwagen mit dem bewährten diesel-elektrischen Antrieb und maximal 125 t Ballast waren von den zuvor ausgelieferten MK 600 (Toense, Van Driessche) für den neuen Kran unverändert übernommen worden. Lediglich in den Auslegerstärken einiger Mastteile hatte man dem MK 650 nunmehr etwas mehr gegönnt. Somit konnte das Gerät am 17-m-Hauptausleger erstmals offiziell 500 t x 6,5 m (10,5 x 10,5 m Basis, 52 t plus 125 t Ballast) heben. Auch die möglichen 450 t x 6,5 m am 23-m-Ausleger ließen sich sehen. Jahre später wurde der Kran dann mit insgesamt 187 t Ballast versehen und seine maximale Traglast dann in den Tabellen mit 600 t x 6 m angegeben.

Das Schmidbauer-Gerät konnte auch wie die Vorgänger bis auf 101 m Hauptauslegerlänge (110 t x 16 m, schwere Ausführung) aufgerüstet werden und zusätzlich mit der 8,5-m-Schwerlastspitze bis zu 83 m Hauptauslegerlänge kombiniert werden. Hierbei war wiederum bis 59 m Hauptausleger plus Schwerlastspitze ein 7,2 m langer Spitzenlenker erforderlich, der dann bei größeren Kombinationen auf 11 m verlängert werden musste. Mit 75-m-Wipp-Spitzenausleger ausgeliefert, erhielt der Kran bei Schmidbauer jedoch keinen festen Spitzenausleger. Die maximale Rollenhöhe betrug in der Kombination 71 m plus 75 m auch nur knapp 147 m mit dann möglichen 30 t x 28 m. Die geraden Hauptauslegerteile hatten im Übrigen eine Breite von 2,89 m bei einer Höhe von 2,34 m. Für die Spitzenauslegersegmente betrugen die Maße 2,32 m Breite und 1,72 m Höhe.

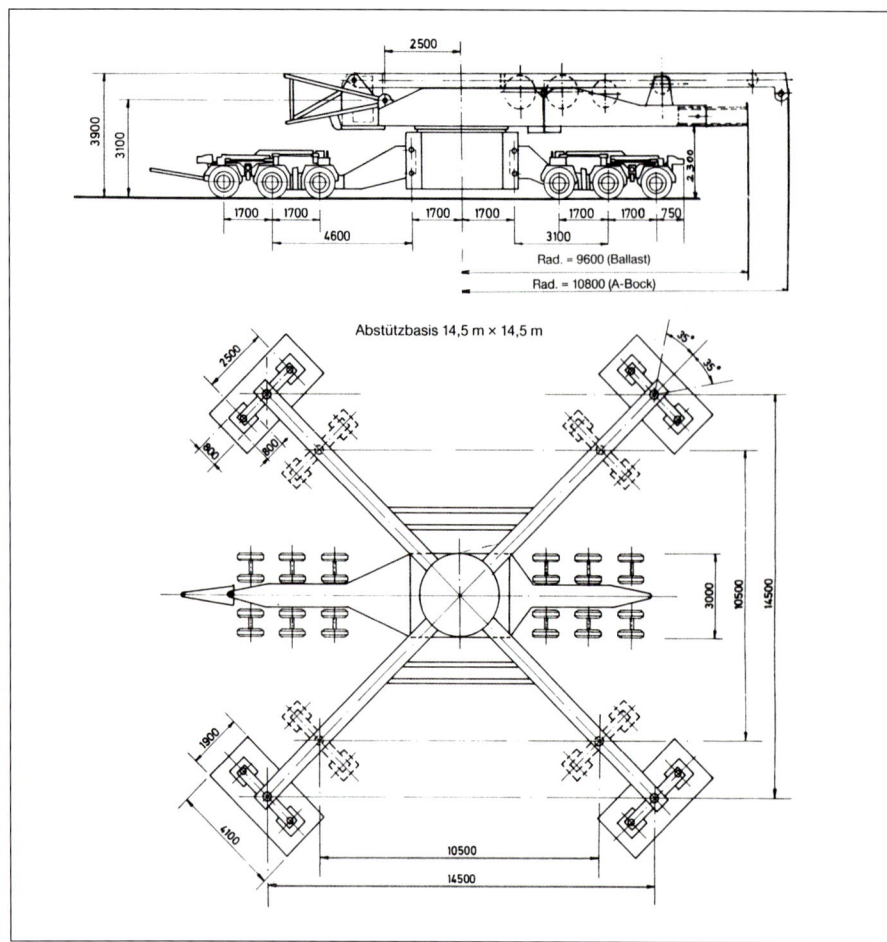

Abstützbasis 14,5 m × 14,5 m

Der MK 650 von Schmidbauer wurde überwiegend zwischen zwei Dreiachs-Fahrwerken
von Scheuerle von Einsatzort zu Einsatzort
bewegt. Er konnte allerdings auch auf diesem
schönen Faun (F 6124/34 VS 8x4) aufgesattelt
werden   (Schmidbauer)

Der MK 650 von Schmidbauer war als geschleppter Sockelkran auf eine Zugmaschine angewiesen   (Sammlung Weinbach)

Rechts: Bis zu 214 t wogen die Pfeilerköpfe, die es beim Bau der Ahrtalbrücke auf bis zu 56 m
Höhe zu heben galt. Mit dem MK 650 von Gottwald gelang dieser Kraftakt in den siebziger
Jahren   (Schmidbauer)

Links: Eine riesige Satteliten-Empfangsanlage hat der MK 650 von Schmidbauer im Jahre 1984 in Hammelburg zusammenbauen dürfen –
Mitte: Den Abschluss der Hubarbeiten bildete der spektakuläre Hub des riesigen Parabolspiegels. Sehr gut ist der bei diesem Kran nachträglich
als geschlossenes Kastenprofil ausgeführte Drucklenker zu sehen – Rechts: Bei einem Job im sonnigen Südfrankreich (1973/74) lernte der Gottwald-Kran selbst kennen, wie es ist, vom Boden abzuheben
(Schmidbauer)

Links: Der Kranführer soll sich bei diesem Rundflug in einer französischen Werft nicht mehr in der Krankabine befunden haben (Schmidbauer)
Mitte: Das Einscheren der Hubseile war eine anstrengende Arbeit, ohne die der Kran allerdings keinen Hub durchführen konnte. Das Auslegerverstellwerk und der Aufrichtebock haben in dieser Stellung ebenfalls Schwerarbeit zu leisten – Rechts: Vor einem Hub mit dem „Olympiakran" wird offensichtlich noch beraten, wie man die Sache angehen will. Der Kran verdient seinen Namen übrigens nur der Tatsache, dass er unmittelbar vor den Olympischen Sommerspielen 1972 in München ausgeliefert wurde und nicht etwa, weil er die dortigen Spielstätten mit aufgebaut hätte

(Oberdrevermann)

Nach vielen Einsatzjahren bei Schmidbauer sollte der Kran anschließend sein Geld beim niederländischen Unternehmen van Seumeren verdienen.

Mitte der siebziger Jahre wurde auch in Gottwald-Kranübersichten, diversen Fachzeitschriften, ja sogar in einer Schmidbauer-Werbeschrift ein Autokran vom Typ AK 650-88 vorgestellt. Der 400-t-Kran war dort mit einem achtachsigen Faun-Fahrgestell und Krantopf abgebildet, allerdings nur als Projektskizze. Gebaut worden ist ein solcher Kran von Gottwald allerdings nicht.

MK 650 – Stoof

Ein weiterer geschleppter Sockelkran vom Typ MK 650 wurde im August 1972 an die niederländische Firma Stoof in Breda geliefert. Dieser Kran Nummer 8 wurde mittels Tragschnäbeln zwischen zwei jeweils mit vier Achslinien versehenen Goldhofer-STA-Tiefladerfahrgestelle gekuppelt. Der immerhin 21,3 m lange „Anhängerkran" benötigte dann aber auch die allradgelenkten Radsätze, um auf den oftmals sehr beengten Einsatzstellen von der Zugmaschine oder besser deren Fahrer richtig platziert zu werden. Auch dieser Kran war für maximal 500 t x 6,5 m ausgelegt und freigegeben, erhielt jedoch wieder einmal ein wenig mehr Ballast aufgelegt. Seinen Unterwagenballast, der zwischen den Abstützungen eingehängt wurde, hatte man um weitere 10 t auf jetzt 62 t erhöht. Zudem wurde auch das Gegengewicht auf dem drehbaren Kranteil auf nunmehr 135 t gesteigert. Dies hatte dann in erster Linie Auswirkungen in der Kombination von Hauptausleger (Turm) mit großen Wippauslegerlängen. Traglaststeigerungen von bis zu 100 Prozent waren hier zu erzielen. So lagen die Werte alt/neu gegenüber dem Schmidbauer-Gerät beispielsweise für 71 m HA plus 60 m Wsp bei 15/30 t x 62 m beziehungsweise für die wiederum größte Kombination von 71 m plus 75 m bei 11/20 t x 70 m. Nochmals hatte man also erfolgreich einige Reserven ausgeschöpft. Der Stoof-Kran sollte im Übrigen auch die schon bekannte 8,5-m-Schwerlastspitze sowie den festen Spitzenausleger mit 50 m Länge erhalten.

MK 650 – Sarens

Den letzten großen Gittermast-Sockelkran im „Kranjahr" 1972 erhielt das belgische Schwerlastunternehmen Sarens in Steenhuffel. Auch dieser Kran Nummer 9 verfügte über eine maximale Tragfähigkeit von 500 t x 6,5 m am 17 m langen Hauptausleger.

Gleichfalls bekam dieser geteilte MK 650 an den Krantopf ein mit vier Achslinien versehenes STA-Goldhofer-Tiefladerfahrgestell gekuppelt. Auf der anderen Topfseite jedoch wurde ein knapp 5,5 m langer Tragschnabel mit Sattelvorrichtung angebolzt. Als Sattelzugmaschine wurde bei Sarens ein angepasstes sechsachsiges MOL-Kranträgerfahrgestell vom Typ 80/126 12 x 6 aus belgischer Fertigung eingesetzt. Mit seinem luftgekühlten Zwölf-Zylinder-KHD-Diesel (F 12 L 413) mit 250 kW / 340 PS dürfte die Zugmaschine das imposante 24,45 m lange Gefährt jedoch nur schwerlich in Fahrt

Für diesen rund 160 t schweren Filter hat man sich mit einem 350-t-Liebherr-Kran zusammengetan. Eines der beiden Dreiachs-Fahrwerke hat man vom MK 650 getrennt (Schmidbauer)

gebracht haben. Der Kran wurde noch dazu, je nach straßenverkehrsrechtlich zulässigen Achslasten, mit komplettem Kranoberwagen und dann 127 t Kampfgewicht verfahren. Ohne das Kran-Heckteil sowie den A-Bock und dann nur noch 92,2 t Transportgewicht dürfte die maximale Fahrgeschwindigkeit von 60 km/h wohl wesentlich leichter zu erreichen gewesen sein.

Zu der Kraneinrichtung selbst sind keine wesentlichen Abweichungen gegenüber den Vorgängern festzuhalten, außer dass der Ballast nunmehr 62,5 t am Sockel und wieder 125 t auf dem Oberwagenheck betrug.

Der Kran war von den bestellten und ausgelieferten Mastteilen mit bis zu 101 m Hauptausleger (76 t x 26 m), jedoch wieder mit 83 m HA plus 75 m Wippspitze zu kombinieren (162 m Rollenhöhe mit 10 t x 28 m). Gleichfalls bestellt wurde von Sarens die bekannte Schwerlastspitze wie auch der feste Spitzenausleger. Um die Maximaltraglast von 500 t heben zu können, wurden die beiden benötigten 250-t-Haken zusammengefasst. Interessant ist noch, dass der Kran aufgesattelt mit bis zu 41 m Hauptausleger, allerdings ohne Gegengewicht und Abstützungen, auf der Baustelle versetzt werden konnte.

Links oben: Diese 150 t schwere Kolonne hat der MK 650 von Stoof ganz alleine aufgestellt. Halt, stimmt nicht ganz, der im Hintergrund wartende Raupenkran hat Nachführarbeit leisten müssen –
Links Mitte: Für einen anderen Hub wurde der 500-Tonner mit kurzen Stützarmen (10,5 x 10,5 m) ausgerüstet. Schön zu sehen sind die innen schräg ansteigenden Ballastteile am Oberwagenheck. Beim Ablegen des Aufrichtebocks wurden die Verstellseile somit nicht am Gegengewicht entlanggescheuert – Links unten: Der MK 650 besaß zwei vierachsige Fahrwerke von Goldhofer. Im unteren Bildbereich ist das Zwischenstück eines Stützarmes abgestellt – Rechts: Diese 241,6 t schwere Raffinerie-Kolonne hat der 500-Tonner nicht alleine gehoben. Ein nicht auf dem Bild sichtbarer zweiter Gottwald-Mobilkran war gleichfalls im Einsatz

(Mammoet)

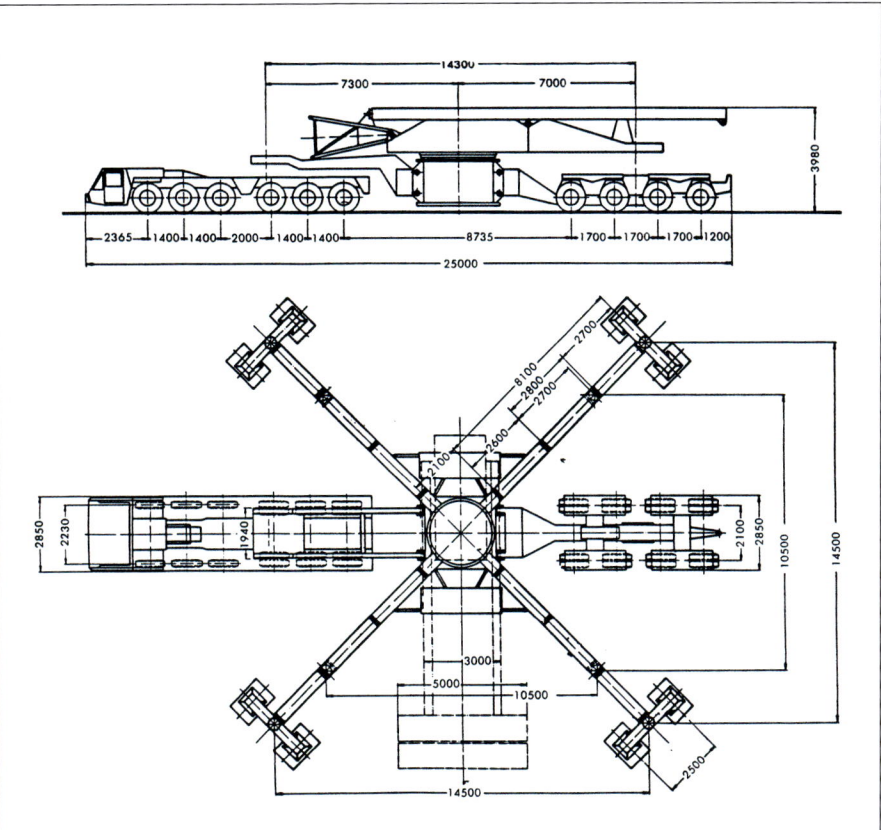

Links oben: Ein äußerst interessantes Gespann stellte der MK 650 von Sarens dar, der
im Oktober 1972 ausgeliefert wurde. Schon
alleine die sechsachsige MOL-„Zugmaschine"
stellte eine Rarität dar – Links Mitte: In dieser Kombination mit komplettem Oberwagen
brachte das 25 m lange Gespann etwa 127 t
auf die Straße   (van der Zon)
Rechts oben: Maßzeichnung des MK 650 von
Sarens – Rechts unten: Die beiden MK 650
von Stoof und Sarens heben „schwebender-
weise" schwergewichtige Brückenteile ein
                                    (Sammlung Weinbach)
Links unten: Hier wurde der Oberwagen um
180 Grad gedreht in Transportstellung gebracht   (A. v. d. Brand)

MK 660 – Van Driessche

Der letzte der großen Gitterkrane aus der 500/600er-Reihe sollte
erst rund dreieinhalb Jahre nach dem vorgenannten MK 650 zur
Auslieferung kommen. Besagter Kran Nummer 10 wurde wiederum
von der belgischen Firma Van Driessche bestellt und verließ im März
des Jahres 1976 das Testfeld bei Gottwald. Es handelte sich bei diesem MK 660 um einen Sockelkran, der jedoch über eine ganz eigene Art der Mobilität verfügen sollte. Wieder in enger Zusammenarbeit mit Goldhofer wurde heckseitig an den Krantopf ein STA-Tief-
lader mit drei Achslinien (zwölffach bereift) per Tragschnabel befestigt. Da hier erstmals ein durchgehender einteiliger Kranoberwagen
zum Einsatz kam, wurde dieser kurzerhand selbst aufgesattelt. Das

Oberwagenheck wurde hierzu mit entsprechenden Aufnahmen versehen und im in Fahrtrichtung geschwenkten Zustand mit einem
Sattelrahmen verbolzt. Den Rahmen wiederum sattelte man auf
einem dreiachsigen Goldhofer-Dolly auf. Diesem interessanten
Gebilde wurde dann eine dreiachsige Mack-Sattelzugmaschine vor-
gespannt, so dass eine Gesamtlänge von 24,3 m erreicht wurde.

Der Kranoberwagen selbst verfügte nach wie vor über einen
diesel-elektrischen Antrieb, der allerdings einen neuen zeitgemäßen
Zehn-Zylinder-Diesel vom Typ F 10 L 413 erhielt. Der stellte dem
nachgeschalteten Leonard-Generator-Satz eine eingestellte Dauerleistung von 210 kW / 285 PS zur Verfügung. Wohl auch, weil der
Oberwagen jetzt nicht mehr teilbar ausgeführt war, konnte dieser
ein wenig niedriger und gleichzeitig etwas eleganter aussehend

gebaut werden. Es waren, von hinten nach vorne betrachtet, drei hintereinander liegende Winden für Auslegerverstellung, Haupthub und Hilfshub eingebaut.

Nachdem der Kran ursprünglich für 400 t x 6,5 m eingeplant war und man ihn auch so ausgeliefert hatte (62 t Sockelballast plus 125 t OW-Ballast), wurde er schon nach wenigen Einsatzmonaten mit einem erhöhten Oberwagenballast von nunmehr rund 180 t versehen. Die erforderlichen neuen Abnahmeprüfungen fanden dann im Januar 1977 auf dem Gottwald-Testfeld statt und ergaben natürlich gesteigerte Traglastwerte für nahezu alle Auslegerkonfigurationen. Hier waren zunächst für den verstärkten 17-m-Hauptausleger erstmals offiziell 550 t x 6,5 m zugelassen (400 t x 8 m). Auch der 23-m-Mast bewältigte noch respektable 500 t x 6,5 m beziehungsweise 450 t x 7 m. Bei 22 m Ausladung konnten an letztgenanntem Ausleger immerhin noch 135 t sicher bewegt werden.

Der bis zu 101 m lange Hauptausleger in schwerer Ausführung bewältigte auch wieder eine Last von 110 t bei 16 m Ausladung. In der maximal möglichen Kombination von 71 m Hauptausleger plus 75 m Wipp-Spitzenausleger lagen die Traglasten zwischen 31 t x 28 m und 13,5 t x 76 m. Die Abspannung des Wipp-Spitzenauslegers wurde übrigens gleichfalls neu konstruiert und der Drucklenker nunmehr als gegabelter Profilkasten statt gewohnter Gitterkonstruktion ausgeführt.

Jahre nach der Auslieferung wurde in der Konstruktionsabteilung wegen einer interessanten Aufwertung des Krans angefragt. Inzwischen hatte man bei Gottwald den sogenannten „Maxi-Lift" entwickelt, dessen Gegenauslegergewicht für eine Entlastung des Drehkranzes und höhere Lastmomente am Hauptausleger sorgte. Auch für den MK 660 plante man eine entsprechende Nachrüstung ein, die dann neben dem üblichen 180-t-Oberwagenballast einen 37 m langen Gegenausleger mit bis zu 250 t Maxi-Lift-Ballast beinhaltete. Derart aufgebaut, sollten am 41 m langen Hauptausleger gigantische 400 t bei nunmehr 14 m Ausladung gehoben werden.

Für den 77 m langen Hauptausleger plus Maxi-Lift durften die Traglastwerte laut Berechnungen zwischen 214 t x 22 m und 50 t x 72 m liegen. Leider ist diese geplante spektakuläre Aufwertung des Krans nicht in die Tat umgesetzt worden.

Auch bestanden Ende der siebziger, Anfang der achtziger Jahre verschiedene Bestrebungen, dem MK 660 unterschiedliche Raupenfahrgestelle anzubauen. Diese kühnen Pläne wurden jedoch ebenso wenig umgesetzt wie eine direkt geplante Raupenausführung als RG 660. Für einen solchen Kran sahen die Traglasttabellen eine maximale Traglast von 600 t x 5 m am 17-m-Ausleger vor. Mit dem 29-m-Mast sollten dann noch 440 t x 6 m bewegt werden. Für den maximal möglichen 101-m-Ausleger lagen die Traglastwerte dann wieder bei den bereits bekannten Werten.

Noch größere Hubkapazität für den MK 660 sah man bereits 1978 für eine Ringer-Version vor. Bei einem Ringdurchmesser von 11 m und einer Abstützbasis von 17 m bei wohlgemerkt acht Abstützarmen sollte das Mastsystem zudem über einen zusätzlichen Gitter-Gegenausleger verfügen. Den eigentlichen Hauptausleger, der dem bekannten Kranoberwagen auf einer speziellen Lafette vorgebaut wurde und dann auf dem Ring abgestützt war, sah man für Längen zwischen 29 m und 101 m vor. Für den 29-m-Mast sollten dann auch die neuen Rekordwerte von 700 t x 10 m oder aber 600 t x 13 m gelten. Am immerhin 59 m langen Hauptausleger waren Traglastwerte zwischen 500 t x 12 m und 65 t x 64 m eingeplant. Respektable 45 t sollten von diesem Ringer-Kran mit dem 101-m-Ausleger bei gewaltigen 80 m Ausladung bewältigt werden. Die Umsetzung solcher Konstruktionen ist jedoch einmal mehr nicht erfolgt.

Dem besseren Überblick über die tatsächlich gefertigten Krane der 500er- und 600er-Serie soll nachfolgende kurze Zusammenstellung dienen:

1) MK 500, Van Twist / NL, 12/1967, 350-t-Mobilkran baustellenmäßig selbst verfahrend auf acht Achsen, 3 m Fahrgestellbreite
2) MK 600, Toense / D, 5/1968, 400-t-Sockelkran mit 2 x Dreiachs-Drehgestellen
3) MK 600, Van Driessche / B, 3/1969, 400-t-Sockelkran mit Vierachs-Drehgestell plus Zweiachs-Sattel-Dolly
4) MK 600, Sparrow / GB, 8/1971, 350-t-Mobilkran baustellenmäßig selbst verfahrend auf acht Achsen, 3,5 m Fahrgestellbreite
5) MK 500, IMO Merseburg / DDR, 11/1971, 350-t-Mobilkran baustellenmäßig selbst verfahrend auf acht Achsen, 3 m Fahrgestellbreite

Technische Daten MK 500 (Van Twist, IMO Merseburg), MK 600 (Sparrow, Buzzichelli), alle selbstfahrend

Fahrgestell

Motor: siehe Kraneinrichtung

Abstützung: MK 500/600: Vier Abstützarme werden seitlich am 3 m breiten Fahrgestell befestigt, Abstützbasis in vier Konfigurationen mittels einbaubarerer Zwischenstücke zu vergrößern (Länge x Breite): A = 10,9 x 8,5 m, B = 12,1 x 10,5 m, C = 13,3 x 12,5 m, D = 14,5 x 14,5 m, jeder Abstützzylinder erhält eine Abstützplatte oder alternativ eine Schwinge mit einer großen und einer kleinen Abstützplatte

Achsen: MK 500/600: Antrieb 16 x 8, Achsfolge in Fahrt-/Schlepprichtung 3-4-1, Achsen 1 bis 3 und 6 bis 8 sind lenkbar, Achsen 4 bis 7 sind angetrieben, alle Achsen doppelt bereift, Bereifung 16-fach 12.00-24

Kraneinrichtung

Motor: MK 500/600: KHD-Dieselmotor F 10 L 714, 10 Zylinder, luftgekühlt, 154 kW / 210 PS bei 2000 U/min

Gegengewicht: MK 500 (300/350 t Traglast) bei Abstützung: A = 50 t, B = 75 t, C = 100 t, D = 100 t
MK 600 (400 t Traglast) bei Abstützung: A = 60 t, B = 125 t, C = 125 t, D = 125 t
MK 655 Buzzichelli-Kran nach Auflastung bei Abstützung: A = 81 t, B = 139 t, C = 139 t, D = 145 t

Auslegersystem: ■ Hauptausleger: Grundausleger 17 m mit Montagestütze, Verlängerungsstücke von 6 und 12 m Länge, Hauptauslegerlänge 17 – 101 m ■ Fest angebauter Spitzenausleger: Grundausleger 15 m mit Drucklenker, Verlängerungsstücke von 5 m und 10 m, 23 – 89 m Hauptausleger mit 15 m – 50 m Spitzenausleger ■ Wipp-Spitzenausleger: Grundausleger 25 m mit Druck- und Wipplenker, Verlängerungsstücke von 5 m, 10 m und 15 m; MK 500: 23 – 77 m Turm mit 25 – 75 m Wipp-Spitzenausleger; MK 600: 23 – 83 m Turm mit 25 – 75 m Wipp-Spitzenausleger ■ MK 600: Schwerlastspitze, 17 – 83 m Hauptausleger mit 8,5 m Schwerlastspitze und 7,2 m Drucklenker, ab 65 m HA mit 11 m Drucklenker

Beim Bau des riesigen Schwimmkrans „Svanen" half in den neunziger Jahren auch der MK 660 von Gottwald mit (Collette)

6) MK 600, Buzzichelli / F, 5/1972, 400-t-Mobilkran baustellenmäßig selbst verfahrend auf acht Achsen, 3,5 m Fahrgestellbreite

7) MK 650, Schmidbauer / D, 6/1972, 500-t-Sockelkran mit 2 x Dreiachs-Drehgestellen

8) MK 650, Stoof / NL, 8/1972, 500-t-Sockelkran mit 2 x Vierachs-Drehgestellen

9) MK 650, Sarens / B, 10/1972, 500-t-Sattelkran mit Vierachs-Drehgestell

10) MK 660, Van Driessche / B, 3/1976, 500-t-Sattelkran (einteiliger Kranoberwagen) mit Dreiachs-Drehgestell plus Dreiachs-Sattel-Dolly

AK 260

Die ersten 165-Tonner (AK 250) auf einrahmigem Autokranchassis waren gerade ausgeliefert – leistungsfähigere Gittermastkrane gab es bei Gottwald bisher nur als Mobilkrane (MK 500 / 600) – da verlangten die Kranverleiher nach noch stärkeren Autokranen. Auf Basis des AK 250 wurde daraufhin kurzerhand von den Konstrukteuren eine verstärkte Version entwickelt, die die Bezeichnung AK 260 erhielt. Dieser Kran konnte nunmehr bei einer Ausladung von 5,5 m immerhin schon 220 t am 17,5-m-Grundausleger heben. Für die Standsicherheit sorgte dabei unter anderem das mehrteilige 70 t schwere Gegengewicht, welches auf der Oberwagenplattform aufgetürmt wurde. Hierbei ragten die Ballastplatten, wie auch bei den Typen AK 250 und später beim AK 270, seitlich nicht über den 3 m breiten Oberwagen hinaus. Die am Fahrgestell anzubolzende H-Abstützung mit der Basis Länge x Breite von 7,5 x 7,8 m tat ihr Übriges zur Standsicherheit. Die Abstützarme wurden allerdings bei Straßenfahrt getrennt transportiert. Außerdem hatte man die Abstützungen durch eine zusätzlich von Hand einzulegende Diagonalstrebe zum Fahrgestellrahmen hin verstärkt.

Links: Die Spedition Thömen in Hamburg bekam ihren Achtachser im September 1969 ausgeliefert (Sammlung Weinbach)
Mitte: Recht stabil ausgeführt war das Oberwagenheckteil, auf dem der komplette Ballast aufgetürmt wurde (Oberdrevermann)
Rechts: Die normalen Stützen waren den Belastungen nicht mehr gewachsen. Es mussten Verstärkungen zum Chassis hin angebracht werden
(Sammlung Weinbach)

Das inklusive Nachlaufachse 16,6 m lange Fahrgestell (mit überhängendem A-Bock sogar 18,5 m Gesamtlänge) war bei jetzt acht Achsen 28-fach bereift. Lediglich die zwei vorderen Achsen waren einfach bereift. Einzig die Achsen 5 und 6 waren bei dem neuen Fahrgestell nicht als Lenkachsen ausgeführt.

Der Hauptausleger des AK 260 konnte auf 80,5 m Länge aufgerüstet und bei 11 m Ausladung noch mit 57 t belastet werden. Zum Bestreichen größerer Höhen und Ausladungen, bei entsprechend reduzierten Tragfähigkeiten, war zudem eine Kombination von Hauptausleger und festem Spitzenausleger oder Turm und wippbarem Spitzenausleger möglich.

Bei Wipp-Spitzenbetrieb ab 53,5 m HA musste hierbei für jeweils weitere 4,5 m Hauptauslegerverlängerung der Spitzenausleger um dann jeweils 8 m gekürzt werden. Somit war die zulässige Spitzenauslegerlänge bei 71,5 m Hauptausleger auf 10 m begrenzt.

Die maximale Rollenhöhe von 132,5 m wurde beim AK 260 in der Kombination von 62,5 m Turm und 68,5 m Wipp-Spitzenausleger erreicht. Die Tragfähigkeit betrug dann noch maximal 10 t x 20 m.

Etwas Verwirrung verbreitet die von Gottwald geführte Lieferliste bezüglich des Typs AK 260. Danach dürfte nur ein solcher Kran als AK 260-78 (eigentlich -88) mit acht Achsen und diesel-elektrischem Kranantrieb bei 3 m Fahrzeugbreite gebaut worden sein. Ein solches Gerät wurde jedenfalls im Oktober 1968 an die Schmidbauer KG in München ausgeliefert. Dessen als abkoppelbare Nachlaufachse ausgeführter achter Radsatz wurde bei dieser Typbezeichnung vom Hersteller ganz einfach unterschlagen. Auch auf den

Gottwald-Zeichnungen mit achtachsigem Fahrgestell wurde diese Achse als nicht „vollwertig" mitgezählt.

Genau einen Monat zuvor wurde allerdings ein, wie das Bildmaterial belegt, vollkommen baugleiches Gerät an das andere Ende Deutschlands geliefert. Kunde war das Kranverleihunternehmen Thömen in Hamburg. Der Kran wurde seltsamerweise in den Lieferlisten als AK 250-69 (3,5 m breit) geführt. Auch besaß der Hamburger Kran die gleichen Stützverstärkungen des 260ers, wie sie bei dem kleineren AK 250 für nur 165 t eben nicht erforderlich waren. Die Anbringung dieser Verstärkungen mögen neben der Unterwagenübereinstimmung Beleg für die 220-t-Ausführung des Thömen-Gerätes als AK 260-78 sein.

Wie alle großen Gittermast-Autokrane mit H-Abstützung von Gottwald musste auch der 260er mit einer heckseitigen Zusatzabstützung zum Aufrichten der ganz großen Auslegerlängen versehen werden. Bei den Geräten mit Nachlaufachse wurden diese Abstützteller direkt an besagtem „Schwanzteil" angebracht.

Beide gebauten AK 260 verfügten über einen turbogeladenen Zwölf-Zylinder TD 232-12 (303 kW / 412 PS) von MWM als Fahrantrieb und einen ebenfalls aufgeladenen Achtzylinder TD 232-8 (129 kW / 176 PS) des gleichen Lieferanten für die Kranfunktionen. Das Letztere diesel-elektrisch betrieben wurden, war zu dieser Zeit für derart große Gottwald-Krane noch Standard. Von besagtem Oberwagenmotor wurde zunächst über elastische Kupplungen ein Doppel-Leonard-Gleichstrom-Generator mit 2 x 46 kW Leistung angetrieben. Die abgegebene Generatorspannung für die Windenmotoren betrug dabei 440 Volt. Die erforderliche Erregerspannung (220 V) wurde durch einen gleichfalls gekuppelten Gleichstrom-Nebenschluss-Generator erzeugt. Die damalige Leonard-Schaltung ermöglichte damit eine feinfühlige und vor allem lastunabhängige Geschwindigkeitsregelung für die diversen Hubwerke. Der Einsatz von zwei Generatoren gestattete es zudem, zwei Bewegungen gleichzeitig und unabhängig voneinander, noch dazu mit beliebigen und unterschiedlichen Geschwindigkeiten durchzuführen. Der eine Generator war hierbei für Haupthub und Drehwerk, der andere für Hilfshub und Ausleger-Verstellwerk zuständig.

Um auch genügend Platz für große Seillängen zu haben, waren die zwei langen Hubtrommeln hintereinander angeordnet. Die Haupthubwinde verfügte über einen Seilzug von 10,6 t und die dahinterliegende Hilfshubwinde besaß einen Seilzug von 5,7 t. Die Hubwerksmotoren selbst waren fremderregte Nebenschlussmotoren mit einer Gesamtleistung von 40 kW. Für das Drehwerk in senkrechter Blockbauart, welches mit seinem Drehwerksritzel in die Zähne der Rollendrehverbindung einwirkte, wurde ein 19,5-kW-Motor benötigt.

Der AK 260-78 ist hier bei der Montage einer Verladeanlage im Einsatz
(Sammlung Weinbach)

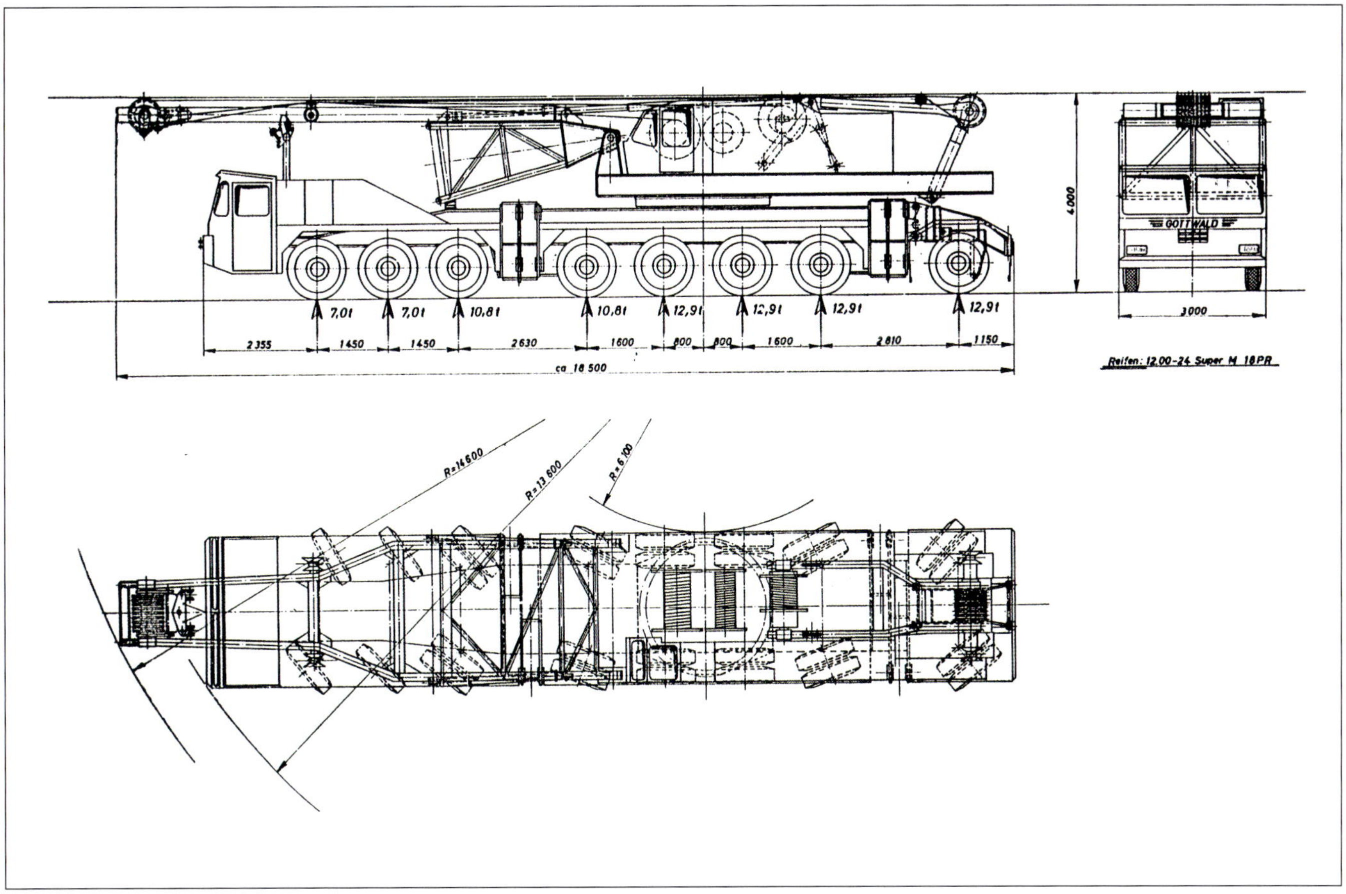

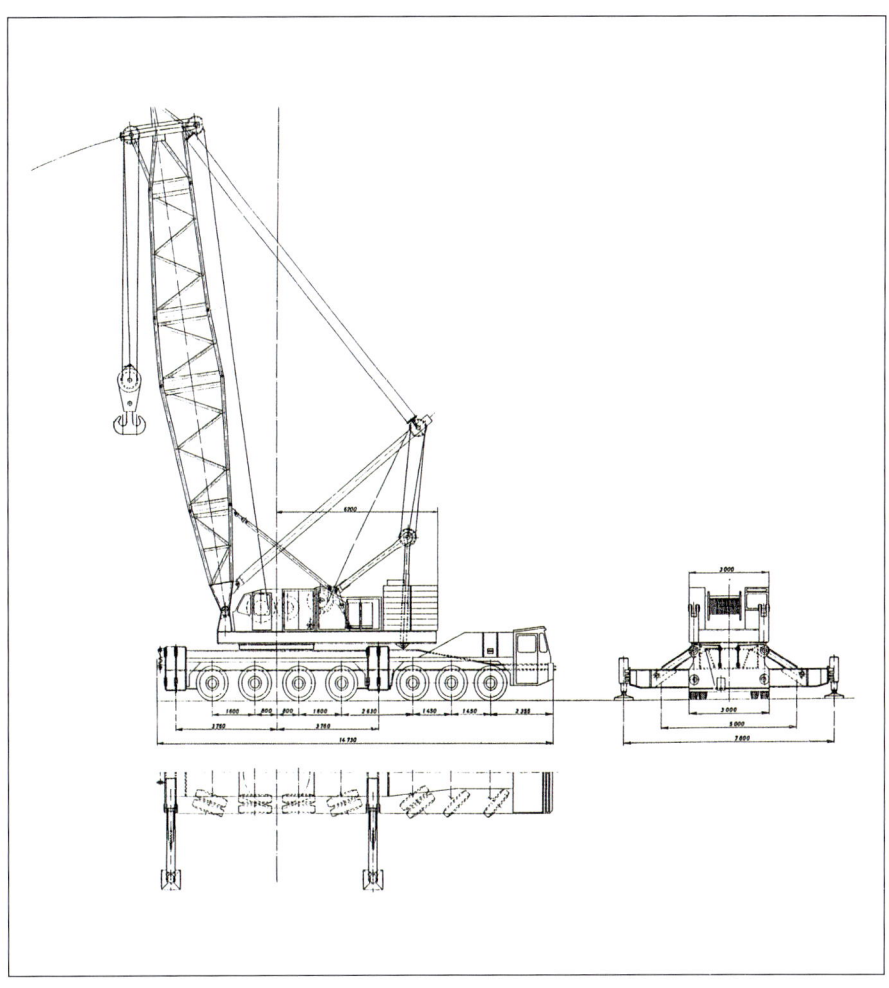

Oben und rechts: Maßskizzen des AK 260-78 für 220 t maximale Traglast

So wurde die Kundschaft 1968 über den erwarteten Rekordhalter im Hause Schmidbauer informiert. Solche Rekorde hielten allerdings immer nur für kurze Zeit

Links: Bewundernde Blicke scheint der Mitarbeiter seinem Arbeitsgerät zuzuwerfen   (Sammlung Weinbach)
Mitte: Trotz sechs gelenkter Achsen war das Rangieren mit dem 18,5 m langen AK 260-78 gar nicht so einfach – Rechts: Dem Kran folgten einige
spezielle Transportfahrzeuge. Der Auslegerkopf, ein Reduzierstück und der darunterliegende Teilballast wurde von einem MAN-Dreiachser gezogen. Dieser hatte gleich noch einen Gottwald-Aufbaukran vom Typ 45 zu schultern. Der Kran wurde zum Aufbau des AK 260 benötigt (Schmidbauer)

Oben: Der 220-Tonner besaß die typischen
Gottwald-Scheinwerfer mit den integrierten
Blinkern. Vier Scheibenwischer sorgten für
den Durchblick des Fahrers auch bei widrigen
Wetterverhältnissen – Unten: Auch beim
U-Bahn-Bau in München war die Hubkraft des
Gottwald-Krans so manches Mal gefragt. Bei
diesen Schwerlasthüben wurde zumeist bei
kurzem Ausleger mit dem Haken in den Tie-
fen Münchens gearbeitet   (Schmidbauer)

Bei diesem Einsatz musste eine 65 t schwere Eisenbahnbrücke eingehoben werden (Schmidbauer)

Links: Der Ballast ragte damals noch nicht über die Konturen des Oberwagens hinaus –
Mitte: Der kleine AMK 45-A (20 t) war als Aufbaukran stets ein treuer Begleiter des um ein
mehrfaches stärkeren AK 260-78 – Rechts: Mit seinem Wipp-Spitzenausleger konnte sich der
220-t-Riese auch richtig lang machen. Hier war der Kran mit 62,5 m Mast und 37 m Wippspitze
mit Arbeiten bis in rund 105 m Höhe beschäftigt. Mit der auf 68,5 m erweiterbaren Wippspitze
konnten Rollenhöhen von 135 m erreicht werden. Der 260er von Gottwald war mit seiner
gefragten Hubhöhe auf vielen Baustellen im In- und Ausland aktiv   (Schmidbauer)

Technische Daten AK 260-78

Fahrgestell

Motor:	MWM-Dieselmotor TD 232-V12, 12 Zylinder, wassergekühlt, 303 kW / 412 PS bei 2300 U/min
Abstützung:	4 Abstützarme am Fahrgestellrahmen anbolzbar, Abstützbasis L x B 7,5 x 7,8 m, reduzierbar auf 5 m, jeder Abstützzylinder erhält eine Abstützplatte
Achsen:	Antrieb 16 x 8, Achsen 1 bis 4 sowie 7 und 8 sind lenkbar, Achsen 2, 4, 6 und 7 sind angetrieben, Achsen 1 und 2 einfach bereift, Achsen 3 bis 8 doppelt bereift, 28-fach 12.00-24, Super M 18 PR

Kraneinrichtung

Motor:	MWM-Dieselmotor TD 232-V8, 8 Zylinder, wassergekühlt, 129 kW / 176 PS bei 1800 U/min
Gegengewicht:	Bis zu 70 t auf hinterer Oberwagenplattform, mehrteilig
Auslegersystem:	■ Hauptausleger: Grundausleger 17,5 m mit Montagestütze, Verlängerungsstücke von 4,5 und 9 m Länge, Hauptauslegerlänge 17,5 – 80,5 m ■ Fester Spitzenausleger: Grundausleger 10 m mit Aufsetzlenker, Verlängerungsstücke von 4,5 und 9 m Länge, Hauptauslegerlänge 22 – 71,5 m mit Spitzenausleger 10 – 46 m ■ Wipp-Spitzenausleger am Turm: Grundausleger 23,5 m mit Aufsetzlenker 7,5 m und Wipplenker 14 m, Verlängerungsstücke von 4,5 und 9 m, Turmlänge 22 – 62,5 m mit Spitzenausleger 23,5 – 68,5 m ■ Schwerlastspitzenausleger: Hauptausleger 22 – 71,5 m mit 7 m-Schwerlastspitze und Aufsetzlenker 10 m

Das gleichfalls elektrisch getriebene 11-t-Einziehwerk (40 kW) war in der Lage, die maximale Auslegerlänge ohne externe Hilfestellung aus eigener Kraft aufzurichten.

Soweit der kleine Ausflug in die damalige diesel-elektrische Antriebstechnik mit Leonard-Satz.

Erwähnenswert ist noch, dass der Kran auf der Baustelle auch vom drehbaren Oberwagen aus verfahren, gelenkt und gebremst werden konnte. Für die geringen Fahrgeschwindigkeiten wurde im Fahrgestell ein separater Hydraulikmotor eingebaut. Die Fahrwerksbremsen wurden hierbei per Druckluft und die Lenkung hydraulisch betätigt.

In Transportstellung, mit Auslegerfußstück und Montagestütze, brachte es der Kran auf ein Gewicht von rund 87 t, wobei die Achslasten jedoch recht ungünstig aufgeteilt waren. Ohne die Auslegerkomponenten und mit nach hinten gedrehtem Oberwagen ergaben sich dann jedoch bei nur noch 85,2 t Transportgewicht nach deutschen Gesetzen (12 t maximale Achslast) zulässige Werte für alle Achsen. Ob das Gerät dann auch immer gesetzesgetreu verfahren wurde, sei dahingestellt.

Ein dritter und letzter 260er, zumindest der Oberwagen mit 80,5 m Hauptausleger, wurde im Mai 1969 nach Mailand geliefert. Dieser erhielt allerdings keinen rollenden Untersatz. Die in Düsseldorf gefertigte Kraneinrichtung wurde in Italien als „Sockelkran" auf einen Ponton aufgebaut und diente fortan als schwimmender Schwerlastkran.

AK 300-78 / AK 300/400-98

AK 300-78

Der AK 300-78 stellte seinerzeit einen neuen Meilenstein im Hause Gottwald dar. Erstmals im Sommer 1971 an den Kranverleiher Toense ausgeliefert, sollte er der erste einrahmige Autokran für 300 t Tragfähigkeit werden. Zudem war er der erste Autokran mit Sternabstützung aus dem Hause Gottwald.

Das 3 m breite Fahrgestell des allradgelenkten AK 300 verfügte über vier Vorderachsen, daran anschließend den Kransockel und nachfolgend drei Hinterachsen. Ein überaus imposantes Erschei-

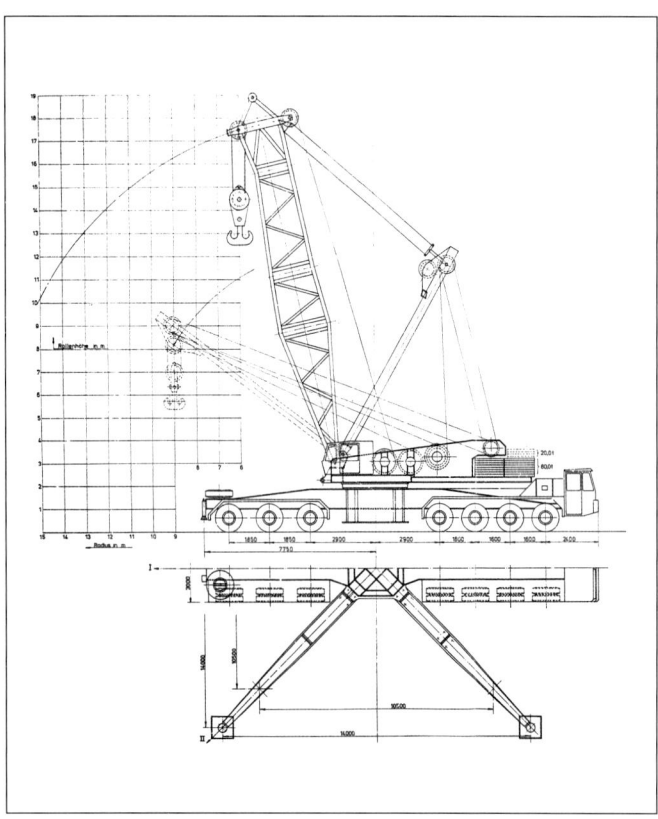

Für die Hubarbeit wurde die Krankabine des AK 300-78, wie eingezeichnet, ein Stück seitwärts nach vorne ausgeschwenkt. Man beachte die eingezeichnete Hubmöglichkeit für den am A-Bock eingescherten Lasthaken!

(Sammlung Weinbach)

nungsbild verlieh dem 17,95 m langen Fahrgestell nicht zuletzt seine durchgehende Doppelbereifung!

Sämtliche Achsen waren über ein hydraulisches System gefedert, wobei die beschriebenen Achsenpakete untereinander hydraulisch ausbalanciert waren. Für den Vortrieb auf der Straße sorgte ein wassergekühlter Zwölf-Zylinder-Diesel mit Abgas-Turbo-Aufladung und 342 kW / 465 PS Leistung der Motoren-Werke-Mannheim (MWM), Typ TBD 232 V 12. Von diesem Aggregat angetrieben wurden die erste, vierte, fünfte und sechste Achse. Zwischen den angetriebenen Planetenachsen befanden sich sperrbare Ausgleichsgetriebe. Als Straßenfahrgeschwindigkeit für den mit einem Fuller-Zwölf-Gang-Getriebe ausgerüsteten Riesen waren 62 km/h angegeben.

Für den Kraneinsatz wurden vier Abstützarme für 10,5 x 10,5 m Basis sternförmig an den Kransockel angebolzt. Durch entsprechende Zwischenstücke konnte diese Basis zudem auf 14 x 14 m vergrößert werden.

Mit Blick auf den Oberwagen des Toense-Krans ist festzustellen, dass er über keinen eigenen Dieselmotor verfügte. Der Antrieb des Doppel-Leonard-Gleichstrom-Generators mit 2 x 65 kW Leistung erfolgte vom Fahrmotor im Chassis. Die Kranbewegungen wurden diesel-elektrisch betrieben.

Mit dem Hubwerk, welches über zwei 15-t-Winden verfügte, waren am 15-m-Grundausleger bei entsprechender Einscherung der beiden Hubseile maximal 300 t bei 5 m Ausladung über 360 Grad möglich. Hierfür war ein 80 t schweres Gegengewicht auf der Oberwagenplattform sowie eine Abstützbasis des Krans von 10,5 x 10,5 m erforderlich. Am vollaufgerüsteten 90-m-Hauptausleger wurden bei 12 m Ausladung noch 63 t gehoben. Der Hauptaus-

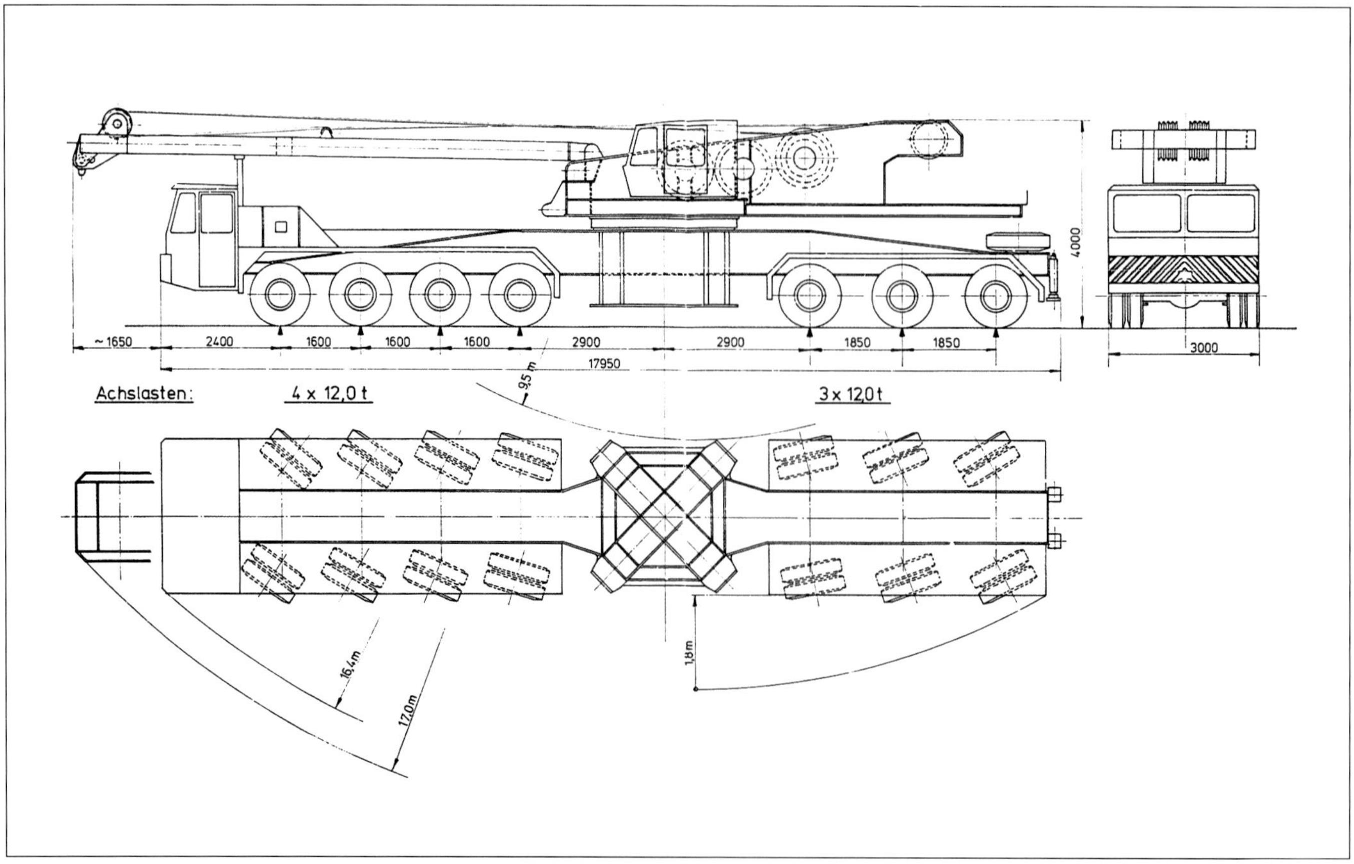

Der AK 300-78 war durchgehend doppelt bereift (Allradlenkung). Hier ist die Krankabine in der zurückgesetzten Transportstellung eingezeichnet

(Sammlung Weinbach)

leger bestand aus folgenden Mastschüssen: 1 x 5 m großer Querschnitt in verstärkter Ausführung, 1 x 10 m großer Querschnitt verstärkt, 2 x 15 m großer Querschnitt Normalausführung, 2 x 15 m mit kleinem Querschnitt Normalausführung, einem Fußstück, einem Konusstück und dem Auslegerkopf.

Die maximale Rollenhöhe von 143 m wurde bei der Kombination von 65 m Hauptausleger in Turmausführung und 75 m Wipp-Spitzenausleger erreicht. Bei 20 m Ausladung konnte der AK 300 dann noch 15 t heben. Auch diese Spitze war in großem Querschnitt (1 x 5 m, 1 x 10 m und 1 x 15 m) und kleinem Querschnitt (1 x 10 m und 1 x 15 m) ausgeführt, so dass die Segmente ineinander geschoben transportiert werden konnten.

Die technische Beschreibung des Gerätes wies für den Kran noch eine Besonderheit auf, denn danach war nicht nur der eigentliche Ausleger in Rohrkonstruktion für Hubarbeiten geeignet. Auch die 9,5 m lange Montagestütze, die eigentlich dem Aufrichten des Auslegersystems diente, konnte zum Heben von bis zu 120 t schwe-

ren Lasten eingesetzt werden. Die praxisbezogene Anwendbarkeit dürfte sich jedoch aufgrund der nur geringen Ausladung und Hubhöhe in recht engen Grenzen gehalten haben.

In den Jahren 1973 und 1975 wurden zwei weitere nahezu identische AK 300 nach Italien geliefert. Kunden waren die Firmen Paltrinieri aus Modena und Saldrocalabra in der Region Calabrien. Als wesentlichen Unterschied zu dem Toense-Kran hatten diese beiden Geräte allerdings einen eigenen Acht-Zylinder-Oberwagen-Diesel der Motoren-Werke aus Mannheim. Der Kranantrieb war gleichfalls diesel-elektrisch.

Der erste der beiden „Italiener" sollte nach gut 20 Jahren harten Schaffens seinen festen Einsatzraum nach Südamerika verlegen. Eigens Mitte der neunziger Jahre für den Aufbau des seinerzeit größten Himmelsobservatoriums „Cerro Paranal" nach Chile importiert, setzte ihn sein neuer stolzer Besitzer, der chilenische Kranverleiher Burger, fortan im südamerikanischen Raum ein.

Rechts: Mit zwei Reservereifen und ohne aufliegenden A-Bock ging es für den zweiten „Italiener" im Mai 1975 zur Überführungsfahrt nach Sizilien (Sammlung Weinbach)

Mit dem Handling dieser Kranbahn hatte der 300-Tonner von Toense keine Probleme

(Sammlung Weinbach)

Oben: Erst im April 1973 wurde der zweite AK 300-78 ausgeliefert, Reiseziel war Italien. Unten: Imposant war nicht nur die damalige Bautätigkeit in Deutschland, sondern auch die interessante Doppelbereifung auf allen Achsen. Da wurde die „Runderneuerung" gleich doppelt so teuer

(Sammlung Weinbach)

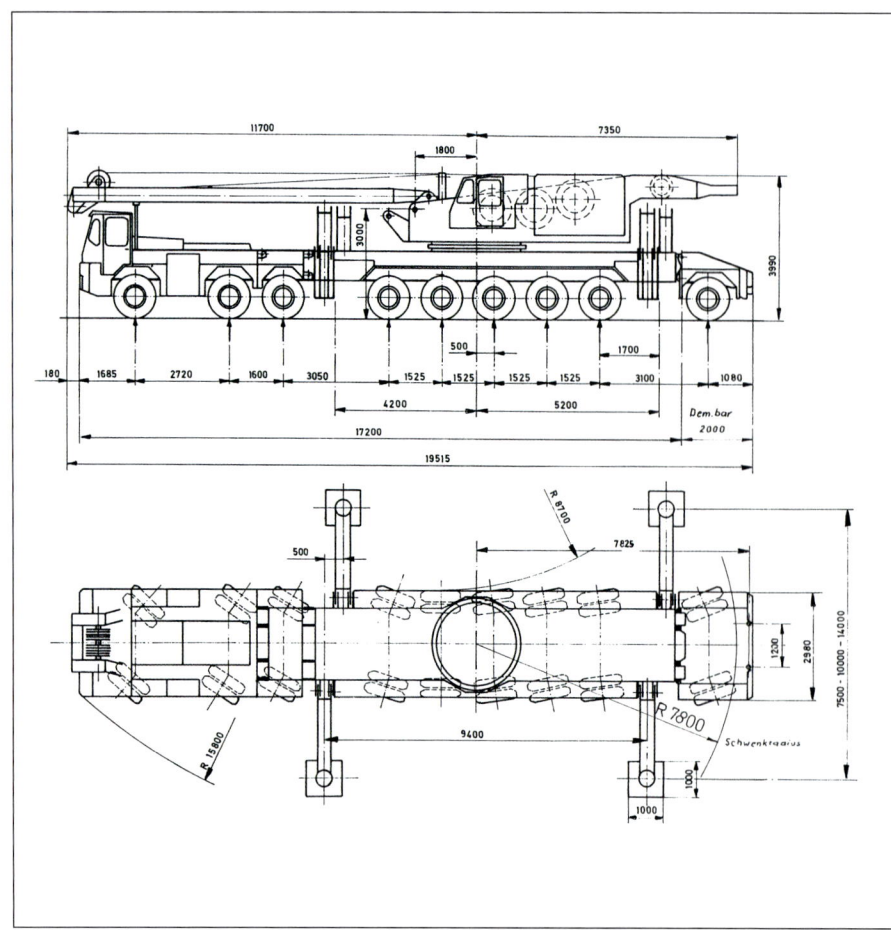

Der AK 300/400-98 hatte keine auffallenden Gemeinsamkeiten mehr mit dem ursprünglichen AK 300-78. Interessant war dieses Unikat auf jeden Fall (Sammlung Weinbach)

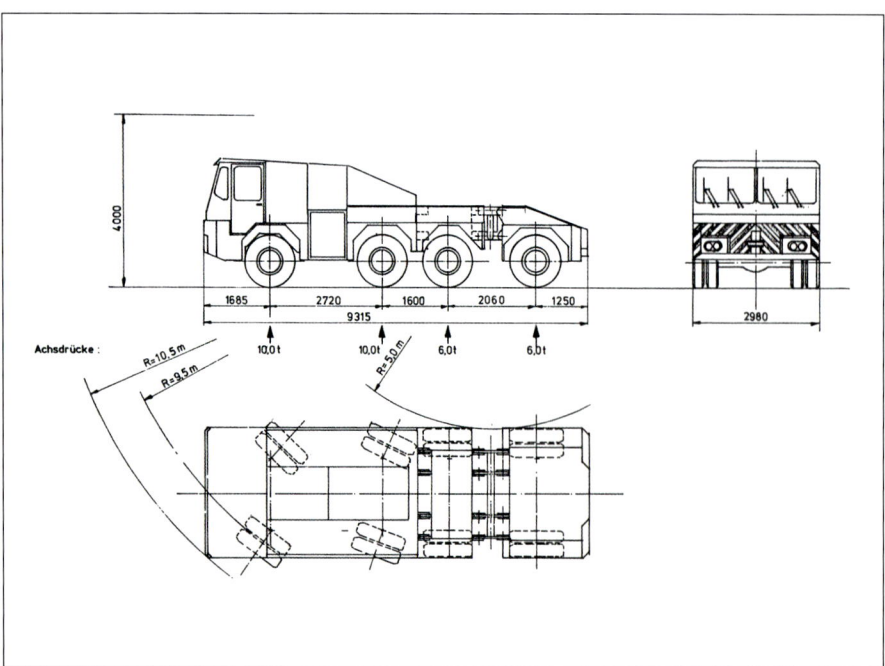

Ohne Kranteil war der gestückelte Vierachser selbstfahrend. Die beiden letzten Achsen wurden dann in Geradeaus-Stellung verriegelt (Sammlung Weinbach)

Rechts: Auch in Deutschland hat der 400-Tonner seine Leistungsfähigkeit unter Beweis gestellt. So wurden beim Bau der Ahrtalbrücke die am Boden vorgefertigten Pfeilerköpfe mit Stückgewichten zwischen 135 und 214 t von dem Kran gehoben (Oberdrevermann)

Oben: Zum Aufrichten großer Auslegerlängen wurde das Heckteil separat abgestützt – Mitte: Kurz vor der Auslieferung wurde der 400-t-Kranriese noch einmal auf der Autobahn ausgiebig ausgefahren. Für die TÜV-Abnahme wurde der Kran vermutlich zum Verwiegen ohne seine hydraulisch klappbaren Stützarme vorgestellt – Unten: Hier hat der Toggenburger-Kran seine Klappstützen in Transportstellung bei sich! (Sammlung Weinbach)

AK 300/400-98

Ein gänzlich abweichender AK 300 kam schon zum Jahresbeginn 1973 zur Auslieferung. Bestimmt für den schweizerischen Kranverleiher Toggenburger, waren einige besondere Vorgaben dieses Kunden zu berücksichtigen. Das Gerät sollte zunächst einmal aufgrund oftmals zu schmaler Straßen in dem Alpenland schienenverfahrbar sein. Manche Baustellen waren halt für ein solches Großgerät nur über den Schienenstrang erreichbar. Aus diesem Grund musste der Unterwagen teilbar ausgeführt werden. Der Kran wurde somit als Siebenachser mit einem abtrennbaren zweiachsigen Vorderteil, dem daran anschließenden vierachsigen Hauptteil inklusive aufgesetztem Oberwagen und einer ebenfalls abbolzbaren Schlepp- oder Nachlaufachse geplant. Es war jedoch kein Kransockel mit Sternabstützung sondern eine H-Abstützung vorgesehen.

Noch im Planungsstadium ergaben sich zu hohe Achslasten für den Straßentransport. Daraufhin wurde das Gerät mit zwei zusätzlichen Achsen versehen und auch so gebaut.

Für diesen zunächst als AK 300-98 bezeichneten Neunachser, der ein wahrer Verwandlungskünstler war, hatte man sich im Hause Gottwald ein ganz besonderes Fahrgestell einfallen lassen.

Der Unterwagen bestand aus einem dreiachsigen Triebkopf, von dem die letzte Achse abzutrennen war! Das komplette Paket oder aber nur die zwei ersten Vorderachsen wurden an den Hauptteil mit seinen fünf Achsen angebolzt. Schließlich wurde noch eine Nachlaufachse an dieses Ungetüm angekoppelt. Die Achslasten konnten somit je nach Achszahl – vom Siebenachser bis hin zum Neunachser war alles denkbar – den Erfordernissen angepasst werden. Hinzu kam noch, dass die hydraulisch betätigten Klappstützen, die sich jeweils an den Enden des eigentlichen Kranträgers befanden, für den Transport demontierbar waren.

Als ausgewachsener, ebenfalls durchgehend zwillingsbereifter (!) Neunachser brachte der Kran in Fahrstellung stolze 130 t auf die Waage. Um der Straßenverkehrsordnung genüge zu tun, mussten für den Straßentransport die angesprochenen Klappstützen abgebaut werden. Dies ergab dann für den übrigens rechtsgelenkten Riesen ein Transportgewicht von 107 t.

Erwähnenswert ist noch, dass der AK 300-98 der leistungsstärkste Gittermast-Autokran mit H-Abstützung in der überaus umfangreichen Angebotspalette bei Gottwald war. Für den Schienentransport wurde lediglich der fünfachsige Hauptteil mittels Tragschnäbel zwischen zwei Eisenbahnfahrgestelle eingehängt. Um das Eisenbahnlademaß einzuhalten, wurden die Straßenräder demontiert. Auch konnte der Kran, vorausgesetzt natürlich, er war ordnungsgemäß abgestützt, direkt von der Schiene aus operieren.

Links: Nach Jahren in der Schweiz fand der 400-Tonner noch einmal zurück nach Deutschland. Zunächst bei Toense und später noch einmal kurz bei Bracht im Einsatz, war dieses imposante Hebezeug ein paar Fotos wert, zumal es sich um ein Einzelstück handelte. Es verfügte über eine interessante Achsaufteilung – Rechts oben: Auf dieser Aufnahme sind die seitlichen Stützarm-Aufnahmen wie auch die zwei heckseitigen Spindelstützen für das Ausleger-Aufrichten zu sehen. Das mechanische Lenkgestänge für die Nachlaufachse ist freundlicherweise in rot gehalten – Rechts unten: Jede Menge Druckluftbehälter und Staukisten fanden auf der Radabdeckung ihren Platz. Man beachte, dass die zusätzliche Anlenkung für den Wippausleger am Kranoberwagen entfernt wurde (Weinbach)

Technische Daten AK 300-78

Fahrgestell

Motor: MWM-Dieselmotor TBD 232-V12, 12 Zylinder, wassergekühlt, 342 kW / 465 PS bei 2300 U/min, 12-Gang-Getriebe

Abstützung: 4 Abstützarme werden seitlich am Kransockel befestigt, Abstützbasis 10,5 x 10,5 m, durch Verlängerungsstücke auf 14 x 14 m zu vergrößern, jeder Abstützzylinder erhält eine Abstützplatte von 1 x 1 m

Achsen: Antrieb 14 x 8, alle Achsen sind lenkbar, Achsen 1, 4, 5 und 6 sind angetrieben, durchgehend doppelt bereift, 28-fach 12.00-24, Super, 18 PR mit Titan Profil

Kraneinrichtung

Motor: MWM-Dieselmotor D 232-V8, 8 Zylinder, wassergekühlt, 152 kW / 206 PS bei 2300 U/min, beziehungsweise siehe Haupttext

Gegengewicht: bis zu 100 t auf hinterer Oberwagenplattform, mehrteilig mit Gewichten zwischen 3 und 8 t

Auslegersystem: ■ Hauptausleger: Grundausleger 15 m mit Montagestütze 9,5 m, Verlängerungsstücke von 5, 10 und 15 m Länge, Hauptauslegerlänge 15 – 90 m ■ Wipp-Spitzenausleger: Grundausleger 25 m mit Aufsatz- und Drucklenker, Verlängerungsstücke von 5, 10 und 15 m Länge, Turmlänge 15 – 65 m mit Spitzenausleger 25 – 75 m ■ Wipp-Spitzenausleger als Hauptausleger für 20 – 75 m ■ Schwerlastspitzenausleger: Hauptausleger 15 – 90 m mit 8,5 m Schwerlastspitze

---

Bedingt durch das steigungsreiche Straßenbild in der Schweiz war eine wesentlich stärkere Motorisierung für den Unterwagen erforderlich. Zum Einbau kam mangels geeigneter Aggregate der sonst üblichen Motorenlieferer ein Acht-Zylinder-Diesel mit Turboaufladung, Typ MB 8 V 331 TA, der Motoren- und Turbinen-Union Friedrichshafen (MTU). Dieser erzeugte die beachtliche Leistung von 471 kW / 640 PS bei 2200 U/min und sorgte für eine Höchstgeschwindigkeit von 61 km/h in der Ebene.

Der Oberwagen des AK 300-98 wurde gegenüber dem Grundtyp ebenfalls überarbeitet. Bei den übrigen 300ern mussten die Ballastplatten von einem Hilfskran auf das Oberwagenheck aufgelegt werden. Mithilfe der wiederum für Lasten bis knapp 120 t ausgelegten Montagestütze konnten diese Gegengewichte nunmehr selbständig hinter dem Fahrerhaus des Unterwagens aufgestapelt werden. Nach einem Schwenk des Oberwagens wurde der Ballast dann an die Aufnahme des Oberwagens angehängt.

Die Kranbewegungen wurden von Elektromotoren angetrieben, wobei der bekannte Leonard-Satz des AK 300-78 zur Speisung diente. Den rußenden Anteil des diesel-elektrischen Kranantriebes übernahm ein im Oberwagen eingebauter 149 kW / 202 PS leistender Skania-Vabis-Diesel mit sechs Zylindern.

Schon während des Abtestens des Kranes wurden Leistungsreserven festgestellt und der Kran in seiner Traglast aufgewertet. Dies berücksichtigend, wurde der als AK 300-98 gebaute Kran fortan auch als AK 400-98 geführt. Auch der Hauptausleger wurde auf genau 100 m aufgestockt, die Rollenhöhe betrug somit 102 m. In der Kombination von Turm und Wipp-Spitzenausleger waren nunmehr 75 m plus 75 m möglich. Sämtliche Auslegerteile waren wiederum aufgrund abgestufter Querschnitte platzsparend ineinander geschoben zu transportieren.

Unmittelbar vor der normalen Hauptauslegeranlenkung des Oberwagens verfügte der Kran zudem über eine zusätzliche Aufnahme, welche entsprechend dem Wippauslegerfußstück schmaler dimensioniert war. Besagter Wipp-Spitzenausleger konnte somit für leichtere Lastfälle als leichter Hauptausleger montiert und eingesetzt werden.

Der vollaufgerüstete Kran, entweder mit 100-m-Hauptausleger oder aber mit 75-m-Turm mit 75-m-Wippe, dann mit einem Gesamtgewicht von immerhin 254 t beziehungsweise 231 t, war auch auf der Baustelle verfahrbar. Strenge Auflagen hierfür waren bei dieser wohlbedachten Verlegung natürlich einzuhalten.

Technische Daten AK 300-98 (AK 400-98)

Fahrgestell

Motor: MTU MB 8V 331 TA, 12 Zylinder, wassergekühlt, 471 kW / 640 PS bei 2300 U/min

Abstützung: hydraulisch seitlich ausklappbar und ausfahrbar, Abstützbasis L x B 9,4 x 10 m, verstellbar auf 7,5 beziehungsweise 14 m, jeder Abstützzylinder erhält eine Abstützplatte von 1 x 1 m

Achsen: Antrieb 18 x 8, Achsen 1 bis 4 und 6 bis 9 sind lenkbar, Achsen 2 sowie 4 bis 6 sind angetrieben, durchgehend doppelt bereift, 36-fach 12.00-24, Super, 18 PR mit Titan-Profil

Kraneinrichtung

Motor: Skania Vabis DS 11, 6 Zylinder, wassergekühlt, 149 kW / 202 PS bei 2300 U/min

Gegengewicht: bis zu 100 t an Oberwagenheck angehängt, mehrteilig

Auslegersystem: ■ Hauptausleger: Grundausleger 15 m mit Montagestütze 10,3 m, Verlängerungsstücke von 5, 10 und 15 m, Hauptauslegerlänge 15 – 100 m ■ Wipp-Spitzenausleger: Grundausleger 25 m mit Aufsatz- und Drucklenker, Verlängerungsstücke von 5, 10 und 15 m Länge, Turmlänge 15 – 75 m mit Spitzenausleger 25 – 75 m

In den achtziger Jahren fand der AK 400 wieder zurück in sein Herstellungsland. Nachdem Toense das Gerät zunächst für einige Jahre übernahm, wurde es nach der Auflösung dieses Unternehmens für kurze Zeit von Bracht eingesetzt. Schließlich fand es bei dem südafrikanischen Kranverleiher Johnson eine neue Heimat. Das auffällige Kranunikat sollte schließlich im Jahre 1995 nach Indien weiter verkauft werden, wo ihm später ein Tropensturm zum Verhängnis wurde.

Nicht unerwähnt bleiben soll, dass auch eine Mobilkranversion MK 300 und sogar eine Raupenkranversion RG 300 auf dem Papier existierte. Zu einem Bau dieser Varianten kam es jedoch leider, wie so oft, nicht.

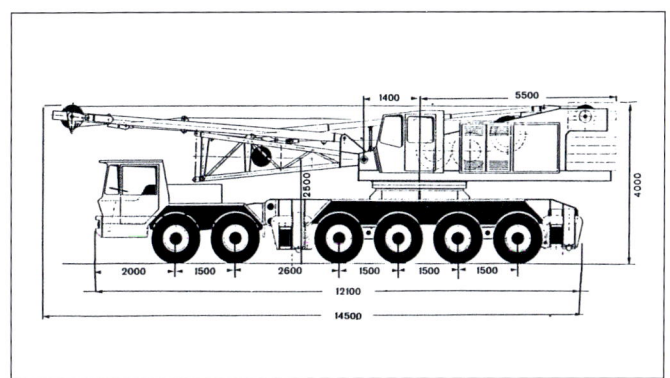

Maßskizze des AK 160 auf SFB-Fahrgestell (Sammlung Weinbach)

AK 160 / MK 160

AK 160

Basierend auf der neueren Generation des AK 150 wurde durch eine weitere Modifizierung beziehungsweise eine Ausschöpfung der in diesem Gerät ruhenden Reserven die Hubleistung nochmals erhöht. Doch diesmal erhielt der Kran, der nunmehr eine maximale Tragkraft von 125 t besaß, die neue Typbezeichnung AK 160.

Einer der 160er (links) mit diesel-elektrischem Antrieb und aufgelegtem Oberwagenballast (Sammlung Weinbach)

Zunächst wurden vier dieser 160er in den Jahren 1972/73 an die Firma Toense geliefert. Wie so oft bei diesem Kunden, wurden die Kranfahrgestelle von der Toense-Tochter SFB beigestellt. Die verwendeten sechsachsigen Unterwagen hatten die Typbezeichnung KTT 2530-120 und verfügten über drei Antriebsachsen. Die ersten vier einfach bereiften Achsen waren lenkbar ausgebildet. Für den Fahrantrieb wurde jedoch auch von SFB ein luftgekühlter Zwölf-Zylinder-Diesel, Typ F 12 L 413, mit 240 kW / 328 PS von KHD eingebaut. In Transportstellung wog das Gerät, natürlich inklusive Oberwagen, rund 61 t. Die Oberwagenfunktionen wurden bei den vier Toense-Geräten zudem diesel-elektrisch angetrieben, wohingegen alle Nachfolgekrane der Baureihe ein diesel-hydraulisches Antriebspaket erhielten. Ebenfalls abweichend war bei den gelben Toense-Kranen die Ballastaufnahme. Wie bei den schon etwas älteren Baumustern noch üblich, wurden hier die 32 t Ballast auf der verlängerten Oberwagenbühne aufgestapelt. Bei den diesel-hydraulischen 160ern wurden die Ballastplatten hingegen am Windenrahmen aufgehängt.

Ende 1974 bekam der Kranverleiher Born aus Saarbrücken den ersten AK 160-53 auf einem Gottwald-Fahrgestell, wie bereits angedeutet mit diesel-hydraulischem Kranantrieb. An Born wurde 1979 auch der Letzte von insgesamt zehn Autokranen dieses Typs, allerdings nunmehr mit dem eingangs beschriebenem SFB-Fahrgestell, verkauft.

Das AK 160-53-Chassis wurde dabei komplett von dem AK 150-53 übernommen. Der in Fahrstellung lediglich 48 t wiegende 160er mit Gottwald-Chassis verfügte über den typgleichen Unterwagenantrieb wie das SFB-Chassis. Der Motor war jedoch auf eine Leistung von 224 kW / 304 PS eingestellt beziehungsweise gedrosselt.

Links: Einer von vier an Toense gelieferten diesel-elektrischen AK 160 auf SFB-Fahrgestell (Sammlung Weinbach)
Mitte: Dieser AK 160 auf SFB-Fahrgestell wurde im März 1976 als einziger des Typs in die DDR geliefert. Die Ballastaufnahme befand sich bei diesem diesel-hydraulischen Kranoberwagen am verlängerten Windenrahmen (Schauer)
Rechts: Die Firma Born erhielt erst 1979, fast drei Jahre nach dem letzten AK 160, den wirklich „Allerletzten" der Serie. Auch dieser Kran war auf einem SFB-Chassis aufgesetzt (Hauch)

Der einzige Mobilkran vom Typ MK 160-44 ging im November 1975 als diesel-hydralisches Gerät an die Kraftwerks-Union (KWU) in Erlangen   (Sammlung Weinbach)

Technische Daten AK 160-53 (Gottwald-Fahrgestell)

Fahrgestell

Motor: KHD-Dieselmotor F 12 L 413, 12 Zylinder, luftgekühlt, 224 kW / 304 PS bei 2500 U/min, 5 Vorwärtsgänge, 1 Rückwärtsgang

Abstützung: Doppelkasten-Ausführung, hydraulisch seitlich ausfahrbar bis 6,8 m, Abstützbasis L x B 6 x 6,8 m

Achsen: Antrieb 10 x 6, Achsen 1 bis 3 sind lenkbar, Achsen 2, 4 und 5 sind angetrieben, Achsen 1 bis 3 einfach bereift, Achsen 4 und 5 doppelt bereift, 14-fach 14.00-24, 22 PR

Kraneinrichtung

Motor: KHD-Dieselmotor F 8 L 413, 8 Zylinder, luftgekühlt, 154 kW / 210 PS bei 2650 U/min

Gegengewicht: 32 t, mehrteilig

Auslegersystem: ■ Hauptausleger: Grundausleger 11,5 m mit Montagestütze, Verlängerungsstücke von 4,5 und 13,5 m Länge, Hauptauslegerlänge 11,5 – 74,5 m ■ Wipp-Spitzenausleger: Grundausleger 16 m mit Aufsatz- und Drucklenker, Verlängerungsstücke von 4,5 und 13,5 m Länge, Turmlänge 16 – 56,5 m mit Spitzenausleger 16 – 61 m

Überhaupt gab es in den verschiedenen Kranbaureihen Antriebsdiesel gleichen Typs, die auf recht unterschiedliche Leistungen eingestellt beziehungsweise gedrosselt waren. Dies galt sowohl für die Fahr- als auch für die Kranantriebe.

Von dem fünfachsigen 125-Tonner wurde lediglich ein zweites Exemplar nach Italien geliefert. Eine weitaus längere Anreise zum Kunden hatten 1976 zwei AK 160 auf Fremdfahrgestell, die nach Ägypten verkauft wurden. Diese auf einem MOL-Kranunterwagen, Typ 100120/126 L-H 12 x 6, aufgebauten 160er-Krane wurden per Schiff ins Land der Pyramiden gesandt.

Wurden auch die unterschiedlichsten Geräteträger unter den Kranaufbau gesetzt, die Kranleistungen waren immer identisch. Wie schon erwähnt, hatte der AK 160 ein maximales Hubvermögen von 125 t (AK 150 = 100 t) bei 4 m Ausladung am Grundausleger. Auch das Auslegersystem wurde gegenüber dem AK 150 weiter ausgebaut. So war mit dem auf 74,5 m verlängerten Hauptausleger eine Rollenhöhe von 76 m zu erreichen. An einem solchen Ausleger waren bei 11 m Ausladung noch 22 t zu heben, exakt der Wert des AK 150 an dessen 70-m-Ausleger.

Zum Erreichen noch größerer Höhen und weiterer Ausladungen konnte eine Kombination von 16- bis 56,5-m-Hauptausleger und verstellbarem Spitzenausleger mit 16 bis 61 m Länge zusammengestellt werden. Somit betrug die größtmögliche Rollenhöhe 120 m. Derart aufgerüstet konnte bei 17 m Ausladung eine Last von 5 t gehoben werden, bei einer Ausladung von 60 m und 81 m Rollenhöhe war es dann gerade noch eine halbe Tonne.

MK 160-44

Den einzigen Mobilkran dieser Baureihe erhielt 1975 die Kraftwerks-Union in Erlangen. Der immerhin 4,1 m breite Unterwagen war natürlich für den rein innerbetrieblichen Gebrauch ausgelegt. Um die gleichen Tragfähigkeiten wie die AK-Version erreichen zu können, erhielt das Gerät eine Abstützbasis von Länge x Breite gleich 8,5 x 8 m und mit 40 t ein um 8 t erhöhtes Gegengewicht. Wie jeder Mobilkran erhielt auch der MK 160 lediglich einen Oberwagenmotor, einen Acht-Zylinder-Diesel von KHD.

Technische Daten AK 160 auf SFB-Fahrgestell Typ KTT 2530-120

Fahrgestell

Motor: KHD-Dieselmotor F 12 L 413, 12 Zylinder, luftgekühlt, 240 kW / 328 PS bei 2500 U/min, 6 Vorwärtsgänge, 1 Rückwärtsgang

Abstützung: Doppelkasten-Ausführung, hydraulisch seitlich ausfahrbar bis 6,8 m, Abstützbasis L x B 6,8 x 6,8 m

Achsen: Antrieb 12 x 6, Achsen 1 bis 4 sind lenkbar, Achsen 1, 5 und 6 sind angetrieben, Achsen 1 bis 4 einfach bereift, Achsen 5 und 6 doppelt bereift, 16-fach 12.00-24, 20 PR

Kraneinrichtung

Motor: KHD-Dieselmotor F 6 L 413 R, 6 Zylinder, luftgekühlt, 116 kW / 158 PS bei 2500 U/min

Gegengewicht: 32 t, mehrteilig

Auslegersystem: identisch zu AK 160 auf Gottwald-Fahrgestell

Der zweiachsige Universal-Mobilkran MK 56-22, so die Bezeichnung bei Gottwald, war eine Entwicklung zu Beginn der 1970er Jahre. Vorgestellt auf der Hannover-Messe 1972, wurde er von den Düsseldorfern als „Weiterentwicklung des MK 551 unter Berücksichtigung der modernen Krantechnik" beschrieben: „Er ist universell einsetzbar für Bagger- und Kranbetrieb und vereinigt die Eigenschaften von zwei Spezialmaschinen in einem Gerät."

Nun, die Entwicklung des angeführten MK 551 lag schon ein paar Jahre zurück; er war ein Kind der frühen 1960er Jahre. Die Gemeinsamkeit lag wohl eher in der Gewichtsklasse. So konnte der MK 56, wurde er als Kran eingesetzt, bis zu 20 t heben. Das neue Gerät kann man dann auch rückblickend eher als letzten Versuch sehen, die gute Zeit der mobilen Seilbagger im Hause Gottwald noch einmal aufleben zu lassen, hatte man doch bereits in den letzten Jahren die Entwicklung solcher Baumaschinen, wohl auch aufgrund großer Konkurrenz, sträflich vernachlässigt und sich mehr dem reinen Kranbau verschrieben.

Und so ist es nicht verwunderlich, dass von diesem Universal-Mobilkran zwischen 1972 und 1976 leider nur vier Exemplare ausgeliefert wurden. Das Erstgerät kam dabei wohl eher selten über die Stadtgrenzen des Entstehungsortes hinaus, wurde es doch an die Düsseldorfer Beton- und Monierbau geliefert. Ein Folgegerät verschlug es ins finnische Oslo. Die beiden letzten Bagger fanden ihren Käufer bei der Baufirma Dyckerhoff & Widmann in München.

Der im Oberwagen implantierte luftgekühlte KHD-Sechs-Zylinder-Diesel mit knapp über 100 Pferdestärken sorgte sowohl für den vollhydraulischen Fahrantrieb als auch für die gleichfalls hydraulischen Kran-/Baggerbewegungen. Die höchste Fahrgeschwindigkeit auf der Straße betrug im zweiten Gang sowohl vorwärts als auch rückwärts 20 km/h. Die niedrigste Kriechgeschwindigkeit betrug etwa 0,1 km/h. Beim allradgetriebenen und allradgelenkten Zweiachs-Fahrgestell konnte wahlweise auf verschiedene Achtfach-Bereifung oder größere Vierfach-Bereifung mit speziellem Geländeprofil zurückgegriffen werden. Punktgenau rangieren konnte der 56er im möglichen Krebsgang. Anders als sein von Gottwald genannter Vorgängertyp MK 551, besaß der MK 56 selbstverständlich eine zeitgemäße hydraulische Abstützung.

Technische Daten MK 56-22

Fahrgestell

Motor:	siehe Kraneinrichtung
Abstützung:	Schiebekastenausführung, hydraulisch seitlich ausfahrbar Abstützbasis L x B 4,84 x 4,5 m
Achsen:	Antrieb 4 x 4, beide Achsen lenkbar 8-fach bereift 12.00-20, 16 PR, Profil nach Wahl oder 8-fach bereift 11.00-20, 16 PR, Profil nach Wahl oder 4-fach, 18-20, 14 PR, Geländeprofil E58/1

Kraneinrichtung

Motor:	KHD-Dieselmotor F6 L912, luftgekühlt, 77 kW / 104 PS bei 2500 U/min,
Gegengewicht:	fest am Oberwagen angebaut, ca. 4,5 t
Auslegersystem:	■ Hauptausleger: Grundausleger 8 m mit Montagestütze, Verlängerungsstücke von 4 m (1x) sowie 8 m Länge, Hauptauslegerlänge 8 – 32 m ■ fester Spitzenausleger 5 – 10 m

Der Oberwagen verfügte über ein Zwei-Seil-Zwei-Trommel-Greifer-Hubwerk für den Baggerbetrieb, welches auch den Freifall der Greiferschaufel ermöglichte. Die Hubwerksbremsen waren hierbei steuerbar. Für diese Einsatzart gleichfalls hilfreich war die eingebaute kraftbetriebene Greifer-Beruhigungs- und Dirigierwinde.

Ebenso möglich war das aus Sicherheitsaspekten erforderliche kraftschlüssige Arbeiten im reinen Kran- beziehungsweise Umschlagsbetrieb, dann jedoch mit selbständig wirkenden Hubwerksbremsen. Der Ausleger, welcher als Rohrfachwerk ausgeführt war, hatte eine kürzeste Länge von 8 m. Hierbei konnte dann auch bei 3 m Ausladung die maximale Traglast im Kranbetrieb mit 20 t (abgestützt) erreicht werden. Ohne Abstützung reduzierte sich die Traglast auf 11 t.

Links: Mit diesem kurzen 8-m-Ausleger waren im Kranbetrieb maximal 20 t bei 3 m Ausladung zu heben. Dyckerhoff & Widmann in München erhielt gleich zwei der insgesamt vier gebauten Universal-Mobilkrane – Mitte: Gleich in Düsseldorf blieb dieser MK 56-22, hier mit 16-m-Ausleger. Die dortige Beton- und Monierbau setzte das mit einer hydraulischen Auslegerverstellung gebaute Gerät ab 1972 ein
(Leder)

GOTTWALD

Autokran — AK 85-53

mit diesel-hydraulischem Antrieb

Tragfähigkeit 80/90 t

- 68,5 m Hauptausleger
- 43,5 m Spitzenausleger
- 94,0 m Rollenhöhe

Fahrgestell: 5-achsig · Antrieb 10 x 6
3 Achsen gelenkt
Motorleistung 235 kW (320 PS)
Fahrgeschwindigkeit 63,2 km/h

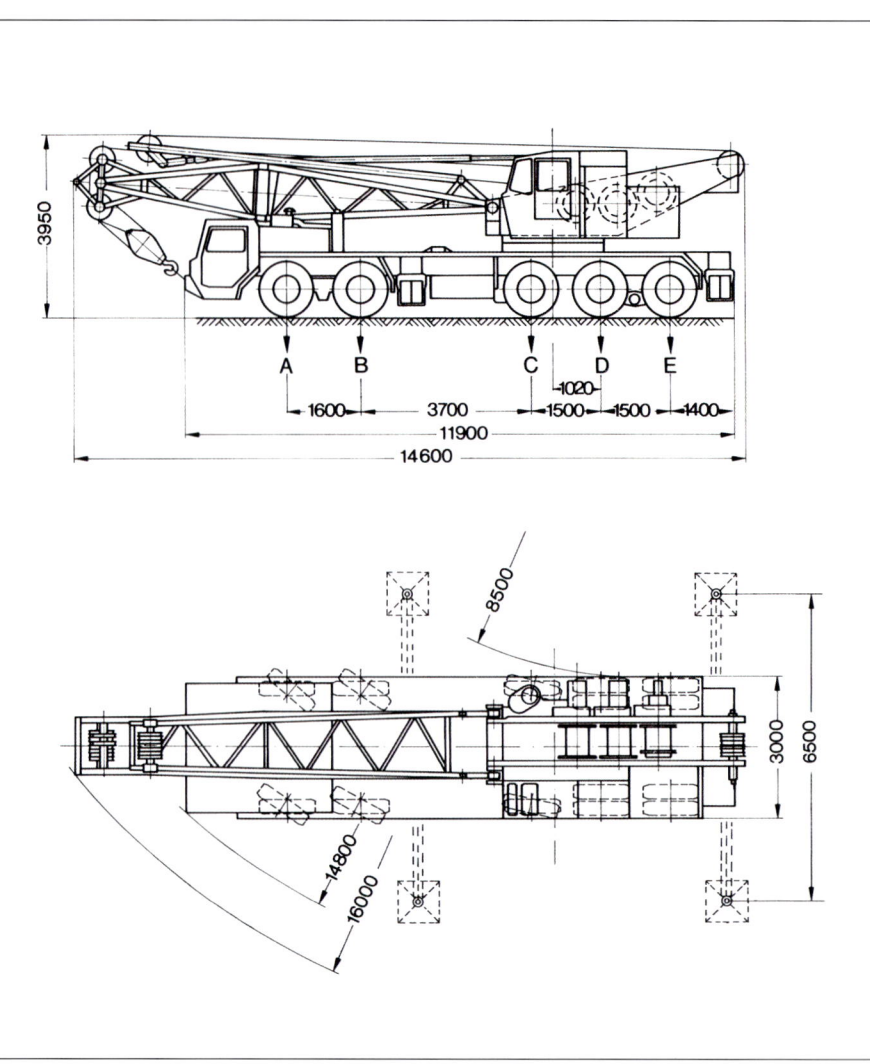

Maßskizze des AK 85-53 auf Faun-Fahrgestell (Sammlung Weinbach)

Nicht immer ist Gottwald drin wo Gottwald draufsteht. In diesem Fall handelt es sich um ein SFB-Fahrgestell. Der Krantyp AK 85 wurde fast ausschließlich auf Fremdfahrgestelle von SFB und Faun aufgebaut (Leder)

Das Gegengewicht wurde beim AK 85-53 am Windenrahmen angehängt (Sammlung Weinbach)

Hier ist einer der zwei für Bracht gebauten 80-Tonner mit kurzem Ausleger für den „Wochenendhub" (Betonmischmaschine und Leiter) korrekt ausgerichtet (Erben)

Oben: Mit dieser tief vorgebauten Faun-Kabine kamen immerhin 15 Krane der Baureihe 85 zur Auslieferung (Wüllner)
Unten: Auf so einem Tieflader war schon ein Großteil des Auslegers zu transportieren. Durch eine Auslegerabstufung konnten mehrere Teile ineinander geschoben befördert werden (Sammlung Weinbach)

Mittels Verlängerungsstücken von 4 m beziehungsweise 8 m konnte eine maximale Hauptauslegerlänge von 32 m erzielt werden. Die Tragfähigkeiten mit/ohne Abstützung betrugen 8 t / 6 t bei 5 m Ausladung und 1,4 t / 0,45 t bei 22 m Ausladung. Letztendlich konnte auch die Rollenhöhe mittels fest angebautem Spitzenausleger von 5 m oder 10 m Länge vergrößert werden. Die Tragfähigkeit dieses Auslegers betrug maximal 4,2 t beziehungsweise 3,2 t bei dann 8 m Ausladung.

Auffallend, weil von den üblichen Ausführungen abweichend, war die Funktion des Auslegerwippens, welches mittels zweier Hydraulikzylinder direkt hydraulisch erfolgte. Das Transportgewicht des MK 56-22 betrug im Übrigen mit Gegengewicht und 8-m-Ausleger exakt 20 t.

AK 85 / MK 85

Eine letzte Gittermastautokranentwicklung unter 100 t Traglast sollte von den Düsseldorfer Kranbauern im Jahre 1973 erstmalig zur Auslieferung gebracht werden. Obwohl dieser neue Typ AK 85-53 bis weit in die 1980er Jahre hinein von Gottwald gebaut wurde, neigte sich die Zeit der kleinen Gitterkrane dennoch langsam dem Ende entgegen. Diese Auslegerart sollte nachfolgend nur noch den großen Autokranen ab etwa 200 t Tragfähigkeit vorbehalten bleiben. Der hydraulische Teleskopkran hatte dem „kleinen Gitter" den Rang zwischenzeitlich vollends abgelaufen.

Ein sicheres Indiz hierfür mag auch bereits gewesen sein, dass man sich in den Konstruktionsabteilungen auch keine sonderlichen Gedanken mehr über ein hauseigenes Fahrgestell gemacht hatte. Und so sollten sämtliche bis 1987 (!) gefertigten 21 AK 85-53 auf einem Fremdfahrgestell die Produktionshallen verlassen. Als Standardlösung griff man dabei auf ein fünffachiges Trägerfahrzeug von Faun zurück. Hier war der KF 80.53/60 mit seinem 250 kW / 340 PS leistenden KHD-Zwölf-Zylinder vom Typ F 12 L 413 genau passend ausgewählt worden. Seine zwei gelenkten Vorderachsen plus gleichfalls gelenkter dritter Achse, alle mit Einfachbereifung versehen, sowie die zwei doppeltbereiften Hinterachsen brachten das Transportgewicht von annähernd 50 t im Rahmen der Vorschriften auf die Straße. Angetrieben wurde dabei nach der Formel 10 x 6 und zwar die Achsen 2, 3 und 4. Wurde die Antriebskraft zunächst über ein ZF-Sechs-Gang-Schaltgetriebe mit zusätzlichem Verteilergetriebe (Straßen-/Geländegang) auf die Straße gebracht (61 km/h), so sollte Mitte der siebziger Jahre auf ein Fuller-Acht-Gang-Getriebe, gleichfalls mit Verteilergetriebe, gewechselt werden. Hier

gab es dann auch zwei Rückwärtsgänge für den geübten Kranfahrer mit möglichen 16,3 km/h!

Das Faun-Chassis verfügte über eine standardmäßige Doppelkastenabstützung (H-Form) hinter der zweiten und letzten Achse. Die Stützträger wie auch die Senkrechtabstützungen waren natürlich hydraulisch ausfahrbar und erbrachten eine Stützbreite von 6,5 m (Länge x Breite gleich 6,7 x 6,5 m).

Ergänzend sei angemerkt, dass die Faun-Fahrgestelle ab etwa 1977 nur noch über Zehn-Zylinder-Antriebe (KHD F 10 L 413 F) mit lediglich 235 kW / 320 PS (maximal 63 km/h) verfügten. Bei allen Unterwagen gleich war jedoch die für diese Epoche typische Faun-Lowline-Kabine, die vor das Chassis vorgebaut wurde. Ein Ablegen des auf Fuß- und Kopfstück reduzierten Auslegers bei Straßenfahrt war somit bei einer Transporthöhe von 3,95 m möglich.

Den ersten derartigen AK 85-53 erhielt im Mai 1973 die Firma Krösche in Holzminden. Weitere Kunden in Deutschland waren die Firmen Schmidbauer (München), Gutmann (Berlin), Bracht (2 x, Erwitte), Kroll (Berlin), MAN (Gustavsburg) und Fröhlich & Knüpfel (Gelsenkirchen). Im nahen und fernen Ausland gingen solche Krane nach Dänemark, Österreich, Norwegen und nach Jeddah. Der VEB Papier & Zellstoff in Rosenthal sowie Takraf (beide DDR) erhielten ihren Kran gleichfalls mit einem solchen Faun-Fahrgestell. Das Takraf-Gerät war dabei Ende 1982 der „vorerst" letzte ausgelieferte AK 85-53 überhaupt.

Bleiben wir zunächst noch ein wenig beim Kranträger, so ist zu berichten, dass außer dem beschriebenen Fünfachser aus Lauf an der Pegnitz (Faun-Sitz) auch einige Kranoberwagen auf SFB-Chassis gesetzt wurden. Stammkunde für diese KTT 2730/90-Version war seinerzeit der Großkunde DDR.

Eigentlich ein Sechssachs-Fahrgestell (12 x 6) für 90-t-Krane, wurden die Geräte jedoch nur mit fünf beräderten Achsen ausgeliefert. Und so wurden die fünf derart ausgeführten Kranfahrzeuge auch allesamt an verschiedene Staatsbetriebe des Arbeiter- und Bauernstaates übergeben.

Nach dem eigentlich bereits 1982 erfolgten Produktionsende des AK 85 fragte der dänische Kranspezialist BMS in Kopenhagen im Jahre 1987 (!) noch einmal nach einem Gitterkran der 90-t-Klasse bei Gottwald oder besser gesagt bei den neuen Eigentümern an. Kurzerhand griff man auf den noch zu beschreibenden Kranoberwagen des AK 85 zurück, für den allerdings wieder ein neuer Unterwagen organisiert werden musste. Fündig wurde man bei dem italienischen Fahrgestell-Lieferer CVS, der ein geeignetes Fünffachs-Gefährt beistellte. Der im November 1987 ausgelieferte „allerletzte" Gittermastkran vom Typ AK 85 erhielt jedoch noch eine wei-

Links: Van Seumeren in den Niederlanden unterhielt lediglich einen gebrauchten AK 85-53 mit SFB-Chassis. Die eigentlich dritte Achse unmittelbar hinter der vorderen Abstützung wurde bei diesen Unterwagen weggelassen und die Aussparung mit einer Verkleidung versehen (Stuive)
Mitte: Da erst 1987, genau fünf Jahre nach der letzten Auslieferung eines solchen Kranes, von BMS in Dänemark bestellt, erhielt der Nachzügler einen Unterwagen von CVS (Laskowski)
Rechts: Eine Besonderheit des BMS-Gerätes war die höhenverstellbare Krankabine! (Sammlung Weinbach)

tere Besonderheit. Um im „hohen Norden" den Kran auch bei speziellen Schiffsbeladungen im Hafen einsetzen zu können, wurde die Kranführerkabine mit einer hydraulischen Scherenvorrichtung in der Höhe (Sichtweite) verstellbar ausgeführt.

Nicht verschwiegen werden soll auch ein als Mobilkran gefertigter MK 85-44. Dieser Vierachser für rein innerbetriebliche Arbeiten wurde im Jahre 1975 an die Firma Murdock im belgischen Antwerpen geliefert, blieb jedoch ein Unikat.

Nach soviel Unterwagen-Beschreibung soll der eigentliche Kranteil des AK 85-53 natürlich nicht vergessen werden. Hier verfügte der zu Beginn der siebziger Jahre entwickelte Kranoberwagen wieder über einen zeittypischen luftgekühlten Kranmotor aus dem Hause KHD. Der bei den ersten drei Lieferungen eingebaute BF 6 L 912 stellte dabei mit seinen sechs Zylindern 103 kW / 140 PS zur Verfügung. Alle nachfolgenden Kranhäuser erhielten dann ab 1974 den etwas stärkeren BF 6 L 913 mit einer auf knapp 118 kW / 160 PS eingestellten Leistung.

Von diesen Dieselmotoren wurden dann nachfolgend drei hydraulische Pumpen angetrieben, die somit das Arbeiten mit ebenso vielen Arbeitskreisen ermöglichten. Diese Pumpen versorgten die Hydro-Motoren von Drehwerk, Haupthub (6,3 t Zugkraft) und Hilfshub (6,3 t) sowie Ausleger-Verstellwerk (9 t). Als Sonderzubehör konnte auch ein drittes Hubwerk (6,3 t) eingebaut werden. Dies ermöglichte dann für den Wippbetrieb mit schrägstehendem Hauptausleger das Arbeiten mit zwei eingescherten Lasthaken. Für derartige Arbeiten wurde auch ein spezieller Hauptauslegerkopf benötigt, der neben dem anzubauenden Wipp-Spitzenausleger (plus Druck- und Wipplenker) über zusätzliche Seilrollen für maximal 37 t Tragkraft verfügte.

Der normale Hauptausleger selbst konnte mit einer kleinsten Länge von gerade einmal 8,5 m montiert werden. Für diesen „Stummel" waren dann bei wohlgemerkt freistehendem Kran 21,1 t x 5 m über das Heck und 12,1 t x 5 m über den Vollkreis zugelassen. Freistehend arbeiten konnte der AK 85 bis zu einer Auslegerlänge von immerhin 33,5 m (5,3 t x 9 m beziehungsweise 0,5 t x 22 m) über 360 Grad. Als Ballast waren hierbei lediglich 10,5 t am heckseitigen Windenrahmen anzubringen.

Im abgestützten Arbeitszustand und bei angehängtem Normalballast von 21 t begann die Hauptauslegerlänge bei 13,5 m und endete dann bei 68,5 m. Für den kurzen Ausleger traf die maximale Traglast des AK 85 von 80 t x 4 m zu (28,7 t x 12 m). Mittels 5-m- und 10-m-Zwischenstücken auf 68,5 m ausgebaut, bewältigte der Kran immerhin noch zwischen 10,5 t x 12 m und 0,8 t x 50 m.

Die größte Rollenhöhe überhaupt wurde mit 94 m in der Kombination von 48,5 m Hauptausleger und angebautem verstellbaren Spitzenausleger von 43,5 m Länge erreicht. Der Hauptausleger wurde dabei nahezu senkrecht als Turm aufgestellt, natürlich gegen rückwärtiges Umkippen mittels Rückfallstützen gesichert. Bei abgestütztem Unterwagen und über den vollen Drehkreis lagen dann die Tabellenwerte zwischen 4,8 t x 13 m und 3 t x 44 m. Der Spitzenausleger konnte natürlich auch in kleineren Längen zwischen 13,5 m und eben 43,5 m durch Zwischenstücke von 5 m und 10 m angebaut werden. Die maximale Traglast des Spitzenauslegers betrug in der Kombination 13,5- bis 23,5-m-Hauptausleger und 13,5-m-Spitze genau 30 t x 6,5 m.

Wurde der Hauptausleger dagegen mit knapp sieben Grad geneigt aufgestellt, so lagen die Werte für die Kombination 48,5 m HA plus 43,5 m Spitze zwischen 4 t x 22 m und 2,5 t x 50 m. Mit der kurzen 13,5-m-Spitze am gleichfalls kurzen 13,5-m-Hauptausleger lag dann die Traglast sogar bei 35 t x 9 m.

AK 270

Nachdem bereits die ersten drei 300-Tonner vom Typ AK 300 (Sternabstützung) bis zur Jahresmitte 1973 ausgeliefert waren, erhielt der Kranverleiher Bracht aus Erwitte noch im gleichen Jahr eine etwas schwächere Version. Konstruktiv eigentlich hervorgegangen aus dem Typ AK 260, besaß der neue AK 270-98 zunächst einmal die gleiche Achsfolge (3-5-1) wie der etwas aus der Art geschlagene AK 300-98 von Toggenburger. Es war hier allerdings nur die letzte Nachlaufachse, die für eine bessere Lastverteilung bei Straßenfahrt sorgen sollte, abbolzbar. Lediglich die fünfte der neun Achsen war nicht lenkbar ausgeführt. So konnte ein Wenderadius von 15 m erzielt werden. Der 3 m breite Kranunterwagen brachte es inklusive Nachlaufachse auf eine Länge von 19,8 m. Wohl auch aufgrund immer besserer Reifenqualitäten konnte mit dem AK 270-98 ein solcher Großkran erstmals auf durchgehend einfach bereifte Achsen

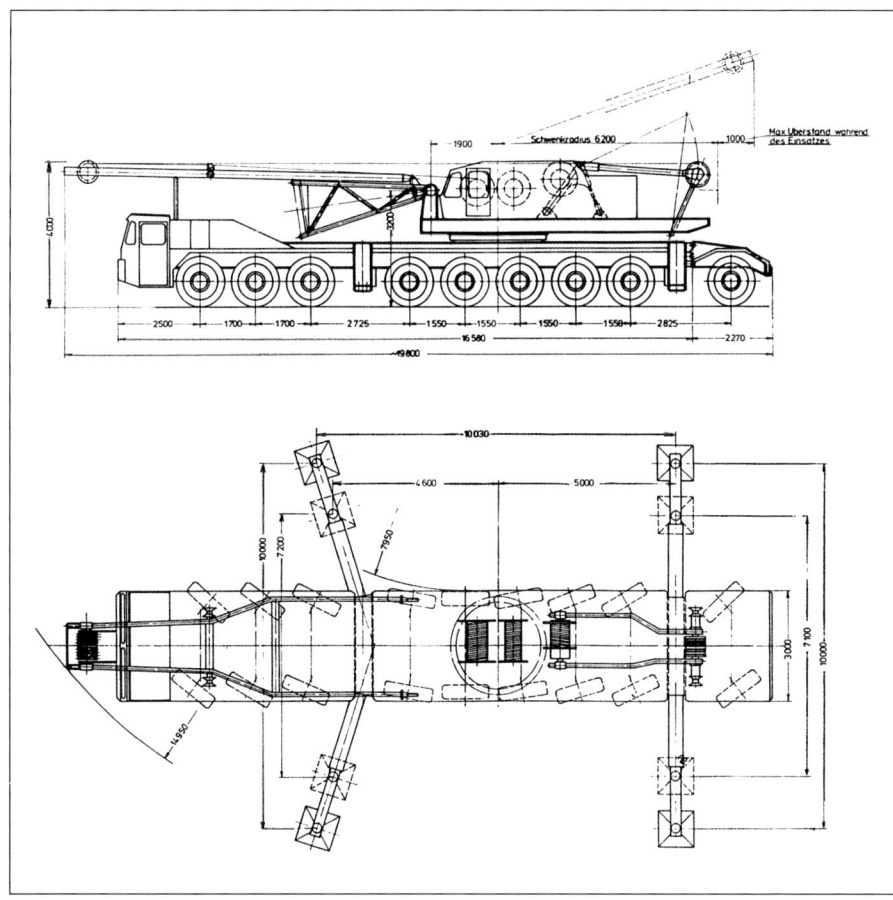

Maßskizze des Typ AK 270-98. Interessant ist die vordere Abstützung, die erst ausgefahren und dann leicht geschwenkt wurde
(Sammlung Weinbach)

Auf der Hannover-Messe wurde der neue AK 270-98 der Firma Bracht vorgestellt. Der Großkran war erstmals durchgehend einfachbereift
(Oberdrevermann)

Die Krankabine konnte für den Hubeinsatz leicht aus dem Oberwagen herausgeschwenkt werden. Das Gegengewicht hingegen war nach wie vor fluchtend mit dem Oberteil
(Sammlung Weinbach)

gestellt werden. Dies sollte bei den späteren Großgeräten die Regel werden. Auf diese 18 Einzelreifen war dann ein Transportgewicht von 104 t zu verteilen.

Der in dem Gottwald-Fahrgestell implantierte, wassergekühlte Zwölf-Zylinder-Turbo-Diesel von MWM (Motoren Werke Mannheim) war vom Typ TD 232-V12. Seine Leistung von 303 kW / 412 PS wurde über ein Wandler-Lastschaltgetriebe auf die vier angetriebenen Planetenachsen gebracht (Antriebsformel 18 x 8). Für die Oberwagen- beziehungsweise Kranfunktionen sorgte ein diesel-elektrisches Antriebspaket, bestehend aus einem Acht-Zylinder-Diesel von MWM mit Wasserkühlung (D 232-V8, 152 kW / 206 PS) und einem nachfolgenden Leonard-Satz. Die verwendete thyristorgeregelte Steuerung gewährleistete gleichsam stoßfreie und lastunabhängige Kranbewegungen für stufenlose Geschwindigkeiten. Von diesen Kranbewegungen waren dann drei gleichzeitig und unabhängig voneinander möglich.

Der 17,5 m lange Grundausleger war ausgelegt für eine maximale Last von 250 t bei 4,75 m Ausladung. Als Gegengewicht benötigte der AK 270 für diesen Lastfall 90 t, die mehrteilig auf dem Oberwagenheck aufgetürmt wurden. Rüstete man den Hauptmast auf die maximale Länge von 94 m auf, so waren bei 14 m Ausladung noch 59 t zu heben. Um in noch größere Höhen vorstoßen zu können, war eine Kombination von bis zu 62,5 m Hauptausleger als Turm und bis zu 68,5 m Wipp-Spitzenausleger möglich. Dies ergab dann eine Rollenhöhe von 132 m. In dieser Konfiguration betrug die Tragfähigkeit bei 22 m Ausladung immerhin noch 17,9 t. Vergrößerte man die Reichweite auf 66 m von der Drehkranzmitte, so konnten bei nunmehr 92 m Rollenhöhe noch 9,5 t sicher bewegt wer-

den. Diese Werte bezogen sich auf den vollen Drehbereich. Sowohl Hauptausleger als auch Wipp-Spitzenausleger waren in ihrem Querschnitt jeweils zur Hälfte gestuft ausgeführt, so dass zum platzsparenden Transport jeweils vier Auslegerteile ineinander geschoben werden konnten.

Die beiden vorderen Abstützarme des Unterwagens wurden bemerkenswerterweise nicht rechtwinklig zum Fahrgestell angebolzt, sondern leicht nach vorne weisend. Dies ergab dann beim hydraulischen Verstellen der Horizontalschieblinge zwei unterschiedliche Basiswerte.

Der aufgerüstete Kran konnte überdies auch auf der Baustelle verfahren werden. Hierzu mussten dann natürlich die gefederten Achsen blockiert werden.

In einer Werbeschrift über dieses Gerät wurde der Kran interessanterweise als „Gottwalds Neuer 250 t Autokran AK 270 und AK 275" vorgestellt. Unter der Typbezeichnung AK 275 sollte allerdings in Düsseldorf kein Kran zur Auslieferung gelangen.

Der ursprünglich an Bracht gelieferte AK 270 hat nach seinem Weiterverkauf an das französische Unternehmen Fostrans dort noch bis in das Jahr 2000 hinein sein Geld verdient und wurde dann nochmals weitervermittelt.

Das zweite und gleichzeitig bereits letzte Exemplar des AK 270-98 wurde im November 1974 in die damalige DDR geliefert. Es wurde dort bei IMO (Industriemontagen) Merseburg eingesetzt. Dieser Kran erhielt auch eine erweiterte Zusatzausrüstung. So konnte für Schwerlasthübe an den 22 m bis 71,5 m langen Hauptausleger ein 7 m langer Schwerlast-Spitzenausleger unter 30 Grad festverspannt angebaut werden. Dieser Spezialausleger wurde in ge-

Links: Hier ist das ehemalige Bracht-Gerät in den neunziger Jahren beim französischen Schwerlastspezialisten Fostrans in der abgestützten Turmausrüstung im Einsatz (Colette)
Mitte: Der zweite und gleichzeitig letzte 270er wurde im November 1974 an die Industrie-Montage in Merseburg (ex DDR) geliefert. Mit dem nach vorne überstehenden A-Bock hatte der Kran eine Länge von 19,8 m (Lindenlauf)
Rechts: Der 250-Tonner für IMO Merseburg bekam auch eine Schwerlastspitze mitgeliefert, die hier gerade die Belastungstests über sich ergehen lassen muss (Sammlung Weinbach)

kanteter Kastenprofilkonstruktion ausgeführt und war bei 18-facher Einscherung für eine maximale Traglast von 170 t ausgelegt.

Dem Gerät war jedoch eine noch nicht einmal zehnjährige „Lebensdauer" beschieden. Nach einem schweren Verkehrsunfall während der Straßenfahrt, bei dem der Kran eine steile Böschung hinunterstürzte, zeigte sich das Chassis mitsamt Oberwagen als irreparabel beschädigt. Für den unbeschädigt gebliebenen Ausleger sollte sich jedoch in der Planwirtschaft eine Weiterverwendung fin-

den. Als Ersatz für den verunfallten AK 270 wurde Ende 1984 der zu diesem Zeitpunkt im Gottwald-Programm aktuelle AK 350 beschafft und mit dem alten Auslegersystem des 270er versehen.

In diesem Zusammenhang sei erwähnt, das alle bislang gebauten Gittermastkrane bei Gottwald, bis hin zu den Typen AK/MK 250, 260, 270, 300, 500 mit den Gegengewichtsplatten nicht über die Oberwagenbreite hinausragten. Erstmalig beim AK 350 kamen die weit ausladenden Ballastplatten zur Anwendung.

Technische Daten AK 270-98

Fahrgestell
Motor:	MWM-Dieselmotor TD 232-V12, 12 Zylinder, wassergekühlt, 303 kW / 412 PS bei 2300 U/min,
Abstützung:	4 Abstützarme am Fahrgestellrahmen anbolzbar, Abstützbasis L x B 9,6 x 7,1 m, hydraulisch auf 10 x 10 m ausfahrbar, jeder Abstützzylinder mit einer Abstützplatte von 1 x 1 m
Achsen:	Antrieb 18 x 8, Achsen 1 bis 4 sowie 6 bis 9 sind lenkbar, Achsen 2, 4, 6 und 7 sind angetrieben, durchgehend einfach bereift, 18-fach 12.00-24, Super 18 PR

Kraneinrichtung
Motor:	MWM-Dieselmotor D 232-V8, 8 Zylinder, wassergekühlt, 152 kW / 206 PS bei 2300 U/min
Gegengewicht:	bis zu 90 t auf hinterer Oberwagenplattform, mehrteilig
Auslegersystem:	■ Hauptausleger: Grundausleger 17,5 m mit Montagestütze, Verlängerungsstücke von 4,5 und 9 m Länge, Hauptauslegerlänge 17,5 – 94 m ■ Wipp-Spitzenausleger: Grundausleger 23,5 m mit Aufsatz- und Drucklenker, Verlängerungsstücke von 4,5 und 9 m, Turmlänge 22 – 62,5 m mit Spitzenausleger 23,5 – 68,5 m ■ Schwerlastspitzenausleger: Hauptausleger 22 – 71,5 m mit 7-m-Schwerlastspitze

AK 210 / MK 210

AK 210

Anfang der siebziger Jahre war es für die Gottwald-Konstrukteure an der Zeit, sich neuerlich Gedanken über einen Gittermastkran im Traglastbereich knapp unterhalb der 200-t-Grenze zu machen. Entsprechende Anfragen potentieller Kunden lagen vor. Den erstmals 1965 in der Mobilkran-Version ausgelieferten 165-t-Tonner (MK/AK 250) konnte man inzwischen als in die Jahre gekommen ansehen, seine letzte Auslieferung datierte bereits vom Sommer 1969. So plante man 1973 für den neuen Krantyp zunächst eine maximale Tragfähigkeit von 175 t bei 5,7 m Ausladung ein. Beim Unterwagen wollte man eher konservativ denkend, auf die bewährte Konstruktion des Typs AK 270 einschließlich abkoppelbarer Nachlaufachse zurückgreifen. Auch sollte wieder die separat transportierbare und lediglich anbolzbare „Quasi"-H-Abstützung zum Einsatz kommen. Lediglich von den Anbolzhalterungen der Abstützung unterbrochen, plante man die um eine Achse reduzierte Achsfolge 3-3-1 ein. Für die Antriebe wären für Unterwagen- und Oberwagenantrieb MWM-Diesel (412 / 209 PS) zum Einbau gekommen, wobei der eigentliche Kranantrieb nach wie vor diesel-elektrisch erfolgen sollte. Doch diese ersten Pläne für den AK 210-78 wurden wieder verworfen und ein gänzlich neuer Kran, dem neuesten Stand der Technik entsprechend und vor allem mit einem neuen zeitgerechten Design versehen, konstruiert.

Das erste derartige Gerät wurde schließlich Mitte 1975 an den deutschen Kranverleiher Bracht ausgeliefert, der überdies in 1982 einen weiteren 210er bestellen sollte. Augenfälligstes Merkmal bei diesem Krantyp war der komplett neue Unterwagen mit einer vorn angesetzten, zeitlos schönen Low-Line-Kabine (Autorenmeinung). Diese Fahrerkabine sollte, für lange Jahre äußerlich unverändert, bei zahlreichen weiteren Gottwald-Typen fortbestehen. Aber auch das eigentliche Fahrgestell unterschied sich wesentlich von seinen Vorgängern. Die sieben einfach bereiften schweren Planetenachsen sollten auch für die zukünftigen schweren und überschweren Gottwald-Autokrane den Standard darstellen. Alle Achsen waren hydropneumatisch gefedert und an Längs- und Querlenkern geführt. Beim AK 210 waren die Achsen 1 und 2 sowie die Achsen 3 bis 7 untereinander hydraulisch ausbalanciert. Während des Arbeitseinsatzes wurden sämtliche Achsen hydraulisch blockiert.

Als Antriebsachsen waren die Achsen 2, 4 und 5 ausgeführt. Ein sperrbares Längsdifferential befand sich zwischen der vierten und fünften Achse sowie im Verteilergetriebe. Die entsprechende Antriebsleistung entnahm der Unterwagen zunächst einem wassergekühlten Zwölf-Zylinder-Daimler-Benz-Dieselmotor vom Typ OM 404 mit 316 kW / 430 PS.

Ein Allison-Wandler-Lastschaltgetriebe, Typ CLBT 750, wurde mit dem Antriebsmotor zu einer Einheit verbunden. Ab 1984 sollte dann der leistungsstärkere DB OM 424 mit 390 kW / 530 PS zum Einbau kommen. Die fünf Vorwärtsgänge des Autokranes wurden unter Last entweder manuell geschaltet oder aber bei entsprechender Vorwahl vollautomatisch durchfahren. Im oberen Drehzahlbereich erfolgte eine automatische Wandlerüberbrückung. Die maximale Straßenfahrgeschwindigkeit bei einem Transportgewicht von 78 t betrug 63 km/h, im Rückwärtsgang bis zu 14 km/h.

Der neue AK 210-73 brachte auch seine komplette H-Abstützung mit dem Grundgerät zur Einsatzstelle, so dass diese nicht separat transportiert und erst vor Ort angebolzt werden musste. Diese neue Abstützung wurde zunächst aus der Transportstellung heraus ausgeklappt (8,75 m x 6,3 m Abstützbasis) und im Normalfall zudem noch auf 8,75 m x 8 m ausgeschoben. Bei der Achsfolge 2-5 entfiel schließlich auch die bislang oftmals angesetzte Nachlaufachse.

Wie bereits erwähnt, erhielt der Oberwagen einen dieselhydraulischen Krananrieb. Der Acht-Zylinder-DB-Diesel vom Typ

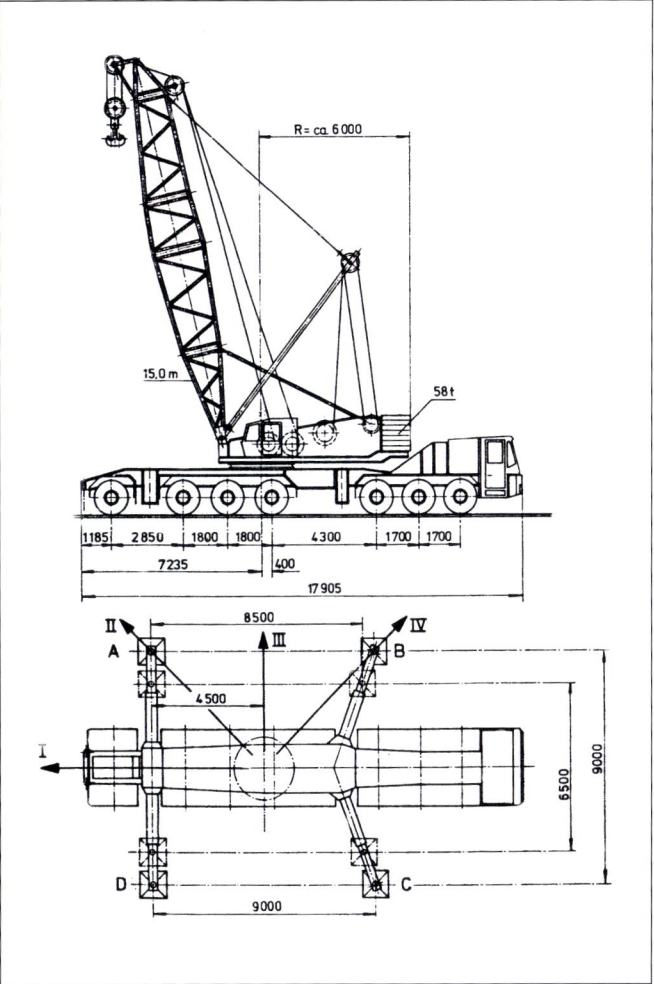

Die ersten Zeichnungen für den AK 210 (175 t Traglast) aus dem Jahre 1973 erinnerten doch stark an den AK 270, es fehlte halt nur eine Achse
(Sammlung Weinbach)

Links oben: Im Frühjahr 1975 wurde der neue Krantyp 210 erfolgreich mit immerhin 225 t bei 5 m abgetestet. Dabei handelte es sich allerdings um die Überlast. Freigegeben wurde der Kran für maximal 180 t Traglast
(Sammlung Weinbach)
Links unten: Der Kranverleiher Franz Bracht bekam den ersten AK 210-73, so seine offizielle Typbezeichnung, im Juni 1975 ausgeliefert (Leder)
Rechts: Für den hier montierten 30-m-Ausleger wurden bei den ersten Geräten knapp 121 t x 7 m als Höchsttraglast angegeben (zuletzt 130 t). Das Maschinenhaus des zu demontierenden Hafenkrans dürfte dieses Gewicht nicht erreicht haben
(Bracht)

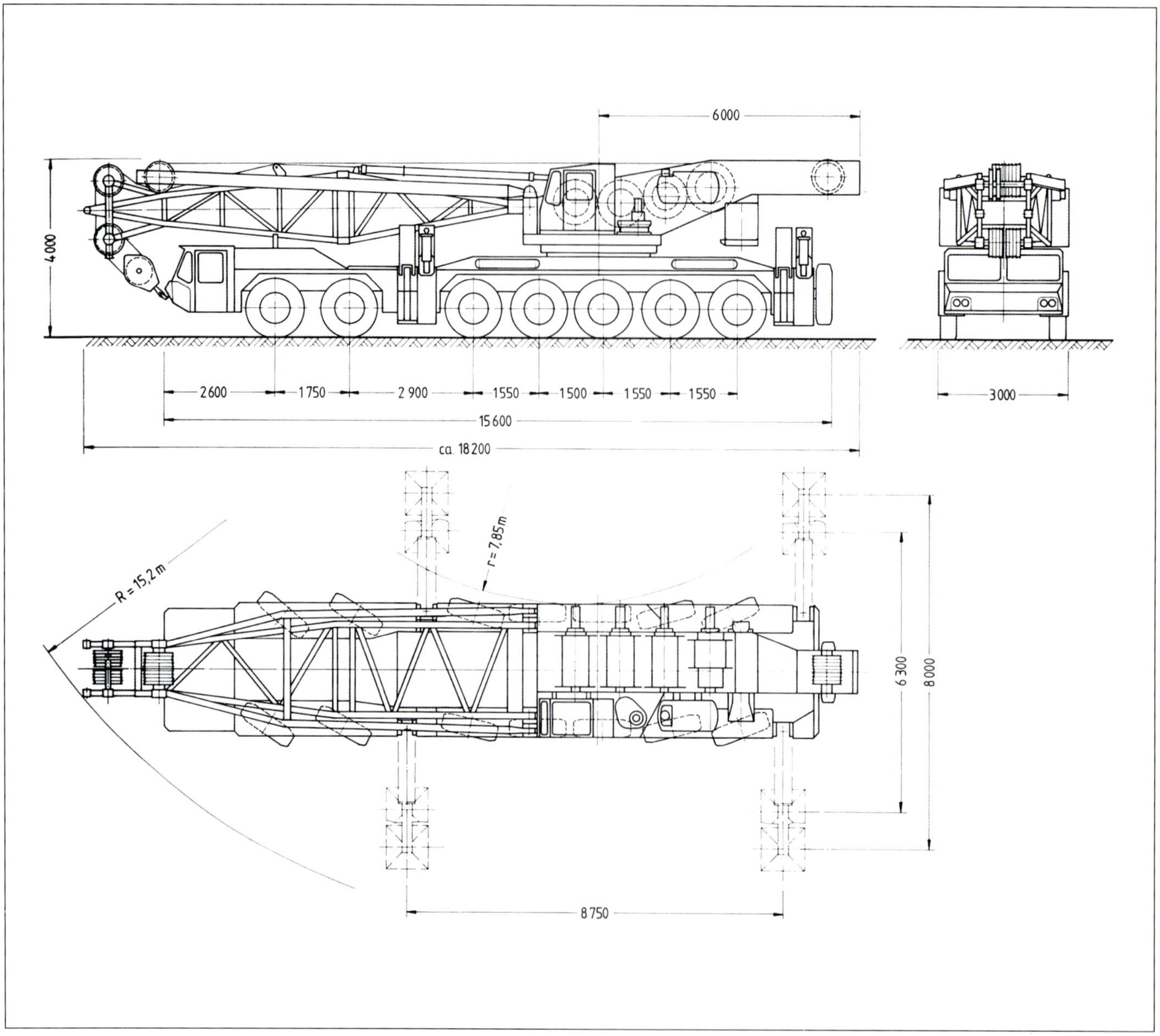

Maßskizze des AK 210-73

(Sammlung Weinbach)

Links: Als wäre die Farbe Programm gewesen… Hier ist der zweite AK 210-73 zu sehen, der seit Dezember 1975 bei SKET in Weimar (DDR) arbeitete

(Schacke)

Rechts: Die Firma Motrak in Egelsbach bekam im März 1978 den vierten Kran der Baureihe und hielt ihn bis ins Jahr 2005 in Ehren. Die Ballastplatten waren bei diesem Kran dicker und einheitlich in der Form

(Weinbach)

Links oben: Ein Zusatzkühler am Oberwagen war bei „europäischen" Kranen nicht üblich. Insgesamt drei AK 210-73 wurden von Gottwald an die Firma H.O.T. (House of Trade) in Kuwait verkauft. Zumindest der erste von ihnen mit dem Baujahr 1978 wurde in den neunziger Jahren re-importiert. Hier zeigt er sich im Farbkleid des ehemaligen Branchenführers, der Firma Breuer aus Hürth bei Köln – Mitte: Bevor der ehemalige „Kuwaiti" allerdings in blau-weiß arbeitete, war er in einem gleichfalls interessanten Farbkleid ab 1991 bei der Firma Niessen im Einsatz – Rechts: Bei dem in hellen Farben frisch lackierten Kran kommen die Details sehr gut zum Vorschein
(Erben)
Links unten: Und noch einmal der ehemalige Wüstenkran. Nach der Auflösung des „Imperiums" nahm sich der Gottwald-Liebhaber, die Franz Bracht KG, des Krans an
(Weinbach)

OM 402 leistete dabei 188 kW / 256 PS. An diesen Antriebsmotor wurden die Ölpumpen für drei unabhängige Arbeitskreise sowie einen Steuerkreis angekuppelt. Unabhängig voneinander konnten drei Bewegungen gleichzeitig ausgeführt werden. Für entsprechende Eilbewegungen konnten zudem zwei Pumpen auf einen Verbraucher geschaltet werden.

In das Oberwagenheck wurden für das Hubwerk (Haupthub und Wippwerk) zwei entsprechende Hubtrommeln mit je 106 kN Zugkraft hintereinander liegend eingebaut. Für deren Antrieb sorgten zwei jeweils 96 kW leistende Hydraulik-Schwenkmotoren.

Auf Kundenwunsch konnte auch ein drittes Hubwerk für Arbeiten mit zwei eingescherten Hakenflaschen bei Betrieb des Wipp-Spitzenauslegers eingebaut werden. Für das Einziehwerk zeichnete sich eine Trommel mit 140 kN Zugkraft, angetrieben von einem Hydromotor mit 100 kW, verantwortlich. Das Drehwerk schließlich verfügte über einen Hydraulikmotor mit Stirnradgetriebe und 35 kW Leistung.

Das mehrteilige Gegengewicht bestand zunächst standardmäßig aus 46,5 t. Der Kran war überdies in der Lage, das benötigte Gegengewicht mit eigenen Mitteln aufzunehmen und hinter der Fahrerkabine abzulegen. Nach einer 180-Grad-Oberwagendrehung wurde es durch entsprechende Hydraulikzylinder am Oberwagenheck aufgenommen und schließlich mechanisch verriegelt.

Der Hauptausleger des AK 210-73 war zwischen 16 m und 93 m aufrüstbar und verfügte über entsprechende 7 m und 14 m lange Verlängerungsstücke. Die maximale Tragfähigkeit über den vollen Drehbereich wurde für den 16-m-Grundausleger zunächst mit 180 t bei 4,7 m Ausladung angegeben. Bei voller Auslegerlänge konnten bei 68 m Ausladung immerhin noch 1,8 t gehoben werden. Letzterer Wert konnte in rückwärtiger Auslegerausrichtung sogar bei Verwendung einer heckseitig anzubolzenden Zusatzabstützung auf 2,7 t gesteigert werden. Diese Traglaststeigerung traf natürlich in gewissen Grenzen auch auf andere Auslegerlängen und Ausladungen zu. Ergänzend sei gesagt, dass diese Zusatzabstützung allerdings in erster Linie beim Aufrichten des vollen Hauptauslegers in Kombination mit angebrachtem wippbaren Spitzenausleger benötigt wurde. Dieser Spitzenausleger war dann bei 17,9 m bis 66,9 m langem Hauptausleger in Längen zwischen 23 m und 65 m einsetzbar. Die maximale Rollenhöhe betrug 132 m bei 30 m Ausladung. Hierbei konnten dann noch knapp 11 t gehoben werden.

Der 210er konnte in späteren Ausführungen mit insgesamt 61,5 t an Gegengewicht ausgestattet werden. Die maximale Tragfähigkeit wurde dadurch auf glatte 200 t x 4,5 m am 16-m-Hauptausleger gesteigert. Insbesondere bei größeren Ausladungen war eine entsprechende Traglaststeigerung zu verzeichnen.

Sowohl die Zwischenstücke des Hauptauslegers als auch die des Spitzenauslegers hatten jeweils zur Hälfte einen größeren und einen kleineren Querschnitt. So konnten für den Straßentransport auf Tiefladern gleich vier Auslegerteile ineinander geschoben werden.

Vom Typ AK 210-73 sollten in einem Zeitraum von immerhin zwölf Jahren lediglich 13 Exemplare bei Gottwald gebaut werden. Dabei verfügte der letzte zur Auslieferung gekommene Kran über einen von der Serie abweichenden Unterwagen. Dieses im Jahre 1987 nach Italien gelieferte Gerät wurde mit einem ebenfalls siebenachsigen, jedoch landestypischen CVS-Fahrgestell (Costruzione Veicoli Speciali S.p.A.) vom Typ FM 7333 ausgestattet. Weitere Käufer für den 210er waren zum Beispiel innerhalb Deutschlands Toense, Motrak, Born und die Salzgitter Industriebau. Zudem wurde der Typ an Sket in Weimar und KKAB in Dresden, beide DDR, verkauft. Zwei weitere Geräte wurden nach Dänemark (Orskow Staalskisbsvaert und BMS) geliefert.

In den Jahren 1978 bis 1980 wurden auch insgesamt drei Exemplare des 200-Tonners an die Firma HOT (House of Trade) in Kuwait verkauft.

Dass man den Gerätetyp bei deutschen Kranbetreibern sehr zu schätzen wusste, wurde allein durch die Tatsache belegt, dass zumindest einer der voran erwähnten HOT-Krane in den neunziger Jahren als Gebrauchtkran wieder nach Deutschland zurückfand. Dieser Kran sollte nach seiner Rückkehr auch in blau-weißem Farbkleid für Breuer Einsätze fahren.

Dies war für ein solch „altes Schätzchen" eher die Ausnahme. Der Kranverleiher Bracht allerdings, wohl als ein besonderer Anhänger des AK 210 zu bezeichnen, verfügte in seinem Fahrzeugpark zeitweise sogar über vier dieser Geräte.

Bei seinen Betreibern äußerst beliebt war oder vielmehr ist der AK 210-73 insbesondere bei längeren Montagen von Fertigteilegebäuden. Für diese Arbeiten wird der hierfür geradezu prädestinierte Kran überwiegend in Verbindung mit dem Wipp-Spitzenausleger eingesetzt.

Links: Zwar noch nicht endgültig lackiert, jedoch zweifellos der Firma Born als Eigentümer zuzuordnen, kann der 210er in dieser Auslegerkombination nichts weltbewegendes gehoben haben. Wie man unschwer erkennen kann, fehlt noch ein wenig Ballast, um die Werte der Lasttabellen (sicher) zu erreichen (Born)

Unten: Um große Auslegerlängen über das Heck aufziehen zu können, wurden die anbolzbaren Zusatzstützen benötigt (Bastian)

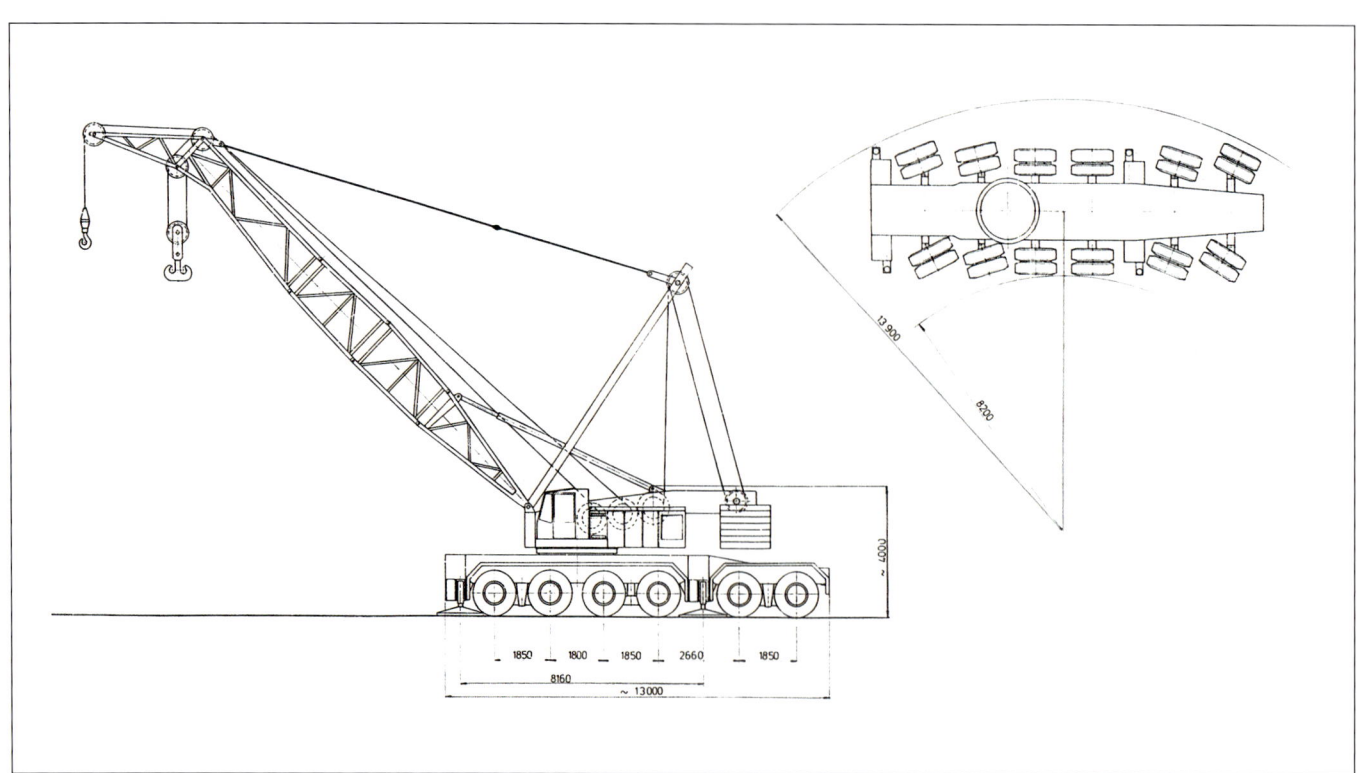

Maßskizze des MK 210-69 für die französische Marine

(Sammlung Weinbach)

In der Kombination
mit Hauptausleger
und Wippspitze war/
ist der AK 210-73 der
geeignete Montage-
kran für schwere
Fertigbetonteile. Nicht
zuletzt deshalb unter-
hielt die Firma Bracht
bis zu vier Stück von
diesen Kranen
(Weinbach)

Oben: Blick auf das Oberwagenheck eines 210ers (Weinbach)
Unten: Für den italienischen Bedarf an AK 210-73 wurde Ende 1987 ein solcher Kranoberwagen auf einen CVS-Kranträger gesetzt. Mit sieben
Achsen versehen, besaß dieses Gerät eine horizontal ausschiebbare H-Abstützung (Bartoli)

Oben: Auch der Zwölf-Zylinder-Diesel des Fahrantriebes brummte beizeiten, wie einst die „kleine freche Biene Maja". Bei BMS bekamen/bekommen alle Krane einen Frauennamen mit dem Buchstaben „M" am Anfang (Laskowski)

Rechts: Der kurze 30-m-Ausleger des MK 210-44 machte die im unteren Bereich verbolzten Konusstücke erforderlich (Sammlung Weinbach)

MK 210

Es gibt neben der Autokranversion des 200-Tonners aber auch noch Interessantes über eine, korrekterweise eigentlich zwei Mobilkranversionen zu berichten.

Zunächst einmal kamen im Juli 1977 zwei MK 210-69 für die französische Marine in Cherbourg zur Auslieferung. Dieser knapp 13 m lange und in Fahrstellung 4,2 m breite Ein-Motoren-Mobilkran verfügte über sechs Achsen und diesel-elektrischen Antrieb. Für die Antriebsleistung sorgte ein luftgekühlter, zehnzylindriger KHD-Diesel vom Typ F10 L413 mit 210 kW / 285 PS. Der Unterwagen verfügte über zwei vordere und zwei hintere Lenkachsen. Sämtliche Achsen waren hierbei doppelt bereift. Die Schiebeholmkästen für die H-Abstützung befanden sich bei diesem Gerät hinter der zweiten und der letzten Achse, so dass sich eine Abstützbasis von 8,1 x 8 m (Länge x Breite) ergab.

Der Gitterausleger war lediglich zwischen 16 m und 44 m aufrüstbar, optional jedoch auch eine Erweiterung auf die maximale Länge von 93 m möglich. Die Kraneinrichtung erhielt bei diesen Mobilkranen einen gekröpften Auslegerkopf, so dass mittels zweier Hubwinden ein Haupthub- und ein Hilfshubbetrieb ermöglicht wurde. Eine Forderung des Kunden war der Traglastwert von 80 t am 44-m-Ausleger bei 11 m Ausladung.

Der entsprechende 80-t-Haken gehörte dann auch zum Lieferumfang. Bei einer Ausladung von 41 m konnte der MK 210-69 dann immerhin noch 12,5 t heben. Die auf die anzuwendenden französischen Marine-Normen (nur 66,67 Prozent Kipplastausnutzung) abgestimmten Traglasttabellen ließen überdies eine maximale Traglast von 150 t x 4,5 m am 16 m langen Grundausleger zu.

Alle diese Werte bezogen sich selbstverständlich auf den abgestützten Kran. Das benötigte mehrteilige Gegengewicht von 70 t konnte selbsttätig aufgenommen werden.

Technische Daten AK 210-73

Fahrgestell

Motor: Mercedes-Benz-Dieselmotor OM 404, 12 Zylinder, wassergekühlt, 316 kW / 430 PS bei 2500 U/min, ab 1984: Mercedes-Benz-Dieselmotor OM 424 A, 12 Zylinder, wassergekühlt, 390 kW / 530 PS bei 2300 U/min, 5 Vorwärtsgänge, 1 Rückwärtsgang, 1000 l Kraftstofftank

Abstützung: hydraulisch seitlich ausklappbar und ausfahrbar, Abstützbasis L x B 8,75 x 8 m, reduzierbar auf 6,3 m

Achsen: Antrieb 14 x 6, Achsen 1 bis 3 sowie 6 und 7 sind lenkbar, Achsen 2, 4 und 5 sind angetrieben, durchgehend einfach bereift, 14-fach 14.00-24, PR 22, S+G-Profil

Kraneinrichtung

Motor: Mercedes-Benz-Dieselmotor OM 402, 8 Zylinder, wassergekühlt, 188 kW / 256 PS bei 2300 U/min

Gegengewicht: 46,5 t Standardballast, mehrteilig; 15 t Zusatzballast

Auslegersystem: ■ Hauptausleger: Grundausleger 10 m, mit Montagestütze, Verlängerungsstücke von 7 und 14 m Länge, Hauptauslegerlänge 10 – 93 m ■ Wipp-Spitzenausleger: Grundausleger 23 m, mit Druck- und Aufsetzlenker, Verlängerungsstücke von 7 und 14 m Länge, Turmlänge 17,9 – 66,9 m mit Spitzenausleger 23 – 65 m

MK 210-44

Für den fernöstlichen Einsatz in „feucht-heißer Seewasseratmosphäre", so der Gottwald-Auftragszettel, wurde vom Malayischen Transportministerium im Jahre 1983 ebenfalls ein Mobilkran geordert. Anfang 1984 geliefert, sollte das unter der Bezeichnung MK 210-44 entwickelte Gerät in Malaysias zweitgrößtem Hafen von Bintulu fortan kleinere Schiffe aus dem Wasser heben sowie dem Containerumschlag dienen. Das 12,8 m lange und 4,1 m breite Chassis erhielt vier paarweise angeordnete und gelenkte Achsen. Die hydraulisch betätigten Abstützholme/-zylinder befanden sich dabei jeweils zwischen den Achspaaren. Die Abstützbasis betrug 8 x 8 m. Für das komplett diesel-hydraulisch betätigte Gerät war der im Oberwagen untergebrachte Mercedes-Benz-Diesel vom Typ OM 407A (206 kW / 280 PS, sechs Zylinder, Wasserkühlung) zuständig.

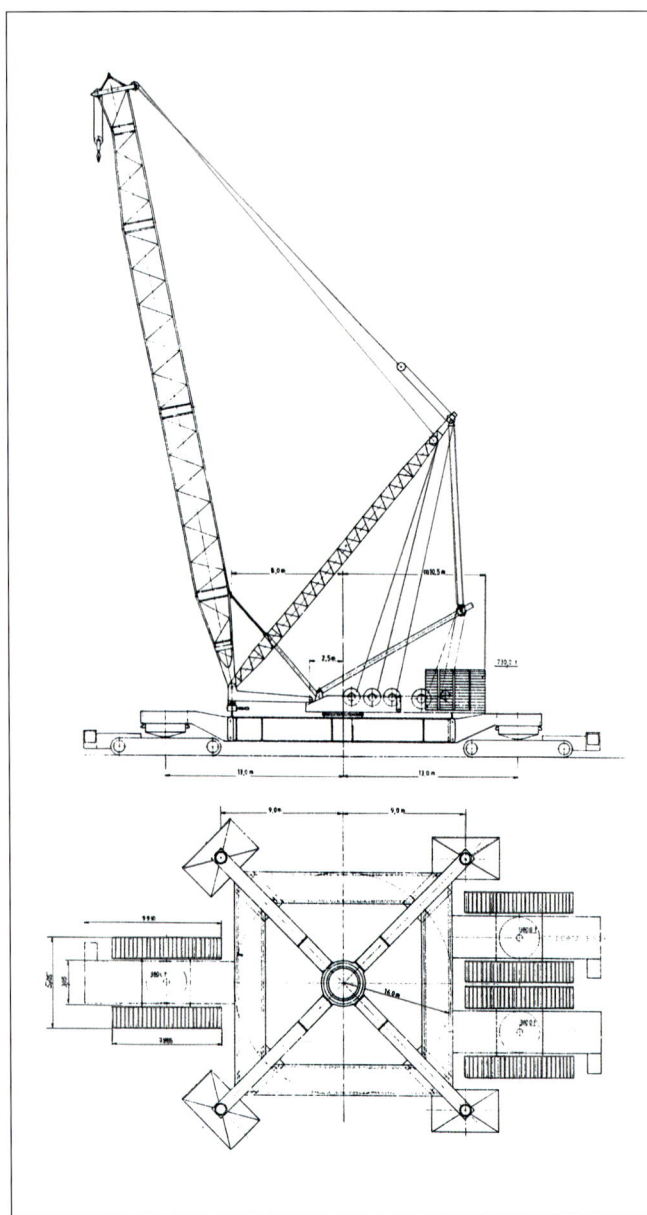

Auch das gab es bei Gottwald, einen auf sechs Raupenschiffen verfahrbaren Ringer. Leider blieb dieser kühne Plan für einen MK 700 auf Raupen aus dem Jahre 1978 nur ein gezeichneter Riese

(Sammlung Weinbach)

Der Kran erhielt allerdings nur einen 16-m-Grundausleger sowie ein 14 m langes Zwischenstück. Eine Auslegererweiterung war technisch möglich, wurde jedoch aufgrund der Einsatzkriterien nicht benötigt. Das gelieferte Gegengewicht von nur 38 t ermöglichte für den Kran eine maximale Traglast von 100 t x 7 m beziehungsweise 14 t x 30 m am 30-m-Ausleger.

Vervollständigend sei noch erwähnt, dass auch eine Raupenkranversion als RG 210 auf den Zeichenbrettern bei Gottwald erstellt wurde. Zwischen zwei dreiachsigen Fahrgestellen für den Straßentransport verlastet, sollten beim Kraneinsatz auf der Baustelle zwei knapp 8 m lange Raupen (Spurbreite 6,5 m) für Mobilität sorgen. Die maximale Tragfähigkeit am bekannten Grundausleger hätte bei 4 m Ausladung genau 200 t betragen sollen. Zur Standfestigkeit hätten dann neben dem 61,5 t schweren Oberwagenballast noch weitere 10 t am Unterwagen angebracht werden müssen. Eine solche Raupenkranausführung ist, wie so oft, jedoch nicht gebaut worden.

Volle drei Jahre waren nach der Auslieferung des letzten Krans der umfangreichen 600er-Serie (MK 660 für Van Driessche) verstrichen, als im April 1979 wieder mal ein Kran jenseits der 300-t-Marke das Testgelände bei Gottwald verließ.

Besagter MK 660 konnte mit einer Maximaltraglast von 550 t bei 6,5 m Ausladung beeindrucken. Der neue Spitzenreiter aus Düsseldorf übertraf ihn mit 650 t bei 5 m Ausladung am 23-m-Mast und wurde unter der Bezeichnung AK 680 geführt. Doch bis dahin war man in den Konstruktionsbüros schon einen weiten Weg gegangen, der kurz beschrieben werden soll.

Bereits 1972, also im Jahr der olympischen Sommerspiele von München, tauchte bei Gottwald erstmals die Bezeichnung MK 700 für einen geschleppten Mobilkran der 700-t-Klasse auf. Gedacht hatte man an einen zwischen zwei vierachsigen Tiefladerradsätzen eingehängten Sockelkran mit teilbarem Oberwagen. Die Hauptauslegerlänge sollte maximal 101 m betragen und die Höchstlast von 700 t am 17 m langen Grundausleger bei 6 m Ausladung zu bewegen sein. Für den voll ausgebauten 101 m langen Hauptausleger wurde bei 16 m Ausladung eine Traglast von 140 t eingeplant. Neben der üblichen Wippspitzen-Variante mit einer maximalen Rollenhöhe von 160 m entstanden für diesen MK 700 zahlreiche weitere kühne Pläne. So sah man unter anderem ein Ringer-System für die volle Hauptauslegerlänge vor, in der Länge entsprechend reduziert auch mit einer Wippspitze kombinierbar. Übrigens sei bemerkt, dass man, wenn man im Zusammenhang mit dem MK 700 von einem Ringer spricht, nicht von einem der später üblichen Systeme mit entsprechender Druckverteilung über viele Bodenauflagen sprechen kann. Vielmehr besaß der Kransockel nach wie vor seine vier Abstützarme mit den daran angebrachten hydraulischen Senkrechtabstützungen und den großzügigen Abstützplatten. Die Abstützarme jedoch waren durch eine, von oben gesehen, quadratische Kastenkonstruktion miteinander verbunden, auf der dann der eigentliche Schienenring der Drehkranzentlastung ruhte. Dies jedenfalls sahen erste Zeichnungen für besagte Ringerausführung vor.

Nach Berechnungen der Gottwald-Ingenieure aus dem Jahre 1978 sollte das Ringer-System den MK 700 in die Lage versetzen, beachtliche 700 t bei 20 m Ausladung am 44-m-Mast zu heben. Am

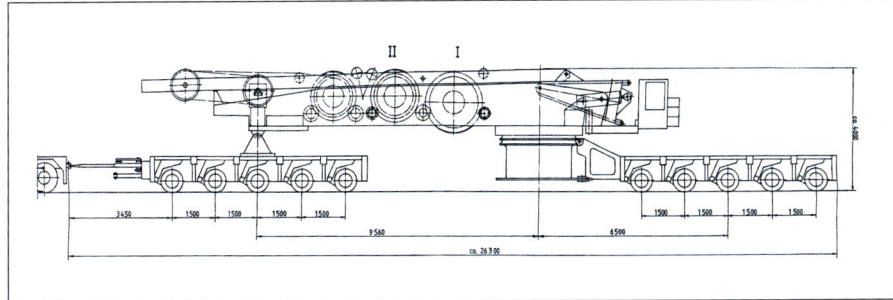

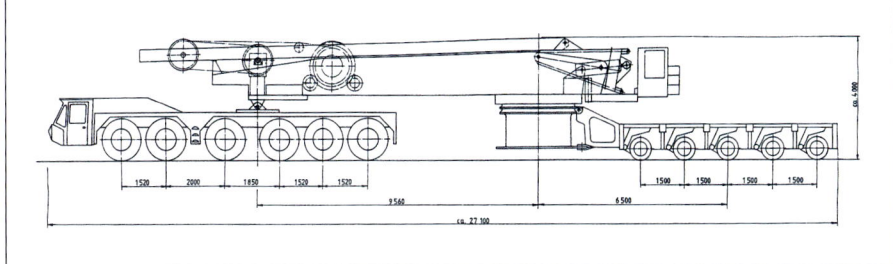

Oben: Der geplante MK 700 vom Sommer 1978 war auch als gesattelter Anhängerkran denkbar – Unten: Die reine Sattelversion des MK 700 kam dem später umgesetzten AK 680 schon sehr nahe
(Sammlung Weinbach)

Ankündigung des stolzen Besitzers für den stärksten Autokran im Königreich
(Sammlung Weinbach)

inzwischen mit 107 m Länge eingeplanten Hauptausleger sollten bei immerhin 80 m Ausladung noch 95 t gehoben werden können.

Doch dies stellte noch lange nicht den Höhepunkt des langen Entwicklungsstadiums des MK 700 dar. Zeichnungen aus dem gleichen Jahr sahen für die Ringer-Version auch die Verfahrbarkeit samt aufgelegtem Ballast von sage und schreibe 730 t vor.

Dies sollte durch insgesamt drei Raupenfahrgestelle mit jeweils zwei knapp 8 m langen Raupenschiffen ermöglicht werden. Bei in Fahrtrichtung geschwenktem Oberwagen hätten dann vorne eine und hinten zwei Raupen, die an die schon beschriebene Kastenkonstruktion angebolzt werden sollten, dem imposanten Hebezeug eine gewisse Mobilität verliehen. Ein solcher Schwerathlet wäre sicherlich der Mittelpunkt einer jeden Großbaustelle gewesen, doch erstens kommt es anders und zweitens als man denkt.

Wie bei so manchem anderen Projekt auch, so blieb dieser stählerne Riese nur ein gezeichneter Gigant auf Papier. Wieder einmal waren die Konstrukteure den Bedürfnissen der Anlagenbauer um einige Jahre voraus. Der Markt für solche Hubgeräte war einfach noch nicht vorhanden beziehungsweise gerade erst im Aufbau. Dies sollte sich jedoch zusehends ändern.

AK 680-2

Etwa zur gleichen Zeit, zu Beginn des Jahres 1978, gab der englische Kranverleiher Stanley Davies einen für 600 t maximaler Tragfähigkeit ausgelegten Fahrzeugkran definitiv in Auftrag. Da man mit den zuletzt bei Gottwald gebauten Großgeräten als Aufsattelkrane (MK 650 und MK 660) gute Erfahrungen gemacht hatte, wurde für das neu zu konstruierende Hebezeug gleich diese Transportvariante gewählt. Gegenüber seinen Vorgängern der 600er-Serie wurde der Oberwagen nunmehr einteilig ausgeführt und vollkommen neu konstruiert, zumal sämtliche Kranbewegungen jetzt diesel-hydraulisch angetrieben werden sollten.

Das Projekt dieses Aufsattelkranes erhielt die Bezeichnung AK 680-2, womit das Gerät nunmehr richtigerweise auch vom Namen her als Autokran erkennbar war. Zwei verschiedene Versio-

nen, die sich hauptsächlich in der Unterwagenkonstruktion voneinander unterschieden, wurden entwickelt.

Für Hauptausleger sowie Spitzenausleger wurde zunächst je zur Hälfte ein abgestufter Querschnitt vorgesehen, so dass zur raumsparenden Verladung vier Auslegerteile ineinander geschoben werden konnten. Die einzelnen Zwischenstücke sollten in Längen von 7 m und 14 m gefertigt werden. In den ersten technischen Beschreibungen wurde auch festgehalten, dass herstellerseitig alles unternommen wird, um die Traglasten noch zu erhöhen. Konkurrenzwerte sollten so zumindest erreicht, wenn nicht sogar übertroffen werden.

Und tatsächlich konnte diese Vorgabe umgesetzt werden, denn als der in der Version AK 680-2 gebaute neue werkinterne Rekordhalter im April 1979 das Testfeld verließ, da wiesen die Traglasttabellen einen Maximalwert von 665 t bei 5 m Ausladung am 23 m langen Grundausleger auf. Für derartige Schwerlasthübe wurden dann die zwei mitgelieferten 325-t-Unterflaschen, die ansonsten ein Einzelgewicht von immerhin knapp 8,3 t aufwiesen, zusammengefasst. Diese Unterflaschenkombination begrenzte somit aufgrund ihres Eigengewichts die tatsächlich erreichbare Traglast auf 650 t. Für leichtere Hubarbeiten war neben dem Einzeleinsatz obiger Haken auch eine 90-t-Unterflasche einsetzbar.

Die Steigerung der Hublasten hatte jedoch eine Änderung des Auslegersystems zur Folge. Entgegen den oben beschriebenen Plänen wurden sowohl Hauptausleger als auch Spitzenausleger in jeweils einem durchgehenden Querschnitt ausgeführt. Auch wurde die Stückelung des Auslegers nunmehr in 6-m-, 12-m- und 18-m-Schüssen (HA: 1 x 6 m, 1 x 12 m, 4 x 18 m) vorgenommen. Hinzu kamen noch das 3,9 m lange Fußstück, ein konisches Zwischenstück von 3,6 m und die schwere Spitze mit 9,5 m Länge.

Am kompletten 113-m-Hauptausleger bewältigte der AK 680 bei 22 m Ausladung noch bis zu 82 t und bei der maximalen Ausladung von immerhin 84 m noch 13 t, letzterer Wert für 80 m Rollenhöhe gültig.

Sollte die Hubhöhe beziehungsweise die Ausladung vergrößert werden, so konnte der bis zu 83,75 m lange Hauptausleger in Turm-

GOTTWALD

Autokran   **AK 680**
mit Gitterausleger   Tragfähigkeit 650/850t

Truck Mounted Crane   Lifting capacity 650/850t
with Lattice-Type Jib

Camion-Grue   Force de levage 650/850t
à Flèche treillis

■ 113 m Hauptausleger   Main boom/Flèche principale
■ 95 m Wipp-Spitzenausleger   Luffing fly jib/Fléchette variable
■ 177 m Rollenhöhe   Pulley height/Hauteur des poulies

Mit der festlandüblichen Linkslenkung durch den britischen Linksverkehr war bestimmt keine leichte Aufgabe für den Fahrer dieses 24,9 m langen Riesen

(Horrocks)

Der AK 680-2 (gesattelte Version) war der erste Kran bei Gottwald mit der lastmomentsteigernden Maxi-Lift-Ausrüstung

(Hewden Stuart)

Hier zeigt der 650-Tonner, was in oder besser an ihm steckt, nämlich jede Menge Gittermaststücke. In dieser größtmöglichen Wippspitzen-Konfiguration mit 83 m Hauptausleger und 95 m Wippspitze konnten immerhin noch 19 t bis 68 m Ausladung beziehungsweise 17 t bis 88 m Ausladung gehoben werden

(Hewden Stuart)

ausführung auch mit einer bis zu 95 m langen Wippspitze kombiniert werden. Zum Anbau dieses Spitzenauslegers wurde dann die schwere Spitze des Hauptauslegers weggelassen und durch ein konisches Zwischenstück von 3 m Länge mit einer nur 0,5 m langen leichten Spitze ersetzt. An diese Spitze wurde der 10 m lange Auslegerfuß des wippbaren Spitzenauslegers mitsamt Zwischenstücken (1 x 6 m, 1 x 12 m und 3 x 18 m) und 13 m langer Auslegerspitze angebracht. Vervollständigt wurde die Wippkonfiguration durch einen 12 m langen Drucklenker und einen 15 m langen Wipplenker mit der entsprechenden Verseilung, beide Lenker ebenfalls in Gittermastausführung.

Die maximale Traglast von beachtlichen 228 t für diese Wippkonfiguration traf für den 29,75 m langen Turm und die kürzeste

Wippspitze von 29 m zu. Für eine Ausladung von 92 m und eine Rollenhöhe von 110 m standen für die voll aufgerüstete Wippkonstruktion noch 16 t zur Verfügung. Die maximale Rollenhöhe von 177 m wurde von dem Kran bei einer Ausladung von 36 m erreicht, wobei noch 20 t zu bewältigen waren.

Um all diese Lastfälle abdecken zu können, waren neben der entsprechenden Abstützung, auf die noch eingegangen wird, ein auf dem Oberwagenheck anzuordnendes Gegengewicht von bis zu 265 t erforderlich. Doch bedingt durch die geteilte Unterwagenausführung musste zur Erlangung der Standsicherheit auch weiterer Ballast von maximal 60 t an den Abstützarmen angebracht werden.

Augenfälligste Innovation an dem Typ AK 680 war allerdings die mögliche Traglaststeigerung beziehungsweise Lastmomenterhöhung durch das erstmals bei einem Gottwald-Gerät verwirklichte Maxi-Lift-System. Das normale Hauptauslegersystem, welches in dieser Auslegerkonfiguration auf 35 m bis 89 m ausgebaut werden konnte, wurde dann durch einen 37 m langen Gegenausleger mit dem daran angehängten Schwebeballast von maximal 250 t ergänzt.

Wurde der Gegenausleger in der erweiterten „Heavy Duty"-Version auf 43 m Länge aufgerüstet und mit bis zu 500 t Zusatzballast auf der benötigten Traverse beschwert, so war dann eine Hauptauslegerlänge von immerhin 107 m möglich. Am 35-m-Hauptausleger konnten somit 650 t (670 t bei „Heavy Duty") bei nunmehr 10 m Ausladung gehoben werden, wohingegen ohne Maxi-Lift nur 388 t möglich waren. So waren insbesondere bei größeren Auslegerlängen und Ausladungen Traglaststeigerungen von bis zu 400 Prozent mit dem Maxi-Lift-System möglich!

Das beschriebene System machte es nach den Berechnungen der Konstrukteure auch möglich, eine Sonderlast von bis zu 850 t am 35-m-Ausleger bei 9 m Ausladung zu heben. Doch dafür war neben einer entsprechend größeren Hakenflasche auch ein spezieller Auslegerkopf erforderlich. Dieser vom Stahlbau gesehen verstärkte Kopf musste zudem über eine größere Anzahl von Seilrollen für eine größere Zahl einzuscherender Seilstränge verfügen. Ein solcher Spezialkopf wurde allerdings nie gefertigt.

Wie bereits angedeutet, war der AK 680 der erste große Gittermast-Autokran bei Gottwald, der über einen diesel-hydraulischen Kranantrieb verfügte. Der MAN-Oberwagendiesel des Typs D 2566 MTE mit seinen 200 kW / 272 PS sorgte dabei für die nötige Antriebsleistung des Hydraulikpumpensatzes. Letzterer bestand aus einer Doppelpumpe und fünf Einzelpumpen unterschiedlicher Förderleistungen, die für die Bewegungen der Seiltriebe und des Drehwerkes verantwortlich waren.

An der Kopfseite des Oberwagens befanden sich zunächst die beiden hintereinander angeordneten Aufnahmen für die Ausleger-

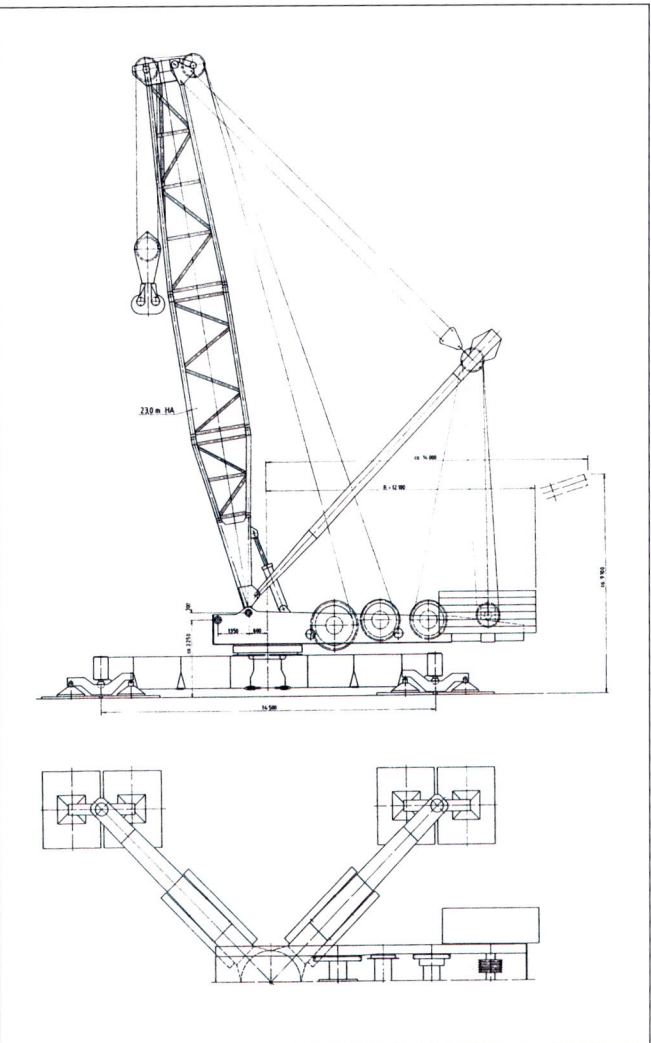

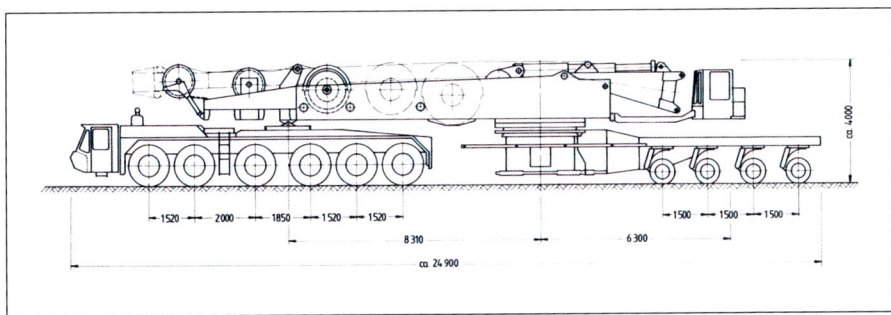

Oben: Maßskizze des mit 23-m-Hauptausleger aufgestellten AK 680-2. Man beachte die Stützarm-Stückelung und die in der Draufsicht an den Stützarmen zusätzlich angehängten Ballastplatten – Links: Maßskizze des in der Version AK 680-2 gesattelten 650-Tonners in Fahrstellung mit rund 119 t Gesamtgewicht
(Sammlung Weinbach)

Links: Der nur einmal gebaute AK 680-2 wurde nach einiger Zeit mit den Schriftzügen des Kranverleihers Hewden Stuart versehen,zu dem Stanley Davies gehörte (Brand) Rechts: Für einen Großauftrag in einem deutschen Kohlekraftwerk auf Kransuche, wurde der kurz zuvor verunfallte AK 680-2 relativ kurzfristig vom deutschen Branchenführer Schmidbauer in England besichtigt und für brauchbar befunden (Schmidbauer)

Etwas mehr als zehn Jahre blieb der gesattelte 680er im Fuhrpark der Schmidbauer KG

(Weinbach)

füße. Mit der hinteren der beiden Aufnahmen wurde dabei der Auslegerfuß des Hauptauslegers beziehungsweise bei Maxi-Lift-Konfiguration der des Gegenauslegers verbolzt. Bei letzterer Einsatzvariante wurde dann der Hauptauslegerfuß an der vorderen der beiden Aufnahmen angesetzt. Mittels eines hinter den Aufnahmen angeordneten Montagezylinders wurde beim Aufbau der hintere Auslegerfuß nach vorne gewippt, um die heckseitig abgelegte Montagestütze über entsprechende Montagehilfsseile aufrichten zu können. Das Einziehwerk des AK 680 bestand aus einer Doppeltrommel mit jeweils 30 t Seilkraft. Jedes der beiden Einziehseile wurde dabei elffach über die Umlenkrollen der Montagestütze beziehungsweise der hinter dem Einziehwerk angeordneten Umlenkrollen eingeschert. Die somit zur Verfügung stehende Aufrichtekraft reichte aus, um auch die maximal möglichen Auslegerlängen ohne einen Hilfskran aufrichten zu können.

Das eigentliche Hubwerk, bestehend aus den beiden Einzelhubwerken I und II, befand sich direkt hinter dem schon angesprochenen Montagezylinder und verfügte über zwei auf einer Achse befindliche Trommeln mit wiederum jeweils 30 t Zugkraft. Bei Volllast (650 t Hubvermögen) wurden beide Hubseile der zwei Trommeln in die beiden dafür notwendigen Unterflaschen jeweils 14-fach eingeschert.

Die Seilgeschwindigkeiten betrugen dann bis zu 14 m/min, natürlich stufenlos steuerbar. Bei Traglasten bis zu 325 t kam man mit nur einer Trommel aus, wobei dann bis zu 40 m/min Seilgeschwindigkeit möglich waren. Beim Einsatz mit Wipp-Spitzenausleger diente dann eines der beiden oben beschriebenen Hubwerke zum Wippen des Spitzenauslegers.

Für den Betrieb mit Maxi-Lift verfügte der AK 680 über eine zusätzliche Winde mit ebenfalls 30 t Zugkraft. Diese Winde, die zwi-

schen Hubwerk und Einziehwerk im Oberwagen eingebaut war, diente zum Verstellen des Gegenauslegers. Zwischen Gegenausleger und Hauptausleger wurde das entsprechende Verstellseil im Übrigen 16-fach eingeschert. Die Bedienung der Kranfunktionen erfolgte aus einer nach links auszuschwenkenden und neigbaren geräumigen Kabine heraus.

Zusammen mit den damaligen Konkurrenzgeräten TC 4000 von Demag und dem LG 1600 von Liebherr, die sich hinsichtlich der Tragfähigkeiten in nichts nachstanden, war der AK 680 der seinerzeit leistungsstärkste serienmäßig zu kaufende Autokran am Markt.

Was das Fahrgestell des gesattelten AK 680-2 betraf, so erhielt das eigentliche Hubgerät eine sechsachsige, einfach bereifte „Sattelzugmaschine" mit der bekannten Low-Line-Kabine aus Gottwald-eigener Fertigung. Der eingebaute zwölfzylindrige MAN-Diesel vom Typ D 2542 MT mit 382 kW / 520 PS sorgte für die entsprechende Vortriebskraft beim Baustellenwechsel. Zwischen der dritten und vierten Achse erhielt die „Zugmaschine" eine spezielle Sattelkupplung auf der Fahrzeugoberseite. Die Aufnahme für diese Kupplung wurde dann unter dem hinteren Teil des Oberwagens angebracht. An dem Kransockel befanden sich die vier Anschlussstellen für die Sternabstützung sowie für den Transportschnabel des vierachsigen Goldhofer-Dollys (acht vierfach bereifte Pendelachsen).

Am Einsatzort angekommen, mussten zunächst die vier Abstützarme in der gewünschten Länge an den Kransockel angebolzt werden. Jeder dieser Arme bestand aus maximal vier Segmenten, die entsprechend den Einsatzbedingungen kombiniert wurden. Abstützbasen mit den Stützabständen 10,5 m, 12,5 m, 14,5 m und 16,5 m waren möglich.

Ab einer Hauptauslegerlänge von 95 m beziehungsweise 71,75 m Turmlänge und angebrachter Wippspitze wurde die größte Abstützbasis benötigt. Beim Einsatz mit dem 43 m langen Gegenausleger war die 14,5-m-Stützbasis von Gottwald zwingend vorgeschrieben.

Nach erfolgter Montage der Abstützträger wurden die Abstützzylinder soweit ausgefahren, dass der Aufsattelpunkt der Sattelzugmaschine entlastet werden konnte. Die Zugmaschine konnte nunmehr nach Auflösung der Sattelverbindung entfernt werden. Durch Auflegen eines speziellen Rahmens oder geeigneter Holzbohlen auf dem Fahrgestellrahmen konnte die Zugmaschine anschließend bei minimaler Fahrgeschwindigkeit Ballastplatten oder andere Teile bis zu einem Gewicht von 50 t auf der Baustelle verfahren. So sahen es jedenfalls die Gerätebeschreibungen vor.

Der voran beschriebene und im April 1979 an Stanley Davies ausgelieferte Kran ging später in den Gerätepark von Hewden Stuart über, zu der Stanley Davies gehörte.

Links: Die Zugmaschine mit dem aufgesattelten Oberwagenheck. An den Krantopf war ein vierachsiger Goldhofer-Dolly als Heckfahrwerk verbolzt – Mitte: In die zwei Aussparungen des Oberwagenhecks wurden die beiden quer hängenden Grundplatten für die Ballastaufstapelung eingebracht und verbolzt – Rechts: Krantopf mit anschließendem Goldhofer-Dolly

(Weinbach)

Einträchtig nebeneinander präsentieren sich hier die beiden großen „Gottwälder" von Schmidbauer. Deutlich mehr Überhang hatte der A-Bock des damals noch einteiligen Oberwagens des AK 850-103 (links)   (Thum)

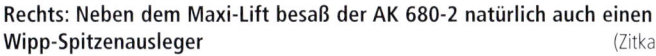

Rechts: Neben dem Maxi-Lift besaß der AK 680-2 natürlich auch einen Wipp-Spitzenausleger   (Zitka)

Nach einem Kranunfall wurde das beschädigte Hubgerät im Jahre 1986 von dem in München beheimateten Kranverleiher Schmidbauer aufgekauft und nach entsprechender Reparatur wieder in Betrieb genommen.

Dort wurde der Kran allerdings seiner Maxi-Lift-Ausrüstung beraubt, denn diese wurde fortan nur noch in Verbindung mit dem ebenfalls in der Schmidbauer-Kranflotte befindlichen AK 850-103 eingesetzt.

Im Dezember 1996 schließlich sollte der erste AK 680 sein Ursprungsland und auch den europäischen Kontinent auf Dauer verlassen. Der Kran fand einen neuen Betreiber bei der Firma Tecmaco im fernen Argentinien. Dort erhielt der AK 680-2 auch wieder einen Maxi-Lift angepasst, da er ja seinen eigenen einst an den AK 850-103 bei Schmidbauer abtreten musste.

AK 680-1

Neben dem voran ausführlich beschriebenen Aufsattelkran des Typs AK 680-2 gab es allerdings noch ein zweites Gerät der Baureihe 680. Auch dieser Kran wurde auf Bestellung eines britischen Kranverleihers gebaut. Die Firma Scotts konnte ab März 1980, also knapp ein Jahr nach Auslieferung des Erstgerätes, über den Schwerathleten verfügen.

Für diesen allerdings einteiligen AK 680-1 wurde bemerkenswerterweise neben dem Gitterausleger auch ein Teleskopauslegerpaket, ähnlich dem späteren Tele-Gitter-System, vom Kunden bereits im Jahre 1977 fest bestellt! Statikprobleme verhinderten jedoch die Verwirklichung dieses Projektes. Hierüber kundenseitig etwas verärgert, kam es fast zur Stornierung des gesamten Auftra-

Oben links: Für die Hubarbeiten hätte die am Oberwagen hängende Zugmaschine natürlich ein wenig gestört, zumal dann der Schwenkbereich zwischen zwei Stützarmen doch sehr eingeschränkt gewesen wäre. Und so musste der sechsachsige Triebkopf das Geschehen aus der Ferne betrachten –
Oben rechts: Was an Eigengewicht der entfernten Zugmaschine für das Standmoment verloren ging, musste durch zusätzliche Ballastplatten an den Stützarmen ausgeglichen werden   (Zitka)
Unten links: In einem gefälligen Farbkleid war der AK 680-2 seit Ende 1996 im fernen Argentinien beziehungsweise in ganz Südamerika im Einsatz –
Unten rechts: Hier ist der AK 680-2 nach seiner Rückkehr aus Südamerika wieder auf europäischem Boden aktiv

(Minitech Constructions)

Auch Scotts Cranes kündigte die bevorstehende Inbetriebnahme des neuen Kranriesen entsprechend an   (Sammlung Weinbach)

Neu waren an dem 650-Tonner die erstmals bei so einem Großkran umgesetzten ausschiebbaren Abstützarme. Diese konnten in den Abstützbreiten 10,5 x 10,5 m oder hydraulisch ausgefahren auf 14,5 x 14,5 m zum Einsatz gebracht werden. Auf dieser Aufnahme ist der Triebteil abgekoppelt   (Hey)

Normalerweise wurde der Unterwagen-Triebkopf am Kransockel belassen   (Hey)

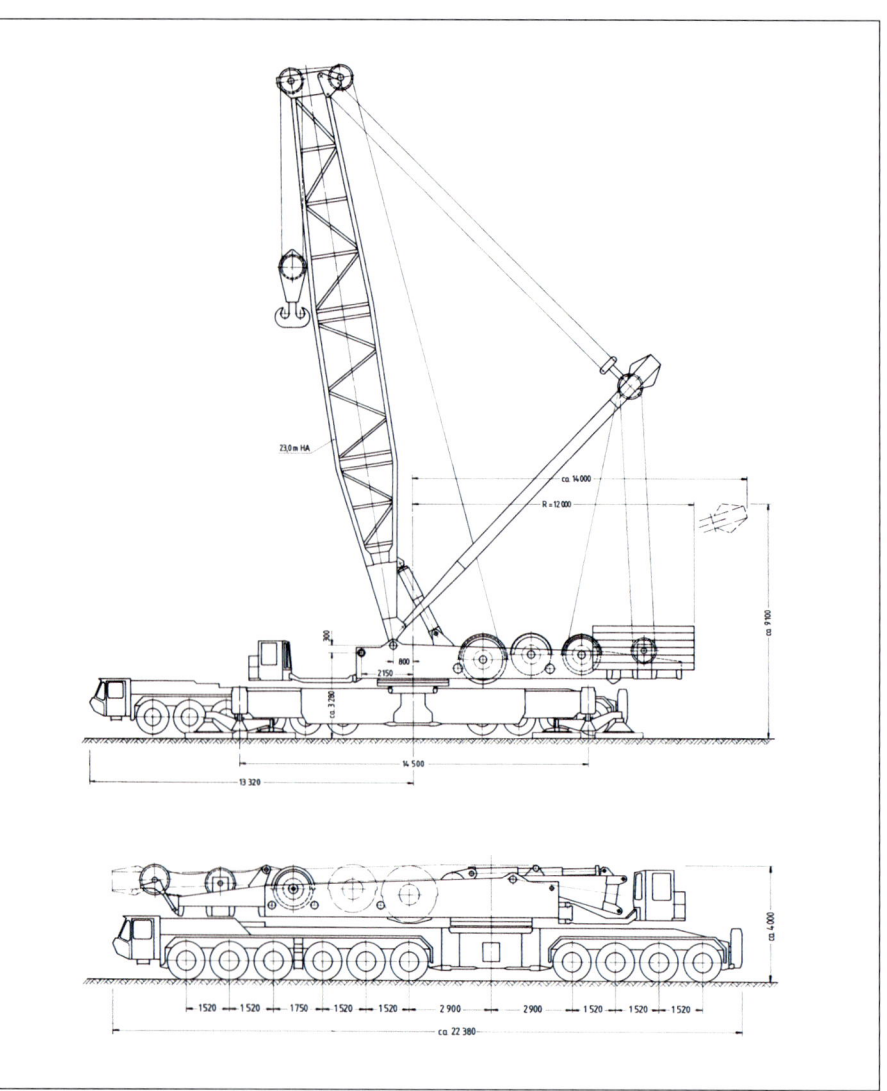

Maßskizze des in der Version AK 680-1 einteiligen Gittermastkrans   (Sammlung Weinbach)

Der AK 680-1 erhielt ebenfalls eine Maxi-Lift-Einrichtung, wobei der Gegenausleger-Kopf gegenüber dem des 680-2 in der Form ein wenig abweichend war   (Hey)

Links: Zu einer ersten Ausfahrt ohne Seile hat man sich hier aus der Werkshalle begeben – Mitte: Mit einem orangenfarbenen Anstrich versehen, war der AK 680-1 für Scotts ein recht auffälliger Teilnehmer am Straßenverkehr wie auch auf der Baustelle – Rechts: Die beim Hubeinsatz auf der rechten Seite ausgeschwenkte Oberwagenkabine wurde beim Transport hinter das Auslegerfußstück geschwenkt (Hey)

Links: Hier sieht man den zwischen Triebkopf und Vierachs-Heckfahrgestell eingesetzten eigentlichen Kranteil mit seinem „Topf". Diese Form des Fahrzeugaufbaus wurde bei den nachfolgenden Typen AK 350 / 450, AK 850 und AK 912 so beibehalten (Hey)
Mitte: Auch der Scotts-Kran hatte, trotz überwiegendem Einsatz auf der „Insel", die dort eher unübliche Linkslenkung (Horrocks)
Rechts: Bei diesem Notfall-Einsatz musste lediglich der Reaktor ein wenig gelupft werden, da der Schwerlastroller gewechselt werden musste
(Sammlung Weinbach)

Links: Der einteilige 680er, hier ohne den A-Bock-Rahmen, lief auch eine Zeit lang bei Scott Greenham, einem Zusammenschluss dieser beiden Firmen (Brand)
Rechts: Wurde das Auslegerfußstück wie hier in Steilstellung gebracht, so ergab sich für den daran angebolzten Aufrichte-Bock ein deutlich größerer Überhang. Für die Straßenfahrt wäre dann allerdings eher die Fahrzeughöhe ein wenig hinderlich gewesen (Hellstern)

ges für den AK 680-1 in der reinen Gittermastkranversion durch Scotts.

Die Version AK 680-1 erhielt einen leicht abgeänderten Kranoberwagen mit den schon bekannten Leistungsdaten. Auch wurde die Kranführerkabine nunmehr auf der rechten Oberwagenseite ausgeschwenkt. Zudem betrug der Oberwagenballast nur noch maximal 195 t. Die möglichen Auslegerkombinationen und auch deren Stückelung waren vollkommen identisch zu dem Erstgerät. Lediglich wurden einige konstruktive Änderungen an den Auslegerspitzen vorgenommen, die jedoch optisch kaum erkennbar waren. Die neue Formgebung der 11,5 m langen Maxi-Lift-Ausleger-Spitze und die Anbringung der Hubseilumlenkung an dieser Spitze waren noch am auffälligsten.

Unverzichtbar für Hubarbeiten waren die mitgelieferten Kranhaken. Der AK 680-1 erhielt je eine 650-t-, 325-t- und 130-t-Unterflasche. Die große Unterflasche hatte dabei bereits ein Eigenge-

wicht von 21,1 t, welches ja zusammen mit sonstigen Lastaufnahmemitteln (Traversen) und Anschlagseilen/Schäkeln die zur Verfügung stehende Traglast für die eigentliche Last entsprechend reduzierte.

Was den AK 680-1 von seinem älteren Bruder allerdings bereits auf den ersten Blick unterschied, war die völlig abweichende Unterwagenausführung samt seiner Abstützungen. Der Kran bildete nunmehr eine komplette Einheit. An dem ebenfalls sechsachsigen Antriebsteil mit Low-Line-Kabine wurde der Kransockel direkt angebolzt, an diesem wiederum das vierachsige Heckteil. Die Bereifung war auf sämtlichen einfachbereiften Achsen nunmehr vollkommen identisch.

Die schon bekannte Unterwagenmotorisierung verlieh dem Kranriesen eine maximale Straßengeschwindigkeit von 62 km/h. Der AK 680-1 war dabei mit seinen 112 t Transportgewicht um knapp 6 t leichter als sein älterer Bruder.

Links: Bei Grayston White & Sparrow, einem weiteren 680er-Besitzer, wurde der Kran unter anderem beim Bau von riesigen Bohrinseln eingesetzt – Rechts: Auch ein komplettes Hubschrauberlandedeck stellte für den AK 680-1 in der Maxi-Lift-Konfiguration kein Problem dar

(Grayston White & Sparrow)

Aufgrund des am Kransockel verbleibenden kompletten Unterwagens und des somit erhöhten Standmomentes konnte auf zusätzliche Ballastplatten an den Abstützarmen verzichtet werden. Diese Abstützarme stellten dabei eine weitere wesentliche Neuerung für derart leistungsstarke Großkrane dar. Nach wie vor sternförmig an dem Kransockel anzubolzen, bestanden die vier Abstützarme nicht mehr aus einzelnen, miteinander zu verbindenden Segmenten, sondern aus zweiteiligen, hydraulisch ausfahrbaren Schieblingen. Als Abstützbasis waren lediglich Stützabstände von 10,5 m beziehungsweise 14,5 m möglich.

Der für Scotts gebaute AK 680-1 sollte in seinem weiteren Arbeitsleben noch eine Reihe von anderen Eigentümern bekommen, die jedoch zunächst alle auf der britischen Insel beheimatet waren. Nach Übernahme des Krans durch Scott-Greenham wechselte das Gerät 1989 in die Kranflotte von Grayston White & Sparrow über.

Im Jahre 1997 schließlich wurde der Kran zusammen mit seinem stärkeren Bruder, dem MK 1500, von GWS an den belgischen Kranverleiher Sarens abgegeben. Die Disposition erfolgte jedoch zunächst nach wie vor von England aus. Eine umfangreiche Grundüberholung wurde schließlich von Sarens nach über 20 Einsatzjahren im Jahre 2001 in den eigenen Werkstätten durchgeführt. Bei diesen Arbeiten wurde der Kran jedoch auch um eines seiner auffälligsten Gottwald-Merkmale beraubt. Die typische Low-Line-Fahrerkabine fiel dem Schneidbrenner zum Opfer und wurde durch eine „moderne und zeitgemäße" Demag-Kabine ersetzt. Ein echter Gottwald-Fan, und zu solchen zählt sich auch der Autor, bekommt da schon ein wenig „Herzbluten".

Doch auch der eingangs beschriebene gesattelte AK 680-2 machte zumindest in Europa noch einmal auf sich aufmerksam. Nach einigen Arbeitsjahren in Südamerika wunderte sich im Jahre 2002 die Fachwelt und der Laie war begeistert. Der schon verloren geglaubte Kranriese fand den Weg zurück auf das europäische Festland und dies nicht nur für einen kurzen Kraneinsatz. Wiederum bei Sarens erinnerte man sich an die Vorzüge und gleichwohl nicht immer voll ausgeschöpften Reserven der Großkrane von Gottwald. So wurde auch der zweite 680er schließlich in die Kranflotte des belgischen Familienunternehmens eingegliedert. Im Jahre 2005 wollte man dann wohl aber doch zu viel des Guten bei Sarens. Man hatte den Kran neu berechnen lassen und glaubte festgestellt zu haben, ihn noch ein wenig auflasten zu können. Bei den abschließenden Belastungstests soll der Kran dann allerdings kollabiert sein und hat erhebliche Schäden davongetragen. Eine Reparatur des bewährten Schwerathleten wurde daraufhin bei Sarens erwogen. Eine solche Frischzellenkur schlägt halt nicht immer erfolgreich an…

RG 680 / MK 680

Nicht unerwähnt bleiben soll, dass in der Entwicklungsphase des 680ers auch eine Raupenkranversion beim ersten Kunden Stanley Davies zur Debatte stand. Ein solcher RG 680 wurde jedoch ebenso wenig wie ein im Jahre 1982 geplanter MK 680 in die Tat umgesetzt. Letzterer hätte mit einem drei- und einem vierachsigen, doppeltbereiften sowie allradgelenkten Fahrwerk und dem dazwischengebolzten Kransockel bestückt werden sollen. Für den Stra-

Bei der Demontage dieses Werftkrans leistete der Düsseldorfer Kranriese wertvolle Dienste

(Minitech Constructions)

Oben: Hier sah man dem von Sarens im Jahre 1997 übernommenen AK 680-1 noch auf den ersten Blick an, in wessen Werkshallen er ursprünglich gefertigt wurde… – Mitte: Im Jahre 2001 wurde der AK 680-1 bei Sarens überholt und verstärkt. Die alte Low-Line-Kabine fiel dem Schneidbrenner zum Opfer, eine „gewöhnliche" Demag-Kabine wurde stattdessen vorgebaut. Bei Sarens wird der Kran übrigens seit dieser Auflastung als AK 680-3 geführt – Unten: Wie hier beim Abtesten ohne Triebteil zu sehen, wurde die **Krankabine erneuert** (Minitech Constructions)

Links: Es sieht aus, als wäre der Kran in der „Waage". Beim Abtesten nach Grundüberholung im Jahre 2001 konnte der Kran jedenfalls mit höheren Traglasten freigegeben werden. Bei der hier geprüften Kombination von 47 m Hauptausleger und 43 m Gegenausleger können 600 t Last bei 24 m Ausladung (550 t Maxi-Ballast) oder 510 t x 30 m (600 t Maxi-Ballast) gehoben werden – Rechts: Hier ist der „AK 680-3" in der Kombination von 107 m Hauptausleger und 43 m Gegenausleger maximal aufgebaut. Der auf 600 t Maxi-Lift-Ballast erhöhte Momentenausgleich ließ den Kran bei 66 m Ausladung noch gewaltige 197 t heben (149 t x 86 m)!

(Minitech Constructions)

Technische Daten AK 680-1 / AK 680-2 (Aufsattelkran)

Fahrgestell

Motor:
MAN-Dieselmotor D 2542 MTE, 12 Zylinder, wassergekühlt, 382 kW / 520 PS bei 2300 U/min, 5 Vorwärtsgänge, 1 Rückwärtsgang, 1200 l Kraftstofftank

Abstützung:
AK 680-1: 4 Abstützarme werden seitlich am 3 m breiten Kransockel befestigt, Abstützbreite 10,5 x 10,5 m, hydraulisch auf 14,5 x 14,5 m ausfahrbar

AK 680-2: 4 Abstützarme werden seitlich am Kransockel befestigt, Abstützbasis 10,5 x 10,5 m, mit einbaubaren Zwischenstücken auf 14,5 x 14,5 m zu vergrößern, 16,5 x 16,5 m maximal möglich, jeder Abstützzylinder erhält eine Schwinge mit einer großen und einer kleinen Abstützplatte

Achsen:
AK 680-1: Antrieb 20 x 8, Achsen 1 bis 5 sowie 7 bis 10 sind lenkbar, Achsen 2 und 3 sowie 5 und 6 sind angetrieben, durchgehend einfach bereift, 20-fach 14.00-24, 3-Stern XVC Michelin

AK 680-2: Sattelzugmaschine Antrieb 12 x 8, Achsen 1 bis 4 und 6 sind lenkbar, Achsen 2 und 3 sowie 5 und 6 sind angetrieben, durchgehend einfach bereift 12-fach 14.00-24, 3-Stern XVC Michelin; Goldhofer-Dolly mit 4 Achslinien und 8 Pendelachsen 32-fach bereift 7.50 R15X

Kraneinrichtung

Motor:
MAN-Dieselmotor D 2566 MTE, 6 Zylinder, wassergekühlt, 200 kW / 272 PS bei 2200 U/min

Gegengewicht:
AK 680-1: Oberwagen max. 195 t, mehrteilig ■ bis zu 250 t Zusatzballast bei Maxi-Lift-Einrichtung ■ bis zu 500 t Zusatzballast bei Maxi-Lift mit Heavy-Duty

AK 680-2: Oberwagen max. 265 t, mehrteilig sowie bis zu 60 t am Sockel bzw. an den Abstützarmen ■ bis zu 250 t Zusatzballast bei Maxi-Lift-Einrichtung ■ bis zu 500 t Zusatzballast bei Maxi-Lift mit Heavy-Duty

Auslegersystem:
■ Hauptausleger: Grundausleger 17 m, mit Montagestütze 15 m, Verlängerungsstücke von 6, 12 und 18 m Länge, Hauptauslegerlänge 23 – 113 m ■ Wipp-Spitzenausleger: Grundausleger 29 m, mit Druck- und Wipplenker, Verlängerungsstücke von 12 und 18 m Länge (1 x 6 m im Grundausleger eingeschlossen), Turmlänge 23,75 – 83,75 m mit Spitzenausleger 29 – 95 m ■ Maxi-Lift-Einrichtung: 35 – 89 m Hauptausleger mit 37 m Gegenausleger ■ Maxi-Lift in Heavy-Duty-Version: 35 – 107 m Hauptausleger mit 43 m Gegenausleger

---

ßentransport als Anhängerkran fortzubewegen, sollte auf der Baustelle eine Kriechgeschwindigkeit mittels dreier Antriebsachsen ermöglicht werden.

Bei einem Einsatzgewicht von knapp 378 t, inklusive 35 m langem Hauptausleger, entsprechendem Oberwagenballast sowie an das Fahrwerk angeschwenkten Abstützungen, war der Kran somit auf der Baustelle selbständig verfahrbar. Für den potentiellen südafrikanischen Kunden wurde schließlich ein ähnlicher, jedoch leistungsmäßig wesentlich schwächerer MK 350 gebaut, auf den an entsprechender Stelle eingegangen wird.

MK 1000 / MK 1500

Die beiden Typbezeichnungen MK 1000 beziehungsweise MK 1500 standen nicht, wie zunächst zu vermuten wäre, für zwei verschiedene Fahrzeugkrane aus dem Hause Gottwald. Es handelte sich vielmehr um ein und dasselbe imposante Hubgerät, von dem auch nur ein Exemplar hergestellt werden sollte. Die numerisch höhere Bezeichnung ergab sich hierbei für den Kranriesen nach dessen Umbau und der damit verbundenen Auflastung.

Bereits zu Beginn der siebziger Jahre entstanden bei Gottwald erste Projektstudien für einen riesigen Fahrzeugkran der 1000-t-Klasse. Bislang stellten die als Mobilkrane beziehungsweise Aufsattelkrane gebauten Typen MK 650 mit ihren maximal 500 t Tragfähigkeit die Paradestücke der Reisholzer Kranbauer dar. Die geplante Traglastverdopplung war somit schon als sehr bemerkenswert anzusehen.

Doch einen solchen Giganten zu konstruieren und auch noch gleich einen Käufer für diese Millioneninvestition zu finden, waren damals zweierlei Paar Schuh. Um derlei Hubleistungen gewinnbringend verkaufen zu können, mussten erst einmal entsprechende Bauprojekte vorhanden sein. Besagte 1000-t-Kran-Studie, die im Übrigen bereits die Bezeichnung MK 1000 erhalten hatte, war jedenfalls nicht so einfach an den Mann/Kranbetreiber zu bringen und dies trotz der zunächst vorgesehenen maximalen Rollenhöhe von etwa 250 m. Diese Rekordhöhe hätte selbstverständlich nur in Kombination des Hauptauslegers mit einem Spitzenausleger sowie bei entsprechend niedrigen Tragfähigkeiten erreicht werden können. Es sollten allerdings noch einige Jahre vergehen, ehe die zu Stahl gewordene Projektstudie schließlich erstmals vor den Augen der stolzen Besitzer auf dem Düsseldorfer Testgelände seine Muskeln spielen ließ.

Die Gebrüder Alf und George Sparrow aus dem englischen Bath waren im Frühjahr 1980 eigens nach Düsseldorf gereist, um den weltweit stärksten Fahrzeugkran während der letzten Abnahmetests in Augenschein zu nehmen. Das Kranverleihunternehmen G. W. Sparrow & Sons Ltd., nach eigenen Angaben seinerzeit das weltweit größte Spezialunternehmen seiner Art, konnte schließlich im Juli des gleichen Jahres den MK 1000 offiziell in Dienst stellen.

Es handelte sich hierbei um einen Aufsattelkran, der, denkt man an den bereits 1979 ausgelieferten Aufsattelkran AK 680-2 für Stanley Davies, eigentlich AK 1000 hätte heißen müssen. Doch hier waren die Namensgeber aus dem Hause Gottwald ein wenig inkonsequent. Jedenfalls besaß der MK 1000 für den Straßentransport eine aus einem AMK 126-Unterwagen weiterentwickelte sechsachsige „Sattelzugmaschine" mit der bekannten Low-Line-Kabine. Deren vier Antriebsachsen bezogen ihre Leistung von einem zwölfzylindrigen und 382 kW / 520 PS leistenden MAN-Dieselmotor vom Typ D 2542 MTE.

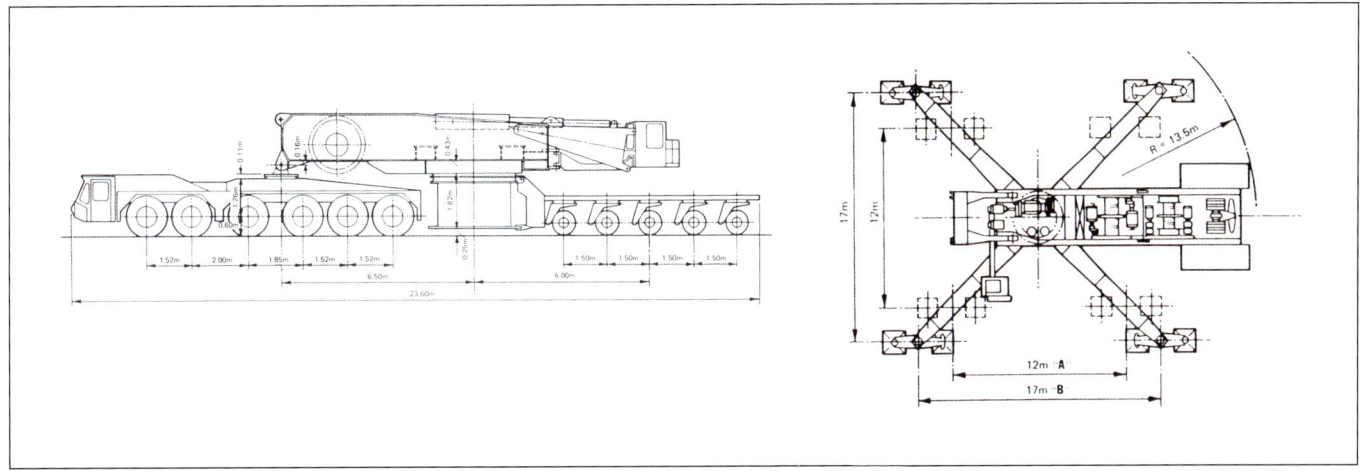

Maßskizze des MK 1000 für Sparrows (Sammlung Weinbach)

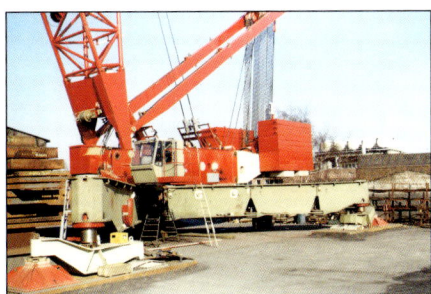

Die gewaltigen Stützarme des MK 1000 wurden jeweils in drei Segmente aufgeteilt, so dass zwei Stützbasen umzusetzen waren (Köhn)

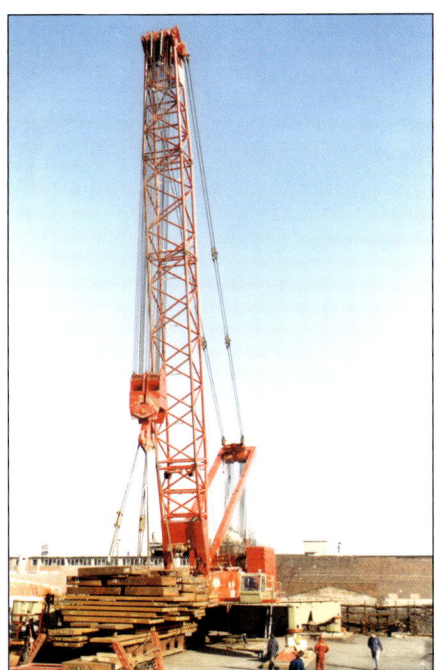

Für die Belastungstests, hier mit 30-m-Hauptausleger, mussten allerhand Prüfgewichte aufgetürmt werden. Bei dieser Prüfung bei 8 m Ausladung und 17 x 17 m Stützbasis betrug die Nenntragfähigkeit 800 t. Für die Prüfung musste der Kran allerdings seine Standsicherheit mit 25 Prozent Überlast, also insgesamt 1000 t, nachweisen (Hey)

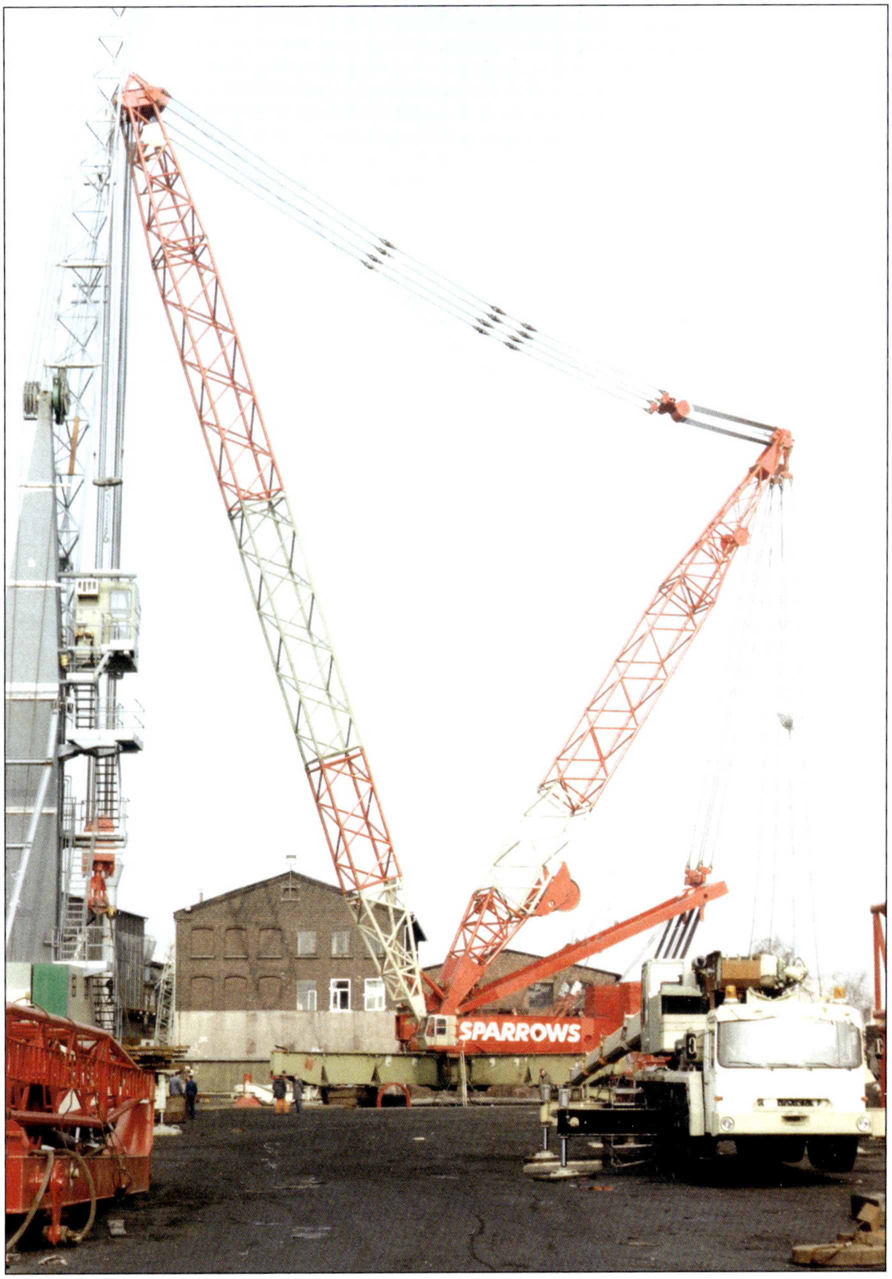

Auch für die Maxi-Lift-Konfiguration galt das strenge Belastungsprozedere während der Abnahmeprüfungen (Hey)

Links: Für Sparrows wurde der größte Lasthaken für lediglich 700 t Traglast gefertigt. Aber auch der hatte natürlich für die Abnahmetests entsprechende Reserven beziehungsweise Sicherheiten
(Hey)
Mitte: In Fahrstellung hatte der MK 1000 eine Länge von 23,6 m. Die Motorabgase wurden hier auf der linken Fahrzeugseite ausgeblasen
(Lindenlauf)
Rechts: Hier ist der MK 1000 in der Farbgebung von Scott Greenham zu sehen. Die Auspufföffnung hat man inzwischen auf die rechte Seite verlegt
(Brand)

Auf diese 3 m breite Zugmaschine aufgesattelt wurde der heckseitig geteilte Oberwagen des Krans, der, ebenso wie der Kransockel selbst, eine Breite von beachtlichen 3,32 m hatte! An den Sockel wurde dann mittels eines kurzen Schwanenhalses der mit fünf Pendelachslinien (40 Reifen) versehene Goldhofer-Nachläufer vom Typ SF/THP (3 m breit) angebolzt. Ursprünglich vorgesehen hatte man allerdings ein nur mit vier Pendelachsen ausgestattetes Heckteil. Das während der Bauphase nach oben zu korrigierende Eigengewicht des Kranriesen erforderte jedoch letztendlich die Lastaufteilung auf insgesamt elf Achsen.

Das Basisgerät besaß inklusive dem im Oberwagen verbleibenden Hubwerk I und II (jeweils 30 t Zugkraft) ein Transportgewicht von immerhin 125,5 t.

Beim Setzen der stählernen Verbindungsstücke zwischen Betonsäulen und Oberbau einer Ölplattform kam die Schwerlastspitze des MK 1000 zum Einsatz
(Grayston White & Sparrow)

Das auf einem Satteltieflader separat zu transportierende Oberwagenheckteil mitsamt dem Einziehwerk (30-t-Winde) und dem Aufrichtebock brachte es auf ein Gewicht von 47 t. Das für die Maxi-Lift-Einrichtung notwendige Hubwerk III (30 t Zugkraft) wurde bei diesem Kran bemerkenswerterweise an dem unteren 7-m-Mastschuss des Gegenauslegers verbolzt. Sämtliche Windwerke hatten Seildurchmesser von 41 mm.

Dem Stand der Technik entsprechend, wurden in der Planungsphase seitens Gottwald zunächst für alle Kranbewegungen dieselhydraulische Antriebe vorgesehen. Auf besonderen Wunsch des Kunden Sparrow jedoch bekam der MK 1000 schließlich ein komplett diesel-elektrisches Antriebspaket (Leonard-Satz) implantiert. Nicht zuletzt deshalb wurde, aufgrund der gegenüber Hydraulikaggregaten erhöhten Gewichte von Generatoren und Elektromotoren, die bereits erwähnte fünfte Nachlaufachse notwendig.

Als Abstützung wurden an den Kransockel vier Abstützarme angebolzt, die eine Abstützbasis von 12 m x 12 m („A") ergaben. Durch entsprechende Zwischenstücke konnte diese Basis auf 17 m x 17 m („B") vergrößert werden. Da beim Kraneinsatz auch die etwa 48 t schwere Sattelzugmaschine abgekuppelt wurde, musste zur Erhöhung des Standmomentes entsprechender Zusatzballast an den Abstützarmen angehängt werden. Dieser Ballast betrug bei der kleinen Abstützbasis („A") 200 t und bei der großen Basis („B") 100 t. Auf dem Oberwagenheck wurde im Übrigen, abhängig wiederum von der Stützbasis, 200 t („A") beziehungsweise 330 t („B") an Gegengewicht gestapelt.

Als Hauptauslegerlänge waren für den MK 1000 insgesamt 128 m technisch möglich. Bei 26 m Ausladung wären dann noch 95 t zu heben gewesen. Von Sparrow wurde allerdings nur ein Hauptausleger mit 23 bis 114 m Länge geordert, mit dem dann 140 t bei 22 m Ausladung („B") gehoben werden konnten. Die theoretisch mögliche Maximallast von 1000 t ergab sich bei 6 m Ausladung am 23-m-Ausleger („A"). Der hierfür erforderliche Auslegerkopf und die entsprechende Hakenflasche wurden jedoch gleichfalls nicht vom Kunden bestellt. Zum Lieferumfang gehörte lediglich ein Kopfstück und eine Unterflasche für 700 t Tragfähigkeit.

Der gelieferte 114 m lange Hauptausleger setzte sich aus dem 3,9 m langen Auslegerfuß, einem 3,6 m langen konischen Zwischenstück, zwei 7-m-Zwischenstücken, sechs 14-m-Zwischenstücken und dem 8,5 m langen Kopfstück zusammen.

Um die Ausladung beziehungsweise die Hubhöhe für den MK 1000 noch zu vergrößern, wurde selbstverständlich auch ein wippbarer Spitzenausleger angeboten. An den auf 96,5 m begrenzten Hauptausleger in Turmausführung wäre eine solche Wippspitze mit einer Länge zwischen 30 und 107 m (1 x 7-m- plus 5 x 14-m-Zwischenstücke) anzubauen gewesen. Die maximale Rollenhöhe hätte dann bei 205 m gelegen.

Doch die Gebrüder Sparrow nahmen Abstand von dieser Zusatzausrüstung und bestellten lediglich einen 12-m-Schwerlast-Spitzenausleger mit entsprechendem 14,5-m-Drucklenker. Dieser Spitzenausleger war bei 30 m Hauptauslegerlänge für eine maximale Tragfähigkeit von 500 t bei 11 m Ausladung ausgelegt. Angebaut werden konnte diese Verlängerung bis zu einer Hauptauslegerlänge von 100 m.

Ebenfalls von dem englischen Kranverleiher geordert wurde die lastmomentsteigernde Maxi-Lift-Ausrüstung. Diese bestand vornehmlich aus dem 40 m langen Gegenausleger mit der daran angebolzten Maxi-Winde und der angehängten Schwebeballasttraverse mit den Zusatzgegengewichten. Der Gegenausleger bestand aus dem Fuß- und Konusstück des Hauptauslegers (7,5 m), zwei Zwischenstücken von insgesamt 21 m Länge aus dem Hauptausleger sowie einer 11,5-m-Spitze. Als Fußstück des Hauptauslegers wurde ein zusätzliches 7,5-m-Teil am Oberwagen verbolzt. Die Auslegerlänge in Maxi-Lift-Ausrüstung betrug somit bis zu 93 m. Derart aufgerüstet waren bei 76 m Ausladung noch 131 t oder aber bei 30 m 273 t am Haken zu bewegen.

Mit dem 37-m-Ausleger waren 884 t bei 14 m Ausladung als maximale Tragfähigkeit (theoretisch) möglich. Neben dem schon angesprochenen Ballast auf dem Oberwagen und an den Abstützarmen (maximal 430 t) betrug der Schwebeballast je nach Erfordernissen noch einmal bis zu 500 t.

In den Jahren nach seiner Indienststellung erfuhr der MK 1000 noch eine überaus bewegte und zugleich interessante Geschichte. Im Rahmen eines Firmenzusammenschlusses mit Grayston White Co Ltd. gehörte der Kran seit 1985 zur neuen britischen Firmengruppe Grayston White & Sparrow Co Ltd., kurz GWS. In dieser Zeit fand der Hubgigant sogar einmal den Weg in die damalige DDR, um dort seiner Arbeit nachzugehen. In einer Düngemittelfabrik in Rostock hatte der MK 1000 zwei 66,5 m lange Absorptionskolonnen mit einem Stückgewicht von 273 t aufzustellen. Dies erfolgte am 86 m langen Hauptausleger mit Maxi-Lift bei einer Ausladung von 28 m. Beschriftet war der Kran damals mit Montalev Sparrow, einem Joint-Venture zwischen GWS und dem französischen Montageunternehmen Montalev.

GWS gehörte zeitweise auch zur britischen BET Plant Services. Bereits kurz nach diesem Zusammenschluss wurde das Gerät je-

Bei der Auflastung zum MK 1500 erhielt der Kranriese einen komplett neuen und in seinen Ausmaßen vergrößerten Hauptausleger. Die alten Hauptauslegerteile wurden, dies mag bezeichnend sein für die jetzt möglichen Traglasten, als Spitzenausleger weiter genutzt. Hier ist der Kran bei den Abnahmetests in England zu sehen

(Grayston White & Sparrow)

doch an eine US-Reederei verkauft, die nach Wegfall eines geplanten Bauprojektes schon bald keine Verwendung mehr für den Kranriesen hatte. So fand der MK 1000 bereits Anfang 1986 wieder seinen Weg zurück auf die britische Insel. Der Kranverleiher Scott Greenham nahm sich, nach den entsprechenden Zahlungen, seiner an. Der neue Besitzer hatte mit dem Kran noch viel vor und so wurde eine Verstärkung des Auslegersystems in Düsseldorf in Auftrag gegeben. In Anlehnung an die nunmehr theoretisch mögliche Höchsttraglast, sollte das Gerät die neue Bezeichnung MK 1200 bekommen. Doch noch bevor diese Auflastung technisch vollzogen war, hatte der Hubgigant erneut den Besitzer gewechselt.

Links: An dem vorderen Fußstück sind die Halteseile des Drucklenkers für den Einsatz mit der neuen Gitterspitze angeschlagen. Gut zu sehen ist auch das im Maxi-Lift-Ausleger eingebaute Hubwerk III

(Grayston White & Sparrow)

Rechts: Das unscheinbare Heckteil des MK 1000/1500 mitsamt Einziehwerk und aufliegendem A-Bock brachte es auf immerhin 47 t Gewicht (Hellstern)

Einen besonderen Standplatz erhielt der MK 1500 für einen Einsatz in Portugal. Für die bei einem Hub benötigte Traglast fehlte es an einigen Metern Hubhöhe, so kam man auf diese etwas außergewöhnliche Idee der Standflächenerhöhung (Grayston White & Sparrow)

Wiederum GWS reihte das Hebezeug nach Übernahme von Scott Greenham Ende der achtziger Jahre, allerdings nunmehr offiziell mit der Bezeichnung MK 1500 versehen, in seinen Maschinenpark ein. Der Kran erhielt bei seiner Auflastung einen komplett neuen, bis auf 114 m aufrüstbaren Hauptausleger. Dessen Eckmaße betrugen 3250 x 2850 mm (alt 2750 x 2400 mm), bei gleichzeitig verstärkten Auslegerrohrwandungen. Der alte Hauptausleger (!) konnte nunmehr als festanzubauender Schwerlastspitzenausleger (10-, 20- oder 30-Grad-Anbau) und zudem für den Maxi-Lift-Gegenausleger weiter verwendet werden.

Gleichzeitig wurde besagter Gegenausleger von 40 m auf 47 m Länge erweitert und der anzuhängende Ballast von 500 t auf bis zu 700 t erhöht! Zudem wurden im Rahmen dieses nicht unerheblichen Umbaus die Hubwerke mit stärkeren Winden und dickeren Hubseilen versehen.

Die größte Traglast des „neuen" MK 1500 betrug nunmehr am 44 m Hauptausleger, bei 47 m Maxi-Lift und 12 m Ausladung, stolze 1200 t. Weitere Daten waren hierbei: 12 m Stützbasis, 230 t Oberwagenballast, 200 t Ballast an den Abstützungen und 400 t Maxi-Lift-Ballast. Bei 17 m Stützbasis konnte der neue Hauptausleger in der Maxi-Lift-Version nunmehr auf bis zu 114 m (vorher 93 m) ausgebaut werden. Als Eckdaten seien hier 265 t bei 29 m Ausladung und 68 t bei 104 m Ausladung genannt.

In der jetzt möglichen Version mit Schwerlastspitzenausleger konnten bei der kleinsten Kombination von 44 m HA und 23 m Spitze (Zehn-Grad-Anbau) imposante 605 t bei 23 m Ausladung

Oben: Wie das Bild zeigt, wurde auch der Baustellenverkehr durch das „Aufbocken" nicht sonderlich gestört – Unten: Der Ausleger durfte beim Aufrichten für diesen „Sonderhub" nur mit Hilfe eines anderen Krans (Auslegerspitze im Hintergrund sichtbar) angehoben werden. Die Belastung wäre ansonsten für das Aufrichte-Windwerk unzulässig hoch gewesen (Grayston White & Sparrow)

Ungewöhnliche Lastfälle erfordern halt einfallsreiche Aufstellungsideen. Die gewichtige Kolonne konnte jedenfalls erfolgreich aufgestellt werden (Grayston White & Sparrow)

Technische Daten MK 1000 / MK 1500

Fahrgestell

Motor:
MAN-Dieselmotor D 2542 MTE, 12 Zylinder, wassergekühlt, 382 kW / 520 PS bei 2300 U/min, 5 Vorwärtsgänge, 1 Rückwärtsgang, Kraftstofftank 2000 l

Abstützung:
4 Abstützarme werden seitlich am 3,32 m breiten Kransockel befestigt, Abstützbasis 12 x 12 m, mit einbaubaren Zwischenstücken auf 17 x 17 m zu vergrößern, jeder Abstützzylinder erhält eine Schwinge mit zwei Abstützplatten von jeweils 1,5 x 1,5 m

Achsen:
Sattelzugmaschine Antrieb 12 x 8, Achsen 1 bis 4 und 6 sind lenkbar, Achsen 2 und 3 sowie 5 und 6 sind angetrieben, durchgehend einfach bereift 12-fach 14.00-24, 3-Stern XVC Michelin; Goldhofer-Dolly mit 5 Achslinien und 10 Pendelachsen 40-fach bereift 7.50 R15X

Kraneinrichtung

Motor:
MAN-Dieselmotor D 2542 ME, 12 Zylinder, wassergekühlt, 276 kW / 375 PS bei 2100 U/min

Gegengewicht:
MK 1000: ■ bei Abstützbasis 12 x 12 m: Oberwagen 200 t, weitere 200 t an den Abstützarmen, ■ bei Abstützbasis 17 x 17 m: Oberwagen 330 t, weitere 100 t an den Abstützarmen, ■ bis zu 500 t Zusatzballast bei Maxi-Lift-Einrichtung
MK 1500: ■ bei Abstützbasis 12 x 12 m: Oberwagen 230 t, weitere 200 t an den Abstützarmen, ■ bei Abstützbasis 17 x 17 m: Oberwagen 360 t, weitere 100 t an den Abstützarmen, ■ bis zu 700 t Zusatzballast bei Maxi-Lift-Einrichtung

Auslegersystem:
MK 1000: ■ Hauptausleger: Grundausleger 16 m, mit Montagestütze 18 m, Verlängerungsstücke von 7 und 14 m Länge, Hauptauslegerlänge 16 – 128 m ■ Wipp-Spitzenausleger: Grundausleger 30 m, mit Druck- und Wipplenker, Verlängerungsstücke von 7 und 14 m Länge, Turmlänge 26,5 – 96,5 m mit Spitzenausleger 30 – 107 m ■ Maxi-Lift-Einrichtung: 37 – 93 m Hauptausleger mit 40 m Gegenausleger ■ 12-m-Schwerlast-Spitzenausleger mit 14,5 m Drucklenker, Hauptausleger 23 – 100 m plus 12 m Schwerlast-Spitze
MK 1500: ■ Hauptausleger: Grundausleger 23 m, mit Montagestütze 18 m, Verlängerungsstücke von 7 und 14 m Länge, Hauptauslegerlänge 23 – 114 m (neuer Ausleger) ■ Maxi-Lift-Einrichtung: 44 – 114 m Hauptausleger mit 47 m Gegenausleger ■ Spitzenausleger (alter Hauptausleger) mit 10°-, 20°- oder 30°-Festanbau zum Hauptausleger mit Maxi-Lift-Einrichtung: Grundausleger 23 m, mit 26 m Drucklenker und 47 m Gegenausleger maximale Kombinationen (Hauptausleger + Spitzenausleger): 44 m + 23 – 72 m, 51 m + 23 – 65 m, 58 m + 23 – 58 m, 65 m + 23 – 51 m, 72 m + 23 – 44 m, 79 m + 23 – 37 m, 86 m + 23 – 30 m, 93 m + 23 m ■ 12-m-Schwerlast-Spitzenausleger zum alten Hauptausleger von 23 – 100 m

Oben links: Im Sommer 1994 gelangte der MK 1500 auch noch einmal nach Düsseldorf. Dort wurde er nach einem Unfall bei Mannesmann Demag Gottwald (MDG) repariert und technisch überholt (Blokker)
Oben Mitte: Bei einer Fahrzeuglänge von 23,6 m ist das Warnschild „Long Vehicle" schon berechtigt – Oben rechts: Das separat zu transportierende Oberwagenheckteil wird an diesen Aufnahmen hydraulisch mit dem Vorderteil verbolzt – Unten: Auf dem Werksgelände bei MDG in Düsseldorf-Benrath trafen sich wohl zum einzigen Male die beiden stärksten Autokrane von Gottwald. Der „1000-Tonner" AMK 1000-103 im Hintergrund war ebenfalls zu Reparaturarbeiten im Werk (Weinbach)

GOTTWALD
Autokran AK850
mit Gitterausleger Tragfähigkeit 800/850 t
Truck Mounted Crane Lifting capacity 800/850 t
with Lattice-Type Jib
Camion-Grue Force de levage 800/850 t
à Flèche treillis

■ 113 m Hauptausleger Main boom/Flèche principale
■ 95 m Wipp-Spitzenausleger Luffing fly jib/Flèchette variable
■ 177 m Rollenhöhe Pulley height/Hauteur des poulies

Links unten: Der TÜV in Düsseldorf war von den Gottwald-Kranen schon einiges gewohnt. Bei der Abnahme für die Straßenzulassung wurde das Gerät genau vermessen
(Schmidbauer)

Rechts: Maßskizze des AK 850-103 in der Version AK 850-1
(Sammlung Weinbach)

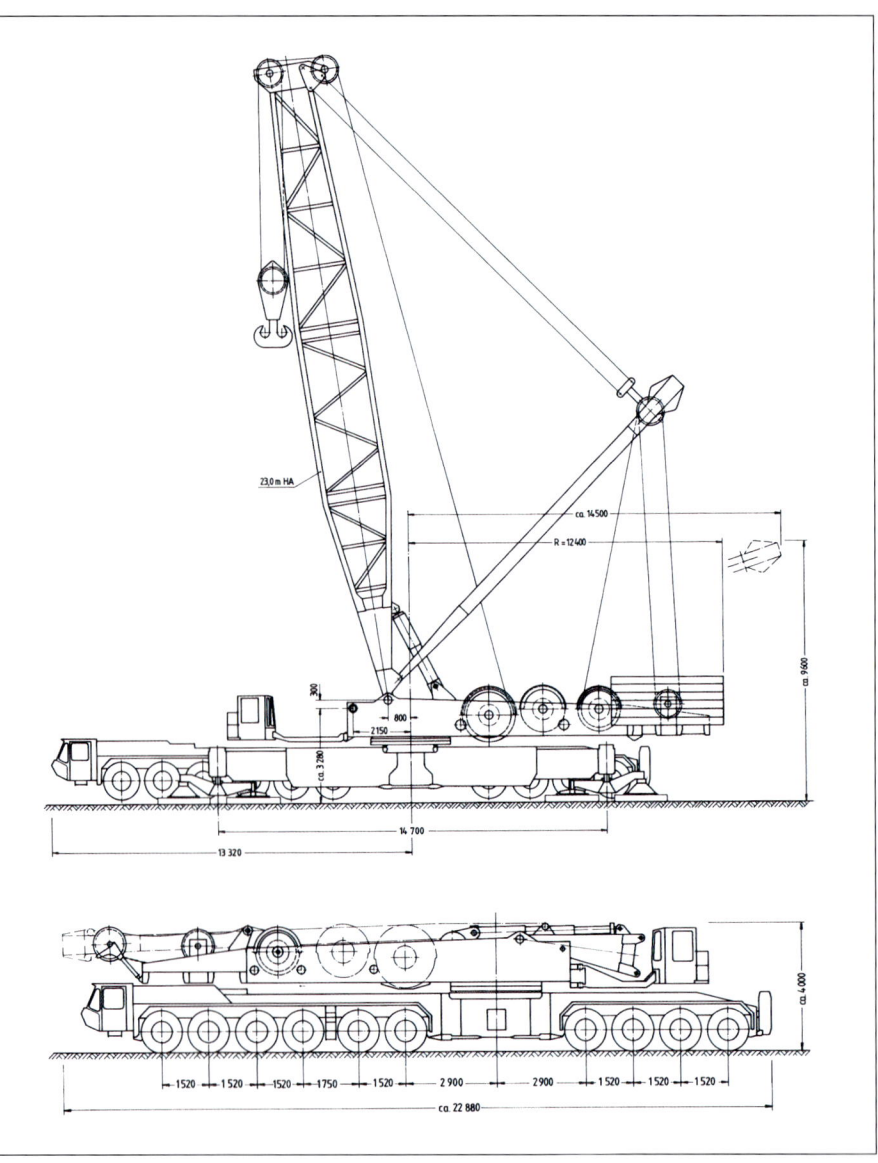

bewegt werden. Die Spitze konnte jedoch auch bis auf 72 m Länge ausgebaut werden und ermöglichte somit noch 220 t x 44 m beziehungsweise 60 t x 112 m. Den neu zu erstellenden Lasttabellen war zu entnehmen, dass bei jeweils 7 m Hauptauslegerverlängerung der maximal mögliche Spitzenausleger um gleichfalls 7 m zu kürzen war. Demzufolge betrug die längste Hauptausleger-Spitzenkombination 93 m plus 23 m. Als Traglastwerte sind hier 310 t x 34 m und 116 t x 90 m zu nennen.

Ist der Kran nach seiner Inbetriebnahme im Jahre 1980 auch nie mit einem wippbaren Spitzenausleger, der ja technisch möglich war, ausgerüstet worden, so sollte der MK 1000/1500 dennoch für einen Einsatz mit einer solchen Wippspitze kombiniert werden. Nach entsprechender Rücksprache mit dem Hersteller Gottwald, rüstete man den MK 1500 für eben diese spezielle Hubarbeit mit dem Wipp-Spitzenausleger des seinerzeit gleichfalls zu GWS gehörenden AK 680-1 (ex Scotts) aus.

Nach vielen Einsatzjahren bei GWS sollte der „britische" MK 1500 kurz nach der Jahrtausendwende nochmals den Eigentümer wechseln. Mit dem Schwerlastunternehmen ALE (Abnormal Load Engineering) war auch der neue Kranbetreiber auf der englischen Insel beheimatet, wobei das Gerät allerdings nach wie vor weltweit zum Einsatz gebracht wird.

Abschließend darf wohl zu Recht behauptet werden, dass der MK 1500 als der bislang (Stand 2006) weltweit leistungsstärkste luftbereifte Fahrzeugkran geführt werden kann und dies auch noch nach über 25 Betriebsjahren!

AK 850

Nachdem sich die beiden „britischen" Hubgeräte vom Typ AK 680 Anfang der achtziger Jahre bereits bei zahlreichen Einsätzen bestens bewährt hatten, sollte der Nachfolgetyp in punkto Hubvermögen noch größere Leistungsdaten aufweisen. Ebenso wie die beiden vorgenannten Krane war auch der AK 850 in den beiden Transportversionen als einteiliger Autokran beziehungsweise als Sattelzugkran vorgesehen. Gebaut, und das in zwei Exemplaren, wurde schließlich die Version AK 850-1, also als komplette Einheit. Hierbei ließen wiederum die unterschiedlichen Kundenspezifikationen beziehungsweise die mit dem Erstgerät gewonnenen Erfahrungen zwei voneinander abweichende Ausführungen entstehen. Über den ersten Kran der Baureihe konnte der Münchner Kranverleiher Schmidbauer ab dem Spätsommer 1982 verfügen.

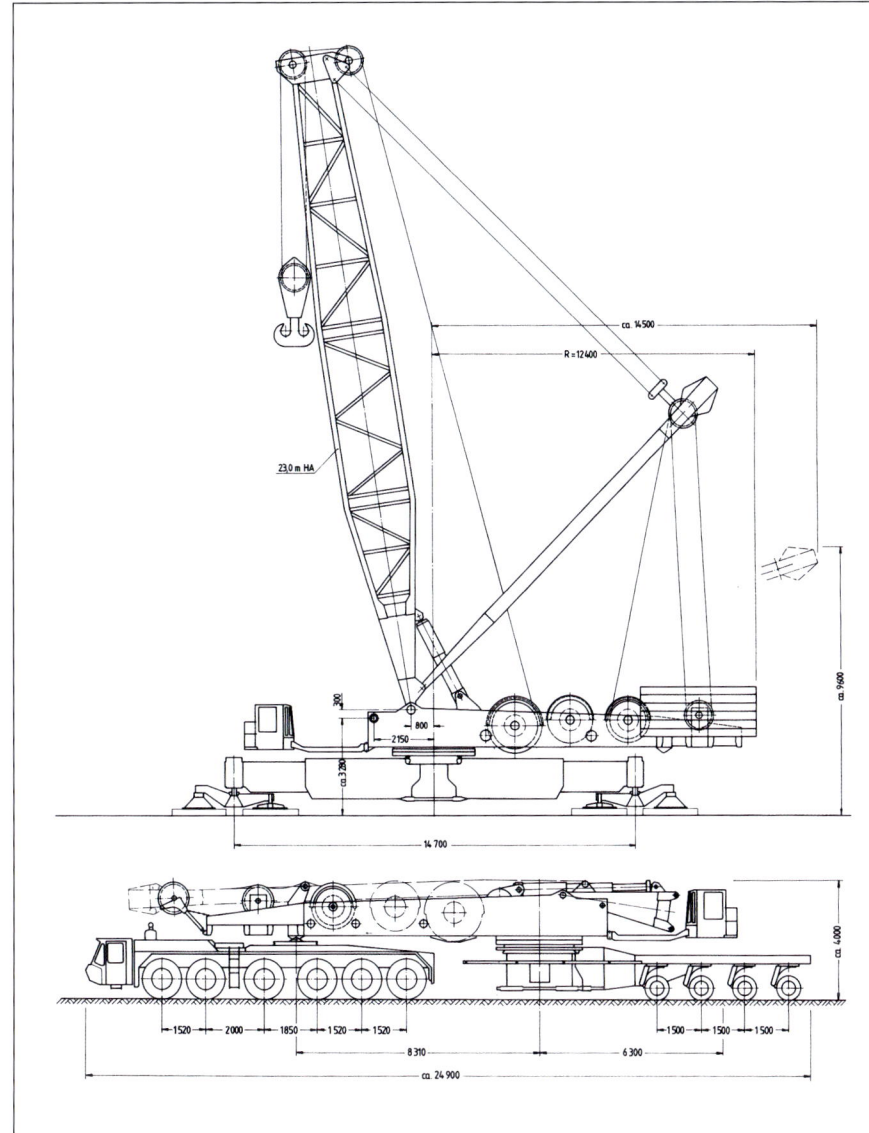

Links: Maßskizze der Version AK 850-2, die nicht gebaut wurde (Sammlung Weinbach)
Rechts oben: Die typische Low-Line-Kabine der achtziger Jahre schmückte auch den neuen 800-t-Kran – Rechts unten: So etwas sieht man auch als Polizeibeamter nicht alle Tage. Die Transportpapiere des Krans wurden deshalb von so mancher Polizeibegleitung kontrolliert, hier bei der Überführungsfahrt nach München im Jahre 1982 (Schmidbauer)

Prinzipiell unterschied sich dieses Gerät nicht von dem AK 680-1 (Scotts). Lediglich bei den Achsabständen ergab sich bei dem sechsachsigen Triebteil eine kleine Differenz. Hatte der AK 680, abweichend zu den übrigen Abständen von jeweils 1520 mm (gleichfalls bei den Heckteilachsen), zwischen der dritten und vierten Achse einen vergrößerten Abstand von 1750 mm, so traf dies beim AK 850 für die Achsen 4 und 5 zu. Auch war der ansonsten vollkommen gleich aufgebaute 850er-Oberwagen um knapp 400 mm länger. Der A-Bock wuchs zudem gegenüber dem Vorgängermodell um einen vollen Meter auf nunmehr 16 100 mm Länge an. Eine auf den Längsseiten um jeweils 200 mm vergrößerte Abstützbasis war als weitere Abweichung festzuhalten. Völlig identisch hingegen waren die eingebauten Antriebsstränge (Dieselmotoren, Hydraulikpumpen, Windwerke) und deren Leistungswerte. Dies betraf sowohl den Unterwagen als auch den Oberwagen beziehungsweise eigentlichen Kranantrieb.

Sowohl der AK 680 als auch der AK 850 verfügten über einen identischen Auslegerquerschnitt (HA 2970 mm breit x 2620 mm hoch, Spitzenausleger 2490 mm x 1990 mm). Allerdings gab es bei den Wandstärken der Auslegerschüsse leistungsbedingte Unterschiede. Die einzelnen Zwischenstücke des Hauptauslegers hatten Längen von 6, 12 und 18 m. Somit war eine Hauptauslegerlänge

zwischen 23 und 113 m möglich. Mit einem entsprechenden Schwerlastkopf ausgestattet, betrug die nominelle Höchstlast 800 t bei 5 m Ausladung am 23-m-Grundausleger.

Ein solches Kopfstück wurde allerdings nicht gefertigt, sondern lediglich ein Normalkopf für maximal 650 t Tragfähigkeit geliefert. Eine derartige Last war dann mit der Doppelflasche (25,5 t Eigengewicht zu berücksichtigen!) für Zwei-Seil-Betrieb bis 7 m Ausladung möglich. Auf die volle Hauptauslegerlänge aufgerüstet, konnten noch 93 t bei 22 m oder aber 10 t bei 88 m Ausladung gehoben werden, dies selbstverständlich mit den wesentlich leichteren Hakenflaschen für 325 t beziehungsweise 90 t Traglast.

Zur Erzielung größerer Hubhöhen beziehungsweise weiterer Ausladungen konnte der zwischen 29,75 m und 83,75 m aufrüstbare Ausleger in Turmausführung mit einem bis zu 95 m langen, wippbaren Spitzenausleger ergänzt werden. In der kürzesten Variante (23,75 m HA plus 29 m Spitze) wurden bei 16 m Ausladung 236 t bewältigt oder aber 143 t bei doppelter Drehkranzentfernung. Bei 83,75 m plus 29 m und 24 m Ausladung gaben die Traglasttabellen noch 148 t her und bei der 95-m-Spitze 27 t bei 40 m beziehungsweise 20 t bei 92 m. Die maximale Rollenhöhe betrug bei voller Kombination 177 m. Auch konnte der Turm auf 89,75 m verlängert werden, dann wurde jedoch die maximale Spitzenausleger-

Links oben: Beim ersten Einsatz im Kraftwerk Ibbenbühren war im August/September 1982 gleich die ganze Hubhöhe des AK 850 gefragt – Links unten: Gern gesehen war die Truppe um den AK 850 auf jeder Tankstellenanlage, schließlich schluckte alleine der Kran gut 240 l Diesel auf 100 km – Rechts: Hier noch frisch im Lack, war der Großkran seit der Inbetriebnahme bei vielen Kesselhaus-Neubauten in Kohlekraftwerken unverzichtbares Hubgerät (Schmidbauer)

länge auf 59 m (77 t x 28 m / 57 t x 64 m) begrenzt. Das Oberwagengegengewicht betrug bei allen zuvorgenannten Lastfällen (360 Grad Drehbereich) 206 t.

Eine weitere Auslegerkonfiguration war die bereits bekannte Maxi-Lift-Einrichtung, die auch für den AK 850 angeboten wurde. Bei beiden ausgelieferten Geräten dieses Typs wurde dieses Auslegersystem jedoch zunächst nicht von den Kunden gewünscht, wenngleich beide Krane steuerungstechnisch schon über die notwendigen Einrichtungen verfügten. Der Prospekt sah bei der Maxi-Lift-Variante für den bis zu 89 m langen Ausleger einen 35 m langen Gegenausleger mit bis zu 250 t zusätzlichem Schwebeballast vor. Theoretisch waren dann 850 t Traglast bei 9 m Ausladung am 35-m-Hauptausleger möglich. Bei 89 m Auslegerlänge wurde die maximale Traglast bei 20 m Ausladung mit 184 t (160 t normal) beziehungsweise bei 82 m mit 69 t (20 t normal) angegeben. Doch wie bereits erwähnt, die Maxi-Lift-Ausrüstung (500 000 DM) wurde nicht vom Kunden geordert. Der Preis für den Kran inklusive vollem

Hauptausleger, Wippspitzensystem und drei Lasthaken (650 t, 325 t, 90 t) betrug auch so knapp 7,2 Millionen DM, ein Betrag, den nicht jeder Kranverleiher in der Lage war zu bezahlen. Zudem muss man ja für solch einen Riesen beziehungsweise das dazugehörige Equipment einen entsprechenden Fuhrpark an Transportfahrzeugen vorhalten.

Und doch sollte der Schmidbauer-850er noch zu seinem Maxi-Lift-System kommen, wenngleich auf etwas ungewöhnliche Art und Weise. Man schrieb das Jahr 1986. Die Firma Schmidbauer hatte zwei zeitgleich abzuwickelnde Großaufträge in zwei rheinischen Kohlekraftwerken angenommen, verfügte jedoch nur über den einen Schwerlastkran AK 850, der für diese Arbeiten geeignet erschien. Um die lohnenden Geschäfte nicht platzen zu lassen, wurde in einer Nacht- und Nebelaktion ein geeignetes Hubgerät auf der britischen Insel ausfindig gemacht. Dieses befand sich allerdings nach einem kurz zuvor erlittenen Unfall in einem ganz und gar nicht einsatzfähigen Zustand. Es handelte sich um den bereits

Links: Da schaute der Tankwart in die Röhre. Auch so wurde der komplette Kran schon einmal verlegt. Vorne rechts auf dem Ponton ist übrigens eine der zwei Grundplatten für die Ballast-stapelung zu sehen, die unter dem Oberwagenheck verbolzt wurden. Bei genauer Betrachtung des Kranoberwagens fällt ein „gähnendes Loch" auf   (Glimm)

Mitte: So entstand das „gähnende Loch" in der Oberwagenmaschinerie. Zur Einhaltung der deutschen Achslastbestimmungen mussten vor jeder Straßenfahrt zwei Hubwerkswinden aus-gebaut werden   (Weinbach)

Rechts: Mit der maximal möglichen Hauptauslegerlänge (89 m) für den Maxi-Lift-Einsatz ist der AK 850 bei Schmidbauer nicht allzu oft eingesetzt worden. Hier war diese Kombination beim Neubau eines Braunkohlebaggers gefragt   (Glimm)

Links: Um diesen 126 t schweren Speisewasserbehälter in das Kraft-werksgebäude einbringen zu können, war der AK 850 auf die Hilfe eines 300-t-Teleskopkrans angewiesen – Rechts: Um einen 850 t schweren und 150 m langen Torträger beim Bau einer Flugzeughalle für den neuen Münchener Flughafen einzuheben, waren 1990 nicht allein die Kräfte des Gottwald-Krans erforderlich. Hier hilft ein LTM 1800 von Liebherr   (Schmidbauer)

bekannten AK 680-2 von Hewden Stuart, der aufgekauft und in einer norddeutschen Werft (!) wieder instand gesetzt wurde. Die beiden Kraftwerksaufträge konnten nunmehr zum Erstaunen des Kunden problemlos abgewickelt werden. Und ganz nebenbei erhielt der AK 850, aufgrund seiner ohnehin höheren Leistungswerte gegenüber dem AK 680, dessen komplette Maxi-Lift-Einrichtung. Bedingt durch die kompatible Ausrüstung (Hubwerk III, Auslegerquerschnitte) konnte somit der 850er in seinen Leistungsdaten erheblich aufgewertet werden. Da die Länge des Gegenauslegers nunmehr 43 m gegenüber ursprünglich vorgesehenen 35 m betrug und auch der Schwebeballast auf maximal 500 t erhöht wurde, konnten die in den Prospekten vorgesehenen Traglastwerte weiter gesteigert werden. Zudem konnte nunmehr der Hauptausleger in Verbindung mit der Maxi-Lift-Einrichtung bis auf eine Länge von 107 m ausgebaut werden.

Welche enormen Lastmomentsteigerungen beim Einsatz der Maxi-Lift-Einrichtung gegenüber dem normalen Hauptauslegereinsatz möglich waren, soll eine auszugsweise Gegenüberstellung von Traglastwerten verdeutlichen. Insbesondere bei den großen Auslegerlängen konnte so die jeweilige Traglast um ein mehrfaches gesteigert werden. Es wurden bei der Gegenüberstellung die in den Hersteller-Traglasttabellen jeweils größtmöglichen Maxi-Lift-Gegengewichte berücksichtigt.

Da derartige Kranriesen nicht nur auf gut ausgebauten und entsprechend tragfähigen Straßen oder gar Brücken von einem Einsatzort zum nächsten fahren müssen, sind oftmals unterschiedlich hohe Achslasten einzuhalten. Dies gilt insbesondere bei grenzüberschreitende Transfers. Hierdurch bedingt sind mitunter vor einem solchen Straßentransport diverse Anbauteile des Grundgerätes zu demontieren. Allein die kombinierten Hubwerke I und II, welche sich beim AK 850 ja auf einer Achse befinden, verfügen über jeweils

knapp 800 m an Seil. Die komplette Trommel hat somit ein Eigengewicht von annähernd 25 t. Und auch das Hubwerk III mit gut 15 t, das Einziehwerk mit 12 t und der Aufrichtebock mit gleichfalls 25 t setzen das Transportgewicht nur unnötig und oftmals unzulässig herauf. Somit ist die Demontage und der getrennte Transport der Hubwinden zumeist unumgänglich.

Ein interessanter konstruktiver Umbau an dem ersten ausgelieferten AK 850 sei abschließend noch für das Jahr 1998 festgehalten. Der Besitzer Schmidbauer, der ständigen Auflagen bezüglich einzuhaltender Achslastbeschränkungen beziehungsweise der zusätzlichen Rüstarbeiten durch Ein-/Ausbau einzelner Winden überdrüssig, suchte nach einer anderen Problemlösung.

Der schon in die Jahre gekommene Kran (Baujahr 1982) musste für den Straßentransport auf einfachere Art und Weise abgespeckt, sprich geleichtert werden können. Was lag da näher, als auf das bewährte Prinzip der Oberwagenteilung zurückzugreifen. So wurde nach langem Hin und Her der Oberwagen im Herbst 1998 bei Mannesmann Demag Gottwald in Düsseldorf auseinander geschnitten und mit hydraulischen Verbolzungseinrichtungen nachgerüstet. Einmal richtig zerlegt, wurde auch zeitgleich die eine oder andere Modernisierung der Steuerung vorgenommen. Letztendlich wurde so aus dem ursprünglichen AK 850-103 ein AK 850 GT.

AK 850-GT

Einfacher hingegen war es, den Oberwagen gleich geteilt zu konstruieren, ähnlich der großen MK-Typen (MK 500, 600, 650, 1000) aus den sechziger und siebziger Jahren. Und so ging man auch bei dem zweiten zur Auslieferung gelangten AK 850 zu diesem bewährten Prinzip über. Der Oberwagenrahmen dieses AK 850 GT wurde hinter dem Hubwerk I / II mittels hydraulischer Bolzenverbindungen

---

Gegenüberstellung einiger Traglastwerte in Tonnen (75 Prozent nach DIN) des AK 850 bei unterschiedlichen Auslegerkonfigurationen

Ausladung — Auslegersystem bei Abstützbasis 14,7 x 14,7 m – 360° Schwenkbereich – Krangegengewicht 206 t und jeweils maximal zulässigem Maxi-Lift-Gegengewicht

Ausladung	Hauptausleger HA				HA mit 35-m-Maxi				HA mit 43-m-Maxi			
	35 m	65 m	89 m	107 m	35 m	65 m	89 m	107 m	35 m	65 m	89 m	107 m
10 m	475	-	-	-	650	-	-	-	700	-	-	-
14 m	341	306	-	-	558	-	-	-	700	-	-	-
20 m	238	229	160	106	391	322	-	-	584	560	-	-
26 m	178	169	135	94	298	289	-	-	470	520	-	-
32 m	135	127	112	82	240	216 [1]	165 [1]	-	-	389 [9]	308	-
40 m	-	90	85	68	-	170 [2]	156 [2]	-	-	319 [10]	290	218
48 m	-	67	62	58	-	139 [3]	133 [3]	-	-	255 [11]	260	185
56 m	-	52	47	43	-	116 [4]	111 [4]	-	-	-	200	150
60 m	-	46	41	37	-	111	102 [5]	-	-	-	174	138
68 m	-	-	31	27	-	-	86 [6]	-	-	-	158	115
76 m	-	-	24	20	-	-	74 [7]	-	-	-	140	100
80 m	-	-	21	17	-	-	69 [8]	-	-	-	-	92
84 m	-	-	18	14	-	-	-	-	-	-	-	87

Anmerkungen zu den Ausladungen:
1) R = 34 m   3) R = 50 m   5) R = 62 m   7) R = 78 m   9) R = 34 m   11) R = 50 m
2) R = 42 m   4) R = 58 m   6) R = 70 m   8) R = 82 m   10) R = 42 m

Links: Wohl einer der schwersten Hübe überhaupt, bei denen der AK 850 hauptverantwortlich war, dürfte das Aufstellen dieses rund 540 t schweren Kochers in einer Zellstofffabrik gewesen sein – Rechts: Auch bei diesem Hub eines 600 t schweren Elektrofilters durch insgesamt drei Gittermastkrane, davon zwei Raupenkrane, hatte der Gottwald-Vertreter im Jahre 1992 mit 320 t den größten Lastanteil zu tragen. Der 850er war für die erforderliche Ausladung von bis zu 40 m am 71-m-Ausleger mit insgesamt 450 t Maxi-Lift-Ballast ausgeglichen worden   (Schmidbauer)

Oben links: Wegen der umständlichen Demontage und Remontage der Hubwerkswinden entschloss man sich schließlich 1998 zur Trennung des Oberwagens. Aus dem Kran wurde somit eine Art AK 850 GT, wie er 1984 auch tatsächlich für einen anderen Kranbetreiber gebaut wurde …   (Wilhelm)

Oben rechts: Der Kranoberwagen konnte für den Straßentransport um etliche Tonnen geleichtert werden   (Grimm)

Unten links: Das Oberwagenheck mitsamt aufliegendem Aufrichtebock kann auf verschiedenen Transportfahrzeugen von Baustelle zu Baustelle bewegt werden –

Unten rechts: Auch in der Komplett-Version wird der Kran nach der „Trennung" zumindest den Fotografen gezeigt. Würde er so noch auf Deutschlands Straßen umherfahren, käme man sicherlich nicht nur mit einem erhobenen Zeigefinger der Polizei davon
                                    (Hellstern)

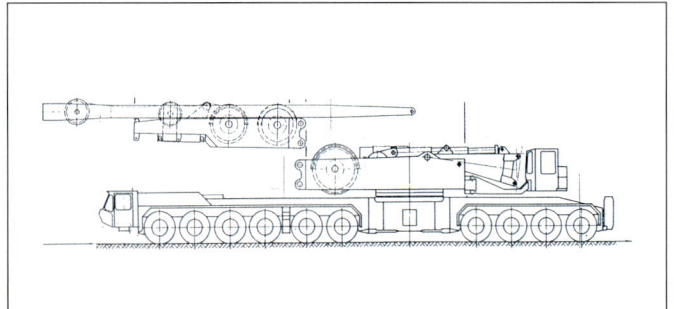

Links: Mit einem geteilten Oberwagen wurde der zweite 850er in der Version AK 850 GT im Jahre 1984 an den Kranverleiher Toense ausgeliefet
(Weinbach)

Rechts: Die Zeichnung macht die Trennung der beiden Oberwagenhälften deutlich. Die Achslasten konnten somit deutlich verringert werden
(Sammlung Weinbach)

Links: Der „Hecktransporter" vom Typ AK 850 TR war mit einer vorgebauten MAN-Kabine ausgestattet. Man beachte die beiden letzten Achsen, die eine kleinere Spurbreite besaßen – Mitte: Der Spezialtransporter hatte mit dem Aufrichtebock einen beachtlichen heckseitigen Überhang – Rechts: Recht eigenartig sah der AK 850 TR schon aus, seinen Zweck hat er auf jeden Fall erfüllt
(Weinbach)

Links oben: Für den Zehnachser empfahl es sich, immer ausreichend befestigte Wege zu nutzen – Links unten: Die Stützarme wurden immer paarweise transportiert – Rechts: Blick auf den fast demontierten AK 850 GT von Toense
(Weinbach)

Links: Auf der linken Oberwagenseite liegen noch zwei Ballastplatten (je 14,8 t) auf den zwei unterschiedlichen Grundplatten (15,2 und 12,8 t) auf

Rechts: Hier sind die diversen Winden des Oberwagens zu sehen. Der Kran besaß keine Maxi-Lift-Einrichtung, deshalb fehlt die hierfür erforderliche Winde und hinterlässt eine Lücke zwischen Hubwerkswinde und Auslegerverstellwinde
(Weinbach)

In Zementwerken gibt es gelegentlich schwere Drehofenteile zu montieren oder zu wechseln. Der Hub dieses 340 t schweren Teils war die Aufgabe für den AK 850 GT von Toense

(Zenzen)

und Schnellschlusskupplungen geteilt beziehungsweise miteinander verbunden. Das somit separat zu transportierende Heckteil bestand aus dem hinteren Rahmenteil mit dem eingebaut verbleibenden Hubwerk III (Maxi-Lift-Trommel), dem Einziehwerk und dem aufgelegten Aufrichtebock. Abgelegt wurde dieses Kranteil auf einem von Gottwald speziell angefertigten, sechsachsigen Transportfahrzeug. Dieses Fahrzeug mit der Bezeichnung AK 850-63 TR (Transporter) besaß eine vor den Fahrzeugrahmen angesetzte MAN-Fahrerkabine und ein dem aufzuladenden Heckteil angepasstes Aufnahmegestell.

Angetrieben wurde der etwa 63 t schwere Transporter von einem 274 kW / 400 PS leistenden DB OM 404-Diesel. Und auch das eigentliche Kranfahrzeug erhielt nunmehr seine Motorisierung aus dem Hause Mercedes-Benz. Für den Unterwagenantrieb zeichnete sich ein aufgeladener Zwölf-Zylinder-OM 424 A mit 390 kW / 530 PS verantwortlich. Der diesel-hydraulische Kranantrieb wurde bei diesem Gerät von einem sechszylindrigen OM 407 A mit 206 kW / 280 PS gespeist.

Ausgeliefert wurde dieses zweigeteilte Grundgerät, selbstverständlich mit den sonstigen zu einem derartigen Kran gehörenden Utensilien, im April 1984 an den schon mehrfach erwähnten Kranverleiher Toense in Langenfeld, nahe Düsseldorf.

Aber auch dieser Kran erhielt zunächst keine Maxi-Lift-Einrichtung und war somit lediglich als „Halbstarker" zu bezeichnen. Nachdem die Betreiberfirma infolge fortschreitender Geschäftsaufgabe – es fand sich kein Nachfolger für die Weiterführung des Unternehmens in der Familie – ihre Großgeräte Ende der achtziger Jahre verkaufte, gab der Kran noch ein kurzes innerdeutsches Gastspiel bei der Firma Bracht in Erwitte.

Schließlich übernahm 1989 das Unternehmen Al Jaber aus den Vereinigten Arabischen Emiraten das Gerät und ließ es fortan in der Kranflotte ihres europäischen Ablegers Interlift (England) arbeiten.

In dieser Zeit wurde der AK 850 GT auch mit dem noch fehlenden Maxi-Lift nachgerüstet. Infolge anderer Auslegerwandstärken und aufgrund des nunmehrigen 43-m-Gegenauslegers samt dem nochmals auf 550 t gesteigerten Schwebeballast wurde der Kran zum AK 912 GT aufgelastet. Die gegenüber dem Urtyp AK 850 erhöhten Traglastwerte beim Einsatz mit dem Hauptausleger beziehungsweise mit dem Maxi-Lift sind dabei der Gerätebeschreibung des AK 912 zu entnehmen. Im Jahre 1995 wechselte der ehemalige Toense-Kran schließlich nochmals den Eigentümer. Der binnen kurzer Zeit aufstrebende britische Kranverleiher Baldwins setzte den nunmehr „ausgewachsenen" AK 912 GT in seinem neuen blau-weißen Farbkleid weltweit ein. Nach dem Konkurs dieses Unternehmens im Jahre 2003 wurde der Kran wiederum umlackiert. Nun in rotem Lack strahlend, fand der immerhin schon 20 Jahre alte Kranriese in der gleichfalls britischen Firma ALE (Abnormal Load Engineering) einen neuen stolzen Besitzer.

Da wir immer noch bei der Gerätebeschreibung des 850er-Typs sind, sei erwähnt, dass für das Toense-Gerät auch ein 9 m langer Schwerlast-Spitzenausleger konstruiert wurde. Dieser Spezialausleger, wie er auch schon von verschiedenen kleineren AK- und MK-Typen (z. B. MK 250, AK 270, MK 500) sowie dem MK 1000 bekannt ist, hatte eine maximale Traglast von 450 t. Aufgesetzt wurde er auf den bis auf 47 m aufrüstbaren Hauptausleger beziehungsweise auf den speziellen, kurz gehaltenen Auslegerkopf. Interessanterweise wurde für dieses Gerät laut Lieferspezifikation zunächst auch eine zusätzliche Verlängerung von lediglich zwei Abstützarmen in Auf-

Oben: Im Jahre 1995 reihte die Firma
Baldwins den aufgelasteten Kran in ihren
Maschinenpark ein. Sogleich wurde er von
seiner neuen Crew probeweise mit kurzem
Hauptausleger und Wippspitze montiert.
Auch hier galt: „Übung macht den Meister."
(Horrocks)

Unten rechts: Mit seinem blau-weißen Outfit
sah der ehemalige Toense-Kran ebenfalls
nicht schlecht aus   (Baldwins)

Unten links: Selbst in England war der
komplett montierte Kran mit etwas höheren
Achslasten unterwegs   (van Uitert)

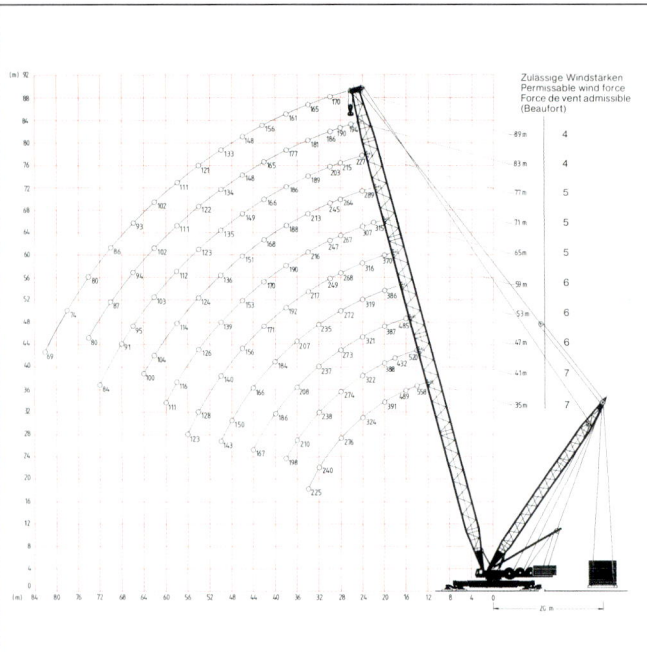

Traglastdiagramm des AK 850 mit Hauptausleger und Maxi-Lift-Einrichtung (Sammlung Weinbach)

Noch mit blau-weißem Mastsystem, jedoch bereits mit rotem Oberwagen versehen, ist der AK 912 GT ex AK 850 GT seit einigen Jahren für die Firma ALE aktiv. Hier ist der Kran kurz nach der Übernahme beim Demontage-Hub eines 412 t schweren Reaktors zu sehen (Oerter)

trag gegeben. Die mit 1,6 bis 1,8 m Länge vorgesehenen Adapterstücke hätten zweifelsohne zu einem höheren Standmoment geführt, die Firma Toense annullierte allerdings noch in der Bauphase diese bemerkenswerte Zusatzausrüstung.

Selbstverständlich war der Typ 850 auch als reine Mobilkran-Ausführung denkbar. Entsprechende Zeichnungen sahen diesen MK 850 als geschleppten Mobilkran mit sieben plus vier Achslinien bei nicht teilbarem Oberwagen vor.

Technische Daten AK 850-103 (ungeteilte Schmidbauer-Version bis 1998)

Fahrgestell

Motor: MAN-Dieselmotor D 2542 MTE, 12 Zylinder, wassergekühlt, 382 kW / 520 PS bei 2300 U/min, 5 Vorwärtsgänge, 1 Rückwärtsgang, Kraftstofftank 1200 l

Abstützung: 4 Abstützarme werden seitlich am 3 m breiten Kransockel befestigt, Abstützbreite 10,7 x 10,7 m, hydraulisch auf 14,7 x 14,7 m ausfahrbar, jeder Abstützzylinder erhält eine Schwinge mit einer großen und zwei kleinen Abstützplatten

Achsen: Antrieb 20 x 8, Achsen 1 bis 5 und 7 bis 10 sind lenkbar, Achsen 2 und 3 sowie 5 und 6 sind angetrieben, durchgehend einfach bereift, 20-fach 14.00-24, 3-Stern XVC Michelin

Kraneinrichtung

Motor: MAN-Dieselmotor D 2566 MTE, 6 Zylinder, wassergekühlt, 200 kW / 272 PS bei 2200 U/min

Gegengewicht: Oberwagen 206 t, mehrteilig ■ bis 250 t Zusatzballast bei Maxi-Lift-Einrichtung (35-m-Gegenausleger laut Prospekt) ■ bis 500 t Zusatzballast bei Maxi-Lift-Einrichtung (43 m-Gegenausleger nach Nachrüstung)

Auslegersystem: ■ Hauptausleger: Grundausleger 23 m, mit Montagestütze 16 m, Verlängerungsstücke von 6, 12 und 18 m Länge, Hauptauslegerlänge 23 – 113 m ■ Wipp-Spitzenausleger: Grundausleger 29 m mit Druck- und Wipplenker, Verlängerungsstücke von 12 und 18 m Länge (1 x 6 m im Grundausleger eingeschlossen), Turmlänge 29,75 – 83,75 m mit Spitzenausleger 29 – 95 m ■ Maxi-Lift-Einrichtung: 35 – 89 m Hauptausleger und 35 m Gegenausleger ■ Maxi-Lift-Einrichtung: 35 – 107 m Hauptausleger und 43 m Gegenausleger

Bereits der von Gottwald im Jahre 1980 an Sparrows gelieferte MK 1000 war seinerzeit ein weltweit aufsehenerregender Rekordkran. Die Düsseldorfer Kranbauer sollten diesem Hebezeug gut zwei Jahre später auf Kundenwunsch einen neuen Rekordbrecher folgen lassen. In der Fachpresse als „Der stärkste Autokran der Welt" angekündigt, erhielt der stolze Eigentümer, die im italienischen Turin beheimateten Schwerlastspezialisten von Grandi Sollevamenti, dieses Kraftpaket unmittelbar vor dem Jahreswechsel 1982/83. Zu diesem Zeitpunkt konnte man noch nicht erahnen, dass es sich dabei um den einzigen seiner Art handeln sollte, denn weitere Geräte dieses 1200 t hebenden AK 1200 konnten nicht verkauft werden. Dabei hatte man bei Gottwald große Hoffnungen auf dieses wahrhaft gewaltige Raupengerät gesetzt, um ein solches handelte es sich nämlich. Doch die Zeit der überschweren Raupenkrane sollte erst einige Jahre später so richtig anbrechen und somit leider an Gottwald vorübergehen. Obwohl die Bezeichnung AK 1200 auf einen Autokran schließen ließ, war diese Folgerung nur bedingt zulässig. Tatsächlich wurde der Kran beim Baustellenwechsel, also bei Straßenfahrt, auf einer Unzahl von Rädern verfahren. Eingeplant waren hier zwei jeweils sechsachsige Cometto-Plattformwagen, auf die der Kran mittels Tragschnabel beziehungsweise spezieller Oberwagenbettung aufgelegt werden sollte. Besagter Oberwagen, obwohl teilbar ausgeführt, wäre hierbei in einem Stück verfahren worden. Als Zugfahrzeug sollte eine vierachsige MAN-Zugmaschine dienen. Dieses Monstrum hätte dann annähernd 160 t auf die 16 Achsen gebracht.

Auf der Baustelle komplettiert, war der Kran dann sowohl als Sockelkran als auch als unter Last verfahrbarer Raupenkran einzusetzen. Demzufolge ist es im Nachhinein nicht verwunderlich, dass in so manchem Gottwald-Prospekt auch von einem RG 1200 die Rede war. Auf der Expomat in Paris im Juni 1982 noch als knapp 4 m hohes 1:20-Modell von Gottwald präsentiert, wurde der interessierte Bestauner vorab in den Gottwald-News über die wahren Möglichkeiten des Originals unterrichtet.

Der AK 1200 musste sich in Düsseldorf zunächst nur als reiner Sockelkran an den Prüflasten beweisen, da die Raupenschiffe erst in Italien zugefügt wurden (Horrocks)

Links: So wurde der AK 1200 schließlich überwiegend für Grandi Sollevamenti transportiert (Sammlung Weinbach)
Mitte: Die Oberwagentrennstelle wurde zum Verbolzen der Sattelvorrichtung genutzt – Rechts: Das gewaltige Oberwagenheck mit der mannshohen Winde wurde auf einem Schwerlasthänger bewegt (Hauch)

„Die Erstellung großer Anlagen erfordert den Einsatz großer Hebezeuge. Die größten Tragfähigkeiten, Reichweiten und Arbeitshöhen werden beim Bau von Kraftwerken sowie bei der Errichtung oder dem Ausbau von Chemieanlagen und Raffinerien benötigt .Für diese und ähnliche Aufgaben (Fabrikanlagen, Stahlwerke und so weiter) baut Gottwald unter anderem den Schwerlastkran AK 1200. Er hat folgende Eigenschaften:

1. maximale Tragfähigkeit am Normalausleger 1200 t bei 5 m Ausladung. Das sind etwa 6000 tm. Das größte Lastmoment ergibt sich aus 716 t x 10 m gleich 7160 tm.

2. maximale Tragfähigkeit in Verbindung mit der Maxi-Lift-Einrichtung 850 t bei 18 m Ausladung. Das sind etwa 15 300 tm

3. größte Länge des Hauptauslegers 128 m. Dabei beträgt der größte Lastwert 104 t bei 26m Ausladung.

4. größte Länge des Hauptauslegers in Verbindung mit der Maxi-Lift-Einrichtung 114 m. Dabei beträgt die größte Tragfähigkeit 205 t bei 34 m Ausladung.

5. bei Betrieb eines Schwerlast-Spitzenauslegers in Verbindung mit der Maxi-Lift-Einrichtung ergibt sich in etwa 90 m Höhe bei 36 m Ausladung noch eine Tragfähigkeit von 278 t.

6. die größte Auslegerkombination ergibt sich aus dem Hauptausleger in Verbindung mit einem wippbaren Spitzenausleger. Die Gesamtlänge beträgt dann etwa 200 m.

Dabei kann der Kran:

a) zwischen zwei je sechsachsigen Fahrgestellen und einer wahlweise drei- oder vierachsigen Zugmaschine mit autobahnmäßigen Geschwindigkeiten (über 60 km/h) verfahren werden. Der Kran in dieser Transportstellung hat eine größte Breite von 3,5 m.

GRANDI SOLLEVAMENTI S.p.A.
Sede e Uffici: 10028 TROFARELLO (TO) - Via Sabbioni 26
Telefono: (011) 6499666 (4 linee autom.) - Telex: 215181 GS I

GRANDI SOLLEVAMENTI S.p.A.
Head office and warehouse: 10028 TROFARELLO - TORINO (ITALY) - Via Sabbioni 26
Phone: (011) 6499666 (4 automatic lines) - Telex: 215181 GS I

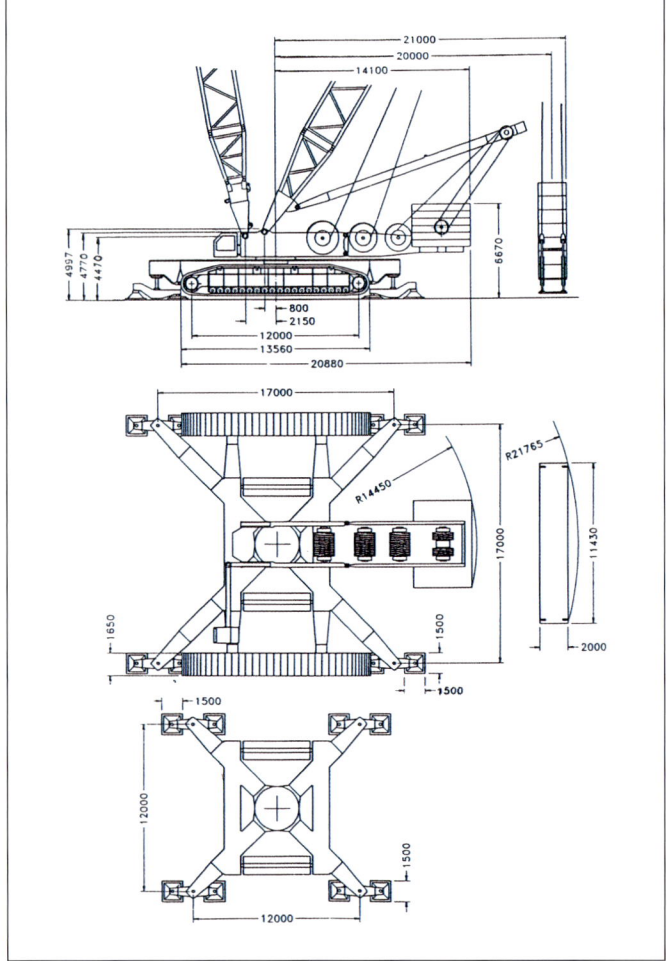

Rechts: Maßskizze des AK 1200 mit Raupenschiffen (Sammlung Weinbach)

GOTTWALD

RG 1200

Links: Wurde auch schon einmal von Gott-
wald selbst als Raupengerät vom Typ
RG 1200 beworben   (Sammlung Weinbach)
Rechts: Als „Hulk" trieb der AK 1200 für
Decalift sein Unwesen, hier beim Hub eines
250 t schweren Reaktors in Florida (USA)
                                    (Decalift)

b) an den Einsatzstellen als Sockelkran betrieben werden, das heißt die Fahrzeuge befinden sich abseits vom Kran.

c) mit Raupenfahrschiffen ausgestattet werden. Dadurch kann der Kran in einem Baubereich mit aufgerüstetem Auslegersystem von einer Montagestelle zur anderen verfahren werden."

Soweit die ersten „theoretischen" Eindrücke aus dem Hause Gottwald von dem neuen Schwerathleten. Die tatsächlich vom italienischen Kunden bestellten und erhaltenen Auslegerkonfigurationen wichen hiervon letztendlich ein wenig ab. So wurden der 12-m-Schwerlastspitzenausleger und auch der 100-m-Wipp-Spitzenausleger nicht von Grandi Sollevamenti in Auftrag gegeben. Bereits in der Planungs- und Konstruktionsphase für diesen Kran wurde seitens Hersteller und späterem Eigentümer eng zusammengearbeitet, zumal einige wesentliche Komponenten in Italien gefertigt werden sollten. Dies betraf in erster Linie das Raupenfahrwerk. Zentraler Bestandteil des Kranes war der mit 3,32 m außergewöhnlich breite Sockel, der den ebenso breiten Oberwagen aufnahm. An den Sockel wurden auf der Einsatzstelle zunächst einmal vier Abstützungssegmente montiert, die, untereinander mit Ballastplatten von 100 t Gewicht verbunden, einen Grundrahmen darstellten. An die-

sen Rahmen wurden dann die restlichen Stützarmsegmente, entweder ein oder aber zwei, verbolzt. Hydraulische Senkrechtabstützungen an den Enden der Abstützarme sorgten in Verbindung mit jeweils einer 3-m-Stütztraverse und zwei Abstützplatten für die notwendige Standfestigkeit.

Es konnte somit für den Einsatz als reiner Sockelkran eine Abstützbasis von 12 x 12 m oder aber 17 x 17 m erreicht werden. Gleichfalls über separate Aufnahmen an den Grundrahmen anbolzbar waren zwei gewaltige Raupenschiffe aus angesprochenem italienischen Fertigungsanteil. Diese passten genau zwischen die auf volle Länge angebauten Abstützarme. Jedes dieser Raupenschiffe hatte ein beachtliches Gewicht von 75 t und wurde von entsprechenden Hydraulikmotoren angetrieben. Ohne Last am Haken wurde so eine Verfahrgeschwindigkeit von 0 bis 750 m/h erreicht. Unter Last verlief dies natürlich bei 0 bis 380 m/h etwas geruhsamer.

Der Kranoberwagen, der zur Gewichtsreduzierung bei Straßenfahrt teilbar ausgeführt war, nahm auch den zwölfzylindrigen MAN-Diesel vom Typ D 2542 ME auf. Dieser leistete 276 kW / 315 PS und sorgte im Zusammenspiel mit diversen Hydraulikpumpen und

-motoren für die Kran- und Fahrbewegungen. Im vorderen Oberwagenteil sorgten die beiden Hubwerke I und II, die auf einer Achse nebeneinander angeordnet waren, für die Haupthubbewegung. In dem getrennt transportierbaren Oberwagenheck fanden das Hubwerk III, welches für die Gegenauslegerverstellung bei Maxi-Lift-Betrieb zuständig war, sowie das Einziehwerk für den Aufrichtevorgang (maximal 800 t Aufrichtekraft) ihren Platz. Die Hubwerke I, II und III verfügten dabei jeweils über einen maximalen Seilzug von 29,2 t (44 mm Seildurchmesser). Alleine das Doppelhubwerk I/II, das zur Gewichtsreduzierung bei Straßentransport demontierbar war, hatte ein Gewicht von 26 t.

Das Oberwagenheckteil des Raupengerätes brachte inklusive aufliegender 17,6-m-Montagestütze (Länge über alles) ein Transportgewicht von 73 t auf das benötigte Transportfahrzeug. Für die Hubarbeiten unabdingbar, wurden auf das Oberwagenheck auch die erforderlichen 330 t Gegengewicht aufgebracht. Auf die theoretisch möglichen Hubkapazitäten des AK 1200 wurde ja bereits zu Beginn in den Gottwald-News eingegangen. Grandi Sollevamenti erhielt tatsächlich bei Auslieferung den maximal möglichen Hauptausleger von 128 m Länge (104 t x 26 m), der bei größter Ausladung von 96 m noch eine Traglast von 18 t (inklusive Hakengewicht) zuließ. Das bestellte 8,5-m-Kopfstück wurde jedoch in seiner

Ausführung, also Stahlbau und Anzahl der Seilrollen betreffend, lediglich für eine maximale Hublast von 700 t gefertigt. Dieser Traglastwert wurde bis 37 m Hauptauslegerlänge bei 10 m Ausladung garantiert. Der dreiteilige, 16 m lange Grundausleger setzte sich aus 3,9-m-Auslegerfuß, konischem 3,6-m-Zwischenstück und besagtem 13,5 t schweren Auslegerkopfstück zusammen. Zur Komplettierung des 128-m-Auslegers kamen noch einmal zwei jeweils 7 m lange und sieben 14 m lange Zwischenstücke zum Einbau.

Das bei dem 16 m langen Grundausleger und einer dabei nutzbaren Ausladung von nur 5 m die Anschaffung eines 1200-t-Kopfes nicht lohnt, dürfte ohne Zweifel feststehen. Besser angelegt war da die Investition in eine lastmomentsteigernde Maxi-Lift- Ausrüstung, deren Hauptbestandteile für den AK 1200 der 40-m-Gegenausleger, die daran angehängten maximal 800 t Zusatzballast sowie das bereits erwähnte Hubwerk III samt Ansteuerung waren. Die größte Traglast in der 40-m-Maxi-Lift-Version (17 x 17 m Basis) konnte selbstredend nur bei dem kürzest möglichen Hauptausleger von 37 m erreicht werden. Die Tabellen erlaubten hierbei eine theoretische Last von 865 t bei 14 m Ausladung, natürlich mit dem entsprechenden Auslegerkopf und Haken. Hierfür wären dann Ausgleichsgewichte von 330 t am Oberwagen, 100 t am Unterwagen und 400 t am Maxi-Lift benötigt worden.

Für die Firma Mammoet war der Kran in seinem neuen grau-gelben Farbanstrich tätig, dies überwiegend in den USA, wie auch bei diesem Projekt mit 104 m Hauptausleger in Maxi-Lift-Konfiguration

(Mammoet)

Aber auch die bescheideneren 670 t Last bei 24 m Ausladung am 65-m-Ausleger konnten sich wahrlich sehen lassen. Hierbei sorgten insgesamt 1130 t Ballast für die erforderliche Standsicherheit. Die maximale Auslegerlänge im Maxi-Lift-Betrieb betrug, wie schon beschrieben, 114 m. Bei immerhin 80 m Ausladung konnten dabei noch 100 t gehoben werden.

Alle vorgenannten Traglastwerte bezogen sich wohlgemerkt auf den abgestützten Zustand, waren also nicht für den unter Last verfahrbaren Zustand anzusehen.

Der AK 1200 sollte in den neunziger Jahren zu seinem neuen italienischen Eigentümer Decalift wechseln, der den Kran von seiner US-Niederlassung in Houston aus überwiegend in den USA zum Einsatz brachte. Der Kran erhielt dort nicht zuletzt aufgrund seines neuen grün-gelben Anstrichs den Beinamen „Hulk", der auch deutlich sichtbar auf beiden Oberwagenseiten prangte.

Im Rahmen eines Joint Ventures gingen die Krane Ende 1995 von Decalift an den neuen Kranbetreiber Mammoet Decalift International über. Hier erhielt der AK 1200 im Rahmen der Neupräsentation des Unternehmens den seit 1997 eingeführten grau-gelben Farbanstrich. Um die Jahrtausendwende wiederum wurde der weltweit aktive Schwerlastspezialist Mammoet von dem niederländischen Familienunternehmen Van Seumeren übernommen, wobei

Traglastdiagramm AK 1200 mit Maxi-Lift-Einrichtung

(Sammlung Weinbach)

der Name Mammoet für das Gesamtunternehmen beibehalten wurde. Unter dieser neuen Firmierung war der Kran dann noch einige Jahre im Einsatz. Im Jahre 2004 wurde der Kranveteran schließlich aus dem Mammoet-Maschinenpark ausgegliedert und zum Verkauf angeboten.

AK 350 / MK 350

Wie so oft bei Gottwald, gab es, schon Jahre bevor ein bestimmter Krantyp erstmals zur Auslieferung kam, Pläne und teilweise konkrete technische Eckdaten für ein solches Gerät. Im Verlauf dieser langen Planungsphase konnte sich natürlich das eine oder andere technische Detail ändern und durften insbesondere die Leistungsdaten immer wieder nach oben hin korrigiert werden. Dies war auch beim AK/MK 350 für eben 350 t Maximaltraglast nicht anders; deshalb sei hier kurz auf seinen „Vorgänger" eingegangen.

Die bekannten AK 270 (250 t) beziehungsweise AK 300 (300 t) plante man Anfang 1976 durch einen 290-Tonner mit nunmehr diesel-hydraulischem Kranantrieb in der Angebotspalette zu ersetzen. Die genaue Typbezeichnung war zunächst mit AK 325-83 angegeben, wobei allerdings eine neunte anbolzbare Nachlaufachse von vornherein eingeplant war. Folgerichtig hätte dann also die Bezeichnung AK 325-93 lauten müssen.

Der mit einer H-Abstützung (11 x 11,2 m) vorgesehene Kran sollte die Achsfolge 3-5-1 (einfach bereift) haben. Bis auf die Achsen 4 und 5 sollten alle weiteren Achsen lenkbar ausgeführt werden. Der Kranunterwagen war laut Zeichnungen bereits mit der neuen Low-Line-Kabine von Gottwald ausgestattet. Am seinem 17,5 m langen Grundausleger sollten die maximal möglichen 290 t bei 6 m Ausladung gehoben werden. Noch mit 4,5 m und 9 m langen Zwischenstücken versehen, sollte der im Querschnitt gestufte Hauptausleger bis auf 94 m erweiterbar sein. Der obligatorische

---

Technische Daten AK 1200

Raupenfahrwerk

Motor:	siehe Oberwagenmotor
Abstützung:	4 Abstützträger am Kransockel montiert, Abstützbasis 12 x 12 m, durch Verlängerungsstücke auf 17 x 17 m zu vergrößern, jeder Abstützzylinder erhält eine Schwinge mit einer großen (1,5 x 1,5 m) und zwei kleinen Abstützplatten (je 1,5 x 0,75 m)
Raupenschiffe:	2 anbolzbare Raupenschiffe von jeweils 73 t Gewicht, (L x B x H: 13,5 x 1,65 x 2,3 m), Abstand von Raupenmitte zu Raupenmitte 17 m

Kraneinrichtung

Motor:	MAN-Dieselmotor D 2542 ME, 12 Zylinder, wassergekühlt, 276 kW / 375 PS bei 2100 U/min
Gegengewicht:	330 t am Oberwagen ▪ 100 t am Sockel beziehungsweise zwischen den Abstützarmen ▪ bis zu 800 t Zusatzballast bei Maxi-Lift-Einrichtung
Auslegersystem:	▪ Hauptausleger: Grundausleger 16 m, mit Montagestütze 18 m, Verlängerungsstücke von 7 m (2x) und 14 m (7x) Länge, Hauptauslegerlänge 16 – 128 m ▪ Wipp-Spitzenausleger: Grundausleger 30 m mit Druck- und Wipplenker, Verlängerungsstücke von 7 und 14 m Länge, Turmlänge 26,5 – 96,5 m mit Spitzenausleger 30 – 100 m ▪ Maxi-Lift-Einrichtung: 44 – 114 m Hauptausleger und 40 m Gegenausleger ▪ Maxi-Lift und Schwerlastspitze: 51 m Hauptausleger mit 51 m Schwerlastspitze und 24 m Drucklenker sowie 40 m Gegenausleger

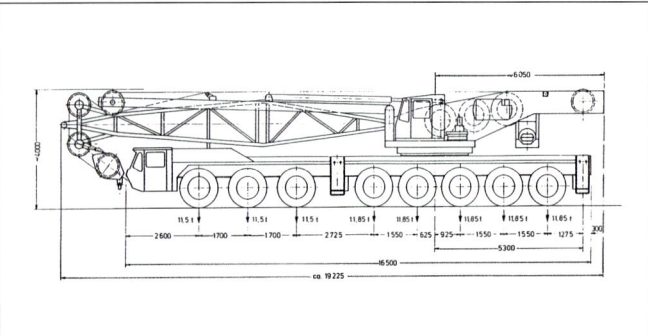

So stellte man sich den Gittermastkran AK 325 für 290 t Traglast, hier ohne Nachlaufachse abgebildet, im Jahre 1976 vor (Sammlung Weinbach)

Wipp-Spitzenausleger wäre an den bis zu 76 m langen Hauptausle-ger-Turm in Längen zwischen 23,5 m und 82 m anzusetzen gewe-sen. Die maximale Rollenhöhe hätte in dieser Kombination knapp 158 m betragen. Zeitgleich mit diesen Planungen wurde auch an einer Mobilkranversion, einem MK 325-84, gearbeitet. Doch beide Pläne wurden einmal mehr nicht in die Tat umgesetzt. Es sollten noch einige Jahre ins Land gehen, ehe ein neuer Gittermastkran in der 300-t-Klasse das Werksgelände in Düsseldorf verließ.

Ein außergewöhnlicher Mobilkran war der AK 350-84, der hier noch von einer mit Ballast beschwerten Zugmaschine geschoben wird

(Horrocks)

Die Personen hinter den linken Vorderrädern vermitteln einen Eindruck von der Größe des Krans. Dieser lernt hier augenscheinlich erst einmal ohne Ausleger sein neues Einsatzgelände kennen (Horrocks)

MK 350-84

Erst Anfang 1983 war es schließlich soweit. Ein bei Straßenfahrt geschleppter Mobilkran mit der Bezeichnung MK 350-84 verließ nach absolvierten Belastungstests das Gottwald-Areal und machte sich per Schiff auf die weite Reise ins Land der Auftraggeber. Süd-afrika war das Ziel dieses, was das Fahrgestell betraf, besonderen Mobilkrans. Der 17,5 m lange Unterwagen besaß insgesamt vier jeweils doppelt bereifte Achspaare. Zwischen den Achsen 2 und 3 beziehungsweise 6 und 7 befanden sich die beiden Schiebeholm-kästen der gewohnten H-Abstützung, welche eine maximale Abstützbasis dieser „Hauptabstützung" von 10 x 10 m erbrachte. Doch damit der Abstützung nicht genug. In dem 4,5 m breiten Unterwagenrahmen waren im Bereich der Schiebeholmkästen wei-tere vier hydraulische Stützzylinder (9 x 2,5 m Basis) mit einem Hub von etwa 1 m angebracht. Diese zusätzliche Abstützung wurde auf-grund der speziellen Einsatzbedingungen für den Mobilkran in Süd-afrika benötigt. Die Hauptaufgabe des Kranes lag dort im Anlegen und der Unterhaltung von langen Molen an der südafrikanischen Küste.

Diese aus Beton gegossenen Molen hatten eine Fahrwegbreite von 6,7 m mit beidseitig angebrachten Betonwänden von 1,1 m beziehungsweise 1,5 m Höhe. Auf eben diesen Betonwänden hatte sich der Kran zukünftig bei seinen Einsätzen mit seiner Hauptab-stützung und bei nur 8,7 m Stützbreite abzulassen.

Um die hierfür notwendige Höhe jedoch erst einmal erreichen zu können, wurde die angesprochene „Hilfsabstützung" einge-setzt. War der Kran auf der Mole ordnungsgemäß abgestützt, wur-den mit ihm entsprechende Wellenbrecher zum Schutz der Mole verlegt.

Die Eigenverfahrbarkeit des MK 350-84 wurde über einen diesel-hydraulischen Antrieb mittels der vier inneren Achsen er-möglicht. Der hierfür benötigte MAN-Diesel vom Typ 2542 MTE (382 kW/520 PS) befand sich im Oberwagen des Kranes und sorg-te auch gleichzeitig für den eigentlichen Krananrieb.

Neben seinem am Oberwagenheck angebrachten Gegenge-wicht von 80 t wurde der Unterwagen an beiden Fronten mit zu-sätzlichen Ballastplatten von knapp 60 t beschwert. Da der Kran lediglich mit einem 51 m langen Hauptausleger zur Auslieferung kam, wurden auch nur zwei Winden für das Wippwerk und das eigentliche Hubwerk eingebaut.

Als maximale Tragfähigkeit am 16-m-Grundausleger waren für den Krantyp MK 350 eigentlich 350 t bei 6 m Ausladung erlaubt. Dieser Typbezeichnung wurde der „Molenkran" jedoch nicht ge-recht. Er besaß nur einen leichten Auslegerkopf und Haken, die eine maximale Last von 200 t bei 8 m Ausladung am 44-m-Ausleger zuließen. Bei immerhin 40 m Ausladung am querschnittsmäßig ge-stuften 51-m-Ausleger konnten von dem Gerät noch 40 t gehoben werden. Dieser nur einmal gebaute MK 350-84 sollte im Übrigen der letzte von Gottwald hergestellte Gittermast-Mobilkran sein.

AK 350-83

Noch im April 1983 sollte ein erster 350-t-Autokran mit der Bezeichnung AK 350-83 an die im fernen Japan beheimatete Firma Sankyu ausgeliefert werden. Hierbei konnte man auf die gewonne-nen Erfahrungen mit den wesentlich stärkeren Typen AK 680-1 und AK 850-1 zurückgreifen, die in den Jahren zuvor ihren Kranbetrieb aufgenommen hatten. So ähnelte der kleinere Bruder seinen Vor-

Links oben: Das Rangieren auf diesem, mit
aus dem Beton ragenden Hindernissen
gespickten Terrain (siehe unten rechts im
Bild) dürfte äußerst schwierig gewesen sein –
Links Mitte: Hier gibt sich der MK 350-84
noch relativ normal. Sein 44-m-Ausleger
wurde vom Querschnitt her gestuft ausgeführt – Links unten: Die Anzahl und Anordnung der Abstützzylinder, dies auch innerhalb
des Chassis, war dann schon eher als ungewöhnlich zu bezeichnen – Rechts oben: Hier
arbeitet der Kran relativ normal, abgestützt
auf den gewöhnlichen Stützen mit schmaler
Stützbasis – Rechts unten: Nun ist erst zu
erkennen, worauf es bei diesem Kran ankam.
Er musste sich auf den bis zu 1,5 m hohen
Betonwänden der Molenanlage abstützen
können. Um diese Höhe erst einmal zu erreichen, hob sich der Kran mittels der vier
zusätzlichen Chassisstützen hoch. Bleibt zu
hoffen, dass die Betonwände nicht mit der
Zeit angefangen haben zu bröckeln…

(Horrocks)

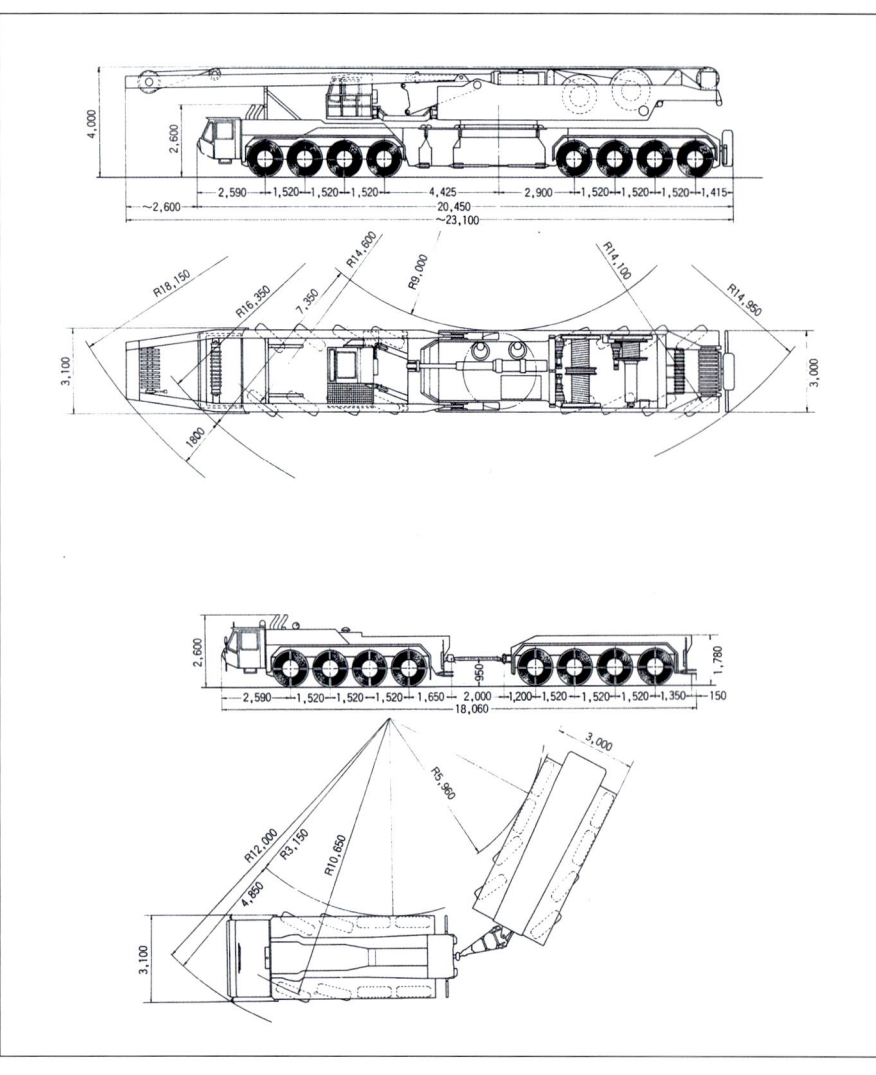

Links: Maßskizzen des AK 350-83 für die Firma Sankyu in Japan. Man beachte die getrennte Verwendbarkeit der beiden Fahrgestellteile – Unten: Für den japanischen „Markt" hatte man bei Gottwald einen aufwändigen mehrseitigen Farbprospekt vom AK 350-83 angefertigt. Sehr gut ist auf der Seitenansicht des Gerätes das Adapterstück zwischen Triebkopf und Krantopf zu sehen

(Sammlung Weinbach)

クレーン能力は国内最大

最大吊上能力350トン（350t・6ｍ）はもちろん、トラッククレーンでの最長ブーム93ｍ、半径80ｍの作業範囲も国内最大です。

また、タワークレーンとして使用した場合もタワー長77ｍ、ジブ長86ｍで、150ｍという高所での作業も可能となります。

国内の道路も通行可能です

前部シャーシーをトラクターとして、後部シャーシーをトレーラーとして連結することにより、日本国内の道路の通行が可能です。接続部分はピンジョイントですので連結に手間がかかりません。

また、小移動時には組み立てたままのブーム先端に、タイヤを付けての移動も行えます。

数々の安全機構が装備されています

特に安全には力を入れ設計されています。西独PAT社製の過負荷防止装置や、ブームやジブには過巻防止装置や反転防止装置が付いており、作動を自動的に停止します。

この他にも、巻上ブレーキロック装置や旋回ブレーキロック装置、ブーム角度指示計など、信頼性の高い安全装置が付いています。

快適な運転室と操作性

四方に視界の広い運転室、計器が見やすく配列された計器盤、操作の容易なレバーなど人間工学を活かした設計は、長時間の作業も疲れ知らず、細かなインチングも思いのままです。

接地圧検出装置付アウトリガー

シャーシー中央部に取付けた、最大張り出し14.0ｍ・14.0ｍのアウトリガーは、先端に安全スピットル付垂直ジャッキが装備され、シャーシー側面のパネルにより容易に操作が行なえます。

しかもアウトリガーにかかる圧力を検出するための装置も設置され、安全性をアップさせています。

326

gängern in auffälliger Weise. Dies betraf sowohl den Oberwagen als auch den mit der bekannten Low-Line-Kabine versehenen Unterwagen. Letzterer bestand aus zwei jeweils vierachsigen Modulen, zwischen denen der Kransockel verbolzt wurde. Das Antriebsteil wurde dabei über ein 1,2 m langes Adapterstück mit dem Sockel verbunden, auf dessen Bedeutung noch eingegangen werden soll. Für den Straßenantrieb des allradgelenkten Riesen sorgte ein zwölfzylindriger MAN-Diesel vom Typ 2542 MTE mit 382 kW / 520 PS in Verbindung mit einem entsprechenden Wandler-Lastschaltgetriebe. Die Antriebskraft wurde dann über die als Planetenachsen ausgeführten Achsen 2 und 3 sowie 5 und 6 auf die Straße gebracht.

Der 20,45 m lange Unterwagen hatte jedoch auch eine Besonderheit aufzuweisen, die auf Kundenwunsch zum Einbau kam. So konnte man den Kransockel in relativ kurzer Zeit von den beiden Fahrwerksmodulen beziehungsweise dem schon angesprochenen Adapterstück trennen. Vorgesehen war, diese beiden Module ohne eigentlichen Kranteil straßenverfahrbar zu machen. Das als Zugfahrzeug dienende Vorderteil bekam dann über eine Zugdeichsel mit Zwangslenkung das allerdings in umgekehrter Fahrtrichtung geschleppte Heckteil angehängt. Bei diesem seltsamen multifunktionalen Gespann waren dann nur noch die Achsen 1 und 2 sowie 5 und 6 (eigentlich ja 7 und 8) gelenkt. Frei nach dem Motto „Andere Länder, andere Sitten" oder aber „Der Kunde ist König" kam der Kran derart vielseitig verwendbar zur Auslieferung.

Was die Abstützung betraf, so besaß der AK 350-83 (3 m Breite) die schon bekannte Sternabstützung mit anzubolzenden und ausschiebbaren Abstützarmen sowie den hydraulischen Einfach-Abstützplatten. Die Abstützbasis betrug dabei 14 x 14 m.

Die hydraulisch betriebenen Winden und das Drehwerk des 350er-Oberwagens wurden über entsprechende Hydraulikpumpen beziehungsweise den eingebauten MAN-Sechs-Zylinder-Diesel vom Typ 2566 (199 kW / 271 PS) angetrieben. Der Hauptausleger konnte dabei zwischen 16 m und 93 m Länge ausgebaut werden und hatte einen gestuften Auslegerquerschnitt mit folgenden Längen:
- 2750 x 2200 mm:
2,8-m-Fußstück, 3,5-m-Übergangsstück,
2 x 7-m- und 2 x 14-m-Zwischenstücke
- 2450 x 1900 mm:
2,5-m-Konus, 1 x 7-m- und 2 x 14-m-Zwischenstücke,
7,2-m-Kopfstück

Unter Verwendung eines speziellen 3,5-m-Konusstückes konnte zudem nur der kleine Auslegerquerschnitt zu einem leichten Hauptausleger zwischen 13,5 m und 55,5 m Länge aufgerüstet werden.

Die für den AK 350-83 maximal mögliche Traglast von 350 t wurde an dem 16-m-Grundausleger bei einer Ausladung von 6 m erreicht (14 x 14 m Stützbasis und 135 t Ballast). Hierfür mussten dann beide Hubseile der Windwerke I und II eingeschert werden. Auch konnte der Kran bei verminderter Abstützbasis von 10,5 x 10,5 m arbeiten und dies bis zu einer Hauptauslegerlänge von 55,5 m beziehungsweise 65 m. Am maximal möglichen 93-m-Ausleger betrugen die Tragfähigkeiten 57 t x 17 m beziehungsweise 4 t x 80 m.

Um noch größere Höhen beziehungsweise Ausladungen zu erreichen, konnte der 28 bis 77 m lange Hauptausleger in Turmausführung mit einem wippbaren Spitzenausleger kombiniert werden. Die mögliche Wippspitzenlänge durfte dann zwischen 30 m und 89 m betragen und war ebenfalls in einem gestuften Auslegerquerschnitt (2200 x 1600 mm auf 1990 x 1380 mm) ausgeführt. Die größte Rollenhöhe betrug nunmehr beachtliche 160 m. Bei einer

Ausladung von 35 m konnten dann noch 11 t gehoben werden. Die Tragfähigkeit bei der jetzt möglichen maximalen Ausladung von 88 m betrug noch 5 t. Bei kleinster möglicher Kombination (28 m Hauptausleger und 30 m Wippe) konnte der AK 350-83 immerhin noch 100 t bei 14 m Ausladung bewältigen. Der an Sankyu ausgelieferte Kran erhielt im Übrigen eine wahre Lasthakensammlung für 51 t, 100 t, 175 t und 350 t.

Zum Aufrichten des jeweiligen Auslegersystems verfügte dieser erste gebaute AK 350 über eine einteilige 12,86 m lange Montagestütze (Aufrichtebock). Der Überhang des bei Straßenfahrt nach vorne abgelegten A-Bocks betrug beträchtliche 2,6 m über den 20,45 m langen Unterwagen. Die Kranführerkabine wurde bei diesem ins Reich der aufgehenden Sonne gelieferten Gerät zur linken Oberwagenseite hin ausgeschwenkt, wobei trotz dortigem Linksverkehr der Unterwagen mit Linkslenkung ausgestattet war.

Nicht unerwähnt bleiben soll, dass dieser erste AK 350-83 am Oberwagen auch über entsprechende Aufnahmen für eine Maxi-Lift-Ausrüstung verfügte. Diese Ausstattung mitsamt dem 26 m langen Gegenausleger und dem daran anzuhängenden Zusatzballast von bis zu 200 t wurde allerdings nicht von dem japanischen Kunden geordert. Festzuhalten bleibt jedoch, dass der AK 350 der kleinste von Gottwald angebotene Gittermastkran mit einer solchen, das Lastmoment steigernden Ausstattung war.

Für das Ende des Jahres 1984 kann die Lieferung eines zweiten und gleichzeitig auch bereits letzten AK 350 in den Gottwald-Lieferlisten verbucht werden. Doch dieser Kran hatte seine eigene bemerkenswerte Geschichte, die bereits im Jahre 1974 begann. Wir erinnern uns. Damals wurde ein AK 270-98 für maximal 250 t in die damalige DDR an IMO (Industriemontagen) Merseburg geliefert. Der Kran verunfallte jedoch bereits im Jahre 1983 während der Straßenfahrt innerhalb „Ostdeutschlands". Das Grundgerät war hierdurch irreparabel beschädigt worden. Für das unbeschädigt gebliebene Auslegersystem wollte man seitens IMO Merseburg bei Gottwald ein neues Grundgerät in Auftrag geben. Der Lauf der Zeit – und dieser hatte es in der Krantechnik besonders eilig – ließ jedoch nur die Anschaffung eines dem Stand der Technik entsprechenden Grundgerätes sinnvoll erscheinen.

Zu dem alten Auslegersystem passend, obwohl natürlich traglastmäßig unterfordert, konnte von den Düsseldorfern nur der modernere AK 350-83 als Ersatz angeboten werden. Nach einigem Hin und Her wurde ein solches Grundgerät schließlich unter der Auflage der Weiterverwendung des alten AK 270-Auslegersystems von den benachbarten Einkaufsstellen geordert.

Lediglich der eigentlich zugehörige 16-m-Grundausleger für 350 t Traglast wurde mit dem neuen Kran mitgeliefert. Das alte Auslegersystem des „Unfallkrans" ermöglichte nunmehr in Verbindung mit einem neuen Fußstück eine Hauptauslegerlänge von 17,5 bis 94 m. Ein Wipp-Spitzenausleger von 23,5 bis 68,5 m Länge konnte an den 22 bis 62,5 m langen Hauptausleger in Turmausführung angelenkt werden. Zudem existierte ja auch noch eine 7 m lange Schwerlastspitze vom AK 270, die nach wie vor an den 22 bis 71,5 m langen Hauptausleger angebaut werden konnte.

Der Aufrichtebock des neuen Grundgerätes war nunmehr allerdings teilbar und hatte nur noch eine Länge von genau 10 m, so dass der vom Sankyu-Gerät bekannte große Überhang bei Straßenfahrt entfiel. Ebenfalls weggefallen war das Adapterstück zwischen Antriebsfahrgestell und Kransockel. Die Fahrzeuglänge blieb jedoch unverändert bei 20,45 m, da der verbindende Fahrgestellrahmen entsprechend verlängert wurde.

Links: Einziger Kran der Baureihe MK/AK 350 auf dem europäischen Kontinent war der AK 350-83, der kurz vor Weihnachten 1984 in die DDR geliefert wurde
(Brand)
Mitte: In den Hausfarben der Firma Van Seumeren machte sich der ehemals ostdeutsche Kran sehr gut – Rechts: Auch wenn er hier schön ausgerichtet zu sehen ist, wurde der Achtachser über alle Achsen gelenkt
(Weinbach)

Der neue Kran, der aufgrund seiner Besonderheit bei Gottwald die genaue Typbezeichnung AK 350/270-83 erhielt, verfügte nunmehr über Antriebsmotoren aus dem Hause Daimler-Benz. Für die Straßenfahrt wurde ein Zwölf-Zylinder-Diesel, Typ OM 404A mit 386 kW / 525 PS eingebaut. Die Hydraulikpumpen für den Kranantrieb wurden von einem sechszylindrigen OM 407A mit 206 kW / 280 PS gespeist. Angesteuert wurden die Kranbewegungen von einer am Oberwagen nach rechts ausschwenkenden Steuerkabine.

Das doch reichlich unterforderte Grundgerät brachte es mit dem alten 17,5-m-Grundausleger auf eine maximale Tragfähigkeit am Haken von 223,4 t x 6 m. Bei voller Hauptauslegerlänge von 94 m konnten noch 59 t x 14 m beziehungsweise 1,7 t x 68 m gehoben werden. Für alle Rüstzustände des alten Auslegersystems wurde zudem nur die kleine Abstützbasis von 10,5 x 10,5 m und ein Ober-

wagenballast von 95,4 t benötigt. Dieser Ballast wurde bis auf die neue Grundplatte ebenfalls von dem 270er-Altgerät nach entsprechender Anpassung übernommen. Die Aufrüstbarkeit auf den standardmäßigen 135-t-Ballast des 350er war jedoch gegeben. Überdies sollten auch die Lastverteilungsschwingen der AK 270-Abstützung wieder verwendet werden, wobei auch eine Einfachplatte mitgeliefert wurde.

In seiner kleinsten Wipp-Spitzenzusammenstellung (22 m Turm plus 23,5 m Wippe) betrug die Tragfähigkeit 92,4 t x 11 m. In der maximal möglichen Kombination von 62,5 m Turm und 68,5 m Wippe konnten immerhin noch 16,4 t x 28 m (129 m Rollenhöhe) beziehungsweise 9,5 t x 66 m (91 m Rollenhöhe) bewegt werden.

Nach der politischen Wende in der DDR gelangte der AK 350/270 im Jahre 1991 zu dem in den Niederlanden beheima-

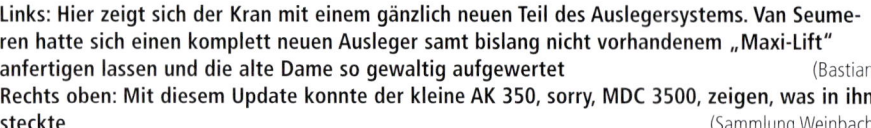

Links: Hier zeigt sich der Kran mit einem gänzlich neuen Teil des Auslegersystems. Van Seumeren hatte sich einen komplett neuen Ausleger samt bislang nicht vorhandenem „Maxi-Lift" anfertigen lassen und die alte Dame so gewaltig aufgewertet
(Bastian)
Rechts oben: Mit diesem Update konnte der kleine AK 350, sorry, MDC 3500, zeigen, was in ihm steckte
(Sammlung Weinbach)
Rechts unten: Auch wenn das Wetter nicht mitspielte, soll die Aufnahme aber zumindest zeigen, dass der aufgewertete 350er mächtig stark geworden war
(Blokker)

teten Schwerlastspezialisten Van Seumeren. Und der neue Eigentümer, der um die unausgeschöpften Reserven des Düsseldorfer Kraftpakets wusste, hatte noch viel mit dem Kran vor. Man nahm also diesbezüglich Kontakt mit Mannesmann Demag Baumaschinen auf, in der ja Ende der achtziger Jahre die Firma Gottwald inzwischen aufgegangen war.

Zunächst einmal sollten weitere Zwischenstücke für den ja vorhandenen 16-m-Grundausleger hinzugekauft werden. Die Hauptauslegerlänge hätte dann 79 m betragen. Man wünschte sich seitens Van Seumeren jedoch auch die Zusicherung der erhöhten Traglastwerte zum Nachfolgemodell des AK 450-83 (Bracht). Zudem sollte über ein Adapterstück und ein gleichfalls vorhandenes Zwischenstück des alten AK 270-Auslegerteiles der Hauptausleger auf knapp 90 m ausbaufähig gemacht werden. Zu guter Letzt sollten die neu zu fertigenden Auslegerteile auch noch in den Niederlanden, ohne Einbeziehung der Mannesmann Demag-Fertigung, hergestellt werden. Nach der Devise „ganz oder gar nicht" handelnd, konnte und wollte man deutscherseits den umfangreichen Wünschen der Firma Van Seumeren nicht nachkommen. Lediglich Berechnungsgrundlagen für das Auslegersystem wurden aus Düsseldorf zur Verfügung gestellt.

War diese „Frischzellenkur" bei Mannesmann Demag auch nicht zustande gekommen, so sollte der AK 350/270 in der Folgezeit trotzdem noch zu einer bemerkenswerten Auflastung kommen.

In der niederländischen Firma Huisman b.v. – Itrec b.v. fand man seitens Van Seumeren einen erfahrenen Partner, der diesen Umbau mitsamt seiner Verantwortung in Angriff nahm. Das Gerät bekam auch eine neue Typbezeichnung, die da lautete MDC 3500. Dieser Mobile Derrick Crane verfügte in seiner neuen Ausführung mit Hauptausleger über ein namensgebendes maximales Lastmoment von 3500 mt. Bereits von Gottwald technisch vorgesehen, erhielt der Kran nunmehr auch einen Gegenausleger/Maxi-Lift-Ausleger, der die Einsatzmöglichkeiten und Lastmomente noch einmal enorm steigern sollte.

Bemerkenswert war, dass der angesprochene knapp 30 m lange Gegenausleger, der für den Transport in der Länge teilbar war, in Kastenbauweise gefertigt wurde. In diesen Gegenausleger wurde auch die zusätzlich benötigte Winde eingebaut.

Der derart „geliftete" Gottwald-Veteran, bei Van Seumeren auch unter der Bezeichnung Oma geführt, war nunmehr in folgenden Kombinationen einsetzbar:
- Hauptausleger (HA) 37 bis 79 m
- Hauptausleger bis 128 m mit 30-m-Gegenausleger (HAGA)
- Hauptausleger mit Wippspitze bis 79 plus 58 m (HAWI)
- Hauptausleger mit Wippspitze und Gegenausleger bis 79 plus 94 m (HAWIGA)

Der MDC 3500 erhielt seinerzeit auch gleich drei verschiedene neue Auslegerköpfe für 200 t, 400 t und einen speziellen Hammerkopf für 330 t Tragfähigkeit. Während die Oberwagenballast nunmehr knapp 180 t betrug, konnte der Zusatzballast in der Ausführung HAGA bis zu 250 t und in der Ausführung HAWIGA bis zu 200 t betragen. Insbesondere für große Höhen und Ausladungen gedacht, konnte der Kran beispielsweise bei 79 plus 76 m Auslegerkonfiguration noch 23 t x 100 m heben.

Nach einigen Jahren des erfolgreichen Hebens im Dienste der schwarz-roten Van Seumeren-Flotte wurde der MDC 3500 um 2004 nach Italien veräußert. Wie das Kranleben so spielt, ereilte das Grundgerät ein nahezu gleiches Schicksal wie seinen Vorgänger, den AK 270/350 der IMO Leipzig. Ende 2005 wurde dem aufgelas-

teten AK 350 auf der Transportfahrt zu einer Einsatzstelle im fernen Mexiko eine Straßenböschung zum Verhängnis. Nachdem der Kran von der Fahrbahn abgekommen war, stürzte er, sich dabei mehrfach überschlagend, eine rund 60 m tiefe Böschung herunter und kam erst unmittelbar vor dem dort befindlichen Seeufer, auf der Seite liegend, zum Stillstand. Der Kranfahrer hat diesen Sturz bedauerlicherweise nicht überlebt.

AK 450

Bereits 1982 hatte man seitens des deutschen Kranverleihers Bracht zwecks Fertigung eines neuen Autokrans in der 300-t-Klasse erste Kontakte mit Gottwald aufgenommen. Das neue Gerät war als Ersatz für den von Toense übernommenen und noch diesel-elektrisch betriebenen AK 300/400 (ex Toggenburger) aus dem Baujahr 1973 gedacht. Und so wurde zunächst in ersten Gesprächen die Fertigung eines an entsprechender Stelle beschriebenen Krans vom Typ AK 350-83 in Auftrag gegeben. Das Erstgerät dieses Typs für den japanischen Kunden Sankyu konnte zu Jahresbeginn 1983 bereits von den Bracht-Vertretern auf dem Gottwald-Abnahmeplatz in Augenschein genommen werden. Sogleich ergaben sich auch bereits die ersten Änderungswünsche für das Bracht-Gerät. Dies

Technische Daten AK 350-83

Fahrgestell

Motor:	MAN-Dieselmotor D 2542 MTE, 12 Zylinder, wassergekühlt, 382 kW / 520 PS bei 2300 U/min, 5 Vorwärtsgänge, 1 Rückwärtsgang,
Abstützung:	4 Abstützarme werden seitlich am Kransockel befestigt, Abstützbreite 10,5 x 10,5 m, hydraulisch auf 14 x 14 m ausfahrbar, jeder Abstützzylinder erhält eine Abstützplatte von 1,2 x 1,2 m
Achsen:	Antrieb 16 x 8, alle Achsen sind lenkbar, Achsen 2 und 3, sowie 5 und 6 sind angetrieben, durchgehend einfach bereift, 16-fach 14.00-24, 3-Stern XVC Michelin

Kraneinrichtung

Motor:	MAN-Dieselmotor D 2566, 6 Zylinder, wassergekühlt, 199 kW / 271 PS bei 2200 U/min
Gegengewicht:	135 t, mehrteilig ■ zusätzlich 0 – 200 t Maxi-Lift-Gegengewicht
Auslegersystem:	■ Hauptausleger: Grundausleger 16 m mit 12,8-m-Montagestütze, Verlängerungsstücke von 7 und 14 m Länge, Hauptauslegerlänge 16 – 93 m ■ Wipp-Spitzenausleger: Grundausleger 23 m, mit Druck- und Wipplenker, Verlängerungsstücke von 7 und 14 m, Turmlänge 28 – 77 m mit Spitzenausleger 23 – 86 m ■ Maxi-Ausrüstung: 23 – 72 m Hauptausleger mit 26 m Gegenausleger

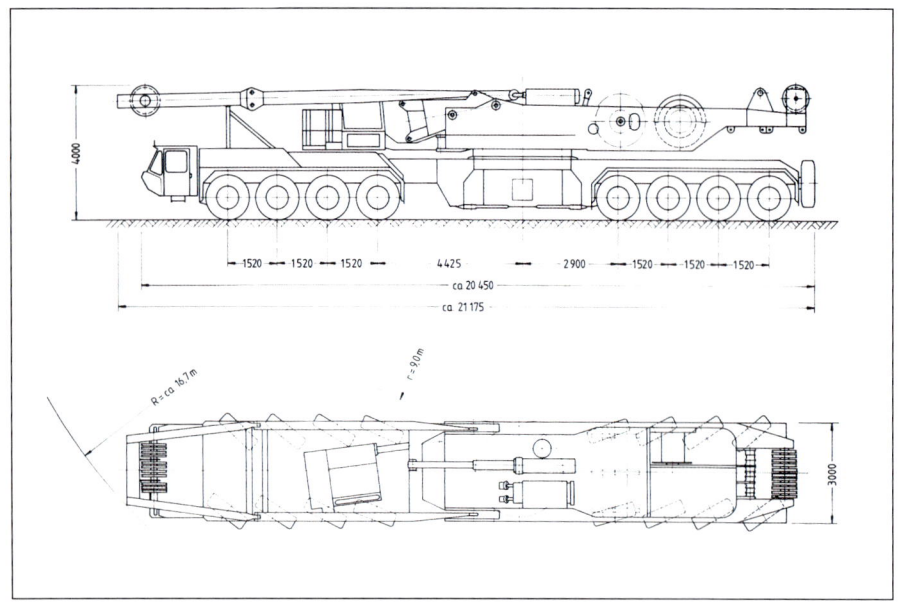

Maßskizze des AK 450-83 in Fahrstellung   (Sammlung Weinbach)

GOTTWALD

Autokran   **AK 450-83**
mit Gitterausleger   Tragfähigkeit 450 t

Truck Mounted Crane   Lifting capacity 450 t
with Lattice-Type Jib

Camion-Grue   Force de levage 450 t
à Flèche treillis

■ 100 m Hauptausleger   Main boom/Flèche principale
■ 93 m Wipp-Spitzenausleger   Luffing fly jib/Flèchette variable
■ 170 m Rollenhöhe   Pulley height/Hauteur des poulies

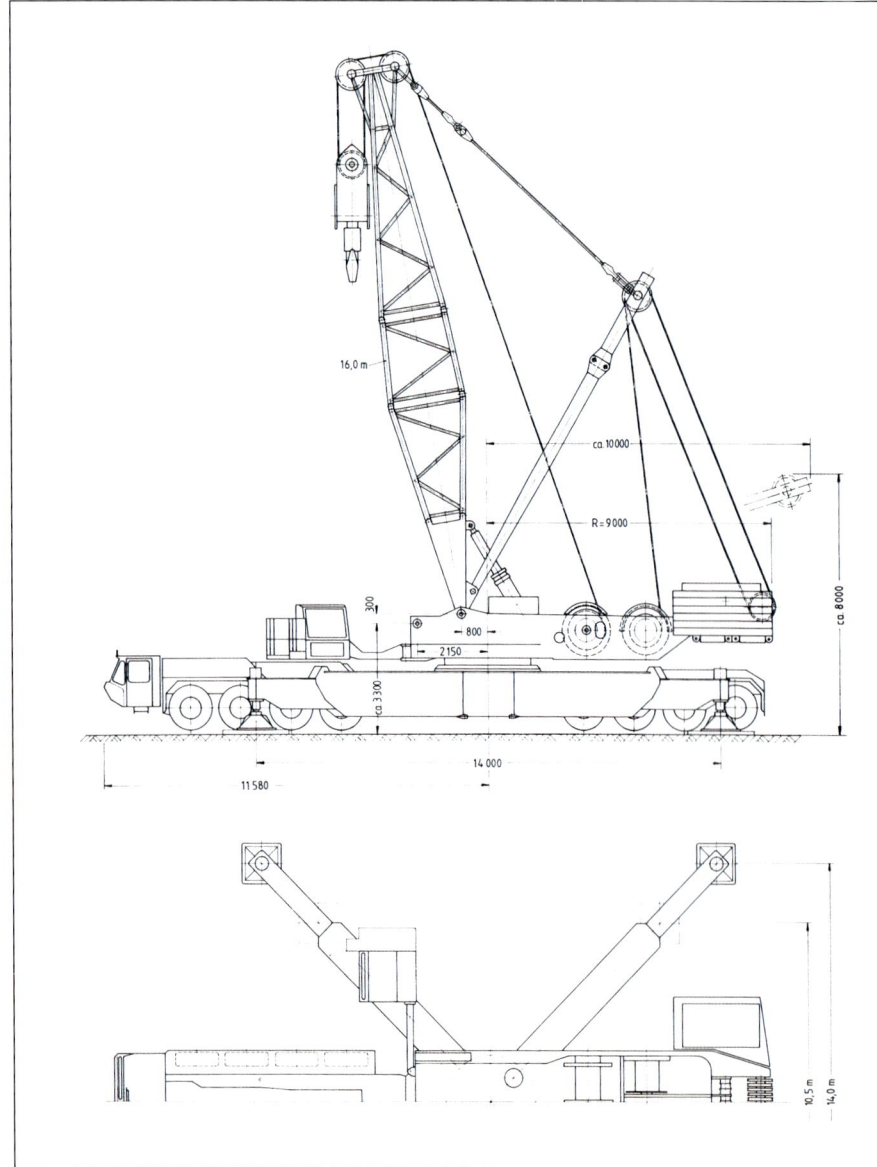

Maßskizze des aufgebauten AK 450-83 mit 16-m-Grundausleger   (Sammlung Weinbach)

Mit kurzem Ausleger und Wipp-Spitzenausleger konnte dieser alten Boing noch einmal das Fliegen beigebracht werden   (Bracht)

Für relativ kurze Auslegerlängen kam man auch mit der 10-m-Montagestütze aus. Um einen größeren Hebelarm bei langen Auslegern zu erlangen, wurde der A-Bock um ein 2-m-Zwischenstück verlängert   (Weinbach)

betraf in erster Linie die Zusammenstellung beziehungsweise Stük-
kelung für das Auslegersystem sowie eine geänderte Motorisierung
des Fahrzeuges. Nunmehr sollten Mercedes-Benz-Dieselmotoren
vom Typ OM 424 A mit 390kW / 530 PS zum Einbau kommen. Seitens Bracht wurde im Übrigen auch auf die für den Sankyu-Kran
zutreffende Teilbarkeit des Unterwagens verzichtet. Zudem war der
im Fahrgestell eingebaute Kraftstofftank von ursprünglich 1000 l
auf 1500 l Inhalt zu vergrößern.

Bei der Tragfähigkeit allerdings sollte es nach Kundenwunsch
doch nach Möglichkeit ein bisschen mehr sein. Und so gab man sich
bei den Düsseldorfer Kranbauern größte Mühen, aus dem Typ
AK 350 noch ein wenig mehr herauszuholen, was letztendlich auch
gelang. Das Auslegersystem wurde daraufhin ein wenig überarbeitet. So verstärkte man beispielsweise die Diagonalstreben des
3,5 m konischen Zwischenstückes zum Auslegerfuß. Bei dieser Typ-
überarbeitung wurden selbstverständlich sämtliche Traglasttabellen
neu erstellt, die dann auch weitgehend höhere Werte zuließen. Der
für Bracht zu bauende Kran erhielt auch folgerichtig eine neue Typbezeichnung. Äußerlich kaum von seinem Vorgänger zu unterschei-
den, wurde der Kran nunmehr unter der Bezeichnung AK 450-83
geführt. Dies ließ bereits Schlüsse auf seine maximale Tragfähigkeit
zu. Laut Tabellen konnte der Kran eben diese 450 t an seinem
16-m-Grundausleger bei einer Ausladung von 5 m heben. Soweit
zur Theorie, denn hierfür wurde ein spezieller Auslegerkopf benötigt, der vom Käufer nicht mitbestellt wurde. Es blieb also lediglich
bei 350 t bei 7 m Ausladung für den bis zu 23 m langen Hauptausleger mit Normalkopfstück. Aufrüstbar war der vom Querschnitt
gestufte Ausleger auf nunmehr 100 m Länge. Hierbei waren immerhin noch 54 t x 18 m beziehungsweise 2 t x 76 m zu heben.

Verlangte ein Einsatz eine noch größere Hubhöhe oder eine
weitere Ausladung, so war selbstverständlich auch eine Kombination von Hauptausleger und Wipp-Spitzenausleger möglich. Statt
der 7,2 m langen schweren Spitze wurde dann eine knapp 1,4 m
lange leichte Spitze verwendet. An diese wurde dann der eigentliche Spitzenausleger und die zur Verspannung notwendigen Drucklenker (12 m) und Wipplenker (15 m) angebolzt. Bei einer wählba-
ren Turmlänge zwischen 28 m und 77 m konnte ein gestufter Spitzenausleger von 23 m bis 93 m angebaut werden. In der jeweils
kürzesten Konfiguration (28 m plus 23 m) waren bei 14 m Ausladung volle 120 t zu bewegen. Beim näheren Vergleich der Traglasttabellen zwischen dem ursprünglichen Typ AK 350 (Sankyu) und
dem daraus weiter entwickelten AK 450 für Bracht waren die mitunter enormen Reserven der Gottwald-Konstruktionen zu erkennen.
So übertraf der 450er die Traglastwerte seines Vorgängers um bis zu
25 Prozent. Hierzu sei angemerkt, dass sowohl die Abstützung als
auch das Gegengewicht (135 t) identisch waren.

Sämtliche Kranbewegungen des AK 450-83 erfolgten natürlich
diesel-hydraulisch. Als Antrieb stand hierfür ein sechszylindriger
Daimler-Benz OM 407 A mit 206 kW / 280 PS zur Verfügung. Nachgeschaltete Hydraulikpumpen lieferten das benötigte Ölvolumen
für die unabhängigen Arbeitskreise, so dass jeweils drei Bewegungen gleichzeitig durchgeführt werden konnten. Für das Aufrichten
des Mastsystems wurde eine in der Länge teilbare Montagestütze
(Aufrichtebock) geliefert. Die kurze Ausführung mit 10 m Länge
reichte zum Aufrichten des kompletten 100-m-Hauptauslegers
beziehungsweise bei 28 bis 63 m Turmlänge und angebautem
Wipp-Spitzenausleger. Erst bei einer Turmlänge ab 70 m plus Wippspitze musste das 2 m lange Zwischenstück des A-Bocks für günstigere Hebelwirkung beim Aufrichten sorgen.

**Das oft verwendete Bild zeigt eindrucksvoll die Karawane der Begleit-
fahrzeuge, die zum Kran dazugehören** (Bracht)

Im Dezember 1983 schließlich war es soweit, dass Bracht den
abgetesteten AK 450-83 in seine Kranflotte einreihen konnte. Alleine das Grundgerät mit seiner Abstützung und 135 t an Ballast,
jedoch ohne jegliches Auslegerstück, machte eine Investition von
rund 3,5 Millionen DM erforderlich. Das komplette Auslegersystem
mit Hauptausleger und Wippspitze sowie einigen Lasthaken brachte es zusätzlich auf knapp 2,08 Millionen DM.

Bereits ein Jahr nach seiner Auslieferung wurde der Kran nochmals deutlich aufgewertet, indem man das Gegengewicht beim Einsatz mit dem Wipp-Spitzenausleger von 135 t auf nunmehr 153 t
erhöhte. Hierdurch konnte zwar nicht die maximale Traglast dieses
Auslegersystems von 120 t übertroffen werden, jedoch ergaben
sich natürlich größere Lastmomente im Bereich größerer Ausladungen. Auch konnte der zulässige (sichere) Ausladungsbereich auf bis
zu 108 m (bislang 92 m) ausgedehnt werden.

Wie bereits für den AK 350-83 möglich, so konnte auch der
AK 450-83 mit einer lastmomentsteigernden Maxi-Lift-Einrichtung
versehen werden. Der 26 m lange Gegenausleger mit seinen bis zu
250 t Zusatzballast hätte die Einsatzmöglichkeiten des Hubgerätes
natürlich enorm vergrößert, doch wurde seitens Bracht auf diese
nicht gerade billige Zusatzausrüstung verzichtet. Was die Investition (500 000 DM) in eine solche Maxi-Lift-Ausstattung an Traglast-
erhöhung gebracht hätte, soll eine auszugsweise Gegenüberstellung verdeutlichen.

Gegenüberstellung einiger Traglastwerte in Tonnen (75 Prozent nach DIN) des AK 450 bei unterschiedlichen Auslegerkonfigurationen								
Radius	Auslegersystem bei Abstützbasis 14,0 x 14,0 m – 360° Schwenkbereich – Krangegengewicht 135 t und jeweils maximal zulässigem Maxi-Lift-Gegengewicht							
	Hauptausleger HA / HA mit 26-m-Gegenausleger							
	23 m	**30 m**	**37 m**	**44 m**	**51 m**	**58 m**	**65 m**	**72 m**
7 m	350 / 450[1]							
8 m	330 / 400[1]	300 / 390[1]	- / 360[1]					
10 m	264 / 354	259 / 353	255 / 352	248 / 350				
12 m	210 / 340	205 / 340	201 / 340	200 / 337	200 / 300	192 / 290	150 / 205[2]	
16 m	151 / 322	149 / 321	147 / 320	146 / 318	144 / 300	142 / 280	125 / 188	112 / 178
20 m	120 / 262	118 / 261	116 / 260	114 / 257	113 / 254	111 / 245	100 / 204	88 / 192
24 m		95 / 217	94 / 215	92 / 212	91 / 208	90 / 204	83 / 200	75 / 190
28 m		82 / 186	80 / 184	78 / 181	77 / 176	75 / 174	70 / 172	66 / 169
36 m			58 / 136	57 / 132	56 / 129	54 / 127	53 / 125	52 / 122
40 m				51 / 114	50 / 112	47 / 111	45 / 110	44 / 108
48 m						36 / 95	35 / 88	34 / 86
56 m						27 / 80	25 / 75	24 / 72
60 m							22 / 70	21 / 67
64 m								18 / 65
68 m								16 / 63

Anmerkungen zur Tabelle:
1) erfordert speziellen Auslegerkopf   2) Ausladung 13 m

Dass die gegenübergestellten Traglastwerte für eine Maxi-Lift-Ausrüstung sprechen, ist schnell ersichtlich. Trotz alledem sah man bei Bracht von einer Bestellung hierfür ab. Jahre später, bei Bracht hatte man inzwischen durch einige Eingriffe in die Lenkung den „Krebsgang" für den Achtachser ermöglicht, erinnerte man sich an die unausgeschöpften Möglichkeiten seines Kranes. Und so kam es im Jahre 1998 zu einer ersten Anfrage an Mannesmann Demag Gottwald zwecks Nachrüstung mit der ausführlich beschriebenen Maxi-Lift-Ausrüstung. Nach einigem Zögern, der Kran hatte ja immerhin bereits über 15 Jahre auf dem Drehkranz, machte man sich bei „Gottwald" ernsthafte Gedanken über das gewünschte Forcelifting. Doch letztendlich wurde nichts aus dieser interessanten Auflastung.

Ein weiterer, wenn auch gleichzeitig letzter AK 450-83, wurde erst drei Jahre nach der Erstauslieferung in den real existierenden Kommunismus der DDR verkauft. Das Kombinat-Kraftwerks-Anla-gen-Bau, kurz KKAB, erhielt im August 1986 einen der letzten großen Gittermastautokrane aus dem Hause Gottwald.

Nach der „Wende" bekam der in der Nähe von Köln ansässige Kranverleiher Breuer Gefallen an dem Kran und reihte ihn 1990 in seine gewaltige blau-weiße Kranflotte ein. Dieser Kran verfügte gleichfalls über den 100 m langen Hauptausleger beziehungsweise die mögliche Kombination von 77 m Hauptauslegerturm plus 93 m Wipp-Spitzenausleger. Obwohl die Fußlager für die Maxi-Lift-Ausrüstung am Oberwagen vorhanden waren, erhielt auch das Zweitgerät keine solche Zusatzausrüstung und blieb somit im wahrsten Sinne lediglich ein „Halbstarker".

Nach dem Zusammenbruch des Breuer-Imperiums, welches ja zuletzt ein dem Stromgiganten RWE beziehungsweise dessen Tochter Rheinbraun gehörendes Unternehmen war, ging der zweite AK 450 in den Besitz des Berliner Kranverleihers Mobi-Lift über. Während eines Einsatzes bei Demontagearbeiten am alten Lehrter

Links: Den „Boss" am Haken, das wünscht sich so manch einer – **Mitte:** Auch der 450er besaß eine neigbare Krankabine, die Nacken der Kranführer werden es den Gottwald-Konstrukteuren gedankt haben – **Rechts:** Die Auslegerteile für Hauptausleger und Wipp-Spitze konnten vierfach ineinander geschachtelt werden

(Weinbach)

Oben links: Der AK 450-83 hatte inklusive überstehendem A-Bock eine Fahrzeuglänge von 21,17 m –
Oben rechts: Der 450er wurde von seinem Zwölf-Zylinder-Diesel (390 kW / 530 PS) auf bis zu 63 km/h beschleunigt, freie Autobahnfahrt wie hier vorausgesetzt –
Unten rechts: Auch wenn er hier nicht benötigt wurde, der AK 450-83 bekam bei Bracht den Krebsgang implantiert. Die Allradlenkung wurde zur besseren Manövrierfähigkeit auf engen Baustellen mit der entsprechenden Technik versehen   (Weinbach)

Bahnhof in Berlin im Sommer 2002 ereilte den Kran sein „vorübergehendes" Schicksal. Eine am Wipp-Spitzenausleger hängende Last zerlegte sich in der Luft, woraufhin der dermaßen entlastete Ausleger nach hinten wegkippte und den Kran nachfolgend zum Umsturz brachte. Neben den schweren Beschädigungen des Auslegers wurde insbesondere auch der Unterwagen stark in Mitleidenschaft gezogen. Zum Abtransport wurde dieser an den Sockelverbolzungen kurzerhand geteilt, wobei allerdings auch der Schneidbrenner zu Hilfe genommen werden musste. Eine Reparatur des Krans war zwar sehr kostenintensiv, doch fand sich in dem bereits eingangs erwähnten Kranverleiher Bracht ein williger Käufer, der die Gottwald-Geräte zu schätzen wusste. Er ließ den Kran wieder „auf

bauen" und reihte ihn schon kurze Zeit nach dem Unfall als nunmehr zweiten AK 450 in den bekannten Farben in seine Kranflotte ein.

Nicht verschwiegen werden soll bei der Typenreihe 450 die übliche Raupenkranversion, auch wenn sie nur auf dem Papier existierte. Pläne aus dem Jahre 1987 sahen einen Raupenunterwagen gleich dem der tatsächlich ausgelieferten RG 912 (1988 und 1989) vor. Dieser RG 450 hätte somit also die Möglichkeit geboten, sowohl als Raupenkran auf der Baustelle unter Last zu verfahren als auch bei angebolzten Zusatzstützen als Podestkran beziehungsweise Sockelkran zu arbeiten. Gebaut wurde ein solches Gerät allerdings nicht.

Links: Hier noch in KKAB-Gelb, zeigen die zahlreichen Aufkleber, wer neuer Besitzer des ehemaligen Kombinats-Krans wurde. Die Firma Breuer übernahm den Kran und ließ ihn schon bald umlackieren – Mitte oben: In dem Blau-Weiß der Breuer-Flotte war der AK 450 überaus schick anzuschauen –
Mitte unten: Was beim AK 350 für Sankyu noch mit Adapterstück umgesetzt war, ist bei allen anderen AK 350/450 durchgehend direkt gekoppelt – Rechts: Bei dem hier aufgebauten 450er sind die Koppelseile zwischen den Nackenseilen und dem Ausleger in Höhe des Reduzierstücks gut zu sehen   (Weinbach)

Fahrgestell

Motor: Mercedes-Benz-Dieselmotor OM 424A, 12 Zylinder, wassergekühlt, 390 kW / 530 PS bei 2300 U/min,
5 Vorwärtsgänge, 1 Rückwärtsgang, 1500 l Kraftstofftank

Abstützung: 4 Abstützarme werden seitlich am Kransockel befestigt, Abstützbreite 10,5 x 10,5 m, hydraulisch auf 14 x 14 m
ausfahrbar, jeder Abstützzylinder erhält eine Abstützplatte von 1,2 x 1,2 m

Achsen: Antrieb 16 x 8, alle Achsen sind lenkbar, Achsen 2 und 3, sowie 5 und 6 sind angetrieben, durchgehend einfach bereift,
16-fach 14.00-24, 3-Stern XVC Michelin

Kraneinrichtung

Motor: Mercedes-Benz-Dieselmotor OM 407A, 6 Zylinder, wassergekühlt, 206 kW / 280 PS bei 2200 U/min

Gegengewicht: 135 t, mehrteilig, bei Wipp-Spitzeneinsatz bis zu 153 t ▪ zusätzlich 0 – 250 t Maxi-Lift-Gegengewicht

Auslegersystem: ▪ Hauptausleger: Grundausleger 16 m, mit Montagestütze 10 beziehungsweise 12 m, Verlängerungsstücke von 7 und
14 m Länge, Hauptauslegerlänge 16 – 100 m ▪ Wipp-Spitzenausleger: Grundausleger 23 m, mit Druck- und Wipplenker, Verlängerungsstücke von 7 und 14 m, Turmlänge 28 – 77 m mit Spitzenausleger 23 – 93 m ▪ Maxi-Ausrüstung:
23 – 72 m Hauptausleger mit 26 m Gegenausleger

AK 912 / RG 912

Spezialgeräte wie etwa Fahrzeugkrane sind verständlicherweise keine gängigen Großserienartikel, die ab Lager gekauft werden können. Erst recht trifft dies natürlich für Hubgeräte etwa jenseits der 500-t-Traglastgrenze zu. Solche Krane waren, zumindest bis in die achtziger Jahre hinein, als ein eher seltener Eintrag in den Auftragsbüchern der entsprechenden Hersteller zu finden. Noch mussten sich die Anlagenplaner erst daran gewöhnen, dass die Ergebnisse ihrer Ingenieurskunst in bislang unerreichten überdimensionalen und überschweren Komponenten am Boden vorgefertigt werden konnten. In einer aus Betrachtersicht gesehen oftmals imposanten Hubaktion wurden diese Lasten dann von riesigen Fahrzeugkranen an nahezu jedem Ort der Welt innerhalb kurzer Zeit errichtet oder zusammengefügt. Solche Projekte, die zumeist eine jahrelange Planungsphase voraussetzen, waren und sind überwiegend auf das Hubvermögen eines ganz bestimmten Krans abgestimmt. Da derartige Hebezeuge für einen Kranverleiher eine enorme Investition darstellen, mehrere Millionen DM mussten nach damals gültiger Währung veranschlagt werden, gilt es, diese Geräte über Jahre hinaus gut auszulasten. Entsprechend selten werden solcherlei Kraftprotze gefertigt, senkt doch auch jedes neu auf dem hart umkämpften Markt erscheinende Hubgerät den Preis für die zu leistende Arbeit in gewisser Weise.

So ist es leicht nachzuvollziehen, warum auch ein anerkannter Spezialist wie Gottwald Krane oberhalb 500 t Tragfähigkeit relativ selten baute. Zudem gab es auch noch hartnäckige Konkurrenz auf diesem Betätigungsfeld (z. B. Demag und Liebherr), wenngleich deren damalige Autokrantypen zumeist etwas leistungsschwächer waren. Letzteres galt zumindest für die Kranbauära, in der sich die Firma Gottwald noch aktiv am Bau von solchen Fahrzeugkranen beteiligte.

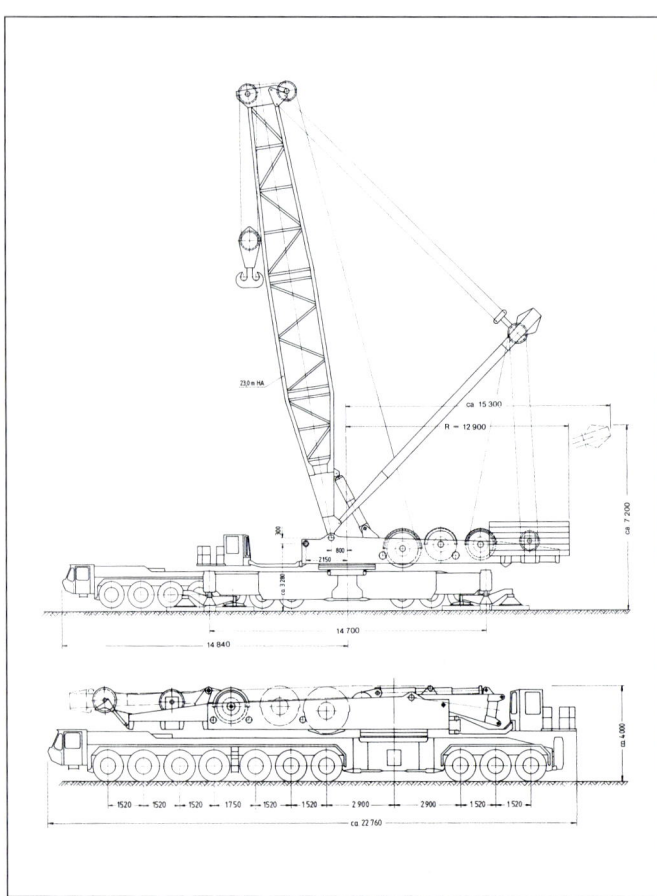

Maßskizze des Erstgerätes AK 912 mit sieben plus drei Achsen für
Al Jaber
(Sammlung Weinbach)

Der im April 1985 an Al Jaber ausgelieferte Kran war der einzige Kranriese mit der Achsaufteilung sieben plus drei
(Horrocks)

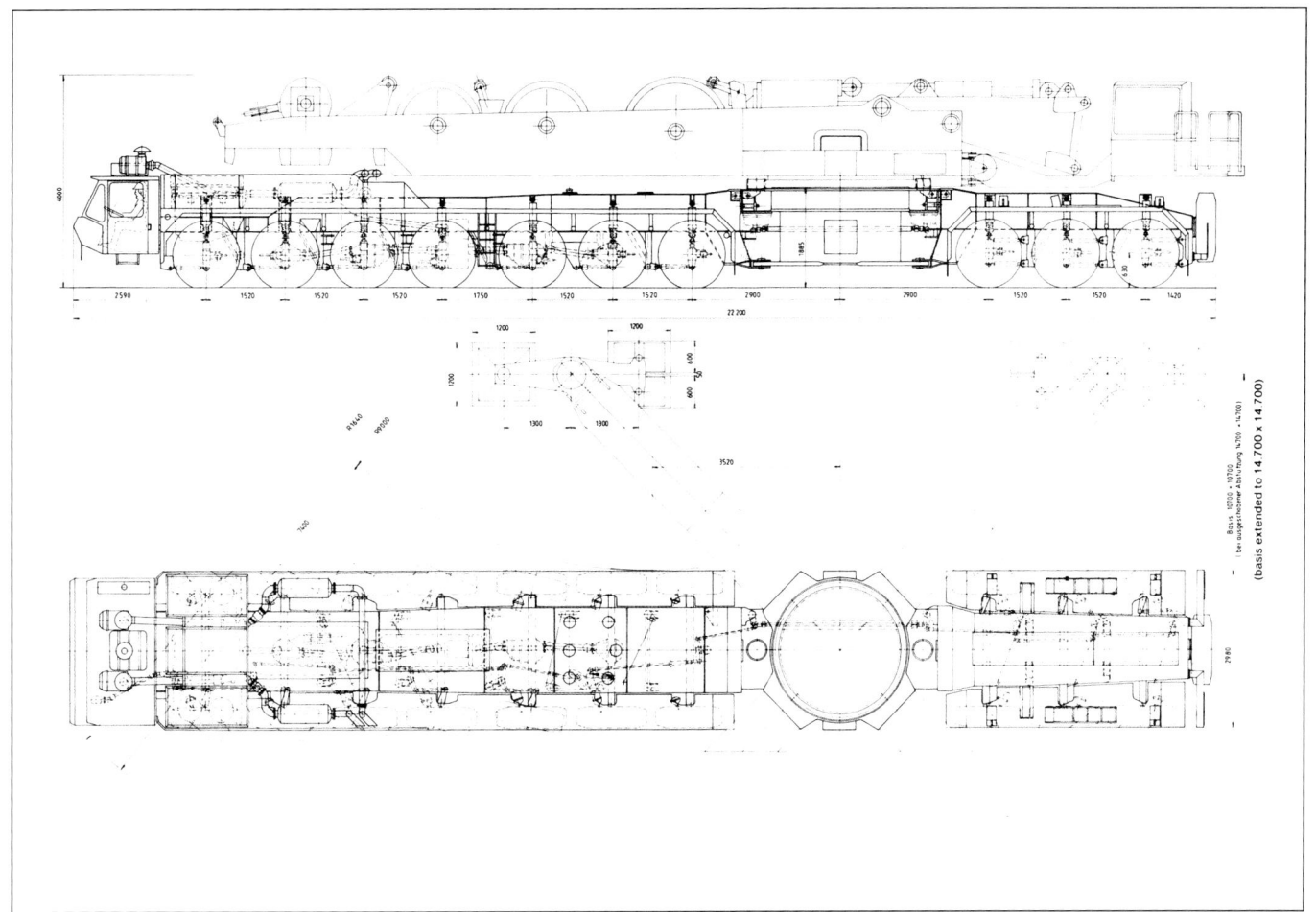

Detailzeichnung des AK 912 (7+3)

(Sammlung Weinbach)

Nichtsdestotrotz konnte man bei Gottwald Mitte der achtziger Jahre einen neuen Schwerathleten an den Mann, besser gesagt an den Scheich bringen. Auftraggeber für den unter der Bezeichnung AK 912 entwickelten Kran war nämlich Sheik Obaid Al Jaber aus Abu Dhabi in den Vereinigten Arabischen Emiraten. So konnte ab April 1985 der neue Krantyp in seiner zukünftigen arabischen Heimat beim Aufbau zahlreicher Petrochemischer Anlagen die Muskeln spielen lassen. Und da er dies mit überzeugendem Erfolg tat, wurde gleich ein zweiter Kran gleicher Hubkapazität, jedoch in konstruktiv leicht abgewandelter Bauart vom Kranverleiher Al Jaber geordert.

Beginnend mit dem Prototyp ist zu berichten, dass dies ein unmittelbar aus dem AK 850-103 (Schmidbauer) entstandener, straßenfahrbarer Autokran mit ebenfalls zehn Achsen war. Und wie sein etwas leistungsschwächerer Vorfahre besaß auch der neue AK 912-103, so seine genaue Bezeichnung, einen nicht trennbaren Kranoberwagen. Allerdings wurde dieser Kran, übrigens als einziger der gefertigten Zehnachser, mit der Achsaufteilung sieben plus drei ausgeliefert.

Zwischen diesen Achsgruppen war dann der Kransockel in das Fahrgestell eingefügt. Im öffentlichen Straßenverkehr, der wohl in den arabischen Ländern nicht so sehr durch lästige Achslastbeschränkungen erschwert wird, war der Kran dann auch mit sämtlichen Winden und aufliegendem Aufrichtebock, bei immerhin knapp 150 t Gesamtgewicht, zu verfahren. Lästige Rüstarbeiten oder gar ein separates Transportieren des Oberwagenhecks wie beim AK 850 GT entfielen somit.

Der Bezeichnung AK 912 waren im Übrigen bereits in verschlüsselter Form die maximalen Leistungswerte zu entnehmen, die da waren: 900 t am Hauptausleger und 1200 t beim Einsatz mit der Maxi-Lift-Einrichtung.

Wurden die Kranoberwagen des Typs 912 auch nunmehr durch geringfügig leistungsstärkere Dieselmotoren aus dem Hause Mercedes-Benz angetrieben, so waren die Hubwerksleistungen mit jeweils 300 kN (30 t) Zugkraft pro Winde identisch mit denen der 850er-Krane.

Der Hauptausleger konnte zwischen 23 m und 113 m Länge, in 6-m-Stufen, den Erfordernissen beim Hub angepasst werden. Zum sicheren Arbeiten verfügte der Kran über einen Oberwagenballast von 206 t und die schon bekannte Abstützung mit einer Standbasis von 14,7 x 14,7 m. Die Tragfähigkeit von 900 t wurde von dem 23 m langen Hauptausleger bei einer Ausladung von 4,5 m erreicht. Immerhin 470 t konnten, wie auch beim AK 850, bei 47 m Auslegerlänge und 10 m Ausladung bewegt werden.

War der AK 912 seinem Vorgänger im unteren Ausladungsbereich noch überlegen, so wiesen die Lasttabellen insbesondere bei den größeren Ausladungen und Auslegerlängen identische Werte auf. An seinem 113-m-Ausleger konnten bei 22 m Ausladung noch 93 t (inklusive Hakenflasche!) und bei 88 m Ausladung immerhin noch 10 t gehoben werden. Der Ausleger des Erstgerätes verfügte dabei über Zwischenstücke von 2 x 6 m, 1 x 12 m und 4 x 18 m Länge.

Das Auslegersystem des AK 912 sah auch wieder eine Kombination von 29,75 m bis 83,75 m Hauptausleger mit einem wippbaren Spitzenausleger von 29 m bis 95 m vor. Gleichfalls konnte der Turm auf 89,75 m verlängert werden, dann allerdings nur in Verbindung mit einem maximal 59 m langen Spitzenausleger. Dessen Traglastwerte unterschieden sich jedoch laut Tabellen in keinster Weise von denen des AK 850. Des Weiteren konnten die Kranleistungen durch eine Maxi-Lift-Einrichtung gesteigert werden, zu der ein 43 m langer Gegenausleger und nunmehr bis zu 550 t zusätzlicher Schwebeballast gehörten. Der Hauptausleger war in dieser Kombination bis auf 107 m aufrüstbar. Als maximale, wohlgemerkt theoretische Traglast, sollten dann am 35 m langen Ausleger nie erreichte 1200 t bei 10 m (1000 t x 12 m) Ausladung bewegt werden können. Doch wie so oft zuvor blieb dieser Wert in der Praxis unerreicht, da kein entsprechender Auslegerkopf und Haken vom Kunden bestellt wurde. Bemerkenswert hierbei ist noch, dass diese Traglasten aufgrund zu erwartender Stabilitätsprobleme bei ausgefahrenen Abstützungen (14,7 x 14,7 m) nur mit den eingefahrenen Abstützarmen und somit lediglich 10,7 m x 10,7 m Stützbasis möglich waren. Grundsätzlich gab es in der lastmomentsteigernden Ausführung bis 71 m Auslegerlänge die Möglichkeit dieser verkleinerten Abstützbasis.

AK 912 GT

Das schon angesprochene zweite Gerät für Al Jaber wurde bereits im Juni 1986 als AK 912 GT, also mit teilbarem Oberwagen und wie gewohnt sechs plus vier Achsen, ausgeliefert. Dem eigentlichen Hubgerät wurde dann gleichzeitig ein AK 912-63 TR, ein von Gott-

wald maßgeschneiderter sechsachsiger Transporter für das separat zu verfahrende Oberwagenheckteil, beigestellt. Der Transporter, der zur sicheren Übernahme beziehungsweise Abgabe des Kransegmentes über vier Senkrechtabstützungen am Heck und hinter der zweiten Achse verfügte, wurde in leicht abgeänderter Form der Baureihe des AMK 126 entnommen. Angetrieben wurde dieses 72 t schwere Spezialfahrzeug von einem auf 309 kW / 420 PS gedrosselten Mercedes-Benz-Zwölf-Zylinder der Baureihe OM 424.

Das Transportgewicht des geteilten Grundgerätes wurde nunmehr mit 96 t angegeben. Besagter AK 912 GT, den man 1986 auf der Baumaschinenmesse (Bauma) in München erstmals einem größeren Publikum vorstellte, wurde übrigens von dem arabischen Eigentümer zunächst für einige Zeit an europäische Kranunternehmen ausgeliehen. So kam der Kran für kurze Zeit bei dem niederländischen Spezialisten Mammoet zum Einsatz, um anschließend einige Hubarbeiten für die deutsche Firma Bracht auszuführen.

Der 113 m lange Hauptausleger dieses AK 912 GT verfügte, ebenso wie übrigens ein noch nachfolgender Kran gleicher Bauart für einen australischen Kunden, lediglich über Zwischenstücke von 6 m (2 x) und 12 m (7 x) Länge.

Bevor weitere Geräte der 912er-Serie beschrieben werden, sei noch etwas Interessantes zu den beiden Al Jaber-Kranen ergänzt. Zwar mit den Hubleistungen der beiden AK 912 vollauf zufrieden, geizte besagter Sheik Al Jaber nicht mit weiteren Investitionen, um die Tragfähigkeiten seiner beiden 912er noch weiter in die Höhe schrauben zu lassen.

Bei diesem leichtgewichtigen Hub ist der AK 912 (7+3) nicht an seine Leistungsgrenze gestoßen. Obwohl, wie man sieht, war bei diesem Job Ausladung gefragt

(Horrocks)

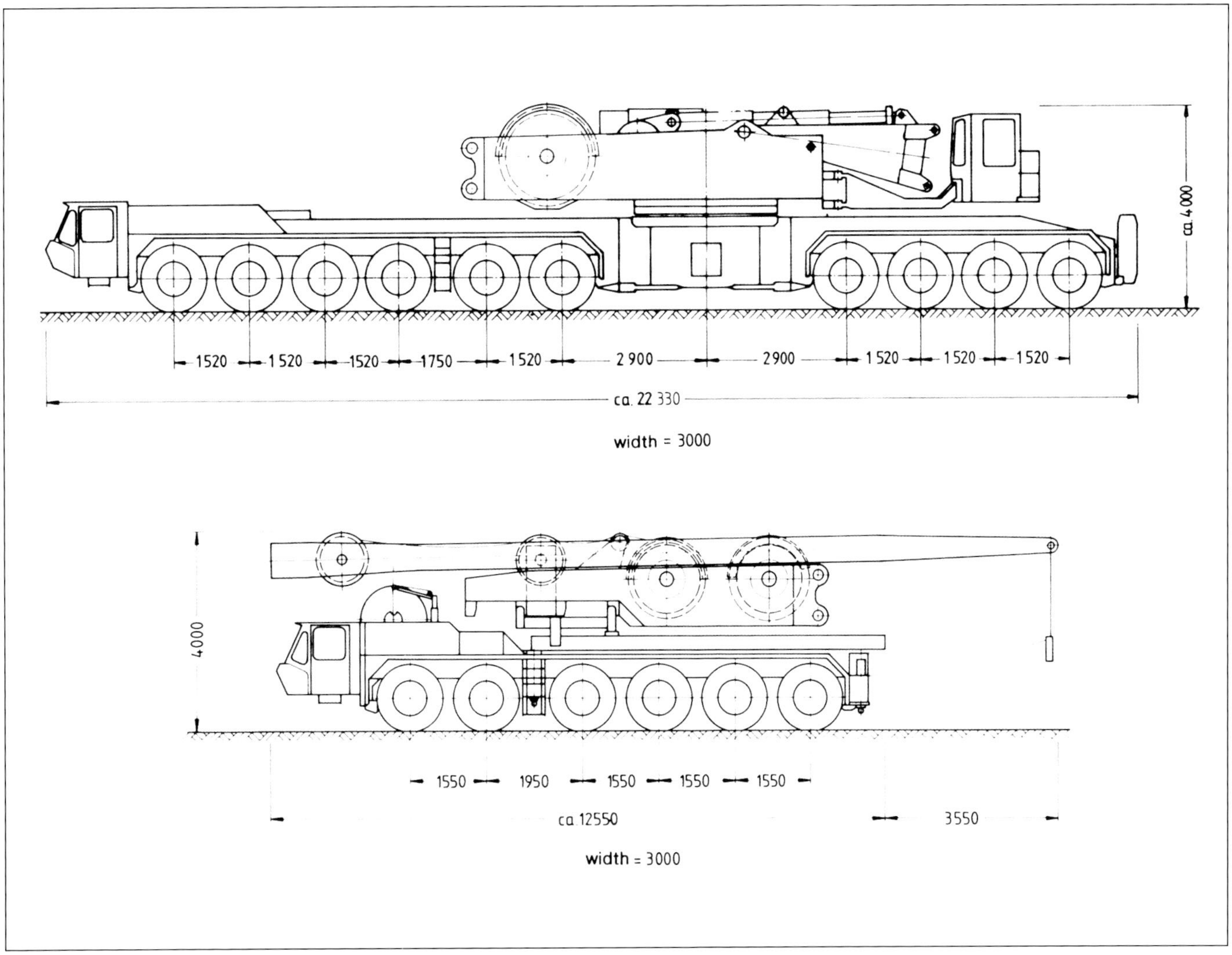

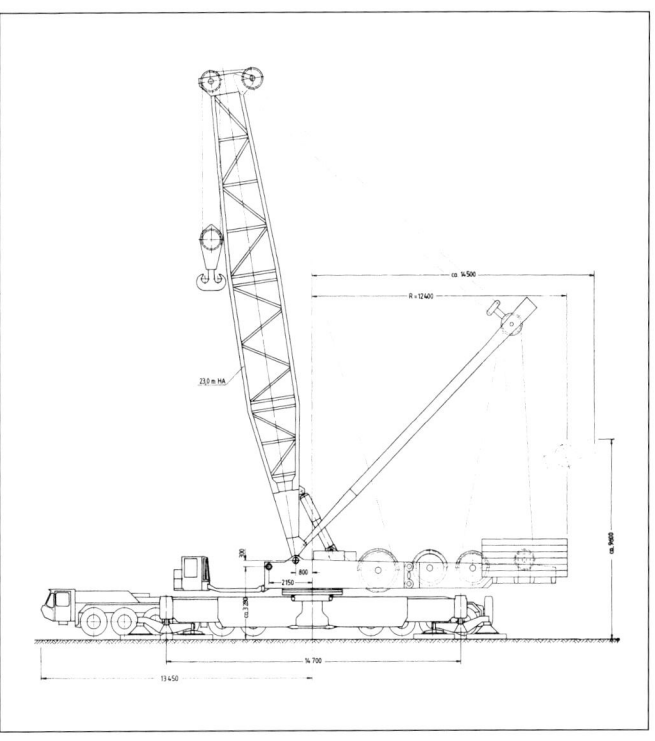

Maßskizze des AK 912 GT und TR in Transportstellung (Sammlung Weinbach)

Knapp zehn Jahre nach deren Auslieferung trat man an die Kundendienst- beziehungsweise die Konstruktionsabteilung bei Mannesmann Demag Gottwald in Düsseldorf-Benrath zwecks Auflastung der beiden zehnachsigen „Wüstenschiffe" heran. Einen neuen verstärkten Hauptausleger galt es hierfür anzufertigen. In den Eckholmen auf nunmehr bis zu 25 mm Wandstärke gesteigert, wurden die neuen Mastsegmente im Jahre 1997 fertig gestellt. Um zukünftig bei großen Auslegerlängen eine größere Stabilität zu erzielen, vergrößerte man auch unübersehbar die Außenmaße des Mastes. Gegenüber den alten Abmessungen von 2750 mm Breite und 2400 mm Höhe betrugen die neuen Maße nunmehr 3250 mm Breite bei 2750 mm Höhe. Entsprechend den unverändert gebliebenen Aufnahmen am Kranoberwagen musste ein völlig neues, konisch zulaufendes 7,5-m-Fußstück gebaut werden. Des Weiteren fertigte man ein 6-m- und vier 12-m-Zwischenstücke mit den vergrößerten Abmaßen an. Um das alte, „kleine" Kopfstück oder aber ein weiteres altes Zwischenstück an den neuen Mast anfügen zu können, bedurfte es zudem eines zusätzlichen, konisch zulaufenden 12 m langen Reduzierstückes.

Im Dezember 1997 fand sich endlich eine ausreichende Lücke im Einsatzplan zumindest eines der beiden Autokrane. Der AK 912-103 wurde auf dem Firmengelände Al Jabers in einigen Auslegerkonfigurationen mit dem verstärkten Mast abgetestet. Mit der Maxi-Lift-Einrichtung kombiniert, hob man beispielsweise mit

Maßskizze des AK 912 GT mit 23-m-Grundausleger (Sammlung Weinbach)

337

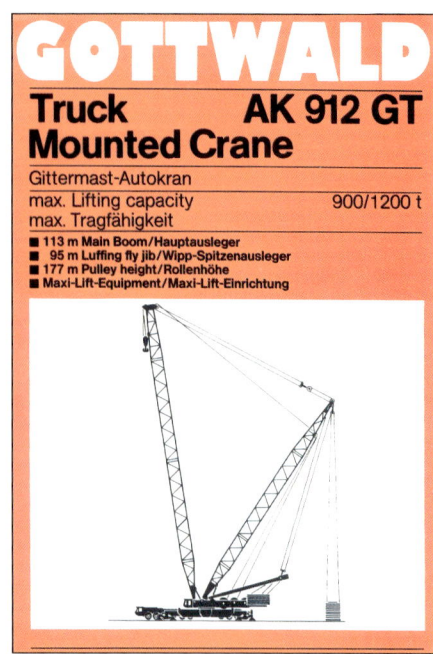

GOTTWALD
Truck Mounted Crane
AK 912 GT
Gittermast-Autokran
max. Lifting capacity
max. Tragfähigkeit
900/1200 t
■ 113 m Main Boom/Hauptausleger
■ 95 m Luffing fly jib/Wipp-Spitzenausleger
■ 177 m Pulley height/Rollenhöhe
■ Maxi-Lift-Equipment/Maxi-Lift-Einrichtung

GOTTWALD

GOTTWALD AK 912 GT
MAMMOET
AL-JABER
GOTTWALD

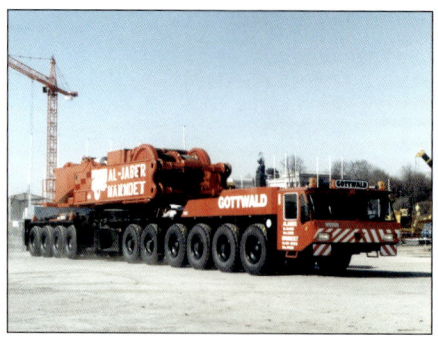

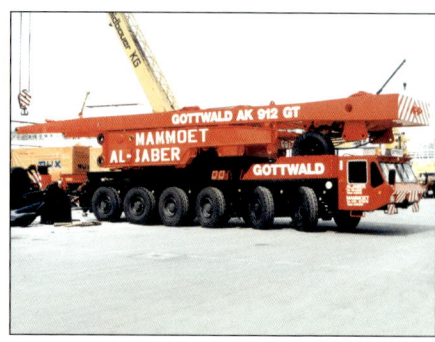

Oben Mitte: Auf der Bauma 86 wurde der geteilte 912er präsentiert – Oben rechts: Für den Transport des abgetrennten Oberwagenhecks wurde ein sechsachsiger AK 912 TR mit Low-Line-Kabine gebaut (Franke)
Mitte rechts: Auch für Mammoet hat der 912er in der GT-Version gearbeitet (Brand)
Unten: Zunächst verblieb der AK 912 GT in Europa und hat auch für die Firma Bracht einige Einsätze, wie in dieser Raffinerie, gefahren (Horrocks)

GOTTWALD

ESSO

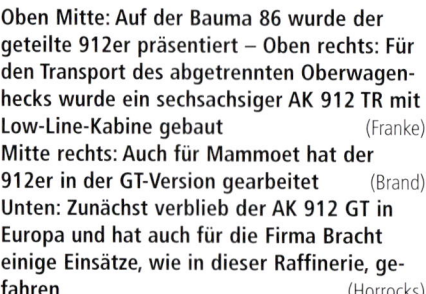

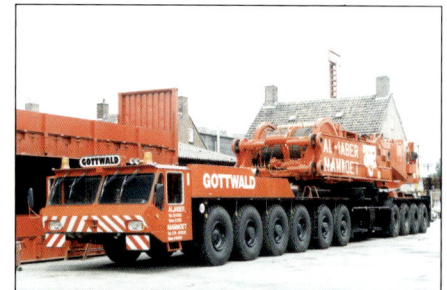

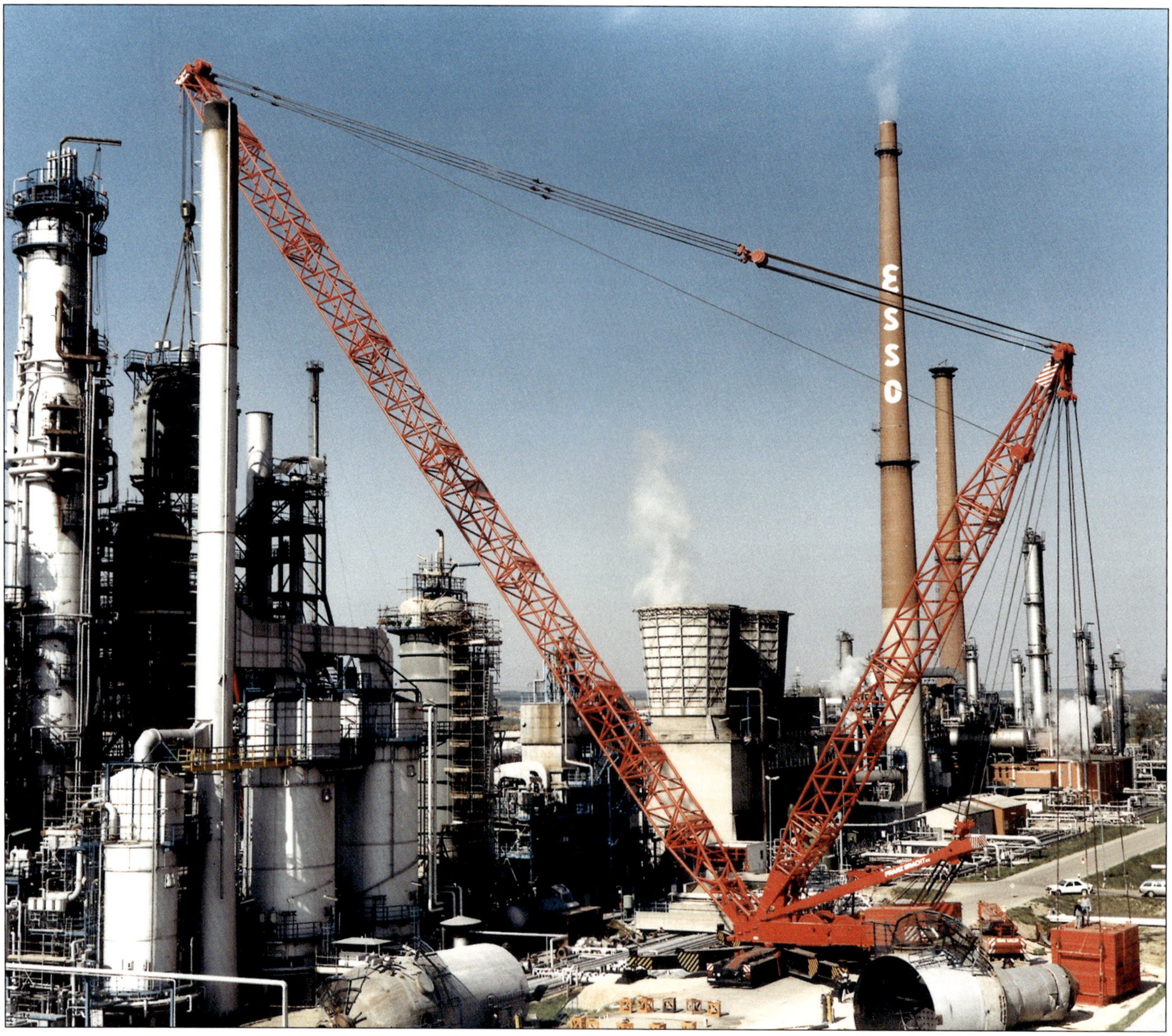

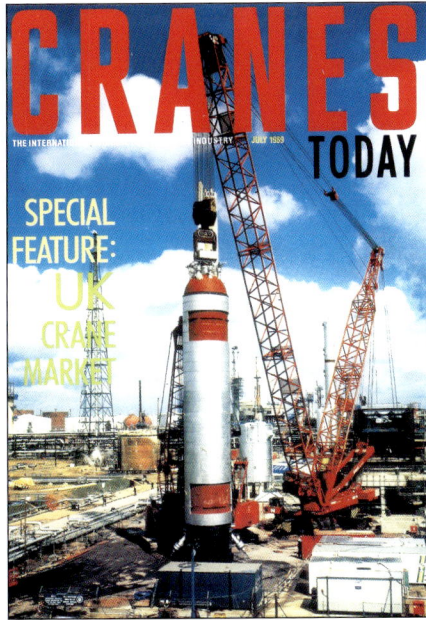

Links: Hier ist noch einmal die „7+3-Ausführung" des AK 912 in Aktion zu sehen. Ein knapp 600 t schweres Reaktorteil galt es aufzustellen. Die Stützbasis war bei solch gewichtigen Hüben auf 10,7 x 10,7 m reduziert – Mitte: Auch auf der Titelseite des Kranmagazins Cranes Today war im Juli 1989 ein schwerer Hub eines AK 912 GT mit kleiner Stützbasis abgebildet   (Sammlung Weinbach)
Rechts: Man kann bei dieser Aufnahme erahnen, wenn nicht sogar sehen, dass der neue schwarze Auslegerteil in seinen Abmaßen gut 500 mm breiter und 350 mm höher war als die alten Auslegersegmente. Abgetestet wurde hier der AK 912 (7+3) des Kranverleihers Al Jaber mit dem neuen Hauptausleger. So wurden am neuen 77-m-Ausleger 700 t x 18 m (alt 410 t) gehoben   (Horrocks)

dem neuen 77-m-Ausleger sage und schreibe 700 t bei 18 m Ausladung. Gegenüber den maximal möglichen 410 t mit altem Ausleger war diese Steigerung schon mehr als beeindruckend und zeigte doch gleichzeitig, welche Reserven in den Gottwald-Konstruktionen steckten.

Wieder rund zehn Jahre zurückblickend ist noch zu berichten, dass im März 1987 ein dritter 912er zur Auslieferung gelangte. Dieser AK 912 GT machte sich auf die weite Reise ins Land der Kängurus. Das australische Unternehmen Walter Wright hatte diesen Kran eigens für ein mehrjähriges Bauprojekt in einer zu errichtenden Gasverflüssigungsanlage von Gottwald geordert. Wohl aufgrund einiger bestehender Importbeschränkungen auf dem fünften Kontinent konnten die Erbauer den Kran jedoch nicht komplett in Deutschland fertigen und abtesten.

So wurden die Einzelteile eines jeden Auslegerschusses in Düsseldorf auf Maß vorgefertigt, um mit dem Kranfahrzeug zusammen nach Australien verschifft zu werden. Das dort ansässige Kranbauunternehmen Favco schweißte die Auslegerteile dann entsprechend den deutschen Vorgaben zusammen.

An dem einzigen rechtsgelenkten Großkran aus dem Hause Gottwald wies dann auch in der Folgezeit der unterhalb der Windschutzscheibe angebrachte Schriftzug Gottwald/Favco auf diese Kranbau-Kooperation hin.

Für das Oberwagenheckteil wurde im Übrigen kein maßgefertigtes Transportfahrzeug mitgeliefert, sondern der Transfer zwischen den Baustellen auf einem separaten Satteltieflader durchgeführt. Sowohl der Hauptausleger als auch der Spitzenausleger verfügten bei diesem Gerät lediglich über Zwischenstücke von 6 und 12 m Länge. Für den Kran wurde auch zunächst nur ein 89 m langer Hauptausleger (mit Maxi-Lift 65 m) sowie eine lediglich 65 m lange Wippspitze bestellt. Der Maxi-Lift-Schwebeballast von 550 t, der gleichfalls in Australien gefertigt wurde, bestand bei diesem „Aussi" übrigens aus mächtigen Betonklötzen.

Nach dem Konkurs der Firma Walter Wright gelangte der Kran im Jahre 1993 zu der in Saudi-Arabien ansässigen Firma Nole Heavy Equipment, die für ihr neues „Aushängeschild" neben den schon vorhandenen 90-t- und 425-t-Haken auch einen 850-t-Haken nachbestellte und den Schwebeballast wieder aus eigens angefertigten Stahlplatten zusammenstellte. Auch erhielt der Kran nunmehr die noch fehlenden Auslegerteile für 113 m Hauptausleger beziehungsweise 107 m plus Maxi-Lift sowie die maximal mögliche 95-m-Wippspitze.

Der AK 912 GT für Walter Wright war der einzige Kran, der mit Rechtslenkung speziell für den fünften Kontinent gebaut wurde. Die Kooperation für den Auslegerpart konnte man der doppelten Beschriftung unterhalb der Frontscheiben entnehmen. Das Bewegen des Großkrans auf derartigen Schotterpisten über hunderte von Kilometern hatte erhöhten Materialverschleiß zur Folge   (Horrocks)

Links oben: Um den Kranunterwagen zu schonen, wurde dieser einfach huckepack genommen und dies auf einem Schwerlastroller mit bis zu 14 Achslinien. Der Transport wurde dann zumeist von zwei Mack-Zugmaschinen im Zug-/Schubverband über die „Straßen" bewegt (Truckin' Life)

Rechts oben: Eine gute Verzurrung des rund 96 t schweren AK 912 GT war für den Transport unabdingbar (Boers)

Rechts Mitte: Gelegentlich wurde der Kran auch auf parallelgekoppelten Schwerlastrollern über Australiens Straßen bewegt (Truckin' Life)

Rechts unten: Auch bei Walter Wright hat man den Zusammenbau des Kranriesen erst einmal üben müssen. Hier fehlen noch einige wichtige Teile… – Links unten: Hierbei scheint es sich mangels lohnender Hubobjekte ebenfalls um eine probeweise Montage mit Wipp-Spitzenausleger gehandelt zu haben. Zahlreiche Betonklötze des Maxi-Lift-Gegengewichtes stehen ebenfalls auf dem Lagerplatz umher (Horrocks)

Seite rechts: Auch der australische 912er wurde nicht nur zum Üben montiert. Hier galt es eine Raffineriekolonne von gut 400 t aufzustellen (Horrocks)

Die 400-t-Kolonne hängt sicher am Kran. Aus-reichend Maxi-Lift-Ballast in Betonform sorgt für die Entlastung des Drehkranzes (Horrocks)

GOTTWALD

AK 912 GT

Oben: Von Walter Wright aus ging der AK 912 GT in den Besitz von GH Heavy Lift über – Mitte: Der Kran scheint hier ein wenig mehr an Oberwagenballast aufgelegt bekommen zu haben – Unten: Der neue Anstrich des Krans und sämtlicher Auslegerteile bei GH Heavy Lift war recht aufwändig (van Uitert)

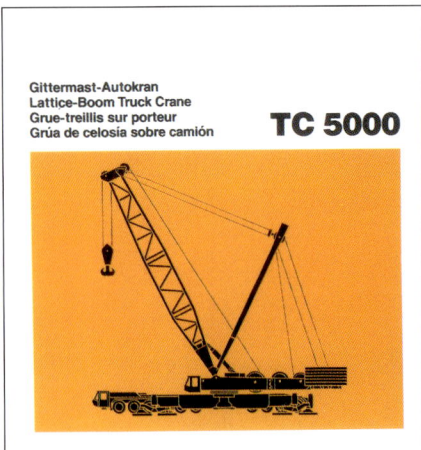

Gittermast-Autokran
Lattice-Boom Truck Crane
Grue-treillis sur porteur
Grúa de celosia sobre camión

TC 5000

Links: Da die Raupenschiffe des RG 912 GT in Italien gefertigt wurden, hat man diese auch erst auf dem Lagerplatz von Grandi Sollevamenti montiert und den Kran anschließend auf Raupen abgetestet –
Rechts: Hier sieht man, dass die Stützträger mit der Senkrechtabstützung quasi aus den Raupenschiffen herausragen

(Sammlung Weinbach)

Über den ehemaligen AK 850 GT (Toense), der, nachdem er von Al Jaber übernommen wurde, zum quasi vierten AK 912 GT heranwuchs, wurde ja schon berichtet.

Nach der Eingliederung des Gottwald-Gittermastkranbereiches in den Mannesmann Demag Konzern wurde die Autokranversion des 912ers auch in dessen Angebotspalette übernommen. Die neue Demag-Bezeichnung lautete jedenfalls laut Prospekt auf TC 5000 (Truck-Crane). Zur Auslieferung sind von diesem Krantyp allerdings keine weiteren Exemplare gekommen.

RG 912 GT

Gebaut wurden jedoch noch zwei Raupengeräte der 912er-Serie. Diese beiden RG 912 GT wurden im Januar 1988 noch bei Gottwald übergeben beziehungsweise im September 1989, nunmehr unter der Regie der neuen Mutter Mannesmann Demag, nach Italien geliefert. Kunden waren die Firmen Grandi Sollevamenti, die ja bereits seit 1982 über den Raupenkran AK 1200 in ihrem Kranpark verfügte, sowie die Firma Saldotechnica, die auf Sizilien beheimatet war. Zwar ließ das Raupen-Gerät 912 wiederum 900 t bei 4,5 m Ausladung am Hauptausleger und 1200 t x 10 m in Verbindung mit der Maxi-Lift-Einrichtung als maximale Last zu, grundsätzlich unterschied sich dieser Typ jedoch sehr stark von seinen bereiften Vorgängern.

Der geteilte Oberwagen hob sich nicht nur in seinem äußeren Erscheinungsbild von allen bisherigen ab, auch bekam er kein eigenes Dieselaggregat mehr für die Kranantriebe eingepflanzt.

Die Antriebsleistung für die schon bekannten Hub-, Einzieh- und Drehwerke sowie die sonstigen Pumpen und kraftbetätigten Teile wurde jetzt von einem 441 kW / 600 PS starken Zwölf-Zylinder-Diesel aus dem Hause General Motors geliefert. Dieser fand Aufnahme in einem mächtigen Motorrahmen, in den zugleich der Kraftstofftank (1000 l) und der Hydrauliktank (1300 l) eingearbeitet wurden. Besagter Motorrahmen wurde direkt mit der Drehkranz-Lagerungssäule verbunden, befand sich also am Unterwagen.

An dem beschriebenen Diesel-Motor wurde ein geeignetes Verteilergetriebe mit diversen Hydraulikpumpen angeflanscht, die das notwendige Ölvolumen für die unabhängigen Arbeitskreise des Oberwagens und den Antrieb der Raupenfahrwerke lieferten. Es konnten, wie gehabt, jeweils drei Kranbewegungen gleichzeitig ausgeführt werden, wobei allerdings entweder Kran- oder aber Fahrbewegungen möglich waren.

Der Unterwagen des RG 912 GT verfügte über einen 3 m breiten Sockel. An diesen konnten sternförmig die vier mehrteiligen Abstützarme mit den Senkrechtabstützungen und den Stützschwingen angebolzt werden. Um aus dem Raupengerät erst ein solches zu machen, mussten jedoch an die Abstützarme zwei jeweils 16 m lange und 1,65 m breite Raupenschiffe angebolzt werden.

Zum standsicheren Arbeiten auf der Baustelle gab es zudem mehrere mögliche „Unterwagen"-Varianten, die da waren:
a) Betrieb mit Abstützungen, 14,7 m x 14,7 m Basis mit angebauten Raupen.
b) Auf Raupen 10,5 m x 10,5 m Basis, im Stillstand.
c) Auf Raupen 10,5 m x 10,5 m Basis, verfahrbar.
d) Ohne Raupen auf Abstützungen, 14,7 m x 14,7 m Basis, jedoch mit 60 t Zusatzballast zwischen den Abstützungen.
e) Ohne Raupen auf Abstützungen, 11,2 m x 11,2 m Basis, jedoch mit 60 t Zusatzballast zwischen den Abstützungen.

Die Raupenfahrwerke wurden übrigens, wie schon beim AK 1200, in Italien konstruiert und gefertigt. Auch für die Herstellung des Sockels, die Konstruktion und Herstellung der Abstützungen mit Stützzylindern sowie der Abstützplatten zeichnete sich die Firma Vicma verantwortlich. Diese sorgte schließlich in Italien auch für den Zusammenbau vor dem Abtesten, welches natürlich in

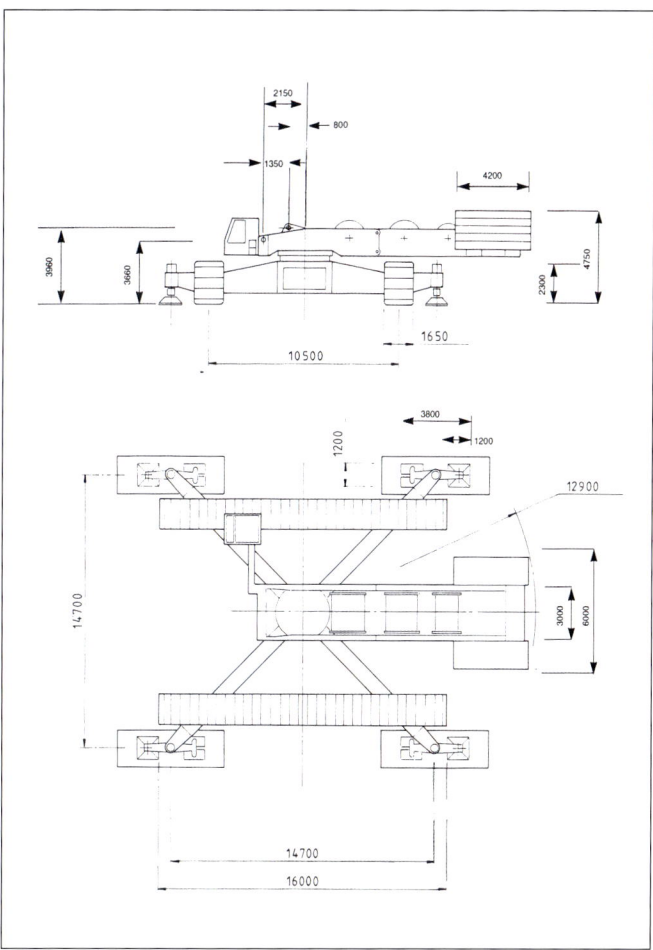

Maßskizze des RG 912 GT mit Raupenschiffen   (Sammlung Weinbach)

Links: Zum Aufstellen dieses 500 t schweren Reaktors haben sich gleich beide gebauten Raupenkrane vom Typ RG 912 GT in Fernost eingefunden – Rechts oben: Gemeinsam ist diese rund 70 m lange Kolonne erfolgreich auf ihr Fundament gesetzt worden – Rechts Mitte: Hier war der RG 912 GT ohne angebaute Stützarme im Einsatz – Rechts unten: Immerhin 300 t hat dieser Reaktor gewogen, der in luftiger Höhe in sein Gerüst eingelassen werden musste   (Barnes)

enger Zusammenarbeit mit Gottwald durchgeführt wurde. Der Gesamtpreis des Gottwald-Anteils an dem RG 912 GT betrug seinerzeit immer noch den stattlichen Betrag von rund 4,33 Millionen DM.

Die maximale Fahrgeschwindigkeit des mit Raupenschiffen versehenen Riesen betrug dabei ohne Last rund 800 m/h. Unter Last, hier waren am 23-m-Hauptausleger maximal 500 t bei 5 m Ausladung erlaubt, wurde mit bis zu 400 m/h verfahren. Ein Verfahren unter Last war allerdings nur bis zu einer Auslegerlänge von 72 m (210 t x 14 m beziehungsweise 22 t x 48 m) gestattet. Auch in der Maxi-Lift-Ausführung konnte sich der belastete Kran auf der Baustelle fortbewegen. Dies war dann bis zu einer Hauptauslegerlänge

von 65 m (390 t x 24 m beziehungsweise 140 t x 60 m) möglich. Neben dem obligatorischen Oberwagengegengewicht von 206 t betrug der Schwebeballast dann bis zu 550 t.

Der auf 114 m ausbaubare Hauptausleger, in der Maxi-Version bis zu 100 m, besaß nunmehr Zwischenstücke von 7 m (1 x) und 14 m (6 x) Länge. Der angesprochene Gegenausleger hatte beim RG 912 GT eine Länge von 40 m. Im Übrigen gaben die Traglasttabellen beim abgestützten Arbeiten und vergleichbaren Ausladungen nahezu identische Werte zu der Autokranversion her.

Lediglich die Auslegerlänge differenzierte, bedingt durch die abweichenden Zwischenstücke, ein wenig. Zu den theoretisch maximal möglichen Tragfähigkeiten von 900 t beziehungsweise 1200 t

Technische Daten AK 912-103 (7+3 Achs-Ausführung) / AK 912-GT

Fahrgestell

Motor: Mercedes-Benz-Dieselmotor OM 424 A, 12 Zylinder, wassergekühlt, 390 kW / 530 PS bei 2300 U/min, 5 Vorwärtsgänge, 1 Rückwärtsgang, Kraftstofftank 1300 l

Abstützung: 4 Abstützarme werden seitlich am 3 m breiten Kransockel befestigt, Abstützbreite 10,7 x 10,7 m, hydraulisch auf 14,7 x 14,7 m ausfahrbar, jeder Abstützzylinder erhält eine Schwinge mit einer großen und zwei kleinen Abstützplatten

Achsen: AK 912-103: Antrieb 20 x 8, Achsen 1 bis 5 und 8 bis 10 sind lenkbar, Achsen 2 und 3 sowie 5 und 6 sind angetrieben, durchgehend einfach bereift, 20-fach 14.00-24, 3-Stern XVC Michelin

AK 912 GT: Antrieb 20 x 8, Achsen 1 bis 6 und 8 bis 10 sind lenkbar, Achsen 2 und 3 sowie 5 und 6 sind angetrieben, durchgehend einfach bereift, 20-fach 14.00-24, 3-Stern XVC Michelin

Kraneinrichtung

Motor: Mercedes-Benz-Dieselmotor OM 407 A, 6 Zylinder, wassergekühlt, 206 kW / 280 PS bei 2200 U/min

Gegengewicht: Oberwagen 206 t, mehrteilig ■ bis 550 t Zusatzballast bei Maxi-Lift-Einrichtung

Auslegersystem: ■ Hauptausleger: Grundausleger 23 m mit Montagestütze 16 m, Hauptauslegerlänge 23 – 113 m

AK 912-103: Verlängerungsstücke von 6, 12 und 18 m Länge

AK 912 GT: Verlängerungsstücke von 6 und 12 m Länge,

■ Wipp-Spitzenausleger: Grundausleger 29 m mit Druck- und Wipplenker, Verlängerungsstücke von 12 und 18 m (AK 912), beziehungsweise 12 m Länge beim AK 912 GT (1 x 6 m im Grundausleger eingeschlossen), Turmlänge 29,75 – 83,75 m mit Spitzenausleger 29 – 95 m ■ Maxi-Lift-Einrichtung: 35 – 107 m Hauptausleger mit 43 m Gegenausleger

sei angemerkt, dass die letztendlich von den beiden italienischen Kunden bestellten Ausleger nur für maximal 850 t ausgelegt waren. Die gelieferten Auslegerköpfe hatten sogar nur eine maximal zulässige Traglast von 700 t.

Um größere Höhen und Ausladungen, bei natürlich entsprechend reduzierten Traglasten, zu erreichen, konnte der Hauptausleger wiederum mit einem bis zu 95 m langen Wipp-Spitzenausleger ergänzt werden. Die maximale Rollenhöhe betrug dann bei 83,75 m HA plus 95 m Wippe annähernd 177 m. Der Spitzenausleger beinhaltete eigenartigerweise wieder Zwischenstücke von 6 m und 12 m Länge.

Angemerkt sei noch, dass der Raupenkran für Grandi Sollevamenti tatsächlich mit 100 m Hauptausleger und 71 m Wippspitze zur Auslieferung kam. Das Zweitgerät für Saldotechnica erhielt allerdings den 114 m langen Hauptausleger und ebenfalls 71 m Wippspitze.

Die zwei RG 912, wie im Übrigen auch der dritte große Raupenkran aus dem Hause Gottwald, der AK 1200, fanden sich seit Mitte der neunziger Jahre im Maschinenpark der international tätigen Firma Mammoet Decalift International wieder. Sie hatten nunmehr ihre Einsatzorte überwiegend in Asien, dem arabischen Raum und den USA. Alle drei Raupen-Geräte wurden nach dem Aufgehen

Technische Daten AK 912-63 TR (Transporter)

Fahrgestell

Motor: Mercedes-Benz-Dieselmotor OM 424, 12 Zylinder, wassergekühlt, 309 kW / 420 PS

Abstützung: 4 Senkrechtabstützungen innerhalb der Fahrgestellabmessungen hinter der 2. Achse und am Heck

Achsen: Antrieb 12 x 6, Achsen 1 bis 4 sind lenkbar, Achsen 2, 5 und 6 sind angetrieben, durchgehend einfach bereift, 10-fach 14.00-24, 3-Stern XVC Michelin

der Firma Mammoet in dem Familienunternehmen Van Seumeren noch über Jahre hinaus in immer wieder neuen Anstrichen bei großen Hubarbeiten zum Einsatz gebracht. Erst um das Jahr 2004 herum wurden die Geräte langsam ausgesondert und zum Verkauf angeboten. Ihre nicht unerhebliche Kaufinvestition dürften sie jedoch in all den Jahren bereits mehr als „eingehoben" haben.

Links: Ein RG 912 GT in den Farben von Alatas Mammoet – Mitte: Der Oberwagenballast des Raupenkrans betrug 206 t
Rechts: Der Body des RG 912 wurde nach der Umlackierung in „Van Seumeren"-Farben zwischen zwei Dollys eingehangen

(van Uitert)
(van der Wees)

Technische Daten RG 912 GT

Raupenfahrwerk

Motor: Antriebseinheit an den Sockel angebolzt: General Motors-Dieselmotor, Typ 12V-71TA, 12 Zylinder, wassergekühlt, 441 kW / 600 PS bei 2100 U/min, Kraftstofftank für 1000 l im Motorrahmen

Abstützung: 4 Abstützträger am Sockel montiert, Abstützbasis 11,2 x 11,2 m, durch Verlängerungsstücke auf 14,7 x 14,7 m zu vergrößern, jeder Abstützzylinder erhält eine Schwinge mit einer großen (1,2 x 1,2 m) und zwei kleinen Abstützplatten (je 1,2 x 0,6 m)

Raupenschiffe: 2 anbolzbare Raupenschiffe von jeweils 80 t Gewicht, (Länge x Breite x Höhe: 16 x 1,65 x 2,3 m), Abstand von Raupenmitte zu Raupenmitte 10,5 m

Kraneinrichtung

Motor: siehe Raupenfahrwerk

Gegengewicht: 206 t am Oberwagen ■ 60 t für die Abstützträger bei Einsatz ohne Raupen ■ bis 550 t Zusatzballast bei Maxi-Lift-Einrichtung

Auslegersystem: ■ Hauptausleger: Grundausleger 23 m, mit Montagestütze 14,5 m; konisches Fußstück 3,9 m, konisches Zwischenstück 3,6 m, Zwischenstück 7 m, Kopfstück 8,5 m, Verlängerungsstücke von 7 m (1x) und 14 m (6 x) Länge, Hauptauslegerlänge 23 – 114 m ■ Wipp-Spitzenausleger: Grundausleger 29 m mit Druck- und Wipplenker, Verlängerungsstücke von 6 m und 12 m Länge, Turmlänge 29,75 – 83,75 m mit Spitzenausleger 29 m – 95 m ■ Maxi-Lift-Einrichtung: 37 – 100 m Hauptausleger mit 40 m Gegenausleger

---

AK 630 (Demag TC 3600)

Nachdem mit Wirkung zum 1. Oktober 1988 die Übernahme der Gottwald GmbH durch die Mannesmann Demag AG vollzogen wurde, sollten nur noch zwei große Gottwald-Gittermastkrane vollendet und ausgeliefert werden. Zum einen handelte es sich um einen letzten (zweiten) Raupenkran des Typs RG 912, welcher im Herbst 1989 an die italienische Firma Saldotechnica auf Sizilien übergeben wurde. Mit dem anderen Gerät, einer völligen Neuentwicklung, sollten die Konstruktionsabteilungen aus dem Hause Gottwald in der Fachwelt noch ein letztes Mal für Aufmerksamkeit sorgen. Zahlreiche technische Neuerungen wie auch spektakuläre

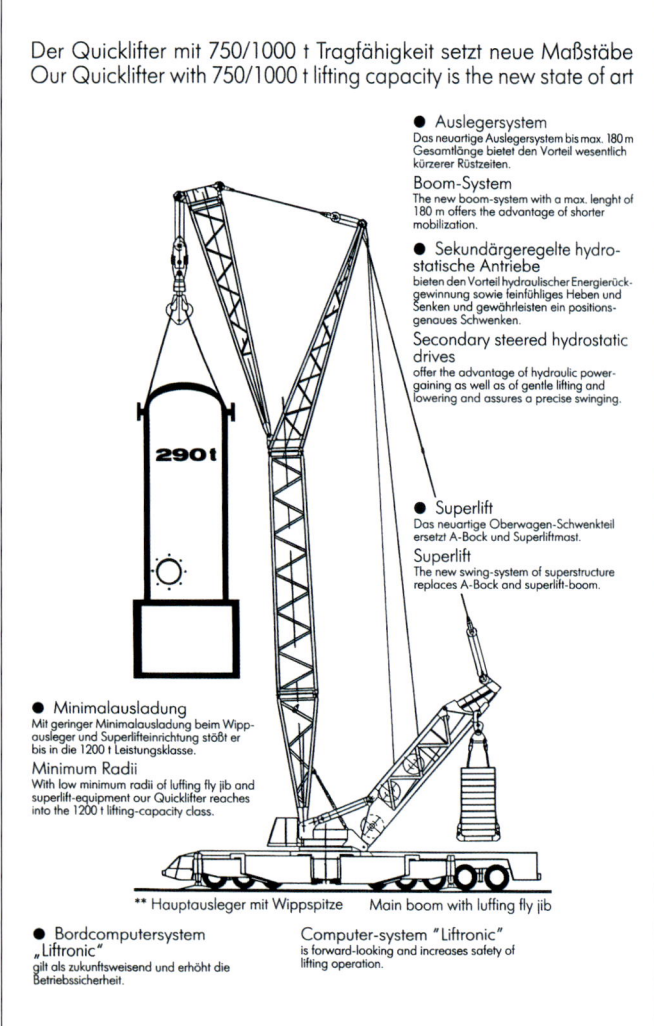

Der Quicklifter mit 750/1000 t Tragfähigkeit setzt neue Maßstäbe
Our Quicklifter with 750/1000 t lifting capacity is the new state of art

● **Auslegersystem**
Das neuartige Auslegersystem bis max. 180 m Gesamtlänge bietet den Vorteil wesentlich kürzerer Rüstzeiten.
Boom-System
The new boom-system with a max. lenght of 180 m offers the advantage of shorter mobilization.

● **Sekundärgeregelte hydro-statische Antriebe**
bieten den Vorteil hydraulischer Energierückgewinnung sowie feinfühliges Heben und Senken und gewährleisten ein positionsgenaues Schwenken.
Secondary steered hydrostatic drives
offer the advantage of hydraulic power-gaining as well as of gentle lifting and lowering and assures a precise swinging.

● **Superlift**
Das neuartige Oberwagen-Schwenkteil ersetzt A-Bock und Superliftmast.
Superlift
The new swing-system of superstructure replaces A-Bock and superlift-boom.

● **Minimalausladung**
Mit geringer Minimalausladung beim Wippausleger und Superlifteinrichtung stößt er bis in die 1200 t Leistungsklasse.
Minimum Radii
With low minimum radii of luffing fly jib and superlift-equipment our Quicklifter reaches into the 1200 t lifting-capacity class.

** Hauptausleger mit Wippspitze   Main boom with luffing fly jib

● **Bordcomputersystem „Liftronic"**
gilt als zukunftsweisend und erhöht die Betriebssicherheit.
Computer-system „Liftronic"
is forward-looking and increases safety of lifting operation.

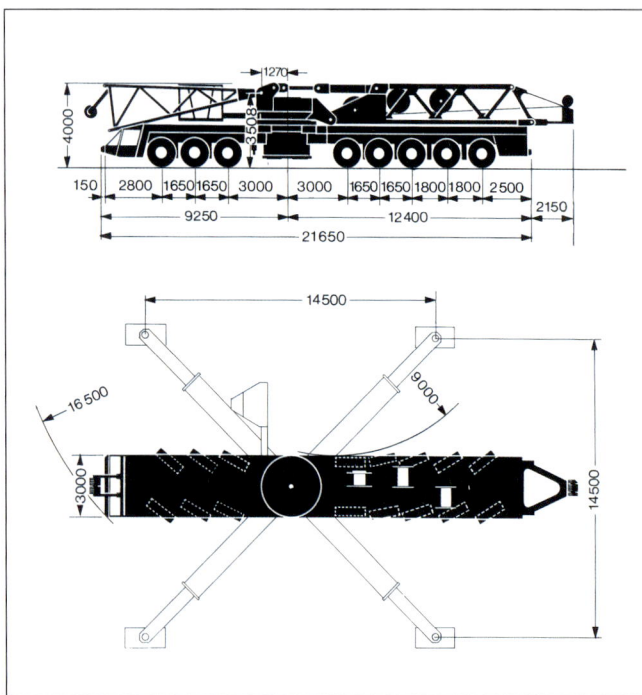

Maßskizze des TC 3600 „Quicklifter" (Sammlung Weinbach)

Kurzbeschreibung einiger Neuerungen des TC 3600 (Bracht)

Der TC 3600 (AK 630) auf dem Testfeld noch in Düsseldorf-Reisholz (Krüger)

Designs sind denn auch in diesen ursprünglich als AK 630-88 entwickelten 650-Tonner eingeflossen. Ausgeliefert worden ist er jedoch aufgrund der besagten Firmenübernahme als Mannesmann Demag TC 3600 (Truck Crane) für 3600 mt maximales Lastmoment ohne Superlift. Mit Super-Lift, so die Demag-Bezeichnung für den vergleichbaren Gottwald-Maxi-Lift, betrug das maximale Lastmoment laut Prospekt sogar 6800 mt. Die bekannten Reserven waren da noch nicht mit eingerechnet…

Aufgrund seiner noch zu beschreibenden schnellen Aufrüstbarkeit erhielt das Gerät den Beinamen „Quicklifter". Den schnellen Heber hatte übrigens der alte Gottwald-Kunde Franz Bracht in Erwitte bestellt, der sein neues Hubgerät noch im Jahre 1989 ausgeliefert bekam.

Die angesprochenen technischen Neuerungen fanden zum Teil auch in dem knapp 21,6 m langen achtachsigen Unterwagen Einzug. Hier fiel zunächst rein optisch die futuristisch anmutende Fahrerkabine auf, die ein völlig neues Design gegenüber den seit Jahren bekannten Low-Line-Kabinen hatte. Dem Fahrer dürfte in der

sehr übersichtlichen Kabine besonders die eingebaute Klimaanlage und der gleichfalls vorhandene Kühlschrank zugesagt haben. Auf das Austesten des im Lenkrad eingebauten Airbags hat der Fahrer dann wahrscheinlich schon eher verzichten können. Gleichfalls der Sicherheit diente der im „Cockpit" vorhandene Bildschirm, der über eine Kamera im Fahrgestellheck die Rückwärtsfahrt erleichterte.

Weiterhin ungewohnt war auch die Achsaufteilung mit drei plus fünf Achsen vor beziehungsweise hinter dem Krantopf. Der Kransockel befand sich also sehr weit vorne (9,25 m von Kabinenfront bis Sockelmittelpunkt), wobei es bis zum Fahrgestellheck immerhin noch 12,4 m waren. Gelenkt wurde das auffällige Chassis über die Achsen 1 bis 3 und 5 bis 8, wobei sich ein äußerer Wendekreisradius von 16,5 m ergab. Der neue TC 3600 besaß die Antriebsformel 16 x 8, bei dem die Achsen 4, 5, 7 und 8 dem Vortrieb dienten. Wie schon beim 1987 vorgestellten 400-t-Telekran vom Typ AMK 401-83 erstmals angewandt, erhielt auch der neue Gittermastkran ein völlig neues Antriebskonzept. Der eingebaute Mercedes-Benz-Dieselmotor vom Typ OM 424 A fand seinen Arbeitsplatz

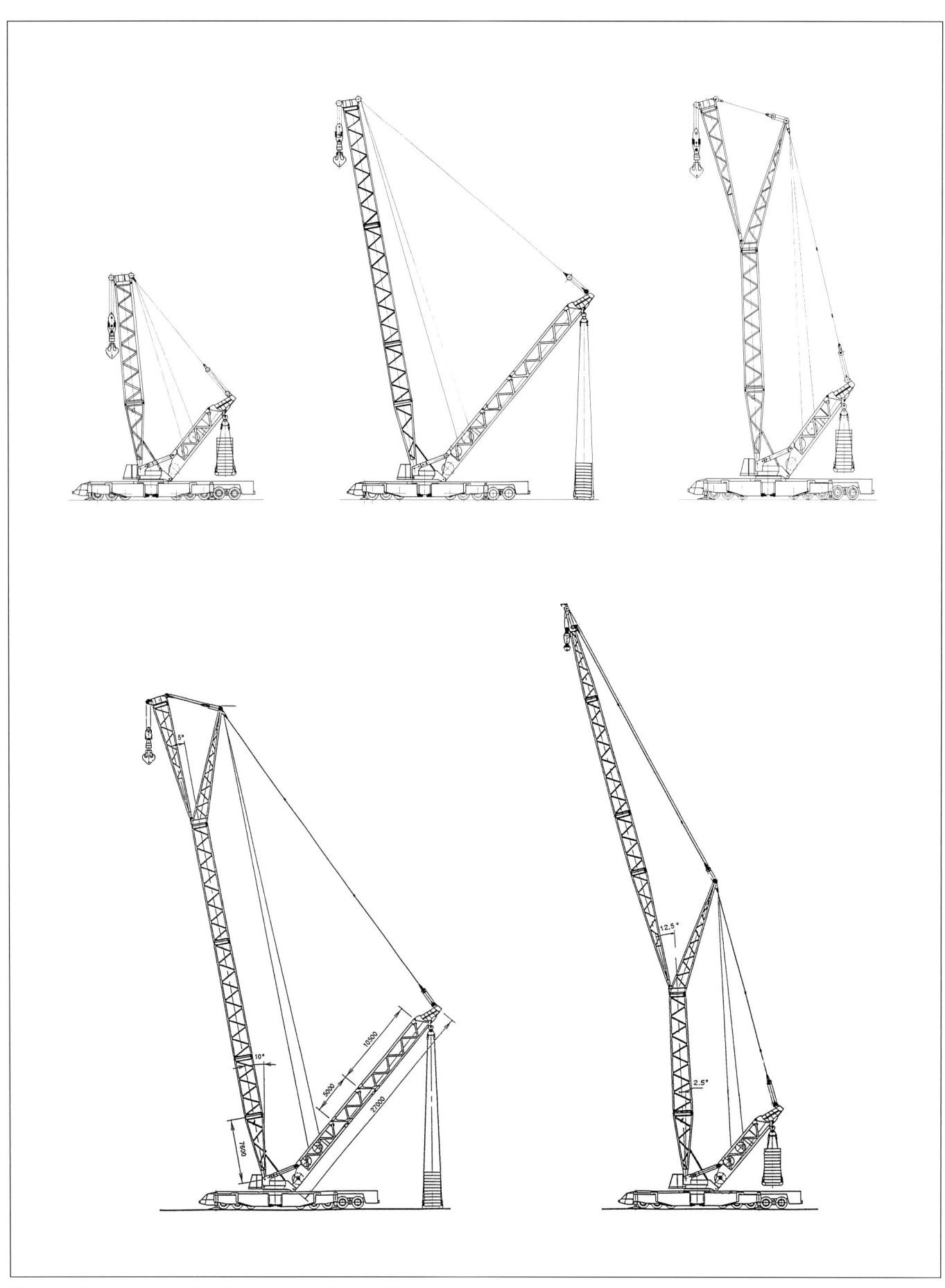

Übersicht der möglichen Auslegerkombinationen, die natürlich in der Länge angepasst werden konnten. Man beachte den festen Wipplenker für Schwerlast- und Wipp-Spitzenausleger

(Sammlung Weinbach)

QUICKLIFTER TC · 3600

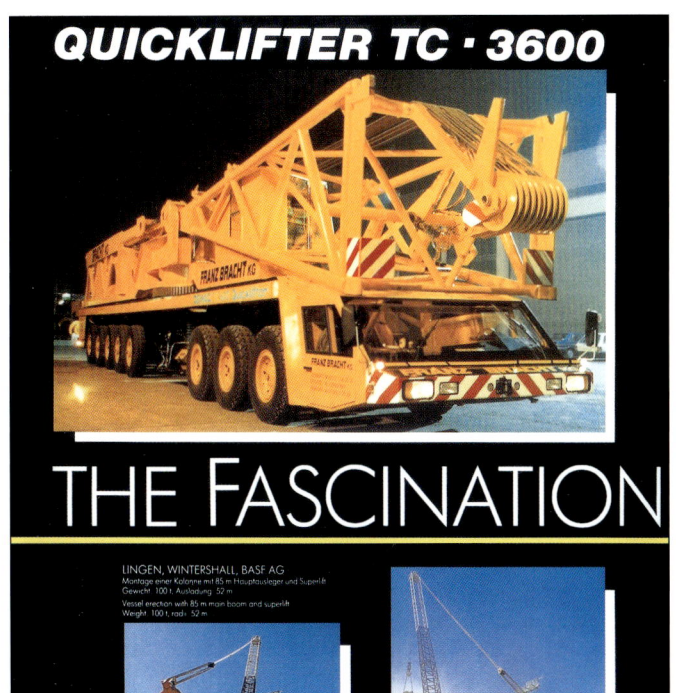

THE FASCINATION

LINGEN, WINTERSHALL, BASF AG
Montage einer Kolonne mit 85 m Hauptausleger und Superlift
Gewicht: 100 t, Ausladung: 52 m
Vessel erection with 85 m main boom and superlift
Weight: 100 t, radi: 52 m

„The Fascination Of Force" war der vollständige Titel, unter dem die Firma Bracht ihren neuen Quicklifter in einem Hochglanzprospekt vorstellte
(Bracht)

nicht gewohnt hinter der Fahrerkabine, sondern wurde heckseitig hinter der letzten Achse in den Fahrgestellrahmen integriert. Das wassergekühlte Aggregat mit seinen zwölf Zylindern und 390 kW / 530 PS war jedoch nicht nur für den Fahrantrieb zuständig; es versorgte zudem den Kranoberwagen über eine angeflanschte Hydraulikpumpe mit dem erforderlichen ölhydraulischen Kraftfluss. Für den in Transportstellung rund 96 t schweren Kranriesen wurde eine Höchstgeschwindigkeit von 65 km/h im fünften Gang (Automatisches Lastschaltgetriebe) angegeben. Der leichteren Handhabung des Gerätes auf Straße und im Gelände diente bereits eine elektronische Lenk- und Rangierhilfe. Der beeindruckenden Geländegängigkeit kamen dabei die extrem großen Verstellwege der Achsaufhängung zugute.

Für den Hubeinsatz erforderlich waren natürlich auch die vier am Kransockel sternförmig anzubringenden Abstützungen. Diese wurden mittels hydraulisch betätigter Bolzen verriegelt und waren auf eine Abstützbasis von 14,5 x 14,5 m gleichfalls hydraulisch austeleskopierbar. Bei Schwerlasthüben mit kurzem Ausleger konnte jedoch auch bei eingefahrenen Stützen und einer Basis von nur 10,5 x 10,5 m gearbeitet werden. Die integrierten Stützzylinder verfügten nur über einen einfachen Stützteller, der beim Transport am Abstützarm verblieb. Demzufolge konnte auch diese Montagebeziehungsweise Demontagezeit verkürzt werden.

Somit kann nunmehr ein Blick auf den gleichfalls aus der Art geschlagenen Kranoberwagen geworfen werden. Hier hatte sich seinerzeit noch Gottwald einige Neuerungen patentieren lassen.

Der „Quicklifter" in Fahrstellung hat hier noch die ursprüngliche „patentierte" Auslegerverbindung, bei der die einzelnen Mastsegmente nur in den oberen Gurten eingehängt wurden. Auf der Fahrertür der schnittigen Fahrkabine hat man tatsächlich noch einen Hinweis auf den ursprünglichen Konstrukteur des Krans angebracht. Die Krankabine wurde zwischen die Gurte des Auslegerfußstücks geschwenkt
(Weinbach)

Mit der futuristisch anmutenden Fahrkabine war die Konstruktion des als AK 630 geplanten Kranriesen mehr als zeitgemäß. Die Frontscheibe war allerdings auch sehr empfindlich und musste auf der Baustelle immer mit einer Abdeckplatte geschützt werden
(Weinbach)

Der TC 3600 hatte einen Heckmotor. In dem Gegenausleger ist eine der Hubwinden zu erkennen
(Weinbach)

Das Herzstück bildete das Oberwagen-Mittelteil mit der Rollen-drehverbindung, die jedoch gleichsam als Drehdurchführung für die diversen Hydraulikspeisungen der Hubwerks-Hydraulikmotoren diente. Wie ja bereits erwähnt, war der Unterwagenmotor auch für deren Energieversorgung verantwortlich, denn einen Oberwagen-dieselmotor gab es beim TC 3600 nicht.

Der Kran verfügte zudem über keinen langgestreckten Oberwa-gen, der wie sonst üblich die diversen Windwerke aufnahm. Viel-mehr war an das kurze Mittelteil der erforderliche Windenrahmen in Fachwerkkonstruktion gelenkig angebaut. Der Windenrahmen selbst war dabei bereits Bestandteil des sogenannten „Oberwagen-Schwenkteils". Das Schwenkteil selbst enthielt die beiden hinter-einander liegenden Hubwerkswinden mit einem Seilzug von jeweils 24 t. Auch wurde die 25-t-Einziehwinde in dieses Gitterwerk inte-griert. Separat angebolzt wurde dann noch der erforderliche Rol-lensatz. Das beschriebene OW-Schwenkteil wurde für die bevorste-henden Kranarbeiten zunächst mittels zweier Aufrichtezylinder von der waagerechten Transportstellung in die Arbeitsstellung gebracht. Diese Hydraulikzylinder wurden anschließend überwiegend auf Zugbeanspruchung belastet. Somit konnte das patentierte Schwenkteil gleichzeitig die Funktion des hier wegfallenden Auf-richtebocks und des Superliftmastes übernehmen. An das Rollen-kopfende des Schwenkteils wurde dann eine Gegengewichtsgrund-platte hängend angebracht.

Diese konnte vom OW-Schwenkteil mit den beiden Aufrichtezy-lindern zudem selbsttätig aufgenommen werden. Auf diese Ballast-Traverse wurden dann die für den jeweiligen Lastfall erforderlichen Gewichtsplatten aufgelegt. Hier lagen die Ballastwerte je nach Ein-satzfall zwischen 140 und 250 t. Die Traverse hing dabei während der Schwenkbewegung des Kranteils gerade freischwebend über dem Kranunterwagen.

Von der im aufgerichteten Schwenkteil unten liegenden Ein-ziehwinde wurde das Verstellseil über den Rollensatz zu einer „flie-genden" Umlenkrolle geführt und zwischen diesen mehrfach ein-geschert. Die Umlenkrolle wiederum war an einer weiteren Neue-rung befestigt, nämlich an einer sogenannten „Abspannstange". Mit diesen Abspannstangen wurde erstmals beim „Quicklifter" der

Zwischen der fliegenden Umlenkrolle (links über dem Gegenausleger) und dem Auslegerkopf waren erstmals Abspannstangen eingebracht. Diese erleichterten den Zusammenbau des Auslegers. Der 230 t schwe-re Chemiereaktor wurde problemlos vom „Quicklifter" auf Höhe gebracht   (Weinbach)

Links: Das kinderleichte Verbindungssystem hatte sich schließlich doch nicht als geeignet erwiesen. Es wurde nach einiger Zeit gegen die herkömmliche Bolzenstoßverbindung ausge-tauscht. Die umfangreichen statischen Änderungen an den Auslegerteilen machten natürlich eine Umbauabnahme erforderlich. Diese wurde nicht im Werk selbst, sondern auf einem Industriegelände in Düsseldorf vorgenommen. In dem Wohnwagen liefen alle Messergebnisse, die während der Belastungstests ermittelt wurden, zusammen – Rechts: Die Durchbiegung des Auslegers beim Aufrichten war schon beträchtlich, ist aber bei solchen Gittermastlängen üblich. Die Koppelseile, die von der Abspannstange etwa in Höhe der Auslegerhälfte zu den beiden oberen Auslegergurten führten, sollten diesen Durchhang mindern   (Krüger)

So sah die neue „alte" Bolzenstoßverbindung nach dem Umbau der Auslegerteile aus
(Stuive)

Hauptausleger aufgerichtet. Die der Länge der Auslegerzwischenstücke angepassten Abspannstangen konnten so während des Straßentransports gleich auf den Auslegerschüssen verbleiben. Zur schnelleren Montage konnten dann die Abspannstangen in kürzester Zeit miteinander verbolzt werden. Da die Verbindungslaschen jeweils mehrschichtig aufgebaut waren, wurde auch nur ein relativ kleiner Bolzendurchmesser benötigt. Die somit erleichterte Montage vom Boden aus erübrigte zudem das oftmals unfallträchtige Begehen der Auslegerteile.

Neben dieser Neuerung wurde außerdem die Verbindung der Auslegersegmente untereinander revolutioniert und gleichfalls patentiert. Dass eine solche Technikrevolution mitunter nur kurzen Bestand hat, wird man jedoch noch sehen.

In den Konstruktionsabteilungen bei Gottwald hatte man sich nämlich etwas ganz besonderes ausgedacht. Die oftmals umständliche und kraftaufwändige, weil handbetätigte Verbindung der Auslegerteile mittels vierer „sauschwerer" Bolzen sollte beim TC 3600 gleichsam entfallen. Durch spezielle „Schnellmontageverbindungen" an den beiden oberen Mastverbindungen sollten diese nur noch eingehängt werden. An den unteren Verbindungen wurden die Mastschüsse nur noch geführt, jedoch gleichfalls nicht verbolzt.

Der Hauptausleger sollte durch all diese Neuentwicklungen in Längen zwischen 22 m und maximal 106 m binnen weniger Stunden zu montieren sein. Damit versprach man sich gegenüber den großen Teleskopkranen am Markt eine beträchtliche Verkürzung der Rüstzeiten. Die ohnehin vorhandenen Stabilitätsvorteile des Gitterauslegers gegenüber den Teleskopmasten seien hier nur noch einmal kurz erwähnt.

Die anfänglich aufgeführte Maximaltraglast des „Quicklifters" von 650 t x 4,5 m wurde im Übrigen beim Einsatz mit dem 22-m-Hauptausleger erzielt. Dieser Ausleger hatte dann bei 18 m Ausladung noch eine zulässige Traglast von 175 t. Mittels 7-m- und 14-m-Zwischenstücken war der Hauptausleger wie gesagt auf maximal 106 m aufzurüsten. Für diese Auslegerlänge lagen die zulässigen Traglastwerte dann zwischen 92 t x 21 m und 10 t x 80 m und dies bei maximal 75 Prozent der Kipplastausnutzung.

Die vorstehend beschriebenen „Schnellmontageverbindungen" sollten sich jedoch, wie schon angedeutet, bereits nach kurzer Einsatzzeit des TC 3600 als überholt herausstellen. Bei den in den ersten Monaten durchgeführten Hüben hat sich das patentierte System augenscheinlich nicht sonderlich bewährt. Jedenfalls wurde der „Quicklifter" bereits im Jahre 1990 wieder zurück zum Hersteller beordert. Dort wurden die neuen Auslegerverbindungen gegen herkömmliche Bolzenstoßverbindungen ausgetauscht. Auch wurde wohl der Ballast auf 300 t beziehungsweise 500 t in Superlift-Ausführung erhöht. Dies alles machte natürlich nach dem Umbau erneute Abnahmetests erforderlich.

Der Kran hatte dann nachfolgend als Baujahr 1990 auf großen Lettern auf dem Fabrikschild stehen. Ebenso unübersehbar wurde auf diesem Schild die Tragfähigkeit mit 750/1000 t angegeben. Zumindest letzterer Wert ist dann wohl eher ein theoretischer gewesen und setzte wie bei manch anderen Großkranen spezielle Auslegerköpfe oder gar andere Auslegerteile voraus.

Zwar keine höhere Maximallast, jedoch wesentlich größere Lastmomente bei großen Auslegelängen und Ausladungen ermöglichte die gleichfalls für den TC 3600 vorhandene Superlift-Einrichtung. Hierbei wurde der Momentenausgleich durch die Verlängerung des Oberwagen-Schwenkteils erreicht. Das im Normalfall 12 m lange Schwenkteil konnte durch Einbau eines 5-m-Zwischenstücks oder/und eines 10,5-m-Zwischenstücks auf Längen von 17, 22,5 oder gar 27,5 m ausgebaut werden. Bei dieser Einsatzweise lag der Superlift-Ballast dann zwischen 250 t und 450 t. Gehoben werden konnten beispielsweise noch 500 t x 12 m am 43-m-Hauptausleger und angehängten 300 t Ballast. Für den gleichen Ausleger wurde dann bei einer Traglast von 350 t x 24 m bereits 450 t an Gegengewicht benötigt.

Für den 85 m langen Hauptausleger ließen die Tabellen bei 250 t Ballast immerhin noch Werte zwischen 290 t x 18 m und 45 t x 76 m zu. Mit aufgelegten 450 t an Gegengewicht waren sogar zwischen 210 t x 36 m und 115 t x 60 m zugelassen.

Für größere Hubhöhen oder größere Ausladungen über ein Hindernis hinweg empfahl sich dann eher die Kombination von Hauptausleger mit wippbarem Hilfsausleger. Hier kam dann die nächste

Links: Auch die vollverglaste Krankabine mit drehbarem Sitz hatte ein recht modernes Design. In dem Gegenausleger ist eine der Winden zu erkennen – Mitte: Die Stützen des TC 3600 besaßen keine Stützschwingen, sondern nur einfache Stützteller (Krüger)
Rechts: Hier sind sehr gut die Abspannstangen statt der bislang üblichen Nackenseile zu sehen (Stuive)

en. In der Kombination von 71 m Hauptausleger und 95 m Wippe lagen die Traglastwerte dann zwischen 34 t x 36 m und 14 t x 88 m. Die maximal mögliche Kombination war bei 85 m plus 95 m erreicht. Dies ergab dann eine Rollenhöhe von knapp 180 m.

Noch einmal auf die Kranantriebe zurückgeblickt, wurden von den Werbeschriften weitere technische Errungenschaften angepriesen. Hier ist der sogenannte sekundärgeregelte hydrostatische Antrieb zu nennen. Dessen Vorteile fasste man wie folgt zusammen:
- hydraulische Energierückgewinnung
- Reduzierung des Primärenergie-Verbrauchs
- verlustarme Drehzahlregelung
- feinfühliges Heben und Senken
- positionsgenaues Schwenken
- Lasthalten hydraulisch ohne Haltebremse
- Notablassfunktion

Neben diesen hardwaremäßigen Errungenschaften hatte der Kran zudem auch modernste Software erhalten. Da man sich schon mitten im Computerzeitalter befand – aus heutiger Sicht noch im tiefsten Anfang –, hatte auch der TC 3600 ein eigenes Bordcomputersystem. Dieses, seinerzeit als Demag Liftronic bezeichnete System, wurde dann auch mit folgenden Vorteilen beschrieben:
- Bedienungsführung für Kranführer
- Color-Bildschirmanzeige von Belastungszustand, Stützdruck, Nivellierung, Rüstzuständen, Sicherheitsfunktionen, Windgeschwindigkeiten, Störmeldungen
- Betriebsdatenerfassung

Der Bracht-Kran war, dies kann man wohl behaupten, auf sämtlichen Einsatzstellen ein Blickfang. Leider ist auch mal wieder nur dieses eine Exemplar ausgeliefert worden. Dem Unikat blieb dann auch nur eine kurze Einsatzzeit zumindest in Deutschland vergönnt. Bereits im August 1992 ereilte ihn auf einer Abriss-Baustelle in Kiel sein vorläufiges Schicksal. Die dortige rund 80 Jahre alte Holtenauer Hochbrücke über den Nord-Ostsee-Kanal sollte seinerzeit in mehreren Teilen demontiert werden. Nachdem bereits einige Fachwerksegmente über dem Kanal vom TC 3600 und zwei Schwimmkranen erfolgreich abgebaut worden waren, kam es bei der Demontage eines rund 400 t schweren Brückenteils über dem Kanalufer zum folgenschweren Kollaps. Für diesen Hub waren gleich drei Krane im Einsatz, der TC 3600, ein Gittermastkran der 400-t-Klasse und ein 400-t-Teleskopkran. Der auf der Uferseite allein arbeitende Quicklifter kam während des Hubes plötzlich ins Wanken und stürzte im Zeitlupentempo vornüber auf das vorauseilende Brückenteil.

Glücklicherweise ging dieses Unglück ohne größeren Personenschaden vonstatten. Allerdings war der materielle Schaden beträchtlich und machte einen zweistelligen Millionen-D-Mark-Betrag aus.

Neben einigen tiefer gelegten kleineren Hilfskranen schien auch der am Boden liegende TC 3600 irreparabel zerstört zu sein. Nach seiner Zerlegung vor Ort wurde der Wiederaufbau zunächst bei einer deutschen Fachfirma begonnen. Dieser Aufbau zog sich allerdings bis ins Jahr 1997 hin! Da sich jedoch augenscheinlich für den Unfallkran kein neuer Versicherer mehr fand, wurde der Kran noch unvollendet an den italienischen Kranverleiher Tilly verkauft. Dort wurde die Kranreparatur vor Ort abgeschlossen und der „Qukcklifter" seinem zweiten Leben zugeführt. Bei dem dortigen Unternehmen verrichtet der Kran seither seine Arbeit wie übrigens auch zwei betagte Gottwald-Veteranen vom Typ AMK 186-83 (200-t-Tele) von 1983 und MK 655 (ex MK 650) aus dem Jahr 1972.

Bei der Brückendemontage in Kiel Holtenau wurde im August 1992 auch das Mittelteil über dem Nord-Ostsee-Kanal erfolgreich ausgehoben und abgelassen (Hoffmann)

technische Neuerung ins Spiel. Der wippbare Hilfsausleger wurde bei dem neuen Auslegersystem nicht mittels konventionellen Druck- und Wipplenkern gehalten beziehungsweise bewegt. Das Wippen erfolgte lediglich über eine festmontierte konische Gitterspitze mit einer weiteren fliegenden Rolle zwischen deren Spitze und der eigentlichen Wippspitze. Sowohl die im Einsatz nach hinten zeigende Gitterspitze wie auch die Wipp-Spitzenanlenkung hatten ein gemeinsames Kopfstück, welches auf das Hauptauslegerende gesetzt wurde. Auf das kürzeste Wippstück konnte dabei der extrem kurz gehaltene Rollenkopf des Hauptauslegers verbolzt werden. Somit war eine wippbare Schwerlastspitze einsatzbereit. Diese eignete sich für Lasten bis immerhin 290 t x 12 m (22 m HA plus 21 m Wippe).

Für weniger schwere Lastfälle mit einer separaten Wippspitze samt Kopfrollen versehen, war dieser Ausleger in Abstufungen von 7 m bis auf eine Länge von 95 m an den Hauptausleger anzubau-

Gemeinsam mit zwei Schwimmkranen wurde das Mittelteil auf zwei Pontons abgelassen. Doch das Ende des TC 3600 sollte nicht mehr weit sein… (Hoffmann)

Links: Beim Aushub eines rund 400 t schweren Brückenteils, welches unter der Zuhilfenahme eines 400-t-Teleskopkrans und eines weiteren 400-t-Gittermastkrans auf dem Boden abgelegt werden sollte, kam es zum Kollaps. Die Last stürzte aus etwa 40 m Höhe in die Tiefe. Der TC 3600 wurde schwer beschädigt – Rechts: Den Gegenausleger und auch den Unterwagen hatte es voll erwischt (Hoffmann)

Im Krefelder Hafen wurde das schwer beschädigte Chassis des Quick-lifters entladen
(Sammlung Weinbach)

Technische Daten Gottwald AK 630 / Demag TC 3600

Fahrgestell

Motor:	Mercedes-Benz-Dieselmotor OM 424 A, 12 Zylinder, wassergekühlt, 390 kW / 530 PS bei 2300 U/min, 5 Vorwärtsgänge, 1 Rückwärtsgang
Abstützung:	4 Abstützarme werden seitlich am Kransockel befestigt, Abstützbreite 10,5 x 10,5 m, hydraulisch auf 14,5 x 14,5 m ausfahrbar, jeder Abstützzylinder erhält eine Abstützplatte von 2 x 1 m
Achsen:	Antrieb 16 x 8, Achsen 1 bis 3 und 5 bis 8 sind gelenkt, Achsen 4, 5, 7 und 8 sind angetrieben, durchgehend einfach bereift, 16-fach 14.00 R 25 Tubeless

Kraneinrichtung

Motor:	siehe Motor im Fahrgestell
Gegengewicht:	bis 300 t, mehrteilig bis 500 t bei Maxi-Lift-Ausrüstung
Auslegersystem:	■ Hauptausleger: Grundausleger 22 m, Verlängerungsstücke von 7 und 14 m Länge, Hauptauslegerlänge 22 – 106 m ■ Wipp-Spitzenausleger: Grundausleger 14 m, mit kombiniertem starren Wipp-/Drucklenker, Verlängerungsstücke von 7 und 14 m Länge, Turmlänge 22 – 85 m mit Spitzenausleger 14 – 95 m ■ Maxi-Ausrüstung: 22 – 85 m Hauptausleger mit 17 – 27 m Oberwagenschwenkteil

Liebe Leserin, lieber Leser,

in diesem ersten Band konnte nur ein Teil der umfangreichen Produktpalette vorgestellt werden. Im zweiten Band werden ausführlich die nicht minder interessanten Teleskop-Autokrane behandelt. Weitere Kapitel befassen sich mit den sogenannten Hydro-Geräten, speziellen Feuerwehrkranen, Zwei-Wege-Kranen und eindrucksvollen Sondergeräten/-kranen. Ein Kapitel widmet sich umfassend der „Gottwald-Erfindung", dem Hafen-Mobilkran.

Ich hoffe, dass Ihnen der zweite Band ebenso gut gefallen wird wie der Vorliegende.

Über Ergänzungen, Anregungen oder konstruktive Kritik würde ich mich freuen. Bitte kontaktieren Sie mich unter der E-Mail-Adresse gottwaldbuch@aol.com

Ihr Wolfgang Weinbach

Chronologische Gottwald-Typenentwicklung RG- / MK- / AK-Geräte

Typ	Tragfähigkeit Kran abgestützt	gebaute Stückzahl	Erstauslieferung
RG 06	6 t	ca. 30	1949
MK 1	5 t	120	6/1950
RG 04	3,5 t	48	4/1951
MK 4	5 t	43	3/1952
MK 4V / 4A	6 t	ca. 115	6/1952
MK 8	15 t	10	8/1953
MK 5	7,5 t	22	6/1954
RG 05	Bagger (7 t)	?	1954
RG 55	Bagger (7 t)	15	9/1954
MK 55	9 t	ca. 150	11/1954
MK 88	15 t	2	4/1955
MK 40	7 t	152	5/1955
RG 40	Bagger (5,8 t)	6	5/1955
MK 60	15 t	92	9/1955
MK 80	15 t	18	4/1956
MK 100	25 t	12	4/1956
MK 140	60 t	5 + 1 Schienenkran	5/1957
MK 110	30 t	20	12/1957
MK 120	41 t	23 + 1 Ponton	1/1958
MK 115	40 t	7	12/1958
MK 550	10 t	9	6/1959
AK 70	24 t / 30 t	34	7/1959
MK 70	24 t	38 + 1 Aufbau	6/1960
AK 115	40 t	10	9/1960
MK 551 / 552	15 t	86 / 21	7/1960
AK 52	15 t	1	11/1960
MK 150 de	100 t	19	12/1961
AK 125	50 t	9	5/1963
AK 200 alte Ausführung	135 t	4	5/1963
MK 125	50 t	5	9/1963
MK 65	25 t	14	10/1963
AK 65	25 t	14	11/1963
MK 250	165 t	4	5/1964
MK 77	24 t	7 + 1 MK 770	6/1964
MK 75	50 t	28 + 3 auf Schiene	7/1964
MK 200	135 t	1	9/1964
AK 150 alte Ausführung	80 t	16	11/1964
AK 200 neue Ausführung	135 t	3	7/1965
AK 130	70 t	16	9/1965
MK 130	70 t	3	9/1965
AK 75	50 t	9 + 4 auf Ponton	6/1967
MK 500	300 t	2	12/1967
MK 600	400 t	3	5/1968
AK 250	165 t	4	7/1968

Typ	Tragfähigkeit Kran abgestützt	gebaute Stückzahl	Erstauslieferung
AK 260	220 t	2 + 1 auf Ponton	9/1968 + 5/1969
RG 60 / 65	Bagger (10 t)	1 / 1	5/1969
AK 150 neue Ausführung	100 t	21 + 1 auf Ponton	7/1969
MK 150 dhyd	100 t	1	6/1970
AK 300	300 t	3	7/1971
MK 600	500 t	1	8/1971
AK 80	15 t	3	2/1972
MK 650	500 t	3	6/1972
AK 160	125 t	10	7/1972
MK 56	20 t	4	10/1972
AK 300 / 400	400 t	1	3/1973
AK 85	80 t	21	5/1973
AK 270	250 t	2	8/1973
AK 210	200 t	13	6/1975
MK 85	80 t	1	7/1975
MK 160	110 t	1	11/1975
MK 660	500 t	1	3/1976
MK 210	200 t	3	7/1977
AK 680	650 t / 850 t	2	4/1979
MK 1000	1000 t	1	7/1980
AK 850	800 t / 850 t	2	8/1982
AK 1200	1200 t	1	12/1982
MK 350	350 t	1	2/1983
AK 350	350 t	2	6/1983
AK 450	450 t	2	12/1983
AK 912	900 t / 1200 t	3	4/1985
RG 912	900 t / 1200 t	2	1/1988
AK 630	650 t	1	4/1989

Quellen

■ Chronik des Werkes – Beitrag (22 Seiten) zur Festschrift anlässlich des 25. Jubiläums des Werks-Chores im Jahre 1979, Verfasser: Herr Dipl.-Ing. Ludwig Walter, Werkleiter bei Gottwald bis 1973

■ Die Geschichte der Firma Gottwald bis Ende 1988 – referatähnliche Übersicht mit Daten und Fakten zu Geschichte, Umsätzen und Produktvielfalt, 1992, Verfasser: Herr Karl Lindenlauf, langjähriger Verkaufsleiter bei Gottwald

■ Die Leistung – Illustrierte Zeitschrift für die Wirtschaft, 6. Jahrgang, Heft 48, 1956

■ Stahl: Merkblatt 323 – Hafenkrane – Beratungsstelle für Stahlverwendung, 2. Auflage 1968

■ Stahl: Merkblatt 327 – Greifer, Lastaufnahmemittel für Schüttgüter – Beratungsstelle für Stahlverwendung, 2. Auflage 1967

■ Die Hebezeuge, Band III – Sonderausführungen –, Hellmut Ernst, 1953

Auch der AMK 600-93 von Bracht half beim Umladen des Unfallkrans. Die Reste sollten mehrere Jahre bei einer deutschen Kranwerkstatt herumliegen, ehe der Kran schließlich 1997 nach Italien verbracht und dort wieder instand gesetzt wurde

(Sammlung Weinbach)

Jahrbuch 2006
Lastwagen

- Fahrzeugbau Langendorf aus Waltrop
- Die Lkw der Dortmunder Kronen Brauerei
- Lkw mit skandinavischer Länge
- Frank Fahrzeugbau in Leipzig
- Italiens Nutzfahrzeugindustrie seit 1945

144 Seiten, 295 Abb.
17x24 cm, Broschur
Bestellnummer **396**
EUR **14,90**

■ PODSZUN

Jahrbuch 2005 Bernd Regenberg
Lastwagen

■ PODSZUN

Viberti Aufbauten, Rappold, Luftkipper und Seitenlader von Kraus, Deutrans u.a.

144 Seiten, 288 Abbildungen
17x24 cm, Leinenbroschur
Bestellnummer **364** EUR **14,90**

Jahrbuch 2004 Bernd Regenberg
Lastwagen

■ PODSZUN

Carosseriebau Krapf, Spedition Felten, Transportbetonmischer von Stetter u.a.

144 Seiten, 277 Abbildungen
17x24 cm, Leinenbroschur
Bestellnummer **334** EUR **14,90**

Jahrbuch 2007
Schwertransporte

■ PODSZUN

- Breuer Krane
- Schwerlastspedition Betzitza
- Pacific Zugmaschine P12W3
- Verlegeverfahren für Hochgeschwindigkeitseisenbahn
- Trans-Tec Schwertransporte
- Nächtliche Schwertransporte mit Felbermayr
- Riesen auf Rädern u.a.

144 Seiten, 295 Abb.
17x24 cm, Broschur
Bestellnummer **431**
EUR **14,90**

Jahrbuch 2006
Schwertransporte

■ PODSZUN

Faun Zugmaschinen, Paule, W.&F. Franke, Rosenkranz Autokrane, Liebherr u.a.

144 Seiten, 288 Abb.
17x24 cm, Leinenbroschur
Bestellnummer **401** EUR **14,90**

Jahrbuch 2005 Bernd Regenberg
Lastwagen

■ PODSZUN

Schwertransporte in Südafrika, Schaumann, Michels, Iveco, Autokrane u.a.

144 Seiten, 290 Abb.
17x24 cm, Leinenbroschur
Bestellnummer **369** EUR **14,90**

Stefan Jung ■ Michael Müller
MAN
Schwerlast-Zugmaschinen

■ PODSZUN

Größer, schneller, weiter, schwerer: MAN Schwerlast-Zugmaschinen mit zum Teil riesiger Ladung.

144 Seiten, 290 Abbildungen
28 x 22 cm, fester Einband
Bestellnummer **292** EUR **24,90**

Michael Schauer
Das Schwertransporte Buch

■ PODSZUN

Wenn die schweren Zugmaschinen mit ihrer gigantischen Ladung auf Reise gehen, beben die Straßen und Autobahnen.

144 Seiten, 280 Abbildungen
28 x 22 cm, fester Einband
Bestellnummer **263** EUR **19,90**

Unternehmensgruppe FELBERMAYR
Bauen, Heben, Transportieren
von Michael Müller

■ PODSZUN

Faszinierende Abbildungen von dem ungewöhnlichen Fuhrpark dieses Unternehmens und Bilder aus der Geschichte.

144 Seiten, 380 Abbildungen
28 x 22 cm, fester Einband
Bestellnummer **385** EUR **24,90**

Michael Schauer
Allrad- und Kettenfahrzeuge
Spezialisten im Gelände

■ PODSZUN

Der Autor war auf der Spur von Allrad- und Kettenfahrzeugen, die man nur äußerst selten beobachten kann.

144 Seiten, 290 Abbildungen
28 x 22 cm, fester Einband
Bestellnummer **408** EUR **24,90**